JN430985

CENGAGE

FOURTEENTH EDITION
INTRODUCTION TO PROBABILITY & STATISTICS

14 EDITION

확률 및 통계학 개론

William Mendenhall, Robert J. Beaver, Barbara M. Beaver 지음
김영주 · 김정일 · 이남길 · 이민정 · 이영경 · 이승수 옮김

KYOWOO

FOURTEENTH EDITION

Introduction to PROBABILITY & STATISTICS

William Mendenhall, III

Robert J. Beaver
University of California, Riverside, Emeritus

Barbara M. Beaver
University of California, Riverside, Emeritus

CENGAGE

Andover • Melbourne • Mexico City • Stamford, CT • Toronto • Hong Kong • New Delhi • Seoul • Singapore • Tokyo

CENGAGE

Introduction to Probability and Statistics, 14th Edition

William Mendenhall
Robert J. Beaver
Barbara M. Beaver

© 2019 Cengage Learning Korea Ltd.

Original edition © 2013 Brooks Cole, a part of Cengage Learning.
Introduction to Probability and Statistics, 14th Edition by William Mendenhall, Robert J. Beaver, and Barbara M. Beaver
ISBN: 9781133103752

This edition is translated by license from Brooks Cole, a part of Cengage Learning, for sale in Korea only.

ALL RIGHTS RESERVED. No part of this work covered by the copyright herein may be reproduced, transmitted, stored or used in any form or by any means graphic, electronic, or mechanical, including but not limited to photocopying, recording, scanning, digitalizing, taping, Web distribution, information networks, or information storage and retrieval systems, without the prior written permission of the publisher.

For permission to use material from this text or product, email to
asia.infokorea@cengage.com

ISBN-13: 979-1-125-10249-6

Cengage Learning Korea Ltd.
14F YTN Newsquare 76 Sangamsan-ro
Mapo-gu Seoul 03926 Korea
Tel: (82) 2 330 7000
Fax: (82) 2 330 7001

Cengage Learning is a leading provider of customized learning solutions with office locations around the globe, including Singapore, the United Kingdom, Australia, Mexico, Brazil, and Japan. Locate your local office at: www.cengage.com

To learn more about Cengage Learning Solutions, visit www.cengageasia.com

Printed in Korea
Print Number: 03 Print Year: 2021

역자 서문

통계학이란 어떤 집단에 대한 전체적인 규칙성을 명확하게 하는 학문이다. 즉 연구목적에 필요한 자료를 최적한 방법으로 수집하고, 수집된 자료를 과학적이그 논리적인 방법으로 정리·분석하여 불확실한 상황에 대하여 추론을 하는 방법을 다루는 학문이다. 최근에는 공학 전 분야, 생명과학분야, 의학계열, 자연과학분야 뿐만 아니라 사회과학분야에서도 통계학을 필요로 하고 있어 그 중요성이 더더욱 부각되고 있다.

과학적 연구에서는 자신이 세운 가설에 대하여 실험이나 조사를 행하여 입증 또는 검증하여 이것을 제3자에 대하여 객관적이고 설득력을 가지그 설명하는 것이 중요하다. 사회현상, 자연현상 혹은 경제현상 등 불확실성을 포함한 현상에 대하여 행동하는 주체로서 통계정보에 의거하여 합리적인 판단이나 목적에 맞는 행동의 결정을 내리는 것은 모든 분야에 있어서 중요하다고 할 수 있다. 즉, 정보화 사회의 진전에 따른 통계정보에 대한 올바른 지식의 필요성은 전에 비해 훨씬 커지고 있다.

본 교재는 공학계열 뿐만 아니라 자연계열, 경영계열과 사회과학계열의 기초통계학 관련 교재로서 적합한 Mendenhall외 2인의 "Introduction to Probability & statistics" 제14판을 번역한 것이다. 내용은 실험이나 조사를 통하여 얻어지는 자료를 정리하고, 분석하여 결론을 내리는데 필요한 통계적 방법의 기초부분을 다룬다. 공식이나 통계적 방법에 대한 이론 전달보다는 구체적인 자료를 이용하여 확률·통계에 대한 전반적인 이해를 할 수 있게 한다.

14판에서는 전판인 13판의 장점을 유지하면서 전반적으로 명확하게 설명하려고 노력하였다. 또한 통계적 절차를 적용하는 방법뿐만 아니라 실제 자료를 설명하는 방법, 검정결과가 실제 응용에서 의미하는 것, 통계적 검정 배후의 가정의 타당성을 평가하는 방법과 통계적 가정이 무너졌을 때 해야 할 것들에 대한 설명에 노력을 기울였다.

한 학기용으로 편성하려고 부득이 일부 내용을 간략히 하였고 사례연구 부분과 통계 프로그램 활용부분을 생략하였다. 그러나 전체적으로는 원 저자들의 의도를 따르려고 노력하였다.

본 교재의 출판을 위하여 도와주신 교우사 오판근 사장님과 편집부 여러분께 감사드린다.

역자 일동

차 례

CHAPTER 03 이변량 자료

CHAPTER 04 확률과 확률분포

CHAPTER 05 여러 가지 유용한 이산분포

CHAPTER 06 정규확률분포

CHAPTER 07 표집분포

CHAPTER 08 대표본 추정

CHAPTER 09 대표본 가설검정

CHAPTER 10 소표본에 대한 통계적 추론

CHAPTER 11 분산분석법(ANOVA)

CHAPTER 12 선형회귀 및 상관

CHAPTER 13 다중회귀분석

CHAPTER 14 범주형 자료 분석

CHAPTER 15 비모수 통계학

서 론

통계학은 일상생활의 거의 모든 면에서 응용할 수 있는 수학의 한 분야이지만 많은 사람들에게 새롭고 익숙하지 않은 용어로 언뜻 보기에는 어려워 보일 수 있다. 그러나 통계학을 배우고 익히면 통계학은 다양한 응용분야의 자료분석에 대한 강력한 도구를 제공한다.

0.1 모집단과 표본

통계용어에서 가장 기본적인 개념 중의 하나가 **표본추출**(sampling)이다. 많은 통계적 문제에서 정해진 수의 측정값이나 자료, 즉 **표본**(sample)이 **모집단**(population)이라 불리는 측정값의 더 큰 집단으로부터 뽑힌다.

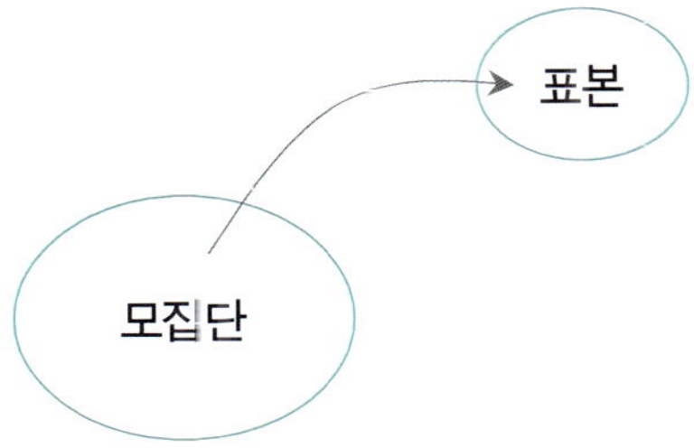

체온 실험에서 표본은 실험자에 의하여 선택된 148명의 건강한 사람들에 대한 체온 측정값의 집합이다. 우리는 표본이 측정값의 더 큰 집단 즉, 지구상의 모든 건강한 사람들의 체온 측정값의 집합인 모집단을 대표하기를 바란다.

주된 관심은 모집단인가 표본인가? 대부분의 경우에 주로 모집단에 대하여 관심을 가지고 있지만 모집단은 열거하기 어렵거나 불가능할 수도 있다. 지구상의 모든 건강한 사람들의 체온을 기록하거나 혹은 모든 유권자들에 대하여 대통령 선호도를 기록한다고 상상해 보시오. 대신 우리는 모집단을 대표하는 표본으로부터 얻은 정보에 의거하여 모집단의 행태를 설명하거나 예측하려 노력한다.

표본과 모집단이라는 단어는 대부분의 사람들에게 두 가지 의미를 갖는다. 예를 들면 한 여론조사가 1823명의 표본에 기초했다는 기사를 신문에서 읽었다고 하자. 아마 각 사람들에게 특정한 질문을 하였다면 각각의 반응은 표본에서 하나의 측정값을 나타낸다. 그렇다면 표본은 1823명의 집합인가 아니면 1823개의 반응인가?

통계학에서는 측정값을 얻은 개체들의 집합과 측정값의 집합을 구별한다. 실험자는 측정값을 얻은 대상을 **실험단위**(experimental units)라 한다. 표본조사 통계학자는 **표본의 요소**(elements of sample)라 부른다.

0.2 기술 통계학과 추측 통계학

측정값을 나타낼 때 그것이 표본이던 모집단이던 측정값을 정리하거나 요약하는 방법을 찾아야 한다. 측정값의 집합을 설명하는 기술을 다루는 통계학 분야를 **기술 통계학**(descriptive statistics)이라 부른다. 여러분은 많은 형태로 기술 통계학을 접해 왔을 것이다. 예를 들면, 정치후보자들이 제시한 막대그래프, 원그래프 또는 선 그래프, 신문기사에 있는 수치표, 지역 방송국 일기예보관에 의하여 보고된 년 평균 강수량 등을 들 수 있다. 컴퓨터로 그린 그래프나 수치 요약값들이 일상의 소통에서 대세이다.

정의

기술 통계학(descriptive statistics)은 측정값의 중요한 특성을 요약하거나 서술하기 위하여 사용되는 절차를 다룬다.

만약 측정값의 집합이 전체 모집단이라면 기술통계학에 기초하여 결론을 끌어내면 된다. 그러나 전체 모집단을 열거한다는 것은 비용이 많이 들거나 시간이 오래 걸릴 수도 있을 것이다. 아마 고장시간검사 같은 경우에는 모집단을 열거하는 것은 모집단을 파괴하는 것이다. 이런 저런 이유로 모집단으로부터 오직 표본을 추출하여 전체 모집단에 대한 질문에 답하려고 할 것이다. 이런 문제를 다루는 통계학 분야를 **추측 통계학**(inferential statistics)이라 부른다.

정의

추측 통계학(inferential statistics)은 모집단으로부터 추출된 표본에 포함된 정보로부터 모집단 특성에 관한 추측을 하는 절차를 다룬다.

추측 통계학의 목적은 표본에 포함된 정보로부터 모집단의 특성에 관하여 추론(결론을 이끌어 내거나, 예측을 하거나, 결정을 하는)을 하는 것이다.

0.3 추측 통계학의 목적달성에 필요한 단계

표본에 포함된 정보를 사용하여 어떻게 모집단에 관한 추론을 할 수 있을까? 논리적인 단계로 문제를 정리한다면 일은 더 쉬워진다.

1. 질문할 문항을 정하고 관심이 있는 모집단을 확인한다.

   선거여론조사에 있어서 목적은 선거일에 누가 가장 많은 표를 얻을 것인가를 결정하는 것이다. 따라서 관심 모집단은 모든 표의 집합이다. 표본을 추출할 때, 표본은 이 모집단을 대표하도록 하는 것이 중요하다.

2. 표본을 뽑는 방법을 결정한다.

   이것을 실험계획 또는 표본추출절차라고 한다. 표본이 관심 모집단을 대표하는가? 예를 들면, 만약 등록된 유권자들의 표본을 샌프란시스코 시에서 뽑았다면 이 표본은 캘리포니아의 모든 유권자들을 대표하는가? 표본이 선거일에 실제로 투표하려는 사람 즉 예상투표자의 표본과 같은가? 추가정보에 대하여 시간이나 비용을 낭비하지 않고 1단계에서 제시된 질문에 답을 하기에 충분한가? 좋은 표본추출계획은 실험자에게 최소의 비용으로 제시된 질문에 답을 줄 것이다.

3. 표본을 뽑아 표본정보를 분석한다.

   표본이 얼마나 많은 정보를 포함하고 있던지 간에 그 정보를 끌어내기 위하여 적절한 분석방법을 사용하여야만 한다. 단계2의 표본추출절차에 의존하는 여러 방법을 이 책에서 설명한다.

4. 모집단에 관한 추론을 하기 위하여 단계3에서 얻은 표본정보를 사용한다.

   추론을 하기 위하여 많은 다른 절차가 사용될 수 있지만 더 나은 절차가 있다. 예를 들면, 실험용 약에 대한 반응을 추정하기 위하여 10가지 다른 방법이 사용될 수 있다면 그 중 하나의 절차가 다른 절차보다 정확할 수 있다. 그렇다면 가장 잘 추정할 수 있는 절차를 사용하여야만 한다.

5. 추론의 신뢰성을 결정한다.

   단계4에서 설명된 결론을 유도하기 위하여 모집단의 일부분만 사용했으므로 그 추론은 틀릴 수도 있다. 만약 한 조사기관이 여러분 대신 통계조사를 실시하여 여러분 회사가 금년도에 34%의 시장점유율을 차지할 것이라고 추정하였다면 이 추정값을 어느 정도 신뢰하겠는가? 이 추정값은 1%, 5% 혹은 20% 포인트 내로 정확한가? 이 값은 생산목표를 설정하는데 사용할 만큼 충분히 신뢰가 가는가? 모든 통계적 추론은 얼마만큼 확신할 수 있는지에 대한 신뢰도의 척도를 포함하여야만 한다.

CHAPTER

01

그래프에 의한 자료의 설명

1.1 변수와 자료

제1장과 2장에서는 표본과 모집단의 관측값을 설명하는 방법을 다루는 기술 통계학의 기본적인 기법들을 소개할 것이다. 관측값을 얻었다면 어떻게 명료하고, 이해하기 쉽고, 읽기 쉬운 형태로 표현할 수 있을까? 먼저 관측값 또는 자료(data)가 무엇을 의미하는지를 정의할 수 있어야 하고, 실생활에서 직면하는 자료의 형태를 분류할 수 있어야 한다. 몇 가지 정의를 한다.

정의

변수(variable)란 고려중인 서로 다른 개체나 대상 또는 시간에 따라 변하는 특성이다.

예를 들면, 체온은 한 개인으로 보면 시간에 따라 변하는 변수이다. 또한 사람에 따라서도 변한다. 종교, 수입, 키, 나이 등은 선택된 사람에 따라 변하는 변수이다.

서론에서 관측이 이루어지는 대상으로 실험단위 혹은 표본의 요소를 정의하였다. 같은 의미로 실험단위를 하나의 변수가 측정되는 대상으로 정의할 수 있다. 하나의 변수가 측정단위 집합에 대하여 실제로 측정되었을 때, 측정값의 집합 혹은 자료(data)가 얻어진다.

정의

실험단위(experimental unit)**는 변수가 측정되는 개체나 대상이다. 실제로 한 실험단위에 대하여 하나의 변수가 측정될 때 하나의 측정값 혹은 자료값이 얻어진다.**

만약 전체 집합에 있는 모든 실험단위에 대하여 하나의 측정이 이루어졌다면 그 결과로 얻은 자료는 관심 모집단을 구성한다. 이 측정값의 모든 부분집합이 **표본**(sample)이 된다.

정의

모집단(population)**은 조사자에게 관심이 있는 모든 측정값의 집합이다.**

정의

표본(sample)**은 관심 모집단으로부터 선택된 측정값의 부분집합이다.**

예제 1.1

어느 대학교에서 5명의 대학생을 뽑아 [그림 1.1]에서와 같이 관측값을 입력하였다. 이 측정값의 집합에 포함되어 있는 여러 가지 요소를 구별하시오.

풀이 이 예제에는 여러 변수가 있다. 변수가 측정된 실험단위는 한 학생으로 A 행에서 볼 수 있다. 각 학생에 대하여 5개의 변수, 성적, 성별, 학년, 전공과 신청학점이 측정되었다. 각 특성값들은 학생에 따라 서로 다르다. 만약 관심 모집단이 이 학교 모든 학생들의 성적이라면 B행에 있는 5명의 학생의 성적은 이 모집단으로부터의 표본을 나타낸다.

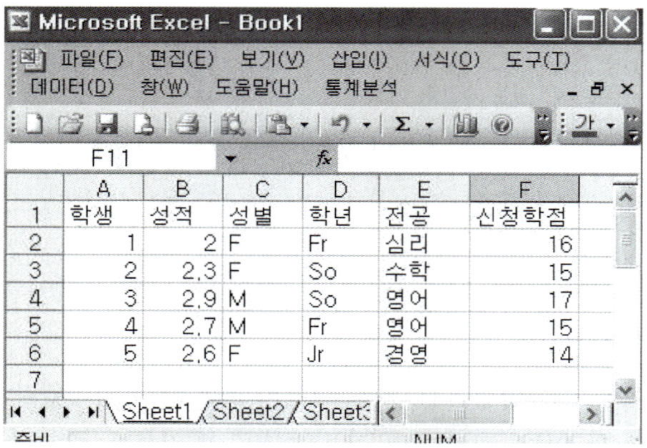

	A	B	C	D	E	F
1	학생	성적	성별	학년	전공	신청학점
2	1	2	F	Fr	심리	16
3	2	2.3	F	So	수학	15
4	3	2.9	M	So	영어	17
5	4	2.7	M	Fr	영어	15
6	5	2.6	F	Jr	경영	14
7						

[그림 1.1] 5명의 대학생에 대한 측정

학생들에 대하여 측정된 두 번째 변수는 성별로 C행에 있다. 이 변수는 성적과는 다르게 오직 두 가지 값 M(남학생)과 F(여학생)를 갖는다. 만약 열거할 수 있다면 모집단은 그 대학의 모든 학생들에 대한 M과 F의 집합이 된다. 유사하게 세 번째와 네 번째 변수인 학년과 전공도 수치가 아닌 값을 갖는다. 학년은 4가지 범주(Fr, So, Jr, Sr)를 갖고, 전공은 그 대학의 모든 전공을 범주로 갖는다. 마지막 변수인 신청학점은 질적이거나 특성보다는 수치로 평가된다.

이 예제에서 하나의 측정은 5개의 변수에 대한 5개의 관찰로 구성되었다. 즉 두 번째 학생의 경우 측정값은 관측값 (2.3, F, So, 수학, 15)이다. ■

> **정의**
>
> **일변량 자료**(univariate data)는 하나의 변수가 한 실험단위에 대하여 측정될 때 얻어진다.

> **정의**
>
> **이변량 자료**(bivariate data)는 두 개의 변수가 한 실험단위에 대하여 측정될 때 얻어진다. **다변량 자료**(multivariate)는 두 개 이상의 변수가 측정될 때 얻어진다.

만약 148명의 체온을 측정한다면 얻어지는 자료는 일변량이다. [예제 1.1]의 자료는 각 학생에 대하여 5개 변수가 측정되었으므로 다변량 자료이다.

1.2 변수의 종류

변수는 두 가지 형태, **질적**(qualitative)과 **양적**(quartitative)으로 나눌 수 있다.

> **정의**
>
> **질적변수**(qualitative variable)는 각 실험단위에 대하여 질이나 특성을 측정한다. **양적변수**(quantitative variable)는 각 실험단위에 대하여 수량이나 양을 측정한다.

질적변수는 성질의 유사성이나 차이에 따라 범주화할 수 있는 자료를 만들어 내므로 **범주형 자료**(categorical data)라고도 한다. [예제 1.1]의 성별, 학년, 전공이 범주형 자료를 만드는 질적변수이다. 다른 예도 들어보자:

- 정당가입 : 공화당, 민주당, 무소속
- 등급 : 수, 우, 미, 양, 가
- 사탕색깔 : 갈색, 노란색, 빨강색, 오렌지색, 초록색, 청색

양적변수는 문자 x 로 많이 나타내며 다음 예와 같이 수치자료를 만든다:

- $x =$ 이자율
- $x =$ 한 편의 비행기에 탑승한 고객 수
- $x =$ 선적 준비가 된 소포 무게

- $x =$ 한 잔의 오렌지 쥬스 양

양적변수가 가질 수 있는 수치값의 형태에 차이가 있다. 예를 들면 고객의 수는 $x = 0, 1, 2, \cdots,$ 를 갖고, 소포 무게는 $0 < x < \infty$ 사이의 값을 갖는다. 이 차이를 설명하기 위하여 양적변수의 두 가지 형태, 이산형(discrete)과 연속형(continuous)을 정의한다.

정의

이산형 변수(discrete variable)는 유한개 혹은 가산개의 값을 갖는다. 연속형 변수(continuous variable)는 구간상의 점에 대응하는 무한개의 값을 갖는다.

예제 1.2

다음 변수들을 질적인지 양적인지를 구분하시오.

1. 가장 빈도가 높은 전자렌지용도 : 조리, 해동, 데우기, 기타
2. 전화 조사에 대한 대답을 거절한 소비자 수
3. 쥐 실험에서 쥐가 선택한 문 : A, B, C
4. 켄터키 더비에서 경주마의 우승시간
5. 상위 학년 수준의 독서를 하고 있는 5학년 학생수

풀이 변수 1과 변수 3은 질적변수이고, 변수 2, 변수 4와 변수 5는 양적변수이다. 또한 변수 2와 변수 5는 이산형이고, 변수 4는 연속형이다.

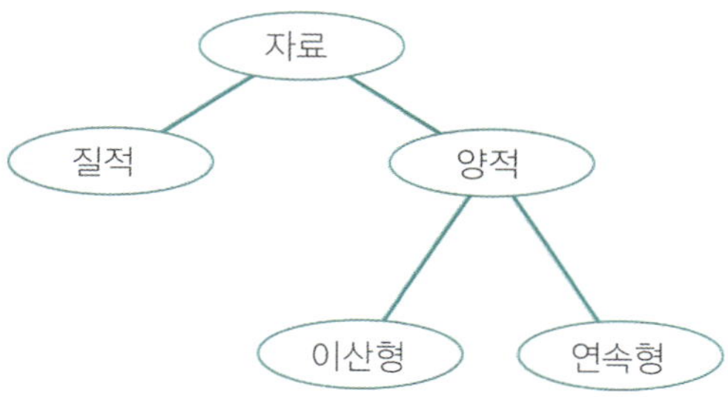

[그림 1.2] 자료의 종류

1.3 범주형 자료에 대한 도표

수집된 자료는 다음과 같은 정보를 나타내기 위하여 정리 또는 요약된다.

- 어떤 변수값이 측정되었는가?
- 각 값은 몇 번이나 발생했는가?

이 목적에 대하여 자료분포(data distribution)로서 자료를 그래프로 표현하기 위하여 사용될 수 있는 통계표를 만들 수 있다. 선택하는 그래프의 종류는 측정된 변수의 형태에 의존한다.

관심 변수가 질적 혹은 범주형 변수라면 통계표는 고려되는 범주와 각 범주가 얼마나 발생했는가에 대한 측도로 구성된다. 얼마나 발생했는가에 대한 측도는 다음의 세 가지 방법으로 측정할 수 있다.

- 각 범주에 있어서 도수(frequency) 혹은 측정값의 수
- 각 범주에 있어서 상대도수(relative frequency) 혹은 측정값의 비율
- 각 범주에 있어서 측정값의 백분율(percentage)

만약 전체 측정값의 개수가 n 이라면 해당 범주의 상대도수와 백분율은 다음 식으로 구할 수 있다:

$$\text{상대도수} = \frac{\text{해당 범주도수}}{n}, \quad \text{백분율} = 100 \times \text{상대도수}.$$

도수의 합은 n 이 되고, 상대도수의 합은 1이 되고 백분율의 합은 100%가 된다.

변수가 질적이라면 범주는

- 하나의 측정값이 오직 하나의 범주에 속하고
- 각 관측값이 할당될 수 있는 하나의 범주를 갖도록

선택되어야만 한다.

측정값이 범주화되고 통계표로 요약되었다면 자료의 분포를 나타내기 위하여 원도표(pie chart)나 막대도표(bar chart)를 사용할 수 있다.

예제 1.3

공교육에 관한 조사에서 400명의 교장에게 교육의 질에 관하여 등급을 부여하게 하였다. 〈표 1.1〉이 그 결과이다. 원도표와 막대도표를 작성하시오.

〈표 1.1〉 400명의 교장에 의한 교육등급

등급	도수
A	35
B	260
C	93
D	12
합계	400

풀이 원도표를 그리기 위하여 각 범주에 부채꼴을 할당한다. 각 부채꼴의 각도는 범주의 측정값의 비율(상대도수)에 비례하여야 한다. 원이 360°이므로 각도는

$$\text{각도} = \text{상대도수} \times 360^\circ$$

가 된다. 〈표 1.2〉는 등급과 도수, 상대도수, 백분율과 각도를 나타낸다. [그림 1.3]은 표에 있는 값을 가지고 그린 원도표이다. 원도표는 원조각의 상대적 크기를 결정하기 위하여 백분율을 사용하지만 막대도표는 범주에 대한 도수를 사용한다. 이 자료에 대한 막대도표가 [그림 1.4]이다. 두 도표가 주는 느낌이 다르다. 원 도표는 전체에 대한 부분의 관계를 나타내고 막대도표는 해당 범주의 실제 양 또는 도수를 강조한다.

〈표 1.2〉 원도표를 위한 계산

등급	도수	상대도수	백분율	각도
A	35	35/400=0.09	9%	32.4
B	260	260/400=0.65	65%	234.0
C	93	93/400=0.23	23%	82.8
D	12	12/400=0.03	3%	10.8
합계	400	1.00	100%	360.0

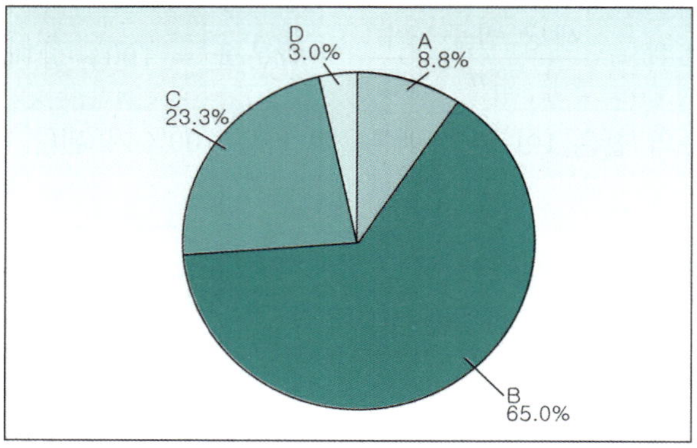

[그림 1.3] [예제 1.3]의 원도표

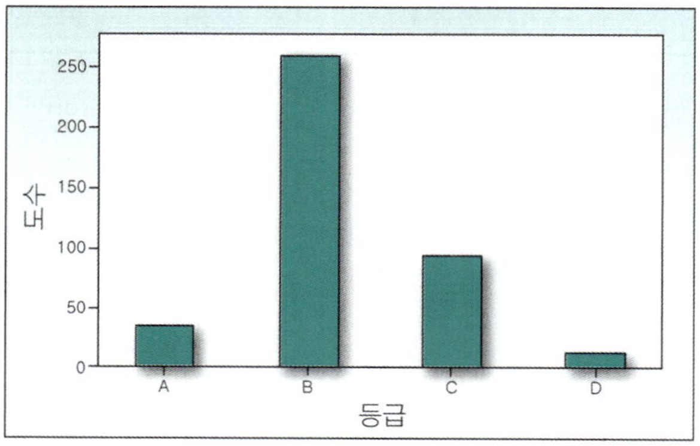

[그림 1.4] [예제 1.3]의 막대도표

[그림 1.5]에서와 같이 가장 큰 값부터 순서대로 정렬한 막대도표를 **파레토도표**(pareto chart)라 한다.

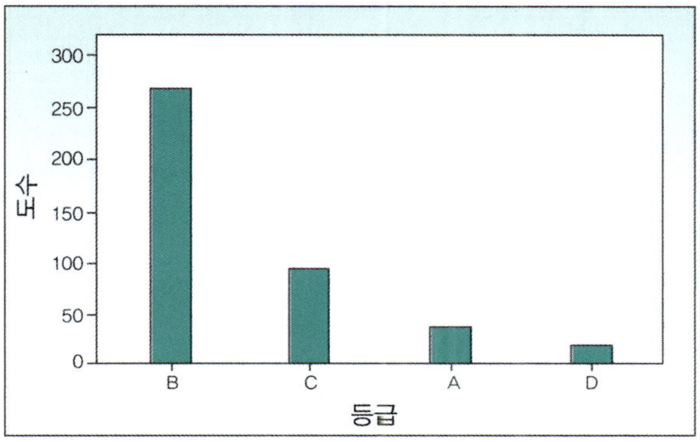

[그림 1.5] [예제 1.3]의 파레토도표

Probability & Statistics

연습문제

1.1 다음과 같은 변수가 측정되는 실험 단위를 확인하시오.

(1) 한 학생의 성별

(2) 중간시험에서 틀린 문항의 수

(3) 암 환자의 나이

(4) 진달래 묘목에 있는 꽃의 수

(5) 주차장에 들어오는 차의 색

1.2 다음의 각 변수는 양적변수 또는 질적변수인지를 확인하시오.

(1) 퍼즐을 맞추는데 걸리는 시간

(2) 상급자 반에 등록한 학생의 수

(3) 새로 선출된 정치인의 등급 : 우수, 양호, 보통, 부족

(4) 어떤 사람이 살고 있는 지역

1.3 다음 양적변수는 이산형인지 연속형인지를 확인하시오.

(1) 미국 특정지역의 인구

(2) 하루에 재활용하기 위하여 회수되는 신문의 무게

(3) 사회시험을 보는데 걸리는 시간

(4) 1000명의 조사에서 식료품에 산지 표시를 해야만 한다고 생각하는 사람의 수

1.4 대학 주차구역에서 6대의 차량을 선택하여 다음 자료를 얻었다.

자동차	종류	제조사	카플	편도거리	등록년수
1	승용차	혼다	No	23.6	6
2	승용차	토요타	No	17.2	3
3	트럭	토요타	No	10.1	4
4	밴	닷지	Yes	31.7	2
5	오토바이	할리데이비슨	No	25.5	1
6	승용차	시보레	No	5.4	9

(1) 실험단위는 무엇인가?

(2) 측정된 변수는 무엇인가? 어떤 형태의 변수인가?

(3) 일변량, 이변량 혹은 다변량 자료인가?

1.5 교육연구자가 청각 장애자를 위한 새로운 교육방법의 효과를 평가하고자 한다. 새로운 방법으로 일정기간 교육한 후에 학생들의 시험점수로 성취도를 평가한다.

(1) 측정해야할 변수는 무엇이며 변수의 형태는 무엇인가?

(2) 실험단위는 무엇인가?

(3) 관심 모집단을 확인하시오.

1.6 다음 표는 50명을 4개의 범주 A, B, C 와 D 로 나누어 정리한 것이다.

범주	도수
A	11
B	14
C	20
D	5

(1) 실험단위는 무엇인가?

(2) 측정된 변수는 무엇이며 질적인가 양적인가?

(3) 자료를 설명하기 위하여 원도표를 그리시오.

(4) 자료를 설명하기 위하여 막대도표를 그리시오.

(5) 범주 B, C, D에 속해있는 사람의 비율을 구하시오.

(6) 범주 B에 속하지 않은 사람은 몇 %인가?

1.7 청바지 제조업자는 캘리포니아, 애리조나와 텍사스에 공장을 가지고 있다. 데이터베이스에서 임의로 25벌을 추출하여 제조된 주를 기록하였다.

CA AZ AZ TX CA CA CA TX TX TX AZ AZ CA
AZ TX CA AZ TX TX TX CA AZ AZ CA CA

(1) 실험단위는 무엇인가?

(2) 측정된 변수는 무엇이며 질적인가 양적인가?

(3) 자료를 설명하기 위하여 원도표를 그리시오.

(4) 자료를 설명하기 위하여 막대도표를 그리시오.

(5) 텍사스에서 제조된 청바지 비율은 얼마인가?

(6) 가장 많은 청바지가 제조된 주는 어디인가?

1.4 양적자료에 대한 도표

양적변수(quantitative variable)는 각 실험단위에 대한 양을 측정한다. 만약 변수가 유한개 혹은 가산개의 값을 가질 수 있다면 이산형 변수(discrete variable)이다. 구간상의 점에 대응하는 무한개의 값을 가질 수 있는 변수는 연속형 변수(continuous variable)라 한다.

1 원도표와 막대도표

나이, 성별 또는 거주 지역별로 사람들의 평균 소득을 조사하였다고 하자. 이와 같은 경우에는 자료의 설명을 위하여 각 범주의 발생도수보다는 각 범주에서 측정된 양을 사용하여 원도표와 막대도표를 그릴 수 있다.

예제 1.4

〈표 1.3〉의 자료는 2009년도 어느 회사의 예산지출내역이다. 원도표와 막대도표를 작성하고 두 도표를 비교하시오.

〈표 1.3〉 범주별 지출

범주	지출액(억원)
인건비	147.3
운영비	259.3
조달구입	129.2
연구개발	79.0
건축비	17.6
기타	4.3
합계	636.7

풀이 지출범주와 지출액의 두 변수가 측정된 자료이다. 막대도표는 수평축에 범주, 수직축에 지출액을 놓고 작성한다. 원도표의 각 조각은 전체에 대한 해당 범주의 비율을 나타낸다. 예를 들어 범주 연구개발의 각도는

$$\frac{79.0}{636.7} \times 360^\circ = 44.7^\circ$$

로 구한다.

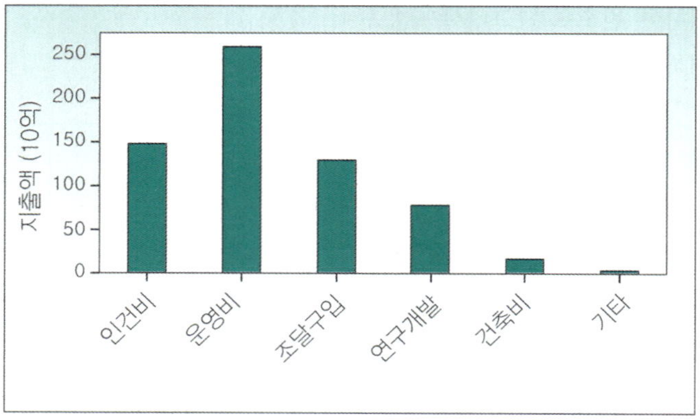

[그림 1.6] [예제 1.4]의 막대도표

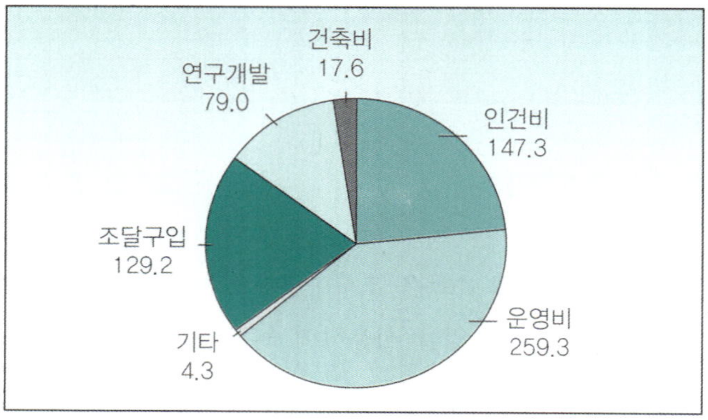

[그림 1.7] [예제 1.4]의 원도표

두 도표 모두 인건비와 운영비에 많은 금액이 지출되었다는 것을 알 수 있다. 막대도표의 범주 배열은 임의로 정렬할 수 있다. 또한 막대의 모양도 해석과는 아무 관련이 없다. ■

2 선도표

같은 시간간격으로 기록된 양적변수 자료를 **시계열자료**(time seris data)라 한다. 시계열 자료는 수평축을 시간으로 놓고 작성하는 **선도표**(line charts)가 가장 효과적이다. 선도표를 통하여 **경향**(trend)을 파악할 수 있고 미래에 대한 예측을 할 수 있다.

예제 1.5

〈표 1.4〉는 미국 국세 조사국에 의한 85세 이상의 인구에 대한 전망자료이다. 선도표를 작성하고 수직축의 눈금 조절이 어떤 효과를 가져오는지 설명하시오.

〈표 1.4〉 인구증가전망

(단위 : 100만명)

연도	2020	2030	2040	2050
85세이상	6.5	8.7	14.2	19.0

풀이 수평축에 연도를 놓고 수직축에 매출액을 놓는다. 해당되는 점을 선분으로 연결하면 된다. 연결수직축의 눈금을 조절하여 [그림 1.8]과 같이 두 개의 선도표를 작성하였다. 축의 눈금조절은 해석상 오해를 가져올 수 있다는 점에 유의하여야 한다.

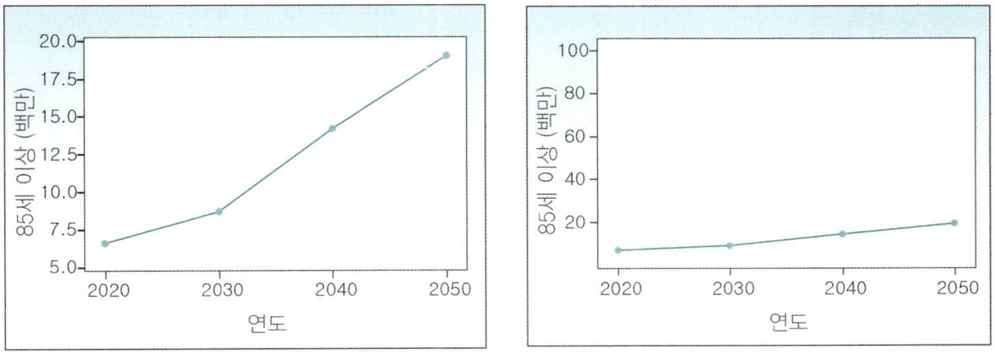

[그림 1.8] [예제 1.5]의 선도표

■

3 점도표

양적 자료는 구간이나 범주로 나눌 수 없는 경우가 많다. 이러한 경우에 가장 쉬운 도표가 **점도표**(dotplot)이다. 측정값을 수평축 위에 찍으면 된다. 단점은 자료의 크기가 큰 경우에는 부적합하다는 것이다.

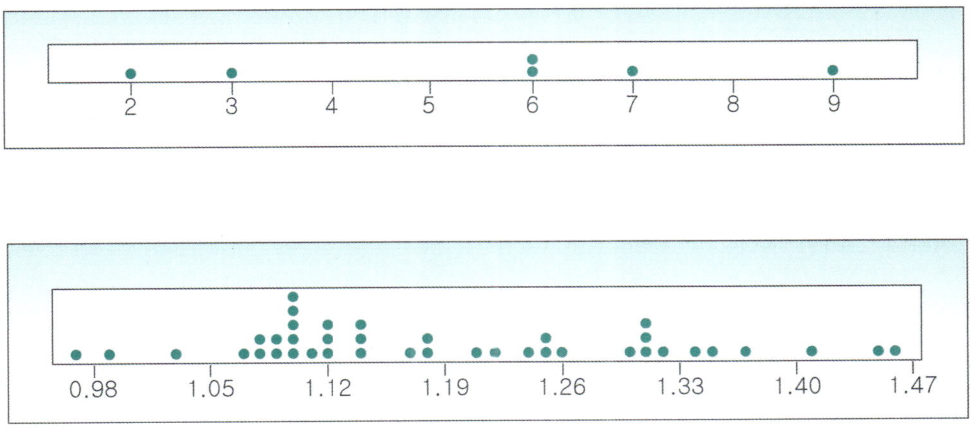

[그림 1.9] 자료가 적은 경우와 큰 경우의 점도표

4 줄기-잎-그림

양적자료의 분포를 보일 수 있는 다른 방법은 **줄기-잎-그림**(stem and leaf plots)이다. 이 그림은 실제 수치값을 사용하여 그림을 그린다. 작성순서는

1. 각 측정값을 줄기와 잎으로 나눈다.
2. 줄기를 수직으로 열거하고 오른쪽에 수직선을 그린다.
3. 각 측정값에 대응하는 줄기와 같은 열에 잎 부분에 해당되는 측정값을 기록한다.
4. 각 줄기에서 잎을 크기순으로 정렬한다.

예제 1.6

〈표 1.5〉는 19종류의 워킹슈즈 가격을 조사한 것이다. 줄기-잎-그림을 그리시오.

〈표 1.5〉 워킹슈즈 가격

(단위 : 달러)

90	70	70	70	75	70
65	68	60	74	70	95
75	70	68	65	40	65
70					

풀이 각 관측값에 대하여 십의 자리수를 줄기로, 일의 자리수를 잎으로 정한다. 예를 들어 65라면 줄기가 6이고 잎이 5가 된다. 모든 자료에 대하여 그린 결과가 [그림 1.10]이다.

```
4 | 0
5 |
6 | 5 8 0 8 5 5
7 | 0 0 0 5 0 4 0 5 0 0
8 |
9 | 0 5
```

재정렬 ⇨

```
4 | 0
5 |
6 | 0 5 5 5 8 8
7 | 0 0 0 0 0 0 0 4 5 5
8 |
9 | 0 5
```

[그림 1.10] 〈표 1.5〉의 줄기-잎 그림

■

만약 줄기의 수가 너무 적어 잎이 많은 경우에는 줄기의 수를 늘리면 된다. 예를 들면 잎의 숫자가 0-4, 5-9까지를 하나의 줄기로 정하여 그리면 된다.

예제 1.7

〈표 1.6〉은 30명의 신생아의 체중(파운드)을 기록한 자료이다. 줄기-잎-그림을 그리시오.

〈표 1.6〉 30명의 신생아 체중

7.2	7.8	6.8	6.2	8.2
8.0	8.2	5.6	8.6	7.1
8.2	7.7	7.5	7.2	7.7
5.8	6.8	6.8	8.5	7.5
6.1	7.9	9.4	9.0	7.8
8.5	9.0	7.7	6.7	7.7

풀이 자료의 최소값이 5.6이고 최대값이 9.4이므로 소수점을 기준으로 줄기와 잎을 정하면 줄기의 수가 작아 자료의 분포에 대한 정보를 얻기 어렵다. 따라서 줄기를 두 배로 증가하는 것이 좋다. 그 결과가 [그림 1.11]이다.

줄기	잎		줄기	잎
5	8 6		5	6 8
6	1 2		6	1 2
6	8 8 8 7	재정렬 →	6	7 8 8 8
7	2 2 1		7	1 2 2
7	8 7 9 5 7 7 5 8 7		7	5 5 7 7 7 7 8 8 9
8	0 2 2 2		8	0 2 2 2
8	5 6 5		8	5 5 6
9	0 4 0		9	0 0 4

[그림 1.11] 〈표 1.6〉의 줄기-잎-그림

그림으로부터 체중의 분포는 고분모양을 하고 있고, 많은 자료가 7.5에서 8.0 사이에 있다는 것을 알 수 있다. ■

5 도표의 설명

자료를 설명하기 위하여 도표로 부터 무엇을 찾아보아야 하는가?

- 수평축과 수직축의 눈금을 확인한다.
- 분포의 중심위치를 확인한다.
- 분포의 모양을 검토한다. 봉우리가 하나인지 여러 개 인지 또는 봉우리 양쪽에 비슷한 수의 자료가 있는지를 검토한다.
- 다른 자료들보다 매우 작거나 큰 자료인 이상점(outlier)의 존재여부를 파악한다.

정의

가운데 값을 기준으로 나누었을 때 분포의 왼쪽과 오른쪽이 거울에 비친 것과 같은 분포를 대칭(symmetric)이라 한다.

어떤 분포에서 측정값의 많은 부분이 분포의 정점보다 오른쪽에 많이 있는 경우 오른쪽으로 기운(skewed to the right)분포라 한다. 반대로 왼쪽에 많이 있는 경우 왼쪽으로 기운(skewed to the left)분포라 한다.

하나의 정점을 갖는 다면 단봉(unimodal)분포라 하고, 두 개인 경우를 쌍봉(bimodal)분포라 한다. 쌍봉분포는 두 개의 서로 다른 모집단이 혼합되어 있는 자료를 나타내는 경우가 많다.

예제 1.8

위치와 모양으로 [그림 1.12]의 분포를 설명하시오.

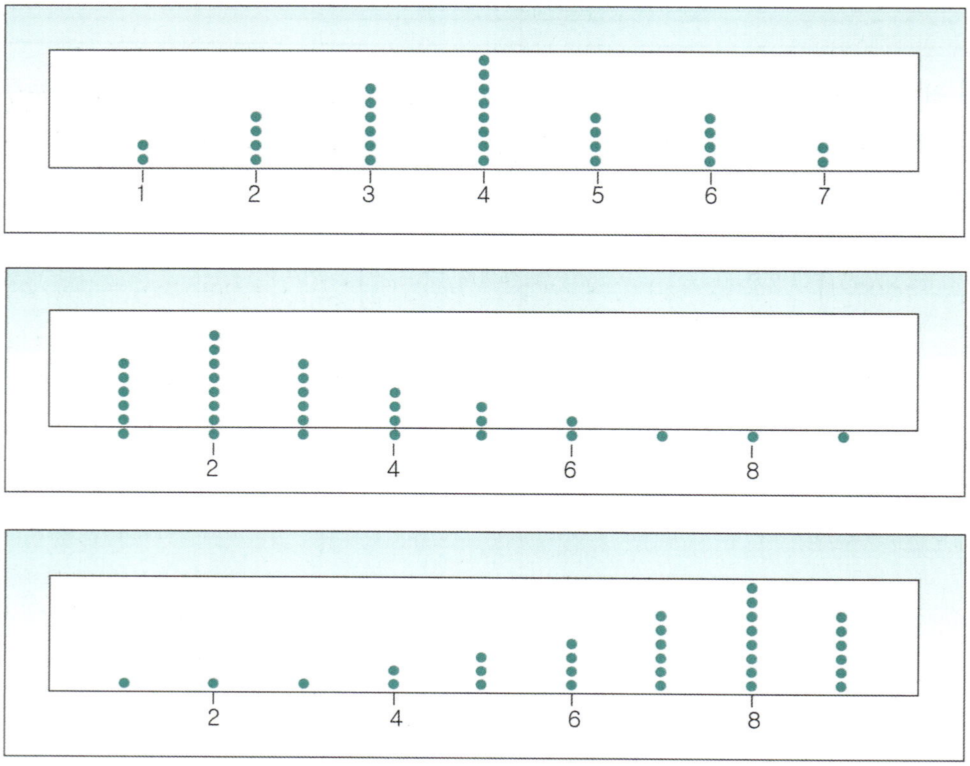

[그림 1.12] [예제 1.8]의 분포의 모양

풀이 첫 번째 점도표는 $x = 4$ 를 정점으로 상대적으로 대칭을 나타낸다. 두 번째 점도표는 대칭과는 거리가 멀고 정점보다 오른쪽으로 많은 자료가 치우쳐있는 오른쪽 꼬리가 긴 분포를 하고 있다. 유사하게 세 번째 점도표는 왼쪽 꼬리가 긴 분포를 하고 있다. ■

예제 1.9

다음은 어느 대학 8명의 배구선수의 성적평점평균을 나타낸 자료이다. 입력과정에서 담당자의 실수로 마지막 자료값의 소수점을 잘못 입력하였다.

2.8	3.0	3.0	3.3	2.4	3.4	3.0	0.21

점도표를 그리고 담당자의 실수를 바로 잡으시오.

풀이 [그림 1.13]의 (1)이 이 자료에 대한 점도표이다. 분명히 이상점이 있다는 것을 볼 수 있다. 이것을 수정하여 그린 점도표가 [그림 1.13]의 (2)이다. 자료의 수가 적어 분포의 모양을 설명하기는 어렵지만 3.0을 중심으로 비교적 대칭이라 볼 수 있다.

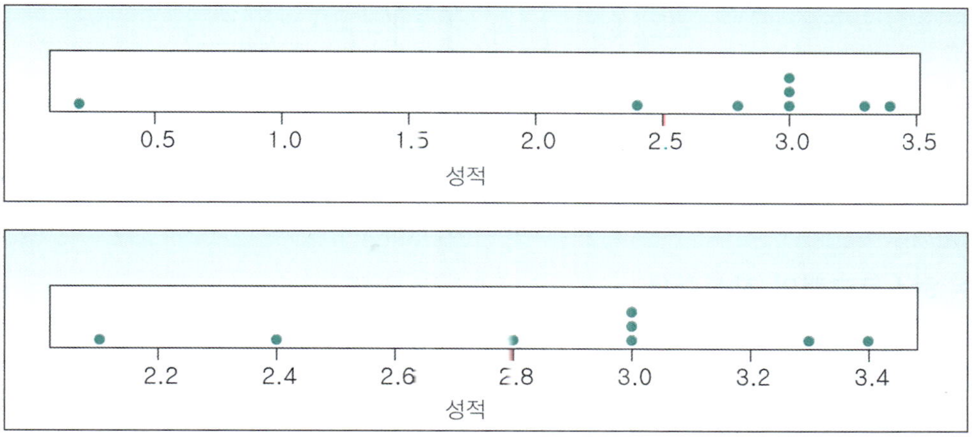

[그림 1.13] [예제 1.9]의 점도표

■

1.5 상대도수 히스토그램

상대도수 히스토그램은 유사하지만 양적자료를 나타낼 때 사용한다. 〈표 1.7〉은 [예제 1.8]에서 사용한 30명의 신생아 체중 자료이다. [그림 1.14]는 이 자료의 점도표이다.

먼저 측정값의 최소값부터 최대값 사이의 구간을 같은 거리의 부구간으로 나눈다. 각 구간 안에 있는 점들을 쌓은 다음 [그림 1.14]의 (2)와 같이 사각형을 그린다면 이것이 히스토그램이다. 수직축을 어떻게 잡느냐에 따라 도수 히스토그램(frequency histogram) 또는 상대도수 히스토그램(relative frequency histogram)이라 부른다.

〈표 1.7〉 30명의 신생아 체중

7.2	7.8	6.8	6.2	8.2
8.0	8.2	5.6	8.6	7.1
8.2	7.7	7.5	7.2	7.7
5.8	6.8	6.8	8.5	7.5
6.1	7.9	9.4	9.0	7.8
8.5	9.0	7.7	6.7	7.7

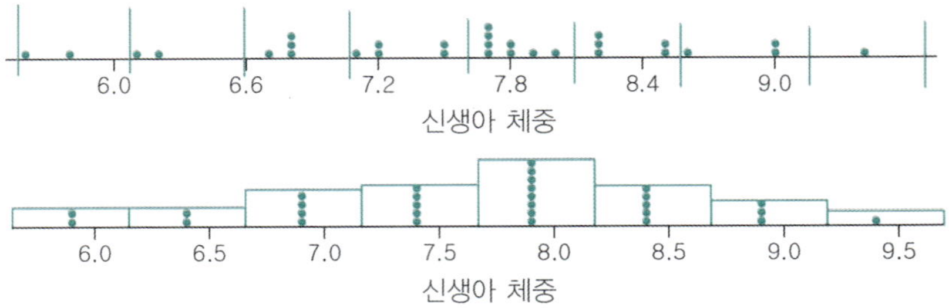

[그림 1.14] 히스토그램을 그리는 법

① 상대도수 히스토그램의 작성순서

1. 계급의 수를 정한다. 경험적으로 자료수에 따라 5～12 정도로 정한다.
2. 자료값의 범위를 계급의 수로 나누어 계급구간을 구한다.
3. 사용하기 편하도록 계급구간을 반올림을 한다.
4. 자료가 이산형이라면 각 자료값을 하나의 계급으로 정할 수 있다. 자료가 많은 경우에는 계급에 따라 집단으로 나눈다.
5. 계급경계를 구한다. 왼쪽 폐구간을 사용한다.
6. 각 계급의 도수와 상대도수를 구하여 도수분포표를 작성한다.
7. 수평축에 계급구간을 그리고 수직축을 상대도수로 잡고 히스토그램을 그린다.

〈표 1.7〉의 경우 계급의 수를 8로 한다고 하자. 계급구간을 구하려면 우선 자료의 최대값과 최소값의 차이를 계급의 수로 나누면, 된다. 즉 9.4－5.6＝3.8이므로 계급구간은 3.8÷8＝0.475이다. 사용하기 편하도록 0.5로 반올림을 한다. 최소값이 5.6이므로 계급경계는 5.6에서 6.1, 6.1에서 6.6와 같은 방법으로 부구간을 만든다. 그런 다음에 각 계급에 속하는 관측값을 세어 계급도수와 계급상대도수를 구한다. 그 결과가 〈표 1.8〉이다.

〈표 1.8〉 〈표 1.7〉 자료의 도수분포표

계급	계급경계	계수	계급도수	상대계급도수
1	[5.6 , 6.1)	||	2	2/30
2	[6.1 , 6.6)	||	2	2/30
3	[6.6 , 7.1)	||||	4	4/30
4	[7.1 , 7.6)	卌	5	5/30
5	[7.6 , 8.1)	卌 |||	8	8/30
6	[8.1 , 8.6)	卌	5	5/30
7	[8.6 , 9.1)	|||	3	3/30
8	[9.1 , 9.6)	|	1	1/30

상대도수 히스토그램을 그리기 위하여 수평축에 계급경계를 그리고 각 계급구간의 상대계급도수와 같은 높이의 기둥을 그린다. [그림 1.15]가 그 결과이다.

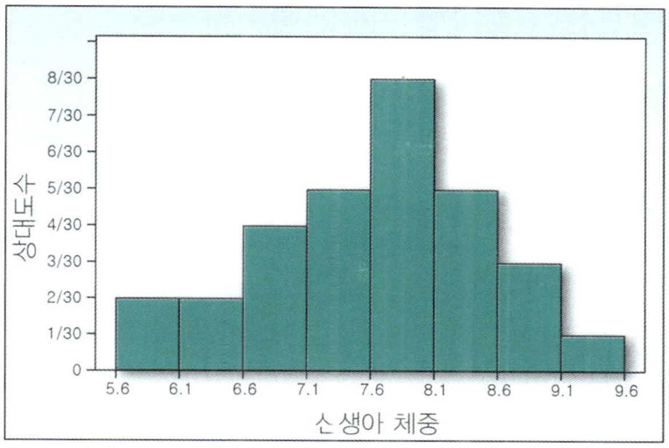

[그림 1.15] 〈표 1.7〉 자료의 상대도수 히스토그램

상대도수 히스토그램은 위치와 모양을 가지고 자료의 분포를 설명할 수 있다. 또한 이상점도 찾을 수 있다.

Probability & Statistics

연습문제

1.8 다음 50개의 측정값에 대하여 줄기-잎-그림을 그리시오.

3.1	4.9	2.8	3.6	2.5	4.5	3.5	3.7	4.1	4.9
2.9	2.1	3.5	4.0	3.7	2.7	4.0	4.4	3.7	4.2
3.8	6.2	2.5	2.9	2.8	5.1	1.8	5.6	2.2	3.4
2.5	3.6	5.1	4.8	1.6	3.6	6.1	4.7	3.9	3.9
4.3	5.7	3.7	4.6	4.0	5.6	4.9	4.2	3.1	3.9

(1) 분포의 모양을 설명하시오. 이상점이 보이는가?

(2) 줄기-잎-그림을 사용하여 최소값을 찾으시오.

(3) 8번째와 9번째로 큰 값을 찾으시오.

1.9 연습문제 1.8의 자료를 사용하여 상대도수 히스토그램을 그리시오.

(1) 몇 개의 계급을 사용하겠는가?

(2) 1.6에서 시작하고 계급구간 0.5인 계급을 사용하기로 하였다고 가정하고 상대도수 히스토그램을 그리시오.

(3) 5.1보다 작은 측정값의 비율은 얼마인가?

(4) 3.6보다 큰 측정값의 비율은 얼마인가?

(5) 연습문제 1.8의 줄기-잎-그림과 상대도수 히스토그램을 비교하시오.

1.10 다음은 0, 1, 2 값을 갖는 이산형 변수에 대한 20개의 관측값이다.

1	2	1	0	2	2	1	1	0	0
2	2	1	1	0	0	1	2	1	1

(1) 상대도수 히스토그램을 그리시오.

(2) 1보다 큰 측정값의 비율은 얼마인가?

(3) 2보다 작은 측정값의 비율은 얼마인가?

(4) 만약 하나의 측정값이 이 자료에서 임의로 추출된다면 2가 뽑힐 확률은 얼마인가?

(5) 분포의 모양을 설명하고 이상점이 있는지를 검토하시오.

1.11 다음은 한 실험 심리학자가 5일 동안 미로에서 쥐가 길을 찾는데 걸리는 시간을 측정한 자료이다. 선 그래프를 작성하시오. 학습이 이루어지고 있다고 생각하는가?

일자	1	2	3	4	5
시간(초)	45	43	46	32	25

1.12 다음은 10명의 대학생이 일주일 동안 먹은 치즈버거 수에 대한 자료이다. 점도표를 작성하시오.

(1) 분포의 모양을 설명하시오.

(2) 일주일에 4개 보다 더 먹은 학생들의 비율은 얼마인가?

CHAPTER

02 수치적 측도에 의한 자료설명

2.1 수치적 측도에 의한 자료의 설명

도표는 자료분포의 기본적인 모양을 설명하는데 도움이 된다. 그렇지만 도표의 사용에는 한계가 있다. 자료를 보여줄 필요가 있거나 전화로 자료를 설명한다면 도표는 쓸모가 없게 된다.

두 번째 한계는 도표는 통계적 추론에서 사용하기에는 약간 부정확하다는 것이다. 예를 들면 모집단 히스토그램에 관한 추론을 하려고 표본 히스토그램을 이용하는 경우 유사성과 차이를 어떻게 측정할 수 있을까? 동일하다면 같다고 할 수 있지만 차이가 난다면 차이의 정도를 설명하기는 어렵다.

이런 문제를 극복하는 한 방법은 표본이나 모집단에 대하여 계산할 수 있는 수치적 측도(numerical measures)를 사용하는 것이다. 도수분포를 머릿속에서 그려볼 수 있도록 자료를 일련의 수치로 나타낼 수 있다. 이런 측정값들을 자료가 모집단인 경우에는 모수(parameter)라 하고 표본인 경우에는 통계량(statistics)이라 한다.

정의

관측값의 모집단과 연관된 수치적 기술측도를 모수(parameter)라 한다. 표본 관측값으로부터 계산된 것을 통계량(statistics)이라 한다.

평균과 중앙값 둘 다 분포의 중심에 대한 좋은 측도이지만 중앙값이 극단값 혹은 이상점에 덜 민감하다. 예를 들면, [예제 2.3]에서 $x = 27$은 다른 5개의 측정값보다 매우 크다. 표본평균은

$$\bar{x} = \frac{1}{n}\sum_{i=1}^{n} x_i = \frac{60}{6} = 10$$

으로 이상점의 영향을 받는 반면에 중앙값 $m = 7.5$ 는 영향을 받지 않는다. 자료에 극단적으로 작거나 큰 값이 있다면 평균은 극단 측정값 방향에 위치하게 된다.

분포의 중심위치를 재는 다른 방법은 가장 도수가 높은 x 값을 찾는 것이다. 이 중심위치의 측도를 **최빈값**(mode)이라 부른다.

정의

최빈값(mode)은 가장 빈번하게 또는 가장 도수가 높게 발생하는 x 값의 범주이다. 연속형 변수인 경우 도수가 가장 높은 계급을 **최빈계급**(modal class)이라 하고 해당 계급의 계급값을 최빈값이라 한다.

최빈값은 일반적으로 대단위 자료에 사용되고 평균과 중앙값은 어떤 자료에도 이용된다. 하나 이상의 최빈값을 갖는 측정값의 분포도 있을 수 있다.

Probability & Statistics

연습문제

2.1 $n = 5$ 의 관측값 0, 5, 1, 1, 3 이 있다.

(1) 점도표를 그려 중심위치를 예측해 보시오.

(2) 평균, 중앙값과 최빈값을 구하시오.

(3) 점도표에 세 가지 중심위치측도를 표시하시오. 평균과 중앙값의 상대적 위치를 고려한다면 분포는 대칭인가 기울어져 있는가?

2.2 $n = 10$ 의 관측값 3, 5, 4, 6, 10, 5, 6, 9, 2, 8 이 있다.

(1) $\bar{x}$ 를 계산하시오.

(2) m 을 구하시오.

(3) 최빈값을 구하시오.

2.3 다음은 25 표본가구의 DVR 보유 댓수 x 를 조사한 자료이다.

1	0	2	1	1	1	0	2	1	0
0	1	2	3	2	1	1	1	0	1
3	1	0	1	1					

(1) x 의 분포는 대칭인지 기울어져 있는 지를 설명하시오.

(2) 평균, 중앙값과 최빈값을 구하시오.

(3) 상대도수 히스토그램 또는 도수 히스토그램을 그리고 평균과 중앙값과 최빈값을 표시하시오.

2.4 다음은 리버사이드 캘리포니아 대학 20마일 내의 21개 도시에 있는 스타벅스 커피 전문점 수이다.

18	1	6	2	6	8	10
3	11	2	1	12	4	7
2	3	1	10	2	5	1

(1) 평균, 중앙값과 최빈값을 구하시오.

(2) 중앙값과 평균을 비교하시오. 분포의 모양이 어떻다고 할 수 있는가?

(3) 점도표를 그려 분포의 모양을 확인하시오.

2.3 변동의 측도

자료가 같은 중심을 갖더라도 중심에서 흩어져있는 모양에 따라 달리 보일 수 있다. [그림 2.2]의 두 분포를 고려해보자.

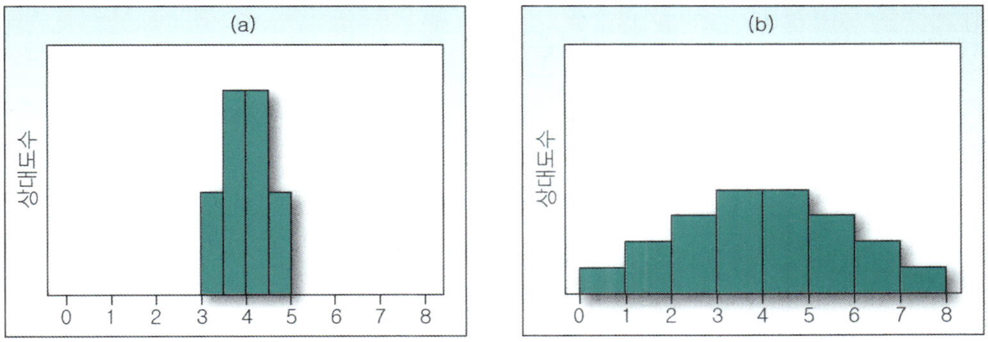

[그림 2.2] 자료의 변동 또는 산포

두 분포 모두 $x = 4$ 가 중심이다. 그러나 측정값들이 흩어져있는 방식에는 큰 차이가 있다. [그림 2.2]의 (a)의 측정값들은 3부터 5까지 변하고 (b)의 측정값들은 0부터 8까지 변한다.

변동(variation) 또는 **산포**(dispersion)는 자료의 매우 중요한 특성이다. 예를 들면, 볼트제조를 할 때 볼트직경의 큰 변동은 불량품의 비율이 높아지는 원인이 된다. 반대로 우수사원을 선정하는 경우 직무시험 성적의 변동이 작아 판별하기 어렵다면 우수사원을 선정하기가 어려울 것이다.

변동의 측도(measures of variability)는 자료의 산포를 연상하는데 도움이 될 것이다. 중요한 측도 몇 가지를 소개한다. 가장 간단한 변동의 측도는 **범위**(range)이다.

> **정의**
>
> n 개 측정값의 **범위**(range; R)는 가장 큰 값과 가장 작은 값과의 차이로 정의한다.

〈표 1.7〉의 신생아 체중 자료의 경우 측정값이 5.6 에서 9.4 사이의 값을 가지므로 범위는 $R = 9.4 - 5.6 = 3.8$ 이다. 범위는 계산하기 쉽고 설명하기 쉬운 측도이므로 작은 자료의 변동 측도로 적당하다. 그러나 많은 자료에 대하여는 부적당하다. 예를 들어 [그림 2.3]의 두 가지 상대도수히스토그램은 같은 범위를 갖지만 매우 다른 모양이나 산포를 갖는다.

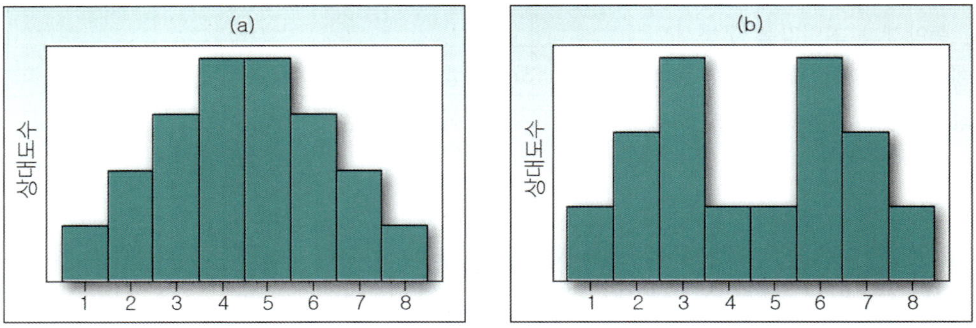

[그림 2.3] 같은 범위 다른 산포를 갖는 분포

범위보다 더 민감한 산포의 측도가 있을까? 예로서 자료 5, 7, 1, 2, 4를 고려하자. 자료값과 평균

$$\bar{x} = \frac{1}{n}\sum_{i=1}^{n} x_i = \frac{19}{5} = 3.8$$

을 [그림 2.4]의 점도표에 나타내었다.

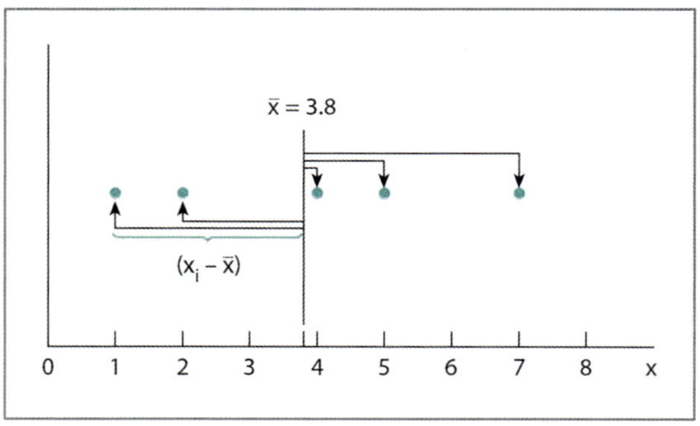

[그림 2.4] 각 점과 평균과의 편차를 나타낸 점도표

각 점과 평균과의 수평거리가 변동을 재는데 도움이 된다. 만약 거리가 크다면 그만큼 더 퍼져있는 것이다. 한 점 x_i 와 평균 $\overline{x}$ 와의 거리 $x_i - \overline{x}$ 를 **편차**(deviation)라 한다. 〈표 2.1〉이 편차를 계산한 결과이다.

〈표 2.1〉 $\sum(x_i - \overline{x})^2$ 의 계산

x	$x_i - \overline{x}$	$\sum(x_i - \overline{x})^2$
5	1.2	1.44
7	3.2	10.24
1	-2.8	7.84
2	-1.8	3.24
4	0.2	0.04
19	0.0	22.80

〈표 2.1〉의 두 번째 행에 있는 편차가 변동에 관한 정보이므로 5개의 편차를 하나의 수치측도로 결합하는 방법으로 편차의 평균을 고려할 수 있다. 하지만 편차는 부호가 있어서 그 합은 항상 0이 되어 평균은 사용할 수가 없다. 다른 가능성은 편차의 부호를 없애고 평균을 구하는 방법도 고려할 수 있다. 그러나 일반적으로 편차의 부호에 의해서 생기는 어려움을 없애는 방법으로 편차를 제곱하는 방법을 선호한다. 이 제곱편차의 합을 가지고 **분산**(variance)이라 부르는 하나의 측도를 계산한다. 표본 분산과 모집단 분산을 구별하기 위하여 표본분산은 기호 s^2, 모분산은 기호 σ^2 을 사용한다. 분산은 변동이 큰 자료인 경우 상대적으로 크고, 변동이 작은 자료인 경우 상대적으로 작다.

정의

N 개의 모집단의 분산, **모분산**(variance of population)은 모평균 μ 에 관한 편차 제곱의 평균이다. 즉,

$$\sigma^2 = \frac{1}{N} \sum_{i=1}^{N} (x_i - \mu)^2 .$$

정의

n 개의 측정값의 **표본분산**(variance of sample)은 표본평균 $\overline{x}$ 에 관한 편차 제곱의 합을 $n-1$ 로 나눈다. 즉,

$$s^2 = \frac{1}{n-1} \sum_{i=1}^{n} (x_i - \overline{x})^2 .$$

〈표 2.1〉 자료의 경우 표본분산은

$$s^2 = \frac{1}{n-1} \sum_{i=1}^{n} (x_i - \overline{x})^2 = \frac{22.80}{4} = 5.70$$

이 된다.

분산은 측정값 단위의 제곱으로 표현된다. 원 단위와 같은 변동의 측도로 분산의 양의 제곱근을 취하여 **표준편차**(standard deviation)라 한다.

정의

주어진 자료의 **표준편차**(standard deviation)는 분산의 양의 제곱근이다.

〈표 2.1〉 자료의 경우 $s^2 = 5.70$ 이므로 표본표준편차는 $s = \sqrt{s^2} = \sqrt{5.70} = 2.39$ 이다.

s^2 을 계산하는 경우 다음의 간편식을 사용하면 더 쉬울 수 있다.

$$s^2 = \frac{1}{n-1}\sum_{i=1}^{n}(x_i - \bar{x})^2 = \frac{1}{n-1}[\sum_{n-1}^{n}x_i^2 - n\bar{x}^2]$$

$$= \frac{1}{n-1}[\sum_{i=1}^{n}x_i^2 - (\sum_{i=1}^{n}x_i)^2/n].$$

예제 2.5

간편식을 사용하여 〈표 2.1〉 자료의 분산과 표준편차를 구하시오. 정의식을 사용해 얻은 결과와 비교하시오.

5	7	1	2	4

풀이 $\sum_{i=1}^{n}x_i = 19$, $\sum_{i=1}^{n}x_i^2 = 95$ 이므로

$$s^2 = \frac{1}{n-1}[\sum_{i=1}^{n}x_i^2 - (\sum_{i=1}^{n}x_i)^2/n]$$

$$= \frac{1}{4}[95 - 19^2/5] = \frac{22.80}{4} = 5.70,$$

$s = \sqrt{s^2} = \sqrt{5.70} = 2.39$ 로 앞에서 얻은 결과와 동일하다. ■

표본분산을 계산할 때 n 대신 $n-1$ 을 사용하는 이유가 궁금할 것이다. 모평균 μ 를 추정하기 위하여 표본평균 $\bar{x}$ 를 사용하듯이 모분산 σ^2 을 추정할 때 표본분산 s^2 을 사용한다. 이 때 n 대신 $n-1$ 을 사용하는 것이 더 좋은 추정값이 되기 때문이다.

Probability & Statistics

연습문제

2.5 $n = 5$ 의 측정값 2, 1, 1, 3, 5가 있다.

(1) 표본평균 $\bar{x}$ 를 구하시오.

(2) 표본분산s^2 과 표본표준편차s 를 구하시오.

2.6 $n=8$ 의 측정값 4, 1, 3, 1, 3, 1, 2, 2가 있다.

(1) 범위를 구하시오.

(2) 표본평균 $\bar{x}$ 를 구하시오.

(3) 표본분산 s^2 과 표본표준편차 s 를 구하시오.

2.7 다음은 5개 표본의 산화철 비율이다.

1.28	2.39	1.50	1.88	1.51

(1) 범위를 구하시오.

(2) 표본분산 s^2 과 표본표준편차 s 를 구하시오.

(3) 범위와 표준편차를 비교하면 범위는 대략 몇 표준편차인가?

2.4 표준편차의 사용

러시아 수학자 체비세프(Tchebysheff)가 만든 정리를 소개한다. 이론의 증명이 어렵지는 않지만 증명보다는 응용에 더 관심을 둔다.

KeyPoint

체비세프의 정리

1 이상인 임의의 실수 k 와 n 개 측정값의 집합에 대하여, 측정값의 적어도 $1-\dfrac{1}{k^2}$ 이 평균에서 k 표준편차 안에 놓인다.

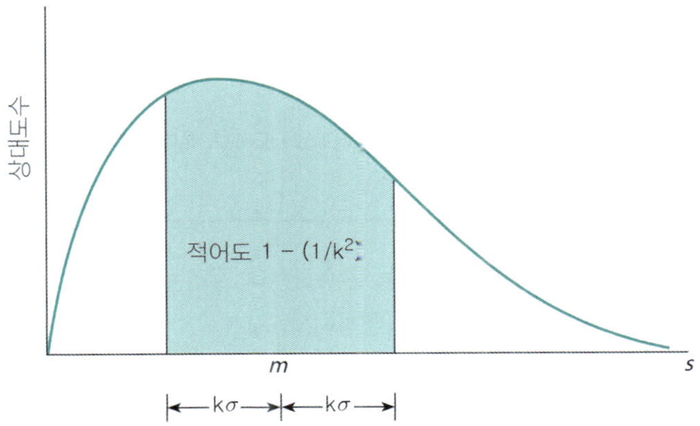

[그림 2.5] 체비세프의 정리

체비세프 정리의 의미를 [그림 2.5]을 가지고 설명하면 전체 n 개 관측값의 적어도 $1-\frac{1}{k^2}$ 이 주어진 구간에 속한다는 것이다. 또한 체비세프의 정리는 임의의 분포에 대하여 적용할 수 있다.

예제 2.6

표본크기 $n=25$ 의 측정값의 평균과 분산이 각각 75와 100이다. 체비세프의 정리를 이용하여 측정값의 분포를 설명하시오.

풀이 $\bar{x}=75$, $s^2=100$ 이므로 표준편차 $s=10$ 이다. 따라서 체비세프 정리를 활용하면:

- 25 개 관측값의 적어도 3/4 이 구간 $\bar{x} \pm 2s = 75 \pm 2(10)$, 즉 55 와 95 사이에 놓인다.
- 25 개 관측값의 적어도 8/9 이 구간 $\bar{x} \pm 3s = 75 \pm 3(10)$, 즉 45 와 105 사이에 놓인다. ■

자료의 변동을 설명하는 다른 법칙으로 **경험법칙**(empirical rule)이 있다. 경험법칙은 자료의 분포가 [그림 2.6]과 같이 **고분모양**(mound-shaped)을 하고 있는 경우에 잘 적합된다. 자연 현상의 많은 경우에 관련 자료가 이와 같은 분포를 하므로 실제 응용에서 자주 사용되는 법칙이다.

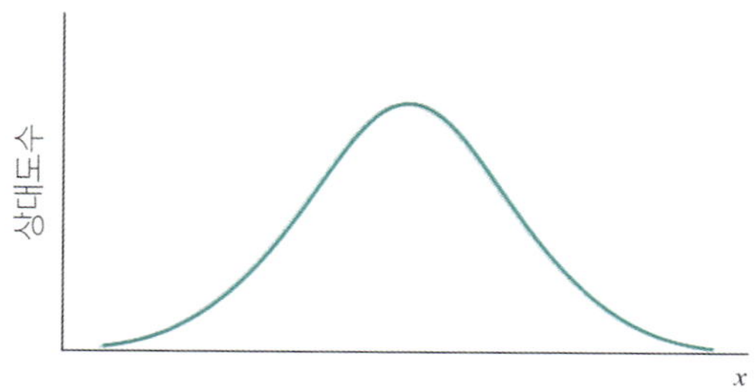

[그림 2.6] 고분모양 분포

경험법칙(empirical rule) : 측정값의 분포가 근사적으로 고분모양으로 분포한다면:

구간 $(\mu \pm \sigma)$ 에 관측값의 약 68% 가 포함되고,
구간 $(\mu \pm 2\sigma)$ 에 관측값의 약 95% 가 포함되고,
구간 $(\mu \pm 3\sigma)$ 에 관측값의 약 99.7% 가 포함된다.

[그림 2.6]의 고분모양의 분포는 일반적으로 **정규분포**(normal distribution)로 알려져 있다. 제6장에서 자세히 설명할 것이다.

예제 2.7

한 제조공장에서 $n=40$ 명의 근로자에 대하여 특정 작업을 완수하는데 걸리는 시간을 측정한 결과 평균과 표준편차가 각각 12.8 과 1.7 이었다. 경험법칙을 사용하여 표본자료를 설명하시오.

풀이 자료를 설명하기 위하여 우선 구간을 계산하면

$\bar{x} \pm s = 12.8 \pm 1.7$ 또는 11.1 에서 14.5

$$\bar{x} \pm 2s = 12.8 \pm 2(1.7) \quad \text{또는} \quad 9.4 \text{에서 } 16.2$$

$$\bar{x} \pm 3s = 12.8 \pm 3(1.7) \quad \text{또는} \quad 7.7 \text{에서 } 17.9$$

이다. 경험법칙에 따라 자료의 약 68%가 구간 (11.1, 14.5)에 속하고, 95%가 (9.4, 16.2)에 속하고 99.7%가 (7.7, 17.9)에 속한다고 할 수 있다.

측정값의 분포가 고분모양이라 할 수 없는 경우에는 체비세프의 정리를 적용하여 자료의 3/4이 (9.4, 16.2)에 속하고 8/9가 (7.7, 17.9)에 속한다고 할 수 있다. ■

예제 2.8

25명의 교육 실습생들에게 수업계획서를 작성하게 하여 평가항목에 따라 평가한 결과가 〈표 2.2〉이다. 체비세프 정리와 경험법칙을 사용하여 평가결과의 분포를 설명하시오.

〈표 2.2〉 수업계획서 평가 점수

26.1	26.0	14.5	29.3	19.7
22.1	21.2	26.6	31.9	25.0
15.9	20.8	20.2	17.8	13.3
25.6	26.5	15.7	22.1	13.8
29.0	21.3	23.5	22.1	10.2

풀이 자료로부터 $\bar{x} = 21.6$, $s = 5.5$이다. 적당한 구간을 만들어 〈표 2.3〉에 열거하였다. 또한 각 구간에 속하는 측정값의 도수를 세어 상대도수와 함께 〈표 2.3〉에 나타내었다.

〈표 2.3〉 〈표 2.2〉 자료에 대한 구간 $\bar{x} \pm ks$

k	구간 $\bar{x} \pm ks$	도수	상대도수
1	16.1 ~ 27.1	16	0.64
2	10.6 ~ 32.6	24	0.96
3	5.1 ~ 38.1	25	1.00

체비세프 정리를 적용하면

- 관측값의 적어도 3/4은 10.6과 32.6 사이에 있을 것이다.
- 관측값의 적어도 8/9은 5.1과 38.1 사이에 있을 것이다.

〈표 2.3〉을 보면 체비세프의 정리가 사실임을 알 수 있다. 이 자료의 히스토그램을 그린 결과가 [그림 2.7]이다. 고분모양의 분포라 볼 수 있으므로 경험법칙을 적용하면

- 관측값의 약 68%가 16.1과 27.1 사이에 있을 것이다.
- 관측값의 약 95%가 10.6과 32.6 사이에 있을 것이다.

- 관측값의 약 99.7%가 5.1과 38.1 사이에 있을 것이다.

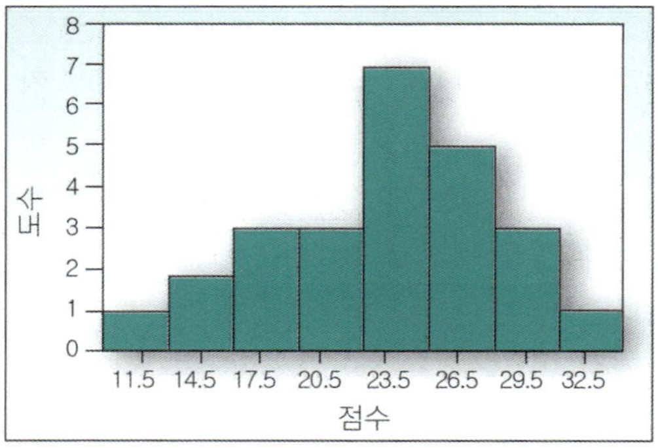

[그림 2.7] 〈표 2.2〉 자료의 히스토그램

〈표 2.3〉의 상대도수가 경험법칙에 의한 값과 매우 유사함을 알 수 있다. ■

2.5 *s* 값의 검토

체비세프의 정리나 경험법칙은 측정값이 대부분 평균에서 2표준편차 사이에 놓인다는 것이다. 이 구간을 [그림 2.8]에 표시하였는데 측정값의 전체 범위가 4표준편차 정도라는 것을 의미한다. 따라서 개략적이지만 s를 구할 때 유용하게 이용할 수 있다. 만약 범위 R이 약 4표준편차라면

$$R \approx 4s \quad \text{혹은} \quad s \approx \frac{R}{4}$$

라 할 수 있다.

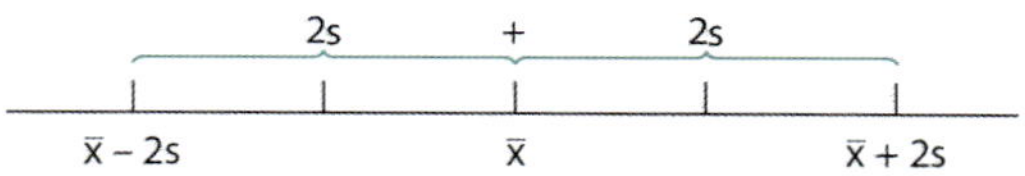

[그림 2.8] s에 대한 범위근사

예제 2.9

[예제 2.5]자료에서 범위근사로 s를 구하시오.

풀이 측정값의 범위가

$$R = 7 - 1 = 6$$

이다. 따라서

$$s \approx \frac{R}{4} = \frac{6}{4} = 1.5$$

이다. ■

표본의 범위는 표본크기 n에 의존한다. n이 크면 범위도 커질 것이다. 50개 이상의 대표본에서 범위는 $6s$ 정도 클 수도 있고 5개 이하인 경우는 $2.5s$보다 작을 수 있다.

표본이 고분모양의 분포에서 추출되었다는 것을 안다면 s에 대한 근사는 다음 표를 활용하면 개선될 수도 있다.

〈표 2.4〉 s에 대한 범위근사

측정값의 수	s에 대한 범위의 기대비율
5	2.5
10	3
25	4

Probability & Statistics

연습문제

2.8 10개 측정값이 다음과 같다.

5	2	3	6	1	2	4	5	1	3

(1) 범위근사를 사용하여 이 자료의 표준편차 s를 추측하시오.

(2) s의 실제 값을 구하여 (1)에서 얻은 값과 비교하시오.

(3) 점도표를 작성하시오. 고분모양의 분포를 하는가?

(4) 체비세프의 정리를 이용하여 자료를 설명할 수 있는가?

(5) 경험법칙을 이용하여 자료를 설명할 수 있는가?

2.9 측정값의 분포가 평균 50과 표준편차 10인 비교적 고분모양이라 한다.

(1) 40과 60사이에 놓일 측정값의 비율은 얼마인가?

(2) 30과 70사이에 놓일 측정값의 비율은 얼마인가?

(3) 30과 60사이에 놓일 측정값의 비율은 얼마인가?

(4) 만약 하나의 측정값을 이 분포로부터 임의로 추출하는 경우 60보다 클 확률은 얼마인가?

2.10 주어진 자료의 평균이 75이고 표준편차가 5이다. 자료의 크기나 분포의 모양에 관하여는 아는 것이 아무것도 없다.

(1) 60과 90사이에 놓일 관측값의 비율이 얼마라고 할 수 있는가?

(2) 65과 85사이에 놓일 관측값의 비율이 얼마라고 할 수 있는가?

(3) 65보다 작은 관측값의 비율이 얼마라고 할 수 있는가?

2.11 긴급 상황에 반응하는데 필요한 시간을 10명의 운전자에 대하여 측정하였다.

0.5	0.8	1.1	0.7	0.6	0.9	0.7	0.8	0.7	0.8

(1) 자료를 살펴보고 s 에 대한 근사값을 구하시오.

(2) 표본평균 $\overline{x}$ 와 표준편차 s 를 구하시오. (1)의 결과와 비교하시오.

2.12 다음은 70명의 학생에 대하여 학번 끝자리를 조사하여 기록한 자료이다.

1	6	9	1	5	9	0	2	8	4
0	7	3	4	2	3	5	8	4	2
3	2	0	0	2	1	2	7	7	4
0	0	9	9	5	3	8	4	7	4
6	6	9	0	2	6	2	9	5	8
5	1	7	7	7	8	7	5	1	8
3	4	1	9	3	8	6	6	6	6

(1) 계급값으로 0부터 9를 사용하여 상대도수 히스토그램을 그리시오. 분포의 모양은 어떠한가? 평균에 대한 가장 좋은 추정값은 얼마인가?

(2) 범위근사를 사용하여 s 값을 짐작하시오.

(3) 표본평균 $\overline{x}$ 와 표준편차 s 를 구하시오. (1)과 (2)의 결과와 비교하시오.

2.13 재목의 양을 추정하기 위하여 임야 소유주는 임의로 선정된 50×50 평방피트 안에 있는 직경 12인치 이상의 나무가 몇 그루 인지를 세기로 하였다. 70곳이 임의로 선택되었고 각 구역 안에서 선택된 나무 수 가 다음 자료이다.

7	8	7	10	4	8	6	8	9	10
9	6	4	9	10	9	8	8	7	9
3	9	5	9	9	8	7	5	8	8
10	2	7	4	8	5	10	7	7	7
9	6	8	8	8	7	8	9	6	8
6	11	9	11	7	7	11	7	9	13
10	8	8	5	9	9	8	5	9	8

(1) 자료의 설명을 위하여 상대도수 히스토그램 또는 히스토그램을 작성하시오.

(2) 50×50 평방피트의 각 구역 안에 있는 평균 μ 의 추정값으로 표본평균 $\overline{x}$ 를 계산하시오.

(3) $\overline{x} \pm s$, $\overline{x} \pm 2s$, $\overline{x} \pm 3s$ 를 계산하여 각 구간에 속하는 비율을 구하고, 경험법칙과 체비세프 정리의 결과와 비교하시오.

2.6 상대적 위치의 측도

경우에 따라 전체 자료와 비교하여 어떤 관측값의 상대적 위치를 알 필요가 있다. 예를 들면, 35 점 만점 시험에서 30 점을 받았다면 다른 학생들의 성적과 비교하여 어떤지를 알고 싶을 것이다. 이러한 경우에 사용하는 것이 자료의 평균과 표준편차를 사용하여 계산하는 z 값(z-score)이다.

정의

표본 z 값(sample z-score)은

$$z\text{값} = \frac{x - \overline{x}}{s}$$

로 정의된 상대적 위치의 측도이다.

z 값은 어떤 관측값과 평균과의 거리를 표준편차의 단위로 측정한 거리이다. 예를 들어 시험성적의 평균과 표준편차가 각각 25 와 4 라 하자. 그러면 30 점에 대한 z 값은

$$z\text{값} = \frac{x - \overline{x}}{s} = \frac{30 - 25}{4} = 1.25$$

이다. 30 점은 평균에서 1.25표준편차 떨어져있다. 즉 $30 = \overline{x} + 1.25s$ 이다.

z 값은 특정 관측값이 이상점인지를 결정하는 좋은 도구이다.

체비세프 정리와 경험법칙에 따르면:

- 관측값의 적어도 75% 와 95% 가 평균에서 2 표준편차 안에 놓인다. z 값들이 -2 와 2 사이이다. z 값의 절대값이 2 를 초과하는 관측값은 전체의 약 5% 이라는 이야기이다.
- 관측값의 적어도 89% 와 99.7% 가 평균에서 3 표준편차 안에 놓인다. z 값들이 -3 과 3 사이이다. z 값의 절대값이 3 을 초과하는 관측값은 전체의 1% 이하라는 이야기이다.

예제 2.10

다음과 같은 $n = 10$ 의 관측값이 있다.

1	1	0	15	2	3	4	0	1	3

측정값 $x = 15$ 는 이상하게 크다. 이 값에 대한 z 값을 계산하고 설명을 하시오.

풀이 자료로부터 $\overline{x} = 3.0$, $s = 4.42$ 이다. $x = 15$ 에 대한 z 값은

$$z\text{값} = \frac{x - \overline{x}}{s} = \frac{15 - 3}{4.42} = 2.71$$

이다. 비록 z 값이 3을 초과하지는 않았지만 $x = 15$ 가 이상점은 아닌지를 고려해 보아야만 한다. ■

백분위수(percentile)는 상대적 위치의 다른 측도로 대단위 자료에 적합하다.

정의

변수 x에 대한 크기 n의 측정값을 크기순으로 정렬한다. 제p백분위수(p th percentile)는 측정값의 $p\%$ 보다는 크고 나머지 $(100-p)\%$ 보다는 작은 x 값이다.

예제 2.11

어떤 시험에서 610점을 맞았는데 성적분포에서 제60 백분위수에 해당된다고 한다. 시험을 치른 다른 학생들의 점수와 비교하면 610점은 어느 위치인가?

풀이 제60백분위수에 해당되는 점수는 시험성적의 60%가 610점보다 낮다는 것이고, 40%가 높다는 것이다. ■

일반적으로 변수 x에 대한 제60 백분위수는 [그림 2.8]과 같이 측정값의 60% 보다 크고 40% 보다 작은 자료 분포의 수평축의 점이다.

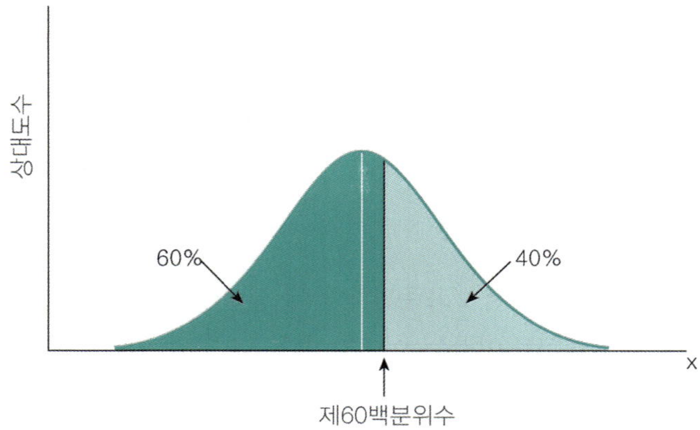

[그림 2.8] 자료의 상대도수히스토그램에서 제60백분위수

자료의 중앙값 m 은 중간 측정값으로 측정값의 50% 가 그 값보다 작고 50% 가 그 값보다 크다. 즉 제50 백분위수와 같다.

제1사분위수와 제3사분위수로 불리는 제25 백분위수와 75 백분위수는 자료를 4등분하는 점이다. 사분위수와 중앙값과의 관계를 [그림 2.9]에 나타내었다.

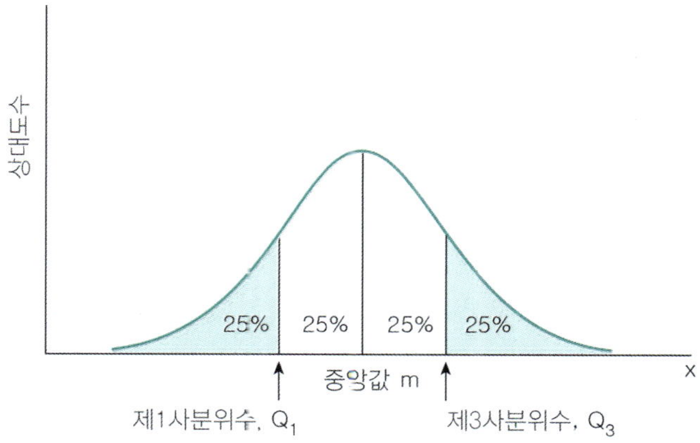

[그림 2.9] 사분위수의 위치

정의

변수 x 에 대한 크기 n 의 측정값을 크기 순서로 정렬한다. **제1사분위수**(first quartile) Q_1 은 측정값의 1/4보다는 크고 나머지 3/4보다는 작은 x 값이다. **제2사분위수**(second quartile) Q_2 는 중앙값이다. **제3사분위수**(third quartile) Q_3 는 측정값의 3/4보다는 크고 나머지 1/4보다는 작은 x 값이다.

1 표본 사분위수의 계산

- 측정값이 크기 순서로 정렬되었을 때 제1사분위수 Q_1 은 $0.25\times(n+1)$ 번째 자료 값이고, 제3사분위수 Q_3 는 $0.75\times(n+1)$ 번째 자료 값이다.
- $0.25\times(n+1)$ 와 $0.75\times(n+1)$ 가 정수가 아니면 사분위수는 인접한 두 개 값을 사용하여 보간법으로 구한다.

예제 2.12

다음 자료에 대하여 제1사분위수와 제3사분위수를 구하시오.

16	25	4	18	11	13	20	8	11	9

풀이 측정값을 크기순서로 정렬한다.

4	8	9	11	11	13	16	18	20	25

$$Q_1 \text{ 의 위치} = 0.25(n+1) = 0.25(10+1) = 2.75,$$
$$Q_3 \text{ 의 위치} = 0.75(n+1) = 0.75(10+1) = 8.25$$

이다. 정수가 아니므로 보간법을 사용하면

$$Q_1 = 8 + 0.75(9-8) = 8 + 0.75 = 8.75,$$

$$Q_3 = 18 + 0.25(20 - 18) = 18 + 0.5 = 18.5$$

이다. ■

중앙값과 사분위수는 자료를 4등분한다. Q_1 과 Q_3 는 가운데 50% 자료값의 하한과 상한이다. 이 가운데 50% 자료값의 범위를 **사분위수범위**(interquartile range)라 부른다.

> **정의**
>
> 자료의 **사분위수범위**(interquartile range : IQR)는 제3사분위수와 제1사분위수와의 차이이다. 즉 $IQR = Q_3 - Q_1$.

[예제 2.12]에서 $IQR = Q_3 - Q_1 = 18.5 - 8.75 = 9.75$ 이다.

2.7 5개 수치 요약값과 상자그림

[그림 2.9]의 중앙값과 제1, 3사분위수는 자료를 같은 개수의 측정값을 갖는 4개의 집합으로 나눈다. 여기에 자료의 최대값과 최소값을 더하면 자료분포를 개략적으로 요약할 수 있다. 이것을 **5개 수치 요약값**(five-number summary)이라 부른다. 이 수치들을 이용하여 자료의 분포를 시각적으로 설명하는 **상자그림**(box plot)을 그릴 수 있다. 상자그림을 통하여 분포의 비대칭정도를 빠르게 알 수 있고 자료의 이상점의 존재 여부를 알 수 있다. 자료에 이상점이 있다면 $\overline{x}$ 나 s 와 같은 측도는 왜곡될 수 있다. 따라서 자료에 이상점이 있다면 이상점이 왜 발생했는지에 대한 검토가 필요하다. 상자그림은 초기 분석에서 이러한 이상점을 검출하는데 도움이 된다.

1 상자그림 작성순서

- 자료로부터 중앙값, 제1사분위수, 제3사분위수와 IQR 을 계산한다.
- 측정값의 단위를 나타내는 수평선을 그린다. [그림 2.10]과 같이 왼쪽 끝이 Q_1, 오른쪽 끝이 Q_3 를 나타내는 상자를 선 윗부분에 그리고 상자안의 중앙값 위치에 수직선을 그린다.

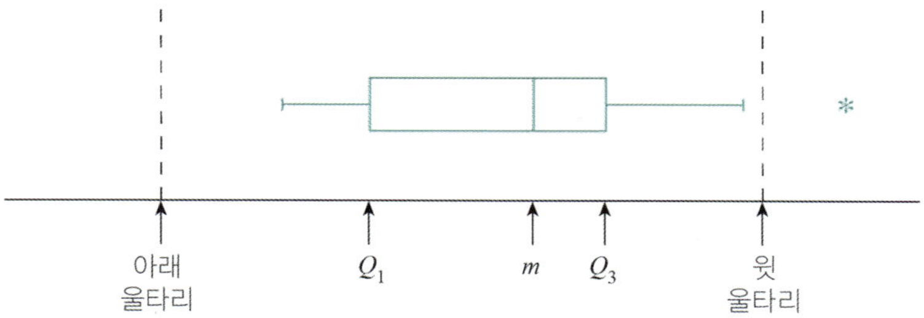

[그림 2.10] 상자그림

2.6절에서 z 값은 이상하게 큰 값이나 작은 값을 찾는 경계를 제시해 주었다. z 값의 절대값이 2 나 3보다 큰 것을 찾으면 되었다. 상자그림은 이상점을 분리하기 위한 울타리를 치기 위하여 IQR을 사용한다.

- 아래 울타리 : $Q_1 - 1.5 \times IQR$
- 윗 울타리 : $Q_3 + 1.5 \times IQR$
- 도표에 *를 이용하여 이상점을 표시한다.

위와 아래 울타리를 [그림 2.10]에서 점선으로 나타내었지만 일반적으로 상자그림에 그리지는 않는다. 울타리를 벗어나 있는 측정값을 **이상점**(outlier)이라 한다. 울타리 안쪽 값 중에서 아래 울타리에 가장 가까운 값과 윗 울타리에 가장 가까운 값을 상자와 [그림 2.10]과 같이 연결한다.

예제 2.13

다음 자료는 8종류의 치즈의 단위 조각 당 염분함량(mg)이다. 상자그림을 그려 이상점을 찾으시오.

340	300	520	340	320	290	260	330

풀이 8개의 측정값을 크기순으로 재 정렬하면

260	290	300	320	330	340	340	520

이다. 중앙값, Q_1과 Q_3의 위치는 각각

$$0.5\ (n+1) = 0.5\ (9) = 4.5$$

$$0.25(n+1) = 0.25(9) = 2.25$$

$$0.75(n+1) = 0.75(9) = 6.75$$

이므로 $m = (320+330)/2 = 325$, $Q_1 = 290 + 0.25(10) = 292.5$, $Q_3 = 340$ 이다.

$$IQR = Q_3 - Q_1 = 340 - 292.5 = 47.5$$

이고 아래 울타리는

$$292.5 - 1.5(47.5) = 221.25$$

이고, 윗 울타리는

$$340 - 1.5(47\ 5) = 411.25$$

이다. [그림 2.11]이 그 결과이다. 그림으로부터 $x = 520$ 이 이상점임을 알 수 있다.

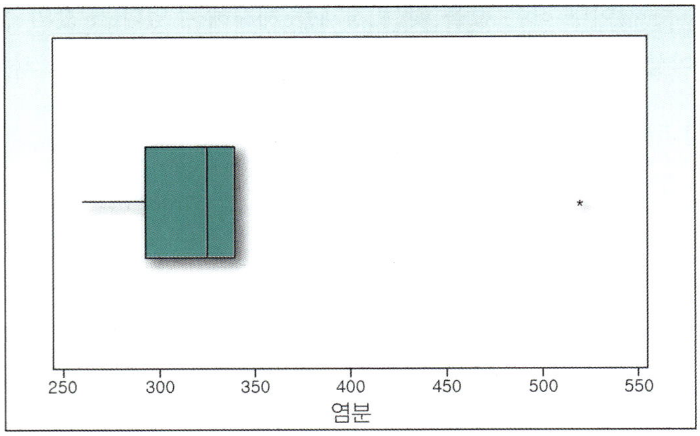

[그림 2.11] [예제 2.11]의 상자그림

Probability & Statistics

연습문제

2.14 다음 표본자료에 대하여 5개 수치 요약값과 IQR을 구하시오.

19	12	16	0	14	9	6	1	12	13	10	19	7	5	8

2.15 다음과 같은 자료가 주어졌다.

0.23	0.30	0.35	0.41	0.56	0.58	0.76	0.80

(1) Q_1과 Q_3를 구하시오.

(2) IQR을 구하시오.

(3) 아래와 윗 울타리를 구하시오. 이상점이 존재하는가?

2.16 다음 표본자료에 대하여 상자그림을 그리고 이상점을 확인하시오.

3	9	10	2	6	7	5	8	6	6	4	9	22

2.17 환경과학자들은 바다포유동물의 중독성분의 축적과 후대에의 전이에 많은 관심을 가지고 있다. 바다먹이사슬에서 상위 육식동물로 알려진 줄무늬 돌고래도 그러한 연구과제이다. 28마리의 감놈 줄무늬 돌고래의 간에 있는 수은 농도($\mu g/g$)가 다음과 같다.

1.70	183.00	221.00	286.00
1.72	168.00	406.00	315.00
8.80	218.00	252.00	241.00
5.90	180.00	329.00	397.00
101.00	264.00	316.00	209.00
85.40	481.00	445.00	314.00
118.00	485.00	278.00	318.00

(1) 5개 수치 요약값을 구하시오.

(2) 상자그림을 그리시오.

(3) 이상점이 있는가?

(4) 만약 처음 4마리의 돌고래는 3살 미만이고 나머지 돌고래는 8살 이상이라는 정보가 있다면 이정보는 측정값의 차이에 관하여 설명할 때 도움이 되는가? 이유는?

2.18 다음은 미식축구경기 한 시즌에서 A와 B 두 선수들에 의한 패스 성공 횟수를 기록한 자료이다.

A					B				
19	21	7	19	15	24	37	25	28	34
25	34	27	19	12	29	30	27	35	33
22	27	25	18	21	29	22	24	23	21
					24				

(1) 두 선수들이 기록한 성공한 패스 수의 5개 수치 요약값을 구하시오.

(2) 두 자료의 상자그림을 작성하시오. 이상점이 있는가? 상자그림을 보면 두 분포의 모양은 어떠한가?

(3) 두 선수의 성공한 패스 수에 대하여 간단히 비교 설명하시오.

2.19 다음 자료는 부신피질호르몬제를 처방받은 활동성 간염환자들의 생존시간(단위 : 월)을 나타낸다.

8	87	127	147	11	93	133	148	52	97
139	157	57	109	142	162	65	120	144	165

(1) 자료는 대략적으로 대칭이라 할 수 있는가?

(2) 평균과 중앙값을 구하시오. 이들 측도를 사용하여 자료가 대칭인지를 결정하시오.

(3) 상자그림을 작성하여 자료를 설명하시오. (2)에서 얻은 결론과 일치하는지를 설명하시오.

CHAPTER 03

이변량 자료

3.1 이변량 자료

연구자들은 조사과정에서 측정될 수 있는 하나 이상의 변수에 관심을 갖는 경우가 많다. 예를 들면, 자동차 보험회사는 피보험자가 소유한 자동차의 대수 뿐 만아니라 세대내의 운전자 수에도 관심이 있을 것이다. 경제학자는 한 가구의 주당 식료품비와 가족 수를 측정할 필요가 있을 것이다. 부동산회사는 주택가격과 넓이를 측정할 것이다.

한 실험 단위에서 두 변수가 측정되었을 때 얻어진 자료를 **이변량 자료**(bivariate data)라 한다. 이 자료를 어떻게 표현하여야만 하는가? 두 변수를 따로 연구하는 것도 중요하지만 두 변수 사이의 연관성을 탐구하고자 할 수도 있다. 변수의 종류에 관계없이 이변량 자료를 도표로 표현하는 방법을 통하여 두 변수를 동시에 연구할 수 있다.

3.2 질적변수를 위한 도표

두 변수 중 적어도 하나가 질적 혹은 범주형인 경우 원도표, 선도표, 막대도표를 사용하여 자료를 보여주고 설명할 수 있다. 예제를 가지고 설명한다.

예제 3.1

〈표 3.1〉은 미국에서 400명의 대학교수들을 추출하여 대학의 형태와 직위별 급여를 조사한 결과이다. 각 칸 안의 수치는 평균 연봉(단위: 천 달러)을 나타낸다. 사립대학 교수들의 급여가 공립대학 교수들 보다 많은지를 그래프를 사용하여 답하시오.

〈표 3.1〉 대학의 소속과 직위에 따른 평균 급여

	교수	부교수	조교수
공립	98.1	72.7	61.5
사립	110.5	74.9	61.6

풀이 [그림 3.1]과 같이 막대의 높이를 평균급여로 놓고 가로축을 직위로 잡아 나란히 있는 막대도표(side-by-side bar chart)를 그릴 수 있다. 도표로부터 교수인 경우 사립대학이 급여가 높다는 것을 알 수 있다. 다른 경우에는 현저한 차이를 보이지를 않는다.

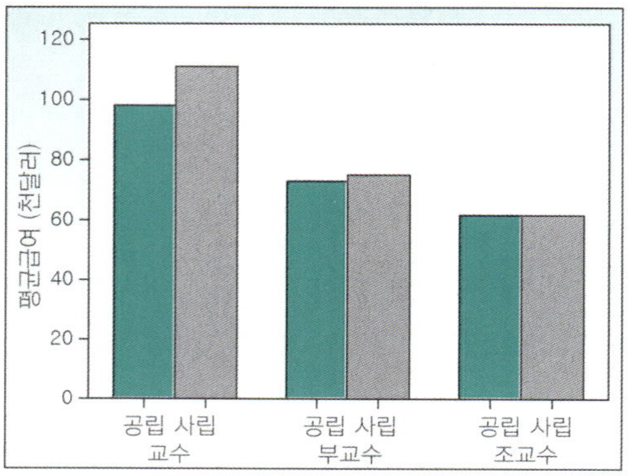

[그림 3.1] [예제 3.1]의 막대도표

■

예제 3.2

〈표 3.2〉는 [예제 3.1]의 400명의 대학교수들을 대학의 형태와 직위별로 분류한 자료이다. 도표를 사용하여 사립대학과 공립대학의 직위별 교수 수를 비교하시오.

〈표 3.2〉 대학의 형태와 직위에 따른 교수 수

	정교수	부교수	조교수	합계
공립	24	57	69	150
사립	60	78	112	250

풀이 사립대학과 공립대학의 교수 수를 비교하기 위하여 [그림 3.2]와 같이 두 개의 나란히 있는 원도표(side-by-side pie chart)를 나란히 그릴 수 있다.

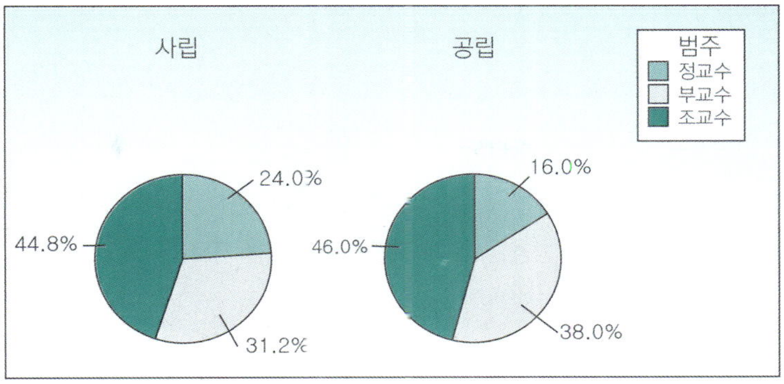

[그림 3.2] [예제 3.2]의 원도표

다른 방법으로는 [그림 3.3]과 같은 쌓인 막대도표(stacked bar chart)도 이용할 수 있다.

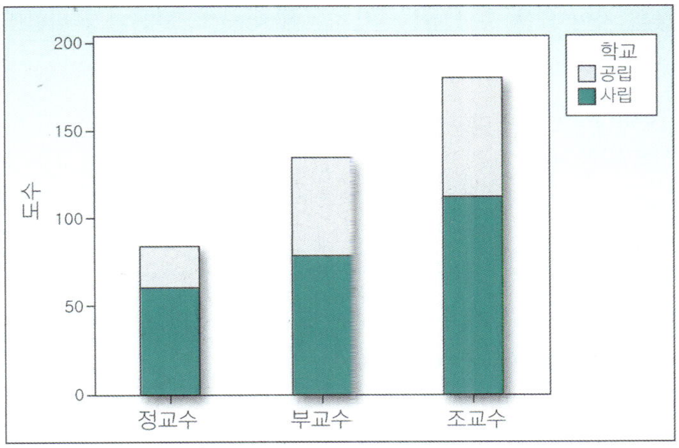

[그림 3.3] [예제 3.2]의 막대도표

비록 도표들이 뚜렷한 차이를 보이지는 않지만 사립대학보다 공립대학이 정교수 비율이 낮고, 부교수 비율은 높다는 것을 알 수 있다.

공립과 사립대학에 대한 분포를 비교하는 다른 방법으로는 조건부 자료분포(conditional data distribution)를 이용하는 것이다. 〈표 3.3〉이 조건부 분포이다. 상대도수가 실제 도수보다 비교하기가 더 쉽고 같은 결론을 얻을 수 있다.

- 조교수 비율은 사립과 공립이 거의 같다.
- 공립대학이 정교수 비율은 낮고 부교수 비율은 더 높다.

〈표 3.3〉 공립과 사립의 직위에 의한 교수 비율

	정교수	부교수	조교수	합계
공립	24/150=0.16	57/150=0.38	69/150=0.46	1.00
사립	60/250=0.24	78/250=0.31	112/250=0.45	1.00

연습문제

3.1 성차별에 관한 질문에 대한 남성과 여성의 반응을 세 개 그룹으로 분류한 자료이다.

	그룹 1	그룹 2	그룹 3
남성	37	49	72
여성	7	50	31

(1) 나란히 있는 원도표를 사용하여 자료를 설명하시오.

(2) 나란히 있는 막대도표를 사용하여 자료를 설명하시오.

(3) 쌓인 막대도표를 사용하여 자료를 설명하시오.

(4) 남성과 여성의 반응의 차이 또는 유사성을 설명하는데 어느 도표가 가장 바람직한가?

3.2 다음 표는 4가지 범주에 대한 남녀의 주당 평균 소비금액(단위 : 1000원)을 나타낸다.

	A	B	C	D
남성	54	27	105	22
여성	21	85	100	75

(1) 남성과 여성의 소비 패턴을 비교하기 위하여 무슨 도표를 사용할 수 있는가?

(2) 두 가지 다른 도표를 선택하여 자료를 나타내시오.

(3) 남성과 여성의 소비패턴에 대한 유사성 혹은 차이점을 말할 수 있는가?

(4) (2)에서 작성한 도표 중 어느 것이 더 나은가?

3.3 198명의 부모와 200명의 자녀들에 대하여 자유시간에 대한 조사를 실시한 결과이다. 부모에게는 "당신의 자녀는 얼마나 많은 자유시간을 가졌습니까?", 자녀에게는 "얼마나 많은 자유시간을 가졌습니까?"라는 질문을 하여 반응을 4가지 범주로 정리한 것이다.

	적당하다	부족하다	너무 많다	모르겠다
부모	138	14	40	6
자녀	130	48	16	6

(1) 연구자가 관심이 있는 모집단과 표본을 정의하시오.

(2) 이 조사에서 측정된 변수를 설명하시오. 이 변수들은 질적변수인가 양적변수인가? 이 자료는 일변량 자료인가 이변량 자료인가?

(3) 칸 안의 숫자는 무엇을 나타내는가?

(4) 원도표를 사용하여 부모와 자녀의 반응을 비교하시오.

(5) 이 자료를 설명할 수 있는 다른 도표를 작성하여 원도표와 비교하시오.

3.4 어떤 도시에서 126가구를 임의로 추출하여 가구원수와 거주형태를 조사한 자료이다.

가구원수	거주형태		
	아파트	연립주택	단독주택
1	8	10	2
2	15	4	14
3	9	5	24
4이상	6	1	28

(1) 각각의 주거형태에 따른 가구원수를 비교하기 위하여 나란히 있는 막대도표를 작성하시오.

(2) 각각의 주거형태에 따른 가구원수를 비교하기 위하여 쌓인 막대도표를 작성하시오.

3.3 두 양적 변수를 위한 산점도

한 양적변수를 수평축(x 축)으로 잡고 다른 양적변수를 수직축(y 축)으로 잡아 각 관측값을 $(x,\ y)$ 평면에 점으로 나타낸 그림을 산점도(scatter plot)라 한다. 산점도를 통하여 두 변수 x, y의 연관성을 설명할 수 있다.

- 어떤 경향을 볼 수 있는가? 직선경향을 따라 일정하게 증가, 감소하는가? 곡선경향이 있는가? 어떤 경향도 없이 임의로 흩어져 있는가?
- 경향은 어느 정도로 강한가? 모든 점들이 정확하게 경향을 따르는가? 혹은 연관성이 약하게 보이는가?
- 이상점이 있는가? 이상점은 다른 점들과 멀리 떨어져 있는 점이다. 점들이 그룹을 형성하는가? 만약 그렇다면 관찰된 그룹에 대한 설명이 있는가?

예제 3.3

어느 지역에 거주하는 6가구를 뽑아 가구원수 x와 주당 식료품비 지출액 y(단위 : 천원)를 측정하였다. 산점도를 그리시오.

x	2	2	3	4	1	5
y	95.75	110.19	118.33	150.92	85.86	180.62

풀이 수평축을 x, 수직축을 y라 하고 6쌍의 관측값의 좌표 $(x,\ y)$를 사용하여 점을 찍는다. [그림 3.4]가 그 결과이다. 그림으로부터 식료품비 지출액은 직선적인 연관성으로 가구원수에 따라 증가한다는 것을 알 수 있다.

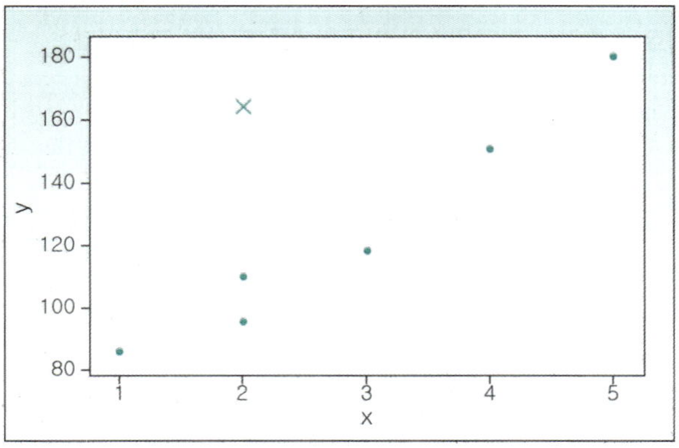

[그림 3.4] [예제 3.3]의 산점도

가구원수가 2이고 식료품비 지출액이 165인 가구가 있다고 가정하자. 그 점을 [그림 3.4]에서 ×로 나타내었다. 다른 6점의 직선적인 경향과는 적합하지 않는 이상점으로 간주된다. ■

예제 3.4

포도주 수입회사는 가격과 수요의 관계를 연구하고자 일반적으로 10,000원에 판매되는 포도주를 10곳의 전문상점에서 5 수준의 가격으로 12개월간 판매를 하였다. 〈표 3.4〉가 그 자료이다. 산점도를 작성하고 가격과 수요의 연관성을 설명하시오.

〈표 3.4〉 5 수준의 가격에서 판매된 와인 수

인구10,000명당 판매된 와인수	병당 가격
23, 21	10,000
19, 18	11,000
15, 17	12,000
19, 20	13,000
25, 24	14,000

풀이 10개의 자료점을 [그림 3.5]에 나타내었다. 가격이 10,000원에서 12,000원으로 바싸짐에 따라 수요는 감소한다. 그러나 가격이 12,000원에서 14,000원으로 비싸지는데 수요는 오히려 증가한다. 자료는 가격이 변동에 따라 수요가 변동하는 곡선경향을 보인다. 이 관계를 어떻게 설명하겠는가? 아마 12,000원 이상에서 가격상승이 소비자에 대하여 품질상승의 신호로 보였을 수도 있다. 다른 이유도 생각할 수 있을 것이다.

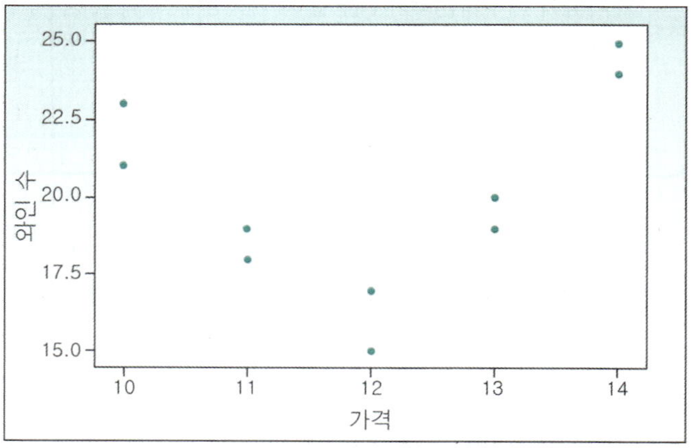

[그림 3.5] [예제 3.4]의 산점도

■

3.4 양적 이변량 자료의 수치적 측도

산점도에서 가장 일반적으로 볼 수 있는 경향은 증가나 감소의 비율이 일정하다는 것이다. [그림 3.4]의 산점도는 직선적인 경향을 나타낸다. 이러한 경우에 두 변수는 직선관계(linear relationship)를 갖는다고 한다.

예제 3.5

〈표 3.5〉 자료는 12개 주거용 건물의 주거면적 x와 판매가격 y를 나타낸다. 산점도를 그리시오.

〈표 3.5〉 12개 건물의 주거면적과 판매가격

건물	x (단위 : 제곱 피트)	y (단위 : 천 달러)
1	1360	278.5
2	1940	375.7
3	1750	339.5
4	1550	329.8
5	1790	295.6
6	1750	310.3
7	2230	460.5
8	1600	305.2
9	1450	288.6
10	1870	365.7
11	2210	425.3
12	1480	268.8

풀이 주거면적 x를 수평축, 판매가격 y를 수직축으로 잡아 그린 산점도가 [그림 3.6]이다. 두 변수는 직선적인 경향이 있다는 것을 알 수 있다.

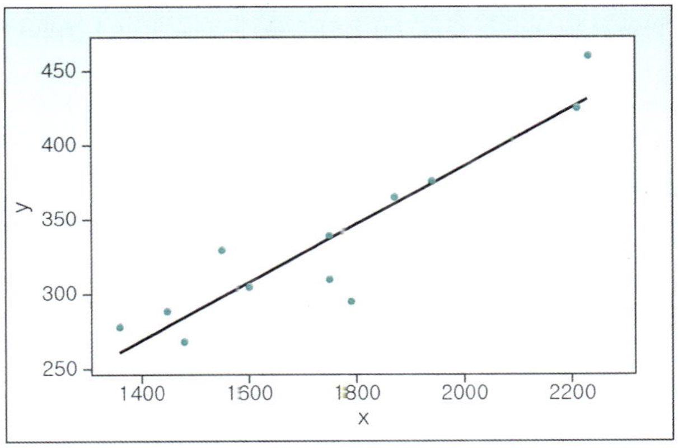

[그림 3.6] [예제 3.5]의 산점도

■

[예제 3.5] 자료를 각 변수 x와 y의 평균과 표준편차 같은 기술측도를 가지고 개별적으로 설명할 수도 있다. 그러나 이와 같은 측도는 x와 y의 연관성 즉, 주거면적과 판매가격의 연관성을 설명하는 것은 아니다. x와 y의 연관성을

설명하는데 사용되는 단순한 측도가

$$r = \frac{s_{xy}}{s_x s_y}$$

로 정의된 상관계수(correlation coefficient)이다. s_x 와 s_y 는 변수 x 와 y 의 표준편차이다. s_{xy} 는 x 와 y 의 공분산(covariance)으로

$$s_{xy} = \frac{1}{n-1}\sum_{i=1}^{n}(x_i - \overline{x})(y_i - \overline{y}) = \frac{1}{n-1}[\sum_{i=1}^{n} x_i y_i - (\sum_{i=1}^{n} x_i)(\sum_{i=1}^{n} y_i)/n]$$

로 정의된다. 공분산이 어떻게 자료의 직선적인 경향을 찾아내어 측정하는지를 살펴본다.

r 혹은 s_{xy} 의 분자에 있는 교차곱(cross product) $(x_i - \overline{x})(y_i - \overline{y})$ 의 부호를 살펴보자. [그림 3.7]에서 자료 점 $(x,\ y)$ 가 산점도에서 I 혹은 III 에 있을 때는 교차곱은 양수일 것이지만 II 혹은 IV 에 속할 때는 교차곱은 음수가 된다. 다음 결론을 내릴 수 있다.

- 많은 점들이 I 과 III 에 있을 때는 s_{xy} 와 r 의 부호는 양수일 것이다.
- 많은 점들이 II 와 IV 에 있을 때는 s_{xy} 와 r 의 부호는 음수일 것이다.
- 점들이 네 영역에 흩어져있을 때는 s_{xy} 와 r 은 0 에 가까울 것이다.

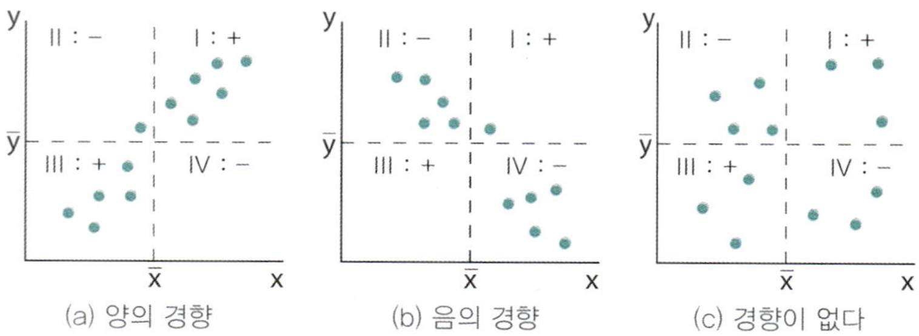

[그림 3.7] 공분산 공식에서 교차곱의 부호

공학용 계산기나 컴퓨터 프로그램을 이용하여 상관계수를 구할 수 있다. 상관계수 r 은 언제나 -1 과 1 사이에 놓인다. r 이 양수일 때, y 가 증가하면 x 도 증가하고 그 반대도 성립한다. r 이 음수일 때, y 가 증가하면 x 는 감소하고 y 가 감소하면 x 는 증가한다. r 이 1 혹은 -1 일 때, 모든 점들은 정확하게 직선위에 놓인다. $r = 0$ 라면 두 변수사이에는 뚜렷한 직선적인 연관성은 존재하지 않는다. r 값이 1 혹은 -1 에 가까울수록 두 변수 사이의 선형 연관성은 더 강하게 된다.

예제 3.6

[예제 3.5] 자료를 이용하여 주거면적과 판매가격의 상관계수를 구하시오.

풀이 상관계수를 구하려면 세 개의 양이 필요하다. x 와 y 의 합과 표준편차를 구하면 각각

$$\sum_{i=1}^{n} x = 20,980, \ s_x = 281.4842, \ \sum_{i=1}^{n} y = 4043.5, \ s_y = 59.7592$$

이다. 공분산은

$$\begin{aligned} s_{xy} &= \frac{1}{n-1}\left[\sum_{i=1}^{n} x_i y_i - \left(\sum_{i=1}^{n} x_i\right)\left(\sum_{i=1}^{n} y_i\right)/n\right] \\ &= \frac{1}{11}[7,240,383 - (20,980)(4043.5)/12] = 15,545.19697 \end{aligned}$$

이므로

$$r = \frac{s_{xy}}{s_x s_y} = \frac{15,545.19697}{(281.4842)(59.7592)} = 0.9241$$

이다. ■

자주 두 변수 x와 y가 특별하게 연관되어 있을 수도 있다. 즉, y의 값이 x값에 의존하는 경우이다. 예를 들면, 주택 가격(y)이 거실면적(x)에 의존할 수도 있고, 학생들의 성적평균(x)을 가지고 성취도시험(y)의 점수를 설명할 수도 있을 것이다. 이러한 상황에서 y를 **종속변수**(dependent variable), x를 **독립변수**(independent variable)라 부른다.

두 변수 중 하나를 종속변수, 다른 하나를 독립변수로 분류할 수 있고, 자료가 직선적인 경향을 보이면 [그림 3.8]에서와 같이 직선의 방정식

$$y = c + bx$$

를 사용하여 x에 대한 y의 연관성을 설명할 수 있다.

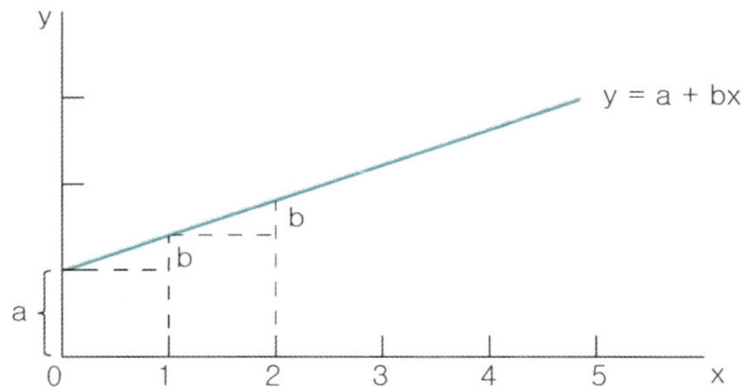

[그림 3.8] 직선의 그래프

그림에서 알 수 있듯이 a는 직선과 y축이 만나는 점으로 y-**절편**(intercept)이라 부른다. 또한 x가 한 단위 증가할 때 y는 b만큼 증가한다. b의 부호에 따라 증감이 결정된다. 이 b를 직선의 **기울기**(slope)라 한다.

모든 점들이 직선위에 존재하지는 않지만 직선적인 경향을 볼 수 있다면 이 점들을 관통하는 최선의 직선을 적합하여 설명할 수 있을 것이다. x에 대한 y의 최적 적합직선을 **회귀**(regression) 또는 **최소제곱직선**(least-squares line)이라 하고, [그림 3.9]에서와 같이 자료점과 직선과의 차의 제곱의 합이 최소가 되도록 하여 a와 b를 구할 수 있다. 수학적인 유도는 12장에서 다룬다. 최소제곱회귀직선을 구하면 다음과 같다.

$$y = a + bx, \qquad b = r\left(\frac{s_y}{s_x}\right) = \frac{s_{xy}}{s_x^2}, \quad a = \bar{y} - b\bar{x}$$

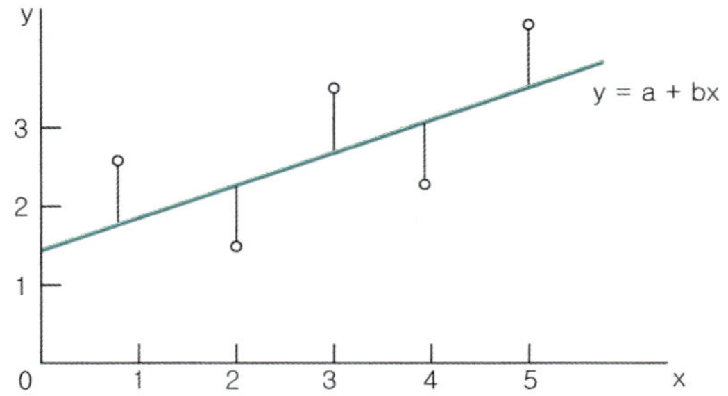

[그림 3.9] 최적 적합직선

s_x와 s_y가 둘 다 양수이므로 b와 r은 같은 부호를 갖는다.

- r이 양수라면 b도 양수이므로 직선은 x에 따라 증가한다.
- r이 음수라면 b도 음수이므로 직선은 x에 따라 감소한다.
- r이 0에 가깝다면 b도 0에 가깝다.

예제 3.7

다음은 근무경력 년수 x와 시간당 초기임금 y(단위 : 천원)에 관한 자료이다. x에 대한 y의 최적회귀직선을 구하고 산점도 상에 직선을 그리시오.

x	2	3	4	5	6	7
y	6.00	7.50	8.00	12.00	13.00	15.50

풀이 x와 y에 대하여 필요한 계산을 하면

$$\bar{x} = 4.5,\ \bar{y} = 10.333,\ s_x = 1.871,\ s_y = 3.710,\ r = 0.980$$

이므로

$$b = r\left(\frac{s_y}{s_x}\right) = 0.980\left(\frac{3.710}{1.871}\right) = 1.9432389 \approx 1.943,$$

$$a = \bar{y} - b\bar{x} = 10.333 - 1.943(4.5) = 1.590$$

이다. 따라서 최적회귀직선은

$$y = 1.590 + 1.943x$$

이다. [그림 3.10]에 산점도와 회귀직선을 나타내었다. 회귀직선은 x값을 알고 있는 경우 y값을 예측하는데 사용할 수 있다. 예를 들면 근무 경력이 3년인 사람의 초기임금은

$$y = 1.590 + 1.943 \times 3 = 7.419$$

라 예측하는 것이 최선이다.

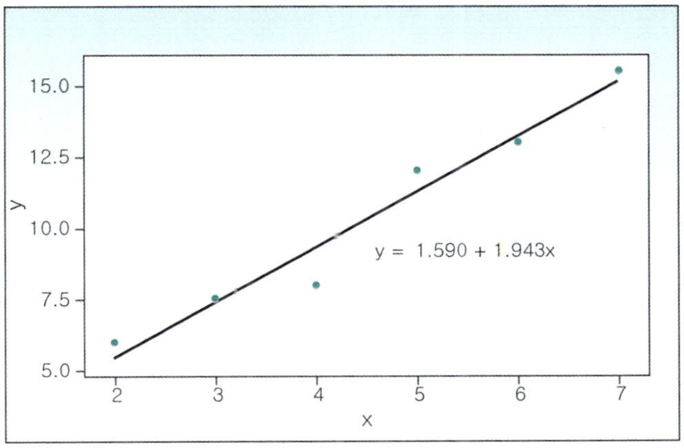

[그림 3.10] [예제 3.7]의 산점도와 회귀직선

■

언제 상관계수를 사용하여 x 와 y 의 연관성을 설명하고, 언제 회귀직선을 사용하여야 하는가? 회귀직선은 x 의 값을 미리 정하고 난 다음에 y 를 측정하는 경우에 사용한다. 상관계수는 실험단위가 임의로 추출되고 동시에 x 와 y 에 대하여 측정이 이루어질 때 사용한다. 이론적으로는 12장에서 자세하게 다룰 것이다.

많은 자료 분석자들은 관련된 변수들의 그림을 통하여 자료에 기초한 탐사를 시작한다. 두 변수 사이의 연관성에 관심이 있다면 중심위치의 측도, 산포도와 상관계수와 함께 산점도를 통하여 변수사이의 관계를 파악하는 것이 중요하다.

Probability & Statistics

연습문제

3.5 두 변수 x 와 y 의 연관성이 회귀직선 $y = 2.0 + 0.5x$ 로 설명될 수 있다고 가정한다.

(1) x 의 한 단위 변화에 대한 y 의 변화는 얼마인가?

(2) x 가 증가하면 y 값은 증가하는가 감소하는가?

(3) 직선이 y 축과 교차하는 점은 얼마인가?

(4) $x = 2.5$ 라면 최소제곱식을 사용하여 y 값을 예측하시오. $x = 4.0$ 이라면 얼마인가?

3.6 다음은 x 와 y 에 대한 이변량 자료이다.

(3, 6)	(5, 8)	(2, 6)	(1, 4)	(4, 7)	(4, 6)

(1) 산점도를 그리시오.

(2) x와 y 사이에 어떤 연관성이 나타나는가? 그렇다면 설명하시오.

(3) x와 y의 상관계수 r을 구하시오.

(4) 공식을 사용하여 최적 적합직선을 구하여 산점도에 나타내시오. 직선이 점들의 중심을 통과하는가?

3.7 다음과 같은 이변량 자료가 주어졌다.

x	1	2	3	4	5	6
y	5.6	4.6	4.5	3.7	3.2	2.7

(1) 산점도를 그리시오.

(2) x와 y 사이에 어떤 연관성이 나타나는가? 그렇다면 설명하시오.

(3) x와 y의 상관계수 r을 구하시오. r값은 (2)에서의 결론을 확고히 하는가?

3.8 어느 지역에 거주하는 6가구를 뽑아 가구원수 x와 주당 식료품비 지출액 y(단위 : 천원)를 측정하였다.

x	2	2	3	4	1	5
y	95.75	110.19	118.33	150.92	85.86	180.62

(1) 최적회귀직선을 구하시오.

(2) 산점도에 회귀직선을 나타내시오.

(3) 가구원수가 6인 경우에 주당 식료품비 지출액은 얼마라고 추정할 수 있는가? 적합된 직선을 사용하여 이것을 추정하여야만 하는가? 이유는?

3.9 7명의 단순 핸디캡을 갖고 있는 학생들에게 사회성 기술훈련을 실시하여 사전/사후 측정을 하여 프로그램이 행동평가에서 개선이 되는 지를 알아보려고 하였다. 다음은 사전/사후 테스트 점수이다.

학생	사전 테스트	사후 테스트
1	101	113
2	89	89
3	112	121
4	105	99
5	90	104
6	91	94
7	89	99

(1) 산점도를 그리시오.

(2) (1)에서의 그래프를 사용하여 사전 테스트와 사후 테스트의 연관성을 설명하시오. 어떤 경향이 보이는가?

(3) 상관계수를 구하고 설명하시오. 상관계수는 산점도에서 분명하였던 연관성을 보강하는가?

3.10 기술이 발전함에 따라 TV선택도 복잡하게 되었다. 다음은 상위 10개의 TV의 가격과 화면 크기에 관한 자료이다.

브랜드	가격(달러)	크기	브랜드	가격(달러)	크기
소니 KDL-52NX800	2340	52	소니 KDL-46XBR10	2500	46
삼성 LN55C650	1600	55	삼성 UN46C8000	2200	46
비지오 VF550M	1330	55	비지오 SV472XVT	1400	47
소니 KDL-60EX700	2700	60	삼성 UN46C7000	2100	46
샤프 LC-52LE700	1620	52	LG 47LD450	900	47

(1) 두 변수 중에서 어느 것이 독립변수이고 어느 것이 종속변수인가?

(2) 산점도를 그리시오. 연관성이 직선으로 나타나는가?

3.11 이삭 아시모프 (Isaac Asimov)교수는 생애 통산 다산 작가 중의 한 사람이다. 40년간 500권 정도의 책을 집필하였다. 다음 자료는 100권 단위로 책을 집필하는데 걸린 시간(단위 : 월)을 나타낸다.

권수	100	200	300	400	500
시간	237	350	419	465	507

(1) 산점도를 그리시오.

(2) 자료로부터 아시모프의 생산성을 설명하시오. 두 변수 사이의 연관성은 선형인가?

3.12 다음은 주어진 용량의 니켈을 함유하고 있는 용약을 완충기에 넣었을 때 만들어지는 최고 전류를 측정한 결과이다.

$x = Ni(ppb)$	$y =$ 최고전류(μA)	$y =$ 최고전류(μA)	$y =$ 최고전류(μA)
19.1	0.095	114	0.500
38.2	0.174	131	0.580
57.3	0.256	150	0.651
76.2	0.348	170	0.722
95	0.429		

도표를 사용하여 x 와 y 의 관계를 설명하고 필요하다면 적절한 수치적 측도도 첨가하시오. 결과를 한 문장으로 요약하시오.

3.13 레오나르도 다빈치가 그린 남자 스케치는 양팔을 일자로 벌린 길이(양팔길이)와 키가 비슷하다는 것을 나타낸다. 이 가설을 검증하기 위하여 8명을 임의로 추출하여 키와 양팔길이를 측정하였다.

양팔길이	키
68	69
62.25	62
65	65
69.5	70
68	67
69	67
62	63
60.25	62

(1) 산점도를 그려 두 변수 사이의 연관성을 설명하시오.

(2) 상관계수를 구하시오.

(3) 만약 양팔길이를 가지고 키를 예측하는 회귀직선을 계산한다면 직선의 기울기가 얼마일지 생각해보시오.

(4) 키와 양팔길이를 연관시키는 회귀직선을 구하시오.

(5) 양팔길이가 62인치인 사람의 키는 얼마라고 예측할 수 있는가?

3.14 중간고사 성적이 좋지 못한 학생은 기말고사에서 더 좋은 성적을 받을 것이라고 한다. 아래 자료는 8명의 학생들의 확률통계시험 성적이다.

학생	중간고사	기말고사
1	70	88
2	58	52
3	85	84
4	82	74
5	70	80
6	40	36
7	85	48
8	85	96

(1) 두 시험 성적의 상관계수를 구하시오. 성적사이의 관계를 어떻게 설명하겠는가?

(2) 중간고사 성적에 기초하여 기말고사 성적을 예측하기 위한 회귀직선을 구하시오.

(3) (2)에서 구한 회귀직선을 사용하여 중간고사 성적이 85점인 학생의 기말고사 성적을 예측하시오.

3.15 두 종류의 인성평가 기법이 있다. 하나는 2시간이 걸리고 다른 하나는 한 시간 정도 걸린다고 한다. 8명에 대하여 두 기법을 적용하여 얻은 점수가 다음과 같다.

지원자	시험 1	시험 2	지원자	시험 1	시험 2
1	75	38	5	92	59
2	89	56	6	105	70
3	60	35	7	55	31
4	71	45	8	87	52

(1) 산점도를 작성하시오.

(2) 산점도에서 경향의 형태, 방향과 강도를 설명하시오.

3.16 문제 3.15 자료를 이용하여

(1) 상관계수를 구하고, 두 변수 사이의 연관성을 설명하시오.

(2) 시험 2를 사용하여 인성평가를 할 것인가? 그 이유를 설명하시오.

CHAPTER

04 확률과 확률분포

4.1 통계학에서 확률의 역할

확률과 통계학은 중요한 방법에서 연관되어 있다. 확률은 표본정보만을 이용하여 모집단에 대한 결론을 내리고 이에 대한 신뢰도를 평가하게 한다. 다음의 현상들을 고려해보자:

- 동전을 한번 던지면, 앞면(H) 또는 뒷면(T)이 나올 것이다. 동전을 반복적으로 계속 던지면, 전체 모집단은 무수히 많은 수의 H와 T로 구성될 것이다. 동전이 공정(fair)하다면, 모집단은 50%의 H와 50%의 T로 구성되어야 한다. 동전을 한 번 던질 때, 앞면이 나올 확률은 무엇인가? 대부분의 사람들은 그 "확률"이 1/2이라고 말할 것이다.
- 동전이 공정하다는 확신이 없을 때를 생각해보자. 즉, 모집단이 50-50으로 구성될지 알 수 없다. 동전을 10번 던지는 실험을 하였을 때, 10번 모두 앞면이 나왔다면 그 동전이 공정하다고 결론 내릴 수 있을 까?

만약 그 동전이 공정하다면 10번 모두 앞면을 관찰하는 경우는 거의 없을 것이다. 즉, 그 "확률"은 매우 작고, 그 동전이 공정하지 않을 가능성이 매우 크다.

동전을 던지는 예에서와 같이 통계학자들은 두 가지 방법에서 확률을 사용한다. 모집단이 알려져 있는 경우, 확률은 특정한 표본결과를 관찰하기 위한 가능성을 설명하기 위하여 사용된다. 모집단이 알려져 있지 않고 모집단으로부터의 표본만 가지고 있을 때, 확률은 모집단에 관한 통계적 추론을 하는 데 사용된다.

4.2 사건과 표본공간

정의

관측을 얻는 과정을 **실험**(experiment)이라고 한다.

실험으로부터 생성된 관측은 수치적 값을 제공할 수도 있고 아닐 수도 있다. 실험의 몇 가지 예가 있다.

- 성적 점수를 기록하는 것
- 매일 강우량을 측정하는 것
- 개발제한구역 조례에 관한 의견을 얻기 위하여 세대주를 인터뷰 하는 것
- 동전을 던져서 앞면 또는 뒷면을 관찰하는 것

정의

실험을 한번 하였을 때 나오는 결과를 **단순사건**(simple event)이라고 한다.

단순사건은 알파벳 대문자 E로 나타낸다.

예제 4.1

실험: 주사위 한 개를 던져서 윗면에 나오는 수를 관찰한다고 하자. 실험에서 단순사건들을 말하시오.

풀이 $E_i = \{i\},\ i = 1, 2, 3, 4, 5, 6$

정의

단순사건들의 집합을 **사건**(event)이라고 한다.

예제 4.1

동전을 던지는 실험에서 사건 A와 B를 다음과 같이 정의한다. 사건 A와 B를 구하시오.

A : 홀수를 관찰한다.

B : 4보다 작은 수를 관찰한다.

풀이 $A = \{E_1, E_3, E_5\} = \{1, 3, 5\}$

$B = \{E_1, E_2, E_3\} = \{1, 2, 3\}$

정의

두 사건이 동시에 일어날 수 없을 때 **서로 배반**(mutually exclusive)이라 한다.

[예제 4.1]에서 사건 A와 B는 서로 배반이 아니다. 왜냐면 E_1 또는 E_3가 관측되면 사건 A와 B가 일어날 수 있기 때문이다. 여섯 개의 단순사건 $E_1, E_2, E_3, E_4, E_5, E_6$은 모두 서로 배반이다.

정의

모든 단순사건들의 집합을 **표본공간**(sample space)이라 한다.

[예제 4.1]에서 표본공간은 $S = \{E_1, E_2, E_3, E_4, E_5, E_6\} = \{1, 2, 3, 4, 5, 6\}$이다.

위 예제를 벤 다이어그램으로 나타내면 다음과 같다.

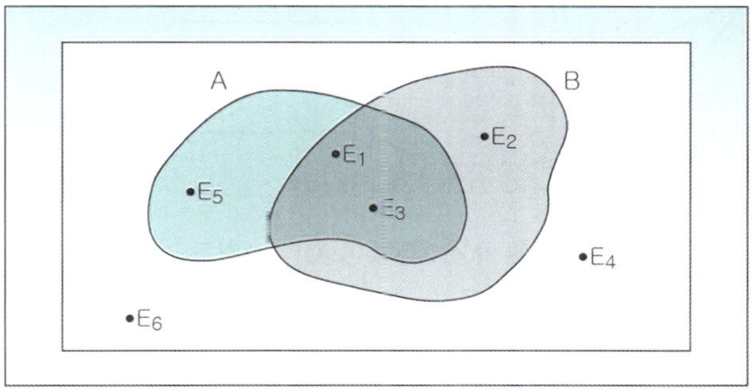

[그림 4.1] [예제 4.1]의 벤다이어그램

예제 4.2

실험: 동전 하나를 던져서 그 결과를 관찰하자. 다음은 단순사건들이다.

E_1: 앞면(H)을 관찰한다.

E_2: 뒷면(T)을 관찰한다.

표본공간은 $S = \{E_1, E_2\}$ 또는 $S = \{H, T\}$이다.

예제 4.3

실험: 사람들의 혈액형을 기록하자. 다음 단순사건들은 4개의 서로 배반인 사건들이다.

E_1: 혈액형 A

E_2: 혈액형 B

E_3: 혈액형 AB

E_4: 혈액형 O

표본공간은 $S = \{E_1, E_2, E_3, E_4\}$ 또는 $S = \{A, B, AB, O\}$이다.

실험이 단계로 생성된 경우에는 표본공간을 **수형도**(tree diagram)로 나타낼 수 있다.

예제 4.4

사람들의 혈액형과 Rh 인자를 기록한다고 하자. 실험에서 단순사건들을 열거하시오.

풀이 [그림 4.2]는 각 사람에 대한 수형도를 나타낸다. 수형도에서 8개의 단순사건들이 표본 공간 $S=\{A+, A-, B+, B-, AB+, AB-, O+, O-\}$를 구성한다.

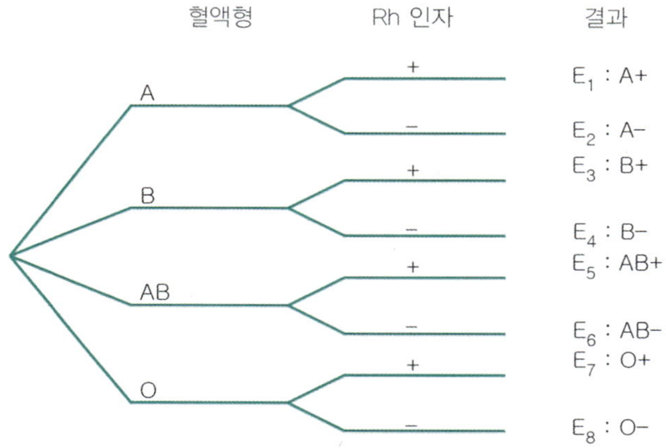

[그림 4.2] [예제 4.4]의 수형도

단순사건들을 나타내기 위한 대안책으로 〈표 4.1〉과 같은 **확률표**(probability table)를 사용할 수 있다.

〈표 4.1〉 [예제 4.4]의 확률표

	혈액형			
Rh 인자	A	B	AB	O
음성	A-	B-	AB-	O-
양성	A+	B+	AB+	O+

4.3 단순사건을 이용한 확률계산

사건 A가 일어날 것이라는 믿음의 척도를 사건 A의 확률이라 한다. 이 척도를 해석하기 위한 실용적인 방법은 **상대도수**(relative frequency)의 개념을 이용하는 것이다. 어떤 실험을 n번 했을 때, 사건 A의 상대 도수는 다음과 같다.

$$\text{상대도수} = \frac{\text{도수}}{n}$$

여기서 도수는 사건 A가 일어났던 횟수를 뜻한다. 이 실험을 무한히 반복했을 때($n \to \infty$), 전체 모집단에서 사건 A의 상대도수가 **사건 A의 확률**로 정의된다. 즉,

$$P(A) = \lim_{n \to \infty} \frac{도수}{n}$$

$P(A)$는 상대도수의 성질을 가지므로, $P(A)$는 0과 1 사이의 비율이여야 한다; 사건 A가 일어나지 않으면 $P(A)=0$이고, 사건 A가 항상 일어난다면 $P(A)=1$이다. $P(A)$가 1에 가까울수록, 사건 A가 일어날 가능성은 커진다.

예를 들어, 균형 잡힌 주사위를 무한히 던진다면, 여섯 개의 값 $x = 1, 2, 3, 4, 5, 6$에 대한 상대도수는 1/6이라고 기대한다. 어떤 실험을 무한히 반복하는 것은 많은 시간을 소비한다. 이 때문에 확률을 계산하는 대안적인 방법으로 상대도수의 개념을 사용한다.

확률을 상대도수 개념으로 정의한 결과는 단순사건들을 수반한다. 단순사건들은 서로 배반이므로 단순사건들의 확률들은 다음 두 가지 조건을 만족해야 한다.

단순사건들의 확률들에 대한 조건

- 각 확률은 0과 1 사이에 있어야 한다.
- 표본공간에 있는 단순사건들의 확률들의 총합은 1이다.

정의

사건 A의 확률은 사건 A 안에 있는 단순사건들의 확률들을 합한 것이다.

예제 4.5

공정한 두 개의 동전을 던지고 그 결과를 기록하자. 동전을 두 번 던졌을 때 정확히 앞면이 한번 나올 확률을 구하시오.

풀이 표본공간에서 단순사건들을 나열하기 위하여 [그림 4.3]의 수형도를 이용하자. 동전을 던졌을 때, 앞면이 나오면 H, 뒷면이 나오면 T라고 표기한다. 아래 수형도에서 4개의 단순사건들이 있다. 이들의 확률들의 총합은 1이므로, 공정한 두 개의 동전을 던졌을 때 각각의 확률은 $P(E_i) = 1/4$이여야 한다. 표본공간을 구성하는 단순사건들과 그 확률들은 〈표 4.2〉에 정리되어 있다. 앞면이 한번 나올 사건을 A라 하면

$$\begin{aligned} P(A) &= P(E_2) + P(E_3) \\ &= \frac{1}{4} + \frac{1}{4} = \frac{1}{2} \end{aligned}$$

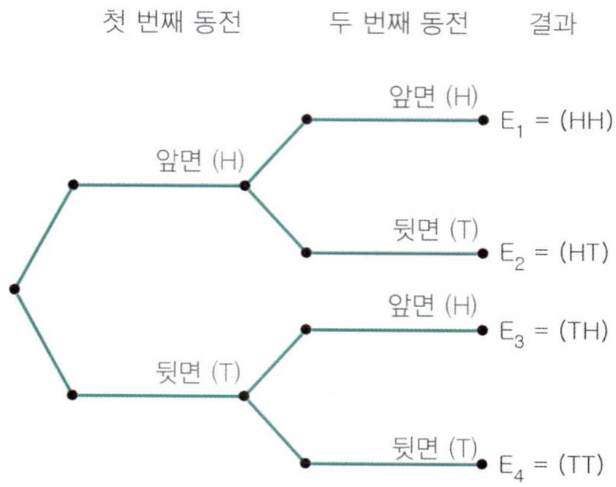

[그림 4.3] [예제 4.5]의 수형도

〈표 4.2〉 단순사건들과 그 확률들

사건	첫 번째 동전	두 번째 동전	$P(E_i)$
E_1	H	H	1/4
E_2	H	T	1/4
E_3	T	H	1/4
E_4	T	T	1/4

■

예제 4.6

미국 백인들의 혈액형 A, B, AB, O의 비율은 0.4, 0.11, 0.04, 0.45라고 한다. 이 중에서 백인 한 사람을 임의로 추출하였을 때 그 사람의 혈액형이 A형 또는 AB형일 확률을 구하시오.

풀이 4개의 단순사건들 A, B, AB, O는 같은 확률을 가지지 않는다. 단순사건들의 확률은 다음과 같이 상대도수의 개념을 이용하여 구해진다.

$$P(A) = 0.4,\ P(B) = 0.11,\ P(AB) = 0.04,\ P(O) = 0.45$$

관심의 사건은 두 개의 단순사건들로 구성되므로,

$$P(A\text{형 또는 }AB\text{형}) = P(A) + P(AB) = 0.4 + 0.04 = 0.44$$

■

예제 4.7

노란색 사탕 1개와 빨간색 사탕 2개가 그릇에 담겨져 있다. 눈을 감고 한 번에 하나씩 두 개의 사탕을 꺼냈을 때, 두 번 모두 빨간색 사탕을 꺼냈을 확률을 구하시오.

풀이 어떤 확률도 주어져 있지 않으므로, 표본공간에서 단순사건들을 나열해보자([그림 4.4] 참조). 그릇 속에 두 개의 빨간색 사탕이 있고, 첫 번째 빨간 사탕을 R_1, 두 번째 빨간 사탕을 R_2, 느란색 사탕을 Y로 표기하자. 눈을 감고 사탕을 선택했기 때문에, 6개의 선택 모두 $1/6$로 같은 확률을 가진다. 두 번 모두 빨간색 사탕을 선택할 사건을 A라 하면, 사건 A는 다음과 같이 나타낼 수 있고 그 확률은 다음과 같이 구해진다.

$$A = \{R_1P_2,\ R_2R_1$$

$$\begin{aligned} P(A) &= P(R_1R_2) + P(R_2R_1) \\ &= \frac{1}{6} + \frac{1}{6} = \frac{1}{3} \end{aligned}$$

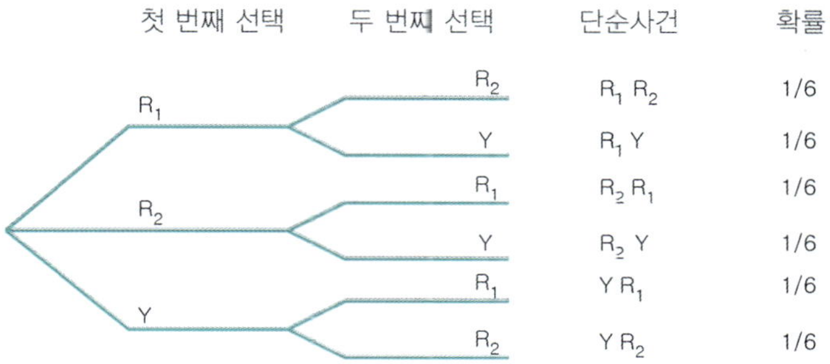

[그림 4.4] [예저 4.7]의 수형도

■

Probability & Statistics

연습문제

4.1 주사위 하나를 던지는 실험에서 다음 사건들이 있다.

A: 2를 관찰한다. B: 짝수를 관찰한다.

C: 2보다 큰 수를 관찰한다. D: A와 B 모두 관찰한다.

E: A 또는 B 또는 둘 모두를 관찰한다. F: A와 C 모두 관찰한다.

(1) 표본공간에서 단순사건들을 나열하시오.

(2) 사건 A부터 F까지 각각에서 단순사건들을 각각 나열하시오.

(3) 단순사건들에 어떤 확률을 할당해야 하는가?

(4) 사건 A부터 F까지 6개의 사건들의 확률들을 각각 단순사건들의 확률들을 더해서 계산하시오.

4.2 표본공간이 10개의 단순사건들로 구성되어 있다: 즉 $E_1, E_2\ \cdots, E_{10}$. 만약 $P(E_1) = 3P(E_2) = 0.45$이고, 남아 있는 단순사건들이 같은 확률을 가진다면, 남아있는 단순사건들의 확률을 구하시오.

4.3 항아리에 4개의 동전(10원, 50원, 100원, 500원)이 있다. 이 중에서 3개의 동전을 임의로 추출한다.

(1) 표본공간에 있는 단순사건들을 나열하시오.

(2) 선택된 3개의 동전 중 500원짜리 동전이 포함되었을 확률을 구하시오.

(3) 추출된 동전의 합이 550원 이상이 될 확률을 구하시오.

4.4 3개의 빨간색 공과 2개의 노란색 공이 그릇에 담겨져 있다. 임의로 2개의 공을 추출하고자 한다. 공이 선택되는 순서에 주의하면서 수형도를 이용하여 20개의 단순사건들을 나열하시오.

4.5 어떤 조사는 책을 읽을 때 안경이 필요한지의 여부와 책을 읽을 때 안경을 사용했는지의 여부에 따라 성인들을 4개의 범주로 분류하였고 그 비율을 다음의 표로 정리하였다. (성인들의 0.02는 안경이 필요하지 않다고 판단했지만 안경을 사용하였다.)

	독서할 때 안경 사용 여부	
안경이 필요하다는 판단 여부	예	아니오
예	0.44	0.14
아니오	0.02	0.40

성인 한명을 뽑았을 때, 다음 각 사건의 확률을 구하시오.

(1) 그 성인이 안경이 필요하다고 판단한다.

(2) 그 성인은 책을 읽을 때 안경이 필요하지만, 안경을 사용하지 않았다.

(3) 그 성인은 안경이 필요한지의 여부와 관계없이 안경을 사용한다.

4.6 배심원의 역할을 위해 3명을 임의로 선택하였다. 각 사람의 성별은 군서기에 의해 기록되었다.

(1) 실험을 정의하시오.

(2) 표본공간에 있는 단순사건들을 나열하시오.

(3) 각 사람이 남자 또는 여자일 가능성이 같다면, 각 단순사건에 어떤 확률을 할당할 수 있는가?

(4) 3명 중 1명만 남자일 확률을 구하시오.

(5) 3명 모두 여자일 확률을 구하시오.

4.7 한 식료품 회사는 자사의 차 제품과 2개의 경쟁사 제품들을 비교하기 위한 실험을 계획하고 있다. 한 사람이 맛을 평가하기 위해 고용되었고, A, B, C로만 표시된 3가지 차 제품을 맛보고 순위를 매긴다.

(1) 실험을 정의하시오.

(2) 표본공간에 있는 단순사건들을 나열하시오.

(3) 만약 감정사가 차 맛의 차이점을 구별할 능력이 없다면, 감정사가 A 제품을 가장 맛있다고 순위를 매길 확률을 구하시오. 또한 A 제품을 가장 맛없다고 순위를 매길 확률도 구하시오.

4.8 연구자는 초파리 두 마리를 교배하여 300마리 후손의 유전형질을 관찰하였다. 다음 표는 그 결과를 보여준다.

	날개 크기	
눈 색깔	정상	작음
정상	140	6
주홍색	3	151

이 중에서 한 마리의 후손을 임의로 선택하여 두 가지 유전형질을 관찰하였다.

(1) 그 초파리가 눈 색깔이 정상이고 날개 크기가 정상일 확률을 구하시오.

(2) 그 초파리가 주홍색 눈을 가질 확률을 구하시오.

(3) 그 초파리가 주홍색 눈 또는 작은 날개 또는 둘 모두를 가질 확률을 구하시오.

4.4 유용한 계산공식

어떤 실험이 N개의 단순사건들을 수반하고 모든 단순사건들이 일어날 확률이 같다고 하자. 그러면 각 단순사건의 확률은 $1/N$이고, 사건 A의 확률은 다음과 같이 계산될 수 있다.

$$P(A) = \frac{n_A}{N}$$

여기서 n_A는 사건 A에 있는 단순사건들의 개수이다. 이 절에서는 표본공간에 있는 단순사건의 개수 N 또는 사건 A에 있는 단순사건들의 개수 n_A를 계산할 수 있는 세 가지 간편한 공식을 학습한다.

1 mn 공식

2단계로 수행되는 실험을 고려해보자. 첫 번째 단계는 m가지 방법으로 수행될 수 있고, 그 각각에 대하여 두 번째 단계에서는 n가지 방법으로 수행될 수 있다면, 이 실험을 수행하기 위한 방법의 수는 mn가지이다.

예를 들어, 3가지 자동차 유형 중에서 한 가지 유형, 4가지 색상 중에서 한 가지 색상을 선택하여 자동차를 주문한다고 가정해보자. 얼마나 많은 선택이 가능한지를 찾기 위하여, $m=3$ 유형들 중에서 한 가지를 선택하고 $n=4$ 색상 중에서 한 가지를 선택하는 것을 생각할 수 있다. mn 공식을 이용하면 아래 [그림 4.5]에서와 같이 $mn = 3 \times 4 = 12$가지 가능한 선택들이 있다.

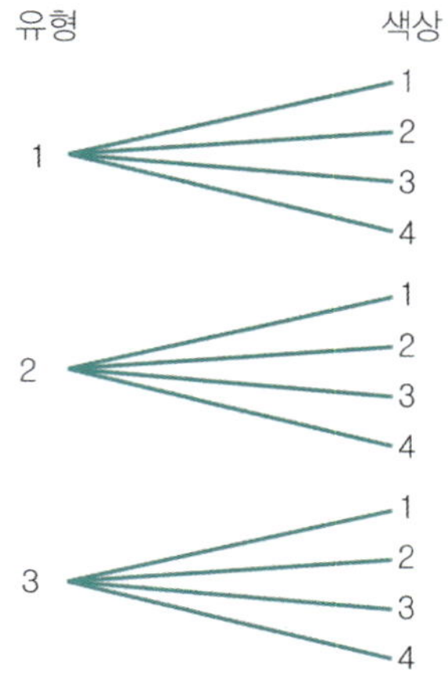

[그림 4.5] 유형과 색상의 조합들

예제 4.8

두 개의 주사위를 던졌을 때, 표본공간 S에 얼마나 많은 단순사건들이 있는가?

풀이 첫 번째 주사위는 $m = 6$가지 눈 중에 하나를 가지고, 두 번째 주사위는 $n = 6$가지 눈 중 하나를 가질 수 있다. 실험이 두 단계에서 수행되었기 때문에, 표본공간 S에 있는 단순사건들의 총 개수는 $mn = (6)(6) = 36$이다. ■

예제 4.9

노란색 사탕 1개, 빨간색 사탕 2개가 있는 접시에서 두 개의 사탕을 한 번에 하나씩 선택할 때, 표본공간 S에 있는 단순사건들은 총 몇 개인가?

풀이 첫 번째 사탕은 $m = 3$가지 방법에서 선택되어지고, 두 번째 사탕은 $n = 2$가지 방법에서 선택된다. 단순사건들의 총 개수는 $mn = (3)(2) = 6$이다. ■

2 확장된 mn 공식

어떤 실험이 k단계에서 수행되는데 첫 번째 단계를 수행하는 위한 n_1개의 방법이, 두 번째 단계를 수행하기 위한 n_2개의 방법이, ..., k번째 단계를 수행하기 위한 n_k개의 방법이 있다면, 이 실험을 수행하기 위한 총 방법의 개수는 $n_1 n_2 n_3 \cdots n_k$이다.

예제 4.10

동전 3개를 던졌을 때 표본공간에 있는 단순사건들은 총 몇 개인가?

풀이 각 동전은 두 가지 방법이 있으므로, 단순사건들의 총 개수는 $(2)(2)(2) = 8$이다. ■

예제 4.11

A 도시에서 B 도시로 가는 길이 3개, B 도시에서 C 도시로 가는 길이 4개, C 도시에서 D 도시로 가는 길이 3개 있을 때, A → B → C → D 순서로 가는 길의 총 개수는?

풀이 n_1 = A에서 B로 가는 길의 개수 = 3

n_2 = B에서 C로 가는 길의 개수 = 4

n_3 = C에서 D로 가는 길의 개수 = 3

이라 하면, A 도시에서 B 도시로, B 도시에서 C 도시로, C 도시에서 D 도시로 가는 길의 총 개수는 $n_1n_2n_3 = (3)(4)(3) = 36$이다. ■

mn 공식으로부터 수반되는 두 번째 유용한 계산공식은 순열(permutation)이다. 예를 들어, 책 3권 A, B, C가 있고, 책 2권만 책장에 꽂을 수 있다. 책 2권을 선택하고 나란히 정렬하는 방법은 몇 가지나 될까? 책 3권 중에서 2권을 선택하는 방법은 3가지(AB, AC, BC)이고, 각각의 쌍을 책장에 정렬하는 방법은 2가지이다. 책 3권 중에서 2권을 선택해서 정렬하는 방법은 $mn = 6$가지이다. 이 경우의 순열은 〈표 4.3〉에 나열되어 있다.

〈표 4.3〉 책 3권 중 2권을 뽑는 순열

2권의 조합	조합의 재정렬
AB	BA
AC	CA
BC	CB

책 3권을 모두를 책장에 정렬하는 방법은 몇 가지인가? 다음과 같이 6가지 순열이 있다.

ABC, ACB, BAC,

BCA, CAB, CBA

첫 번째 책이 $n_1 = 3$가지, 두 번째 책이 $n_2 = 2$가지, 세 번째 책이 $n_3 = 1$가지 방법으로 선택되므로, 책 3권을 정렬하는 총 방법의 개수는 $n_1n_2n_3 = (3)(2)(1) = 6$이다.

3 순열에 대한 계산공식

n개의 서로 다른 원소들 중에서 r개를 뽑아 정렬하는 방법을 순열(permutation)이라 하고, 그 방법의 개수를 구하는 공식은 다음과 같다.

$$_nP_r = \frac{n!}{(n-r)!}$$

여기서 $n! = n(n-1)(n-2)\cdots(3)(2)(1)$이고 $0! = 1$이다.

r개의 원소가 선택되었기 때문에, 이는 r-단계 실험이다. 첫 번째 원소는 n가지 방법에서 선택될 수 있고, 두 번째 원소는 $(n-1)$가지 방법, 세 번째 원소는 $(n-2)$가지 방법, r번째 원소는 $(n-r+1)$가지 방법에서 선택될 수 있다. 순열에 대한 계산공식을 이용하여 이를 다음과 같이 간단히 표현할 수 있다.

$$\frac{n!}{(n-r)!}=\frac{n(n-1)(n-2)\cdots(n-r+1)(n-r)\cdots(2)(1)}{(n-r)\cdots(2)(1)}$$

$$=n(n-1)\cdots(n-r+1)$$

n개의 서로 다른 원소들을 정렬하는 방법의 개수는 ${}_nP_n=n!$이다.

예제 4.12

3개의 복권이 총 50명으로부터 뽑혔다. 복권이 뽑혀진 순서에서 3명의 직원이 각각 나눠진다면, 그 순서는 중요할 것이다. 이 실험과 관계된 단순사건들의 총 개수는?

풀이 단순사건들의 총 개수는 ${}_{50}P_3=\frac{50!}{47!}=50(49)(48)=117,600$이다. ■

예제 4.13

어떤 장비의 조각이 5개의 부분으로 구성되어 있고, 어떤 순서로든 조립할 수 있다. 각 부분을 조립하기 위해 필요한 시간을 결정하기 위한 실험이 시행되었다. 각 순서가 한번만 실험된다면, 얼마나 많은 실험을 시행해야 하는가?

풀이 실험의 총 개수는 ${}_5P_5=\frac{5!}{0!}=5(4)(3)(2)(1)=120$이다. ■

선택된 개체의 순서나 정렬이 중요하지 않은 경우가 있다. 그런 경우에는 **조합**(combination)을 이용한다.

4 조합에 대한 계산공식

n개의 서로 다른 원소들 중에서 r개를 뽑는 것을 **조합**(combination)이라 하고, 그 방법의 개수를 구하는 공식은 다음과 같다.

$${}_nC_r=\frac{n!}{r!(n-r)!}$$

조합의 수와 순열의 수는 다음과 같은 관계가 있다.

$${}_nC_r=\frac{{}_nP_r}{r!}$$

즉, 순열의 수를 $r!$로 나누면 ${}_nC_r$이 된다.

예제 4.14

인쇄 회로판은 5개의 대리점으로부터 구입할 수 있다. 이 중 3개의 대리점을 선택하는 방법은 몇 가지인가?

풀이 선택 순서와 상관없이 5개의 대리점 중 3개의 대리점을 선택하는 방법의 수는

$${}_5C_3 = \frac{5!}{3!2!} = \frac{(5)(4)}{2} = 10\text{이다.}$$ ■

예제 4.15

5개의 공장이 어떤 전기 장비를 생산하는데, 제품의 품질은 공장에 따라 차이가 난다. 이 중에서 3개의 공장을 임의로 선택한다면, 우수제품을 생산하는 3개의 공장에서 2개의 공장을 선택할 확률을 구하시오.

풀이 5개의 공장 중 3개의 공장은 우수제품을 생산하고, 나머지 두 공장은 우수제품을 생산하지 않는다고 가정하자.

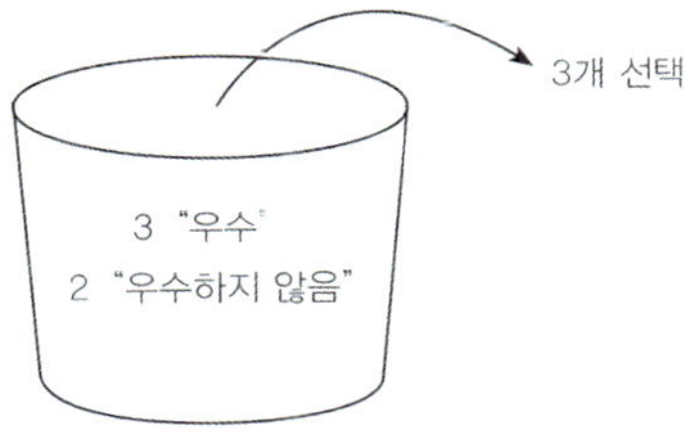

[그림 4.6] [예제 4.15] 그림

[그림 4.6]과 같이 5개의 공장 중에서 3개의 공장을 선택할 때, 단순사건들의 총 개수를 N이라 하면

$$N = {}_5C_3 = \frac{5!}{3!2!} = 10$$

이다. 그 공장들을 임의로 추출했기 때문에 10개의 단순사건들이 일어날 확률은 모두 동일하게 1/10이다. 우수제품을 생산하는 3개의 공장 중에서 2개의 공장을 선택할 사건을 A라 하면, A에 속하는 사건들의 개수 n_A는 다음과 같이 두 단계로 계산된다. 첫 번째 단계에서는 우수제품을 생산하는 3개의 공장에서 2개의 공장을 선택하고,

$${}_3C_2 = \frac{3!}{2!1!} = 3$$

두 번째 단계에서는 우수 제품을 생산하지 않는 2개의 공장어서 1개 공장을 선택한다.

$${}_2C_1 = \frac{2!}{1!1!} = 2$$

mn 공식을 적용하여 $n_A = (3)(2) = 6$이고, 10개의 단순사건들 중 6개의 사건이 사건 A에 속하므로 그 확률은 $P(A) = \frac{n_A}{N} = \frac{6}{10}$이다. ■

[그림 4.7], [그림 4.8], [그림 4.9]는 $A \cup B$, $A \cap B$, A^c의 벤다이어그램이다.

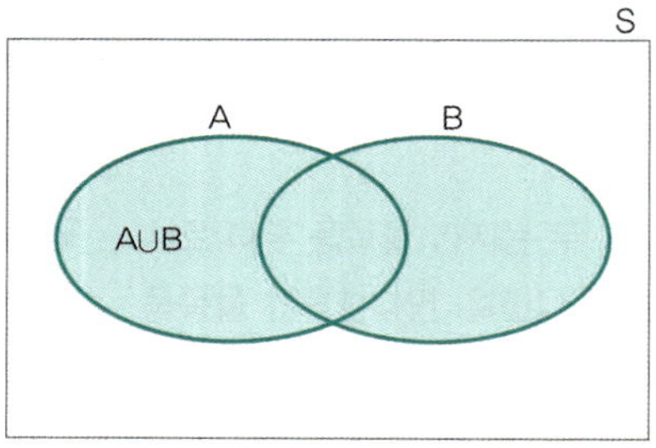

[그림 4.7] $A \cup B$의 벤다이어그램

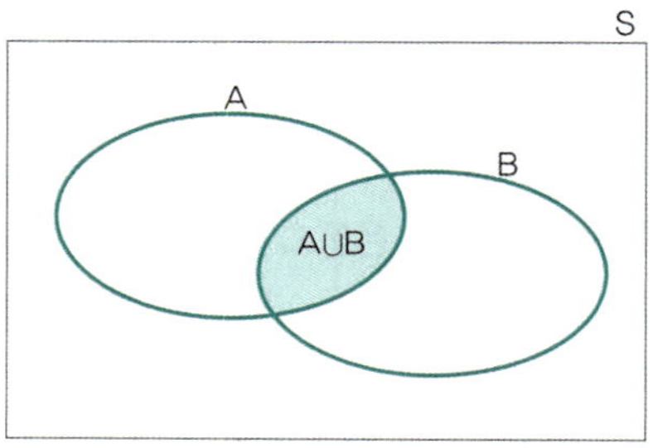

[그림 4.8] $A \cap B$의 벤다이어그램

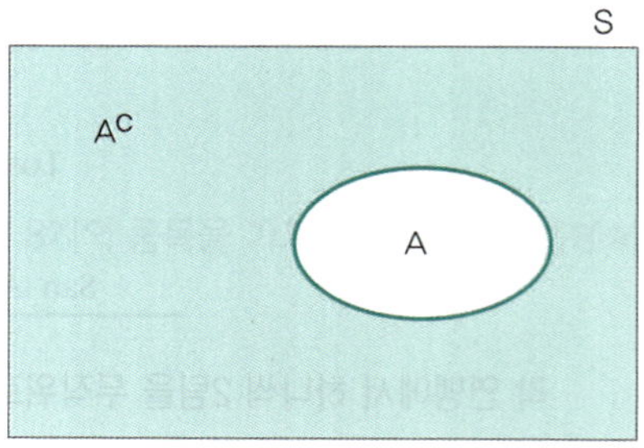

[그림 4.9] A^c의 벤다이어그램

예제 4.16

공정한 두 개의 동전을 던지는 실험에서 다음과 같은 관심의 사건들이 있다:

A: 앞면을 적어도 한번 관찰한다

B: 뒷면을 적어도 한번 관찰한다

사건 A, B, $A \cup B$, $A \cap B$, A^c를 정의하고, 각 사건의 확률을 구하시오.

풀이 [예제 4.5]와 같이 이 실험에서의 단순사건들은

E_1 : HH (첫 번째 동전이 앞면, 두 번째 동전이 앞면)

E_2 : HT

E_3 : TH

E_4 : TT

이고, 각 단순사건의 확률은 1/4이다. E_1, E_2, E_3가 일어난다면 사건 A가 일어난다. 따라서

$$A = \{E_1, E_2, E_3\} \quad P(A) = \frac{3}{4}$$

이고,

$$A^c = \{E_4\} \quad P(A^c) = \frac{1}{4} \text{이다.}$$

비슷하게,

$$B = \{E_2, E_3, E_4\} \qquad P(B) = \frac{3}{4}$$

$$A \cap B = \{E_2, E_3\} \qquad P(A \cap B) = \frac{1}{2}$$

$$A \cup B = \{E_1, E_2, E_3, E_4\} \quad P(A \cup B) = \frac{4}{4} = 1 \text{이다.}$$

$(A \cup B)$는 표본공간 S이다. 즉, $(A \cup B) = S$이다. ■

두 사건들의 합, 곱의 개념은 세 개 이상의 사건들에 대해서도 확장할 수 있다. 예를 들어 세 개의 사건 A, B, C의 합은 세 개의 사건 A 또는 B 또는 C에 있거나 이 사건들의 조합에 있는 단순사건들의 집합으로 $A \cup B \cup C$로 표기한다. 세 개의 사건 A, B, C의 곱은 세 개의 사건 A, B, C에 공통적으로 있는 단순사건들의 집합으로 $A \cap B \cap C$로 표기한다.

1 합사건과 여사건에 대한 확률 계산

합 공식

두 사건 A와 B가 주어져 있을 때, 두 사건의 합 $A \cup B$의 확률은 다음과 같다.

$$P(A \cup B) = P(A) + P(B) - P(A \cap B)$$

[그림 4.10]은 두 사건 A와 B의 합 공식을 보여준다.

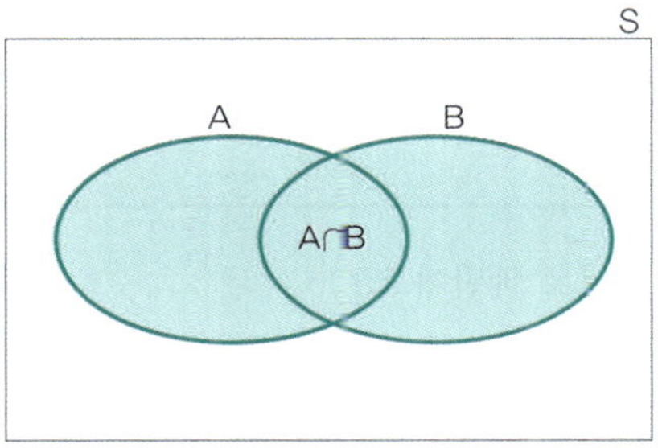

[그림 4.10] 합 공식

두 사건 A와 B가 서로 배반이면, 사건 A가 일어나면 사건 B가 일어날 수 없고, 그 반대도 마찬가지이다. 이것은 두 사건이 모두 일어날 확률 $P(A \cap B)$가 0이 되어야 한다는 것을 의미한다. [그림 4.11]은 서로 배반인 두 사건의 관계를 나타낸다.

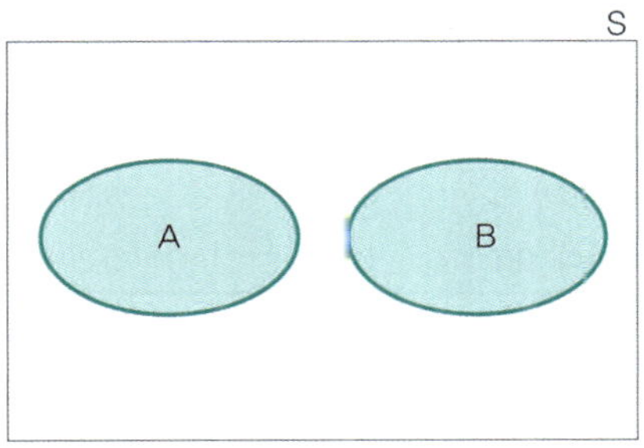

[그림 4.11] 서로 배반인 두 사건

두 사건 A와 B가 **서로 배반**(mutually exclusive)이면, $P(A \cap B) = 0$이고, 합 공식은 다음과 같다.

$$P(A \cup B) = P(A) + P(B)$$

두 번째 공식은 사건들의 여에 관해서이다. [그림 4.9]의 벤다이어그램에서 알 수 있듯이 A와 A^c는 서로 배반이고

$A \cup A^c = S$이다. 이로 인해 $P(A) + P(A^c) = 1$이고 $P(A^c) = 1 - P(A)$이다.

여 공식

$$P(A^c) = 1 - P(A)$$

예제 4.17

유망한 석유회사가 2개의 탐사 우물을 뚫을 계획이다. 〈표 4.4〉에 나열된 것처럼 과거의 경험이 가능한 결과들을 평가하는데 사용되었다.

〈표 4.4〉 석유 시추 실험에 대한 결과

사건	설명	확률
A	석유와 가스 둘 다 시추 실패	0.80
B	석유와 가스 중 정확히 하나만 시추 성공	0.18
C	석유와 가스 둘 다 시추 성공	0.02

$P(A \cup B)$와 $P(B \cup C)$를 구하시오.

풀이 정의에 의하여 사건 A, B, C는 서로 배반이므로,

$P(A \cup B) = P(A) + P(B) = 0.80 + 0.18 = 0.98$이고

$P(B \cup C) = P(B) + P(C) = 0.18 + 0.02 = 0.20$이다. ■

예제 4.18

1,000명의 성인을 대상으로 전화조사를 하여, 대학 교육의 비용에 대해 의견을 물었다. 응답자들을 대학생 학부모인지 아닌지, 대학생에 대한 대출금 부담을 어떻게 생각하는지(너무 높다, 적당하다, 너무 낮다)에 따라 분류하여 〈표 4.5〉와 같이 정리하였다. 이 응답자들 중에서 임의로 한명을 선택하였다고 하자.

〈표 4.5〉 확률표

	너무 높다(A)	적당하다(B)	너무 낮다(C)
대학생 학부모이다 (D)	0.35	0.08	0.01
대학생 학부모가 아니다 (E)	0.25	0.20	0.11

1. 응답자가 대학생 학부모일 확률을 구하시오.
2. 응답자가 대학생 학부모가 아닐 확률을 구하시오.
3. 응답자가 대학생 학부모이거나 대출금 부담이 너무 높다고 생각할 확률을 구하시오.

풀이 〈표 4.5〉는 6개의 단순사건들에 대한 확률을 제시한다.

1. 응답자가 대학생 학부모일 사건은 대출금 부담에 대한 질문의 답과 관계없으므로

$$P(D) = 0.35 + 0.08 + 0.01 = 0.44$$

이다.

2. 응답자가 대학생 학부모가 아닐 사건은 사건 D의 여사건 D^c이므로, D^c의 확률은

$$P(D^c) = 1 - P(D)$$

이고, 1번의 결과를 이용하여

$$P(D^c) = 1 - 0.44 = 0.56$$

이다.

3. 관심의 사건은 $(A \cup D)$이고, 합 공식을 이용하여

$$\begin{aligned} P(A \cup D) &= P(A) + P(D) - P(A \cap D) \\ &= 0.60 + 0.44 - 0.35 \\ &= 0.69 \end{aligned}$$

이다. ■

4.6 조건부 확률, 독립성, 곱셈 법칙

[예제 4.18]에서는 확률표에서 $P(A \cap D)$을 바로 찾을 수 있었기 때문에 $P(A \cup D)$을 계산할 때 합 공식을 사용할 수 있었다. 그러나 곱 확률이 알려져 있을 않을 경우도 있다. 그런 경우에는 여러 사건들의 곱 확률을 계산하기 위해 확률 공식을 사용한다. 이 확률 공식은 독립 또는 종속 사건이라는 통계적 개념에 의존한다.

정의

사건 A의 확률이 사건 B의 발생에 영향을 미치지 않고 그 반대도 마찬가지라면, 드 사건 A와 B는 **독립**(independent)이라고 한다.

어떤 연구자가 어떤 사람의 성별과 그 사람이 녹색과 빨강색에 색맹이 있는지 없는지를 조사한다고 하자. 그 사람이 남자인지 여자인지에 따라 색맹일 확률은 얼마인가? 두 가지 사건을 정의하자:

A: 남자이다.

B: 색맹이다.

이 경우에, 색맹은 남성과 연관된 특징이기 때문에, 남자가 색맹일 확률은 일반 모집단으로부터 선택된 사람이 색맹일 확률보다 클 것이다. 사건 B의 확률은 사건 A가 일어났는지 일어나지 않았는지에 의존한다. 이런 경우에 A와 B는 **종속**(dependent) 사건이라고 한다.

반면에, 주사위 한 개를 두 번 던지는 실험을 생각해보자. 두 가지 사건을 정의하자:

A : 주사위를 첫 번째로 던졌을 때, 2를 관찰한다.

B : 주사위를 두 번째로 던졌을 때, 2를 관찰한다.

공정한 주사위라면, 사건 A의 확률은 $P(A) = 1/6$이다. 사건 A의 발생 유무에 관계없이, 사건 B의 확률은 1/6이다. 이를 다음과 같이 쓸 수 있다:

P(사건 A가 발생했다는 조건하에 사건 B의 발생) $= 1/6$

P(사건 A가 발생하지 않았다는 조건하에 사건 B의 발생) $= 1/6$

사건 B의 확률은 사건 A의 발생에 영향을 받지 않았으므로, A와 B는 **독립**(independent) 사건이라고 한다.

사건 B가 발생했다는 조건이 주어져 있을 때 사건 A의 확률을 B가 발생했을 때 A의 **조건부 확률**(conditional probability)이라고 하고, $P(A|B)$라고 표기한다.

곱셈 법칙

사건 A와 B가 둘 다 발생했을 때의 확률은

$$P(A \cap B) = P(A)P(B|A)$$

또는

$$P(A \cap B) = P(B)P(A|B)$$

이다.

예제 4.19

색깔 선호도 실험에서, 8개의 장난감이 컨테이너 안에 있다. 8개의 장난감은 색깔만 다르고 동일한 장난감이며 2개는 빨간색이고 6개는 녹색이다. 아이가 두 개의 장난감을 임의로 선택했을 때, 2개 모두 빨간색 장난감이 선택되었을 확률을 구하시오.

풀이 [그림 4.12]와 같이 이 실험을 시각화할 수 있고, 다음 두 가지 사건들을 정의하자.

R : 빨간색 장난감이 선택되었다.

G : 초록색 장난감이 선택되었다.

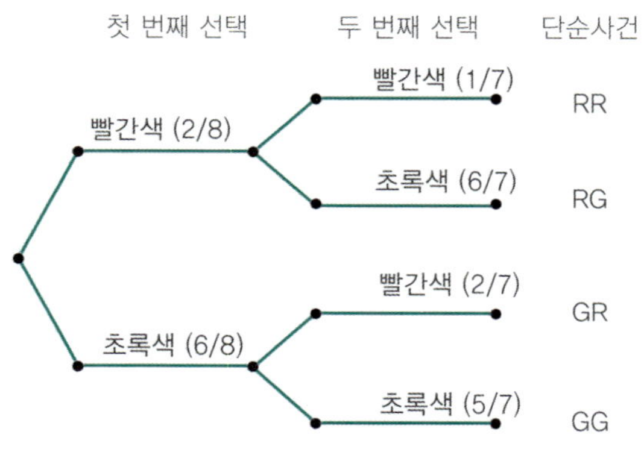

[그림 4.12] [예제 4.19]의 수형도

사건 A는 두 사건의 곱으로 표현된다.

$$A = (\text{처음에 빨간색 장난감을 선택}) \cap (\text{두 번째도 빨간색 장난감을 선택})$$

컨테이너 안에 빨간색 장난감 두 개만 있다면, 처음에 빨간색 장난감을 선택할 확률은 2/8이다. 그러나 첫 번째 선택이 빨간색 장난감이라면, 두 번째 선택이 빨간색 장난감일 확률은 첫 번째 선택의 결과에 의존하며 그 확률은 1/7이 된다([그림 4.12] 참조). 첫 번째 선택이 초록색 장난감이라면, 두 번째 선택에서 빨간색 장난감일 확률은 2/7이다. 이 정보와 곱셈 법칙을 이용하여, 사건 A의 확률은

$$\begin{aligned} P(A) &= P(\text{첫 번째 선택에서 빨간색 장난감} \cap \text{두 번째 선택에서 빨간색 장난감}) \\ &= P(\text{첫 번째 선택에서 빨간색 장난감})P(\text{두 번째 선택에서 빨간색 장난감} \mid \text{첫 번째 선택에서 빨간색 장난감}) \\ &= \left(\frac{2}{8}\right)\left(\frac{1}{7}\right) = \frac{2}{56} = \frac{1}{28} \end{aligned}$$

이다.

KeyPoint

조건부 확률

사건 B가 발생했다는 것이 주어져 있을 때, 사건 A의 조건부 확률은

$$P(A|B) = \frac{P(A \cap B)}{P(B)}, \quad P(B) \neq 0$$

이다. 사건 A가 발생했다는 것이 주어져 있을 때, 사건 B의 조건부 확률은

$$P(B|A) = \frac{P(A \cap B)}{P(A)}, \quad P(A) \neq 0$$

이다.

남자가 51%, 여자가 49%로 구성된 모집단이 있다. 남자와 여자가 색맹일 확률은 다음 표와 같다.

	남자(B)	여자(B^c)	합계
색맹(A)	0.04	0.002	0.042
색맹 아님(A^c)	0.47	0.488	0.958
합계	0.51	0.49	1.00

이 모집단으로부터 한 사람을 임의로 뽑았을 때 남자(사건 B)였다면 그 사람이 색맹(사건 A)일 확률은 얼마인가? 사건 B가 발생했으므로 모집단의 51%인 남자만을 고려해야 한다. 그 사람이 남자라는 조건하에 색맹일 확률은 51% 중에서의 4%이다. 즉,

$$P(A|B) = \frac{P(A \cap B)}{P(B)} = \frac{0.04}{0.51} = 0.078$$

이다. 그 사람이 여자였을 때, 색맹일 확률은 얼마인가? 이 경우는 모집단의 49%인 여자만을 고려해야 한다. 따라서

$$P(A|B^c) = \frac{P(A \cap B^c)}{P(B^c)} = \frac{0.002}{0.49} = 0.004$$

사건 A의 확률은 사건 B의 발생여부에 의존하므로, 이 두 사건들은 서로 종속이라 한다. ■

두 사건들이 **독립**일 때 —즉, 사건 A의 발생여부와 관계없이 사건 B의 확률이 같다면, 사건 A는 사건 B에 영향을 미치지 않으며 그 조건부 확률은

$$P(B|A) = P(B)$$

이다.

1 독립 사건들에 대한 곱셈 법칙

두 사건 A와 B가 독립이라면, 두 사건이 모두 발생할 확률은

$$P(A \cap B) = P(A)P(B)$$

이다.

사건 A, B, C가 서로 독립(사건들의 모든 쌍이 독립)이라면, 사건 A, B, C가 모두 발생할 확률은

$$P(A \cap B \cap C) = P(A)P(B)P(C)$$

이다.

예제 4.20

두 개의 동전을 던지는 실험에서 다음 사건들을 정의하자:

A: 첫 번째 동전이 앞면이다

B: 두 번째 동전이 뒷면이다

사건 A와 B가 독립인가?

풀이 이 실험의 표본공간은 $S = \{HH, HT, TH, TT\}$이고, $P(A) = \frac{1}{2}$, $P(B) = \frac{1}{2}$, $P(A \cap B) = \frac{1}{4}$이다. $P(A)P(B) = \left(\frac{1}{2}\right)\left(\frac{1}{2}\right) = \frac{1}{4}$이고 $P(A \cap B) = \frac{1}{4}$이므로, $P(A)P(B) = P(A \cap B)$이다. 따라서 두 사건은 독립이다. ■

예제 4.21

[예제 4.18]의 확률표에서

	너무 높다(A)	적당하다(B)	너무 낮다(C)
대학생 학부모이다 (D)	0.35	0.08	0.01
대학생 학부모가 아니다 (E)	0.25	0.20	0.11

사건 A와 D는 독립인가?

풀이 1. 확률표로부터 $P(A\cap D)=0.35$, $P(A)=0.60$, $P(D)=0.44$이다. 따라서

$$P(A)P(D)=(0.60)(0.44)=0.264\text{이고 } P(A\cap D)=0.35\text{이다.}$$

이 두 확률은 같지 않으므로, 두 사건 A와 D는 종속이다.

2. 다른 방법으로,

$$P(A|D)=\frac{P(A\cap D)}{P(D)}=\frac{0.35}{0.44}=0.80$$

이다. $P(A|D)=0.80$이고 $P(A)=0.60$이므로 두 사건 A와 D는 종속이다.

3. 마찬가지로,

$$P(D|A)=\frac{P(A\cap D)}{P(A)}=\frac{0.35}{0.60}=0.58$$

이다. $P(D|A)=0.58$이고 $P(D)=0.44$이므로 두 사건 A와 D는 종속이다. ■

예제 4.22

52개의 카드로부터 2개의 카드를 뽑는다. 에이스 카드와 10 카드를 뽑을 확률을 구하시오.

풀이 관심의 사건:

A: 에이스 카드와 10 카드를 뽑는다.

그러면 $A=B\cup C$이다. 여기서,

B: 첫 번째에서 에이스 카드를 뽑고, 두 번째에서 10 카드를 뽑는다.

C: 첫 번째에서 10 카드를 뽑고, 두 번째에서 에이스 카드를 뽑는다.

사건 B와 C는 서로 배반이고 각 사건은 다음과 같이 곱으로 표현된다.

$$B=B_1\cap B_2,\qquad C=C_1\cap C_2$$

여기서,

B_1: 첫 번째에서 에이스 카드를 뽑는다.

B_2: 두 번째에서 10 카드를 뽑는다.

C_1: 첫 번째에서 10 카드를 뽑는다.

C_2: 두 번째에서 에이스 카드를 뽑는다.

곱셈 법칙을 적용하면,

$$\begin{aligned}P(B_1\cap B_2)&=P(B_1)P(B_2|B_1)\\&=\left(\frac{4}{52}\right)\left(\frac{4}{51}\right)\end{aligned}$$

이고

$$P(C_1 \cap C_2) = \left(\frac{4}{52}\right)\left(\frac{4}{51}\right)$$

이다. 합 공식을 적용하면,

$$\begin{aligned} P(A) &= P(B) + P(C) \\ &= \left(\frac{4}{52}\right)\left(\frac{4}{51}\right) + \left(\frac{4}{52}\right)\left(\frac{4}{51}\right) = \frac{8}{663} \end{aligned}$$

이다. ■

Probability & Statistics

연습문제

4.20 $P(A) = 0.1$이고 $P(B) = 0.5$이다.

(1) $P(A|B) = 0.1$일 때, $P(A \cap B)$를 구하시오.

(2) $P(A|B) = 0.1$일 때, A와 B가 독립인가?

(3) $P(A \cap B) = 0$일 때, A와 B가 독립인가?

(4) $P(A \cup B) = 0.65$일 때, A와 B가 서로 배반인가?

4.21 $P(A) = 0.4$이고 $P(B) = 0.2$이다. 두 사건 A와 B가 독립일 때, 다음 확률들을 구하시오.

(1) $P(A \cap B)$

(2) $P(A \cup B)$

4.22 $P(A) = 0.4$이고 $P(A \cap B) = 0.12$이다.

(1) $P(B|A)$를 구하시오.

(2) 사건 A와 B가 독립인가?

(3) $P(B) = 0.3$일 때, 사건 A와 B가 독립인가?

4.23 n명의 사람이 방에 들어갔을 때, 다음 확률을 구하시오.

A: 생일이 같은 사람이 한 명도 없다

B: 생일이 같은 사람이 적어도 두 명 있다

(1) $n = 3$ (2) $n = 4$

[**참고**: 놀랍게도, $P(B)$는 n이 증가할수록 급하게 증가한다. 예를 들어, $n = 20$일 때 $P(B) = 0.411$이고, $n = 40$일 때 $P(B) = 0.891$이다.]

4.24 두 명의 검사관이 어떤 부품을 시각적으로 검사한다. 불량품이 검사대에 왔을 때, 첫 번째 검사관이 불량품을 발견하지 못할 확률은 0.1이다. 첫 번째 검사관을 통과한 불량품 10개 중 5개는 두 번째 검사관이 발견하지 못한다고 한다. 두 검사관 모두에 의해 불량품이 발견되지 않을 확률을 구하시오.

4.25 연기탐지기 시스템은 두 개의 장치 A와 B를 이용한다. 연기가 발생하면, 장치 A에 의해 감지될 확률은 0.95, 장치 B에 의해 감지될 확률은 0.98, 두 장치 모두에게 감지될 확률은 0.94이다.

(1) 연기가 발생했을 때, 장치 A 또는 B 또는 둘 다에 의해 감지될 확률을 구하시오.

(2) 연기가 감지되지 않을 확률을 구하시오.

4.26 미국의 메이저 리그 축구 시즌 동안, 의학팀은 256건의 부상을 보고했으며, 이러한 부상은 선수들이 경기에 참여할 시간의 손실을 야기 시킨다. 이 조사 결과는 미국 스포츠 의학 저널지에 보고되어 있으며, 다음 표에 정리되어 있다.

부상정도	연습 (P)	실전 (G)	합계
경미 (A)	66	88	154
보통 (B)	23	44	67
심각 (C)	12	23	35
합계	101	155	256

256명의 축구 선수들 중에서 한 선수를 임의로 추출하였을 때, 다음 확률을 구하시오.

(1) $P(A)$ (2) $P(G)$ (3) $P(A \cap G)$ (4) $P(G|A)$

(5) $P(G|B)$ (6) $P(G|C)$ (7) $P(C|P)$ (8) $P(B^c)$

4.7 베이즈 공식

4.6절의 색맹실험을 다시 생각해보자. 다음 두 사건들은

B: 선택된 사람이 남자이다

B^c: 선택된 사람이 여자이다

표본공간 S를 구성한다. 색맹인 사람이 남자일 수도 있고 여자일 수도 있기 때문에, 사건 A(선택된 사람이 색맹)는 $A \cap B$와 $A \cap B^c$로 이루어진다. 이 두 사건들은 서로 배반이므로, 사건 A를 다음과 같이 표현할 수 있고

$$A = (A \cap B) \cup (A \cap B^c)$$

그 확률은

$$\begin{aligned} P(A) &= P(A \cap B) + P(A \cap B^c) \\ &= 0.04 + 0.002 = 0.042 \end{aligned}$$

이다.

표본공간이 서로 배반인 k개의 부분집단 $S_1, S_2, S_3, \ldots, S_k$로 분할될 수 있다고 하자. 그러면 사건 A를 다음과 같이 표현할 수 있고

$$A = (A \cap S_1) \cup (A \cap S_2) \cup (A \cap S_3) \cup \cdots \cup (A \cap S_k)$$

그 확률은

$$P(A) = P(A \cap S_1) + P(A \cap S_2) + P(A \cap S_3) + \cdots + P(A \cap S_k)$$

이다.

$k = 3$인 경우에, [그림 4.13]에 설명되어 있다.

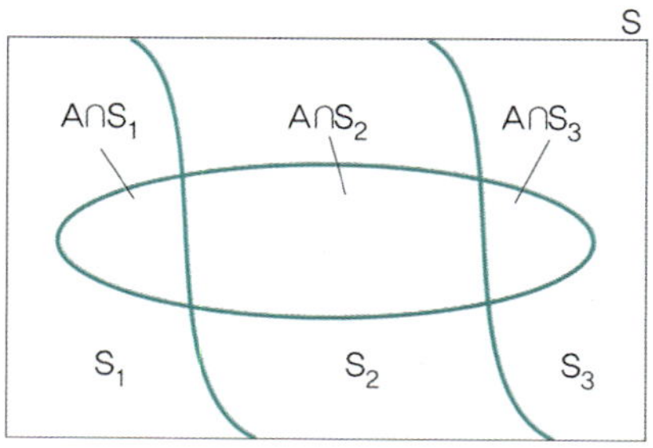

[그림 4.13] 사건 A의 분할

곱셈 법칙을 이용하여 $P(A \cap S_i)$를 $P(S_i)P(A|S_i)$로 나타낼 수 있다 $(i = 1, 2, \ldots, k)$. 이 결과를 **전 확률의 공식**(law of total probability)이라 한다.

전 확률의 공식

$S_1, S_2, S_3, \ldots, S_k$가 서로 배반인 사건들이라면, 사건 A의 확률은 다음과 같이 표현할 수 있다.

$$P(A) = P(S_1)P(A|S_1) + P(S_2)P(A|S_2) + P(S_3)P(A|S_3) + \cdots + P(S_k)P(A|S_k)$$

예제 4.23

〈표 4.6〉은 5개의 나이 그룹 각각에서 20대 이상 성인의 비율과 이들 중 스니커즈 운동화를 5켤레 이상 가지고 있는 20대 이상의 성인 비율을 보여준다. 전 확률 공식을 이용하여, 스니커즈 운동화를 5켤레 이상 가지고 있는 20대 이상의 성인의 비율을 구하시오.

〈표 4.6〉 확률표

	그룹과 나이				
	G_1 $20-24$	G_2 $25-34$	G_3 $35-49$	G_4 $50-64$	G_5 ≥ 65
5켤레 이상 소유하고 있는 비율	0.26	0.20	0.13	0.18	0.14
20대 이상의 성인의 비율	0.09	0.18	0.30	0.25	0.18

풀이 스니커즈 운동화를 5켤레 이상 가지고 있는 20대 이상의 성인들로부터 임의로 한명을 선택할 사건을 A라고 하

자. $G_1, G_2, \ldots, G_5$는 선택된 사람이 5개의 나이 그룹 각각에 속할 사건을 나타낸다. 5개의 나이 그룹들이 서로 배반이므로, 사건 A를 다음과 같이 나타낼 수 있고

$$A = (A \cap G_1) \cup (A \cap G_2) \cup (A \cap G_3) \cup (A \cap G_4) \cup (A \cap G_5)$$

전 확률의 공식을 사용하여, 사건 A의 확률은

$$\begin{aligned} P(A) &= P(A \cap G_1) + P(A \cap G_2) + P(A \cap G_3) + P(A \cap G_4) + P(A \cap G_5) \\ &= P(G_1)P(A|G_1) + P(G_2)P(A|G_2) + P(G_3)P(A|G_3) + P(G_4)P(A|G_4) + P(G_5)P(A|G_5) \end{aligned}$$

이다.

〈표 4.6〉에 있는 확률들을 대입하면

$$\begin{aligned} P(A) &= (0.09)(0.26) + (0.18)(0.20) + (0.30)(0.13) + (0.25)(0.18) + (0.18)(0.14) \\ &= 0.0234 + 0.0360 + 0.0390 + 0.0450 + 0.0252 = 0.1686 \end{aligned}$$

전 확률 공식은 가중치가 0.09, 0.18, 0.30, 0.25, 0.18일 때, 각 그룹 내 확률들의 가중 평균이다.

4.6절에서 알 수 있듯이, $P(S_i|A) = [P(A \cap S_i)]/P(A)$이고 이 확률은 $P(S_i|A) = [P(S_i)P(A|S_i)]/P(A)$로 다시 표현할 수 있다. 전 확률 공식을 사용하여 다음과 같이 구해진다.

$$P(S_i|A) = \frac{P(S_i)P(A|S_i)}{P(S_1)P(A|S_1) + P(S_2)P(A|S_2) + P(S_3)P(A|S_3) + \cdots + P(S_k)P(A|S_k)}$$

이 확률을 **사후확률**(posterior probability)이라 한다. ■

1 베이즈 공식(Bayes' Rule)

표본공간 S가 서로 배반인 부분집합들 $S_1, S_2, S_3, \ldots, S_k$에 의해 분할되었고 그 **사전확률**(prior probability)들을 $P(S_1), P(S_2), P(S_3), \ldots, P(S_k)$라 하자. 사건 A가 발생했다는 조건하에 S_i의 사후 확률은 다음과 같은 조건부 확률이다.

$$P(S_i|A) = \frac{P(S_i)P(A|S_i)}{\sum_{j=1}^{k} P(S_j)P(A|S_j)}, \qquad i = 1, 2, \ldots, k$$

예제 4.24

[예제 4.23]에서 선택된 사람이 스니커즈 운동화를 적어도 5켤리를 가지고 있다는 조건이 주어져 있을 때, 그 사람이 65세 이상일 확률을 구하여라.

풀이 조건부 확률은 다음과 같이 정의되고

$$P(G_5|A) = \frac{P(A \cap G_5)}{P(A)}$$

전 확률 공식을 이용하여 $P(A) = 0.1686$을 계산하였다. 따라서

$$\begin{aligned}P(G_5|A) &= \frac{P(G_5)P(A|G_5)}{P(G_1)P(A|G_1)+P(G_2)P(A|G_2)+P(G_3)P(A|G_3)+P(G_4)P(A|G_4)+P(G_5)P(A|G_5)} \\ &= \frac{(0.18)(0.14)}{(0.09)(0.26)+(0.18)(0.20)+(0.30)(0.13)+(0.25)(0.18)+(0.18)(0.14)} \\ &= \frac{0.0252}{0.1686} = 0.1495\end{aligned}$$

만약 그 사람이 35−49세일 확률은 다음과 같다.

$$\begin{aligned}P(G_3|A) &= \frac{(0.30)(0.13)}{(0.09)(0.26)+(0.18)(0.20)+(0.30)(0.13)+(0.25)(0.18)+(0.18)(0.14)} \\ &= \frac{0.0390}{0.1686} = 0.2313\end{aligned}$$

■

Probability & Statistics

연습문제

4.27 두 모집단 S_1과 S_2로부터 표본을 뽑는데, $P(S_1) = 0.7$이고 $P(S_2) = 0.3$이다. 표본이 S_1으로부터 뽑혔을 때, 사건 A를 관찰할 확률은 $P(A|S_1) = 0.2$이다. 표본이 S_2으로부터 뽑혔을 때, 사건 A를 관찰할 확률은 $P(A|S_2) = 0.3$이다.

(1) 표본이 두 개의 모집단들 중 하나에서 임의로 추출되었을 때, 사건 A가 발생할 확률을 구하시오.

(2) 표본이 임의로 추출되었고 사건 A가 관찰되었다면, 그 표본이 모집단 S_1으로부터 뽑혔을 확률을 구하시오. 또한 그 표본이 모집단 S_2으로부터 뽑혔을 확률을 구하시오.

4.28 모집단이 두 개의 하위집단으로 나누어질 수 있고, 각각이 발생할 확률은 60%와 40%이다. 사건 A는 첫 번째 하위집단에서는 30%의 확률로 발생하고 두 번째 하위집단에서 50%의 확률로 발생한다. 어느 하위집단에서 발생했는지에 관계없이 사건 A가 발생할 확률을 구하시오.

4.29 한 수동기계는 직원이 기계 작동 방법을 따르면 0.01의 확률로 불량품을 생산하고 기계 작동 방법을 따르지 않는다면 0.03의 확률로 불량품을 생산한다. 직원이 작업시간의 90%를 기계 작동 방법을 따르며 일했다면 이 기계가 불량품을 생산할 확률 구하시오.

4.30 특정 풋볼 팀은 경기의 30%를 왼쪽에서, 70%는 오른쪽에서 하는 것으로 알려져 있다. 반대팀의 수비수는 경기가 오른쪽으로 갈 때 오른쪽 가드가 대부분의 시간(80%) 동안 그의 자세를 바꾸고 나머지 시간은 균형 잡힌 자세를 보인다고 한다. 경기가 왼쪽으로

가면 가드는 시간의 90% 동안 균형 잡힌 자세를 가지고 나머지 10% 동안 자세를 바꾼다고 한다. 특정한 경기에서는 가드가 균형 잡힌 태도를 취한다고 수비수는 지적한다.

(1) 경기가 왼쪽으로 갈 확률을 구하시오.

(2) 경기가 오른쪽으로 갈 확률을 구하시오.

(3) 당신이 수비수라면, 균형 잡힌 자세를 보았을 때 어느 방향으로 방어를 할 것인가?

4.31 의료 사건 기록은 서로 다른 질병이 같은 증상을 보일 수도 있다고 한다. 어떤 특정 증상(사건 H라 표기)은 세 가지 질병 A, B, C 중 어느 한 질병이 발생할 때만 나타난다고 하자(편의상, 질병 A, B, C는 서로 배반이라고 가정한다). 세 가지 질병에 걸릴 확률은 다음과 같다.

$$P(A)=0.01, \qquad P(B)=0.005, \qquad P(C)=0.02$$

특정한 질병에 걸렸을 때, 증상 H가 나타날 확률은 다음과 같다.

$$P(H|A)=0.90, \qquad P(H|B)=0.95, \qquad P(H|C)=0.75$$

만일 어떤 환자가 H증상을 보인다고 할 때, 이 환자가 질병 A에 걸렸을 확률을 구하시오.

4.32 어느 질병이 인구의 10%에 존재하고, 이 질병을 감지하기 위해 설계된 선별 검사가 있다고 하자. 그러나 이 검사는 항상 정확한 것은 아니다. 질병에 걸렸는데 그 검사는 음성 반응을 보일 수도 있고, 질병에 걸리지 않았는데 양성의 반응을 보일 수도 있다. 아래 표는 이 검사에서 나타나는 다양한 진단결과들의 비율을 보여준다.

	양성반응(P)	음성반응(N)
질병 존재(D)	0.08	0.22
질병 부재(D^c)	0.05	0.85

(1) 위의 표로부터 다음 확률들을 구하시오:

$$P(D),\ P(D^c),\ P(N|D^c),\ P(N|D).$$

(2) 베이즈 공식과 (1)의 결과를 이용하여 $P(D|N)$을 구하시오.

(3) 조건부 확률의 정의를 이용하여 $P(D|N)$을 구하시오. (답은 (2)와 동일하게 나옴.)

(4) 어떤 사람이 질병에 걸리지 않았는데 양성반응이 나올 확률을 구하시오.

(5) 어떤 사람이 질병에 걸렸는데 음성반응이 나올 확률을 구하시오.

(6) (4) 또는 (5)에서 구한 확률들이 이 검사 방법의 신뢰도에 대해 걱정할 만큼 큰 것인가? 설명하시오.

4.8 이산 확률변수와 확률분포

1 확률변수

수치 변수 X는 측정되는 실험의 결과에 따라 달라지거나 변할 것이다. 예를 들어, 주사위 한 개를 던져서 윗면에 나오는 수를 X라 하자. 변수 X는 실험의 임의 결과에 따라 6개의 값들(1, 2, 3, 4, 5, 6) 중에 하나를 가질 것이다. 이런 이유로 변수 X를 **확률변수**(random variable)라고 부른다.

정의

실험의 결과에 따라 그 값이 임의 사건이면, 변수 X는 확률변수이다.

확률변수의 많은 예들을 생각할 수 있다.

- $X=$ 임의로 선택한 가구에서 불량품의 개수
- $X=$ 임의로 선택한 대학 지원자의 SAT 점수
- $X=$ 임의로 선택한 기간 동안 위기 개입 핫라인에서 받은 전화 건수

1장에서와 같이, 양적 확률변수는 X가 가질 수 있는 값에 따라 이산 또는 연속으로 분류된다. 서로 다른 기술을 사용하여 분포를 설명하기 때문에 이산 확률변수와 연속 확률변수를 구별하는 것이 중요하다. 이 장의 나머지 부분에서는 이산 확률변수에 초점을 맞추고, 6장에서 연속 확률변수를 다룬다.

2 확률분포

1장과 2장에서 변수 X의 값들에 대해 상대도수 분포를 작성하는 방법을 배웠다. 상대도수 분포는 X에 대해 다음과 같은 정보를 주었다:

- X의 어떤 값이 발생했는지
- X의 각 값이 얼마나 자주 발생했는지

평균 및 표준편차를 사용하여 자료의 중심과 변동을 측정하는 방법을 배웠다. 이 장에서는 실험을 반복적으로 할 때 확률을 상대도수의 극한값으로 정의한다. 확률변수 X에 대한 확률분포를 전체 모집단을 대상으로 작성된 상대도수 분포로 정의한다.

정의

이산 확률변수에 대한 **확률분포**(probability distribution)는 X가 가질 수 있는 값(x)과 그 값을 가질 때의 확률 $p(x)=P(X=x)$를 대응시켜 놓은 수식, 표 또는 그래프이다.

X의 값은 서로 배반적인 수치 사건들을 나타내고, X의 모든 값에 대해 $p(x)$를 합하는 것은 모든 단순사건들의 확률들을 더하는 것과 같다.

3 이산 확률분포에 대한 성질

- $0 \leq p(x) \leq 1$
- $\sum p(x) = 1$

예제 4.25

두 개의 동전을 던져서 앞면이 나오는 횟수를 X라고 하자. X의 확률분포를 구하시오.

풀이 이 실험에서의 단순사건들은 각각의 확률과 함께 〈표 4.7〉에 나열되어 있다. $E_1 = HH$는 두 개의 앞면이 나오는 것을 나타내고, 그 단순사건은 $x=2$로 나타낸다. 마찬가지로, E_2는 $x=1$로 나타낸다.

〈표 4.7〉 두 개의 동전을 던질 때 단순사건들과 확률들

단순사건	첫 번째 동전	두 번째 동전	$P(E_i)$	x
E_1	H	H	1/4	2
E_2	H	T	1/4	1
E_3	T	H	1/4	1
E_4	T	T	1/4	0

각 x에 대해 $p(x)$는 그 사건에 있는 단순사건들의 확률들을 더하여 계산할 수 있다. 예를 들어, $x=0$일 때 단순사건 E_4가 발생한다. 따라서

$$p(0) = P(E_4) = \frac{1}{4}$$

이고, $x=1$일 때

$$p(1) = P(E_2) + P(E_3) = \frac{1}{2}$$

이다.

x의 값들과 각각의 확률 $p(x)$는 〈표 4.8〉에 나열되어 있고, 그 확률들을 모두 더하면 1이 된다.

〈표 4.8〉 X의 확률분포

$X=x$	x에서의 단순사건들	$p(x)$
0	E_4	1/4
1	E_2, E_3	1/2
2	E_1	1/4
		$\sum p(x) = 1$

■

〈표 4.8〉의 확률분포는 [그림 4.14]의 확률 히스토그램으로 나타낼 수 있다. 확률변수 X의 세 값들이 수평축에 위치하고 그에 대응하는 확률 $p(x)$는 수직축에 위치한다. 각 막대의 너비가 1이고 막대 아래의 면적은 X의 특정 값을 관찰할 확률이므로 히스토그램의 총 면적은 1이다.

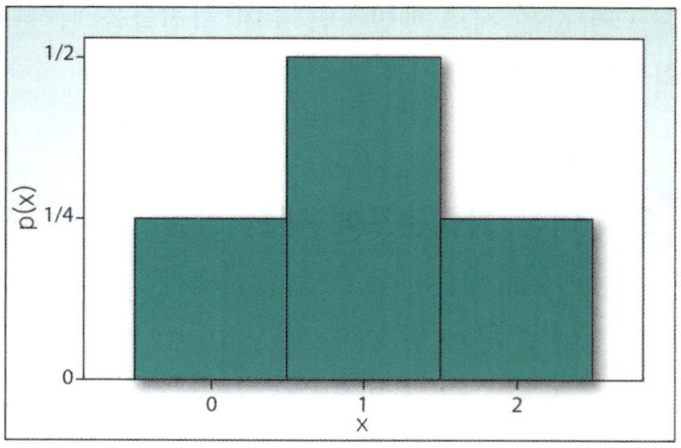

[그림 4.14] [예제 4.25]의 확률 히스토그램

4 이산 확률변수에 대한 평균과 표준편차

이산 확률변수에 대한 확률분포는 1장에서 논의한 것처럼 상대도수 분포와 매우 유사하게 보인다. 차이점은 상대도수 분포는 측정된 n개의 표본을 설명하는 반면에, 확률분포는 측정된 전체 모집단에 대한 모형으로 구성된다.

표본평균 $\bar{x}$와 표준편차 s를 이용하여 표본자료의 중심과 산포를 측정하는 것처럼 모집단의 중심과 산포를 설명하는 비슷한 척도를 계산할 수 있다.

모평균은 모집단의 평균으로서 확률변수 X의 기대값(expected value)이라고 하며 $E(X)$로 표기한다. 이는 실험을 반복해서 할수록 평균적으로 관찰할 것으로 예상하는 값을 뜻한다. 모평균을 계산하는 공식은 예제를 통해 쉽게 이해할 수 있다. 공정한 두 개의 동전을 던지고 앞면이 나오는 횟수를 X라 하자. X의 확률분포는 다음과 같다.

$X=x$	0	1	2
$p(x)$	1/4	1/2	1/4

동전 던지는 실험을 여러 번 반복했다고 가정하자 - 예를 들어, $n=4{,}000{,}000$. 0이 백만 개, 1이 2백만 개, 2가 백만 개 관찰되었다고 하면, x의 평균값은

$$\frac{\text{측정값들의 합}}{n} = \frac{1{,}000{,}000(0)+2{,}000{,}000(1)+1{,}000{,}000(2)}{4{,}000{,}000}$$

$$=\left(\frac{1}{4}\right)(0)+\left(\frac{1}{2}\right)(1)+\left(\frac{1}{4}\right)(2)$$

이다. 따라서 X의 평균값은

$$\sum xp(x) = 0+\frac{1}{2}+\frac{2}{4}=1$$

이다.

정의

X가 확률분포 $p(x)$를 갖는 이산 확률변수라 하면, X의 **기대값**은 다음과 같이 정의된다.

$$\mu = E(X) = \sum_x xp(x)$$

모분산 σ^2와 모표준편차 σ는 X의 값(x)과 평균 μ의 편차제곱 $(x-\mu)^2$의 기대값을 이용하여 확률변수의 산포를 설명한다.

정의

X가 확률분포 $p(x)$를 갖는 이산 확률변수라 하면, X의 **분산**(variance)은 다음과 같이 정의된다.

$$\sigma^2 = E[(X-\mu)^2] = \sum_x (x-\mu)^2 p(x)$$

정의

확률변수 X의 **표준편차**(standard deviation)는 분산의 양의 제곱근이다.

예제 4.26

어떤 전자상가는 노트북의 특정 모델을 판매한다. 상가에 단지 4대의 노트북만 있으며, 판매자는 이 노트북에 대한 오늘의 주문량이 얼마나 될 것인지 궁금해 한다. 이 노트북에 대한 매일 판매량을 X라 할 때, X의 확률분포는 아래 표와 같다. X의 평균, 분산, 표준편차를 구하고, 5명 이상의 고객이 오늘 노트북을 살 확률을 구하시오.

$X=x$	0	1	2	3	4	5
$p(x)$	0.10	0.40	0.20	0.15	0.10	0.05

풀이 〈표 4.9〉는 x와 $p(x)$, μ와 σ^2의 공식에 필요한 항목들을 보여준다. 세 번째 열에 있는 값들의 합은

$$\mu = \sum_x xp(x) = (0)(0.10) + (1)(0.40) + \cdots + (5)(0.05) = 1.90$$

이고, 다섯 번째 열에 있는 값들의 합은

$$\begin{aligned}\sigma^2 &= \sum_x (x-\mu)^2 p(x)\\ &= (0-1.9)^2(0.10) + (1-1.9)^2(0.40) + \cdots + (5-1.9)^2(0.05) = 1.79\end{aligned}$$

이다. 표준편차는

$$\sigma = \sqrt{\sigma^2} = \sqrt{1.79} = 1.34$$

이다.

〈표 4.9〉 [예제 4.26]에 대한 계산

x	$p(x)$	$xp(x)$	$(x-\mu)^2$	$(x-\mu)^2p(x)$
0	0.10	0.00	3.61	0.361
1	0.40	0.40	0.81	0.324
2	0.20	0.40	0.01	0.002
3	0.15	0.45	1.21	0.1815
4	0.10	0.40	4.41	0.441
5	0.05	0.25	9.61	0.4805
합계	1.00	$\mu=1.90$		$\sigma^2=1.79$

■

[그림 4.15]는 확률분포의 그래프를 보여준다. 분포가 산 모양과 비슷하므로, 전체 관측치의 약 95%가 모평균으로부터 2×표준편차 범위 내에 있어야 한다. 즉

$$\mu \pm 2\sigma \Rightarrow 1.90 \pm 2(1.34) \text{ 또는 } -0.78 \sim 4.58$$

$x=5$는 이 구간 밖에 있으므로, 5명 이상의 고객이 오늘 노트북을 사지 않을 것이라고 말할 수 있다. 즉, $P(x \geq 5)=0.05$이다.

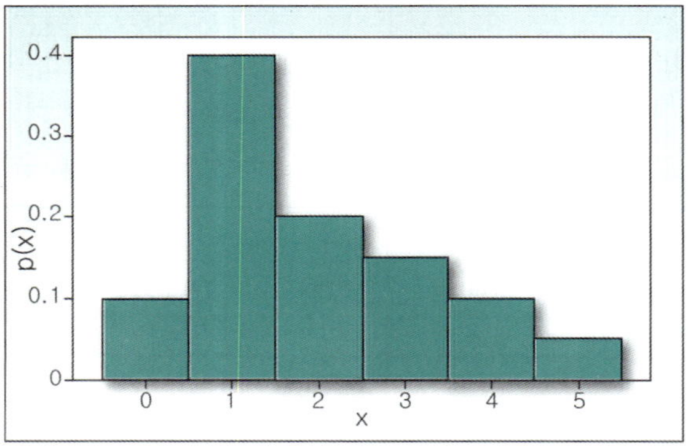

[그림 4.15] [예제 4.26]의 확률분포

예제 4.27

지역 자선 단체를 위해 실시된 추첨에서, 8000장의 티켓이 각각 $10에 판매되었다. 상품은 $24,000의 소형차이다. 두 장의 티켓을 구입했을 때, 기대 이득을 구하시오.

풀이 이득 X는 두 가지 값 중 하나를 가진다. 7998/8000의 확률로 $20를 잃거나 (즉, "이득"은 -$20가 된다), 2/8000의 확률로 $23,980를 얻는 것이다. 이득 X의 확률 분포는 아래 표와 같다.

$X=x$	$p(x)$
-$20	7998/8000
$23,980	2/8000

기대 이득은

$$\mu = \sum_x xp(x)$$
$$= (-\$20)\left(\frac{7998}{8000}\right) + (\$23,980)\left(\frac{2}{8000}\right) = -\$14$$

이다. ■

예제 4.28

장기간에 걸쳐 100회에 2번 발생하는 사건을 다루는 $10,000 보험증권의 연간 보험료를 결정하고자 한다. X는 보험증권의 판매로 인한 보험회사의 연간 재정 이익이라고 하고, C는 미지의 연간 보험료라고 하자. 기대 이득 $E(X)$가 0이 되게 하는 C 값을 구하시오. C는 손익분기점 달성을 위한 보험료이며, 보험회사는 C에 관리 비용과 이득을 더할 것이다.

풀이 1년 동안 사건이 발생하지 않는다면 보험회사는 $X = C$ 달러의 보험료를 얻을 것이고, 사건이 발생한다면 이득은 음수가 될 것이다; 즉, 회사는 이미 징수된 C달러의 보험료를 $10,000로부터 잃는 것이다. 즉, $X = -(10,000 - C)$. X의 두 값들에 대한 각각의 확률은 98/100과 2/100이다. 이득에 대한 확률분포는 아래 표와 같다.

$X = x$	$p(x)$
C	98/100
-(10,000-C)	2/100

회사가 장기간에서 평균이득이 0이 되는 보험료 C를 원한다면, X의 기댓값이 0이 되도록 하고 C를 구한다.

$$\mu = E(X) = \sum_x xp(x)$$
$$= C\left(\frac{98}{100}\right) + [-10,000 + C]\left(\frac{2}{100}\right) = 0$$

또는

$$\frac{98}{100}C + \frac{2}{100}C - 200 = 0$$

C에 대해 이 등식을 풀면, $C = \$200$이다. 따라서 보험회사가 연간보험료를 $200로 하면, 기대 이득은 0이 된다. 실제 보험료는 $200에 관리 비용과 이득을 더할 것이다. ■

연습문제

4.33 다음 문제가 이산 확률변수인지 연속 확률변수인지 구분하시오.

(1) 수술로 인한 암 환자의 수명 증가

(2) 직경 1인치의 강철 케이블의 전단강도(단위: 제곱 인치당 파운드)

(3) 야생동물 보호구역에서 1년 동안에 죽은 사슴의 수

(4) 특정 시간에 백화점에서 연체된 계좌 수

(5) 혈압

4.34 확률변수 X는 5개의 값(0, 1, 2, 3, 4)을 가지고 확률분포는 다음과 같다.

$X=x$	0	1	2	3	4
$p(x)$	0.1	0.3	0.3	?	0.1

(1) $p(3)$을 구하시오.

(2) $p(x)$의 확률 히스토그램을 작성하시오.

(3) 모집단의 평균, 분산, 표준편차를 계산하시오.

(4) X가 2보다 클 확률을 구하시오.

(5) X가 3이하일 확률을 구하시오.

4.35 X는 고객이 일주일 동안 식료품 가게를 방문하는 횟수를 나타내고, 그 확률분포는 다음과 같다.

$X=x$	0	1	2	3
$p(x)$	0.1	0.4	0.4	0.1

고객이 식료품 가게에 방문하는 횟수의 평균값, 즉 X의 기대값을 구하시오.

4.36 운전하는 동안 문자 메시지를 허용하는 성인(18세 이상)의 비율은 47%이다. 3명의 성인 운전자를 임의로 선택하여 운전하는 동안 문자 메시지를 하는 지 물었다.

(1) 운전하는 동안 문자 메시지를 허용하는 표본에서 운전자의 수 X에 대한 확률분포를 구하시오.

(2) $p(x)$의 확률 히스토그램을 작성하시오.

(3) 3명의 운전자 중 정확히 1명이 운전하는 동안 문자 메시지를 할 확률을 구하시오.

(4) 확률변수 X의 모평균과 표준편차를 구하시오.

4.37 어떤 회사의 2개의 직책에 대해 5명이 지원하였다: 여자 2명, 남자 3명. 5명의 지원자가 동등하게 자격을 갖추었으며 성별 선택에 어떤 선호가 없다고 한다. X를 2개의 직책에 대해 채용된 여성의 수라고 하자.

(1) $p(x)$를 구하시오.

(2) $p(x)$의 확률 히스토그램을 작성하시오.

4.38 과거의 경험에 따르면 평균적으로 10개의 유전을 시추했을 때 1개의 유전에서만 석유가 나온다고 한다. 첫 번째 성공까지의 시추 횟수를 X라고 하자. 각각의 유전 시추는 독립 사건이라고 가정한다.

(1) $p(1)$, $p(2)$, $p(3)$를 구하시오.

(2) $p(x)$의 값을 구하는 공식을 구하시오.

(3) $p(x)$의 그래프를 그리시오.

4.39 D 달러의 보험료를 지불하면 총 가치로 $50,000의 다이아몬드를 확보할 수 있다. 특정 연도의 손실 확률이 0.01로 추정되는 경우, 보험회사는 기대 이득이 $1,000이길 원한다면 보험료를 얼다로 청구해야 하는가?

4.40 커피 이용자들의 하루 동안 커피를 마시는 횟수를 X라 하면, X의 확률분포는 아래와 같다.

$X=x$	0	1	2	3	4	5
$p(x)$	0.28	0.37	0.17	0.12	0.05	0.01

(1) 임의로 선택된 커피 이용자가 하루 동안 커피를 마시지 않을 확률을 구하시오.

(2) 임의로 선택된 커피 이용자가 하루에 두 번 이상 커피를 마실 확률을 구하시오.

(3) 확률변수 X의 평균과 표준편차를 구하시오.

(4) X의 값이 구간 $\mu \pm 2\sigma$에 포함될 확률을 구하시오.

4.41 CEO는 신제품을 홍보함으로써 발생할 수 있는 손실을 충당하기 위해 보험 증권을 구입하는 것을 고려하고 있다. 신제품이 완전히 실패할 경우 $800,000의 손실이 발생하고, 적당히 성공할 경우 $250,000 의 손실이 발생한다. 보험 계리원은 신제품이 실패하거나 적당히 성공할 확률은 각각 0.01과 0.05라고 결론을 내렸다. CEO가 가능한 모든 손실을 무시한다고 가정하면, 보험회사는 손익분기점을 달성하기 위해 얼마나 많은 보험료를 청구해야 하는가?

보충연습문제

4.42 직장에서 불법 또는 비윤리적인 활동을 보고하는 "내부 고발자 (whistle blowers)"에 대해서 법적인 보호 조치가 있음에도 불구하고 내부 고발자의 약 23%가 좌천이나 실적 저하와 같은 보복을 당했다고 한다. 직원이 내부의 불법 활동을 보고하지 않을 확률은 0.69이다. 직원이 내부의 불법 활동을 보고하고 그 이후에 어떤 보복을 당할 확률을 구하시오.

4.43 운송 컨테이너에는 7개의 복잡한 전자 시스템이 있고 이 중에 3개가 불량품이다. 7개 중 2개가 검사를 위해 선택되었고 불량품 또는 양품으로 분류된다. 불량품이 발견되지 않을 확률을 구하시오.

4.44 농촌 주택이 많은 카운티는 화재에 대비하여 그 주택들의 60%가 보험에 가입한다고 한다. 전체 모집단으로부터 4명의 농천 주택 소유자를 임의로 선택하여 화재에 대비하여 보험에 가입한 주택 소유자의 수를 X라고 한다. X의 확률분포를 구하시오. 4명 중 적어도 3명이 보험에 가입할 확률은 얼마인가?

4.45 투자자는 5개의 추천 주식 중 3개의 주식에만 투자할 수 있다. 투자자에게 알려지지 않았지만, 앞으로 5년 내에 2개의 주식이 상당한 이익을 볼 것이라고 한다. 투자자가 3개의 주식을 임의로 선택하였을 때 (3개의 주식의 모든 조합에 선택의 균등 기회를 부여함), 이익을 볼 2개의 주식을 선택할 확률을 구하시오. 투자자가 이익을 볼 2개의 주식 중 1개만 선택할 확률은 얼마인가?

4.46 영업 사원이 고객과 처음 접촉할 때 상품을 판매할 확률은 0.4이지만, 고객이 처음 접촉 시 구매하지 않으면 두 번째 연락에서 상품을 판매할 확률이 0.55로 향상된다고 한다. 이 영업 사원이 어떤 고객에 단 한번만 다시 연락을 한다고 가정하자. 영업 사원이 고객에게 연락했을 때, 다음 사건들에 대한 확률들을 계산하시오.

(1) 고객이 상품을 산다.

(2) 고객이 상품을 사지 않는다.

4.47 유도 미사일 제어시스템의 실패율은 1000에 1이다. 각 미사일에 완전히 독립적인 제어시스템이 이중으로 설치되어 있다고 가정하면, 첫 번째 제어시스템이 실패하면 두 번째 제어시스템이 작동할 수 있다고 한다. 실패하지 않을 확률이 미사일의 신뢰도이다. 미사일의 신뢰도를 구하시오.

4.48 확률은 1980년 4월 24일 펜실베이니아 주의 복권 추첨을 조작하는 데 중요한 역할을 했다. 3자리 당첨 숫자의 각 자릿수를 결정하기 위해, 0~9까지 각각의 숫자가 탁구공에 써지고, 10개의 공이 격실로 날아가고, 기계의 상단에 뜨는 탁구공 위에 적힌 숫자가 각 자리수로 선택되었다. 확률을 바꾸기 위해, 공모자들은 4와 6의 번호가 매겨진 공을 제외하고 추첨에 사용된 모든 공들에 액체를 주입하였다. 이는 가벼운 공이 선택되고 당첨 번호에서 자릿수로 결정되기 위해서였다. 그 후 공모자들은 잠재적으로 당첨 번호를 가지는 복권을 사기 시작했다. 얼마나 많은 당첨 숫자들이 있는가? (666은 최종 우승자인가?)

4.49 미국 스포츠 의학 저널지는 2개의 일반적인 무릎 부상(내측 십자 인대 (MCL) 염좌, 전방 십자 인대 (ACL) 파열)을 가진 810명의 여자 대학생 럭비 선수에 관한 연구를 발표했다. 후위 선수들의 경우, 39%가 MCL 염좌를 갖고 있었고 61%는 ACL 파열을 갖고 있었다. 전위 선수들의 경우, 33%가 MCL 염좌를 갖고 있었고 67%가 ACL 파열을 갖고 있었던 것으로 알려졌다. 럭비 팀은 8개의 전방과 7개의 등판으로 이루어져 있기 때문에 무릎 부상을 가진 선수들의 47%가 등판이고 53%가 전방이라고 가정할 수 있다.

(1) 이 럭비 팀으로부터 임의로 한 선수를 선택하여 그 선수가 MCL 염좌를 가졌을 확률을 구하시오.

(2) MCL 염좌가 있는 선수를 선택했다는 조건하에, 그 선수가 전방일 확률은 얼마인가?

(3) ACL 파열이 있는 선수를 선택했다는 조건하에, 그 선수가 후방일 확률은 얼마인가?

4.50 두 명의 남자가 각각 하나의 동전을 던져서 동전 둘 다 앞면이 나오거나 둘 다 뒷면이 나온다면 일치했다고 한다. 동전을 세 번 던진다고 하자.

(1) 세 번 모두 일치할 확률을 구하시오.

(2) 동전 6번 던졌을 때(각각 3번씩 던짐), 모두 뒷면이 나올 확률을 구하시오.

(3) 동전 던지기는 실제 많은 실험에 대한 모델을 제공한다. 동전 던지기는 2명의 학생이 시험에서 3개의 참/거짓 질문에 대해 답한 것을 나타낸다. 두 학생의 답이 모두 일치했다면, (1)에서 구한 낮은 확률은 두 학생 사이에 부정행위를 암시합니까?

4.51 특정 회사에서 10년 이상 남아있을 확률은 1/6이라고 한다. 어떤 남자와 여자가 같은 날 회사에서 일을 시작한다.

(1) 남자가 10년 이내로 일할 확률을 구하시오.

(2) 남자와 여자가 모두 10년 이내로 일할 확률을 구하시오 (남자와 여자는 서로 아무런 관계가 없고, 각각의 근무기간은 서로 독립적이다).

(3) 남자 또는 여자 또는 둘 다 10년 이상 일할 확률을 구하시오.

4.52 특정 슈퍼마켓에서 계산대에서 5분 이상 기다릴 확률은 0.2이다. 어느 날 한 남자와 그의 아내가 마켓에서 개별적으로 쇼핑하기로 결정하고 각각은 다른 계산대에서 계산한다. 둘 다 똑같은 시간에 계산대에 도착했다고 하자.

(1) 남자가 계산대에서 5분 미만으로 기다릴 확률을 구하시오.

(2) 남자와 그의 아내 모두 계산대에서 5분 미만으로 기다릴 확률을 구하시오. (두 사람의 계산시간은 독립 사건이다.)

(3) 남자 또는 아내 또는 둘 다 5분 이상 기다릴 확률을 구하시오.

4.53 지역 사회의 모든 사람들 중 단지 40%만이 대중교통 시스템의 개발을 선호한다고 한다. 4명의 시민을 그 지역 사회에서 임의로 뽑았을 때, 4명 모두가 대중교통 시스템을 선호할 확률을 구하시오. 또한 4명 모두 대중교통 시스템을 선호하지 않을 확률을 구하시오.

4.54 질병을 탐지하는 비용을 줄이기 위해 n명의 사람들의 그룹으로부터 수집된 혈액의 합동 샘플에 대해 혈액 검사를 시행한다. 혈액의 합동 샘플에서 질병의 징후가 없다면 아무도 질병에 걸리지 않았다는 것을 의미하고, 합동 혈액 샘플의 분석에서 질병이 발견되면 각 개인의 혈액을 검사해야 한다. 개별 테스트는 순서대로 시행된다. 5명이 있는 그룹에서 한 사람이 질병에 걸려 있다면, 병든 한 사람을 발견하기 위해 여섯 번의 혈액 검사(합동 검사를 포함해서)가 필요할 확률은 얼마인가? 두 사람이 병에 걸린 경우 병에 걸린 두 사람을 찾기 위해 여섯 번의 검사가 필요할 확률은 얼마인가?

4.55 캘리포니아 작업장에서 근무 시간 자유 선택제의 사용 가능성을 알아보기 위한 설문 조사가 시행되었고, 이는 캘리포니아의 두 도시에 위치한 220개 회사에 대해 다음과 같은 정보를 제공하였다.

	근무 시간 자유 선택제		
도시	사용 가능	사용 불가능	합계
A	39	75	114
B	25	81	106
합계	64	156	220

220개의 회사들 중 어떤 회사를 임의로 선정하였다.

(1) 이 회사가 도시 A에 위치할 확률을 구하시오.

(2) 이 회사가 도시 B에 위치하고 근무 시간 자유 선택제를 허용할 확률을 구하시오.

(3) 이 회사가 근무 시간 자유 선택제를 사용하지 않을 확률을 구하시오.

(4) 이 회사가 근무 시간 자유 선택제를 사용할 수 있다는 조건하에, 이 회사가 도시 B에 위치할 확률을 구하시오.

4.56 지나가는 쇼핑객에게 두 가지 소프트 드링크 샘플(펩시와 코카콜라)을 맛보고 선호도를 표기하는 실험이 지역 슈퍼마켓에서 실시되었다. 4명의 쇼핑객을 임의로 선택하여 이 실험에 참여할 것을 요청하였고, 실제로 두 브랜드의 맛에는 차이가 없다고 가정한다.

(1) 5명의 쇼핑객 모두가 펩시를 선택할 확률을 구하시오.

(2) 4명의 쇼핑객 중 정확히 1명이 펩시를 선택하게 될 확률은 구하시오.

4.57 주요 심포니 오케스트라의 이사회는 직원들의 불만을 처리하기 위한 위원회를 구성하기로 결정했다. 위원회는 교향악단의 회장과 부회장과 2명의 오케스트라 대표로 구성된다. 2명의 오케스트라 대표는 남자 4명과 여자 2명으로 구성된 6명의 지원자 중에서 무작위로 선출된다.

(1) 오케스트라 대표로 선발 된 여성의 수를 X라 할 때, X의 확률분포를 구하시오.

(2) 2명의 오케스트라 대표가 모두 여성이 될 확률을 구하시오.

(3) 확률변수 X의 평균과 분산을 구하시오.

4.58 다음 표는 일하는 배우자에게 "누가 집안의 가장입니까?"라고 물었을 때의 설문 결과이다. 200명의 사람들 중 1명을 무작위로 뽑았다고 하자.

	자신	배우자 또는 다른 사람	똑같음	합계
남자	64	16	20	100
여자	32	45	23	100
합계	96	61	43	200

(1) 이 사람이 자신을 가장으로 답할 확률을 구하시오.

(2) 선택된 사람이 남자이고 자신과 배우자/다른 사람이 똑같이 가장이라고 답할 확률을 구하시오.

(3) 선택한 사람이 배우자 또는 다른 사람이 가장이라고 답했다면, 그 사람이 남자일 확률을 구하시오.

CHAPTER

05

여러 가지 유용한 이산분포

5.1 서론

이산 확률변수의 예는 다양한 일상 상황과 대부분의 학문 분야에서 찾아 볼 수 있다. 그러나 가장 많이 응용되는 모형으로 세 가지 이산 확률분포가 있다. 이 장에서는 이항 확률분포, 포아송 확률분포, 초기하 확률분포를 소개하고 그 확률분포들의 유용성에 대해 논의한다.

5.2 이항 확률분포

동전 던지기 실험은 이항 확률변수(binomial random variable)라 불리는 중요한 이산 확률변수의 간단한 예이다. 많은 실제 실험이 동전 던지기의 앞면 또는 뒷면과 유사한 자료를 생성한다. 예를 들어, 선거에서 유권자 선호도를 예측하는 데 사용된 정치 여론을 생각해보자. 표본으로 추출된 유권자가 후보자를 지지하면 "앞면", 아니면 "뒷면"으로 동전에 비유할 수 있다. 대부분의 경우 후보자를 지지하는 유권자의 비율이 1/2은 아니다; 즉, 동전은 공정하지 않다. 실제로, 후보자를 지지하는 유권자의 비율이 여론조사가 측정하고자 하는 것이다. 다음은 동전 던지기와 유사한 상황의 예들이다.

- 사회학자가 초등학교의 남자교사의 비율에 관심이 있다.
- 청량음료 판매업자는 특정의 콜라 브랜드를 마시는 사람의 비율에 관심이 있다.
- 유전학자가 알츠하이머 질병 유전자를 가지고 있는 모집단 비율에 관심이 있다.

표본으로 추출된 각 사람은 동전 던지기와 유사하지만 앞면이 나올 확률은 1/2이 아닐 수도 있다. 이러한 상황들은 서로 다른 목적을 가지지만, 모두 이항실험의 공통적인 특징을 보여준다.

정의

이항실험(binomial experiment)은 다음의 5가지 특성을 가진 실험이다.

1. 실험은 n번의 동일한 시행으로 구성된다.
2. 각 시행의 결과는 두 가지 중의 하나이다. 한 결과를 성공(success: S), 다른 결과를 실패(failure: F)라고 부른다.
3. 각 시행에서 성공의 확률은 p이고 매 시행마다 동일하다. 실패의 확률은 $(1-p)=q$이다.
4. 시행은 독립이다.
5. n번의 시행 중 관찰된 성공의 횟수 X에 관심이 있다($X=0, 1, 2, \dots, n$).

예제 5.1

어떤 도시에 약 1,000,000명의 성인이 있고 정치인에 대한 임기제한을 찬성하는 비율이 p라고 한다. 1,000명의 성인을 임의로 추출하여, 임기제한을 찬성하는지 여부를 물었다. (이 조사의 궁극적인 목표는 8 장에서 논의할 문제인 미지의 비율 p를 추정하는 것이다.) 이는 이항실험이라고 할 수 있는가?

풀이 실험이 5가지 이항 특성을 가지고 있는가?

1. 시행은 도시의 1,000,000명의 성인으로부터 한 명의 성인을 선택하는 것이다. 이 표본은 n=1000번의 동일한 시행으로 구성된다.
2. 각 성인은 임기제한에 대하여 찬성 또는 반대를 할 것이므로 이항실험에서 성공과 실패를 나타내는 두 가지 결과를 갖는다.
3. 성공의 확률 p는 성인이 임기제한을 찬성할 확률이다. 이 확률이 매 시행에서 동일한가? 실제로 대답은 "예"이다. 예를 들면, 만약 모집단에서 500,000명의 성인이 임기제한에 찬성한다면 첫 번째 성인이 임기제한에 찬성할 확률은 500,000/1,000,000=1/2이다. 두 번째 성인의 경우, 성공의 확률 p는 첫 번째 결과에 따라 조금 달라진다. 즉, 999,999명의 성인 중에서 찬성자의 수는 499,999 혹은 500,000일 것이다. 어느 경우이던 p는 여전히 대략 1/2이다.
4. 표본이 성인의 대그룹에서 선택되므로 시행의 독립성은 보장된다. 임기제한을 찬성할 확률은 앞서 뽑힌 사람들의 반응에 따라 변하지 않는다.
5. 확률변수 X는 표본에서 임기제한에 찬성하는 성인의 수를 나타낸다.

조사가 5가지 특성을 만족하기 때문에 이항실험으로 간주할 수 있다.

예제 5.2

한 환자가 하루 두 알씩 10일분 약을 처방받았다. 약사나 환자 모르게, 20개의 알약은 처방받은 알약 18개, 처방받은 것과 유사한 일반알약 2개로 구성된다. 환자가 첫날의 복용에서 임의로 2개의 알약을 고른다. 만약 선택된 약이 일반 알약이라면, 이 실험은 이항실험인가?

풀이 이항실험의 5가지 특성을 갖고 있는 지를 확인한다.

1. 시행은 처방받은 20개의 알약에서 1개의 알약을 선택하는 것이다. 이 실험은 $n = 2$ 시행으로 구성된다.
2. 각 시행은 두 가지 결과 중 한 가지를 갖는다. 알약은 일반 알약(S) 아니면 처방받은 알약(F)이다.
3. 처방병 안에 있는 알약은 골고루 잘 섞여 있으므로 각 시행에서 일반알약이 뽑힐 확률은 2/20이다.
4. 시행간의 독립성의 조건은 만족되지 않는다. 왜냐하면 두 번째 시행에서 일반알약이 뽑힐 확률은 첫 번째 시행의 결과에 의존한다. 예를 들어, 첫 번째 알약이 일반알약이라면 남아있는 19개의 알약 중에 일반알약은 1개 있다. 그러므로

$$P(\text{두 번째 시행에서 일반알약} \mid \text{첫 번째 시행에서 일반알약}) = 1/19$$

만약 첫 번째 선택이 처방받은 알약이라면 남아있는 19개의 알약 중에 일반알약은 2개 있으므로 성공의 확률은 다음과 같이 바뀐다.

$$P(\text{두 번째 시행에서 일반알약} \mid \text{첫 번째 시행에서 처방받은 알약}) = 2/19$$

따라서 이 시행은 종속이고 이항실험이 아니다. ■

앞에 두 예제의 차이점을 생각해보자. 표본을 큰 모집단으로부터 뽑으면 성공의 확률 p는 시행마다 거의 동일하다. 모집단의 크기 N이 작으면 성공의 확률 p는 시행마다 상당히 크게 변하고 그 실험은 이항실험이 아니다.

1 경험법칙

표본크기가 모집단 크기에 비해 클 경우—특히, $n/N \geq 0.05$인 경우 이 실험은 이항실험이 아니다.

4장에서 두 개의 공정한 동전을 던져서 나타난 앞면의 수를 X라 할 때, X의 확률분포를 구하였다—이는 $n = 2$, $p = 0.5$인 이항실험이다. 일반적인 이항 확률분포도 같은 방법으로 만들 수 있지만, n이 증가함에 따라 그 과정이 복잡해진다. 다행히 확률 $p(x)$는 일반적인 패턴을 따르므로 수식을 사용하여 주어진 x 값에 대해 $p(x)$를 구하는 것이 가능하다.

2 이항 확률분포(binomial probability distribution)

이항실험은 매 시행에서 성공의 확률 p를 갖고 n번의 동일한 시행으로 이루어진다. n번의 시행에서 k번 성공할

확률은

$$P(X=k) = {}_nC_k\, p^k q^{n-k} = \frac{n!}{k!(n-k)!} p^k q^{n-k}, \quad k = 0, 1, 2, \ldots, n$$

이다.

3 이항 확률변수의 평균과 표준편차

성공의 확률이 p이고 n번의 시행에서 성공의 횟수를 X라 하면, 확률변수 X는 이항 확률분포를 갖고 평균, 분산, 표준편차는 다음과 같다.

$$\text{평균: } \mu = np$$

$$\text{분산: } \sigma^2 = npq$$

$$\text{표준편차: } \sigma = \sqrt{npq}$$

예제 5.3

$n = 10$, $p = 0.1$를 갖는 이항 확률변수 X에 대해 $P(X=2)$를 구하시오.

풀이 $P(X=2)$는 10번의 시행에서 2번 성공, 8번 실패를 관찰할 확률이다. 처음 두 번 성공하고 나머지 8번 실패했다면 관찰된 결과는 다음과 같다:

$$S, S, F, F, F, F, F, F, F, F$$

성공의 확률이 p이고 실패의 확률이 q라면, 이는 다음과 같은 확률을 갖는다.

$$ppqqqqqqqq = p^2 q^8$$

그러나, 두 번 성공하는 경우의 수가 ${}_{10}C_2$ 번 있으므로

$$\begin{aligned} P(X=2) &= {}_{10}C_2 (0.1)^2 (0.9)^{10-2} \\ &= \frac{10!}{2!(10-2)!}(0.1)^2(0.9)^8 = \frac{10(9)}{2(1)}(0.01)(0.430467) = 0.1937 \end{aligned}$$

■

X의 확률 히스토그램을 그리기 위해 X의 각 값($x = 0, 1, 2, \ldots, 10$)에 대해 $p(x)$를 구하여 [예제 5.3]의 과정을 반복할 수 있다. 그 결과 [그림 5.1]의 (1)와 같이 이항확률 히스토그램를 그릴 수 있고 그래프가 오른쪽으로 긴 꼬리를 갖는다는 것을 알 수 있다. 또한 $x = 1$에서 평균 또는 균형점이 된다. 정확한 평균을 구하기 위하여 다음 공식을 이용할 수 있다.

$$\mu = np = 10(0.1) = 1$$

[그림 5.1]의 (2)와 (3)은 $n=10$이지만 각각의 성공의 확률이 $p=0.5$와 $p=0.9$인 경우의 이항분포를 나타낸다. 이 분포들의 모양을 살펴보자. $p=0.5$일 때의 이항분포는 평균 $\mu=np=10(0.5)=5$에 대해 정확히 대칭이다. $p=0.9$일 때의 이항분포는 $p=0.1$일 때의 이항분포와 반대 모습이고, 왼쪽으로 긴 꼬리를 갖는다.

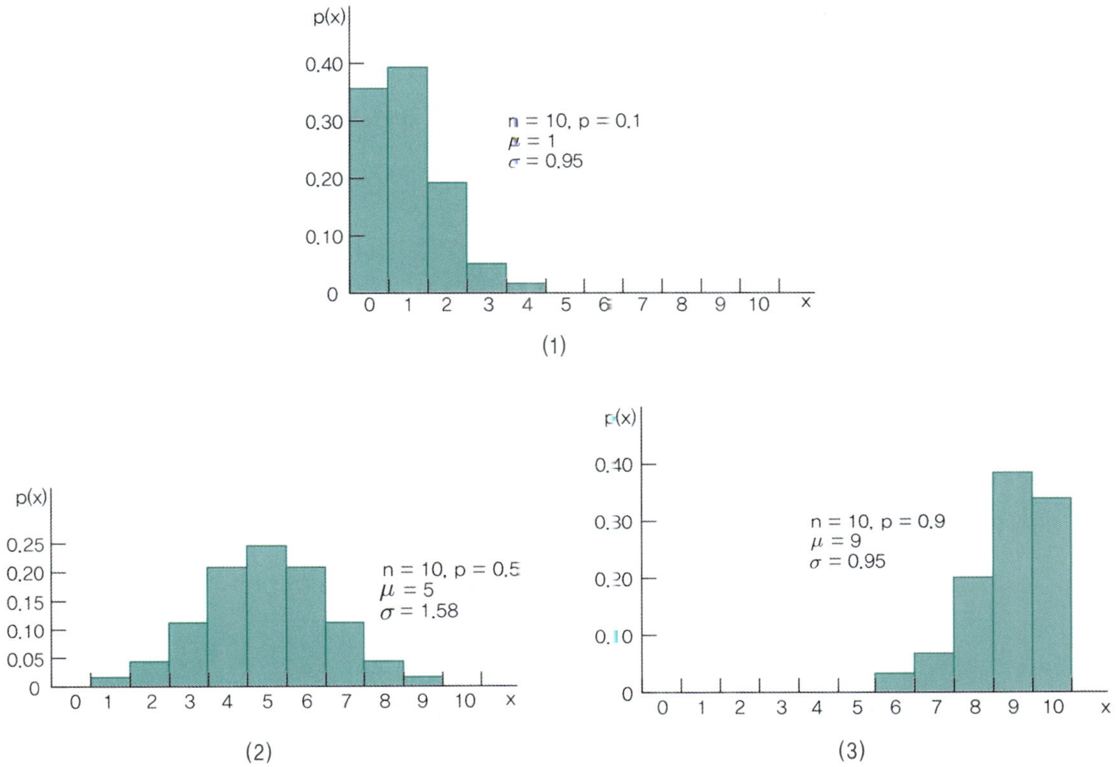

[그림 5.1] 이항 확률분포들

예제 5.4

장기간에 걸쳐서, 어떤 프로 농구 선수의 자유투 성공률이 0.8이라고 하자. 4번의 자유투를 던진다고 하자.

1. 정확히 2번 자유투를 성공할 확률은 얼마인가?
2. 적어도 1번 자유투를 성공할 확률은 얼마인가?

풀이 선수가 자유투를 던질 때 성공률이 변하지 않는다고 가정한다면, 자유투의 성공 횟수 X는 $n=4$, $p=0.8$인 이항분포를 따른다. 따라서

1. $P(X=2) = {}_4C_2(0.8)^2(0.2)^2$

$$= \frac{4!}{2!2!}(0.64)(0.04) = \frac{4(3)(2)(1)}{2(1)(2)(1)}(0.64)(0.04) = 0.1536$$

2. P(적어도 한 개의 자유투) $= P(X \geq 1) = p(1) + p(2) + p(3) + p(4)$

$$= 1 - p(0)$$

$$= 1 - {}_4C_0(0.8)^0(0.2)^4$$

$$= 1 - 0.0016 = 0.9984$$

또는 이 확률은 다음과 같이 구할 수도 있다.

$$P(X \geq 1) = 1 - P(X < 1) = 1 - P(X = 0)$$

이 시행을 독립이라고 가정하는 것이 잘못이라고 생각할 수 있는가? 만약 선수가 전 시도로부터 학습을 한다면(즉, 그 선수는 마지막 시도에 따라 공을 던지는 것을 조정한다), 자유투 성공률 p는 매 시행마다 증가할 것이다. 그렇다면 이 시행은 독립이 아니고 이 실험은 이항실험이 될 수 없다. ■

이항확률을 계산하는 것은 상대적으로 작은 n의 값이라도 지루할 수 있다. n이 커질수록 계산기나 컴퓨터의 도움 없이는 이항확률을 계산하는 것이 거의 불가능해진다. n의 값이 2~25이고 몇 개의 p 값에 대해 **누적 이항확률**(cumulative binomial probability)의 표가 부록 I 의 〈표 1〉에 나와 있다. 이러한 확률들은 MINITAB, MS Excel 또는 Java 애플릿을 사용하여 생성할 수 있다.

누적 이항확률은 이항식으로 계산한 이항확률과 다르다. 〈표 1〉에서 n과 p 값에 대한 확률열을 찾으면, k로 표시된 행은 $x = 0$에서 $x = k$까지의 모든 이항확률의 합계를 준다. 〈표 5.1〉은 $n = 5$이고 $p = 0.6$인 〈표 1〉의 일부를 보여준다. $k = 3$로 표시된 행을 보면, 다음을 구할 수 있다.

$$P(X \leq 3) = p(0) + p(1) + p(2) + p(3) = 0.663$$

〈표 5.1〉 부록 I 에 있는 〈표 1〉의 일부분($n = 5$인 경우)

	p													
k	0.01	0.05	0.10	0.20	0.30	0.40	0.50	0.60	0.70	0.80	0.90	0.95	0.99	k
0	-	-	-	-	-	-	-	0.010	-	-	-	-	-	0
1	-	-	-	-	-	-	-	0.087	-	-	-	-	-	1
2	-	-	-	-	-	-	-	0.317	-	-	-	-	-	2
3	-	-	-	-	-	-	-	0.663	-	-	-	-	-	3
4	-	-	-	-	-	-	-	0.922	-	-	-	-	-	4
5	-	-	-	-	-	-	-	1.000	-	-	-	-	-	5

예제 5.5

$n = 5$이고 $p = 0.6$에 대한 누적 이항확률 표를 이용하여, 다음 사건의 확률들을 구하시오.

1. 정확히 3번 성공
2. 3번 이상 성공

풀이 〈표 5.1〉을 사용하여

1. $P(X=3) = P(X \leq 3) - P(X \leq 2)$

$$= 0.663 - 0.317 = 0.346$$

2. $P(X \geq 3) = 1 - P(X \leq 2)$

$$= 1 - 0.317 = 0.683$$

예제 5.6

$n=5$와 $p=0.6$을 갖는 이항 확률변수 X가 있다. 〈표 5.1〉의 누적 이항확률 표를 사용하여 나머지 이항 확률 $p(0)$, $p(1)$, $p(2)$, $p(4)$, $p(5)$를 구하시오. 확률변수 X의 확률 히스토그람을 작성하고 그 모양과 위치를 설명하시오.

풀이

1. 〈표 5.1〉로부터 $k=0$일 때, $P(X=0)$을 직접 구할 수 있다. 즉, $p(0)=0.010$이다.
2. 다른 확률들은 다음과 같이 구할 수 있다.

$$P(X=1) = P(X \leq 1) - P(X=0) = 0.087 - 0.010 = 0.077$$
$$P(X=2) = P(X \leq 2) - P(X \leq 1) = 0.317 - 0.087 = 0.230$$
$$P(X=4) = P(X \leq 4) - P(X \leq 3) = 0.922 - 0.663 = 0.259$$
$$P(X=5) = P(X \leq 5) - P(X \leq 4) = 1.000 - 0.922 = 0.078$$

확률 히스토그램은 [그림 5.2]와 같고 그 분포는 산 모양이고 중심은 대략 3이다.

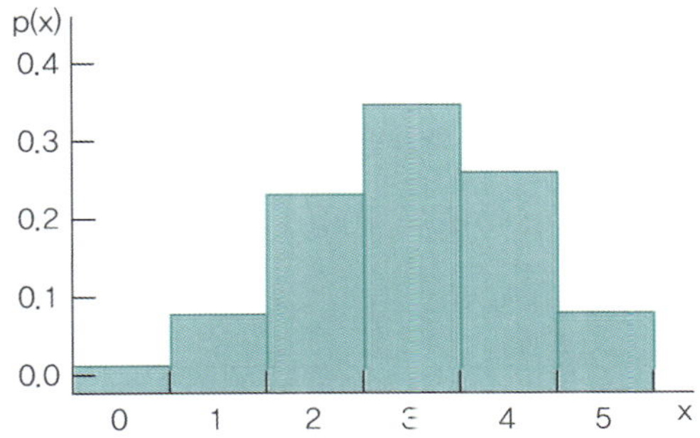

[그림 5.2] [예제 5.6]의 이항 확률분포

예제 5.7

비타민 C를 하루에 한번 복용하는 것이 감기 예방에 효과가 있는지 검사해 보았다. 하루에 한번 비타민 C를 복용하는 10명을 1년 동안 관찰하였다. 8명이 감기 없이 겨울을 보냈다고 한다. 하루에 한번 비타민 C를 복용하지 않았을 때, 감기 없이 겨울을 보낼 확률은 0.5라고 한다. 하루에 한번 비타민 C를 복용하는 것이 감기 예방에 효과가 없다는 조건이 주어졌을 때, 8명 이상의 사람이 감기 없이 겨울을 보낼 확률은 얼마인가?

풀이 비타민 C 복용이 비효과적이라면, 감기 없이 겨울을 보낼 확률 p는 0.5이다. 감기에 걸리지 않은 사람의 수를

X라 하면, X의 확률분포는 다음과 같다.

$$p(x) = {}_{10}C_x (0.5)^x (0.5)^{10-x}$$

$P(X \geq 8)$는 다음과 같이 구할 수 있다.

1. 이항 공식 이용:

$$\begin{aligned} P(X \geq 8) &= p(8) + p(9) + p(10) \\ &= {}_{10}C_8 (0.5)^{10} + {}_{10}C_9 (0.5)^{10} + {}_{10}C_{10} (0.5)^{10} \\ &= 0.055 \end{aligned}$$

2. 누적 이항확률 표 이용:

$$\begin{aligned} P(X \geq 8) &= 1 - P(X \leq 7) \\ &= 1 - 0.945 = 0.055 \end{aligned}$$

■

예제 5.8

여러분은 주관식 시험과 객관식 시험 중 어떤 시험을 좋아합니까? 만약 아는 것이 전혀 없다면 주관식 시험은 0점을 받을 것이다. 그러나 5지선다형이라면 5개 중 하나를 맞출 기회는 있다. 5지선다형 100문제로 구성된 시험에서 한 학생이 무작위로 찍어서 답을 쓰는 경우의 기대점수를 구하시오. 이 학생의 점수는 대략 몇 점 정도의 구간에 속할까? 단, 문항 당 1점이라 한다.

풀이 X를 100문제 중 정답 수라 하면, 정답수의 확률 p는 1/5이다. 즉, $p = 0.2$이다. 학생이 무작위로 답을 선택하기 때문에 $n = 100$개의 답은 서로 독립이며, 이항 확률변수의 기대점수는

$$\mu = np = 100(0.2) = 20$$

이다. 표준편차는

$$\sigma = \sqrt{npq} = \sqrt{100(0.2)(0.8)} = 4$$

이다.

체비세프 정리와 경험법칙을 사용하여 다음과 같이 말할 수 있다.

- 점수의 대부분이 평균으로부터 $2 \times$표준편차의 범위 즉, $20-8=12$와 $20+8=28$사이에 놓일 것이다.
- 거의 모든 점수는 평균으로부터 $3 \times$표준편차 범위 즉, $20-12=8$과 $20+12=32$사이에 놓일 것이다.

■

연습문제

5.1 $n = 8$이고 $p = 0.7$인 이항 확률변수 X를 생각해보자. 그 표본에서 성공 횟수를 X라고 하자.

(1) $P(X \leqq 3)$를 구하시오.

(2) $P(X \geqq 3)$를 구하시오.

(3) $P(X < 3)$를 구하시오.

(4) $P(X = 3)$를 구하시오.

(5) $P(3 \le X \le 5)$를 구하시오.

5.2 다음의 이항확률을 구하시오.

(1) ${}_8C_2(0.3)^2(0.7)^6$　　(2) ${}_4C_0(0.05)^0(0.95)^4$

(3) ${}_{10}C_3(0.5)^3(0.5)^7$　　(4) ${}_7C_1(0.2)^1(0.8)^6$

5.3 X가 $n = 7$이고 $p = 0.3$인 이항 확률변수라고 하자. 다음 값을 구하시오.

(1) $P(X = 4)$　(2) $P(X \le 1)$　(3) $P(X > 1)$

(4) $\mu = np$　(5) $\sigma = \sqrt{npq}$

5.4 X가 $n = 10$이고 $p = 0.4$인 이항 확률변수라고 하자. 다음 값을 구하시오.

(1) $P(X = 4)$　(2) $P(X \ge 4)$　(3) $P(X > 4)$

(4) $P(X \le 4)$　(5) $\mu = np$　(6) $\sigma = \sqrt{npq}$

5.5 $n = 6$이고 $p = 0.8$일 때 부록 I 의 〈표 1〉을 이용하여 다음 값을 구하시오.

(1) $P(X \ge 4)$　(2) $P(X = 2)$　(3) $P(X < 2)$　(4) $P(X > 1)$

5.6 부록 I 의 〈표 1〉을 이용하여 다음 값을 구하시오.

(1) $n = 20,\ p = 0.5$일 때, $P(X < 12)$

(2) $n = 15,\ p = 0.4$일 때, $P(X \le 6)$

(3) $n = 10,\ p = 0.4$일 때, $P(X > 4)$

(4) $n = 15,\ p = 0.6$일 때, $P(X \ge 6)$

(5) $n = 10,\ p = 0.5$일 때, $P(3 < X < 7)$

5.7 $n = 100$이고 p가 다음 값과 같은 이항분포의 평균과 표준편차를 구하시오.

(1) $p = 0.01$　(2) $p = 0.9$　(3) $p = 0.3$　(4) $p = 0.7$　(5) $p = 0.5$

5.8 X가 $n=20$이고 $p=0.1$인 이항 확률변수라고 하자.

(1) 이항 공식을 이용하여 $P(X \leq 4)$를 구하시오.

(2) 부록 I 의 〈표 1〉을 이용하여 $P(X \leq 4)$를 구하시오.

(3) 아래 EXCEL 결과를 이용하여 $P(X \leq 4)$를 구하시오. (1), (2), (3)의 결과를 비교하시오.

(4) 확률변수 X의 평균과 표준편차를 구하시오.

(5) (4)의 결과를 이용하여 구간 $\mu \pm \sigma$, $\mu \pm 2\sigma$, $\mu \pm 3\sigma$를 구하시오. 하나의 관측값이 이 구간들의 각각에 속할 확률을 구하시오.

(6) (5)의 결과가 체비세프의 정리와 경험법칙에 일치하는가?

[예제 5.8]의 EXCEL 결과: $n=20$, $p=0.1$인 이항 확률변수

x	$p(x)$	x	$p(x)$	x	$p(x)$	x	$p(x)$
0	0.1216	6	0.0089	12	5E-08	18	2E-16
1	0.2702	7	0.0020	13	4E-09	19	2E-18
2	0.2852	8	0.0004	14	2E-10	20	1E-20
3	0.1901	9	0.0001	15	9E-12		
4	0.0898	10	0.0000	16	3E-13		
5	0.0319	11	7E-07	17	8E-15		

5.9 시장 조사 회사는 전화 조사를 실시하기 위해 교환원을 고용하였다. 컴퓨터가 무작위로 전화번호를 뽑아 전화를 걸고 교환원은 응답자에게 몇 가지 질문에 대답할 시간이 있는지를 묻는다. 첫 번째 응답자가 교환원의 질문에 기꺼이 응답할 때까지 걸은 전화 통화 건수를 X라 하자. 이는 이항실험인가? 설명하시오.

5.10 가정 안전 시스템이 99%의 신뢰도를 갖도록 고안되었다. 이 시스템을 설치한 9집이 주거침입시도를 경험했다고 가정하자. 다음 확률을 구하시오.

(1) 적어도 한 집에서 경보가 울렸을 사건

(2) 7집 이상에서 경보가 울렸을 사건

(3) 8집 이하에서 경보가 울렸을 사건

5.11 자동차 색깔의 선호도는 연도와 소비자들이 선택하는 차종에 따라 변한다. 최근 몇 년 동안 판매된 모든 고급차종의 10%가 검은 색이라고 가정하자. 연도와 차종에 관계없이 임의로 25대의 고급차를 선택했을 때, 다음 확률을 구하시오.

(1) 적어도 5대가 검은 색이다.

(2) 기껏해야 6대가 검은 색이다.

(3) 4대 이상이 검은 색이다.

(4) 정확하게 4대가 검은 색이다.

(5) 3대에서 5대 사이가 검은 색이다.

(6) 20대 이상이 검은 색이 아니다.

5.12 기록에 따르면 병원에 입원한 모든 환자의 30%가 병원비를 지불하지 않아 결국 병원비가 면제된다고 한다. 병원의 예비 환자들 중에서 $n=4$명의 새로운 환자들을 무작위로 선택하였다고 가정하자. 다음 확률들을 구하시오.

(1) 모든 환자들의 병원비가 결국 면제될 것이다.

(2) 환자 한 명만 병원비가 면제될 것이다.

(3) 모든 환자들의 병원비가 면제되지 않을 것이다.

5.13 어떤 농업 지역의 10%가 해충에 감염되었다고 한다. 이 지역의 100개 필드를 무작위로 선택하여 해충에 감염되었는지 검사하였다.

(1) 해충에 감염된 필드의 평균 수는 얼마인가?

(2) 해충에 감염된 필드 수는 약 95%의 확률로 어느 구간 안에 속할까?

(3) 만약 $x=25$개의 필드가 해충에 감염되었다던 어떤 결론을 내릴 수 있는가? 이 실험이 이항실험의 한 가지 특징을 만족하지 않을 가능성이 있는가? 설명하시오.

5.14 성인 10명 중 6명이 하부 요통이 그들의 운동 활동을 상당히 제한한다고 말한다. $n=8$명의 성인을 무작위로 뽑아 하부 요통이 그들의 운동 활동을 제한하는 요인인지 물었다. 아래 표는 $n=8$이고 $p=0.6$인 이항 확률변수의 누적 확률과 개별 확률을 보여준다.

누적 확률함수		확률 밀도함수	
$n=8$이고 $p=0.6$인 이항분포		$n=8$이고 $p=0.6$인 이항분포	
x	$P(X \leq x)$	x	$P(X=x)$
0	0.00066	0	0.000655
1	0.00852	1	0.007864
2	0.04981	2	0.041288
3	0.17367	3	0.123863
4	0.40591	4	0.232243
5	0.68461	5	0.278692
6	0.89362	6	0.209019
7	0.98320	7	0.089580
8	1.00000	8	0.016796

(1) 이항 공식을 사용하여 8명 모두가 하부 요통이 그들의 운동 활동을 제한하는 요인이라고 말할 확률을 구하시오.

(2) 위의 표를 이용하여 (1)의 결과를 확인하시오.

(3) 최대 7명이 하부 요통이 그들의 운동 활동의 제한 요인이라고 말할 확률을 구하시오.

5.15 PTC (phenylthiocarbamide)의 맛 검사는 모든 유전학 수업에서 가장 선호하는 운동이다. 한 유전자가 그 특성을 결정하고 미국인의 70%가 "감정가"이고 30%가 "비감정가"인 것으로 알려져 있다. 20명의 미국인이 무작위로 선정되어 PTC 검사를 받는다고 하자.

(1) 17명 이상이 "감정가"일 확률을 구하시오.

(2) 15명 이하가 "감정가"일 확률을 구하시오.

5.3 포아송 확률분포

많이 응용되는 또 다른 이산 확률변수는 **포와송 확률변수**(poisson random variable)이다. 포와송 확률분포는 단위 시간이나 공간에서 특정사건의 발생건수를 나타내는 자료에 대한 좋은 모형을 제공한다. 다음은 포와송 확률변수로 모형화 될 수 있는 예제들이다:

- 주어진 시간 동안 기술 지원 전문가가 받은 전화통화 수
- 적은 양의 액체 당 박테리아 수
- 주어진 1분 동안 계산대에 도착하는 손님의 수
- 주어진 날 동안 고장난 기계 수
- 주어진 시간 동안 한 교차로에서 발생한 교통사고 건수

각 예제에서 X는 단위 시간이나 공간에서 발생한 사건 수를 나타내고, 단위 시간이나 공간에서 사건은 평균 μ번 발생할 것이라고 기대된다. 포아송 분포를 이용하여 실험을 모형화 하는 데 필요한 유일한 가정은 사건이 임의로 발생하고 서로 독립적이라는 것이다. 다음에 포와송 확률분포의 공식과 평균, 표준편차가 주어진다.

1 포아송 확률분포(poisson probability distribution)

어떤 시간이나 공간에서 발생하는 사건의 평균 수를 μ라고 하자. 이 사건이 k번 발생할 확률은

$$P(X=k)=\frac{\mu^k e^{-\mu}}{k!}, \qquad k=0,1,2,3,\ldots.$$

이다. 포아송 확률변수의 평균과 표준편차는

$$\text{평균: } \mu \qquad \text{표준편차: } \sigma=\sqrt{\mu}$$

이다.

예제 5.9

고속도로 특정구간의 평균 교통사고 건수는 주당 2건이다. 사고 건수는 $\mu=2$인 포아송 분포를 따른다고 가정하자.

1. 일주일 동안 이 고속도로 구간에서 교통사고가 발생하지 않을 확률을 구하시오.
2. 이 고속도로 구간에서 2주일 동안 교통사고가 최대 3건 발생할 확률을 구하시오.

풀이

1. 주당 평균 교통사고 건수는 $\mu=2$이다. 따라서 일주일 동안 교통사고가 발생하지 않을 확률은

$$P(X=0)=p(0)=\frac{2^0 e^{-2}}{0!}=e^{-2}=0.135335$$

이다.

2. 2주일 동안 평균 교통사고 건수는 $2(2)=4$이다. 2주일 동안 최대 3건의 교통사고가 발생할 확률은

$$P(X \leq 3)=p(0)+p(1)+p(2)+p(3)$$

이고, 여기서

$$p(0)=\frac{4^0e^{-4}}{0!}=0.018316 \qquad p(1)=\frac{4^1e^{-4}}{1!}=0.073263$$
$$p(2)=\frac{4^2e^{-4}}{2!}=0.146525 \qquad p(3)=\frac{4^3e^{-4}}{3!}=0.195367$$

이다. 따라서

$$P(X \leq 3)=0.018316+0.073263+0.146525+0.195367=0.433471$$

$p(x)$에 대한 값이 계산되면 이를 이용하여 확률변수 X에 대한 확률 히스토그램을 그릴 수 있다. [그림 5.3]은 $\mu=0.5$, 2, 4인 포아송 확률분포의 히스토그램을 보여준다. ■

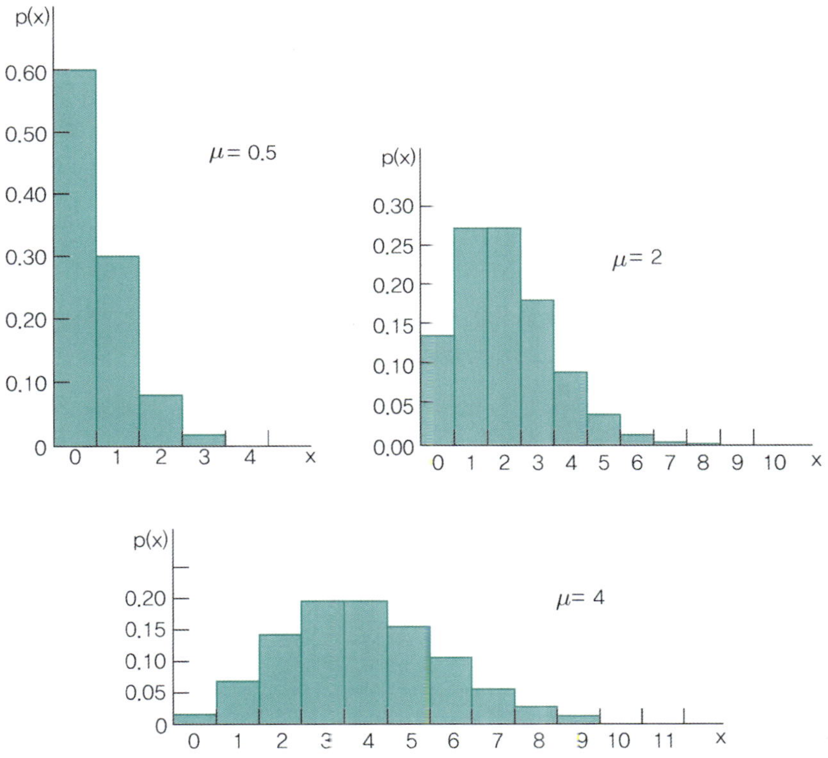

[그림 5.3] $\mu=0.5$, 2 4인 포아송 확률분포

또는 **누적 포아송 표**(cumulative Poission table) (부록 I 의 〈표 2〉)를 이용할 수 있다.

예제 5.10

[예제 5.9]에서 $\mu = 2$, $\mu = 4$인 포아송 분포에 대한 확률을 계산하였다. 누적 포아송 표를 이용하여 다음 사건들의 확률을 구하시오.

1. 일주일 동안 교통사고 없음
2. 2주일 동안 최대 3건의 교통사고

풀이 [그림 5.4]는 부록 I 의 〈표 2〉의 일부분이다.

	μ				
k	2.0	2.5	3.0	3.5	4.0
0	0.135	0.082	0.055	0.033	0.018
1	0.406	0.287	0.199	0.136	0.092
2	0.677	0.544	0.423	0.321	0.238
3	0.857	0.758	0.647	0.537	0.433
4	0.947	0.891	0.815	0.725	0.629
5	0.983	0.958	0.916	0.858	0.785
6	0.995	0.986	0.966	0.935	0.889
7	0.999	0.996	0.988	0.973	0.949
8	1.000	0.999	0.996	0.990	0.979
9		1.000	0.999	0.997	0.992
10			1.000	0.999	0.997
11				1.000	0.999
12					1.000

[그림 5.4] 부록 I 의 〈표 2〉의 일부분

1. [예제 5.9]로부터, 주당 평균 교통사고 건수는 $\mu = 2$이다. 따라서 일주일 동안 교통사고가 발생하지 않을 확률은 〈표 2〉에서 "2.0"으로 표기된 열에서 $P(X=0) = p(0) = 0.135$로 구할 수 있다.
2. 2주일 동안 평균 교통사고 건수는 $2(2) = 4$이다. 2주일 동안 최대 3건의 교통사고가 발생할 확률은 〈표 2〉에서 $\mu = 4.0$이고 $k = 3$인 $P(X \le 3) = 0.433$으로 구할 수 있다.

이 두 확률들은 [예제 5.9]에서 구한 확률들과 소수점 세 자리까지 일치한다. ■

5.2절에서 이항확률 계산을 단순화하기 위해 누적 이항 표를 사용했다. 그러나 n이 커서 누적 이항 표를 사용할 수 없는 경우가 있다.

2 이항분포의 포아송 근사

n이 크고 $\mu = np$가 작을 때 또는 $np < 7$일 때, 포아송 확률분포는 이항확률에 대한 근사값을 제공한다.

예제 5.11

생명보험회사가 42세의 남자 5,000명과 생명보험을 계약했다고 하자. 보험통계 조사에 따르면 42세 남자가 어떤 연도 내에 사망할 확률이 0.001이라면, 회사가 그 연도 내에 4건의 보험을 지불할 확률을 구하시오.

풀이 정확한 확률은 다음과 같이 이항분포를 이용하여 구할 수 있다.

$$P(X=4)=p(4)=\frac{5000!}{4!4996!}(0.001)^4(0.999)^{4996}$$

계산기나 컴퓨터의 도움 없이 $P(X=4)$를 계산하는 것은 시간이 많이 걸린다. 포아송 분포를 이용하여 $P(X=4)$의 근사값을 구할 수 있다.

$\mu=np=(5000)(0.001)=5$이고 이를 포아송 분포의 공식에 대입하면,

$$p(4)\approx\frac{\mu^4e^{-\mu}}{4!}=\frac{5^4e^{-5}}{4!}=\frac{(625)(0.006738)}{24}=0.175$$

이다. 부록 I 의 〈표 2〉를 이용하여 $p(4)$의 값을 다음과 같이 구할 수 있다.

$$p(4)=P(X\le 4)-P(X\le 3)=0.440-0.265=0.175$$

■

예제 5.12

잔디 깎는 기계 제조업체는 1마력, 2사이클 엔진 1000대를 공급업체로부터 구입했다. 과거 경험으로부터 구입한 엔진의 불량률은 0.001로 알려져 있다. 1000대 중 불량품이 한 대도 없을 확률은 얼마인가? 불량품이 3대일 확률과 4대일 확률을 구하시오.

풀이 이는 $n=1000$이고 $p=0.001$인 이항실험이다. 엔진 1000대 중 불량품 수의 평균은 $\mu=np=(1000)(0.001)=1$이다. 이는 $np<7$인 이항실험이기 때문에 불량품 수 X의 확률은 다음과 같이 근사할 수 있다.

$$P(X=k)=p(k)=\frac{\mu^ke^{-\mu}}{k!}=\frac{1^ke^{-1}}{k!}=\frac{e^{-1}}{k!}$$

따라서

$$p(0)\approx\frac{e^{-1}}{0!}=\frac{0.368}{1}=0.368$$

$$p(3)\approx\frac{e^{-1}}{3!}=\frac{0.368}{6}=0.061$$

$$p(4)\approx\frac{e^{-1}}{4!}=\frac{0.368}{24}=0.015$$

이다. ■

Probability & Statistics

연습문제

5.16 X를 $\mu=2.5$인 포아송 확률변수라고 하자. 포아송 공식을 이용하여 다음 확률들을 구하시오.

(1) $P(X=0)$ (2) $P(X=1)$ (3) $P(X=2)$ (4) $P(X \le 2)$

5.17 X를 $\mu=3$인 포아송 확률변수라고 하자. 부록 I 의 〈표 2〉를 이용하여 다음 확률들을 구하시오.

(1) $P(X \le 3)$ (2) $P(X > 3)$ (3) $P(X=3)$ (4) $P(3 \le X \le 5)$

5.18 X를 $\mu=2$인 포아송 확률변수라고 하자. 다음 확률들을 구하시오.

(1) $P(X=0)$ (2) $P(X=1)$ (3) $P(X>1)$ (4) $P(X=5)$

5.19 X를 $n=20$이고 $p=0.1$인 이항 확률변수라고 하자.

(1) 부록 I 의 〈표 1〉을 이용하여 $P(X \le 2)$의 정확한 이항확률을 구하시오.

(2) 포아송 근사를 이용하여 $P(X \le 2)$를 구하시오.

(3) (1)과 (2)의 결과를 비교하시오. 근사가 정확한가?

5.20 주요 공항의 소형 통근비행기 수가 증가하면서 항공 안전에 대한 관심이 높아지고 있다. 동부 공항은 지난 5년간 이착륙 시 월 평균 5회의 위기일발이 있었다고 한다.

(1) 한 달 동안 그 공항에서 이착륙 시 위기일발이 없을 확률을 구하시오.

(2) 한 달 동안 5회의 위기일발이 있을 확률을 구하시오.

(3) 한 달 동안 최소 5회의 위기일발이 있을 확률을 구하시오.

5.21 캘리포니아 주립대학의 소아과에서 실시한 연구에 따르면, 2회 이상 부상을 입은 어린이는 보통 1년 이내에 또 이런 부상을 입는 경향이 있다고 한다. 학령기 아동의 1년 당 평균 부상 건수가 2회라고 할 때, 다음 사건들의 확률을 구하시오.

(1) 학령기 아동이 1년 동안 2회 부상을 입었다.

(2) 학령기 아동이 1년 동안 2회 이상의 부상을 입었다.

(3) 학령기 아동이 1년 동안 최대 1회 부상을 입었다.

5.22 한 방울의 물을 슬라이드에 놓고 현미경으로 관찰하면, 특정 박테리아의 수 X가 포아송 확률분포를 따르는 것으로 밝혀졌다. 이 박테리아는 한 방울의 물 표본 당 최대 5마리가 있을 수 있다고 한다. 한 방울의 물 표본 당 평균 박테리아 수가 2마리라면, 한 방울의 물 표면을 관찰하였을 때 박테리아 수가 5마리를 초과할 가능성이 있는지 설명하시오.

5.4 초기하 확률분포

모집단에서 표본을 추출하고 표본이 어떤 특성을 가졌는지를 기록한다고 하자. 이항실험에서와 같이 "성공"과 "실패"의 자료를 기록한다고 하자. [예제 5.1]과 [예제 5.2]는 이런 표본 추출의 실제 예들이다.

만약 모집단의 수가 표본 수에 비해 크다면, 매 시행에서 성공의 확률은 모집단에서의 성공의 비율 p와 같다. 왜냐하면 모집단이 표본크기에 비해 크기 때문에, 성공의 확률은 매 시행마다 동일하고 표본에서의 성공의 횟수 X는 이항확률분포를 따른다. 그러나 모집단의 수가 표본크기에 비해 작다면($n/N \geq 0.05$), 주어진 시행에서의 성공의 확률은 전 시행들의 결과에 의존한다. 이 경우 성공의 횟수 X의 분포는 **초기하 확률분포**(hypergeometric probability distribution)를 따른다고 알려져 있다.

초기하 확률변수 X는 다음의 예와 같이 생각할 수 있다. 그릇 안에 전체 N개의 공이 있고, 그 중 M개는 빨간색 공이고 $N-M$개는 흰색 공이라고 한다. 그릇에서 n개의 공을 비복원으로 꺼내어 빨간색 공의 수 X를 기록한다. 빨간색 공을 성공이라 할 때, X는 초기하 확률변수가 된다.

1 초기하 확률분포(hypergemetric probability distribution)

모집단이 M개의 성공과 $N-M$개의 실패를 가지고 있다. 크기 n의 임의표본에서 정확히 k번 성공할 확률은

$$P(X=k) = \frac{{}_{M}C_{k}\ {}_{N-M}C_{n-k}}{{}_{N}C_{n}}, \qquad k = 0, 1, 2, \ldots, \min(n, M)$$

이다. 초기하 확률변수의 평균과 분산은 유한모집단 크기를 보정한 이항 확률변수의 평균과 분산과 유사하다:

$$\text{평균: } \mu = n\left(\frac{M}{N}\right)$$

$$\text{분산: } \sigma^2 = n\left(\frac{M}{N}\right)\left(\frac{N-M}{N}\right)\left(\frac{N-n}{N-1}\right)$$

예제 5.13

와인 한 상자에는 12병이 들어 있는데, 그 중 3병이 불량 와인이다. 한 상자에서 4병을 임의로 추출한다.

1. 표본에서 불량 와인의 병수 X의 확률 분포를 구하시오.
2. X의 평균과 분산을 구하시오.

풀이 이 예제에서 $N=12$, $n=4$, $M=3$, $(N-M)=9$이다. 따라서

$$p(x) = \frac{{}_{3}C_{x}\ {}_{9}C_{4-x}}{{}_{12}C_{4}}, \qquad x = 0, 1, 2, 3$$

이다.

1. $p(0) = \dfrac{{}_3C_0\,{}_9C_4}{{}_{12}C_4} = \dfrac{1(126)}{495} = 0.25$

$p(1) = \dfrac{{}_3C_1\,{}_9C_3}{{}_{12}C_4} = \dfrac{3(84)}{495} = 0.51$

$p(2) = \dfrac{{}_3C_2\,{}_9C_2}{{}_{12}C_4} = \dfrac{3(36)}{495} = 0.22$

$p(3) = \dfrac{{}_3C_3\,{}_9C_1}{{}_{12}C_4} = \dfrac{1(9)}{495} = 0.02$

2. 평균은

$$\mu = 4\left(\frac{3}{12}\right) = 1$$

이고, 분산은

$$\sigma^2 = 4\left(\frac{3}{12}\right)\left(\frac{9}{12}\right)\left(\frac{12-4}{11}\right) = 0.5455$$

이다. ■

예제 5.14

특정 산업 제품은 한 상자에 20개로 배송된다. 한 제품의 불량여부를 검사하는 데 많은 비용이 든다. 따라서 제조업체는 전수검사보다는 표본 검사를 한다. 고객에게 발송될 불량품의 수를 최소화하기 위한 표본계획은 한 상자에서 5개의 제품을 임의로 추출하여 그 중에서 불량품이 1개 이상 발견되면 그 상자는 불합격된다(불합격인 상자에 대해서는 그 상자 안의 모든 제품을 검사한다). 어떤 상자 안에 4개의 불량품이 있다고 하면, 그 상자가 배송될 확률을 구하시오.

풀이 표본에서 불량품의 수를 X라 하자. 그러면, $N=20$, $M=4$, $(N-M)=16$, $n=5$이다. $X=2, 3, 4$이면 그 상자는 불합격되므로, 상자가 배송될 확률은

$$P(\text{상자가 합격}) = P(X \le 1) = p(0) + p(1) = \frac{{}_4C_0\,{}_{16}C_5}{{}_{20}C_5} + \frac{{}_4C_1\,{}_{16}C_4}{{}_{20}C_5}$$

$$= \frac{\left(\frac{4!}{0!4!}\right)\left(\frac{16!}{5!11!}\right)}{\frac{20!}{5!15!}} + \frac{\left(\frac{4!}{1!3!}\right)\left(\frac{16!}{4!12!}\right)}{\frac{20!}{5!15!}}$$

$$= \frac{91}{323} + \frac{455}{969} = 0.2817 + 0.4696 = 0.7513$$

이다. ■

연습문제

5.23 다음 확률들을 구하시오.

(1) $\dfrac{{}_2C_1\ {}_1C_1}{{}_3C_2}$ (2) $\dfrac{{}_4C_0\ {}_2C_2}{{}_6C_2}$ (3) $\dfrac{{}_2C_2\ {}_2C_1}{{}_4C_3}$

5.24 다음 확률들을 구하시오.

(1) $\dfrac{{}_3C_1\ {}_2C_1}{{}_5C_2}$ (2) $\dfrac{{}_4C_2\ {}_3C_1}{{}_7C_3}$ (3) $\dfrac{{}_5C_4\ {}_3C_0}{{}_8C_4}$

5.25 X를 $N=15,\ n=3,\ M=4$인 초기하 확률변수라고 하자.

(1) $p(0),\ p(1),\ p(2),\ p(3)$를 구하시오.

(2) X의 확률 히스토그램을 작성하시오.

(3) 5.4절의 공식을 이용하여 $\mu=E(X)$와 σ^2를 구하시오.

(4) 구간 $(\mu\pm 2\sigma)$와 구간 $(\mu\pm 3\sigma)$에 속하는 관측값의 비율을 구하시오. 이 결과는 체비세프의 정리와 일치하는가?

5.26 어떤 전자 장비는 6개의 컴퓨터 칩을 가지고 있는데, 그 중 2개는 불량품이다. 3개의 칩을 임의로 선택하여 불량 칩의 수를 조사한다. 불량 칩의 수 X의 확률분포를 구하시오.

5.27 남부 캘리포니아에서는 교사 자격증을 취득하려는 사람들이 늘어나고 있으며, 이들은 교육실습 프로그램보다는 유급 인턴을 더 선호한다고 한다. 3개의 교사 자리에 대해 8명의 후보자들이 있으며, 5명은 유급 인턴이고 3명은 교육 실습생이다. 8명의 후보자 모두가 이 교사 자리에 대해 동등한 자격을 갖고 있다고 가정하자. 3개의 교사 자리에 고용된 유급 인턴의 수를 X라고 하자.

(1) X는 이항분포인가 초기하 분포인가?

(2) 3명의 유급 인턴 모두 고용될 확률을 구하시오.

(3) 3명의 유급 인턴 모두 고용되지 않을 확률을 구하시오.

(4) $P(X\le 1)$을 구하시오.

보충연습문제

5.28 이항실험의 5가지 특징을 나열하시오.

5.29 n번의 시행에서 x번 성공할 확률을 구하기 위해 초기하 확률분포를 사용하고자 한다면 어떤 조건이 필요한가?

5.30 시장은 시민의 80%가 시 직원이 쓰레기를 수거하는 것보다는 개인이 쓰레기를 수거하는 것을 더 선호한다고 주장한다. 80%라는 주장을 확인하기 위해, 무작위로 25명을 추출하여 이들 중 시장의 주장에 찬성하는 사람 수 X가 22명이였다.

(1) 만약 $p = 0.8$이라면, 시장의 주장에 찬성하는 사람이 적어도 22명일 확률을 구하시오.

(2) X가 정확히 22명일 확률을 구하시오.

(3) (1)의 결과를 이용하여 시민의 80%가 개인이 쓰레기를 수거하는 것을 더 선호한다는 주장에 대해 어떤 결론을 내릴 수 있는가?

5.31 어떤 정신과 의사는 의사를 찾는 사람들의 80%가 심리적 문제를 가지고 있다고 믿는다. 이 이론을 검증하기 위하여 25명의 환자를 임의로 추출하였다.

(1) 이 이론이 맞다면, 25명의 환자들 중 심리적 문제를 가진 환자의 수 X의 기댓값을 구하시오.

(2) 이 이론이 맞다면, X의 분산을 구하시오.

(3) $P(X \le 14)$를 구하시오.

(4) (3)에서 구한 확률을 이용하여 25명의 환자 중 14명만이 심리적 문제를 가지고 있었다면, 이 이론에 대해 어떤 결론을 내릴 수 있는가? 설명하시오.

5.32 대학 캠퍼스는 회색으로 변하고 있다고 한다. 최근 기사에 따르면 4명의 대학생 중 1명은 30세 이상이다. 25%의 수치가 정확하다면, $n = 200$명의 학생들을 임의로 추출하여 그 중 30세 이상의 학생 수를 X로 기록한다고 하자.

(1) X의 평균과 표준편차를 구하시오.

(2) 200명의 학생들 중 30세 이상의 학생이 35명이라면, 25%라는 수치가 정확하다고 말할 수 있는가?

5.33 슈퍼마켓 선반에 아침식사 음식에 대해 두 가지 다른 디자인으로 포장하여 나란히 놓고 실험을 하였다. 어떤 날에 25명의 고객이 슈퍼마켓에서 아침식사 음식을 구입하였다. 두 번째 디자인을 선택하는 고객의 수를 X라고 하자.

(1) 두 가지 디자인 중 어느 디자인에 대한 선호도가 없다면, 고객이 두 번째 디자인을 선택할 확률 p는 얼마인가?

(2) 선호도가 없다면 (1)의 결과를 이용하여 X의 평균과 표준편차를 구하시오.

(3) 25명의 고객 중 5명이 첫 번째 디자인을 선택하고 20명이 두 번째 디자인을 선택하였다면, 두 번째 디자인에 대한 고객 선호도에 대해 어떤 결론을 내릴 수 있는가?

5.34 붉은 꽃잎이 있는 작약 식물을 줄무늬 꽃잎이 있는 다른 식물과 교배했다. 이 교배로부터 얻은 식물이 붉은 꽃을 가질 확률은 0.75이다. 이 교배로부터 얻은 붉은 꽃잎이 있는 식물의 수를 X라고 하자.

(1) 확률변수 X가 이항분포를 따르는가? 이항분포가 아니라면 그 이유는 무엇인가? 이항분포를 따른다면, n과 p는 무엇인가?

(2) $P(X \geq 9)$를 구하시오.

(3) 1개의 식물이 붉은 꽃잎을 가지고, 나머지 9개의 식물이 줄무늬 꽃잎을 가지는 것을 관찰하였다면, 이는 드문 일인가? 실제로 이러한 실험 결과가 발생한다면 어떤 결론을 내릴 수 있는가?

5.35 1992년 풋볼 시즌 동안 로스 앤젤레스 램스 (현재는 세인트 루이스 램스)는 기묘한 동전 던지기를 경험했다. 11주 연속으로 동전 던지기에 실패했다.

(1) 램스의 컴퓨터 시스템 관리자는 11번 연속으로 동전 던지기에 실패할 확률은 1/2047이라고 말했다. 이는 맞는 말인가?

(2) 이 결과가 발표된 후, 램스는 동전 던지기를 두 번 더 하였고 모두 실패하여 총 13회를 연속으로 실패하였다. 동전이 공정한 경우에 이런 일이 발생할 확률은 얼마인가?

5.36 스퀘어 트레이드의 새로운 연구에 따르면 스마트폰이 3년 동안 단순한 전화보다 50% 이상 오작동 할 가능성이 있다고 한다. 스마트폰 오류가 발생하면 30%는 내부 부품의 결함과 관련이 있으며, 전반적으로 3년 동안 스마트폰이 오작동할 가능성은 31%라고 한다. 한 상자에 스마트폰 50대가 배송된다고 가정해 보자. 선적 전에 각 상자에서 $n=10$대의 스마트폰을 선택하여 선택한 전화기들 모두 결함이 없다면 그 상자는 배송된다. 1대 이상 결함이 있는 것으로 판명되면 전체 상자를 검사한다.

(1) 선택된 10대의 스마트폰 중에서, 내부 부품의 결함을 가진 스마트폰의 수를 X라 하자. X의 확률분포는 무엇인가?

(2) $N=50$대의 스마트폰 중에 2대가 내부 부품의 결함을 가진다면, 그 상자가 배송될 확률을 구하시오.

(3) 4대의 스마트폰이 결함을 가질 때 그 상자가 배송될 확률을 구하시오. 또한 6대의 스마트폰이 결함이 가질 때 그 상자가 배송될 확률을 구하시오.

5.37 Tay-Sachs 병은 어린 아이들에게 치명적인 유전 질환이다. 부모 모두가 이 질병의 보균자인 경우, 그 자손에게서 이 질병이 발병할 확률은 대략 0.25이다. 남편과 아내 모두가 이 질병의 보균자이고 아내가 세 번 출산했다고 가정해보자. 어떤 아이가 Tay-Sachs 병을 앓는 것은 다른 아이가 Tay-Sachs 병을 앓는 것과 독립이라면, 다음 사건들의 확률을 구하시오.

(1) 세 명의 아이 모두 Tay-Sachs 병을 앓는다.

(2) 정확히 한 아이만 Tay-Sachs 병을 앓는다.

(3) 첫 번째, 두 번째 아이가 Tay-Sachs 병을 갖지 않았을 때, 세 번째 아이가 Tay-Sachs 병을 앓는다.

5.38 브랜드 식품의 품질을 통제하기 위해 자주 사용되는 절차는 5명의 심사위원들이 "맛보기"를 하는 것이다. 각 심사위원은 3개의 샘플을 맛보는데, 그 중 2개는 원하는 맛을 가진 샘플들이고 나머지 1개는 마지막에 배열된 샘플이다. 각 심사위원은 두 샘플과 맛이 다른 하나의 샘플을 선택한다. 마지막에 배열된 샘플은 원하는 맛을 가지고 있으며, 5명의 심사위원들 간에는 어떤 의사소통도 없다고 가정하자.

(1) 마지막에 배열된 샘플이 다른 두 개의 샘플과 맛이 같다면, 어떤 심사위원이 그 샘플을 다른 맛의 샘플로 선택할 확률을 구하시오.

(2) 정확히 한 명의 심사위원이 마지막에 배열된 샘플을 다른 맛의 샘플로 선택할 확률을 구하시오.

(3) 5명의 심사위원들 중 적어도 한 명이 마지막에 배열된 샘플을 다른 맛의 샘플로 선택할 확률을 구하시오.

5.39 식품을 가공하고 포장하는 공장에서 포장 기계가 평균 주당 2번 고장이 난다. 주당 기계 고장건수가 포아송 분포를 따른다고 가정하자.

(1) 어떤 주에 기계 고장이 없을 확률을 구하시오.

(2) 어떤 주에 2번 이상의 기계 고장이 없을 확률을 구하시오.

5.40 학생이 두 가지 다른 방법에서 과제를 수행하는 것을 배웠다. 연구 결과에 따르면 정신적 스트레스에 시달리면서 과제를 할 때, 그 과제의 난이도에 상관없이 가장 먼저 배웠던 방법으로 되돌아가는 경우가 많다고 한다. 학생이 첫 번째로 배웠던 방법으로 되돌아갈 확률은 0.8이다. 6명의 학생들에 대해 이 실험을 하였다. 정신적 스트레스를 받으면서 과제를 할 때, 6명의 학생들 중 적어도 5명이 첫 번째로 배웠던 방법으로 되돌아갈 확률은 얼마인가?

5.41 캘리포니아 주의 주택 소유주 10명 중 1명이 지진 보험에 가입했다고 가정하자. 15명의 주택 소유주를 무작위로 선택하였다.

(1) 적어도 1명이 지진 보험에 가입할 확률을 구하시오.

(2) 4명 이상이 지진 보험에 가입할 확률을 구하시오.

(3) 지진에 대비하여 보험에 가입한 주택 소유주들의 수가 어느 구간에 속할 것이라고 예상하는가?

5.42 패스트푸드, 음식, 단백질 바, 사탕을 먹을 시간이 없을 때 어떻게 살아남을 수 있을까? USA 투데이의 순간촬영은 25-55세 여성의 36%가 너무 바빠서 차에서 탄 채로 패스트푸드를 먹는다고 말한다. 25~55세의 여성 100명을 무작위로 선택하였다.

(1) 너무 바빠서 패스트푸드를 먹는다고 말한 여성의 평균수를 구하시오.

(2) 너무 바빠서 패스트푸드를 먹는다고 말한 여성 수의 표준편차를 구하시오.

(3) 선택된 100명의 여성들 중 49명이 너무 바빠서 패스트푸드를 먹는다고 하였다면, 이는 드문 일인가? 설명하시오.

5.43 경기 침체로 인해 많은 사람들이 신용카드를 적게 사용한다고 한다. 사실, 미국에서는 소비자의 60%가 신용카드를 적게 사용하기로 약속했다고 한다. 신용카드가 있는 소비자 $n = 400$명을 무작위로 선택하였다.

(1) 신용카드를 적게 사용하기로 약속한 사람들의 평균수를 구하시오.

(2) 신용카드를 적게 사용하기로 약속한 사람들 수의 표준편차를 구하시오.

(3) 신용카드를 적게 사용하기로 약속한 사람들 수가 어느 구간에 속할 것이라고 예상하는가?

(4) 선택된 400명들 중 200명이 신용카드를 적게 사용하기로 약속했다면, 이는 드문 일인가? 이 표본 정보로부터 어떤 결론을 내릴 수 있는가?

5.44 젊은 성인의 50%가 버거킹보다는 맥도날드를 선호한다고 가정해보자. 젊은 성인 10명을 무작위로 선정하여 그 선호도를 조사하였다.

(1) 6명 이상이 맥도날드를 선호할 확률을 구하시오.

(2) 4~6명이 맥도날드를 선호할 확률을 구하시오.

(3) 4~6명이 버거킹을 선호할 확률을 구하시오.

CHAPTER

06 정규확률분포

6.1 연속확률변수의 확률분포

이산확률변수 X가 가질 수 있는 값 x에 대하여 $P(X = x)$의 확률을 양수로 구하고 X에 대한 확률분포를 얻을 수 있다. X가 취하는 모든 값들에 대한 확률의 합은 1이 된다. 그러나 모든 실험에서 이산확률변수만 나타나는 것은 아니다.

사람의 키와 몸무게, 제품의 수명, 실험실의 측정오류 등 **연속확률변수**(continuous random variable)는 어떤 실선 구간에 있는 점들에 대응하는 무한히 많은 값들을 가질 수 있다. 이러한 무한히 많은 값들 각각에 양의 확률을 부여하면 확률의 합은 더 이상 1이 아니다. 그러므로 연속확률변수에 대한 확률분포를 생성하려면 다른 방법이 필요하다.

만약 어떤 연속확률변수에 대한 측정값을 얻고 이 값들의 분포를 알기 위하여 상대도수 빈도의 히스토그램을 만들었다고 하자. 측정값들이 적으면 적은 수의 계급을 사용할 수 있다. 측정값들이 많으면 더 많은 계급을 사용하고 계급의 너비는 좁아질 수 있다. [그림 6.1]에서 보는 바와 같이, 히스토그램의 모양은 약간씩 달라질 것이다. 측정값의 수가 매우 크고 계급의 너비가 매우 좁아지면 상대도수의 히스토그램은 [그림 6.1] (d)에서 보는 바와 같이 점점 부드러운 곡선처럼 보이게 된다. 이 부드러운 곡선이 연속확률변수의 확률분포가 된다.

1 상대도수

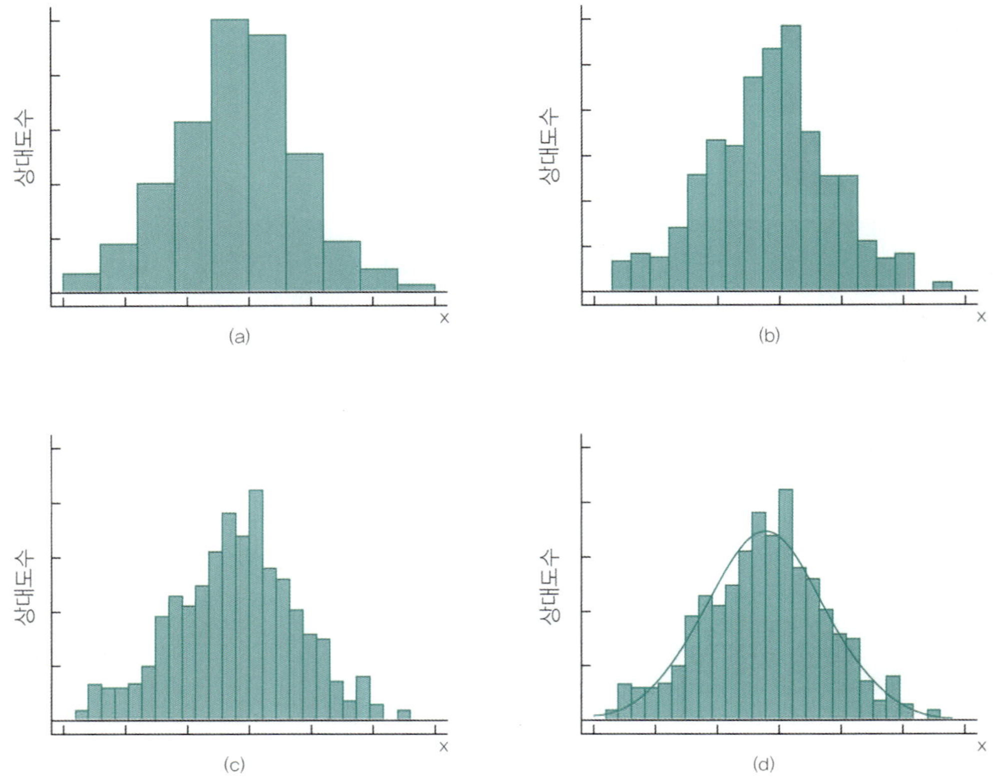

[그림 6.1] 표본크기가 증가할 때 상대도수 히스토그램

확률변수 X에 따라 변하는 확률의 밀도(density)를 확률변수 X에 대한 확률분포(probability distribution) 또는 확률밀도함수(probability density function)라고 하며, $f(x)$로 나타낸다.

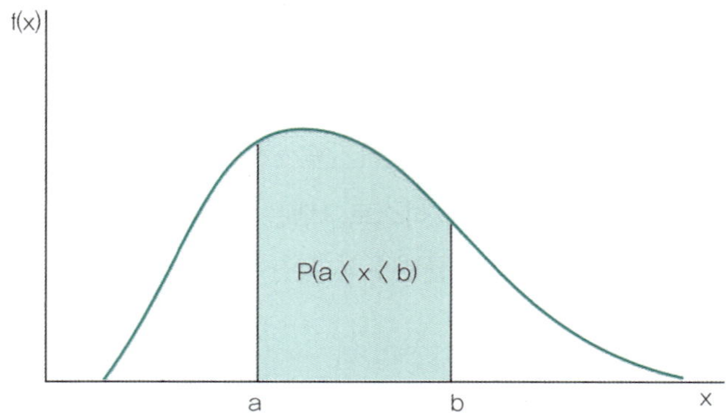

[그림 6.2] 확률분포 $f(x);P(a<X<b)$는 곡선 아래 그늘진 면적과 같다

연속확률분포의 중요한 성질들은 이산확률분포의 성질들과 같다. 즉, 이산확률변수의 확률들 $P(X=x)$의 합이 1과 같고 X가 어떤 구간 안에 속할 확률은 그 구간 내의 확률들을 합하여 구하는 것과 마찬가지로, 연속확률분포는 다음의 특징을 가진다.

- 연속확률분포 아래 면적은 1이다.
- X가 어떤 구간 a에서 b 사이에 속할 확률은 두 점 a와 b사이의 곡선 아래 면적과 같다. 이것이 [그림 6.2]의 그늘진 면적이다.

이산확률변수와 연속확률변수 사이에 중요한 차이점이 있다. 연속확률변수 X가 어떤 특정값 a와 같을 확률은 0으로 정의한다. 왜냐하면, 연속확률변수의 확률분포에서는 하나의 점 $X=a$ 아래의 면적은 없기 때문이다.

- 연속확률변수에 대하여 $P(X=a)=0$.
- 이 성질은 $P(X \geq a)=P(X>a)$, $P(X \leq a)=P(X<a)$을 의미한다.
- 이 성질은 이산확률변수에 대해서는 일반적으로 성립하지 않는다.

예제 6.1

균일확률변수(uniform random variable)는 주어진 구간 위에 균일하게 또는 균등하게 분포된 값들을 가지는 연속확률변수를 모델링하는데 사용된다. 예를 들어, 한 측정치를 가장 근접한 인치로 반올림하여 발생되는 오차 X는 −0.5에서 0.5 사이의 구간 위에서 균일분포를 가진다. 확률밀도함수 $f(x)$는 [그림 6.3]과 같이 평평하게 나타난다. 직사각형의 높이는 1이 되며 따라서 확률분포의 아래 총 면적은 1이 된다. 반올림 오차가 0.2보다 작을 확률은 얼마인가?

풀이 이 확률은 $X=-0.2$에서 $X=0.2$ 사이의 분포 아래 면적에 해당한다. 직사각형의 높이는 1이므로

$P(-0.2<X<0.2)=[0.2-(-0.2)]\times 1=0.4$

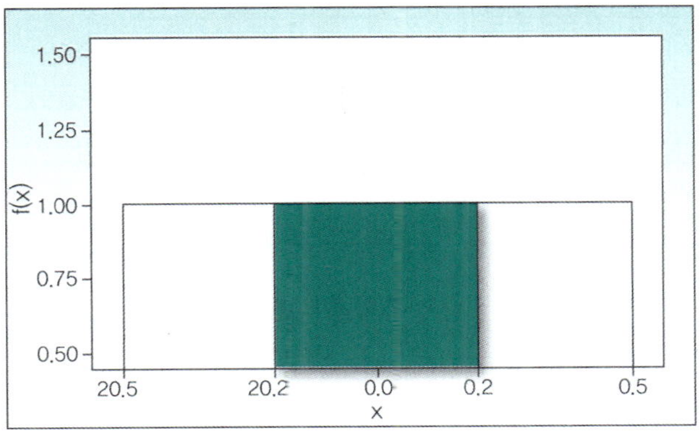

[그림 6.3] 균일확률분포

■

예제 6.2

지수확률변수(exponential random variable)는 기다리는 시간이나 전자제품의 수명 등과 같은 연속확률변수를 모델링하는데 사용된다. 예를 들어, 슈퍼마켓에서 계산을 기다리는 시간은 평균 5분을 가지는 지수분포를 가진다고 한다면 확률밀도함수는 $f(x) = 0.2e^{-0.2x}$로 [그림 6.4]와 같다. 이 곡선 아래 면적을 구하려면, $a > 0$에 대하여 $P(X > a) = e^{-0.2a}$라는 사실을 이용할 수 있다. 계산대에서 10분 이상을 기다릴 확률은 얼마인가?

풀이 계산할 확률은 [그림 6.4]의 그늘진 면적이다.

$$P(X > 10) = e^{-0.2(10)} = 0.135.$$

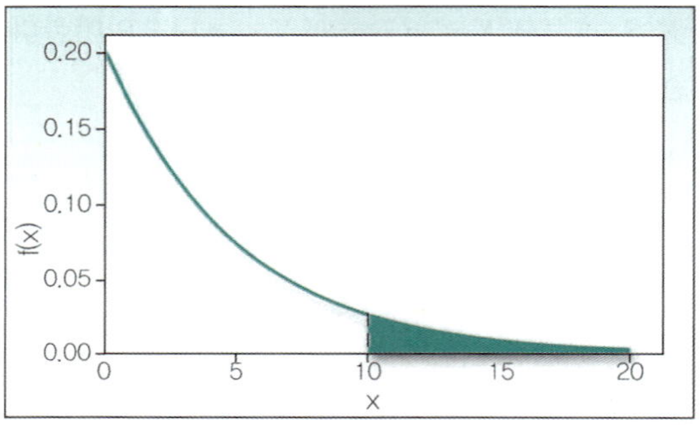

[그림 6.4] 지수확률분포

■

6.2 정규확률분포

연속확률분포들은 다양한 형태를 가정할 수 있다. 그러나 많은 연속확률변수들이 고분 모양의 도수분포를 가지고 있으며 정규확률분포로 근사된다. 정규확률분포의 확률밀도함수는 다음과 같다.

KeyPoint

정규확률분포

$$f(x) = \frac{1}{\sigma\sqrt{2\pi}} e^{-(x-\mu)^2/(2\sigma^2)} \qquad -\infty < x < \infty$$

기호 e와 π는 수학 상수로, 각각 2.7183과 3.1416의 근사값을 가진다. μ와 σ는 모평균과 모표준편차를 나타내는 모수들이다.

평균 μ와 표준편차 σ를 가지는 정규확률분포의 그래프는 [그림 6.5]와 같다. 평균 μ는 분포의 중심을 나타내고,

분포는 평균 μ에 대하여 좌우대칭이다. 정규확률분포 아래 총면적은 1과 같기 때문에 μ의 오른쪽 면적과 μ의 왼쪽 면적은 각각 0.5로 같아진다. 정규분포의 모양은 σ에 의해 결정된다. [그림 6.6]에서 보는 바와 같이, σ의 값이 크면 곡선의 높이가 낮아지고 넓게 퍼진다. 반대로 σ의 값이 작아지면 곡선의 높이는 증가하고 퍼진 정도는 작아진다. [그림 6.6]은 서로 다른 평균과 표준편차를 갖는 세 개의 정규확률분포를 나타내고 있다. 각 분포의 형태와 중심위치가 어떻게 다른지 차이점을 주목하라.

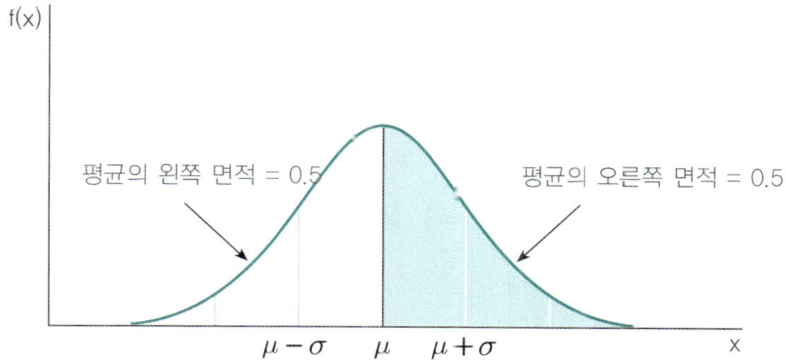

[그림 6.5] 정규확률분포

평균의 왼쪽 면적은 0.5와 같다. 평균의 오른쪽 면적은 0.5와 같다.

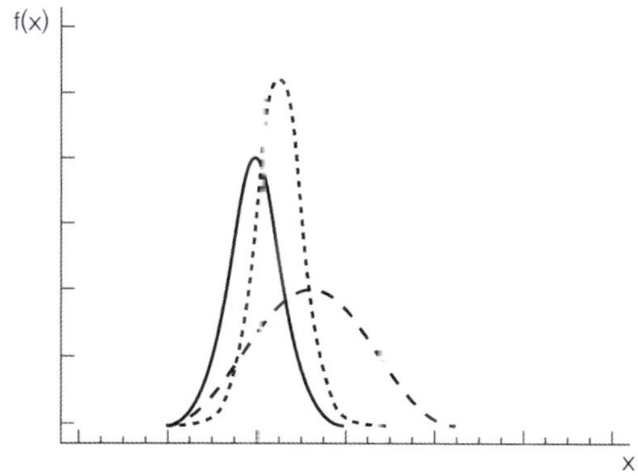

[그림 6.6] 서로 다른 μ와 σ를 가진 정규확률분포

6.3 정규확률분포표

정규확률변수 X가 구간 a에서 b 사이의 값을 가질 확률을 구하기 위하여 a와 b 사이의 정규곡선 아래 면적을 구해야 한다. 그러나 서로 다른 평균과 표준편차를 가지는 수많은 정규분포가 존재한다. 이러한 곡선들 각각에 대한 별도의 표를 만드는 것은 실용적이지 않다. 따라서 모든 정규분포들에 대하여 같은 표를 사용할 수 있도록 표준화 과정을 사용한다.

1 표준정규확률변수

평균 μ와 표준편차 σ를 가지는 정규확률변수 X를 **표준화**(standardized)한다는 것은 X가 평균 μ의 왼쪽이나 오른쪽으로 표준편차 σ의 몇 배만큼 떨어져 있는지를 표현하는 방법을 말한다. 이것은 단순히 측정단위를 바꾸는 것과 같다. 표준화된 정규확률변수 Z는 다음과 같이 정의된다.

$$Z = \frac{X - \mu}{\sigma}$$

또는,

$$X = \mu + Z\sigma$$

표준화된 정규확률변수 Z에 대한 수식으로부터 다음과 같은 결론을 얻을 수 있다.

- X가 μ보다 작을 때 Z의 값은 음수이다.
- X가 μ보다 클 때 Z의 값은 양수이다.
- $X = \mu$일 때 Z의 값은 0이다.

[그림 6.7]에서 보는 바와 같이, Z의 평균이 0이고 표준편차가 1이기 때문에 Z에 대한 확률분포를 **표준정규분포**(standardized normal distribution)라고 한다. 표준정규곡선의 왼쪽에 있는 Z 값들은 음수이고 오른쪽에 있는 값들은 양수이다. Z의 값을 z_0로 두면, z_0의 왼쪽으로 표준정규곡선 아래 면적은 확률 $P(Z \le z_0)$이다. 이 누적면적은 부록 I 의 〈표 3〉에 수록되어 있으며 [그림 6.7]의 그늘진 영역으로 나타난다. 〈표 3〉의 일부분이 〈표 6.1〉에 있다. 이 표는 Z의 양수와 음수 모두를 포함하고 있는 것에 유의하라.

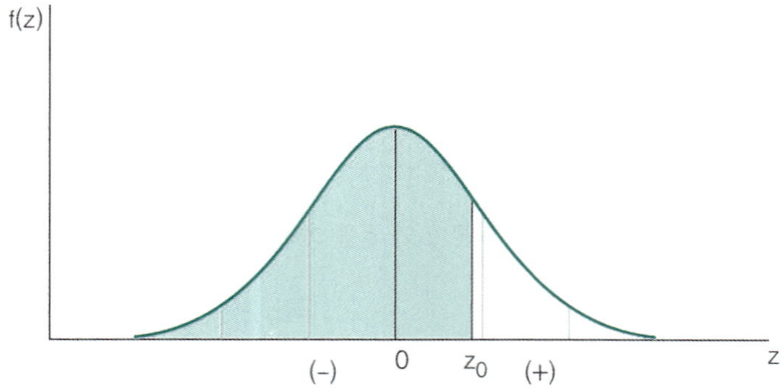

[그림 6.7] 표준정규분포

〈표 3〉 부록 I 의 〈표 3〉의 축약된 버전. 표준정규곡선 아래 면적들

z	0.00	0.01	0.02	0.03	⋯	0.09
-3.4	0.0003	0.0003	0.0003	0.0003		
-3.3	0.0005	0.0005	0.0005	0.0004		
-3.2	0.0007	0.0007	0.0006	0.0006		
-3.1	0.0010	0.0009	0.0009	0.0009		
-3.0	0.0013	0.0013	0.0013	0.0012	·	0.0010
					·	
-2.9	0.0019	·	·	·	·	
-2.8	0.0026	·	·	·		·
-2.7	0.0035	·	·	·		·
-2.6	0.0047					·
-2.5	0.0062					
·	·					
·	·					
·	·					
-2.0	0.0228					
·	·					
·	·					
·	·					
0.0	0.5000	0.5040	0.5080	0.5120		
0.1	0.5398	0.5438	0.5478	0.5517		
0.2	0.5793	0.5832	0.5871	0.5910	0.5160	
0.3	0.6179	0.6217	0.6255	0.6293	0.5557	
0.4	0.6554	0.6591	0.6628	0.6664	0.5948	
0.5	0.6915	·	·	·	0.6331	
0.6	0.7257	·	·	·	0.6700	
0.7	0.7580	·	·	·		
0.8	0.7881					
0.9	0.8159					
·	·					
·	·					
·	·					
2.0	0.9772					

예제 6.3

$P(Z \leq 1.63)$을 구하시오.

풀이 [그림 6.8]의 그늘진 영역에 해당된다. 부록 I 의 〈표 3〉은 주어진 Z 값의 왼쪽으로 정규곡선 아래 면적을 주기 때문에 $Z = 1.63$에 대한 값을 찾으면 된다. 표의 왼쪽 열을 따라 내려가서 $Z = 1.6$을 찾고 표 상단에 0.03으로 표시된 열을 찾는다. 이 행과 열이 만나는 지점에 면적 0.9484가 있는데 이것이 구할 확률이다.

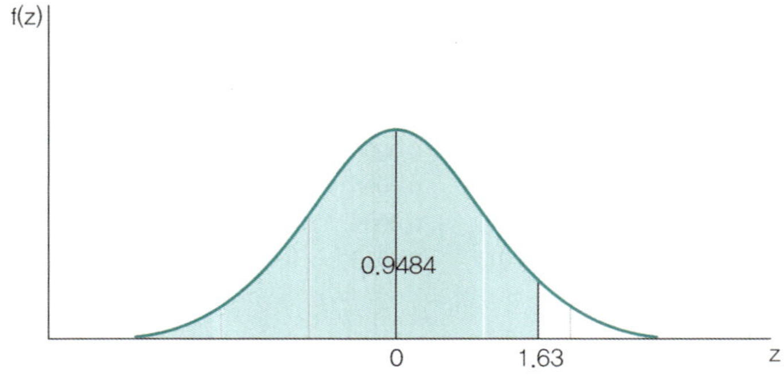

[그림 6.8] [예제 6.3]의 표준정규곡선 아래 면적

$Z = 0$의 왼쪽면적은 Z의 음수값을 이용하여 찾는다. ■

예제 6.4

$P(Z \geq -0.5)$를 구하시오.

풀이 〈표 3〉에 주어진 면적은 Z 값의 왼쪽 면적이다. 〈표 3〉에서 $Z = -0.5$를 찾으면 -0.5의 왼쪽 면적 $A_1 = 0.3085$를 찾을 수 있다. 곡선 아래 총면적이 1이므로

$$P(Z \geq -0.5) = 1 - A_1 = 1 - 0.3085 = 0.6915$$이다. ■

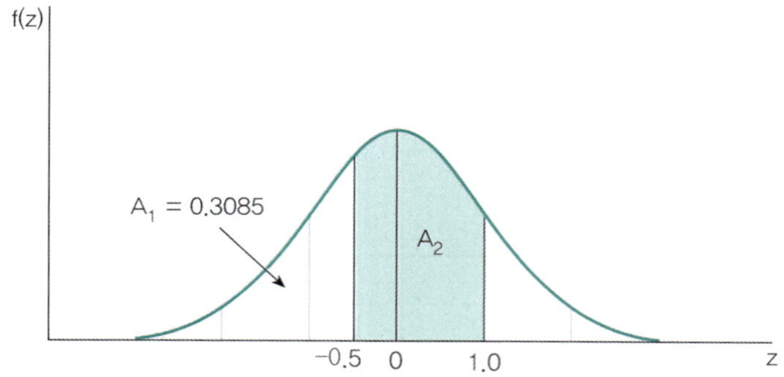

[그림 6.9] [예제 6.4] 표준정규곡선 아래 면적

예제 6.5

$P(-0.5 \leq Z \leq 1.0)$를 구하시오.

풀이 구하는 면적은 [그림 6.10]의 그늘진 영역 A_2이다. 부록 I 의 〈표 3〉에서 $Z = -0.5$의 왼쪽 면적 ($A_1 = 0.3085$)과 $Z = 1.0$의 왼쪽면적 ($A_1 + A_2 = 0.8413$)을 찾을 수 있다. 영역 A_2가 구하는 확률이다.

$$P(-0.5 \le Z \le 1.0) = A_2 = (A_1 + A_2) - A_1 = 0.8413 - 0.3085 = 0.5328.$$

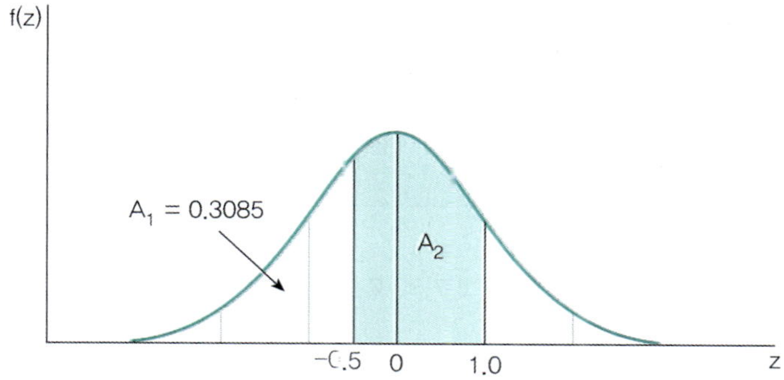

[그림 6.10] [예제 6.5]의 표준정규곡선 아래 면적

예제 6.6

표준정규분포를 따르는 확률변수가 다음의 영역에 포함될 확률을 구하시오.

1. 평균의 1 표준편차
2. 평균의 2 표준편차

풀이 표준정규확률변수 Z는 평균에서 표준편차의 단위만큼 떨어진 거리를 측정하므로, $P(-1 \le Z \le 1) = 0.8413 - 0.1587 = 0.6826$ 으로 계산한다. 마찬가지로,

$$P(-2 \le Z \le 2) = 0.9772 - 0.0228 = 0.9544.$$

■

이 확률들은 2장의 경험법칙에서 68%와 95%의 근사값과 일치한다.

예제 6.7

면적의 0.95가 평균 $\pm z_0$ 표준편차 내에 있을 Z의 값 z_0를 구하시오.

풀이 [그림 6.11]의 그늘진 영역이 평균 $\pm z_0$ 표준편차 내의 면적이며 이 면적이 0.95가 되어야 한다. 곡선 아래 두 꼬리영역의 합 면적은 $1 - 0.95 = 0.05$이다. 정규곡선은 좌우대칭이므로 두 꼬리영역은 같은 면적을 가진다. 따라서 [그림 6.11]에서 $A_1 = 0.05/2 = 0.025$이다. z_0의 왼쪽영역은 $A_1 + A_2 = 0.95 + 0.025 = 0.9750$이다. 이 면적은 부록 I의 〈표 3〉에서 $Z = 1.9$에 해당하는 행과 0.06 열에서 찾을 수 있다. 따라서 $z_0 = 1.96$이다. 이 결과는 경험적 법칙에서 사용했던 $Z = 2$의 근사값과 매우 가까운 것을 알 수 있다. ■

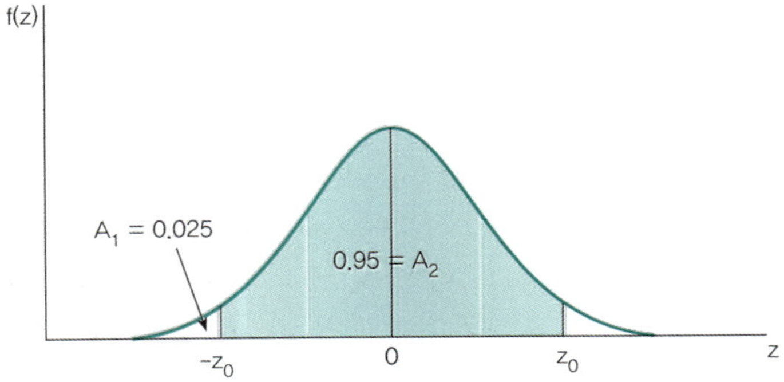

[그림 6.11] [예제 6.7]의 표준정규곡선 아래 면적

2 정규확률변수에 대한 확률 계산

대부분의 경우, 구하고자 하는 확률은 평균 μ, 표준편차 σ를 가지는 정규확률변수 X와 관련이 있을 것이다. 그렇다면 구하고자 하는 구간을 반드시 표준화시켜서 표준정규확률변수 Z에 대한 구간으로 바꾸어야 한다. 일단 표준화가 되면 확률은 표준정규확률분포를 이용하여 구하면 된다.

예제 6.8

X는 평균 10, 표준편차 2인 정규분포를 따르는 확률변수라고 하자. X가 11과 13.6사이에 있을 확률을 구하시오.

풀이 $X=11$에서 $X=13.6$사이의 구간을 Z에 대한 구간으로 표준화시켜야 한다.

$$X=11\text{일 때 } Z=\frac{X-\mu}{\sigma}=\frac{11-10}{2}=0.5,$$

$$X=13.6\text{일 때 } Z=\frac{X-\mu}{\sigma}=\frac{13.6-10}{2}=1.8\text{이다.}$$

따라서 구하는 확률은 $P(0.5 \le Z \le 1.8)$이며 [그림 6.12]에서 보는 바와 같이 $Z=0.5$와 $Z=1.8$ 사이의 면적이 된다. 부록 I 의 〈표 3〉에서 $Z=0.5$의 왼쪽 영역은 0.6915, $Z=1.8$의 왼쪽 영역은 0.9641이다. 구하는 확률은 두 확률값의 차이이며

$$P(0.5 \le Z \le 1.8) = 0.9641 - 0.6915$$
$$= 0.2726\text{이 된다.}$$

■

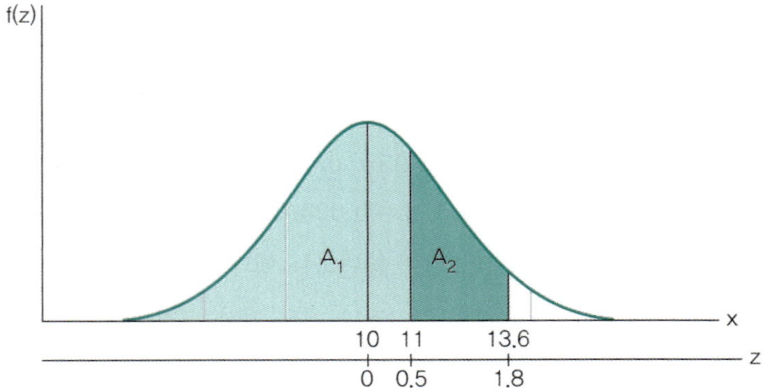

[그림 6.12] [예제 6.8]의 표준정규곡선 아래 면적

예제 6.9

미국에서 판매된 소형차의 휘발유 연비는 1갤런당 평균 25.5마일, 표준편차 4.5마일을 가지는 정규분포를 따른다고 한다. 소형차 중에서 1갤런당 30마일 이상을 갈 수 있는 차는 몇 퍼센트일까?

풀이 1갤런당 30마일 이상을 달릴 수 있는 소형차의 비율은 [그림 6.13]의 그늘진 영역과 같다. 이 문제를 풀기 위하여, $X = 30$에 대응되는 Z-값을 먼저 구해야 한다. $Z = \dfrac{X-\mu}{\sigma} = \dfrac{30-25.5}{4.5} = 1.0$이다.
부록 I 의 〈표 3〉에서 $Z = 1.0$의 왼쪽 영역 $A_1 = 0.8413$이다. 따라서 구하는 확률은

$$P(X \geq 30) = 1 - P(Z < 1) = 1 - 0.8413 = 0.1587$$

이다. 즉, 소형차의 15.87%가 1갤런당 30마일 이상을 달릴 수 있다. ■

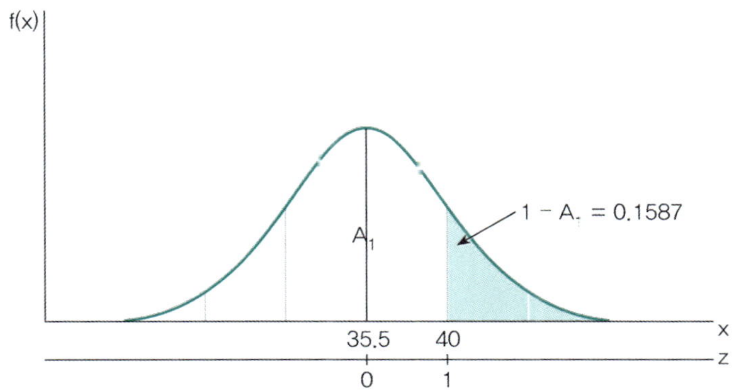

[그림 6.13] [예제 6.9]의 표준정규곡선 아래 면적

예제 6.10

[예제 6.9]를 참고하시오. 에너지 절감시대에 자동차 제조자들은 연료효율이 좋은 차를 생산하면 좋은 혜택을 얻을 수 있다고 한다. 어떤 자동차 제조자가 연료효율이 현 소형차들의 95%보다 더 좋은 차를 생산하려면 새 차의 휘발유 연비가 얼마나 되어야 할까?

풀이 휘발유 연비 X는 1갤런당 평균 25.5마일, 표준편차 4.5갤런을 가지는 정규분포를 따른다. 여기서 $P(X \leq x_0) = 0.95$인 x_0를 찾아야 한다. 이것은 휘발유 연비 X의 분포의 제95백분위수에 해당한다. 표준정규확률변수 Z를 이용하면,

$$z_0 = \frac{x_0 - 25.5}{4.5}$$

도 역시 [그림 6.14]과 같이 왼쪽 영역의 면적이 0.95가 되어야 한다. 부록 I 의 〈표 3〉을 보면 면적 0.9500은 $Z = 1.64$와 $Z = 1.65$의 중간에 있는 것을 알 수 있다. 따라서

$$z_0 = \frac{x_0 - 25.5}{4.5} = 1.645$$

이므로

$$x_0 = \mu + z_0\sigma = 25.5 + (1.645)(4.5) = 32.9$$

이다. ■

따라서 기존 소형차들의 95%보다 좋은 연비를 가진 차를 생산하려면 미국 자동차 제조자들의 새로운 소형차는 적어도 42.9보다 좋은 연비를 가져야 한다.

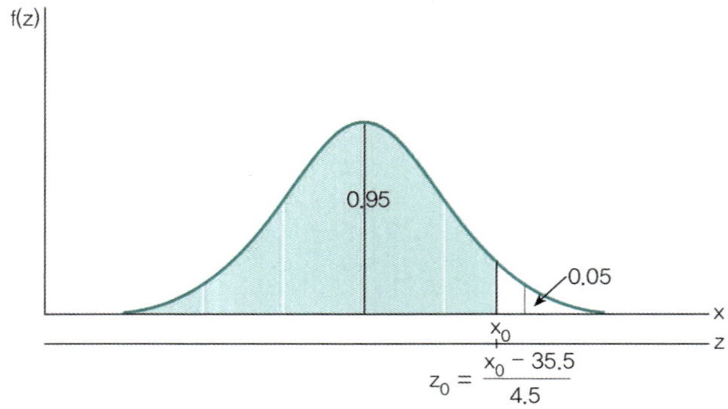

[그림 6.14] [예제 6.10]의 표준정규곡선 아래 면적

Probability & Statistics

연습문제

6.1 평균 $\mu = 0$이고 표준편차 $\sigma = 1$인 표준정규분포 Z에 대한 다음 확률을 구하시오.

(1) $P(Z < 2)$　　(2) $P(Z > 1.16)$

(3) $P(-2.33 < Z < 2.33)$　　(4) $P(Z < 1.88)$

6.2 다음 값들의 왼쪽으로 표준정규곡선 아래 면적을 구하시오.

(1) $Z = 1.6$　　(2) $Z = 1.83$

(3) $Z = 0.90$　　(4) $Z = 4.18$

6.3 표준정규확률변수 Z에 대한 다음 확률을 구하시오.

(1) $P(-1.43 < Z < 0.68)$　　(2) $P(0.58 < Z < 1.74)$

(3) $P(-1.55 < Z < -0.44)$　　(4) $P(Z > 1.34)$

(5) $P(Z < -4.32)$

6.4 $P(Z > z_0) = 0.025$를 만족하는 z_0를 구하시오.

6.5 표준정규확률변수 Z에 대한 다음을 만족하는 값을 구하시오

(1) 왼쪽 면적이 0.9505인 Z의 값

(2) 왼쪽 면적이 0.05인 Z의 값

6.6 표준정규확률변수 Z에 대한 다음 백분위수를 구하시오.

(1) 제90백분위수

(2) 제95백분위수

(3) 제98백분위수

(4) 제99백분위수

6.7 정규확률변수 X는 평균 $\mu = 1.20$과 표준편차 $\sigma = 0.15$를 가진다고 한다. 다음 값들에 대한 확률을 구하시오.

(1) $1.00 < X < 1.10$

(2) $X > 1.38$

(3) $1.35 < X < 1.50$

6.8 정규확률변수 X는 평균 $\mu = 35$과 표준편차 $\sigma = 10$를 가진다고 한다. 오른쪽 면적이 0.01인 X의 값을 구하시오. 이 값은 이 정규분포의 제99백분위수이다.

6.9 정규확률변수 X의 평균과 표준편차는 알려져 있지 않다고 한다. X가 4보다 클 확률이 0.9772이고 X가 5보다 클 확률이 0.9332이다. 평균 μ와 표준편차 σ를 구하시오.

6.10 사람의 키는 정규분포로 모델링할 수 있는 확률변수 중 하나이다. 사람의 키가 평균 69.5인치이고 표준편차 3.5인치라고 하자.

(1) 키가 6인치보다 큰 사람의 비율은 얼마인가?

(2) 랜덤으로 선택한 사람 한 명의 키가 5.8인치와 6.1인치 사이일 확률은 얼마인가?

(3) 한 운동선수의 키가 6.1인치라고 한다. 이것은 정상범위의 키라고 할 수 있는가?

6.11 건강한 사람의 뇌혈류는 평균 74, 표준편차 16인 정규분포를 다른다고 한다.

(1) 뇌혈류가 60과 80인 건강한 사람의 비율은 얼마인가?

(2) 뇌혈류가 100이상인 건강한 사람의 비율은 얼마인가?

(3) 어떤 사람의 뇌혈류가 40미만이면 뇌졸중의 위험이 있다고 한다. 뇌졸중의 위험이 있다고 오진을 받을 건강한 사람의 비율은 얼마인가?

6.12 승강기에 탑승 가능한 최대인원수에 대한 규정을 세우고 있다고 하자. 한 연구에 의하면 8명의 사람이 탑승할 때 이 사람들의 총 몸무게의 확률분포가 평균 1200파운드와 표준편차 99파운드를 가진다고 한다. 8명의 총 몸무게가 1300파운드를 넘을 확률은 얼마인가? 1500파운드를 넘을 확률은 얼마인가? (이 때 확률분포는 근사적으로 정규분포라고 가정한다.)

6.13 식물도감을 만들고 있는 한 식물학자는 해바라기 꽃줄기의 지름이 환경에 따라 변하는지에 대하여 조사하고 있다. 해바라기 꽃줄기의 지름이 평균 $35mm$와 표준편차 $3mm$인 정규분포를 따른다고 하자.

(1) 해바라기 꽃줄기의 지름이 $40mm$보다 클 확률은 얼마인가?

(2) 만약 해바라기 두 송이가 랜덤하게 선택되었을 때 두 해바라기가 모두 $40mm$이상의 꽃줄기 지름을 가질 확률은 얼마인가?

(3) 꽃줄기 지름의 분포의 제90백분위수는 얼마인가?

6.14 경기를 예측하는 방법 중 하나는 합의 방법이다. 많은 분석가들 각자가 예측을 하고 각 개인 예측들의 평균이 합의 예측이다. 2013년 1월 개인 우대금리(prime interest rate)에 대한 경제 분석가들의 예측들은 평균 4.75%와 표준편차 0.2%를 가지는 정규분포를 따른다고 하자. 한 분석가가 경제 분석가 그룹에서 랜덤으로 선택되었을 때 이 분석가의 우대금리에 대한 예측이 다음의 값을 가질 확률은 얼마인가?

(1) 4.25%를 초과한다 (2) 4.375%보다 낮다

6.15 식수 $1ml$에 있는 특정 종류의 박테리아의 수는 근사적으로 정규분포를 따르고 평균 85와 표준편차 9를 가진다고 한다. 주어진 $1 ml$의 샘플에 100개 이상의 박테리아가 있을 확률은 얼마인가?

6.16 한 출판업자는 새 책에 포함된 단어의 수가 정규분포를 따르고 평균은 저자의 계약서에 명시된 단어의 수보다 20,000단어가 더 많고 표준편차는 10,000개인 것을 발견하였다. 만약 이 출판업자가 확률 0.95로 새 책의 단어가 100,000개를 포함하기를 원한다면 저자와의 계약서에는 몇 개의 단어를 명시해야 할까?

6.17 한 잡지사는 사람들이 주중보다 주말에 2배 이상 더 많이 쇼핑하러 외출한다고 주장한다. 또한 이 사람들은 토요일과 일요일에 더 많은 돈을 지출한다고 한다. 일요일 오후 4시부터 6시 사이에 사람들이 쇼핑에 지출하는 돈이 평균 \$85이고 표준편차 \$20의 분포를 가진다고 하자. 랜덤으로 일요일 오후 4시부터 6시 사이에 쇼핑하는 사람을 한 명 선택하였을 때 다음 확률을 구하시오.

(1) 이 사람이 \$95보다 더 지출할 확률

(2) 이 사람이 \$95과 \$115 사이로 지출할 확률

(3) 만약 2명의 쇼핑하는 사람들을 선택하였을 때 두 사람 모두 \$115보다 더 지출할 확률

6.4 이항확률분포로의 정규근사

5장에서 이항확률변수 X에 대한 확률을 계산하는 세 가지 방법을 배웠다.

- 이항공식을 사용하는 방법, $P(X=k) = {}_nC_k\, p^k q^{n-k}$
- 누적이항분포표를 사용하는 방법
- 통계소프트웨어를 사용하는 방법

이항공식을 이용하는 경우 계산이 길어지고, 누적이항분포표의 경우 n과 p의 특정값에서만 사용가능하다. $np < 7$인 경우에는 다른 방법을 사용할 수 있는데, 포아송 확률을 사용하여 $P(X=k)$를 근사시키는 방법이다. 만약 이 근사가 적용되지 않고 n이 크면, 정규확률분포를 사용하여 이항확률을 근사시킬 수 있다.

1 이항확률분포로의 정규근사

n번의 시험과 성공확률 p를 가지는 이항확률변수 X에 대하여, X의 확률분포는 다음의 평균과 표준편차를 가진 정규곡선을 이용하여 근사된다.

$$\mu = np, \quad \sigma = \sqrt{npq}$$

이 근사는 n이 크고 p가 0이나 1에 너무 가깝지 않을 때 적절하다.

정규분포는 연속형이므로 한 점에서 곡선아래 면적은 0과 같다. 이항확률변수 X는 이산확률변수이므로 X가 특정값을 가질 확률은 0이 될 필요는 없다.

[그림 6.15]와 [그림 6.16]은 $n=25$이고 $p=0.5$와 $p=0.1$일 때 이항확률 히스토그램을 보여준다. [그림 6.15]의 분포는 정확히 좌우대칭이다.

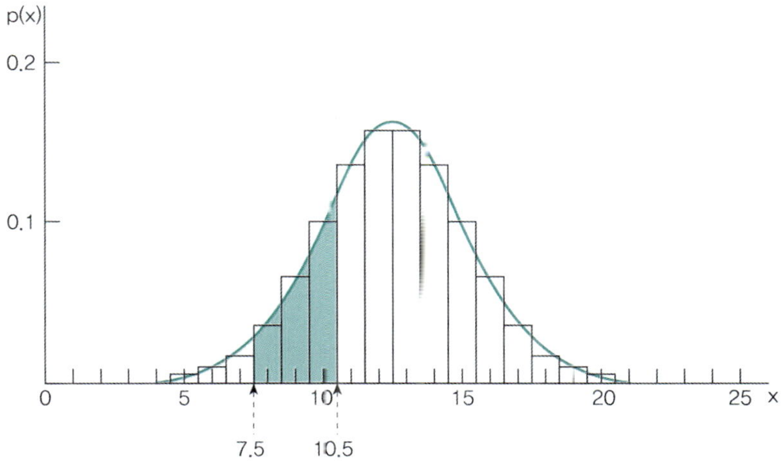

[그림 6.15] $n=25$이고 $p=0.5$인 이항확률분포와 $\mu=12.5$와 $\sigma=2.5$인 근사정규분포

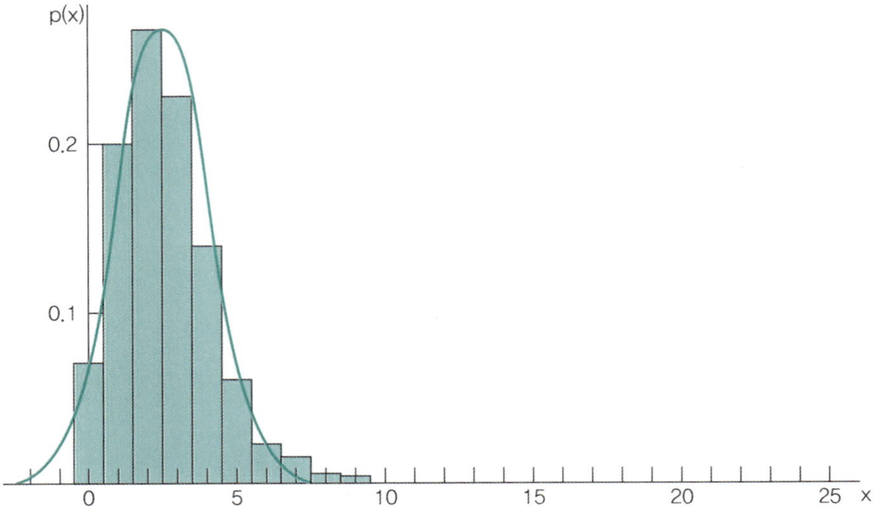

[그림 6.16] $n=25$이고 $p=0.1$인 이항확률분포와 근사정규분포

만약 평균 $\mu=np$와 표준편차 $\sigma=\sqrt{npq}$를 가진 정규곡선을 막대 위로 겹쳐 그리면 매우 잘 들어맞는다. 즉, 곡선아래 면적이 막대들 아래 면적과 거의 같아진다. 그러나 [그림 6.16]과 같이, 성공확률 p가 작고 분포가 치우쳐 있으면 좌우대칭인 곡선은 잘 맞지 않는다. 만약 막대들 아래 면적의 근사값을 구하기 위하여 정규곡선 면적을 사용한다면 정확한 근사값을 얻을 수 없을 것이다.

예제 6.11

정규곡선을 이용하여 $n=25$이고 $p=0.5$인 이항확률변수 X에 대하여 $X=8,9,10$인 확률의 근사값을 구하시오.

풀이 $n=25$이므로 누적이항분포표를 사용하여 정확한 이항확률을 구할 수 있다. 부록 I 의 〈표 1〉에서,

$$P(X=8,9,10)=P(X\le 10)-P(X\le 7)=0.212-0.022=0.190.$$

정규근사를 이용하기 위하여 먼저 정규곡선의 근사평균과 표준편차를 구한다.

$$\mu=np=25(0.5)=12.5$$
$$\sigma=\sqrt{npq}=\sqrt{25(0.5)(0.5)}=2.5.$$

구하는 확률은 $X=8,9,10$위에 있는 세 개의 직사각형의 면적과 같다. 여기에 대응되는 정규곡선 아래 면적은 $X=8$에 대한 직사각형의 아래 꼭짓점인 $X=7.5$와 $X=10$에 대한 직사각형의 윗꼭지점인 $X=10.5$ 사이에 있다. 이 영역은 [그림 6.15]의 그늘진 부분이다.

정규확률을 구하기 위하여 6.3절의 과정을 따라간다. 먼저 각 구간의 끝점을 표준화시킨다.

$$Z=\frac{X-\mu}{\sigma}=\frac{7.5-12.5}{2.5}=-2.0$$
$$Z=\frac{X-\mu}{\sigma}=\frac{10.5-12.5}{2.5}=-0.8$$

[그림 6.17]의 그늘진 영역인 근사확률은 부록 I 의 〈표 3〉에서 얻어진다.

$$P(-2.0 < Z < -0.8) = 0.2119 - 0.0228 = 0.1891$$

이 근사값 0.1891은 실제 확률 0.190과 매우 가까운 것을 알 수 있다.

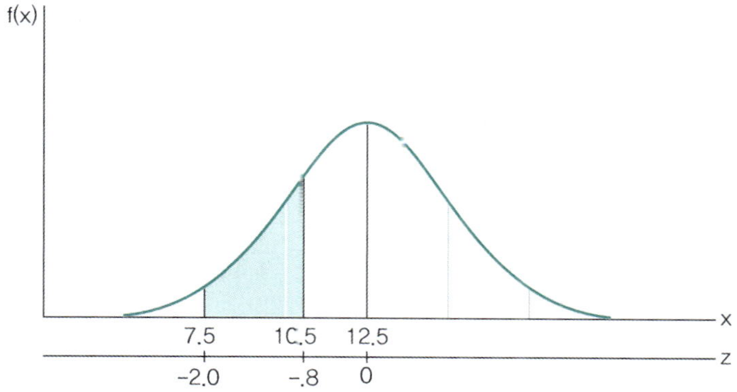

[그림 6.17] [예제 6.11]의 표준정규곡선 아래 면적

이항확률분포로의 정규근사를 사용할 때 히스토그럼 양끝의 직사각형들의 절반을 제외하지 않도록 유의해야 한다. 이러한 조치를 **연속성 수정**(continuity correction)이라고 하고 이산 확률변수를 연속확률변수로 근사한다는 사실을 고려하도록 한다. 연속성 수정을 하지 않으면 근사는 좋지 않을 것이다. 이 수정은 이항확률에만 사용하고 확률변수가 이미 연속형인 경우에는 사용하지 않아야 한다. ■

이항확률로의 정규근사는 언제 사용해야 적절할까? 이항 히스토그램이 좌우대칭에 가까우면 정규근사는 잘 작동한다. 즉, 이항분포가 0과 n 근처에 뭉쳐있지 않고 평균에서 적어도 2 표준편차만큼 퍼져 있다는 것이다. 이러한 기준을 이용하여 다음의 간단한 경험법칙을 유도할 수 있다.

2 경험법칙

이항확률로의 정규근사는 $np > 5$이고 $nq > 5$일 때 적절하다.

예제 6.12

전기퓨즈의 신뢰도란 여러 제품들 중 하나의 전기퓨즈를 랜덤으로 선택하였을 때 그 퓨즈가 적절한 조건 하에서 작동할 확률이다. 1000개의 퓨즈를 랜덤으로 선택하여 검사한 결과 $x = 27$개의 불량품이 발견되었다. 퓨즈의 신뢰성이 0.98이라고 할 때, 27개 이상의 불량품이 발견될 근사확률을 구하시오.

풀이 퓨즈의 신뢰성이 0.98이므로 하나의 퓨즈를 검사하였을 때 불량품으로 판정이 날 확률은 $p = 0.02$이다. 그러면,

$$\mu = np = 1000(0.02) = 20$$
$$\sigma = \sqrt{npq} = \sqrt{1000(0.02)(0.98)} = 4.43$$

$n = 1000$으로 주어졌을 때 27개 이상의 불량품이 발견될 확률은

$$P(X \geq 27) = p(27) + p(28) + \cdots + p(999) + p(1000)\text{이다.}$$

$np = 1000(0.02) = 20$과 $nq = 1000(0.98) = 980$가 둘 다 5보다 크기 때문에, 이항확률로의 정규근사를 사용하는 것이 적절하다.

$P(X \geq 27)$를 근사하기 위하여 사용되는 면적은 26.5의 오른쪽 정규곡선 아래 면적이며, $X = 27$에 대한 전체 직사각형이 포함된다. $X = 26.5$에 대한 Z-값은

$$Z = \frac{X - \mu}{\sigma} = \frac{26.5 - 20}{4.43} = \frac{6.5}{4.43} = 1.47$$

이고 [그림 6.18]에서 보는 바와 같이, $Z = 1.47$의 왼쪽 면적이 0.9292이다. 곡선 아래 전체 면적이 1이므로

$$P(X \geq 27) \approx P(Z \geq 1.47) = 1 - 0.9292 = 0.0708$$

이다.

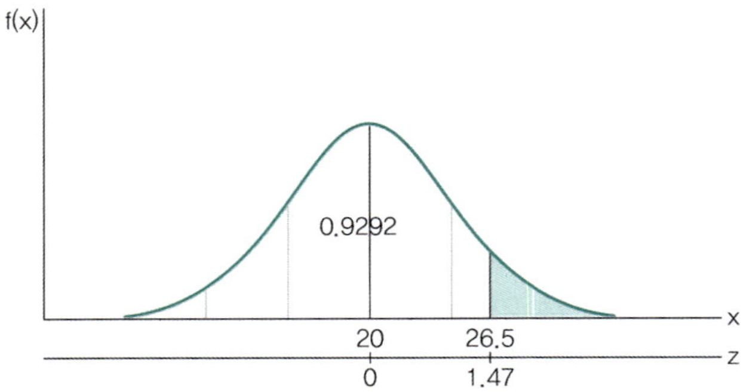

[그림 6.18] [예제 6.12]에 대한 이항으로의 정규근사

■

예제 6.13

음료회사 생산자는 자신의 브랜드가 전체 음료시장의 10%를 차지한다고 생각한다. 음료를 즐기는 2,500명의 고객을 대상으로 한 여론조사에서 211명이 이 사람의 브랜드를 선호한다고 말했다. 만약 이 생산자의 주장이 정확하다면 이 브랜드를 선호하는 고객이 211명 이하일 확률을 구하시오.

풀이 이 생산자의 말이 옳다면 랜덤의 고객이 이 사람의 브랜드를 선호할 확률은 $p = 0.10$이다. 그렇다면,

$$\mu = np = 2500(0.10) = 250$$
$$\sigma = \sqrt{npq} = \sqrt{2500(0.10)(0.90)} = 15$$

구하는 확률은

$$P(X \leq 211) = p(0) + p(1) + \cdots + p(210) + p(211)\text{이다.}$$

이 확률로의 정규근사는 평균 250이고 표준편차 15인 정규곡선 아래 211.5의 왼쪽 면적이다. 먼저

$$Z = \frac{X - \mu}{\sigma} = \frac{211.5 - 250}{15} = -2.57$$

이므로

$$P(X \leq 211) \approx P(Z < -2.57) = 0.0051$$

이다.

$p = 0.10$일 때 211 이하의 표본값을 얻을 확률이 매우 낮으므로 다음 두 가지 중 하나가 발생했음을 알 수 있다; 실제 $p = 0.10$임에도 불구하고 이례적인 표본을 얻었거나, 실제 p의 값이 0.10보다 낮고 아마도 표본비율 $211/2500 = 0.08$과 가까울지도 모른다는 사실을 표본이 말해주고 있다. ■

Probability & Statistics

연습문제

6.18 X는 $n = 25$, $p = 0.6$인 이항확률변수이다.

(1) 이 이항확률변수에 대하여 정규근사가 적절한가?

(2) X에 대한 평균과 표준편차를 구하시오.

(3) 정규근사를 이용하여 $P(X > 9)$를 구하시오.

6.19 X는 $n = 25$, $p = 0.3$인 이항확률변수이다.

(1) 이 이항확률변수에 대하여 정규근사가 적절한가?

(2) X에 대한 평균과 표준편차를 구하시오.

(3) 정규근사를 이용하여 $P(6 \leq X \leq 9)$를 구하시오.

(4) 부록 I 의 〈표 1〉를 이용하여 $P(6 \leq X \leq 9)$의 정확한 확률을 구하시오. (3)와 (4)의 결과를 비교하시오.

6.20 X는 $n = 100$, $p = 0.2$인 이항확률변수이다. 근사를 이용하여 다음의 확률들을 구하시오.

(1) $P(X > 22)$ (2) $P(X \geq 22)$

(3) $P(20 < X < 25)$ (4) $P(X \leq 25)$

6.21 확률변수 X는 $n = 20$과 $p = 0.30$을 가지는 이항분포를 가진다고 하자. 부록 I 의 〈표 1〉을 이용하여 다음의 확률을 구하시오.

(1) $P(X = 5)$

(2) $P(X \geq 7)$

6.22 $n=20$이고 $p=0.4$인 이항확률변수 X에 대하여 다음의 방법을 이용하여 $P(X \geq 10)$을 구하시오.

(1) 부록 I 의 〈표 1〉

(2) 이항확률분포로의 정규근사

6.23 한 잡지사가 한국인의 약 78%가 재활용쓰레기가 환경을 보호하는데 가장 중요하다고 생각한다고 밝혔다. 만약 50명의 성인을 랜덤으로 추출하여 재활용이 환경보호에 가장 큰 영향을 끼친다고 생각하는지 조사하였을 때 다음 사건에 대한 확률은 무엇인가? 단, 78%의 결과는 참이라고 가정하자.

(1) 30명보다 적은 성인이 재활용이 환경보호에 가장 큰 영향을 끼친다고 답할 사건

(2) 40명 이상의 성인이 재활용이 환경보호에 가장 큰 영향을 끼친다고 답할 사건

(3) 10명 이상의 성인이 재활용이 환경보호에 가장 큰 영향을 끼치지 않는다고 답할 사건

6.24 비행사들과 호텔들은 종종 예약 후 나타나지 않는 손님들 때문에 손실을 최소화하기 위하여 실제 자리나 방보다 더 많은 예약을 받는다고 한다. 어떤 호텔의 기록에 의하면, 평균적으로 10%의 손님들이 예약 후 나타나지 않는다고 한다. 만약 이 호텔이 200개의 방을 가지고 있는데 215개의 방 예약을 받았다면 예약한 후 호텔에 도착한 모든 손님들이 방을 얻을 확률은 얼마인가?

6.25 미국 대통령 선거에서 미국인들은 두 명의 후보 중 키가 더 큰 후보에게 표를 주는 경향이 있는가? 총 49번의 대통령 선거에서 26명의 당선자가 경쟁자들보다 키가 더 컸다고 한다. 미국인들은 대통령 후보의 키에 영향을 받지 않고 당선자는 경쟁자보다 키가 클 수도 작을 수도 있다고 가정하자. 미국의 대통령 선거에서 키가 더 큰 당선자들의 수는 이례적인 결과인가?

6.26 두 개의 대형 음료회사 A와 B는 그들의 시장점유율에 매우 관심이 많다. A회사의 홈페이지에 게시되었던 원그림에서 음료A가 한국 음료시장의 25%를 차지한다고 발표하였다. 랜덤으로 선택된 한 사람이 음료를 고를 때 음료 A를 더 선호할 확률이 홈페이지에 게시된 결과와 가까울 것이라고 가정하자. 500명의 고객을 랜덤으로 선택하였다. 정규곡선을 이용하여 다음의 이항확률을 근사하시오.

(1) 정확하게 150명의 고객이 음료 A를 선호한다.

(2) 120과 150명 사이(양 끝점 포함)의 고객이 음료 A를 선호한다.

(3) 150 미만의 사람이 음료 A를 선호한다.

(4) 500명 중 232명의 사람이 음료 A를 선호한다고 하는 것은 이상할까? 만약 이런 일이 일어난다면 우연일까?

6.27 한 잡지사의 기사에 따르면 남성의 80%와 여성의 62%가 일주일에 40시간 이상 근무한다고 한다. 만약 이 비율이 한국인 전체에 대하여 참이라고 가정하고, 50명의 근로여성을 랜덤하게 선택하였다고 하자.

(1) 일주일에 40시간 이상 근무하는 평균 근로여성의 수는 얼마인가?

(2) 일주일에 40시간 이상 근무하는 근로여성의 표준편차는 얼마인가?

(3) 만약 50명의 랜덤표본 여성 중에서 25명이 일주일에 40시간 이상 근무한다고 하자. 이것은 이례적인 결과인가?

보충연습문제

6.28 다음 값들 사이의 표준정규곡선 아래 면적을 구하시오.

(1) $Z=-2.0$과 $Z=2.0$

(2) $Z=-2.3$과 $Z=-1.5$

6.29 다음을 만족하는 값을 구하시오.

(1) $P(Z>z_0)=0.9750$인 z_0

(2) $P(Z>z_0)=0.3594$인 z_0

6.30 평균 $\mu=5$와 표준편차 $\sigma=2$인 정규분포를 따르는 정규확률변수 Z에 대하여 다음 구간의 확률을 구하시오.

(1) $1.2<X<10$

(2) $X>7.5$

(3) $X\leq 0$

6.31 부록 I 의 〈표 3〉을 이용하여 다음 값의 왼쪽으로 표준정규곡선 아래 면적을 구하시오.

(1) $Z=1.2$

(2) $Z=-0.9$

(3) $Z=1.46$

(4) $Z=-0.42$

6.32 표준정규확률변수 Z에 대하여 다음 확률을 구하시오.

(1) Z가 -0.75보다 클 확률

(2) Z가 1.35보다 작을 확률

6.33 표준정규확률변수 Z이 $Z=-1.48$과 $Z=1.48$ 사이에 있을 확률을 구하시오.

6.34 한 기계의 베어링들의 지름이 평균 0.498와 표준편차 0.002인 정규분포를 따른다고 한다. 기계검사에서 베어링의 지름은 0.5000 ± 0.006이어야 검사를 통과한다고 하면, 얼마나 많은 베어링이 이 검사를 통과하지 못하는가?

6.35 한 지역 식당의 일별 매출이 근사적으로 평균 $\mu=\$1230$과 표준편차 $\sigma=\$120$을 가지는 정규분포를 따른다고 한다.

(1) 이 식당의 특정일의 매출이 $\$1400$을 넘을 확률은 얼마인가?

(2) 이 식당은 하루 매출이 적어도 $1000이 넘어야 본전이라고 한다. 이 식당이 특정일에 본전을 못 찾을 확률은 얼마인가?

6.36 어떤 자동차가 5000마일 점검 및 서비스를 받는데 걸리는 시간이 평균 1.4시간과 표준편차 0.7시간이라고 한다. 자동차서비스센터는 하루 8시간 근무시간에 50대의 자동차를 서비스하고자 한다면, 자동차 한 대 당 평균 1.6시간을 넘으면 안된다. 이 서비스센터가 초과근무를 하게 될 확률은 얼마인가?

6.37 한 회사가 사용하는 전구의 평균수명은 500시간이고 표준편차는 50시간인 정규분포를 따른다고 한다. 회사근무시간 중에 전구수명이 다해 꺼져버리는 전구의 수를 최소화하기 위하여 모든 전구는 특정기간 이후에 일시에 교체한다. 교체 기간 동안 수명이 다하는 전구의 비율이 1% 이내이려면 얼마나 자주 전구를 교체해야 하는가?

6.38 한 심리검사의 성적은 평균 75점과 표준편차 12점인 정규분포를 따른다고 한다. 만약 이 검사 성적의 상위 15%를 구분하려면 성적이 몇 점 이상이어야 하는지 구하시오.

6.39 한 잡지사에 따르면 한국인의 51%가 일반 사람이 휴대폰으로 대화할 때 다른 사람을 배려하지 않는다고 답하였다. 만약 100명의 한국인을 랜덤하게 선택하였을 때 이 중에서 60명 이상이 일반 사람이 휴대폰으로 대화할 때 다른 사람을 배려하지 않는다고 답할 확률을 근사적으로 구하시오.

6.40 한 국가시험 성적이 근사적으로 평균 540점과 표준편차 110점인 정규분포를 따른다고 한다.

(1) 만약 어떤 사람이 680점을 받았다면, 이 성적은 평균으로부터 표준편차의 몇 배만큼 떨어져 있는가?

(2) 이 사람보다 성적이 좋은 사람의 비율은 얼마인가?

CHAPTER

07 표집분포

7.1 서론

앞의 세 장은 이항분포와 정규분포 등 확률분포에 대하여 다루었다. 정규분포의 모양은 평균 μ와 표준편차 σ에 의하여 결정되는 반면, 이항분포의 모양은 p에 의하여 결정된다. 이러한 수치적 기술 측도를 **모수**(parameter)라고 하고 관찰된 표본의 결과를 얻을 확률을 계산하는데 사용한다.

실제 상황에서는 어떤 형태의 확률분포를 사용할지 결정할 수 있지만, 정확한 형태를 말해주는 모수들의 값은 알 수 없다. 예를 들어, 여론조사원은 찬성/반대 질문의 답은 이항분포를 따를 것이라는 것은 알 수 있지만 모집단에서 찬성하는 사람의 비율 p는 알 수 없다. 모수를 알기 위하여 표본에 의존해야 한다. 여론조사원의 표본에서 얻은 찬성하는 사람의 비율은 p의 실제 값에 대한 정보를 제공한다. 그러나 표본으로부터 모집단에 대한 믿을만한 정보를 얻으려면 좀 더 확실한 방법으로 표본을 추출해야 한다.

7.2 표본설계와 실험계획

표본을 추출하는 방법을 **표본설계**(sampling plan) 또는 **실험계획**(experimental design)이라고 하고 표본이 포함하는 정보의 양을 결정한다. 어떤 특정 상황에서 사용되는 표본설계를 이해하면 추정의 신뢰성과 우수성을 알 수 있다.

단순랜덤추출(simple random sampling)은 많이 사용되는 추출방법으로 크기 n의 모든 표본이 선택될 가능성이 모두 같다. 예를 들어, $N=4$개를 포함하는 모집단에서 크기 $n=2$의 표본을 추출한다고 하자. 네 개의 원소를 각각 x_1, x_2, x_3, x_4로 두면 〈표 7.1〉과 같이 여섯 개의 서로 다른 쌍을 얻을 수 있다. 만약 크기 $n=2$의 표본이 선택되어 여섯 개의 표본 각각이 모두 같은 확률 1/6으로 추출된다면, 이 표본은 **단순랜덤표본**(simple random sample)이라고 하거나 **랜덤표본**(random sample)이라고 한다.

〈표 7.1〉 4개에서 크기 2인 표본을 추출하는 방법들

표본	표본의 관측치
1	x_1, x_2
2	x_1, x_3
3	x_1, x_4
4	x_2, x_3
5	x_2, x_4
6	x_3, x_4

정의

N개의 원소를 가지는 모집단에서 n개의 원소를 가지는 표본을 추출할 때, 가능한 표본들의 각 원소들이 추출될 가능성이 모두 같다면, 이 추출은 **랜덤**(random)으로 이루어졌다고 하고 추출된 표본들을 **단순랜덤표본**(simple random sample)이라고 한다.

완전랜덤추출은 실제로 이루어지기 어렵다. 만약 모집단의 크기 N이 작다면, N개의 숫자를 포커 칩에 하나씩 적고 섞은 다음에 n개의 칩을 추출한다. 선택한 숫자는 표본에 나타난 n개의 측정값에 대응한다. 이 방법은 항상 실용적이지 않기 때문에 좀 더 간단하고 믿을만한 방법인 **난수**(random numbers)를 사용한다. 난수는 생성된 자릿수로 값 0에서 9가 랜덤하게 같은 빈도로 나타난다. 이러한 숫자들은 컴퓨터로 생성되거나 공학계산기로 제공될 수 있다. 또는 부록 I 의 〈표 10〉은 랜덤표본을 추출하는 데 사용할 수 있는 난수표이다.

예제 7.1

한 시내 법률사무소의 컴퓨터 데이터베이스는 $N=1000$명의 고객에 대한 파일을 저장하고 있다. 이 사무소는 재조사를 위하여 $n=5$개의 파일을 선택하고자 한다. 이 데이터베이스에서 5개의 파일의 단순랜덤표본을 추출하라.

풀이 먼저 각 파일에 숫자 1에서 1000을 부여한다. 아마도 파일들은 알파벳 순서로 정리되어 있을 것이고 컴퓨터는 이미 각각에 숫자를 부여하였을 것이다. 그런 다음, 10개의 세 자리 난수열을 생성하라. 만약 부록 I 의 〈표 10〉을 사용한다면, 랜덤으로 시작점을 선택하고 〈표 7.2〉와 비슷한 방법으로 표의 일부를 사용하라. 랜덤 시작점은 같은 열을 반복하지 않도록 해준다. 〈표 7.2〉의 첫 세 자리는 재검토할 첫 번째 파일의 숫자를 말해준다. 난수 001은 파일 #1을, 그리고 마지막 파일 #1000은 난수 000에 대응된다. 〈표 7.2〉를 사용하여 숫자 155, 450, 32,882, 350를 가진 다섯 개

의 파일을 선택한다. 또는 줄을 따라 읽으면서 선택할 수도 있다. 즉, 파일 155, 350, 989, 450, 369를 선택할 수 있다.

〈표 7.2〉 난수표의 일부

15574	35026	98924
45045	36933	28630
03225	78812	50356
88292	26053	21121

■

[예제 7.1]과 같은 상황을 관찰연구(observational study)라고 하는데 자료를 관찰하거나 특징을 설명하기 전에 자료가 이미 존재하였기 때문이다. 설문지로부터 정보를 얻는 대부분의 표본조사가 이 경우에 해당된다. 모집단이 크고 단순랜덤표본을 선택하는 경우에도 컴퓨터 데이터베이스를 이용하면 각 원소에 식별숫자를 부여하는 것이 가능하다. 그러나 표본조사를 하는 경우 다음과 같은 문제들을 유의해야 한다.

- 무응답(nonresponse): 랜덤표본을 추출해서 설문지를 발송하였지만 50% 정도의 설문지만 회수되었다. 회수된 응답이 전체 모집단을 여전히 대표할 수 있을까 아니면 이것은 응답하기로 결정한 사람들의 의견만 반영되었기 때문에 편의(biased)가 발생한 것일까?
- 미포함(undercoverage): 전화번호부를 데이터베이스로 하여 랜덤표본을 추출하였다. 사용한 데이터베이스가 모집단의 특정부분, 예를 들어 전화가 없는 사람들, 을 조직적으로 배제하는가?
- 언어 편의(wording bias): 설문지의 질문들이 너무 복잡하거나 읽는 사람이 혼동하기 쉬울 수 있다. 질문들이 본질적으로 민감할 수도 있다. 예를 들어, "마약을 해 본 적이 있습니까" 또는 "탈세를 한 적이 있습니까" —이러한 질문들은 솔직한 답을 기대하기 어렵다.

이러한 문제들을 해결하기 위한 방법들은 고안되고 있지만 이러한 문제들이 있다는 것을 알고 있을 때에만 사용할 수 있다. 만약 이 문제들 중 하나에 의해 조사에 편의가 발생했다면 랜덤표본을 추출했다고 해도 조사 결과는 믿을 수 없게 된다.

몇몇 연구는 실험(experimentation)을 사용하는데, 실험에서는 실험적 조건이나 처리를 실험대상에게 가한다. 이 상황에서 단순랜덤표본을 추출하는 것은 더 어렵다.

예제 7.2

한 화학자는 광석 표본들에서 티타늄(Ti)의 양을 측정하는 새로운 방법을 실험하고 있다. 그녀는 실험을 위해 같은 무게의 10개의 광석 표본을 선택하고, 다섯 개의 표본은 기존의 방법으로 측정하고 나머지 다섯 개의 표본은 새로운 방법으로 측정한다고 하자. 난수를 이용하여 10개의 광석 표본을 새로운 방법 그룹과 기존의 방법 그룹으로 나누어라. 이 자료는 모집단으로부터의 단순랜덤표본이 되는가?

풀이 이 실험에서는 두 개의 모집단이 있다. 모집단은 이 무게를 가진 모든 가능한 광석 표본들에 대하여 기존의 방법이나 새로운 방법을 사용한 티타늄 측정값들로 구성되어 있다. 실제로 이러한 모집단은 존재하지 않는다; 이것은 가상의 모집단으로 연구자가 마음속으로 상상한 것이다. 따라서 [예제 7.1]의 방법을 이용하여 단순랜덤표본을 추출하는 것은 불가능하다. 대신, 연구자는 10개의 광석표본을 대표로 추출하고 이 표본들이 두 모집단에서 추출한 표본들과 같을 것으로 희망한다.

그러나 연구자는 각 방법으로 측정된 다섯 개의 표본을 랜덤으로 추출할 수 있다. 표본에 1부터 10까지 숫자를 매기고 새로운 방법에 대하여 추출된 다섯 개의 표본에 5개의 한 자리 난수를 대응시킨다. 공학계산기로 생성한 이 난수열을 사용하라:

948247817184610

같은 광석표본을 두 번 추출할 수 없으므로 이미 선택된 난수는 건너뛰어야 한다. 광석 표본들 9, 4, 8, 2, 7은 새로운 방법을 사용하여 측정될 것이다. 다른 표본들 1, 3, 5, 6, 10은 기존의 방법을 사용하여 측정될 것이다. ■

단순랜덤추출법 외에 다른 표본추출법들이 있는데, 이 추출법들은 랜덤화를 사용하여 추정에 대한 확률적 근거를 제공한다. 세 가지 표본추출법들은 층화, 집락, 그리고 계통 추출법에 근거한다.

모집단이 **층**(strata)라고 부르는, 두 개 이상의 부모집단(subpopulation)으로 구성되어 있다면 각 부모집단이 표본에 잘 나타나도록 추출하는 표본설계를 **층화랜덤표본**(stratified random sample)이라고 한다.

> **정의**
>
> **층화랜덤표본**(stratified random sample)은 여러 개의 부모집단 또는 층 각각으로부터 단순랜덤표본을 추출한다.

예술회관을 건설하는 것에 관한 시민들의 의견은 선거구를 층으로 하는 층화랜덤표본을 이용하여 조사될 수 있다. 일반적으로 전국 투표는 지역구를 층으로 하는 층화랜덤추출법의 몇 가지 형태를 이용한다.

또 다른 랜덤추출법은 표본대상들이 **집락**(clusters)라고 하는 그룹형태로 이루어져 있을 때 사용된다. 예를 들어, 각 가구는 개인들이 모여 사는 하나의 집락이다. 도시의 한 블록이나 이웃은 사용하기 편한 표본대상이 되고 표본설계에서 하나의 집락으로 생각할 수 있다.

> **정의**
>
> **집락표본**(cluster sample)은 모집단의 집락들로부터 추출한 집락의 단순랜덤표본이다.

어떤 집락이 표본에 포함되었을 때 그 집락의 모든 원소들에 대한 조사가 이루어진다.

때로는 표본을 추출할 모집단이 순서화되어 있다. 예를 들어, 운전면허증을 가진 사람들의 알파벳 순서로 된 이름목록, 계좌번호 순서로 된 사람들의 목록 등이 있다. 이러한 경우, 처음 k개의 원소들에서 랜덤으로 하나의 원소를 추출하고, 그 후 모든 k번째 원소들을 차례로 표본에 포함시킨다.

> **정의**
>
> **계통추출법**(1-in-k systematic random sample)은 순서화된 모집단에서 첫 k개의 원소들 중 하나를 랜덤으로 추출하고, 그 후 모든 k번째 원소들을 일괄적으로 추출한다.

그러나 모든 표본추출법이 랜덤추출을 사용하는 것은 아니다. 비확률적 전화조사와 같이 어떠한 질문에 찬성하면 "1"을 누르고 반대하면 "2"를 누르는 식으로 사람들의 의견을 묻는 경우는 랜덤추출이 아니다. 각 사람이 자신의 전화통화에 대하여 돈을 지불해야 한다면, 전화를 건 사람들은 전체 모집단을 대표하지 않는 것은 당연하다. 이러한 방식의 표본추출법은 **편의추출법**(convenience sampling)의 한 종류이다. 실험에 참여하면 돈을 지불하겠다는 광고를 보고 찾아온 사람들도 편의표본이다. **판단추출법**(judgement sampling)은 표본자가 누구를 표본에 포함시키고 포함시키지 않을 것인지를 결정하도록 허용한다. **할당추출법**(quota sampling)은 몇 가지 미리 선택한 특징들에 대하여 표본의 구성이 모집단의 구성을 반드시 반영하여야 하므로 추출과정에서 비확률적 구조를 가진다. 비확률적 표본은 얻어질 수는 있지만 추론에 사용할 수 없다는 것을 기억해야 한다.

Probability & Statistics

연습문제

7.1 도시에 사는 어린이들을 대상으로 한 연구에서 음식 섭취량을 측정하는 도구가 적절한지를 평가하고자 한다. 이를 위하여 한 도시에서 방과후 교실에 참여하는 9살에서 13살의 어린이들 중 연구목적의 조건을 만족하는 61명의 어린이들을 대상으로 실험을 수행하였다.

(1) 연구 참여자를 선택하는 표본방법을 설명하시오.

(2) 9살에서 13살인 61명의 어린이들을 선택하게 된 메커니즘은 무엇인가?

(3) 이 연구의 결과를 이용하여 추정이 가능한가? 아니라면 왜 그런가?

(4) 만약 다른 표본방법을 고안해야 한다면 무엇을 수정해야 하는가?

7.2 한 언론에서 정부가 추진하고 있는 어떤 사업에 대한 느낌을 묻는 두 가지 설문조사를 실시하였다. 다음은 각 조사에서 사용한 질문과 표본으로 뽑힌 사람들의 답변이다.

> 정부 사업
> 언론사 설문조사. 전국단위.
> 이 정부사업을 추진하는 것에 대하여 찬성하십니까? 반대하십니까?
> 찬성: 53%, 반대: 45%, 모르겠다: 2%
>
> 정부가 이 사업을 추진하기 위하여 국민세금 수십억을 투입하는 것에 대하여 찬성하십니까? 반대하십니까?
> 찬성: 31%, 반대: 67%, 모르겠다: 2%

(1) 각 조사에서 사용한 두 질문을 보고, 어느 질문이 좀 더 비편향(unbiased)되었는지 설명하라.

(2) 두 조사에서 나온 설문결과에서 나타난 큰 차이를 어떻게 설명하겠는가?

7.3 통계량과 표집분포

모집단에서 랜덤표본을 추출할 때 표본에서 계산한 수치적 기술측도들을 **통계량**(statistics)라고 한다. 이 통계량들은 추출된 표본마다 다른 값을 가진다. 즉, 통계량은 확률변수다. 표본이 반복되면 표집분포는 다음의 정보를 제공하기 때문에, 통계량에 대한 확률분포를 **표집분포**(sampling distribution)라고 한다.

- 통계량이 가질 수 있는 값은 무엇인가?
- 각 값이 얼마나 자주 발생하는가?

정의

통계량의 표집분포는 크기 n의 표본이 모집단에서 반복적으로 추출될 때 얻어지는 통계량이 가질 수 있는 가능한 값들에 대한 확률분포이다.

통계량의 표집분포를 찾는 세 가지 방법이 있다.

1. 확률법칙을 이용하여 수학적으로 분포를 유도한다.
2. 모의실험을 이용하여 분포를 근사한다. 즉, 크기 n의 표본을 많이 얻은 후, 각 표본의 통계량의 값을 계산하고 상대도수 히스토그램으로 결과를 요약한다. 표본의 수가 크면 히스토그램은 이론적 표집분포와 매우 가까울 것이다.
3. 통계적 이론을 이용하여 정확한 또는 근사된 표집분포를 얻는다.

다음 예제는 아주 작은 모집단에 대하여 두 가지 통계량의 표집분포를 어떻게 얻는지 보여준다.

예제 7.3

$N=5$개의 숫자 3, 6, 9, 12, 15로 이루어진 모집단이 있다. 크기 $n=3$의 랜덤표본을 비복원추출한다면 표본평균 $\overline{X}$와 표본중앙값 m에 대한 표집분포를 구하시오.

풀이 [그림 7.1]에서 보는 바와 같이 모집단으로부터 표본을 추출한다. 다섯 개의 서로 다른 숫자를 포함하고 각 숫자는 확률 $p(x)=1/5$를 가진다. 모집단의 평균과 중앙값은 쉽게 찾을 수 있다.

$$\mu=\frac{3+6+9+12+15}{5}=9,\ M=9$$

크기 $n=3$의 랜덤표본은 10개의 표본이 가능하며 모두 같은 확률 1/10을 가진다. <표 7.3>에는 각 표본에 대한 $\overline{X}$와 m이 계산되어 있다. $\overline{X}$의 어떤 값은 하나 이상의 표본에서 얻어져 다른 값들보다 더 많이 나타난 것을 알 수 있다. 예를 들어,

$$P(\overline{X}=8)=\frac{2}{10}=0.2,\ P(m=6)=\frac{3}{10}=0.3$$

$\overline{X}$ 와 m에 대한 표집분포는 〈표 7.4〉와 [그림 7.2]에 나타나 있다.

$N=5$개의 값을 가지는 모집단은 $x=9$에 대하여 좌우대칭이므로 모집단의 평균과 중앙값 모두 9의 값을 갖는다. 그러므로 $M=\mu=9$의 가능한 추정량으로 $\overline{X}$ 나 m을 고려할 수 있다. 어떤 추정량을 선택해야 할까? 〈표 7.3〉을 보면, m을 추정량으로 사용했을 때, 확률 0.3으로 $9-6=3$의 오차를 가지거나 또는 확률 0.3으로 $9-12=-3$의 오차를 가지게 된다. 즉, m을 사용한 추정오차는 3이며 확률은 0.6이다. 반면에, $\overline{X}$ 를 사용했을 때 오차 3을 가지되 확률은 0.2가 된다. 이런 이유로 m보다 $\overline{X}$ 를 추정량으로 사용하려고 할 것이다. ■

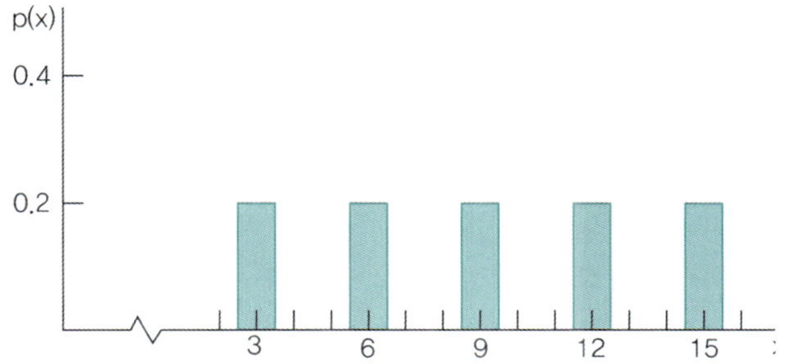

[그림 7.1] [예제 7.3]의 $N=5$의 모집단에 대한 확률 히스토그램

〈표 7.3〉 $n=3$이고 $N=5$일 때 단순랜덤추출에 의한 $\overline{X}$ 와 m의 값

표본	표본값	$\overline{X}$	m
1	3, 6 9	6	6
2	3, 6, 12	7	6
3	3, 6, 15	8	6
4	3, 9, 12	8	9
5	3, 9, 15	9	9
6	3, 12, 15	10	12
7	6, 9, 12	9	9
8	6, 9, 15	10	9
9	6, 12, 15	11	12
10	9, 12, 15	12	12

〈표 7.4〉 표집분포 : (a) 표본평균, (b) 표본중앙값

(a)	$\overline{X}$	$p(\overline{x})$
	6	0.1
	7	0.1
	8	0.2
	9	0.2
	10	0.2
	11	0.1
	12	0.1

(b)	m	$p(m)$
	6	0.3
	9	0.4
	12	0.3

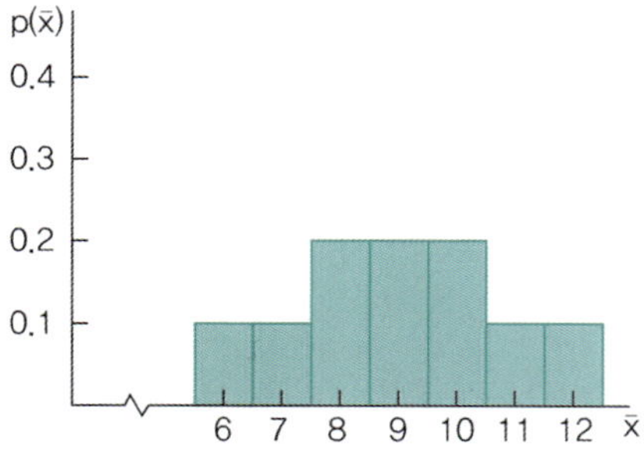

[그림 7.2] [예제 7.3]의 표본평균 $\overline{X}$와 표본중앙값 m의 표집분포들에 대한 확률 히스토그램

모집단의 원소의 수가 매우 작기 때문에 [예제 7.3]의 표집분포를 얻는 것은 크게 어렵지 않다. 만약 모집단의 원소의 수가 크면 다음의 방법이 필요할 것이다.

- 모의실험을 이용하여 표집분포를 경험적으로 근사한다.
- 통계적 정리와 이론적 결과를 이용한다.

합이나 평균 등의 통계량의 표집분포를 설명하는 중요한 통계적 정리가 다음 절에 소개되어 있다.

7.4 중심극한정리

중심극한정리(Central Limit Theorem)는, 일반적인 조건 하에, 모집단에서 추출된 측정값들의 랜덤표본의 합과 평균이 근사적으로 정규분포를 따른다는 것이다. 만약 주사위를 $n=1$번 던질 때 확률변수 X는 윗면에 나타나는 수라고 하자. 이 확률변수는 여섯 개의 값을 가질 수 있으며 각 확률은 $1/6$을 가지고 확률분포는 [그림 7.3]에 나타나 있다. 분포의 모양은 편편하거나 균일하며 평균 $\mu = 3.5$에 대하여 좌우대칭이다. 표준편차는 $\sigma = 1.71$이다.

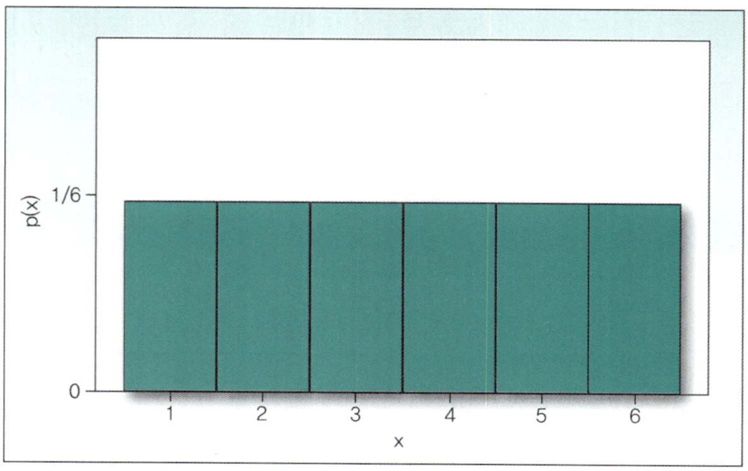

[그림 7.3] 하나의 주사위를 한 번 던질 때 나타나는 수 X에 대한 확률분포

이제 이 모집단에서 크기 $n = 2$의 표본을 얻는다. 즉, 두 개의 주사위를 던져 나오는 수의 합 $\sum X_i = X_1 + X_2$를 기록한다. 〈표 7.5〉는 36개의 가능한 결과를 보여주며 각 결과의 확률은 1/36이다. 각 합은 $n = 2$로 나누어서 평균을 구한다. 결과는 $\overline{X} = \sum X_i / n$의 **표집분포**이며 [그림 7.4]와 같다. 표집분포의 모양이 급격히 달라진 것을 보라. 여전히 평균 $\mu = 3.5$에 대하여 좌우대칭이지만 고분 모양(mound-shaped)을 하고 있다.

〈표 7.5〉 두 주사위의 윗면의 합

두 번째 주사위	첫 번째 주사위					
	1	2	3	4	5	6
1	2	3	4	5	6	7
2	3	4	5	6	7	8
3	4	5	6	7	8	9
4	5	6	7	8	9	10
5	6	7	8	9	10	11
6	7	8	9	10	11	12

[그림 7.5]와 [그림 7.6]은 $n = 3$과 $n = 4$일 때 $\overline{X}$의 표집분포를 보여준다. [그림 7.5]는 명확하게 정규확률분포의 고분모양을 보여주고 있으며 여전히 $\mu = 3.5$에 대하여 좌우대칭이다. 분포의 산포는 표본크기 n이 증가하면서 천천히 감소하고 있다. [그림 7.6]은 표본의 크기가 $n = 4$만큼 작을 때에도 $\overline{X}$가 근사적으로 정규분포를 따르는 것을 보여준다. 이러한 현상은 중요한 통계적 정리인 **중심극한정리**(Central Limit Theorem)의 결과이다.

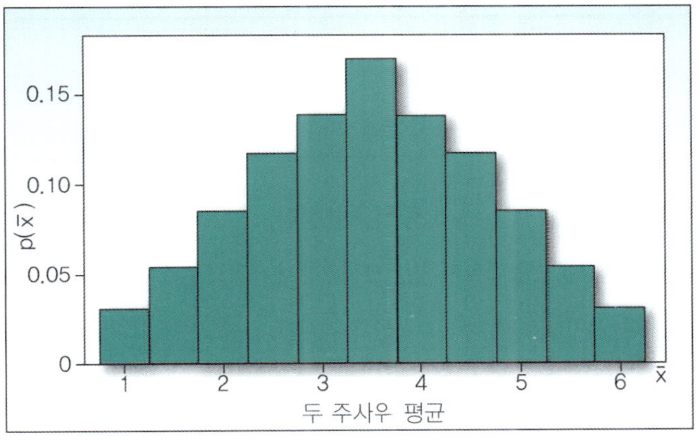

[그림 7.4] $n = 2$ 주사위에 대한 $\overline{X}$의 표집분포

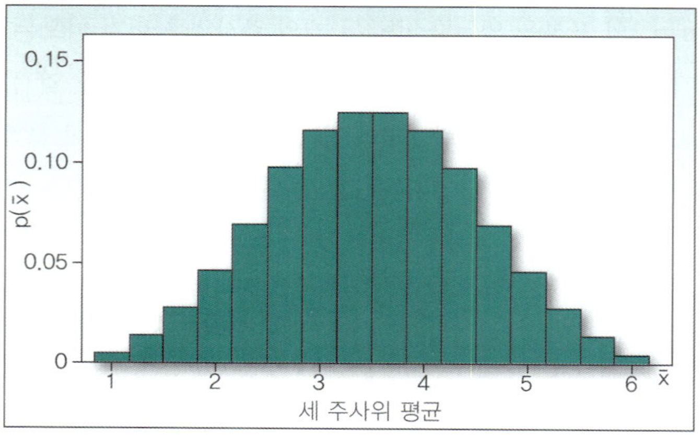

[그림 7.5] $n=3$ 주사위에 대한 $\overline{X}$의 표집분포

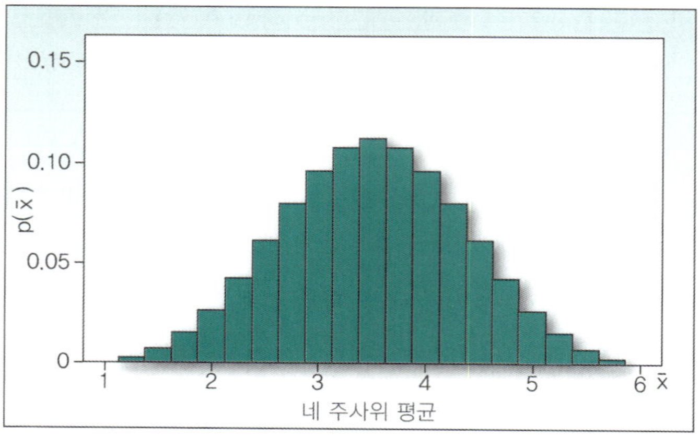

[그림 7.6] $n=4$ 주사위에 대한 $\overline{X}$의 표집분포

KeyPoint

중심극한정리

유한인 평균 μ와 표준편차 σ를 가지며 정규분포를 따르지 않는 모집단에서 n개의 관측치를 가진 랜덤표본이 추출되었을 때, n이 크면, 표본평균 $\overline{X}$의 표집분포는 근사적으로 정규분포이며 평균 μ와 표준편차 $\sigma/\sqrt{n}$을 가진다.
이 근사는 n이 커질수록 더 정확해진다.

모양에 관계없이, $\overline{X}$의 표집분포의 평균은 표본이 추출된 모집단의 평균과 같으며 표준편차는 모표준편차 σ를 $\sqrt{n}$으로 나눈 것과 같다. 결과적으로, 표본평균의 분포의 산포는 모집단의 산포보다 상당히 작다.

중심극한정리는 표본 측정치들의 합 $\sum X_i$에 적용하여 다시 쓸 수 있다. 즉, n이 커지면 합도 근사적으로 정규분포를 따르며 평균 $n\mu$와 표준편차 $\sigma\sqrt{n}$을 가진다.

중심극한정리가 중요한 이유는 통계적 추론에 있다. 모집단의 모수들에 대한 추론을 하기 위하여 사용되는 많은 통계량들은 표본 측정치들의 합이나 평균들이다. 표본의 크기가 충분히 크면 이러한 추정량들은 근사적으로 정규분포인 표집분포를 가질 것이다. 그러면 정규분포를 이용하여 반복표본에서 얻은 통계량들의 성질을 설명하고 표본결과에 대한 확률을 계산할 수 있다. 6장에서 다루었듯이 이러한 확률들은 표준정규확률변수

$$Z = \frac{\text{추정량} - \text{평균}}{\text{표준편차}}$$

를 이용하여 계산된다.

중심극한정리를 살펴보면, 근사는 표본의 크기 n이 충분히 클 때 성립된다. 그러나 얼마나 커야 충분히 크다고 할까? 유감스럽게도 이 질문에 대한 명확한 답은 없다. n의 적절한 값은 표본을 추출하는 모집단의 모양과 이 근사를 어떻게 사용하기를 원하느냐에 따라 결정된다. 그러나 다음의 지침을 참고하면 도움이 될 것이다.

KeyPoint

표본의 크기가 충분히 큰지를 결정하는 법

- 모집단이 정규분포를 따르면 표본의 크기에 관계없이 $\overline{X}$ 의 표집분포도 정규분포일 것이다. 이 결과는 이론적으로 증명이 가능하지만 여기서는 증명 없이 받아들이기로 한다.
- 모집단이 근사적으로 좌우대칭이면 상대적으로 작은 값의 n에 대하여 $\overline{X}$ 의 표집분포는 근사적으로 정규분포이다. 주사위 예제에서 편편한 분포가 고분모양이 되는 것을 기억하라.
- 모집단이 치우쳐(skewed) 있다면 표본의 크기 n은 반드시 커야 하며, n이 적어도 30이 되어야 $\overline{X}$ 의 표집분포가 근사적으로 정규분포가 된다.

많은 모집단에서 $\overline{X}$ 의 표집분포는 적당히 큰 표본의 크기에 대하여 근사적으로 정규분포이다. 이 규칙은 이항 모집단에서 표본을 추출할 때 p나 $q=(1-p)$가 매우 작을 때에는 예외이다. 이 책에서는 중심극한정리의 응용을 다룰 때 적절한 크기의 n을 줄 것이다.

7.5 표본평균의 표집분포

모평균 μ가 알려져 있지 않을 때, μ의 추정량으로 몇 가지 통계량을 선택하게 되는데 표본평균 $\overline{X}$ 와 표본중앙값 m이 먼저 생각날 것이다. 두 개의 통계량 중 어떤 것을 선택할 것인가? μ에 대한 추정량을 선택하는 몇 가지 기준을 고려해보자.

- 계산하기 쉬운가?
- 추정값이 일관되게 너무 크거나 너무 작은가?
- 다른 추정량보다 다소 변동이 있는가?

[예제 7.3]의 작은 모집단에 대하여 $n=3$일 때 $\overline{X}$와 m의 표집분포를 이러한 기준에서 보면 표본평균이 표본중앙값보다 μ의 추정량으로 더 적합하다. 많은 경우에 표본평균 $\overline{X}$가 다른 추정량들보다 더 좋은 성질을 가지고 있어 더 많이 사용되고 있다.

KeyPoint

표본평균 $\overline{X}$의 표집분포

- 평균 μ와 표준편차 σ를 가진 모집단에서 크기 n의 랜덤표본을 추출하였을 때 표본평균 $\overline{X}$의 표집분포는 평균 μ와 표준편차 $\sigma/\sqrt{n}$을 가진다.
- 모집단이 정규분포를 가지면 표본의 크기 n에 관계없이 $\overline{X}$의 표집분포는 정확하게 정규분포가 된다.
- 모집단이 정규분포를 따르지 않으면 큰 표본에 대하여 $\overline{X}$의 표집분포는 근사적으로 정규분포가 된다(중심극한정리에 의해). 보수적으로 보면 $n \geq 30$이 되어야 한다.

1 표준오차

정의

모수의 추정량으로 사용된 통계량의 표준편차는 **추정량의 표준오차**(standard error, 줄여서, SE)라고 하며 추정량의 정확도를 말해준다. 따라서 $\overline{X}$의 표준편차 $\sigma/\sqrt{n}$를 **평균의 표준오차**(줄여서, SE($\overline{X}$))라고 한다.

예제 7.4

치매가 발병했을 때부터 사망까지의 지속시간은 3년에서 20년에 이르며, 평균은 8년이고 표준편차는 4년이다. 한 병원의 관계자는 병원의 데이터베이스에서 30명의 치매환자들을 랜덤으로 선택하고 평균 지속시간을 측정하였다. 다음 사건에 대한 근사 확률을 구하시오.

1. 평균지속시간이 7년보다 작다
2. 평균지속시간이 7년보다 크다
3. 평균지속시간이 모평균 $\mu=8$에서 1년 이내

풀이 한 병원 관계자는 이 병원의 데이터베이스에서 랜덤표본을 추출하였기 때문에 병원에서 일어난 치매에 대한 과거, 현재, 또는 미래의 환자들에 대한 결론만 도출할 수 있다. 반면에 이 병원이 전국에 있는 다른 병원들을 대표할 수 있다면 좀 더 넓은 의미의 결론도 가능하다.

표본을 추출한 모집단의 모양은 좌우대칭이 아닌데, 평균 $\mu=8$이 최댓값과 최솟값 사이에 중간에 있지 않기 때문이다. 평균이 최솟값에 더 가깝기 때문에 분포는 오른쪽으로 치우쳐 있고 발병 후 오랫동안 산 소수의 환자들이 있다. 그러나 모집단의 분포의 모양에 관계없이 $\overline{X}$의 표집분포는 평균 $\mu=8$과 표준편차 $\sigma/\sqrt{n}=4/\sqrt{30}=0.73$을 가진다. 표본의 크기가 $n=30$이므로 중심극한정리에 의해 $\overline{X}$의 표집분포는 근사적으로 정규분포를 가진다.

1. $\overline{X}$가 7보다 작을 확률은 [그림 7.7]의 그늘진 영역과 같다. 이 면적을 구하기 위해 $\overline{X}=7$에 대응되는 Z값을 계산해야 한다.

$$Z=\frac{\overline{X}-\mu}{\sigma/\sqrt{n}}=\frac{7-8}{0.73}=-1.37$$

부록 I 의 〈표 3에서 $Z=-1.37$에 대응되는 누적면적을 구할 수 있다.

$$P(\overline{X}<7)=P(Z<-1.37)=0.0853$$

[참고 : X에 대한 확률분포 아래가 아니라, $\overline{X}$에 대한 표집분포 아래의 면적을 구하고 있기 때문에 Z에 대한 공식에서 σ가 아니라 $\sigma/\sqrt{n}$를 사용해야 한다.]

2. $\overline{X}$가 7을 넘는 사건은 $\overline{X}$가 7보다 작을 사건의 여사건이다. 따라서 $\overline{X}$가 7을 넘을 확률은

$$P(\overline{X}>7)=1-P(\overline{X}\le 7)=1-0.0853=0.9147$$

3. $\overline{X}$가 모평균 $\mu=8$에서 1년 이내에 있을 확률은 [그림 7.8]의 그늘진 영역과 같다. $\overline{X}=7$에 대응되는 Z 값은 $Z=-1.37$이고 $\overline{X}=9$에 대응되는 Z 값은

$$Z=\frac{\overline{X}-\mu}{\sigma/\sqrt{n}}=\frac{9-8}{0.73}=1.37$$

구하는 확률은

$$P(7<\overline{X}<9)=P(-1.37<Z<1.37)=0.9147-0.0853=0.8294$$

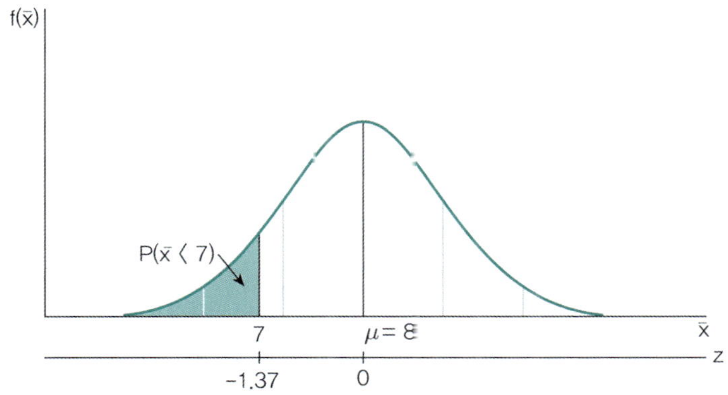

[그림 7.7] [예제 7.4]의 $\overline{X}$가 7보다 작을 확률

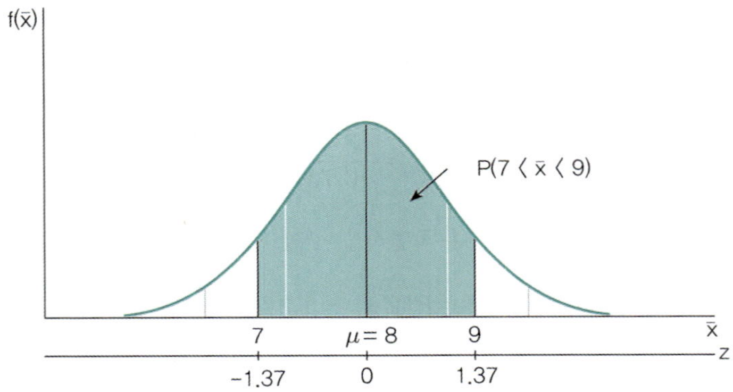

[그림 7.8] [예제 7.4]의 $\overline{X}$ 가 $\mu = 8$에서 1년 이내에 있을 확률

■

예제 7.5

공정거래위원회와 지역소비자보호단체 사이의 갈등을 피하기 위하여 병음료의 경우 반드시 12온스의 병에는 실제로 12온스가 담겨있어야 한다. 병에 음료를 담는 기계가 정상적으로 작동되는지 확인하기 위해 시간당 10병을 랜덤으로 선택하여 각 병에 담긴 음료의 양을 측정한다. 10번의 측정값의 평균 $\overline{X}$ 는 한 병당 그 기계에서 담기는 음료의 양을 재조정해야 할지의 여부를 결정하는데 사용된다. 만약 한 병당 담기는 음료의 양이 표준편차 0.2온스인 정규분포를 따른다고 하고, 기계는 한 병당 평균 12.1온스의 음료를 담도록 조정되어 있다고 하면, 10병에 대한 표본평균 $\overline{X}$ 가 12온스보다 작을 근사확률은 얼마인가?

풀이 표본평균 $\overline{X}$ 의 표집분포의 평균은 병음료의 모집단의 평균 $\mu = 12.1$온스와 같고 $\overline{X}$ 의 표준편차는

$$SE = \frac{\sigma}{\sqrt{n}} = \frac{0.2}{\sqrt{10}} = 0.063$$

(참고: σ는 병음료 모집단의 표준편차이고 n은 표본에 있는 음료병의 수이다.) [그림 7.9]에서 보는 바와 같이, 음료의 양은 정규분포를 따르기 때문에 $\overline{X}$ 도 역시 정규분포를 따른다.

$\overline{X}$ 가 12온스보다 작을 확률을 구하려면, $\overline{X} = 12$를 표준편차의 단위로 나타내라.

$$Z = \frac{\overline{X} - \mu}{\sigma/\sqrt{n}} = \frac{12 - 12.1}{0.063} = -1.59$$

따라서

$$P(\overline{X} < 12) = P(Z < -1.59) = 0.0559 \approx 0.056$$

만약 기계가 평균적으로 12.1온스를 담는다면 10병의 표본의 평균량 $\overline{X}$ 가 12온스보다 작을 확률은 0.056이다. 경고등이 커질 때($\overline{X}$ 가 12보다 작을 때), 기계의 작동을 재확인하기 위하여 더 많은 표본을 추출한다. ■

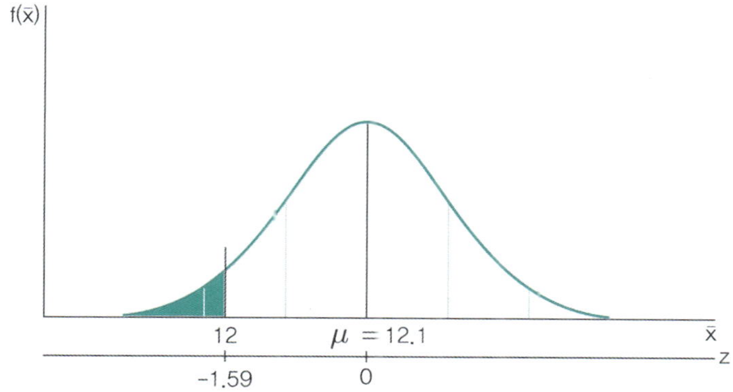

[그림 7.9] [예제 7.5]의 $n = 10$병 음료들의 평균 $\overline{X}$ 의 확률분포

Probability & Statistics

연습문제

7.3 크기 n인 랜덤표본이 아래의 평균과 표준편차를 가지는 모집단에서 추출되었다고 한다. 표본평균의 표집분포의 평균과 표준편차를 구하시오.

(1) $n = 36,\ \mu = 10,\ \sigma^2 = 9$

(2) $n = 100, \mu = 5,\ \sigma^2 = 4$

(3) $n = 8,\ \mu = 120,\ \sigma^2 = 1$

7.4 n개의 값을 가지는 랜덤표본이 표준편차 $\sigma = 1$인 모집단에서 추출되었다. 다음의 n 값에 대하여 평균의 표준오차(SE)를 구하시오.

(1) $n = 1$　(2) $n = 2$　(3) $n = 4$　(4) $n = 9$　(5) $n = 16$

(6) $n = 25$　(7) $n = 100$

7.5 $n = 49$인 랜덤표본이 평균이 $\mu = 53$이고 표준편차가 $\sigma = 21$인 정규분포를 따르는 모집단에서 추출되었다고 하자.

(1) 표본평균 $\overline{X}$ 의 표집분포의 모양은 어떻게 되는가?

(2) 표본평균 $\overline{X}$ 의 표집분포의 평균과 표준편차를 구하시오.

7.6 $n = 25$인 랜덤표본이 평균이 106이고 표준편차가 12인 정규분포를 따르는 모집단에서 추출되었다고 하자.

(1) 표본평균 $\overline{X}$ 의 표집분포의 평균과 표준편차를 구하시오.

(2) $\overline{X}$ 가 110을 넘을 확률을 구하시오.

(3) 표본평균이 모평균 $\mu = 106$에서 4를 넘지 않을 확률을 구하시오.

7.7 사람의 일일 칼륨요구량은 2000에서 6000밀리그램(mg)이며 더운 여름날에는 더 많은 양이 요구된다. 음식의 칼륨량은 음식의 종류에 따라 다양하다. 만약 바나나의 칼륨 함류량이 개당 평균 422mg, 표준편차 13mg인 정규분포를 따른다고 하자. 어떤 사람이 하루에 $n = 3$개의 바나나를 먹고 얻은 칼륨의 양(mg)을 T라고 하자.

(1) T의 평균과 표준편차를 구하시오.

(2) 매일 세 개의 바나나를 섭취해서 얻은 칼륨량이 1300mg을 넘을 확률을 구하시오.

(힌트 : T는 세 개의 확률변수 x_1, x_2, x_3의 합이며, x_1은 첫 번째 바나나에서 얻은 칼륨량이다.)

7.8 사람의 체온 분포는 고분 모양을 가진다고 한다. 건강한 사람의 체온이 근사적으로 평균 98.6도(화씨)이고 표준편차 0.8도(화씨)인 정규분포를 가진다고 하자.

(1) 만약 130명의 건강한 사람이 랜덤으로 추출되었다면, 이 사람들의 평균체온이 98.25도(화씨)이거나 더 낮을 확률은 얼마인가?

(2) 건강한 사람의 평균체온이 98.6도(화씨)라고 할 때, 평균체온이 98.25도(화씨)라는 것은 개연성이 있는가? 설명하시오.

7.6 표본비율의 표집분포

이항확률변수 X에 대한 예제는 매우 많다. 흔히 볼 수 있는 예제로 소비자의 선호도나 여론조사가 있는데, n명의 랜덤표본을 사용하여 어떤 특징을 가진 모집단에 속한 사람의 비율 p를 추정한다. 만약 관심이 있는 특징을 가진 사람이 표본에 X명이 있다면 표본비율

$$\hat{p} = \frac{X}{n}$$

을 모비율 p를 추정하는 데 사용할 수 있다([그림 7.10] 참조).

이항확률변수 X는, 5장에서 설명한 바와 같이, 평균 np와 표준편차 $\sqrt{npq}$인 확률분포 $p(x)$를 가진다. $\hat{p}$는 단순히 비율($\hat{p} = \frac{X}{n}$)로 표현된 x의 값이므로 $\hat{p}$의 표집분포는 X의 확률분포와 동일하다. 단, 수평축은 새로운 눈금을 가진다.

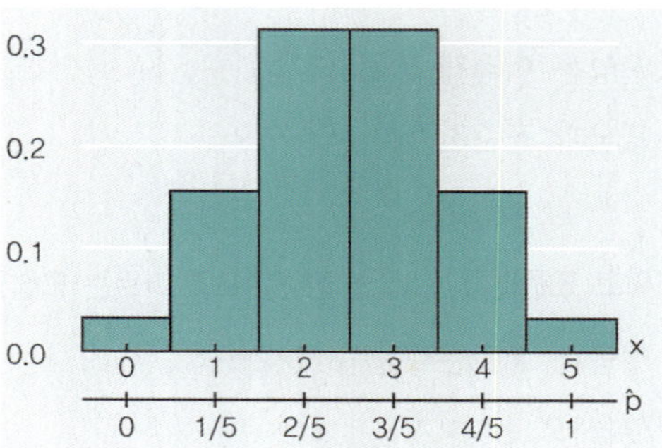

[그림 7.10] 이항확률변수 X와 표본비율 $\hat{p}$의 표집분포

$\hat{p}$의 표집분포의 평균은 p이고 표준오차는

$$SE(\hat{p}) = \sqrt{\frac{pq}{n}},\ q = 1 - p.$$

마지막으로, 표본의 크기 n이 클 때 X의 확률분포를 정규분포로 근사할 수 있듯이, $\hat{p}$의 표집분포에서도 마찬가지로 가능하다.

KeyPoint

표본비율 $\hat{p}$의 표집분포의 성질

크기 n의 랜덤표본이 모수 p인 이항 모집단에서 추출되었을 때, 표본비율 $\hat{p} = \frac{X}{n}$의 표집분포는 평균 p와 표준편차 $SE(\hat{p}) = \sqrt{\frac{pq}{n}}$, $q = 1 - p$를 가진다.

표본의 크기 n이 크면, $\hat{p}$의 표집분포는 정규분포로 근사가능하다. 이 근사는 $np > 5$이고 $nq > 5$일 때 적절하다.

예제 7.6

한 조사에서, 500명의 부모에게 남자아이와 여자아이를 위한 운동의 중요성에 대한 질문을 하였다. 이 중 60%의 부모는 아이의 성별은 평등하며 운동에 참여하는 데 같은 기회를 주어야 한다고 답하였다. 성별은 평등하며 운동에 참여하는 데 같은 기회를 주어야 한다고 답한 부모들의 표본비율 $\hat{p}$의 표집분포를 설명하시오.

풀이 500명의 부모들을 전국의 남자아이와 여자아이를 가진 부모들의 랜덤표본이고 모집단의 실제 비율을 p라고 하자. $\hat{p}$의 표집분포는 평균이 p이고 표준오차가 $SE(\hat{p}) = \sqrt{\frac{pq}{n}}$인 정규분포로 근사시킬 수 있다.

[그림 7.11]으로부터 $\hat{p}$의 표집분포는 평균 p가 중심에 있다. p의 실제 값을 알지 못한다고 하더라도(표본비율 $\hat{p} = 0.60$은 p보다 클 수도 작을 수도 있다), 표집분포의 표준편차의 근사값은 표본비율 $\hat{p} = 0.60$를 이용하여 구할 수 있다. 따라서

$$SE = \sqrt{\frac{pq}{n}} \approx \sqrt{\frac{\hat{p}\hat{q}}{n}} = \sqrt{\frac{(0.60)(0.40)}{500}} = 0.022.$$

그러므로 약 95% 정도는 $\hat{p}$가 알지 못하는 p 값의 $2SE \approx 0.044$내에 속할 것이다. ■

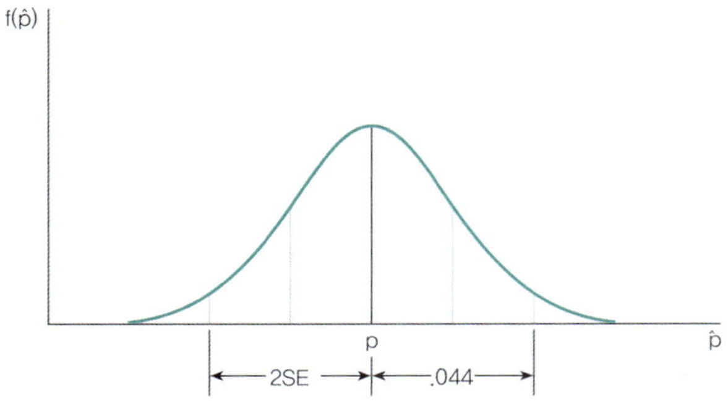

[그림 7.11] [예제 7.6]의 500명의 부모 표본에 근거한 $\hat{p}$의 표집분포

예제 7.7

[예제 7.6]을 보자. 모집단의 부모 비율 p은 실제로 0.55라고 하자. 관측값 $\hat{p}=0.60$ 이상인 표본비율을 얻을 확률은 얼마인가?

풀이 [그림 7.12]는 $p=0.55$일 때 $\hat{p}$의 표집분포와 수평축에 관측값 $\hat{p}=0.60$를 보여준다. 표본비율 $\hat{p}$가 0.60과 같거나 더 클 확률은 $p=0.55$이고 $SE=\sqrt{\frac{pq}{n}}=\sqrt{\frac{(0.55)(0.45)}{500}}=0.0222$인 정규분포의 위쪽 꼬리부분의 그늘진 영역으로 근사된다.

부록 I 의 〈표 3〉을 이용하면,

$$P(\hat{p}\geq 0.60)\approx P(Z\geq 2.25)=1-0.9878=0.0122$$

즉, 비율 $p=0.55$인 모집단에서 $n=500$인 랜덤표본을 추출하였다면, 표본비율 $\hat{p}$이 0.60보다 더 클 확률은 0.0122로 아주 작다. ■

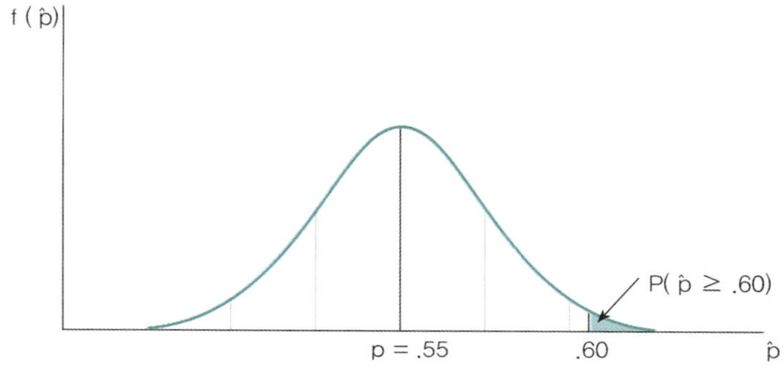

[그림 7.12] [예제 7.7]의 $n=500$이고 $p=0.55$인 $\hat{p}$의 표집분포

Probability & Statistics

연습문제

7.9 크기 n인 랜덤표본이 모수 p를 가지는 이항모집단에서 추출되었다. 표본비율 $\hat{p}$의 표집분포의 평균과 표준편차를 구하시오.

(1) $n=100,\ p=0.3$

(2) $n=400,\ p=0.1$

(3) $n=250,\ p=0.6$

7.10 $n=75$인 랜덤표본이 $p=0.4$인 이항모집단에서 추출되었다. 정규분포를 이용하여 다음 확률을 근사하시오.

(1) $P(\hat{p}\leq 0.43)$ (2) $P(0.35\leq \hat{p}\leq 0.43)$

7.11 $n=100$과 다음의 p 값에 대하여 $SE(\hat{p})$를 구하시오.

(1) $p=0.01$ (2) $p=0.10$ (3) $p=0.30$ (4) $p=0.50$

(5) $p=0.70$ (6) $p=0.90$ (7) $p=0.99$

7.12 $n=80$의 랜덤표본이 $p=0.25$인 이항모집단에서 추출되었다.

(1) 표본비율 $\hat{p}$의 표집분포의 모양을 설명하라.

(2) 표본비율 $\hat{p}$의 표집분포의 평균과 표준편차를 구하라.

(3) 표본비율 $\hat{p}$이 0.18과 0.44 사이에 있을 확률을 구하라.

7.13 재활용쓰레기, 쓰레기 줄이기, 물건재사용 등은 환경보호를 위한 조치들이다. 한 저널에 따르면, 전체성인들 중 78%가 이러한 조치들 중 가장 효과가 있는 것은 재활용쓰레기라고 답하였다고 한다. 만약 $n=100$명의 성인들이 랜덤표본으로 뽑혔고, 실제로 78% 수치가 정확하다고 가정하자.

(1) 이러한 조치들 중 가장 효과가 있는 것은 재활용쓰레기라고 답한 성인들의 표본비율 $\hat{p}$의 분포는 근사적으로 정규분포인가? 만약 그렇다면 평균과 표준편차는 얼마인가?

(2) 표본비율 $\hat{p}$이 75%보다 작을 확률을 구하시오.

(3) 표본비율 $\hat{p}$이 0.7과 0.75 사이에 있을 확률을 구하시오.

(4) 만약 표본비율이 0.65보다 작다면 모비율 p에 대하여 어떠한 결론을 내릴 수 있는가?

7.14 한 과자회사의 홈페이지에 따르면, 이 회사제품인 사탕 한 봉지에 포함된 갈색사탕의 평균백분율이 13%라고 한다. 55개의 사탕을 포함한 사탕 봉지 하나를 랜덤으로 선택하여 갈색 사탕의 비율을 조사하였다.

(1) 55개의 사탕을 포함한 사탕 봉지 하나에 포함된 갈색 사탕의 표본비율의 표집분포는 무엇인가?

(2) 갈색 사탕의 표본비율이 20% 이하일 확률은 얼마인가?

(3) 갈색 사탕의 표본비율이 35%을 넘을 확률은 얼마인가?

(4) 95% 정도로 표본비율이 포함될 범위는 무엇인가?

Probability & Statistics

보충연습문제

7.15 한 종류의 자동차 배터리 수명은 평균 1100일이고 표준편차 80일이라고 한다. 만약 400개의 배터리를 랜덤으로 뽑았을 때 이 배터리들의 평균수명에 대한 다음 확률을 구하시오.

(1) 평균수명이 1100일과 1110일 사이

(2) 평균수명이 1120일보다 크다

(3) 평균수명이 900일보다 적다

7.16 지구의 숲에 사는 식물의 양은 초록식물들이 이산화탄소를 흡수하기 때문에 생태학자들과 정치가들에게 매우 중요하다. 여러 연구들에서 열대 삼림지대의 생물량은 단위 제곱미터당 35킬로그램(kg/m^2) 정도로 알려져 있는데, 이 값은 실제 매우 높은 것이며 지역에 따라 5에서 55 kg/m^2으로 다양하게 나타나고 있다. 만약 랜덤으로 선택한 400개의 단위 제곱미터 지역에서 열대 생물량을 측정하였다고 하자.

(1) 생물량 측정값의 표준편차 σ를 근사하시오.

(2) 표본평균이 실제 열대 생물량의 평균에서 두 단위 내외에 있을 확률은 얼마인가?

(3) 표본평균이 $\overline{X} = 31.75$라면 과학자들이 우려하는 과대추정에 대하여 어떤 결론을 내릴 수 있는가?

7.17 한 심리학자는 마음에 상을 그리는 방법이 사람들의 기억력에 영향을 주는 지를 알아보기 위하여 실험을 계획하였다. 그는 두 개의 그룹을 나누어서 한 그룹은 마음에 상을 그리는 방법을 이용하여 20개의 단어를 기억하고 다른 대조군 그룹은 이 방법을 사용하지 않기로 한다.

(1) 랜덤화 방법을 이용하여 20명의 사람들을 같은 크기의 두 그룹으로 나누시오.

(2) 이 연구자는 20명의 사람들을 어떻게 랜덤하게 선택할 수 있는가?

(3) 만약 이 연구자가 이 연구에 참여하는 사람들에게 각각 5만원을 주기로 하고, 지원하는 사람들 중 선착순으로 20명을 선택하였다고 하자. 이 그룹을 크기 $n = 20$의 단순랜덤표본이라고 할 수 있는가?

7.18 한 회사의 고용인들이 조립할 수 있는 배선 패키지의 수는 정규분포를 따르며 평균은 시간당 16.4이고 표준편차는 시간당 1.3이다.

(1) 하루에 8시간을 일할 때, 한 사람당 조립할 수 있는 패키지의 수 X의 평균과 표준편차는 얼마인가?

(2) X의 확률분포가 언덕모양이고 근사적으로 정규분포를 따르는가?

(3) 하루에 8시간을 일한다고 할 때, 한 일꾼이 적어도 135 패키지를 조립할 수 있을 확률은 얼마인가?

7.19 탄산음료는 6개의 캔이 1 팩으로 구성되어 있다. 캔 하나 당 음료의 양은 근사적으로 평균 12온스이고 표준편차 0.2온스인 정규분포를 따른다고 한다.

(1) 24개 캔의 총 음료의 양의 분포는 무엇인가?

(2) 24개 캔의 총 음료의 양이 286온스보다 작을 확률은 무엇인가?

(3) 만약 6개의 캔으로 구성된 1개 팩을 모집단에서 추출한 크기 6의 랜덤표본으로 본다면, 1개 팩의 캔당 평균 음료의 양이 11.8온스보다 작을 확률은 무엇인가?

CHAPTER

08 대표본 추정

8.1 지금까지의 내용정리

이 책의 처음 일곱 개의 장에서는 통계적 추론을 이해하고 이것이 실제 상황에서 어떻게 적용할 수 있는가를 알기 위하여 필요한 기초내용을 배웠다. 처음 세 개의 장은 그래프와 수치를 이용하는 기술적 통계량을 이용하여 자료를 묘사하고 해석하였다. 다음 세 개의 장에서는 확률과 확률분포에 대하여 다루었는데, 측정 자료의 모집단을 묘사하기 위한 기본적인 도구들이다. 이항분포와 정규분포는 실제 응용분야에서 매우 중요하다. 일곱 번째 장은 확률과 통계적 추론간의 관계를 다루었다. 많은 통계량들은 표본 측정치들의 합이나 평균들이다. 중심극한정리에 의하면, 모집단이 정규분포를 따르지 않더라도 표본의 크기 n이 크면 이 통계량들의 표집분포는 근사적으로 정규분포를 따를 것이다. 이 통계량들은 추론 통계학 -표본의 정보를 이용하여 모집단에 대한 추론을 하는 것-에 사용되는 도구가 된다.

8.2 앞으로 다룰 내용–통계적 추론

추론(자세히 말하면, 의사결정과 예측)은 매우 오래된 문제이며 많은 사람들의 삶에서 매우 중요한 역할을 한다. 다음과 같은 몇 가지 응용[예제]를 보자.

- 정부는 단기와 장기 이자율을 예측할 필요가 있다.

- 주식중개인은 주식시장의 동향을 예측하고자 한다.
- 야금학자는 새로운 타입의 금속이 현 타입의 금속보다 고열에 더 잘 견디는지 알고자 한다.
- 소비자는 집을 내놓기 전에 판매가격을 미리 추측하길 원한다.

이러한 결정이나 예측을 하는 방법들은 많이 있지만 얼마나 성능이 좋을지 알 수 없다. 당신 개인의 결정능력이 매우 좋다고 생각할지라도 실제로는 그렇지 않을 수도 있다. 단순히 개인적인 추측보다 더 믿을만한 통계적 추론방법을 제공하는 것이 통계학의 역할이다.

통계적 추론은 모집단을 결정하는 수치적 기술측도인 **모수**(parameters)에 대한 의사결정이나 예측을 한다. 앞 장들에서 보았던 모수들은 모평균 μ, 모표준편차 σ 그리고 이항비율 p 등이 있다. 모집단의 모수에 대한 추론방법은 다음의 두 범주 중 하나에 속한다.

- **추정**(estimation): 모수의 값을 추정하거나 예측하는 것
- **가설검정**(hypothesis testing): 모수의 값이 얼마가 될 것이라는 예상에 근거하여 모수의 값에 대한 의사결정을 내리는 것

예제 8.1

컴퓨터의 회로와 다른 전자부품은 하나 이상의 인쇄배선보드(PCB)를 가지고 있고 컴퓨터는 하나 이상의 고장 난 PCB를 교체하여 간단히 수리되곤 한다. PCB의 한 면에 도금할 적절한 세팅을 찾기 위하여 생산관리자는 여러 날에 걸쳐 작업한 표본들을 이용하여 PCB 동판의 평균 두께를 추정해야 한다. 그는 생산과정을 관찰하기 전에 평균 두께 μ를 전혀 알지 못하기 때문에 추정 문제가 된다.

예제 8.2

[예제 8.1]의 관리자는 공장주로부터 공정이 정상적으로 이루어지기 위하여 동판의 두께는 0.001인치보다 작아서는 안된다고 들었다. 공정이 정상인지 알기 위하여, 관리자는 실험을 계획해야 한다. 그는 공정이 정상이라고 가정한다. 즉, 동판의 평균 두께는 0.001이거나 더 크다고 가정한다. 그리고 여러 날의 작업으로 얻은 표본들을 이용하여 그의 가설이 옳은지 결정한다. 관리자의 이러한 의사결정과정을 가설검정이라고 한다.

추정과 가설검정 중 어떤 방법의 추론을 사용해야 할까? 즉, 모수가 추정되어야 할까, 아니면 모수의 값에 대한 가설을 검정해야 할까? 이 질문에 대한 해답은 실제 문제에 있으며 종종 개인적 선호도에 의해 결정된다. 추정과 가설검정은 모두 자주 사용되기 때문에 두 방법을 이 장과 다음 장에서 다룬다.

분석계획, 분석과정 및 추론을 모두 포함하는 통계적 문제에서 **추론의 적합도**(goodness of the inference)를 반드시 측정해야 한다. 이것은 사용한 방법이 얼마나 정확하거나 믿을만한가에 대한 것이다. 예를 들어, 만약 한 주식중개인이 어떤 주식의 가격이 다음 주 월요일에 8만원이 될 것이라고 예측한다면, 당신은 이 예측이 얼마나 믿을만한 것인지 알아보지 않고 당신의 주식을 사거나 팔 것인가? 예측된 가격이 다음 주 월요일의 실제 가격의 얼마 이내일 것인가? 이러한 질문에 답하기 위하여 통계적 과정은 다음의 두 가지 정보를 제공한다.

- 추론방법
- 추론의 적합도 및 신뢰도에 대한 수치적 측도

8.3 추정량의 형태

모수의 값을 추정하기 위하여 표본의 정보를 **추정량**(estimator)의 형태로 사용할 수 있다. 추정량은 표본자료로부터 얻은 정보를 이용하여 계산되기 때문에 통계량이다.

> **정의**
>
> **추정량**(estimator)은 주로 공식으로 표현되는 규칙이며, 표본의 정보에 근거하여 추정값을 계산하는 방법을 제공한다.

추정량은 다음의 두 가지 다른 방법으로 사용된다:

- **점추정**(point estimation): 모수를 추정하기 위하여, 표본자료에 근거하여 하나의 숫자가 계산된다. 이 계산에 대한 규칙이나 공식을 **점추정량**(point estimator)라고 하며, 그 결과로 얻은 숫자를 **점추정값**(point estimate)라고 한다.
- **구간추정**(interval estimation): 표본자료에 근거하여, 모수가 속할 것으로 예상되는 하나의 구간을 만드는 두 개의 숫자가 계산된다. 이 계산에 대한 규칙이나 공식을 **구간추정량**(interval estimator)라고 하고, 그 결과로 얻은 두 개의 숫자를 **구간추정값**(interval estimate) 또는 **신뢰구간**(confidence interval)이라고 한다.

> **예제 8.3**
>
> 한 수의사는 양고기와 쌀로 이루어진 식단으로 바꾼 4개월 된 골든 레트리버 강아지들의 평균 월별 몸무게 증가량을 추정하고자 한다. 모집단은 이 식단으로 바꾼 4개월 된 모든 골든 레트리버 강아지들의 월별 몸무게 증가량이다. 수의사는 이 모집단에 대한 평균 월별 몸무게 증가량인 모수 μ를 알고자 한다. 표본자료에 근거하여 가능한 추정량은 표본평균 $\overline{X} = \sum X_i/n$이다. 이것은 하나의 숫자 또는 점추정값의 형태로 사용될 수 있다. 또는 구간추정값을 사용하여 평균 몸무게 증가량이 2.7과 4.9파운드 사이라고 추정할 수 있다.

점추정과 구간추정은 선택한 추정량의 표집분포에서 얻어진 정보를 이용한다. 먼저 점추정에 대하여 설명하고 모평균과 모비율을 추정하는 데 어떻게 사용되는지 알아본다.

8.4 점추정

하나의 모수에 대한 점추정량으로 여러 개의 통계량이 있을 수 있다. 이 중에서 어떤 통계량이 가장 좋은지 결정하기 위하여 각 통계량이 반복표본에서 어떻게 나타나는지 알아야 하며 이것은 통계량의 표집분포로 나타난다.

예를 들어, 과녁에 연발권총을 발사한다고 하자. 모수는 과녁 한복판의 흑점이다. 각 탄환은 하나의 표본추정값을 나타내며, 발사한 권총은 추정량을 나타낸다. 한 친구가 한 발을 쏴서 과녁에 명중했다고 하자. 그는 아주 훌륭한 사수인가? 그는 항상 과녁에 명중하는가 아니면 시종일관 너무 높은가 또는 너무 낮은가? 그의 발포는 과녁 주위에 가깝게 모여 있는가 아니면 항상 멀리 떨어져 과녁을 놓치는가? [그림 8.1]은 여러 가지 과녁 결과를 보여준다. 어떤 결과가 좋은 사격술에 속하는가?

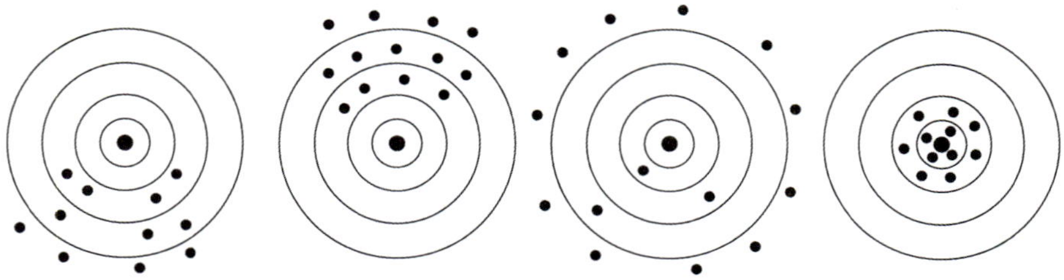

[그림 8.1] 어떤 사격이 좋은 것인가?

표집분포는 **좋은 추정량**(best estimator)을 선택할 때 사용될 수 있는 정보를 제공한다. 먼저, 점추정량의 표집분포는 추정하고자 하는 모수의 참값을 중심으로 분포되어야 한다. 즉, 추정량은 모수를 일관적으로 과소추정하거나 과대추정하지 않아야 한다. 그러한 추정량을 **비편향**(unbiased) **추정량**이라고 한다.

> **정의**
>
> 추정량의 평균이 모수의 참값과 같을 때 모수의 추정량은 **비편향**(unbiased)이라고 한다. 그렇지 않으면, 추정량은 **편향**(biased)되었다고 한다.

비편향 추정량의 표집분포와 편향 추정량의 표집분포는 [그림 8.2]에 나타나있다. 편향 추정량의 표집분포는 모수의 참값의 오른쪽으로 치우쳐있다. 이 편향 추정량은 비편향 추정량에 비해 모수의 값을 과대 추정하는 경향이 있다.

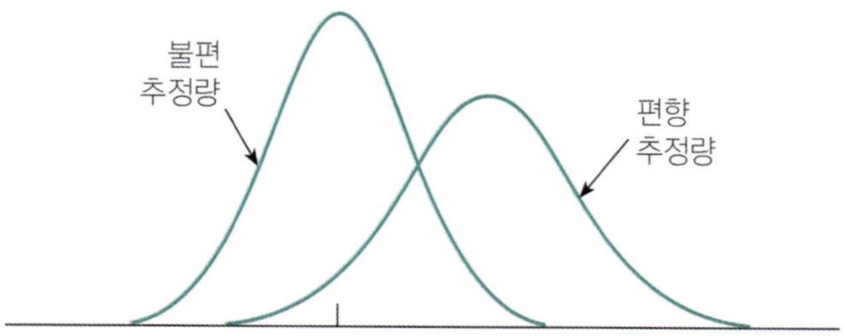

[그림 8.2] 편향 추정량과 비편향 추정량의 표집분포

추정량의 두 번째 특성은 표집분포의 산포(분산)가 가능한 작아야 한다는 것이다. 즉, 개개의 추정값이 모수의 참값에 가까울 확률이 높다는 것이다. [그림 8.3]에 있는 두 개의 비편향 추정량 중 하나는 작은 분산을 가지고, 다른 하나는 더 큰 분산을 가지고 있다.

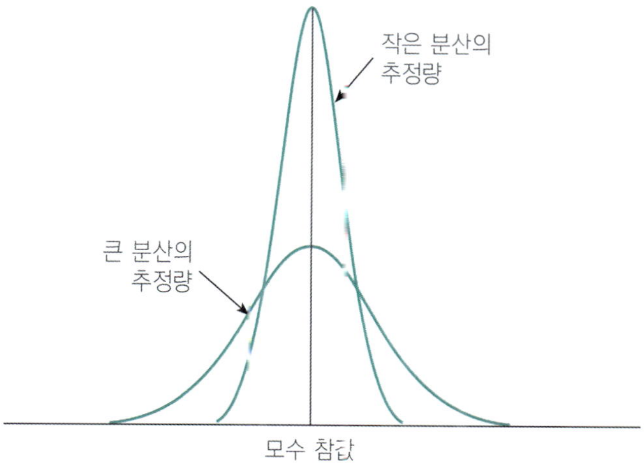

[그림 8.3] 추정량의 산포 비교

두 개의 비편향 추정량 중에서 당연히 더 작은 분산을 가진 추정량을 선호할 것이다. 왜냐하면, 더 작은 분산을 가진 추정량의 분포에서 추정값들이 모수의 참값에 더 가깝게 있기 때문이다.

실제로는 한 추정량의 표집분포가 추정하고자 하는 모수를 중심으로 하고 있다는 것을 알 수 있지만, 표본에 포함된 n개의 측정값들에서 계산된 추정값만 가지고 있을 뿐이다. 이 추정값이 모수의 참값에서 얼마나 떨어져 있을 것인가? 사수의 탄환이 과녁에 얼마나 가까운가? 추정값과 모수의 참값과의 거리를 **추정오차**(error of estimation)이라고 한다.

> **정의**
>
> 추정값과 추정된 모수와의 거리를 **추정오차**(error of estimation)이라고 한다.

여기서 표본의 크기는 항상 크다고 가정하며, 따라서 우리가 다루는 비편향 추정량은 정규분포에 의해 근사될 수 있는 표집분포를 가진다(중심극한정리에 의해). 정규분포의 모든 점추정량에 대하여, 경험법칙에 의해 모든 점추정값의 약 95%는 그 분포의 평균의 2 표준편차, (또는 더 정확히 1.96) 이내에 있을 것이라는 것을 알고 있다. 따라서 비편향 추정량에 대하여, 점추정량과 모수의 참값과의 차이는 1.96 표준편차 또는 1.96 표준오차(SE) 이내에 있을 것이다. 이것을 95% **오차의 한계**(margin of error) 또는 단순히 **오차의 한계**라고 하며, 추정오차의 실제 상한을 제공한다([그림 8.4]를 보라). 추정오차는 오차의 한계를 넘을 수 있지만 가능성은 희박하다.

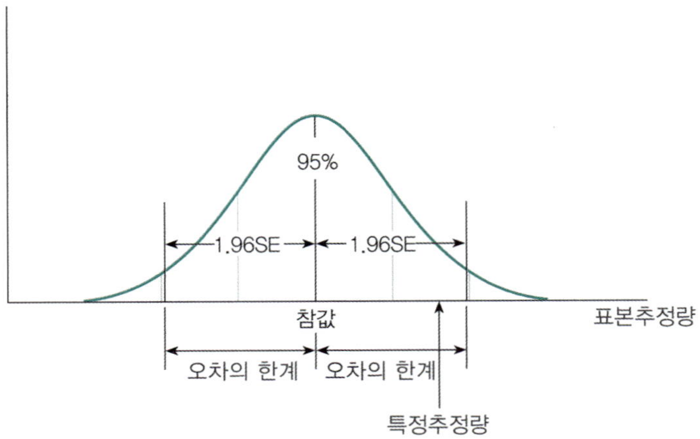

[그림 8.4] 비편향 추정량의 표집분포

KeyPoint

모수의 점추정

- 점추정량: 표본측정값들을 이용하여 계산한 통계량
- 95% 오차의 한계: 1.96 × 추정량의 표준오차

점추정량의 표집분포는 7장에서 다루었다. 이 점추정량들은 모든 비편향 추정량들 중에서 최소분산을 가지고 있으며, 따라서 최우추정량이 된다.

추정량의 산포는 표준오차에 의해 측정된다. 그러나 표준오차는 일반적으로 σ나 p와 같이 미지의 모수에 의해 결정되며, 이 모수들은 S나 $\hat{p}$와 같은 표본통계량으로 추정되어야 한다.

예제 8.4

한 환경학자는 북극해 주변에서 발견되는 북극곰에 대한 연구를 하고 있다. 지구온난화에 의해 북극곰의 서식지가 파괴되어 곰의 생존을 위협하고 있으며 백년 안에 멸종될 수 있다. $n = 50$마리의 북극곰 랜덤표본은 평균 몸무게 980파운드와 표준편차 105파운드를 가진다. 이 정보를 이용하여 모든 북극곰들의 평균 몸무게를 추정하시오.

풀이 확률변수는 체중이며, 평균 μ로 측정되는 양적확률변수이다. 모든 북극곰의 평균체중인 μ의 점추정값은 $\overline{X} = 980$파운드이다. 오차의 한계는

$$1.96SE = 1.96\left(\frac{S}{\sqrt{n}}\right) = 1.96\left(\frac{105}{\sqrt{50}}\right) = 29.10 \approx 29\text{파운드.}$$

따라서 980파운드의 표본추정값은 모평균의 ±29파운드 이내에 있다고 말할 수 있다. ■

많은 연구자들이 연구결과를 발표할 때, 종종 표본표준편차 S(SD라고 한다)나 표준오차 $S/\sqrt{n}$ (SE라고 한다)를

모평균의 추정값에 붙여서 $\overline{X} \pm SD$ 또는 $\overline{X} \pm SE$로 사용하그로 주의해서 살펴봐야 한다. 또한, 표본평균과 표준편차 또는 표준오차는 종종 [그림 8.5]처럼 그래프를 사용하여 오차막대로 나타내기도 한다.

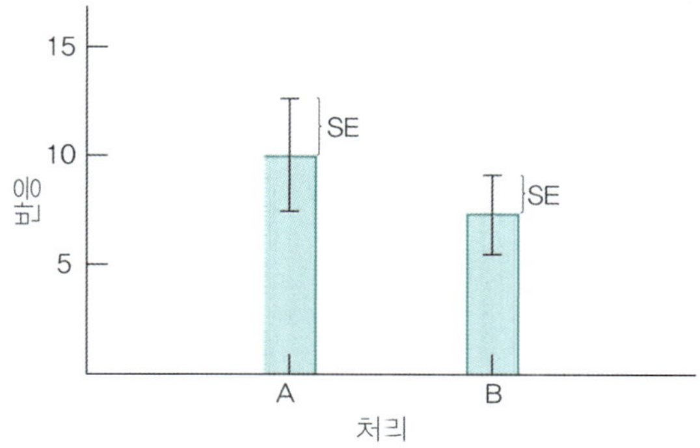

[그림 8.5] 처리평균과 표준오차의 그림

예제 8.4

[예제 8.4]의 환경학자는 지구온난화의 문제에 대하여 성인들의 의견에 관심이 있다. 특히, 그는 지구온난화가 매우 심각한 문제라고 생각하는 사람들의 비율을 추정하고자 한다. $n = 100$명의 랜덤표본에서 73%가 듣고 읽은 정보를 토대로 지구온난화가 매우 심각한 문제라고 답하였다. 지구온난화가 매우 심각한 문제라고 믿는 성인의 실제 비율을 추정하고 그 추정값의 오차의 한계를 구하시오.

풀이 추정하는 모수는 지구온난화가 매우 심각한 문제라고 믿는 모집단의 비율 p이다. p의 최우추정량은 표본비율 $\hat{p}$이며, 이 표본에서 $\hat{p} = 0.73$이다. 오차의 한계를 그하려면, 추정값 $\hat{p} = 0.73$을 이용하여 p의 값을 근사해야 한다.

$$1.96SE = 1.96\left(\sqrt{\frac{\hat{p}\hat{q}}{n}}\right) = 1.96\left(\sqrt{\frac{0.73 \times 0.27}{100}}\right) = 0.09$$

따라서 0.73의 추정값은 p의 참값의 ± 0.09내에 있다고 말할 수 있다. 그러므로 p의 참값은 0.64만큼 작거나 0.82만큼 클 수 있다. 이 오차의 한계는 추정값과 비교하여 꽤 크고, p를 추정할 때 작은 오차의 한계를 얻으려면 더 큰 표본이 필요하다는 것을 알려준다. ■

〈표 8.1〉 $\sqrt{pq}$의 계산된 값들

p	pq	$\sqrt{pq}$	p	pq	$\sqrt{pq}$
0.1	0.09	0.30	0.6	0.24	0.49
0.2	0.16	0.40	0.7	0.21	0.46
0.3	0.21	0.46	0.8	0.16	0.40
0.4	0.24	0.49	0.9	0.09	0.30
0.5	0.25	0.50			

〈표 8.1〉은 p의 다양한 값들에 대하여 $\hat{p}$의 표준오차의 분자가 어떻게 변하는지를 보여준다. 대부분의 p에 대하여,

특히 p가 0.3과 0.7사이에 있을 때, SE의 분자에 있는 $\sqrt{pq}$의 변화가 매우 적고, $p=0.5$일 때 최대값을 가진다는 것을 알 수 있다. 이것은 추정량 $\hat{p}$을 이용한 오차의 한계도 역시 $p=0.5$일 때 최대값을 가질 것이라는 것을 말해준다. 여론조사원들은 p를 추정할 때 최대 오차의 한계를 종종 사용하는데, 이것을 표본오차(sampling error)라고 하며 다음과 같이 계산한다.

$$1.96SE = 1.96\left(\sqrt{\frac{0.5\times0.5}{n}}\right) \quad \text{또는} \quad 2SE = 2\left(\sqrt{\frac{(0.5)(0.5)}{n}}\right)$$

Probability & Statistics

연습문제

8.1 다음의 값에 대하여 모평균 μ를 추정할 때 오차의 한계를 구하시오.

(1) $n=30,\ \sigma^2=0.2$

(2) $n=30,\ \sigma^2=0.9$

(3) $n=30,\ \sigma^2=1.5$

8.2 다음의 값에 대하여 모평균 μ를 추정할 때 오차의 한계를 구하시오.

(1) $n=50,\ s^2=4$

(2) $n=500,\ s^2=4$

(3) $n=5000,\ s^2=4$

8.3 다음의 n 값에 대하여 이항비율을 추정할 때 오차의 한계를 구하시오. $p=0.5$를 사용하여 추정량의 표준오차를 구하시오.

(1) $n=30$ (2) $n=100$ (3) $n=400$ (4) $n=1000$

8.4 $n=100$와 다음의 p값을 이용하여 이항비율 p를 추정할 때 오차의 한계를 구하시오.

(1) $p=0.1$ (2) $p=0.3$ (3) $p=0.5$ (4) $p=0.7$

(5) $p=0.9$ (6) 가장 큰 오차의 한계를 가지는 p값은 무엇인가?

8.5 $n=900$의 랜덤표본이 이항 모집단에서 추출되었고 $x=655$의 성공을 얻었다. 이항비율 p를 추정하고 오차의 한계를 구하시오.

8.6 $n=500$의 랜덤표본이 이항 모집단에서 추출되었고 $x=450$의 성공을 얻었다. 이항비율 p를 추정하고 오차의 한계를 구하시오.

8.7 은행이자율의 증가는 경제상황에 대한 신뢰부족과 종종 연결되곤 한다. 한 지역에서 $n=200$명의 랜덤 계좌를 선택하였을 때

지난 12개월 동안 계좌의 평균 이자율 증가가 평균 7.2%이고 표준편차는 5.6%이었다. 이 지역에서 지난 12개월 동안 계좌의 평균 이자율 증가를 추정하고 오차의 한계를 구하시오.

8.8 미국에 사는 불법이민자들에 대한 질문을 포함한 최근의 조사에 따르면, $n = 1004$명의 투표자 중 75%가 미국은 불법적인 이민자의 수를 줄여야 한다고 답하였다.

(1) 미국은 불법적인 이민자의 수를 줄여야 한다고 생각한 미국 투표자들의 비율에 대한 점추정값은 얼마인가? 오차의 한계를 구하시오.

(2) 이 조사에서는 ±3.5%의 오차의 한계를 보고하였다. 조사의 모든 질문에도 적용 가능하려면 이 오차의 한계는 어떻게 계산되어야 하나?

8.9 라디오방송국은 방송시간 중에 특정 이슈에 대한 청취자의 찬반의견을 방송하곤 한다. 한 조사에서 청취자들에게 찬성하면 특정 800 전화번호로, 반대하면 또 다른 800 전화번호로 전화하라고 요청하였다. 모든 전화는 유료로 진행되었다.

(1) 이러한 조사방법으로 랜덤표본을 얻을 수 있는가?

(2) 이러한 조사방법으로 얻은 결과는 믿을 만한가? 이 경우 오차의 한계에 대하여 걱정할 필요가 있는가?

8.10 굶주림의 강도를 알아보는 실험에서 30마리의 훈련된 동물들에게 24시간동안 먹이를 주지 않았다. 24시간이 끝나는 시점에서 각 동물은 지렛대를 눌렀을 때 음식이 배분되는 우리에 넣어졌다. (비록 음식이 없어도) 각 동물이 지렛대를 누르는 시간의 길이를 측정하였다. 만약 자료가 19.3분의 표본평균과 5.2분의 표준편차를 나타냈다면, 실제 평균시간과 오차의 한계를 구하시오.

8.5 구간추정

구간추정량은 모수를 포함한다고 확신하는 구간을 만드는 두 개의 숫자 a와 b를 계산하는 규칙이다. 여기서 확신한다는 뜻은 높은 확률을 가진다는 의미이며, 이 확률을 **신뢰계수**(confidence coefficient)라고 하며 $1-\alpha$로 나타낸다.

정의

신뢰구간이 모수를 포함할 확률을 **신뢰계수**(confidence coefficient)라고 한다.

많은 실험자들은 95% 신뢰구간을 자주 구한다. 이것은 신뢰계수, 또는 그 구간이 모수를 포함할 확률이 0.95라는 의미이다. 신뢰계수를 바꾸어 확신의 정도를 증가하거나 감소시킬 수 있다. 많이 사용하는 값들은 0.90, 0.95, 0.98, 0.99등이다.

예를 들어, 울타리 말뚝에 올가미를 던진다고 하자. 울타리 말뚝은 추정하고자 하는 모수를 나타내고, 올가미에 의해 만들어지는 고리는 신뢰구간을 나타낸다. 당신이 올가미를 던질 때마다 올가미가 울타리 말뚝에 걸리기를 바랄 것이다. 그러나 때로는 올가미가 걸리지 않을 수도 있다. 마찬가지로, 하나의 표본을 선택하여 모수에 대한 신뢰구간을 구했을 때, 당신은 구간 안에 모수가 포함되기를 바란다. 그러나 모수가 그 구간에 포함되지 않을 수도 있다. 반복표본에서 울타리 말뚝에 걸리는 구간들의 비율인 성공률이 신뢰계수이다.

1 신뢰구간 만들기

점추정량의 표집분포가 근사적으로 정규분포일 때 구간추정량 또는 신뢰구간을 만들 수 있는데 그 이유는 다음과 같다. 좀 더 간단히 설명하기 위하여, 신뢰계수는 0.95라고 하고 [그림 8.6]을 참고한다.

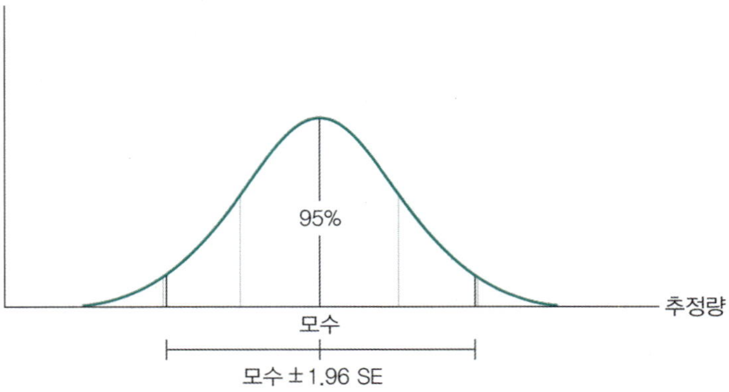

[그림 8.6] 모수 $\pm 1.96SE$

- 추정량의 모든 가능한 값들의 95%는 [그림 8.6]와 같이 모수$\pm 1.96SE$ 구간 안에 있을 것이라는 것을 안다
- 모수의 값을 모르기 때문에, 추정량$\pm 1.96SE$ 인 구간을 고려한다. 이 구간은 첫 번째 구간과 같은 너비를 가지고 있지만 중심은 바뀐다.
- 이 구간이 얼마나 자주 모수를 포함할 것인가? [그림 8.7]을 참고한다.

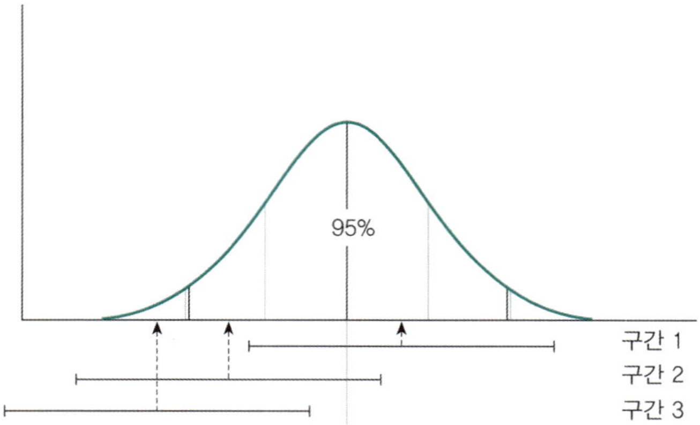

[그림 8.7] 몇 개의 95% 신뢰구간

처음 두 개의 구간은 모수를 포함하고 있으나, 세 번째 구간은 모수를 포함하지 않는다. 왜냐하면, 구간의 중심에

있는 추정량의 값이 모수에서 너무 멀리 떨어져 있기 때문이다. 다행이 추정량의 값들은 전체의 5% 정도만 멀리 떨어져 있다. 즉, 전체 구간 중 95% 정도가 모수를 포함하고 있다.

여기서, 신뢰계수를 $1-\alpha=0.95$에서 또 다른 신뢰수준 $1-\alpha$로 바꾸고 싶을지도 모른다. 그러기 위해서는, 표준정규곡선의 중심에서 면적 0.95를 가지는 $Z=1.96$를, [그림 8.8]처럼 곡선의 중심에서 면적 $1-\alpha$를 가지는 Z의 값으로 바꾸어야 한다. 오른쪽으로 꼬리영역 $\alpha/2$를 가지는 Z의 값을 $z_{\alpha/2}$라고 하고, $-z_{\alpha/2}$와 $z_{\alpha/2}$ 사이의 면적은 신뢰계수 $1-\alpha$이다. $z_{\alpha/2}$의 값들이 〈표 8.2〉에 나타나 있다.

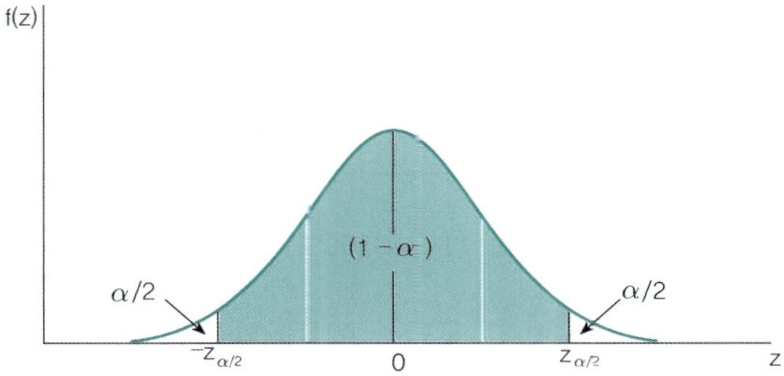

[그림 8.8] $Z_{\alpha/2}$의 위치

KeyPoint

$(1-\alpha)100\%$ 대표본 신뢰구간

(점추정량)± $z_{\alpha/2}$ ×추정량의 표준오차

여기서, $z_{\alpha/2}$는 표준정규분포의 오른쪽 꼬리 영역 $\alpha/2$를 가지는 Z값이다. 이 공식은 두 개의 값을 생성한다; **신뢰하한**(lower confidence limit: LCL)과 **신뢰상한**(upper confidence limit; UCL).

〈표 8.2〉 신뢰구간에서 자주 사용되는 Z 값들

신뢰계수, $(1-\alpha)$	α	$\alpha/2$	$z_{\alpha/2}$
0.90	0.10	0.05	1.645
0.95	0.05	0.025	1.96
0.98	0.02	0.01	2.33
0.99	0.01	0.005	2.58

2 모평균 μ 에 대한 대표본 신뢰구간

실제 많은 문제들이 양적측정값들의 모집단의 평균 μ의 추정문제로 이어진다. 몇 가지 [예제들을 보자.

- 한 대학에서 대학생들의 평균성적
- 새로운 타입의 금속의 평균강도
- 나이 범주에 따른 평균 사망자 수
- 새로운 화장품에 대한 평균수요

표본의 크기 n이 클 때, 표본평균 $\overline{X}$는 모평균 μ에 대한 최우 점추정량이다. 표집분포가 근사적으로 정규분포이기 때문에, 앞서 공부한 방법대로 신뢰구간을 만들 때 사용할 수 있다.

KeyPoint

모평균 μ에 대한 $(1-\alpha)100\%$ 대표본 신뢰구간

$$\overline{X} \pm z_{\alpha/2}\frac{\sigma}{\sqrt{n}}$$

여기서, $z_{\alpha/2}$는 표준정규분포의 오른쪽 꼬리 영역 $\alpha/2$를 가지는 Z-값이고

$$n = \text{표본의 크기}$$
$$\sigma = \text{모집단의 표준편차.}$$

표본의 크기가 클 때($n \geq 30$), σ를 알지 못하면, 표본표준편차 S로 근사할 수 있고 근사 신뢰구간은

$$\overline{X} \pm z_{\alpha/2}\frac{S}{\sqrt{n}}.$$

모평균 μ에 대한 대표본 신뢰구간을 찾는 또 다른 방법은 표준정규분포를 따르는 통계량

$$Z = \frac{\overline{X}-\mu}{\sigma/\sqrt{n}}$$

을 사용하는 것이다. 오른쪽 면적 $\alpha/2$를 가지는 Z-값을 $z_{\alpha/2}$로 두면,

$$P\left(-z_{\alpha/2} < \frac{\overline{X}-\mu}{\sigma/\sqrt{n}} < z_{\alpha/2}\right) = 1-\alpha.$$

이 부등식은 다음과 같이 쓸 수 있다.

$$-z_{\alpha/2}\frac{\sigma}{\sqrt{n}} < \overline{X}-\mu < z_{\alpha/2}\frac{\sigma}{\sqrt{n}}$$

$$-\overline{X}-z_{\frac{\alpha}{2}}\frac{\sigma}{\sqrt{n}} < -\mu < -\overline{X}+z_{\frac{\alpha}{2}}\frac{\sigma}{\sqrt{n}}$$

따라서

$$P\left(\overline{X} - z_{\alpha/2}\frac{\sigma}{\sqrt{n}} < \mu < \overline{X} + z_{\alpha/2}\frac{\sigma}{\sqrt{n}}\right) = 1 - \alpha.$$

$\overline{X} - z_{\alpha/2}\frac{\sigma}{\sqrt{n}}$ 와 $\overline{X} + z_{\alpha/2}\frac{\sigma}{\sqrt{n}}$ 는 신뢰구간의 하한과 상한이며 표본평균 $\overline{X}$ 에 의존하는 랜덤개체이다. 그러므로 반복표본에서 랜덤구간 $\overline{X} \pm z_{\alpha/2}\frac{\sigma}{\sqrt{n}}$ 이 확률 $1-\alpha$를 가지고 모평균 μ를 포함할 것이다.

예제 8.6

한 과학자는 유제품에 포함된 화학오염물질을 추적하여 사람 식생활에 오염물질이 누적되는 것을 알기 위하여 $n=50$명의 남성 랜덤표본을 선택하였다. 유제품의 일일 평균 섭취량은 하루당 $\overline{X} = 756$그램이며 표준편차는 $S = 35$그램이었다. 이 표본정보를 이용하여 남성들의 일일 평균 유제품 섭취량에 대한 95% 신뢰구간을 만들어라.

풀이 표본의 크기 $n=50$은 크기 때문에 표본평균 $\overline{X}$는 근사적으로 정규분포를 따르며 평균 μ와 표준편차 $S/\sqrt{n}$을 가진다. 근사 95% 신뢰구간은

$$\overline{X} \pm 1.96\frac{S}{\sqrt{n}} = 756 \pm 1\ 96\frac{35}{\sqrt{50}} = 756 \pm 9.70$$

따라서 μ에 대한 95% 신뢰구간은 하루당 746.30에서 765.70그램이다. ■

3 신뢰구간 해석하기

모평균 μ의 참값이 주어진 구간 안에 있다고 95% 확신한다는 것은 무엇을 의미하는가? 만약 이러한 구간을 20개 만들었고, 각 구간은 서로 다른 표본의 정보를 이용하여 만들었다면, 그 구간들은 [그림 8.9]와 같을 것이다. 20개의 구간 중 95%의 구간, 또는 20개 중에서 19개의 구간이 그들의 하한과 상한 사이에 μ를 포함할 것으로 기대할 것이다.

여기서 기억할 점은 어떤 하나의 특정한 구간이 평균 μ를 포함하는 지에 대하여는 알 수 없다는 것이다. 추정구간에 대한 신뢰도는 반복구간이 계산되었을 때 그 구간들 중 95%가 μ를 포함할 것이라는 것에 있다.

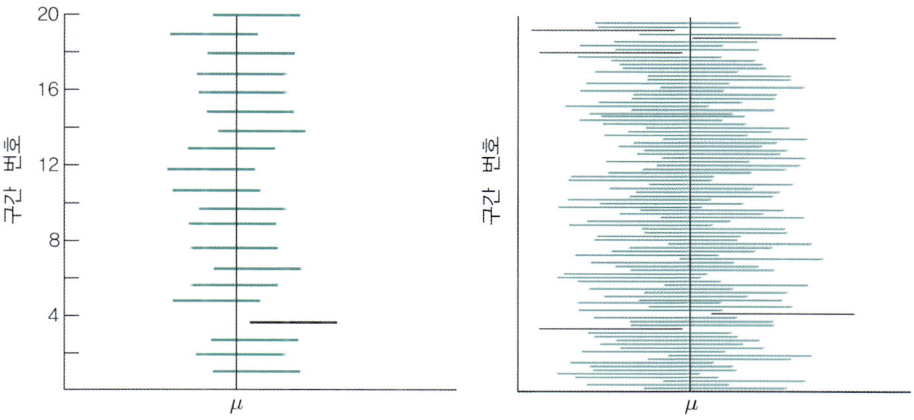

[그림 8.9] 신뢰구간들 해석하기

예제 8.7

[예제 8.6]에서 성인 남성의 일일 평균 유제품 섭취에 대한 99% 신뢰구간을 구하시오.

풀이 신뢰수준을 0.99로 바꾸기 위하여 표준정규곡선의 중심에서 면적 $1-\alpha=0.99$인 Z값을 찾아야 한다. 이 값은 꼬리영역 $\alpha/2=0.005$를 가지며 〈표 8.2〉에서 찾으면 $Z=2.58$이다. 따라서 99% 신뢰구간은

$$\overline{X} \pm 2.58\frac{S}{\sqrt{n}} = 756 \pm 2.58(4.95) = 756 \pm 12.77$$

또는 743.23에서 768.77그램이다. 이 신뢰구간은 [예제 8.6]의 95% 신뢰구간보다 더 넓다. 넓어진 너비는 신뢰도를 증가시키는데 필요한데, 이것은 마치 울타리 말뚝에 고리를 걸기 위하여 올가미의 고리를 더 넓게 하는 것과 같다. 구간의 너비를 증가시키지 않고 신뢰도를 높이는 유일한 방법은 표본의 크기 n을 증가시키는 것이다. ■

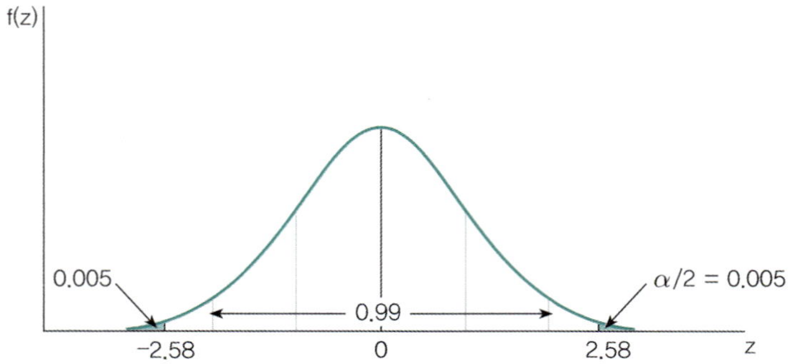

[그림 8.10] 99% 신뢰구간에 대한 표준정규값들

$\overline{X}$ 의 표준오차,

$$SE=\frac{\sigma}{\sqrt{n}}$$

은 $\overline{X}$ 값들의 산포를 측정한다. 모집단의 자료가 변동이 많을수록 $\overline{X}$ 의 변동도 많아지고 표준오차도 커질 것이다. 반면에, 표본의 크기 n이 커지면 μ를 추정하는데 필요한 정보가 많아진다. 추정값들은 μ에 더 가까워질 것이고 표준오차도 작아질 것이다. [그림 8.11]를 보면, 표본의 크기 n, 표준편차 σ, 그리고 신뢰계수 $1-\alpha$가 신뢰구간의 너비에 미치는 영향을 알 수 있다.

[예제 8.6]과 [예제 8.7]의 신뢰구간들은 근사된 것인데 σ의 근사값으로 S를 대체하였기 때문이다. 즉, 신뢰계수가 0.95가 아니라 계수의 참값은 0.92, 0.94, 0.97일 수 있다. 그러나 실제로 이 값들의 차이는 극히 미미하다. 통계에서 사용되는 대부분의 구간추정량들은 근사된 신뢰구간들이다. 따라서 지금부터는 신뢰구간을 언급할 때 근사된 것으로 이해하기로 한다.

4 모비율 p에 대한 대표본 신뢰구간

많은 연구실험이나 표본조사는 다음의 [예제]들과 같이 어떤 특성을 가지는 큰 집단의 사람들이나 사물의 비율을 추정하는 데 목적을 둔다.

- 어떤 제품의 판매비율
- 발아된 종자의 비율
- 특정 정치인 후보를 지지하는 사람의 비율

위의 [예제]들은 모두 이항실험의 실제 [예제]들이며 관심이 있는 모수는 이항비율 p이다.

표본의 크기가 크면, 표본비율

$$\hat{p} = \frac{X}{n} = \frac{\text{성공의 총횟수}}{\text{총시행수}}$$

가 모비율 p에 대한 최우 추정량이다. 표본비율의 표집분포는 근사적으로 정규분포이며 평균 p와 표준오차 $SE = \sqrt{pq/n}$을 가지기 때문에, $\hat{p}$를 사용하여 신뢰구간을 구할 수 있다.

KeyPoint

모비율 p에 대한 $(1-\alpha)100\%$ 대표본 신뢰구간

$$\hat{p} \pm z_{\alpha/2}\sqrt{\frac{pq}{n}}$$

여기서 $z_{\alpha/2}$는 표준정규분포의 오른쪽 꼬리 영역 $\alpha/2$를 가지는 Z-값이다. p와 q는 알지 못하기 때문에, 최우추정량 $\hat{p}$와 $\hat{q}$를 이용하여 추정한다. 이항분포로의 정규근사가 가능할 때, 즉, $n\hat{p} > 5$이고 $n\hat{q} > 5$일 때, 표본의 크기는 크다고 가정한다.

예제 8.8

한 정당에서 다가오는 선거의 예비 유권자 중 985명의 랜덤표본을 선택하여 전화조사를 실시하였다. 이 조사에서 592명이 이 정당에 투표하겠다고 답하였다. 이 정당에 투표할 모집단의 유권자의 비율 p에 대한 90% 신뢰구간을 구하시오. 이 정보에 근거하여, 이 정당후보는 선거에서 당선되겠는가?

풀이 p에 대한 점추정값은

$$\hat{p} = \frac{X}{n} = \frac{592}{985} = 0.601$$

이고 표준오차는

$$\sqrt{\frac{\hat{p}\hat{q}}{n}} = \sqrt{\frac{(0.601)(0.399)}{985}} = 0.016$$

90% 신뢰구간에 대한 Z값은 Z 분포의 상한 꼬리부분에서 면적 $\alpha/2 = 0.05$를 가지는 값이다. 〈표 8.2〉에서 $z_{0.05} = 1.645$이다. 따라서 p에 대한 90% 신뢰구간은

$$\hat{p} \pm 1.645\sqrt{\frac{\hat{p}\hat{q}}{n}} = 0.601 \pm 0.026$$

또는 $0.575 < p < 0.627$이다. 이 정당에 투표할 유권자의 백분율 추정값은 57.5%와 62.7%사이에 있다. 이 정당후보가 선거에서 승리하겠는가? 투표의 50%이상을 얻어야 승리하고 신뢰구간의 상한과 하한이 모두 이 최솟값 50%을 넘기 때문에, 90%의 신뢰도를 가지고 이 후보가 당선될 것이라고 말할 수 있다. ■

그러나 이와 같은 표본조사의 경우 몇 가지 문제점이 있다. 만약 투표하겠다던 유권자들이 실제로 선거 날에 투표하지 않으면 어떻게 될 것인가? 만약 한 유권자가 지금과는 달리 선거 날에 마음이 바뀌어 다른 후보를 뽑으면? 만약 유권자가 표본 조사할 때 성실히 답하지 않았다면? 90% 신뢰구간은 모집단으로부터 랜덤표본을 선택하였을 때에만 90%의 신뢰도를 가진다. 만약 표본이 편향되었거나 선거 전에 모집단이 바뀌면 더 이상 90%의 신뢰도를 가질 수 없다.

같은 모수에 대한 95% 오차의 한계를 가지는 점추정량과 95% 신뢰구간이 매우 비슷한 것을 알 수 있다. 이러한 관계는 이 책에서 다루는 대부분의 모수들에 대하여 성립하지만, 일반적으로 항상 성립하는 것은 아니다; 때로는 최우 점추정량이 최우 신뢰구간의 중심에 놓이지 않는다. 비록 이것을 이론적 차이로 설명하기도 하지만, 여기서는 점추정과 구간추정 사이에 차이가 있다는 것을 기억하고 둘 중 어떤 것을 사용할 것인가는 실험자의 선호도에 따라 결정된다.

Probability & Statistics

연습문제

8.11 다음의 값들에 대하여 모평균 μ에 대한 90% 신뢰구간을 구하시오.

(1) $n = 125,\ \bar{x} = 0.84,\ s^2 = 0.086$

(2) $n = 50,\ \bar{x} = 21.9,\ s^2 = 3.44$

(3) (1)과 (2)에서 구한 구간들을 해석하라

8.12 이항모집단에서 추출한 크기 $n = 300$의 랜덤표본에서 $x = 263$의 성공을 얻었다. p에 대한 90% 신뢰구간을 구하고 결과를 해석하시오.

8.13 크기 n의 랜덤표본이 알지 못하는 평균 μ와 표준편차 $\sigma = 10$을 가지는 모집단에서 추출되었다. 다음의 n 값에 대하여 μ에 대한 95% 신뢰구간의 너비를 구하시오.

(1) $n = 100$　　(2) $n = 200$　　(3) $n = 400$

8.14 크기 n의 랜덤표본이 알지 못하는 평균 μ와 표준편차 $\sigma = 10$을 가지는 모집단에서 추출되었다.

(1) $n = 100$일 때, μ에 대한 90% 신뢰구간의 너비를 구하시오.

(2) $n = 100$일 때, μ에 대한 95% 신뢰구간의 너비를 구하시오.

(3) μ에 대한 90%, 95%, 99% 신뢰구간의 너비를 비교하시오. 신뢰계수는 신뢰구간의 너비에 어떠한 영향을 미치는가?

8.15 산성비는 빗물에 공기오염물질이 반응하여 일어나며, 토양에 영향을 주고 노출된 금속표면을 부식시키는 등 농작물에 피해를 주고 있다. 깨끗한 공기를 지나 떨어지는 순수한 비는 pH값이 5.7(pH는 산성도의 측도이다:0은 산성; 14는 알칼리성)이다. 40번의 비에서 얻은 물의 표본에서 pH를 분석하여 $\overline{x} = 3.7$, $s = 0.5$를 얻었다고 하자. 빗물의 평균 pH에 대한 99% 신뢰구간을 구하고 해석하시오. 이 신뢰구간이 유효하려면 어떠한 가정이 필요한가?

8.16 한 슈퍼마켓의 정육점에서는 잘게 썬 소고기를 두 가지 크기의 고기접시를 이용하여 포장한다. 하나는 약 1파운드의 고기를 담을 수 있고, 다른 하나는 약 3파운드의 고기를 담을 수 있다. 작은 크기의 접시에서 35개의 포장된 고기를 랜덤하게 추출하여 무게를 측정한 결과, 평균 1.01파운드와 표준편차 0.18파운드를 얻었다.

(1) 이 슈퍼마켓에서 작은 크기의 접시에서 팔리는 모든 포장고기의 평균무게에 대한 99% 신뢰구간을 구하시오.

(2) 99% 신뢰도란 무슨 뜻인가?

(3) 이 슈퍼마켓의 품질관리팀에서는 작은 접시의 포장고기의 평균은 1파운드여야 한다고 한다. (1)의 신뢰구간에 대한 품질관리팀의 반응은 어떠할까?

8.17 한 표본조사에서는 어떤 도시에서 운전되는 SUV의 비율을 알고자 한다. 500개의 등록된 자동차를 운전면허장 데이터베이스에서 추출하여 68대가 SUV였다고 한다.

(1) 이 도시에서 운전되는 SUV의 비율을 추정하기 위하여 95% 신뢰구간을 구하시오.

(2) 좀 더 높은 정확도로 이 도시에서 운전되는 SUV의 비율을 추정할 수 있는가? (힌트: 두 가지 답이 있다)

8.18 건강한 사람의 정상 체온은 얼마인지 알기 위하여 130개의 사람 체온의 랜덤표본을 뽑았더니 평균이 98.25도(화씨)이고 표준편차가 0.73도(화씨)였다.

(1) 건강한 사람의 평균 체온에 대한 99% 신뢰구간을 구하시오.

(2) 전문가들은 건강한 사람의 정상체온이 98.6도(화씨)라고 한다. (1)번에서 구한 신뢰구간이 98.6도(화씨)를 포함하는가? 만약 아니라면 어떤 결론을 내릴 수 있는가?

8.6 두 개의 모평균 사이의 차이 추정

하나의 모평균 μ을 추정하는 문제만큼 중요한 문제는 다음의 [예제와 같이 두 개의 모평균을 비교하는 것이다.

- 생화학이나 생물을 전공하는 학생들의 의학전문대학원 입학시험의 평균성적

- 두 개의 서로 다른 비료를 사용하여 경작된 농산물의 평균 산출량
- 두 개의 서로 다른 영양제로 자란 식물 줄기의 평균 지름

두 개의 모집단을 가지고 있다: 첫 번째 모집단(모집단 1)은 평균 μ_1과 분산 σ_1^2을 가지고 두 번째 모집단(모집단 2)은 평균 μ_2와 분산 σ_2^2을 가진다. 모집단 1에서 크기 n_1의 랜덤표본이 추출되고 모집단 2에서 크기 n_2인 랜덤표본이 추출된다. 마지막으로 모수들의 추정값들은, 〈표 8.3〉에서 보는 바와 같이, 추정량 $\overline{X_1}$, S_1^2, $\overline{X_2}$, S_2^2를 이용하여 표본 자료에서 계산된다.

〈표 8.3〉 두 양적 모집단에서 얻은 표본들

	모집단 1	모집단 2
평균	μ_1	μ_2
분산	σ_1^2	σ_2^2

	표본 1	표본 2
평균	$\overline{X_1}$	$\overline{X_2}$
분산	S_1^2	S_2^2

모평균의 차 $(\mu_1 - \mu_2)$에 대한 최우 점추정량은 $(\overline{X_1} - \overline{X_2})$이다. 이 추정량의 표집분포는 얻기 어렵지 않지만, 여기서는 증명 없이 사용한다.

KeyPoint

두 표본평균의 차이 $(\overline{X_1}-\overline{X_2})$의 표집분포의 성질

각각 평균 μ_1과 μ_2, 분산 σ_1^2와 σ_2^2를 가지는 두 모집단으로부터 크기 n_1과 n_2인 서로 독립인 랜덤표본을 추출하면, 표본평균의 차이 $(\overline{X_1} - \overline{X_2})$의 표집분포는 다음의 성질을 가진다.

1. $\overline{X_1} - \overline{X_2}$의 평균은

$$\mu_1 - \mu_2$$

이고 표준오차는

$$SE = \sqrt{\frac{\sigma_1^2}{n_1} + \frac{\sigma_2^2}{n_2}}$$

이며 이것은 표본의 크기가 클 때

$$SE = \sqrt{\frac{S_1^2}{n_1} + \frac{S_2^2}{n_2}}$$

에 의해 추정될 수 있다.

2. 모집단들이 정규분포를 따르면, $(\overline{X_1} - \overline{X_2})$의 표집분포는 표본의 크기에 관계없이 정확히 정규분포를 따른다.

3. 모집단들이 정규분포를 따르지 않으면, $(\overline{X_1} - \overline{X_2})$의 표집분포는 n_1과 n_2가 둘 다 30 이상일 때, 중심극한정리에 의해 근사적으로 정규분포를 따른다.

$(\mu_1-\mu_2)$가 표집분포의 평균이므로 $(\overline{X_1}-\overline{X_2})$는 $(\mu_1-\mu_2)$의 비편향 추정량이며 n_1과 n_2가 클 때 근사적으로 정규분포를 따른다. 즉, 통계량

$$Z=\frac{(\overline{X_1}-\overline{X_2})-(\mu_1-\mu_2)}{\sqrt{\dfrac{S_1^2}{n_1}+\dfrac{S_2^2}{n_2}}}$$

은 근사적으로 표준정규분포를 가지며 8.5절의 과정을 이용하여 점추정값과 구간추정값을 구할 수 있다. 비록 점추정과 구간추정은 개인적 선호도에 따라 선택되지만 대부분의 연구자들은 이표본 문제에서 신뢰구간을 구한다. 두 방법의 공식은 다음과 같다.

KeyPoint

$(\mu_1-\mu_2)$의 대표본 점추정

- 점추정량 : $(\overline{X_1}-\overline{X_2})$
- 95% 오차의 한계 : $\pm 1.96SE=\pm 1.96\sqrt{\dfrac{S_1^2}{n_1}+\dfrac{S_2^2}{n_2}}$

KeyPoint

$(\mu_1-\mu_2)$에 대한 $(1-\alpha)100\%$ 대표본 신뢰구간

$$(\overline{X_1}-\overline{X_2})\pm z_{\alpha/2}\sqrt{\frac{S_1^2}{n_1}+\frac{S_2^2}{n_2}}$$

예제 8.9

두 종류의 자동차 타이어의 품질을 비교하기 위하여 각 종류마다 $n_1=n_2=100$개의 타이어를 선택하여 주행검사를 실시하였다. 타이어가 닳을 때까지 달린 거리를 타이어의 마모도로 구하였다. 검사결과는 <표 8.4>에 있다. 타이어가 닳을 때까지 걸린 평균거리의 차이인 $\mu_1-\mu_2$를 99% 신뢰구간으로 추정하시오. 두 종류의 타이어의 평균 품질에 차이가 있는가?

<표 8.4> 두 종류의 타이어에 대한 표본자료 요약

종류 1	종류 2
$\overline{x_1}=26,400$	$\overline{x_2}=25,100$
$s_1^2=1,440,000$	$s_2^2=1,960,000$

풀이 $(\mu_1-\mu_2)$의 점추정값은

$$(\overline{x_1}-\overline{x_2})=26,400-25,100=1300$$

이며 $(\overline{X_1} - \overline{X_2})$의 표준오차는

$$SE = \sqrt{\frac{S_1^2}{n_1} + \frac{S_2^2}{n_2}} = \sqrt{\frac{1,440,000}{100} + \frac{1,960,000}{100}} = 184.4$$

99% 신뢰구간은

$$(\overline{X_1} - \overline{X_2}) \pm 2.58\sqrt{\frac{S_1^2}{n_1} + \frac{S_2^2}{n_2}} = 1300 \pm 2.58(184.4) = 1300 \pm 475.8$$

또는 $824.2 < (\mu_1 - \mu_2) < 1775.8$이다. 두 종류의 타이어가 닳을 때까지 걸린 평균거리는 $LCL = 824.2$와 $UCL = 1775.8$ 사이에 있는 것으로 추정된다.

이 신뢰구간에서 두 종류의 타이어의 평균 품질에 차이가 있다고 할 수 있는가? 만약 두 모집단 평균 사이에 차이가 없다면, μ_1과 μ_2는 같을 것이고 $\mu_1 - \mu_2 = 0$일 것이다. 이 [예제에서 구한 신뢰구간은 0을 포함하지 않는다. 따라서 평균이 같지 않을 것이며, 두 종류의 타이어의 평균거리에는 차이가 있다고 결론내릴 수 있다. ■

예제 8.10

[예제 8.6]의 과학자는 남자와 여자 사이에 유제품의 일일 평균섭취량에 차이가 있는지 알고자 한다. 그는 남녀 성인 각각 50명씩 표본을 추출하여 일일 유제품 섭취량을 측정하고 결과는 〈표 8.5〉와 같다. 남자와 여자 사이의 유제품의 일일 평균섭취량에 대한 95% 신뢰구간을 구하라. 유제품의 일일 섭취량에 대한 성별의 차이가 있는가?

〈표 8.5〉 유제품의 일일 섭취량의 표본값

	남자	여자
표본크기	50	50
표본평균	756	762
표본표준편차	35	30

풀이 모표준편차를 근사시키기 위하여 표본표준편차를 사용하면, 95% 신뢰구간은

$$(\overline{X_1} - \overline{X_2}) \pm 1.96\sqrt{\frac{S_1^2}{n_1} + \frac{S_2^2}{n_2}} = (756 - 762) \pm 1.96\sqrt{\frac{35^2}{50} + \frac{30^2}{50}} = -6 \pm 12.78$$

또는 $-18.78 < \mu_1 - \mu_2 < 6.78$이다. 이 신뢰구간에서는 $(\mu_1 - \mu_2)$이 취할 수 있는 값으로 양의 값, 음의 값, 그리고 0도 가능하다. 따라서 성별에 따른 유제품의 일일 평균섭취량에 차이가 있다고 결론을 내릴 수 없다. ■

에서, 통계량

$$\frac{(\overline{X_1} - \overline{X_2}) - (\mu_1 - \mu_2)}{\sqrt{\frac{\sigma_1^2}{n_1} + \frac{\sigma_2^2}{n_2}}}$$

의 표집분포는, 두 모집단이 모두 정규분포를 따를 때에는 모든 표본의 크기에 대하여 표준정규분포를 따르고, 만약 모집단이 정규분포를 가지지 않고 표본의 크기가 클 때($n_1 \geq 30$, $n_2 \geq 30$)에는 근사적으로 정규분포를 가진다. σ_1^2과 σ_2^2가 알려져 있지 않고 표본추정값 s_1^2와 s_2^2로 추정될 때에는 이 통계량은 표본의 크기가 클 때 근사적으로 정규분포를 따른다. 만약 모분산이 알려져 있지 않고 표본의 크기가 작을 때 이 통계량의 분포는 10장에서 다룬다.

Probability & Statistics

연습문제

8.19 독립랜덤표본이 모집단 1과 모집단 2에서 추출되었고 표본의 크기, 평균, 분산이 다음과 같다.

	모집단 1	모집단 2
표본크기	35	49
표본평균	12.7	7.4
표본분산	1.38	4.14

(1) 모평균의 차이 $\mu_1 - \mu_2$에 대한 95% 신뢰구간을 구하시오.

(2) 이 신뢰구간에 근거하여 두 모집단 평균에 차이가 있다고 할 수 있는가?

8.20 표본의 크기가 각각 $n_1 = n_2 = 100$인 독립랜덤표본이 모집단에서 각각 추출되었다. 각 표본의 평균과 표준편차는 $\overline{x_1} = 125.2$, $\overline{x_2} = 123.7$, $s_1 = 5.6$, $s_2 = 6.8$이었다.

(1) 두 모평균의 차에 대한 99% 신뢰구간을 구하시오.

(2) (1)번에서 구한 신뢰구간이 두 모평균 사이에 차이가 있다고 할 만한 증거를 제공하고 있는가?

8.21 하루에 $50 - 200\ \mu g$의 셀레늄은 건강을 유지하기 위하여 필요하다고 한다. 두 지역에서 각각 임의로 추출한 30명의 성인들의 셀레늄의 하루 섭취량을 조사하였더니, 지역 A에 사는 성인들의 셀레늄 하루 섭취량 평균이 $167.1\ \mu g$이고 표준편차가 $24.3\ \mu g$이었다. 지역 B에 사는 성인들의 셀레늄 하루 섭취량 평균은 $140.9\ \mu g$이고 표준편차가 $17.6\ \mu g$이었다. 두 지역의 셀레늄 평균 섭취량의 차이에 대한 95% 신뢰구간을 구하시오.

8.22 공학을 전공한 대학졸업생과 컴퓨터과학을 전공한 졸업생 사이의 졸업 후 직장 초임을 비교하기 위하여 최근에 졸업한 학생을 각각 50명씩 랜덤 추출하였다.

전공	평균	표준편차
공학	56,202(5)	2225
컴퓨터 과학	20,657	2375

(1) 두 전공 졸업생들의 졸업 후 평균 직장 초임의 차이에 대한 점추정값과 이 추정값에 대한 오차의 한계를 구하시오.

(2) 두 전공 졸업생들의 졸업 후 직장 초임에 차이가 있다고 할 수 있는가?

8.23 다음 세 호텔의 숙박료를 비교하기 위하여 각 호텔의 데이터베이스에서 50개의 계산서를 추출한 후 평균과 표준편차를 얻었다.

	메리어트	웨스틴	더블트리
표본평균	150($)	165	125
표본표준편차	17.2	22.5	12.8

(1) 메리어트와 웨스틴의 평균 숙박료의 차이에 대한 95% 신뢰구간을 구하시오.

(2) 웨스틴과 더블트리의 평균 숙박료의 차이에 대한 99% 신뢰구간을 구하시오.

(3) (1)과 (2)의 구간들이 $\mu_1 - \mu_2 = 0$을 포함하는가? 이 정보로 무엇을 알 수 있는가?

(4) 이 자료는 메리어트와 웨스틴 사이에 평균 숙박료의 차이가 있다는 것을 나타내는가? 웨스틴과 더블트리 사이는 어떠한가?

8.7 두 이항비율 사이의 차이 추정

이항비율 p에 대한 추정을 확장하면 다음의 예제와 같이 두 이항비율 사이의 차이를 추정하는 것이 된다.

- 두 생산라인에서 만들어지는 불량품의 비율
- 어떤 후보자의 양성평등 발의에 대한 남자와 여자 투표자의 지지 비율
- 살균제로 처리한 종자와 처리되지 않은 종자의 발아 비율

이러한 비교를 위하여 두 이항비율 p_1과 p_2의 차이인 $p_1 - p_2$를 사용한다. 각 모집단 1과 모집단 2에서 크기 n_1과 n_2인 독립랜덤표본을 추출하고 각 표본에서 추정값 $\widehat{p_1}$과 $\widehat{p_2}$를 구한다. 두 모비율의 차이 $(p_1 - p_2)$의 비편향 추정량은 표본비율의 차이 $(\widehat{p_1} - \widehat{p_2})$이다.

KeyPoint

두 표본비율의 차이 $(\widehat{p_1} - \widehat{p_2})$의 표집분포의 성질

모수 p_1과 p_2를 가지는 이항 모집단에서 크기 n_1과 n_2인 독립랜덤표본을 추출하였다고 하자. 표본비율의 차

$$\widehat{p_1} - \widehat{p_2} = \left(\frac{X_1}{n_1} - \frac{X_2}{n_2}\right)$$

의 표집분포는 다음의 성질을 가진다.

1. $(\widehat{p_1} - \widehat{p_2})$의 평균은 $p_1 - p_2$ 이며 표준오차는

$$SE = \sqrt{\frac{p_1q_1}{n_1} + \frac{p_2q_2}{n_2}}$$

이며, 이것은

$$SE = \sqrt{\frac{\hat{p_1}\hat{q_1}}{n_1} + \frac{\hat{p_2}\hat{q_2}}{n_2}}$$

에 의해 추정된다.

2. $(\hat{p_1} - \hat{p_2})$의 표집분포는 n_1과 n_2가 클 때, 중심극한정리에 의해, 정규분포로 근사된다.

하나의 비율은 0과 1 사이의 값을 가지지만, 두 비율의 차이는 -1에서 1까지의 범위를 가진다. $(\hat{p_1} - \hat{p_2})$의 분포를 근사하기 위하여 정규분포를 사용하려면, $\hat{p_1}$과 $\hat{p_2}$은 모두 근사적으로 정규분포를 가져야 한다; 즉, $n_1\hat{p_1} > 5$, $n_1\hat{q_1} > 5$, $n_2\hat{p_2} > 5$, $n_2\hat{q_2} > 5$를 만족해야 한다. 점추정과 구간추정의 공식은 다음과 같다.

KeyPoint

$(p_1 - p_2)$의 대표본 점추정

- 점추정량 : $(\hat{p_1} - \hat{p_2})$
- 95% 오차의 한계 : $\pm 1.96SE = \pm 1.96\sqrt{\frac{\hat{p_1}\hat{q_1}}{n_1} + \frac{\hat{p_2}\hat{q_2}}{n_2}}$

KeyPoint

$(p_1 - p_2)$에 대한 $(1-\alpha)100\%$ 대표본 신뢰구간

$$(\hat{p_1} - \hat{p_2}) \pm z_{\alpha/2}\sqrt{\frac{\hat{p_1}\hat{q_1}}{n_1} + \frac{\hat{p_2}\hat{q_2}}{n_2}}$$

- 가정 : n_1과 n_2는 충분히 커서 $(p_1 - p_2)$의 표집분도가 정규분포로 근사되어야 한다. 즉, $n_1\hat{p_1} > 5$, $n_1\hat{q_1} > 5$, $n_2\hat{p_2} > 5$, $n_2\hat{q_2} > 5$ 여야 한다.

예제 8.11

한 지방자치단체에서는 학교건설을 위한 지방채를 발행할 예정이다. 이 지방채의 대부분의 돈은 도시에서 가장 빠른 발전을 보이는 구역에 학교를 세우는데 사용될 것이고, 나머지는 다른 구역에 있는 학교건물들을 보수하는데 사용될 것이다. 이러한 지방채에 대한 실행가능성을 알아보기 위하여 발전구역에 사는 사람 $n_1 = 50$과 다른 구역에 사는 사람 $n_2 = 100$명을 랜덤하게 선택하여 지방채에 대한 의견을 물어본 결과가 〈표 3.6〉에 있다.

1. 지방채를 지지하는 실제 비율의 차이를 99% 신뢰구간으로 추정하라
2. 두 표본을 크기 $n = 150$이고 지지하는 사람의 수가 103명인 하나의 표본으로 합치면, 지방채를 지지하는 도시 시민의 비율에 대한 점추정값과 95% 오차의 한계는 얼마인가?

〈표 8.6〉 지방채에 대한 의견에 대한 표본값

	발전구역	그 외
표본크기	50	100
지방채를 지지하는 사람 수	38	65

풀이 1. (p_1-p_2)에 대한 점추정값은 $\hat{p_1}-\hat{p_2}=0.76-0.65=0.11$ 이고 $(\hat{p_1}-\hat{p_2})$의 표준오차는

$$\sqrt{\frac{\hat{p_1}\hat{q_1}}{n_1}+\frac{\hat{p_2}\hat{q_2}}{n_2}}=\sqrt{\frac{(0.76)(0.24)}{50}+\frac{(0.65)(0.35)}{100}}=0.0770\text{이다.}$$

99% 신뢰구간을 구하려면, $z_{0.005}=2.58$이므로, 99% 근사신뢰구간은

$$(\hat{p_1}-\hat{p_2})\pm z_{\alpha/2}\sqrt{\frac{\hat{p_1}\hat{q_1}}{n_1}+\frac{\hat{p_2}\hat{q_2}}{n_2}}=0.11\pm(2.58)(0.0770)=0.11\pm0.199$$

또는 $(-0.089, 0.309)$이다. 이 구간은 $(p_1-p_2)=0$을 포함하기 때문에, 이 도시의 두 구역에서 지방채를 지지하는 비율에 차이가 없을 수 있다.

2. 두 비율에 차이가 없기 때문에, 두 표본은 실제로 다르지 않아 하나로 합쳐서 지방채를 지지하는 도시 시민의 전체 비율을 추정하는 데 사용할 수 있다. 두 표본이 하나로 합쳐지면, $n=150$이고

$$\hat{p}=\frac{103}{150}=0.69$$

따라서 p의 점추정값은 0.69이며 오차의 한계는

$$\pm1.96\sqrt{\frac{(0.69)(0.31)}{150}}=\pm1.96(0.0378)=\pm0.074$$

이다. 참고로, 0.69 ± 0.074는 구간 0.62와 0.76 사이이며, 이 값들은 0.5보다 높은 비율만 포함한다. 따라서 만약 투표자들이 마음을 바꾸지 않는다면, 지방채는 충분히 큰 대다수에 의해 통과될 것이다. ■

Probability & Statistics

연습문제

8.24 크기 $n_1=800$이고 $n_2=640$인 독립확률표본이 이항모집단 1과 2에서 각각 추출되었고 $x_1=337$과 $x_2=374$의 성공을 얻었다.

(1) 두 모비율의 차이 (p_1-p_2)에 대한 90% 신뢰구간을 구하고 해석하시오.

(2) 신뢰구간이 유효하려면 어떠한 가정이 필요한가? 이 가정들이 만족하는가?

8.25 한 과자회사의 일반 밀크초콜릿과 땅콩 초콜릿에 포함된 빨간 사탕의 비율을 비교하고자 한다. 일반 초콜릿 56개의 랜덤표본은 12개의 사탕을 포함하고 땅콩 초콜릿 32개의 랜덤표본은 8개의 사탕을 포함하고 있었다.

(1) 두 초콜릿의 빨간 사탕의 비율의 차에 대한 95% 신뢰구간을 구하시오.

(2) 두 초콜릿의 빨간 사탕의 비율에 차이가 있는가? 설명하시오.

8.26 한 연구기관은 사회활동이 적은 사람이 다양한 사회활동을 하는 사람보다 감기에 더 많이 걸린다고 발표하였다. 276명의 건강한 남녀를 조사한 결과 $n_1 = 96$명이 소수의 사회활동을 하였고 $n_2 = 105$명이 6개 이상의 사회활동을 하였다고 하자. 이 사람들이 감기 바이러스에 노출되었을 때 다음의 결과를 얻었다:

	소수의 사회활동	많은 사회활동
표본크기	96	105
감기에 걸린 비율	62%	35%

(1) 두 모비율의 차에 대한 99% 신뢰구간을 구하시오.

(2) 두 모비율에 차이가 있는가?

(3) 더 많은 사람들과 접촉하면 감기에 걸릴 가능성이 더 높다고 생각할 수 있다. 그러나 이 자료는 반대의 결과를 보여준다. 이러한 예상외의 결과를 어떻게 설명할 수 있는가?

8.27 태어난 순서와 성공적인 대학생활 간의 관계를 알아보기 위하여 추출한 180명의 대학졸업생 표본 중에서 126명이 첫째이거나 외동이었다. 이들과 비슷한 나이와 사회경제적 배경을 가진 100명의 다른 표본에서는 첫째이거나 외동인 수는 54명이었다. 이 표본들이 추출된 두 모집단에서 첫째이거나 외동인 비율의 차이를 추정하시오. 90% 신뢰구간을 이용하고 결과를 해석하시오.

8.28 두 진통제의 효과를 비교하는 연구에서, 첫 번째 진통제를 사용한 $n_1 = 200$명의 랜덤표본 중에서 93%가 통증이 완화되었다고 하였다. 두 번째 진통제를 사용한 $n_2 = 450$명의 랜덤표본 중에서 96%가 통증이 완화되었다고 하였다.

(1) 두 진통제에 대하여 통증이 완화된 경험의 비율의 차이에 대한 99% 신뢰구간을 구하시오.

(2) 두 진통제의 통증 완화 비율에 차이가 있다는 것을 뒷받침할 충분한 증거가 있는가?

8.8 단측 신뢰한계

8.5절부터 8.7절에서 다룬 신뢰구간은 모수에 대하여 상한(UCL)과 하한(LCL)을 제공하기 때문에 양측신뢰구간(two-sided confidence intervals)이라고도 한다. 그러나 때로는 상한과 하한 중에서 하나만 필요할 때가 있다. 이런 경우에 모수 μ, p, $\mu_1 - \mu_2$, $p_1 - p_2$에 대한 단측 신뢰한계(one-sided confidence bound)를 구할 수 있다.

점추정량의 표집분포가 근사적으로 정규분포를 따르면, 8.5절을 사용하여, 표본의 크기가 클 때 다음의 공식을 이용하여 구한 단측 신뢰한계가 모수의 참값을 반복표본의 $(1-\alpha)100\%$ 정도 포함할 것이다.

KeyPoint

$(1-\alpha)100\%$ 신뢰하한(LCB)

(점추정량) $- z_{\alpha} \times$ (추정량의표준오차)

KeyPoint

$(1-\alpha)100\%$ 신뢰상한(UCB)

(점추정량) $+ z_{\alpha} \times$ (추정량의표준오차)

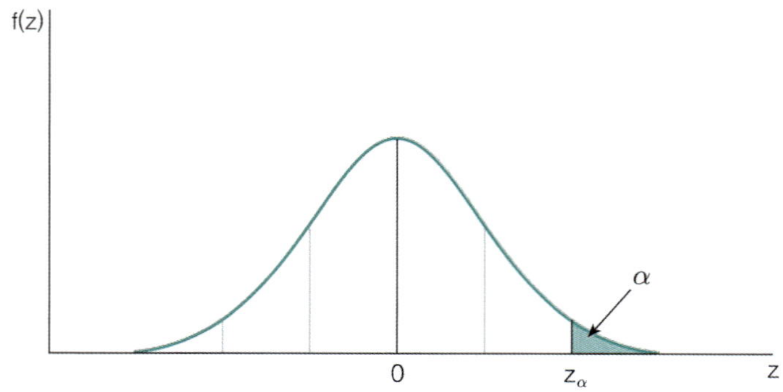

[그림 8.12] $(1-\alpha)100\%$ 단측신뢰한계에 대한 Z-값

$(1-\alpha)100\%$ 단측신뢰한계에 대한 Z-값인 z_{α}는 [그림 8.13]과 같이 정규분포의 한쪽 꼬리의 영역 α에 위치한다.

예제 8.12

한 주식회사는 단기증권을 발행하려고 하며 이자가 11.5%를 넘지 않기를 바라고 있다. 이 문제에 대한 정보를 얻기 위하여, 회사는 40개의 증권회사 각각에 하나씩 40개의 증권을 내놓았다. 40개의 이자율에 대한 평균과 표준편차는 각각 10.3%와 0.31% 이었다. 회사는 이자율의 상한에만 관심이 있기 때문에, 증권에 대한 평균 이자율의 95% 신뢰상한을 구하시오.

풀이 관심이 있는 모수는 μ이므로 점추정량은 $\overline{X}$이며 표준오차는 $SE \approx \dfrac{S}{\sqrt{n}}$이다. 신뢰계수는 0.95이므로 $\alpha = 0.05$이고 $z_{0.05} = 1.645$이다. 따라서 95% 신뢰상한은

$$UCB = \overline{x} + 1.645\left(\frac{S}{\sqrt{n}}\right) = 10.3 + 1.645\left(\frac{0.31}{\sqrt{40}}\right) = 10.3 + 0.0806 = 10.3806$$

따라서 증권에 대한 평균 이자율은 10.3806%를 넘지 않을 것으로 추정할 수 있다. 이 회사는 이자율이 11.5%를 넘는 것에 걱정할 필요가 없다. 이 결론을 얼마나 신뢰할 수 있는가? 충분히 신뢰할 만하다. 왜냐하면, 이 방법으로 구한 구간들의 95%가 μ를 포함하기 때문이다.

8.9 표본의 크기 결정

실험을 계획하는 것은 어느 정도의 정보를 사는 것과 같다. 비디오 게임의 가격이 언제 어디서 샀는지에 따라 달라지는 것과 마찬가지로, 통계적 정보의 가격은 정보가 어떻게 어디서 얻어졌는지에 따라 달라진다.
한 표본이 포함하는 정보의 총 양은 다음의 두 요인에 의해 좌우된다:

- **표본설계**(sampling plan) 또는 **실험계획**(experimental design) : 정보를 수집하는 과정
- **표본의 크기** n: 수집하는 정보의 양

표본의 크기를 증가시키거나 표본설계 또는 실험계획을 변경하면 정보의 양도 증가된다. 여기서는 가장 간단한 랜덤추출법－상대적으로 큰 모집단에서 랜덤하게 추출－을 사용하고 주어진 양의 정보를 얻기 위하여 필요한 표본의 크기 n을 선택하는 방법에 대하여 다룬다.

연구자는 표본의 크기를 먼저 결정해야 실험을 계획하는 과정을 진행할 수 있다. 한 표본에 얼마나 많은 측정값이 포함되어야 할까? 연구자는 얼마나 많은 정보를 원할까? 표본에 포함된 정보의 총 양은 추론이 믿을만한지 또는 얼마나 좋은지에 영향을 줄 것이다. 통계적 추론문제에서, 추정값의 정확성은 오차의 한계나 신뢰구간의 너비로 측정된다. 두 방법은 표본의 크기에 대한 함수이기 때문에 정확성은 표본의 크기를 결정한다.

예를 들어, 한 화학공정에서 일일 평균 산출량 μ를 추정하고 오차의 한계가 4톤 이하이기를 바란다. 이것은 반복표본의 약 95%에서 표본평균 $\bar{x}$와 모평균 μ의 거리가 $1.96SE$가 될 것이라는 의미이다. 즉,

$$1.96SE < 4 \text{ 또는 } 1.96\left(\frac{\sigma}{\sqrt{n}}\right) < 4$$

n에 대하여 풀면,

$$n > \left(\frac{1.96}{4}\right)^2 \sigma^2 \text{ 또는 } n > 0.24\sigma^2$$

가 된다.

만약 모표준편차 σ를 알면, 그 값을 대입하여 풀면 된다. 만약 σ를 모르면, 근사를 이용할 수 있다:

- 이전에 있던 표본에서 얻은 추정값 s
- 가장 큰 측정값과 가장 작은 측정값에서 얻은 범위 추정값: $\sigma \approx$ 범위/4

이 [예제에서, 화학공정의 과거연구에서 표본표준편차 $s = 21$톤을 얻었다고 하자. 그러면,

$$n > 0.24\sigma^2 = 0.24(21)^2 = 105.8$$

크기 $n = 106$의 표본을 사용하면 (확률 약 0.95로) 평균 산출량의 추정값은 실제 평균 산출량의 ±4톤 이내에 있을 것이라고 확신할 수 있다. 평균의 표준오차를 구하기 위하여 σ의 근사값을 사용하였기 때문에 해답 $n = 106$은 근사값이다. 그러나 이것이 표본의 크기를 선택하는 가장 좋은 방법이다.

때로는, 오차의 한계를 결정하는 95% 신뢰도가 아닌 다른 신뢰수준을 사용하기도 한다. 이런 경우, 신뢰구간의

절반 너비가 추정값의 정확도를 제공한다. 즉, 추정값의 오차에 대한 오차의 한계 B는

$$z_{\alpha/2}\left(\frac{\sigma}{\sqrt{n}}\right) < B$$

이다.

예제 8.13

플라스틱 파이프 제조자들은 시장의 수요를 충족시키는데 충분한 파이프의 양을 유지하기를 원한다. 그들은 플라스틱 파이프를 구매하는 도매상들을 설문조사하여 내년에 구매량을 증가하려고 하는 비율을 추정하고자 한다. 그들의 추정값이 확률 0.90으로 실제 비율의 0.04 이내에 있으려면 표본의 크기는 얼마이어야 하는가?

풀이 이 예제에서, 추정값의 오차에 대한 한계 B는 0.04이다. 신뢰계수가 $1-\alpha = 0.90$이므로 $\alpha = 0.10$이고 $\alpha/2 = 0.05$이다. Z 분포의 위쪽 꼬리에서 면적 0.05와 같아지는 Z-값은 $z_{0.05} = 1.645$이다. 따라서

$$1.645SE = 1.645\sqrt{\frac{pq}{n}} = 0.04$$

이다. 이 방정식을 n에 대하여 풀려면 p의 값을 대입해야 한다. 표본이 충분히 크다고 확신하기를 원하면, $p = 0.5$를 사용하여야 한다($p = 0.5$을 대입하면 n에 대한 가장 큰 답을 얻을 것이다. 왜냐하면, $p = q = 0.5$일 때 pq의 최대값을 얻기 때문이다).

$$1.645\sqrt{\frac{(0.5)(0.5)}{n}} \leq 0.04$$

또는

$$\sqrt{n} \geq \frac{(1.645)(0.5)}{0.04} = 20.56$$

$$n \geq (20.56)^2 = 422.7$$

따라서 제조자들은 비율 p를 0.04이내로 추정하고자 한다면 적어도 423명의 도매상을 조사에 포함시켜야 한다. ■

예제 8.14

한 담당자는 조립작업을 수행하는 산업고용자들을 위한 두 가지 훈련방법의 효율성을 비교하고자 한다. 고용자들은 같은 수를 가진 두 그룹으로 나뉘어졌는데, 한 그룹은 훈련방법 1을, 다른 그룹은 훈련방법 2로 훈련받았다. 각 그룹은 조립작업을 수행할 것이고 조립시간을 기록할 것이다. 두 그룹의 조립시간은 약 8분 정도의 범위를 가질 것으로 예상된다. 조립하는데 걸리는 평균 시간의 차이에 대한 추정값이 확률 0.95로 1분 이내에 있으려면, 얼마나 많은 고용자들이 각 그룹에 포함되어야 하는가?

풀이 $B = 1$분이므로

$$1.96\sqrt{\frac{\sigma^2}{n_1}+\frac{\sigma^2}{n_2}} \le 1$$

이 된다. n_1과 n_2이 같으므로 $n_1 = n_2 = n$으로 둘 수 있으며,

$$1.96\sqrt{\frac{\sigma^2}{n}+\frac{\sigma^2}{n}} \le 1$$

을 얻을 수 있다. 각 방법의 범위가 같으므로 $\sigma_1^2 = \sigma_2^2 = \sigma^2$으로 둔다. 범위가 약 8분이며 근사적으로 4σ와 같으므로,

$$4\sigma \approx 8 \text{ 또는 } \sigma \approx 2$$

이 값을 위의 식에 대입하면,

$$1.96\sqrt{\frac{2^2}{n}+\frac{2^2}{n}} \le 1$$

$$1.96\sqrt{\frac{8}{n}} \le 1$$

$$\sqrt{n} \ge 1.96\sqrt{8}$$

이 부등식을 풀면, $n \ge 31$을 얻는다. 따라서 각 그룹은 적어도 $n = 31$명의 근로자를 포함해야 한다. ■

〈표 8.7〉은 추정값의 오차에 대한 오차의 한계가 주어지거나 신뢰구간의 너비 $W(W = 2B)$가 주어질 때 추정에 필요한 표본의 크기를 결정하는 데 필요한 공식을 요약하였다. 여기서, p를 추정하기 위한 표본의 크기 공식은 $\sigma^2 = pq$를 사용하였으며, 반면에 $(p_1 - p_2)$를 추정하기 위한 표본의 크기 공식은 $\sigma_1^2 = p_1q_1$과 $\sigma_2^2 = p_2q_2$를 사용하였다는 것에 유의하라.

〈표 8.7〉 표본의 크기 공식

모수	추정량	표본의 크기	가정
μ	$\overline{X}$	$n \ge \frac{z_{\alpha/2}^2\sigma^2}{B^2}$	
$\mu_1 - \mu_2$	$\overline{X}_1 - \overline{X}_2$	$n \ge \frac{z_{\alpha/2}^2(\sigma_1^2+\sigma_2^2)}{B^2}$	$n_1 = n_2 = n$
p	$\hat{p}$	$n \ge \frac{z_{\alpha/2}^2 pq}{B^2}$ 혹은 $\frac{(0.25)z_{\alpha/2}^2}{B^2}$	$p = 0.5$
$p_1 - p_2$	$\hat{p}_1 - \hat{p}_2$	$n \ge \frac{z_{\alpha/2}^2(p_1q_1 + p_2q_2)}{B^2}$ 혹은 $\frac{2(0.25)z_{\alpha/2}^2}{B^2}$	$n_1 = n_2 = n$ $n_1 = n_2 = n$, $p_1 = p_2 = 0.5$

연습문제

8.29 다음의 값들에 대하여 모평균 μ에 대한 90% 단측 신뢰상한을 구하시오.

(1) $n=40,\ s^2=65,\ \overline{x}=75$

(2) $n=100,\ s=2.3,\ \overline{x}=1.6$

8.30 크기 50인 독립랜덤표본들이 두 모집단에서 추출되었다. 두 모평균의 차이에 대한 95% 신뢰상한을 구하시오.

	표본1	표본2
표본크기	50	50
표본평균	12	10
표본표준편차	5	7

8.31 표본의 크기가 $n_1=n_2=n$인 두 독립표본이 이항모집단 1과 2에서 추출되었다. 두 모비율의 차이를 확률 0.98로 0.05 이내로 추정하고자 한다면 n은 얼마나 커야 하는가? 여기서 p_1과 p_2의 값에 대한 사전 정보는 없다고 가정하지만 표본에 충분한 크기의 측정치를 가지기를 원한다고 하자.

8.32 미국에 사는 불법이민자들에 대한 질문을 포함한 최근의 조사에 따르면, $n=1000$명의 투표자 중 75%가 미국은 불법적인 이민자의 수를 줄여야 한다고 답하였다. 이러한 불법이민에 대한 이러한 조사를 다시 아래로 하자.

(1) 표본을 어떻게 뽑아야 할지 설명하시오. 표본추출과정에서 어떠한 문제가 발생할 수 있는가?

(2) 만약 이 조사에서 특정 질문에 동의한 사람들의 모비율을 확률 0.95로 1% 이내로 추정하고자 한다면, 얼마나 많은 표본이 필요한가?

8.33 최근 좋은 식습관에 대한 관심이 높아지면서 일부 연구자들은 붉은 고기섭취를 줄여야 한다고 믿는다고 한다. 이러한 주장을 검증하기 위하여 병원의 10년 전 환자들의 영양기록을 추출하여 소고기의 연평균 소비량과 올해 조사한 같은 수의 사람들의 소고기 연평균 소비량을 비교하기로 하였다. 일반 사람들이 한해 $0\sim104$ 파운드 정도의 소고기를 소비한다고 한다. 연평균 소고기 소비량을 99%의 신뢰도로 5파운드 이내로 정확하게 추정하고자 하면 각 그룹에서 얼마나 많은 표본이 필요한가?

8.34 야생동물 서비스센터에서는 허가증을 가진 사냥꾼 한 명당 사냥을 하는 평균 일수를 추정오차의 한계 2일로 추정하고자 한다면, 얼마나 많은 사냥꾼을 조사에 포함시켜야 하는가? 여기서 σ는 약 10으로 가정한다.

8.35 두 지역에 사는 성인들의 셀레늄 하루 섭취량을 비교하고자 한다. 만약 두 지역 성인들의 셀레늄 하루 섭취량 차이를 확률 0.90로 $5mg$ 이내로 추정하고자 한다면, 얼마나 많은 성인들을 각 지역에서 뽑아야 하는가? 단, 두 지역에서 뽑는 표본의 수는 동일하다고 한다.

보충연습문제

8.36 확률표본 $n = 64$의 평균이 $\overline{x} = 29.1$이고 표준편차가 $s = 3.9$라고 한다.

(1) 모평균 μ에 대한 점추정값과 표준오차를 구하시오.

(2) μ에 대한 90% 신뢰구간을 구하시오. 여기서 90%로 확신한다는 것은 무엇을 의미하는가?

(3) 모평균 μ에 대한 90% 단측 신뢰하한을 구하시오. 이 한계가 (2)번의 신뢰하한과 다른 이유는 무엇인가?

(4) 모평균을 확률 0.95로 0.5이내로 추정하고자 한다면 얼마나 많은 표본수가 필요한가?

8.37 독립확률표본 $n_1 = 50$과 $n_2 = 60$이 두 모집단 1과 2에서 각각 추출되었다. 표본의 크기와 표본통계량은 다음과 같다. 확률 0.95로, $(\mu_1 - \mu_2)$를 0.2 이내로 추정하고 싶다고 한다. 두 표본의 크기가 같아야 한다면 n_1과 n_2는 얼마나 커야 하나?

	모집단 1	모집단 2
표본크기	50	60
표본평균	100.[illegible]	96.2
표본표준편차	0.8	1.3

8.38 이항모집단으로부터 크기 $n = 500$의 랜덤표본을 추출하고 $X = 240$의 성공을 얻었다고 한다. 만약 모비율 p를 확률 0.90으로 0.025이내로 추정하고 싶다면 얼마나 많은 표본을 뽑아야 하나?

8.39 이항모집단 1과 이항모집단 2에서 각각 추출한 $n_1 = 40$, $n_2 = 80$의 랜덤표본에서 성공 횟수가 $x_1 = 17$, $x_2 = 23$이라고 한다. 만약 두 모비율의 차 $p_1 - p_2$를 확률 0.99로 0.06이내로 추정하고 싶다고 한다. 두 표본의 크기가 같아야 한다면 n_1과 n_2는 얼마나 커야 하나?

8.40 성인남자의 키가 표준편차 2.5인치의 정규분포를 따른다고 한다. 확률 0.95로 표본평균이 성인남자의 평균키와의 차이가 ± 0.50인치 이내로 추정하려면, 얼마나 많은 표본을 추출해야 하는가?

8.41 항생제를 생산하는 과정에서 시간당 평균생산량을 추정하고자 한다. 100개의 시간 구간을 랜덤하게 선택하여 조사한 결과 시간당 평균 $\overline{X} = 34$온스와 표준편차 $s = 3$을 얻었다. 평균생산량에 대한 95% 신뢰구간을 구하시오.

8.42 정규야구시즌에 각 팀은 82번의 경기를 하고 나머지 시간은 집이나 도로위에서 보낸다고 한다. 야구협회에서는 야구장 입장표의 가격은 좌석의 위치에 따라 \$10부터 \$2000 ~ \$5000까지 다양하며, 입장표의 평균가격은 \$75.50이라고 주장한다. 만약 데이터베이스에서 랜덤하게 50개의 입장표 구매건을 추출하여 구한 평균 가격은 \$82.50이고 표준편차는 \$75.25라고 한다.

(1) 야구장 입장표의 가격은 고분모형의 분포를 가진다고 볼 수 있는가? 아니라면 어떤 모양을 기대할 수 있는가?

(2) 만약 입장표의 가격이 정규분포를 가지지 않는다면, 평균가격에 대한 신뢰구간을 구하기 위하여 표준정규분포를 사용할 수 있는가? 왜 그런지 설명하시오.

(3) 입장표의 평균가격에 대한 95% 신뢰구간을 구하시오. 이 신뢰구간으로부터 입장표의 평균가격이 $75.50이라는 주장이 옳다고 할 수 있는가?

8.43 교사들과 행정직원들 외에 학교는 많은 사람들을 고용하고 있다. 예를 들어, 버스기사, 수위, 매점직원 등이 있다. 평균 시간당 급여는 버스기사는 $16.92, 수위는 $17.65, 그리고 매점직원은 $12.86이다. 만약 한 학교에 고용된 $n = 36$명이 시간당 평균 $13.45와 표준편차 $s = \$2.84$를 받는다고 하자. 이 학교와 비슷한 다른 학교들의 버스기사의 평균 시간당 급여에 대한 95% 신뢰구간을 구하시오. 이 학교의 버스기사의 시간당 급여에 대하여 어떤 결론을 내릴 수 있는가?

8.44 알루미늄 비중을 36번 측정한 결과 평균 2.705와 표준편차 0.028을 얻었다. 알루미늄의 실제 비중에 대한 98% 신뢰구간을 구하시오.

8.45 한 연구자는 천부적으로 왼손잡이인지 오른손잡이인지를 엄지손톱의 너비를 비교하여 분류하였다. 그는 400명의 남성 표본을 추출하여 그의 기준으로 80명의 남자를 왼손잡이로 분류하였다. 95% 신뢰구간을 이용하여 왼손잡이로 분류될 모집단의 모든 남성 비율을 추정하시오.

CHAPTER
09 대표본 가설검정

9.1 모수에 대한 가설검정

실제로, 통계적 추론은 한 모집단에 대한 모수를 추정하거나 추정된 모수 값에 대한 의사결정을 하는 과정을 말한다. 예를 들어, 어떤 제약회사가 항생제를 병에 담은 제품을 생산하고 있다고 하자. 그러면, 생산된 항생제 병 제품 일부를 표본으로 뽑아서 모든 항생제 병제품의 용량의 평균 μ를 추정할 수 있다. 또한 그 회사는 항생제의 정확한 평균 용량에는 관심은 없고 단지 항생제를 최소 기준 용량 이상으로 채우는 것에만 관심이 있다고 하자. 그러면, 그 회사는 다음의 의사결정을 하기 위해 표본을 이용할 수 있다.

- 평균 용량 μ가 최소 허용량을 넘지 않는다.
- 평균 용량 μ가 최소 허용량을 넘지 않는다.

위에서 살펴본 바와 같은 제약회사의 의사결정 문제를 **통계적 가설검정**(statistical test of hypothesis)이라 한다.

통계적 가설검정에서 합리적인 결론을 내리는 과정은 법원에서 판결을 내리는 과정과 비슷하다. 어떤 사람이 도둑의 혐의를 받고 있다면, 법정에서 판사는 유죄 또는 무죄 둘 중 하나의 결정을 내려야 한다. 재판이 시작되면, 피고인은 무죄를 가정할 것이고, 검찰 측에선 무죄에 반대되어 무죄의 가정을 반박할 수 있는 모든 증거들을 모아 보여주게 된다. 이 때, 무죄에 반대되는 충분한 증거들이 있다면, 판사는 무죄의 가정을 기각할 것이고, 피고에게 유죄 판결을 내릴 것이다. 만약, 검찰 측에서 피고의 유죄를 증명할 만한 충분한 증거를 보여주지 못한다면, 판사는 피고에게 무죄의 판결을 내릴 것이다. 여기서 주의할 것은 이 과정에선 피고가 무죄라는 것을 증명하는 것이 아니라, 단지 피고가 유죄라

풀이 만약 귀무가설 H_0가 참이라면, 표본평균은 모평균 $H_0 : \mu = 19$와의 차이가 크지 않을 것이다. 이 표본으로부터 얻은 표본평균이 $\overline{x} = 20$이고, 표본 표준편차가 $s = 2$라 가정해 보자. 귀무가설 H_0가 참이라면, 이러한 표본 측정값들이 나올 수 있을까? 앞서 소개한 두 측정값 즉, 검정통계량과 $p-$값을 통해 이 질문에 대한 답을 찾을 수 있다. 표본의 크기가 크기 때문에, 표본평균 $\overline{X}$의 표집분포는 평균 $\mu = 19$, 표준편차 $\sigma/\sqrt{n}$인 정표분포를 따른다. 단, 모표준편차 σ를 모르기 때문에 이에 대한 추정값으로

$$SE = \frac{S}{\sqrt{n}} = \frac{2}{\sqrt{100}} = 0.2$$

을 이용한다.

- $\overline{x} = 20$일 때, **검정통계량** 값은

$$Z = \frac{\overline{X} - \mu}{\sigma/\sqrt{n}} \approx \frac{20 - 19}{0.2} = 5$$

  이므로, 모평균으로부터 5배의 표준편차거리에 떨어져 있다.

- $p-$값은 귀무가설 H_0가 참일 때, 검정통계량으로부터 꼬리방향의 확률(넓이)를 의미한다. 이 예제에서 꼬리방향의 확률은 대립가설의 형태에 따라 왼쪽(아랫쪽) 방향과 오른쪽(윗쪽) 방향을 나타낸다. 즉,

$$p-\text{값} = P(|Z| > 5) = P(Z > 5) + P(Z < -5) \approx 0 \text{ 이 된다.}$$

  실제 귀무가설 H_0이 참이어서, $\mu = 19$이라면, 검정통계량의 값을 크게 하면서, $p-$값이 작게 하는 표본평균이 나타날 가능성은 매우 희박하다. ■

어떻게 귀무가설 H_0를 기각할지, 채택할지를 정할까? 실수 전체 영역을 검정통계량을 기준으로 두 개의 영역으로 나눈다. 하나의 영역은 귀무가설 H_0를 기각하고 대립가설 H_1을 채택하는 영역으로 **기각역**(rejection region)이라 부른다. 나머지 영역은 귀무가설을 채택하는 영역으로 **채택역**(acceptance region)이라 부른다.

예를 들어, [예제 9.1]에서, 표본평균이 19달러보다 매우 작거나 매우 크다면, 캘리포니아 지역의 목수들의 시간 당 급여의 평균이 19달러가 아니라고 생각할 것이다. [그림 9.1]에서와 같이 $\overline{X}$의 양쪽 꼬리 기각역은 매우 작은 값과 매우 큰 값으로 이뤄진다. [예제 9.2]에서는 불량률이 감소하는 것을 증명해야 하기 때문에, 표본비율 $\hat{p}$이 0.03보다 훨씬 더 작으면 귀무가설 H_0를 기각할 것이다. [그림 9.2]에서와 같이 작은 표본비율 $\hat{p}$은 왼쪽 꼬리 기각역에 속한다. 기각역이 왼쪽 꼬리 분포이면, 그 검정을 **좌측 검정**(left- tailed test, 왼쪽 꼬리 검정)라 부른다. 기각역이 오른쪽 꼬리 분포인 검정일 때는 **우측 검정**(right-tailed test, 오른쪽 꼬리 검정)이라 부른다.

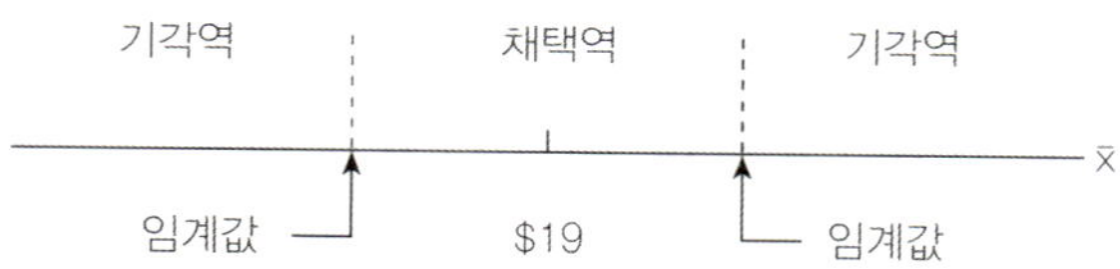

[그림 9.1] [예제9.1]에 대한 기각역과 채택역

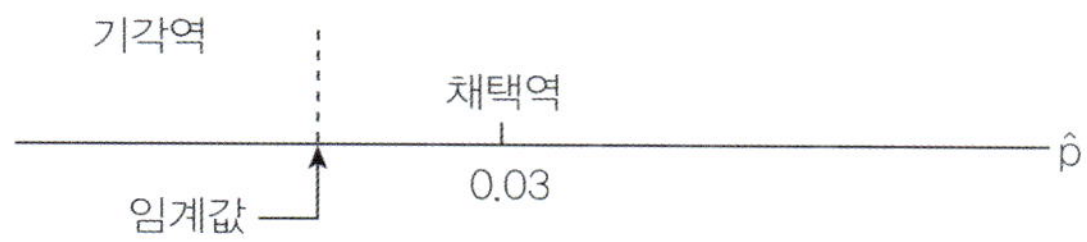

[그림 9.2] [예제 9.2]에 대한 기각역과 채택역

검정통계량의 값이 기각역에 속한다면, 귀무가설을 기각한다. 만약 검정통계량의 값이 채택역에 속한다면, 귀무가설을 채택하거나, 그 검정법으로는 결론을 내릴 수 없는 경우도 있다. 가설검정에 대한 몇 가지 실례를 다뤄보면 여러 형태의 결론을 내리는 방법을 알 수 있을 것이다.

마지막으로, 채택역과 기각역을 나누는데 기준이 되는 **임계값**(critical value)를 어떻게 정할까? 다시 말해서, 귀무가설 H_0를 기각하기 위해서는 통계적으로 합리적인 어떤 증거가 필요할까? 이를 해결하기 위해 잘못된 결정을 내릴 위험을 허용하는 기준인 **유의수준**(significance level) α와 검정의 결론을 연관시킨다.

> **정의**
>
> **제1종오류**(Type I error)는 귀무가설이 참일 때, 귀무가설을 기각하는 오류이다. **유의수준**(significance level; level of significance)은 제1종 오류를 범할 확률로 다음과 같다.
>
> $$\alpha = P(\text{제 1종 오류}) = P(H_0\text{를 기각할 오류}) = P(H_0\text{가 참일 때 } H_0 \text{ 기각})$$

이 α값은 귀무가설 H_0를 잘못 기각할 최대 허용 한계를 나타낸다. 유의 수준이 정해지면, 기각역은 의사 결정을 할 때, 고정된 신뢰수준에서 귀무가설 H_0를 기각할 수 있는 영역이다.

다음 절에서는 가설검정에 대한 이해를 도울 수 있는 자세한 계산 방법과 부가적인 개념들을 통해 모평균 μ 값에 대한 가설 검정에 대해 다룬다.

9.3 모평균에 대한 대표본 가설검정

평균이 μ이고, 표준편차가 σ인 모집단으로부터 n개의 임의표본을 뽑았다고 하자. 가설검정의 형태가 다음과 같은 단측 검정을 고려한다.

$H_0 : \mu = \mu_0$

단, μ_0는 μ에 대해 가정한 값이다.

$H_1 : \mu > \mu_0$

여기서, H_0는 모수에 대한 정확한 값에 대해 검정하고, H_1은 μ값의 범위에 대해 검정하고 있다.

1 검정에 필요한 요소들

표본평균 $\overline{X}$ 가 모평균 μ에 대한 가장 좋은 추정량이다. 실제로, 표본평균 $\overline{X}$ 값이 가정한 값 μ_0보다 얼마나 더 커야 H_0를 기각할 수 있을까? $\overline{X}$ 의 값이 매우 크다는 것은 가정한 값 μ_0보다 모평균 μ가 크다는 것을 의미한다. 따라서, $\overline{X}$ 값이 매우 크면 H_0를 기각해야 한다.

다음 문제는 "매우 크다"라고 정하는 기준에 관한 것이다. 평균의 오른쪽으로 몇 배의 표준편차거리만큼 떨어져 있는 표본평균 $\overline{X}$ 값들은 나타날 가능성이 희박하다. 이런 표본평균 값들로부터 오른쪽 꼬리방향의 확률(넓이)는 매우 작다. 그러므로, "매우 크다"의 기준은 귀무가설이 참일 때, 귀무가설을 기각할 확률인 유의수준 α를 이용하여 정할 수 있다.

표본평균 $\overline{X}$의 표준오차는

$$SE = \frac{S}{\sqrt{n}}$$

이다. **표본의 크기 n이 크면**, 표본평균 $\overline{X}$의 표집분포가 근사적으로 정규분포를 따르기 때문에, μ_0로부터 떨어진 표본평균 $\overline{X}$의 거리를 표준 편차로 나눈 값은 **표준화된 검정통계량**(standardized test statistic)

$$Z = \frac{\overline{X} - \mu_0}{S/\sqrt{n}}$$

로 나타내어 질 수 있다. 이 통계량의 값은 H_0가 참일 때, 즉 $\mu = \mu_0$일 때, 표준정규분포의 근사값이다. 유의수준 α는 정규곡선에서의 기각역과 같다. 그러므로, $\alpha = 0.01$이면, $\overline{X}$가 μ_0의 오른쪽으로 2.33배의 표준편차 거리보다 더 멀리 떨어져 있으면 H_0를 기각할 것이다. 이와 마찬가지로, 표준화된 검정통계량 Z가 2.33보다 큰 값이면 H_0를 기각할 것이다([그림 9.3] 참조).

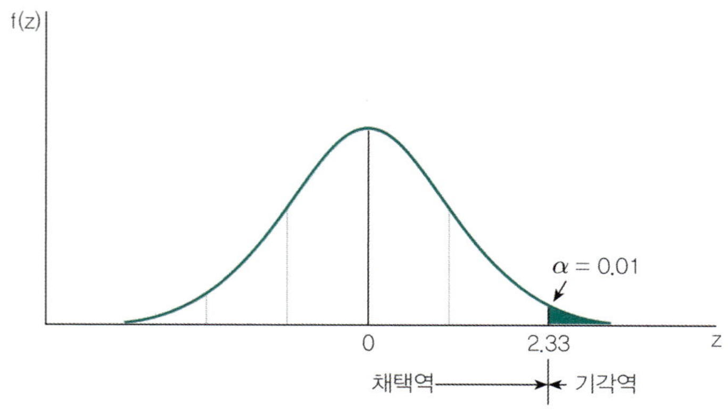

[그림 9.3] $\alpha = 0.01$일 때, 오른쪽 검정의 기각역

예제 9.4

여성 사회사업가들의 평균 주급(weekly earning)이 670달러이다. 같은 지위의 남성 사회사업가들의 평균 주급이 여성들의 평균 주급보다 더 많은가? 임의로 40명의 남성 사회사업가들을 대상으로 한 주급 자료로부터 $\overline{x}=725$달러, $s=102$달러를 관측하였다. 유의수준 $\alpha=0.01$ 하에서, 가설검정을 하시오.

풀이 남성들의 평균 주급이 여성들의 평균 주급 670달러보다 많은지를 보여야 하다. 그러므로, μ가 남성 사회사업가들의 평균 주급이라면, 가설을 다음과 같이 세울 수 있다.

귀무가설과 대립가설:

$$H_0: \mu = 670 \quad vs \quad H_1: \mu > 670$$

검정통계량 : 표본으로부터 얻은 정보를 이용하여 S를 모표준편차의 추정량으로 이용하여 계산한다.

$$Z \approx \frac{\overline{x}-670}{s/\sqrt{n}} = \frac{725-670}{102/\sqrt{40}} = 3.41$$

기각역: 단측 검정이므로, H_0를 기각하기 위해선 $\overline{X}=\overline{x}$의 값이 670보다 매우 크거나 또는 표준화된 검정통계량 Z의 값이 표준정규분포의 오른쪽 꼬리에 위치하여야 귀무가설을 기각할 수 있다. 유의수준 $\alpha=0.01$로 잘못된 결정을 내릴 위험 정도를 조절하고, 오른쪽 꼬리의 영역이 정확히 $\alpha=0.01$이 되도록 하여 기각역과 채택역을 나눠주는 **임계값**을 찾아야 한다. 이 값은 부록 I 〈표 3〉으로부터 $z=2.33$을 얻을 수 있고, [그림 9.3]과 같다. 관측된 검정통계량 값 Z가 2.33보다 크면, 귀무가설은 기각될 것이다

결론: 관측된 검정통계량 값 $z=3.41$와 기각하기 충분한 임계값 $z=2.33$을 비교한다. 관측된 검정통계량의 값이 기각역에 속하기 때문에, H_0를 기각할 수 있고, 남성 사회사업가들에 대한 평균 주급이 여성 사회사업가들의 평균 주급보다 많다는 결론을 내릴 수 있다. 이 때, 우리가 잘못된 의사결정을 내릴 수 있는 확률은 $\alpha=0.01$이다. ■

만약 μ_0보다 크거나 작은지를 알고 싶다면, 대립가설은 양측 검정의 형태

$$H_1: \mu \neq \mu_0$$

로 나타낼 수 있고, 이는 $\mu > \mu_0$ 또는 $\mu < \mu_0$를 의미한다 $\overline{X}$의 값은 μ_0로부터의 거리가 "매우 크다" 또는 "매우 작다"로 기각역에 놓여 있어야 귀무가설을 기각할 수 있다. 만약 유의수준이 $\alpha=0.01$라 하면, [그림 9.4]와 같이 기각역의 넓이는 정규분포의 두 꼬리의 영역을 똑같이 나눈다. 표준화된 검정통계량 Z를 이용하여, 만약 $Z>2.58$ 또는 $Z<-2.58$이면 H_0를 기각할 수 있다. 유의수준 α의 값이 다르면, 이에 따라 기각역과 채택역을 구분하는 Z의 임계값도 달라진다.

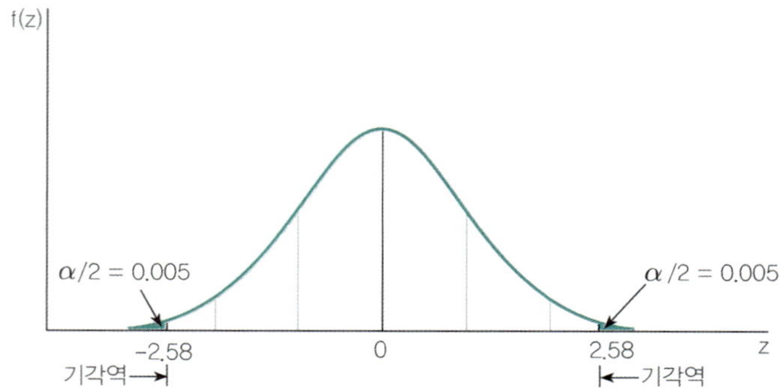

[그림 9.4] $\alpha = 0.01$일 때, 양측 검정의 기각역

예제 9.5

지난 몇 년 동안 어떤 지방 화학공장의 일일 생산량이 평균 880톤이었다. 이 공장의 품질관리부장은 최근 몇 달 동안 이 평균수치가 변했는지를 알고 싶어 했다. 그녀는 임의로 컴퓨터 데이터 베이스로부터 50일을 선택하여 일일 생산량의 평균과 표준편차를 계산해 보니, $\overline{x} = 871$톤, $s = 21$톤이었다. 유의수준 $\alpha = 0.05$하에서 가설검정 하시오.

풀이 귀무가설과 대립가설:

$$H_0 : \mu = 880 \quad vs \quad H_1 : \mu \neq 880$$

검정통계량 : μ에 대한 점추정량은 $\overline{X}$이다. 그러므로 검정통계량은 다음과 같다.

$$Z \approx \frac{\overline{x} - \mu_0}{s \,/\, \sqrt{n}} = \frac{871 - 880}{21 / \sqrt{50}} = -3.03$$

기각역: 양측 검정이므로, 표준정규분포의 오른쪽과 왼쪽 꼬리의 z값을 임계값으로 이용한다. 유의수준 $\alpha = 0.05$를 이용하여 오른쪽과 왼쪽 꼬리의 넓이가 $\alpha/2 = 0.025$가 되는 점을 임계값으로 잡아 기각역과 채택역으로 나눈다. 이 값들은 $z = \pm 1.96$이고, 만약 $Z > 1.96$ 또는 $Z < -1.96$이면 귀무가설을 기각할 것이다.

결론: 검정통계량 값이 $z = -3.03$으로 기각역에 속하므로, 품질관리 부장은 $\mu = 880$톤이라는 귀무가설을 기각하고 생산량이 변했다는 결론을 내린다. H_0가 참일 때, H_0를 기각할 확률 $\alpha = 0.05$로 작다. 그러므로, 품질관리 부장은 올바른 결정을 내렸다고 충분히 신뢰할 수 있다.

KeyPoint

μ에 대한 대표본 가설검정

1. 귀무가설: $H_0 : \mu = \mu_0$
2. 대립가설:

단측 검정	양측 검정
$H_1 : \mu > \mu_0$ (또는 $H_1 : \mu < \mu_0$)	$H_1 : \mu \neq \mu_0$

3. 검정통계량: $Z = \dfrac{\overline{X} - \mu_0}{s/\sqrt{n}}$ 를 $Z = \dfrac{\overline{X} - \mu_0}{\sigma/\sqrt{n}}$ 에 대한 추정값으로 이용

4. 기각역:

단측 검정	양측 검정
$Z > z_\alpha$ (또는 $Z < -z_\alpha$ 단, $H_1: \mu < \mu_0$일 때)	$Z > z_{\alpha/2}$ 또는 $Z < -z_{\alpha/2}$

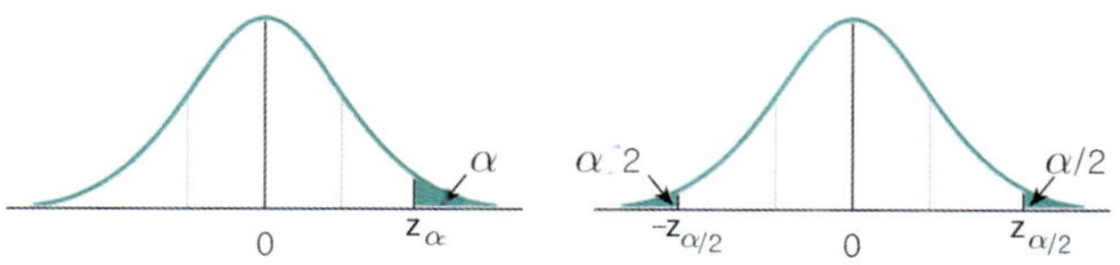

가정: 모집단으로부터 임의로 뽑혀진 표본의 크기 n이 크다. 즉, $n \geq 30$.

2 p-값 계산

이전의 예제들에서는, H_0를 기각 또는 채택의 결정은 유의수준 α에 따라 z에 대한 임계값과 계산된 검정통계량의 값을 비교하여 결정하였다. 그러나 다른 유의수준은 다른 결론을 내리게 한다. 예를 들어, 만약 우측 검정에서 검정통계량의 값이 $z = 2.03$이라면, 유의수준 5%하에서는 검정통계량의 값이 $z = 1.645$보다 크기 때문에 H_0를 기각할 수 있다. 그러나, 유의수준이 1%라면, 검정통계량의 값이 $z = 2.33$보다 작기 때문에 H_0를 기각할 수 없다([그림 9.5]를 참조). 이와 같은 결론의 애매모호함을 피하기 위해, 몇 몇 실험자들은 가설검정에서 p-값이라 불리는 변수의 유의확률을 이용하는 것을 선호한다.

정의

p-값 또는 유의확률은 H_0를 기각할 수 있는 최소의 값이다. 만약 관측된 검정통계량의 값에 따라 H_0를 기각했을 때, 제1종 오류를 범함 실제 위험도이다. p-값은 H_0에 대한 반증의 강도를 나타낸다.

관측된 검정통계량 값이 $z = 2.03$인 우측 검정에서는, H_0를 기각하는데 이용할 수 있는 가장 작은 임계값이 $z = 2.03$이다. 이 임계값에 대해, 잘못된 의사결정을 내릴 위험의 확률을 계산하면 다음과 같다.

$$P(Z \geq 2.03) = 1 - 0.9788 = 0.0212$$

이 확률이 가설검정에 대한 p-값이다. 여기서 이 확률은 계산된 검정통계량의 오른쪽 꼬리 영역의 넓이가 된다.

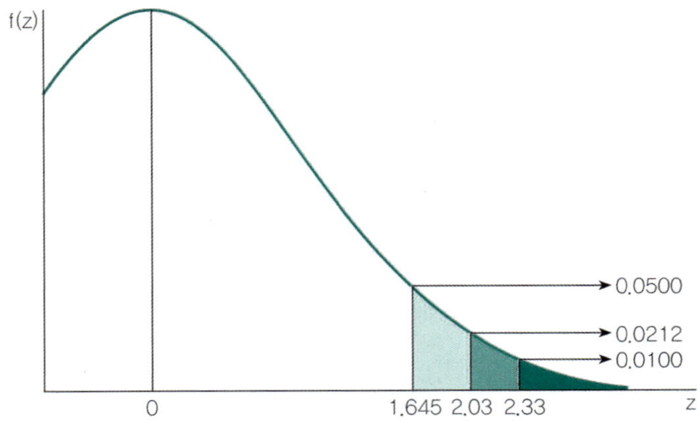

[그림 9.5] 기각역 값들

작은 $p-$값은 관측된 검정통계량의 값이 가정한 μ값으로부터 멀리 떨어져 있다는 것을 의미한다. 이것은 H_0가 거짓이고 기각되어야 한다는 강한 증거를 나타낸다. 큰 $p-$값은 관측된 검정통계량의 값이 가정한 μ값과 가까이 있고, H_0를 기각할 수 있는 영역에 속하지 않음을 의미한다. H_0를 기각하려면 $p-$값은 얼마나 작아야 하나?

정의

$p-$값이 주어진 유의수준 α 보다 작으면, 귀무가설은 기각될 수 있고, 유의수준 α하에서 **통계적으로 유의**(statistically significant)하다라고 한다.

이전의 예제에서, 유의수준을 $\alpha = 0.05$라고 정했다면, $p-$값이 0.05보다 작기 때문에 H_0를 기각할 수 있다. 그러나, 유의수준을 $\alpha = 0.01$라고 하면, $p-$값이 0.0212이므로 유의수준 0.01보다 크기 때문에 H_0를 기각할 수 없다. 이 결과는 유의수준 5%에서는 유의하지만, 유의수준 1%에서는 유의하지 않다.

예제 9.6

[예제 9.5]에서는 지난 몇 년 동안 어떤 지방 화학공장의 일일 생산량이 평균 550톤이었다. 이 공장의 품질관리부장은 최근 몇 달 동안 이 평균수치가 변했는지를 알고 싶어 했다. 그녀는 임의로 50일을 선택하여 일일 생산량의 평균이 871톤, 표준편차가 21톤임을 관측하였다. 양측 검정법에 의한 $p-$값을 계산하고, 이를 이용하여 가설검정의 결과를 밝히시오.

풀이 양측 검정법에 대한 기각역은 정규분포의 양쪽 꼬리에 분포되어 있다. 관측된 검정통계량의 값이 $z = -3.03$이므로, H_0를 기각할 수 있는 최소 기각역은 $|Z| > 3.03$이다. 이 기각역에 대한 $p-$값은 다음과 같다:

$$p-\text{값} = P(Z > 3.03) + P(Z < -3.03) = (1 - 0.9988) + 0.0012 = 0.0024$$

여기서 양측 검정법에 의한 $p-$값은 관측된 검정통계량의 꼬리의 넓이의 두 배가 된다. 만약 이 $p-$값 $= 0.0024$가 유의수준 α보다 작으면 H_0를 기각할 수 있다. 이 검정에서는 유의수준 5% 와 1% 인 경우 모두 H_0를 기각할 수 있다. ■

만약 통계 조사 보고서를 보고 있다면, H_0를 기각하기 위한 의사결정을 위해 $p-$값은 얼마나 작아야 할까? 많은 조사자들은 그들의 결과들을 다음과 같이 표현한다.

- $p-$값이 0.01보다 작으면, H_0를 기각하고, 그 결과는 **매우 유의하다**(highly significant).
- $p-$값이 0.01과 0.05 사이에 있으면, H_0를 기각하고, 그 결과는 **통계적으로 유의하다**(statistically significant).
- $p-$값이 0.05와 0.1 사이에 있으면, 보통 H_0를 기각하지 않고, 그 결과는 **통계적으로 유의한 성향을 보인다**(tending toward statistical significance).
- $p-$값이 0.1보다 크면, H_0를 기각하지 않고, 그 결과는 **통계적으로 유의하지 않다**(not statistically significant).

예제 9.7

정부기관의 지표에 따르면, 미국인들은 일일 평균 나트륨 섭취량이 3300mg가 넘어서는 안된다고 한다. 미국인들의 나트륨 섭취량이 3300mg이 넘는지를 알아보기 위해, 임의로 미국인 100명을 표본으로 선발하여 하루 나트륨 섭취량이 평균 3400mg, 표준편차 1100mg임을 관측하였다. 유의수준 $\alpha = 0.05$하에서 가설 검정하시오.

풀이 검정해야 할 가설은

$$H_0 : \mu = 3300 \qquad vs \qquad H_1 : \mu > 3300$$

이고, 검정통계량은 다음과 같다.

$$Z \approx \frac{\overline{x} - \mu_0}{s/\sqrt{n}} = \frac{3400 - 3300}{1100/\sqrt{100}} = 0.91$$

두 가지 방법에 의한 가설검정의 결과, 같은 결론을 얻었다.

- **기각역에 의한 방법:** 유의수준이 $\alpha = 0.05$이고, 단측 검정법이므로, 기각역을 결정하는 임계값은 $\alpha = 0.05$에 의해 $Z > 1.645$이면 H_0를 기각할 수 있다. 관측된 검정통계량의 값이 $z = 0.91$이므로 임계값보다 작기 때문에 H_0를 기각할 수 없다.
- **$p-$값에 의한 방법:** 관측된 검정통계량의 값 $z = 0.91$보다 클 확률인, $p-$값을 계산하면 다음과 같다.

$$p-\text{값} = P(Z > 0.91) = 1 - 0.8186 = 0.1814$$

$p-$값이 유의수준 $\alpha = 0.05$보다 크기 때문에 귀무가설을 기각할 수 없다. 그러므로, H_0는 채택이고, 그 결과는 통계적으로 유의하지 않다([그림 9.6] 참조). 일일 평균 나트륨 섭취량이 3300mg을 넘는다는 충분한 증거가 없다. ■

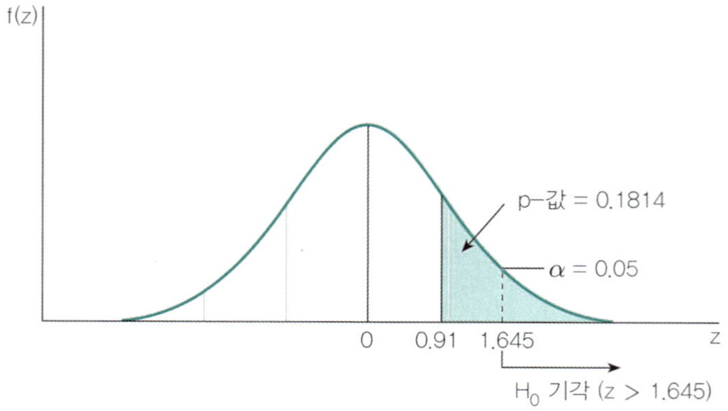

[그림 9.6] [예제 9.7]에 대한 기각역과 $p-$값

[그림 9.6]에서 보는 바와 같이, 위 두 가지 방법에 의한 가설검정의 결과는 같다. 관측된 검정통계량의 값 z는 임계값 z_α보다 크면, $p-$값은 유의수준 α보다 작게 된다. 두 가지 방법에 의한 가설검정의 결과는 같기 때문에, 둘 중 어느 방법을 사용하여도 같은 가설 검정의 결과를 얻을 수 있다. 그러나, $p-$값에 의한 방법은 다음의 두 가지 장점을 갖고 있다:

- 통계 소프트웨어를 이용한 가설 검정 결과에는 항상 $p-$값이 계산되어 나온다.
- $p-$값을 이용하면 유의수준 α의 값과는 관계없이 가설검정의 결과를 해석할 수 있다. 많은 조사자들은 그들의 결과가 통계적으로 유의한지의 여부에 관심이 많기 때문이다.

가끔, 유의수준 α와 $p-$값을 혼동하기 쉽다. 이 둘은 모두 검정통계량의 표집분포의 꼬리 영역의 넓이를 계산하기 때문이다. 그러나, 유의수준 α는 표본을 추출하기 전에 이미 정해진 값이다. 반면, $p-$값은 H_0가 참이라는 가정하에서, 표본의 결과를 통해서 계산되어 지는 값이다. **$p-$값이 작으면 작을수록, H_0가 참이 아니라는 것을 의미한다!**

3 두 가지 형태의 오류

통계적 가설검정을 할 때는 두 가지 선택이 있기 때문에, 두 가지 형태의 오류가 발생할 수 있다. 법정에서 판사는 피고인이 유죄임에도 불구하고 무죄의 판결을 내리는 오류를 범할 수 있듯이 통계적 가설검정도 같은 오류를 범할 수 있다. 사실, 실험자가 내린 의사결정과는 상관없이 귀무가설은 참일 수도 거짓일 수도 있다. 〈표 9.1〉은 조사자가 내릴 수 있는 의사결정에 따른 오류의 가능성을 나타낸 것이다.

〈표 9.1〉 의사결정 표

	귀무가설	
결정	참	거짓
H_0기각	제1종 오류	옳은 결정
H_0채택	옳은 결정	제2종 오류

이전의 절에서 제1종 오류의 확률을 α로 정의한데 이어서, 두 번째 오류를 **제2종 오류**라 하고 이 두 번째 오류를 범할 확률을 β라고 한다.

> **정의**
>
> **제1종 오류**(Type I error)는 귀무가설이 참일 때, 귀무가설을 기각하는 오류이다. 제1종 오류를 범함 확률을 α로 표기한다.
> **제2종 오류**(Type II error)는 귀무가설이 거짓일 때, 귀무가설을 채택하는 오류이다. 제2종 오류를 범할 확률을 β로 표기한다.

여기서 제1종 오류에 대한 확률은 유의수준 α이고, 이는 조사자가 조정할 수 있다. H_0를 기각했을 때, 추론의 신뢰도 즉 옳지 않은 결정을 할 확률이 α로 정확히 나타난다. 그러나, 제2종 오류에 대한 확률 β는 조사자가 항상 조정할 수 있는 것이 아니다. 사실, H_0가 거짓이고, H_1이 참일 때는 μ의 정확한 값은 알 수 없고, 단지 μ값의 범위 만 알 수 있다. 이 때문에 β를 계산하기가 어렵다. 신뢰도 없이 H_0가 참이라는 결정을 내리는 것은 올바르지 않다. 옳지 않은 결정을 내리는 위험브다는 H_0를 기각할 만한 충분한 증거를 갖지 않는다라는 판단을 내리는 것이 더 낫다.

어떤 특정한 가설을 "채택"한다는 의미는 그 가설에 동의한다는 것이다. 어떤 검정의 결과와는 상관없이 "채택"한 가설이 반드시 참이라는 것은 절대 아니다. 항상 잘못된 판단을 내릴 가능성 즉, α, β는 존재한다. 따라서, 만약 β를 모르거나 그 값을 받아들일 수 없다면 결코 H_0를 "채택"하지 않는다. 이런 경우는 더 많은 자료를 모아 판단을 내려야 한다.

4 통계적 검정의 검정력

통계적 검정의 적합성은 두 오차의 비율의 크기 즉, H_0가 참일 때, 이를 기각할 확률 α와 H_0가 거짓일 때, 이를 채택할 확률 β에 의해 좌우된다. 이 두 가지 오류의 비율이 작은 검정을 "좋은" 검정이라고 한다. 조사자는 제1종 오류의 확률 α를 선택함으로써 시작한다. H_1이 참일 때, H_0을 채택할 확률인 β를 조절하기 위해서는 표본의 크기를 적당히 조절하면 된다.

검정을 평가하는 또 다른 방법으로 제2종 오류를 보완, 즉 H_1이 참일 때, H_0을 기각할 확률

$$1-\beta = P(H_1\text{이 참일 때, } H_0\text{을 기각})$$

을 살펴보는 것이다. H_0가 거짓이고 H_1이 참일 때, H_0를 기각하는 것이므로, $(1-\beta)$를 검정력(power of the test)라 부른다.

> **정의**
>
> **통계적 가설검정의 검정력**(power of a statistical test)는
>
> $$1-\beta = P(H_1\text{이 참일 때, } H_0\text{을 기각})$$
>
> 이고 검정이 제대로 수행될 검정 능력을 나타낸다.

H_0가 거짓일 때, H_0를 기각할 확률 $(1-\beta)$의 그림은 관심있는 모수의 참 값의 함수로 통계적 가설검정의 **검정력 곡선**(power curve)이라 부른다. 이론적으로 α는 작고, 검정력 $(1-\beta)$는 커야 좋은 검정이라 하겠다.

예제 9.8

[예제 9.5]에서 μ가 870톤일 때 β와 검정력 $(1-\beta)$를 계산하시오.

풀이 [예제 9.5]의 검정에서 채택역은 구간 $\left[\mu_0 \pm 1.96\left(s/\sqrt{n}\right)\right]$이다. 이에 각 수치를 대입해 보면,

$$880 \pm 1.96\left(\frac{21}{\sqrt{50}}\right) \text{ 또는 } [874.18,\ \ 885.82]$$

이 된다. $\mu=870$이 주어졌을 때, H_0를 채택할 확률은 검정통계량의 표집분포에서 $\overline{X}$가 구간 $[874.18,\ \ 885.82]$에 속할 확률을 의미한다. $\overline{X}$는 평균이 870이고 $SE=21/\sqrt{50}=2.97$인 정규분포를 따르기 때문에, β는 $\mu=870$인 정규분포 곡선에서 874.18부터 885.82까지의 넓이가 된다([그림 9.7] 참조). 874.18과 885.82에 대응하는 $z-$값을 계산하면,

$$Z_1 \approx \frac{\overline{x}-\mu}{s/\sqrt{n}} = \frac{874.18-870}{21/\sqrt{50}} = 1.41$$

$$Z_2 \approx \frac{\overline{x}-\mu}{s/\sqrt{n}} = \frac{885.82-870}{21/\sqrt{50}} = 5.33$$

이 된다. 그러면,

$$\begin{aligned}\beta &= P(H_0 \text{ 채택 } | \mu=870) = P\left(874.18 < \overline{X} < 885.82 \,|\, \mu=870\right) \\ &= P(1.41 < Z < 5.33)\end{aligned}$$

이다.

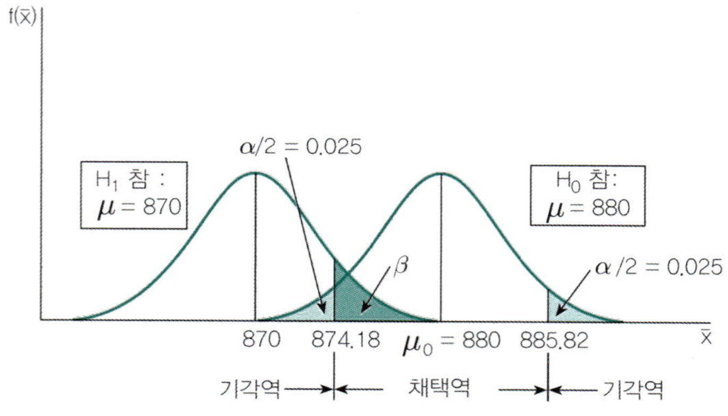

[그림 9.7] [예제 9.8]에서 β계산

[그림 9.7]로부터, $\mu=870$인 정규분포 곡선에서 $\overline{x}=885.82$(또는 $z=5.33$) 이 후의 곡선의 면적은 무시할 수 있을

만큼 작으므로,

$$\beta = P(Z > 1.41)$$

이 된다. 부록 I 의 〈표 3〉으로부터 확률을 구해보면,

$$\beta = 1 - 0.9207 = 0.0793$$

이다. 그러므로, 검정력은

$$1 - \beta = 1 - 0.0793 = 0.9207$$

이 된다. μ가 870톤일 때, H_0를 기각하는 옳은 결정을 할 확률은 0.9207 또는 대략 92%이다. ■

$\mu_0 = 880$과 다른 μ_1에 대한 $(1-\beta)$의 값들을 계산할 수 있고, 이는 검정력을 나타낸다. 예를 들어, $\mu_1 = 885$이면,

$$\begin{aligned}\beta &= P(874.18 < \overline{X} < 885.82 \mid \mu = 885) \\ &= P(-3.64 < Z < 0.28) \\ &= 0.6103 - 0 = 0.6103\end{aligned}$$

이고, 검정력은 $(1-\beta) = 0.3897$이다. 〈표 9.2〉는 다양한 μ_1값에 따른 검정력을 나타낸 것이고, [그림 9.10]은 검정력 곡선을 보여준다. 여기서 검정력은 μ_1과 μ_0의 거리가 멀어질수록 증가한다. 양쪽 고리 검정일 경우에는 검정력 곡선이 ∪ −자형의 모형으로 나타난다.

〈표 9.2〉 [예제 9.8]에서 다양한 μ_1값에 대한 $(1-\beta)$의 값

μ_1	$(1-\beta)$	μ_1	$(1-\beta)$
865	0.9990	883	0.1726
870	0.9207	885	0.3897
872	0.7673	888	0.7673
875	0.3897	890	0.9207
877	0.1726	895	0.9990
880	0.0500		

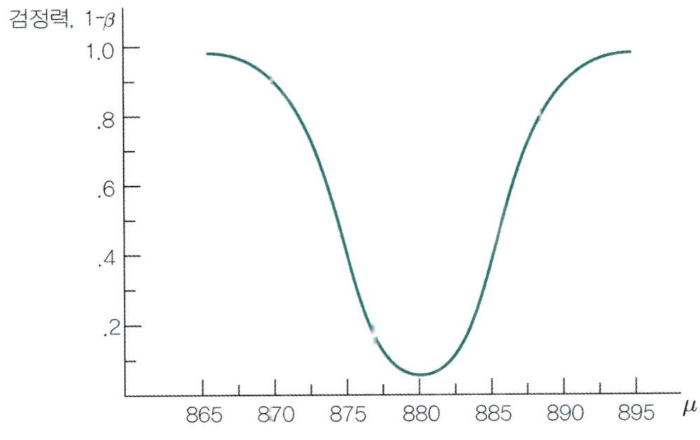

[그림 9.8] [예제 9.8]에 대한 검정력 곡선

두 오류의 비율 α와 β, 검정력 $(1-\beta)$, 표본크기 n들은 서로 중요하게 얽혀 있다. [그림 9.8]의 두 곡선을 살펴보자.

- 만약 오른쪽 곡선에서 양쪽 꼬리 넓이의 합인 α가 증가하면, 이에 대응하는 β의 영역은 줄어든다.
- 고정된 α에 대하여, β를 줄이는 유일한 방법은 표본의 크기 n을 증가시키는 것이다.

왼쪽의 곡선이 오른쪽 곡선($\mu = 880$)로 가까이 갈수록 β의 넓이는 어떻게 변화하는가? 오른쪽 곡선에서 기각역이 고정되어 있다면, β의 값은 증가할 것이다. 검정력에는 어떤 효과가 있을까? [그림 9.10]을 살펴 보자.

- 평균에 대한 참값 μ_1과 가정한 값 μ_0간의 차이가 크면, 검정력 $(1-\beta)$은 증가한다. 가설검정은 두 값 간의 차이가 클 때, 그 차이를 감지하기 쉽다.
- 참값 μ_1과 가정한 값 μ_0간의 차이가 작으면 작을수록, 그 차이를 감지할 수 있는 검정력이 떨어진다.
- 고정된 α에 대하여, 검정력 $(1-\beta)$을 증가시키는 유일한 방법은 표본의 크기 n을 증가시키는 것이다.

조사자는 오류의 가능성의 위험도를 무시할 수 있는 수준을 정해야 한다. 실제 조사에서 중요한 것은 차이를 감지할 수 있는 능력 즉 검정력도 결정해야 한다. 이런 결정들이 정해지면, 이에 맞도록 표본의 크기를 조절하면 된다.

Probability & Statistics

연습문제

9.1 대표본 가설검정을 할 때, 다음의 각 경우에 적당한 기각역을 구하시오.

a. $\alpha = 0.01$인 우측 검정

b. 유의수준 5%인 양측 검정

9.2 대표본 가설검정을 할 때, 다음의 각 경우에 적당한 기각역을 구하시오.

a. 유의수준 1%인 좌측 검정

b. $\alpha = 0.01$인 양측 검정

c. 검정통계량 값을 $z = -2.41$이라 가정하고, a와 b의 기각역들을 이용하여 적당한 의사결정을 하시오.

9.3 [예제 9.4]에 대하여, $p-$값을 이용하여 의사결정하고 "통계적으로 유의한"의 의미를 귀무가설 H_0의 기각 또는 채택으로 표현하시오.

9.4 어떤 모집단으로부터 임의로 추출된 35개의 관측값들의 평균이 2.4이고, 표준편차가 0.29였다. 모평균이 2.3보다 큰지를 알고 싶다.

a. 위 가설에 대하여 $p-$값을 구하시오.

b. a에서 구한 $p-$값을 이용하여 유의수준 5%하에서 의사결정을 하시오.

c. 유의수준 5%하에서 기각역을 구하시오.

d. c에서 구한 기각역을 이용하여 의사결정을 하시오.

e. b와 d의 결과를 비교하시오.

9.5 어떤 모집단으로부터 임의로 추출된 100개의 관측치들의 평균이 26.80이고, 표본표준편차가 6.5였다. 모평균이 28과 다른지의 여부를 $p-$값을 이용하여 가설 검정하시오.

9.6 어떤 수퍼마켓 체인점의 정육코너에서는 다진 고기를 작은 접시에 담아 1파운드 포장으로 판매하고 있다. 이 지점의 품질관리부장은 이 제품의 중량이 1파운드가 맞는지를 알아보기 위하여 포장된 제품 35개를 임의로 추출하여 조사를 하였다. 이 표본의 평균은 1.01파운드이고, 표준편차는 0.18이었다.

a. 품질관리부장이 제품의 중량이 1파운드가 맞는지를 알고 싶어 한다고 할 때, 가설을 세우시오.

b. 위 가설에 대하여 $p-$값을 구하시오.

c. 가설검정 결과 품질관리부장은 어떤 결정을 내리겠는가?

9.7 어떤 제약회사에서 생산한 항생제 제품의 효능의 평균이 80%라고 주장했다. 이에 임의의 표본 100개의 캡슐을 추출하여, 약의 효능을 측정한 결과 $\overline{x} = 79.7\%$, $s = 0.8\%$를 관측하였다. 이 표본의 결과가 유의수준 5%하에서, 이 제약회사의 주장이 옳다고 할 만한 충분한 증거가 되는가?

a. 귀무가설을 세우시오.

b. 대립가설을 세우시오.

c. 위 가설에 대한 가설검정을 하시오.

9.8 한 신문사에서는 미국인들은 고학력일수록 일하는 시간이 짧다고 주장했다. 대졸 근로자들은 하루 평균 7.4시간동안 일을 하고, 대졸 미만의 근로자들은 그 보다 긴 시간동안 일을 한다고 했다. 이 주장을 뒷받침하기 위해 임의로 대졸 미만의 근로자들 100명을 대상으로 하루 평균 7.9 시간과 표준편차 1.9시간의 결과를 얻었다.

a. 대졸 미만의 근로자들의 하루 평균 근무시간이 대졸 근로자들의 평균 근무시간보다 길다고 할 수 있는지 $p-$값을 이용하여 의사결정하시오.

b. 당신이 대학졸업자라면, a의 결론을 자신에게 적용하여 최선의 권리를 주장하시오.

c. 당신이 대학 졸업을 안했다면 a의 결론을 어떻게 말하겠는가?

9.9 보통 사람들의 아킬레스건 직경은 5.97mm이다. 어떤 의학 논문에서 아킬레스건 병증 환자들은 보통 사람들의 아킬레스 건 직경보다 길다고 주장했다. 이에 대한 근거로 임의로 31명의 아킬레스건 병증 환자들을 대상으로 측정한 평균 아킬레스 건의 직경은 9.80mm, 표준편차 1.95mm였다는 사실들 증거로 삼았다. 이 표본의 결과가 이 논문에서 주장한 아킬레스건 병증 환자의 아킬레스 건의 직경은 보통 사람들의 아킬레스건 직경인 5.97mm보다 길다고 할만한 충분한 증거가 되는지 유의수준 5%하에서 검정하시오.

9.4 두 모평균의 차에 대한 대표본 검정

많은 경우, 통계적 문제는 두 모집단의 비교를 다루게 된다. 예를 들어, 미국 우체국에서는 가솔린 트럭을 전기 트럭으로 대체함으로써 매년 3억5천만 갤론의 가솔린을 절감할 수 있다는 사실에 관심을 갖고 있다. 가솔린 트럭을 전기 트럭으로 바꾸는 운영비용이 유의한지의 여부를 결정하기 위해, 같은 조건 하에서 100대의 가솔린 트럭과 100대의 전기트럭을 임의로 선정하여 시험적으로 조사하였다.

모평균의 차$(\mu_1 - \mu_2)$를 위해 표본으로부터 통계량 $(\overline{X_1} - \overline{X_2})$를 구하였다. 그러므로 두 표본 평균 간에 차이가 있는지를 검정하는 것이 두 모평균 간에 차이가 있는지를 나타내기 때문에, 두 모평균의 차 $(\mu_1 - \mu_2) = D_0$에 대한 추정량 $(\overline{X_1} - \overline{X_2})$의 표준오차는

$$\sqrt{\frac{\sigma_1^2}{n_1} + \frac{\sigma_2^2}{n_2}} \text{ 에 대한 추정량으로 } SE = \sqrt{\frac{S_1^2}{n_1} + \frac{S_2^2}{n_2}}$$

를 이용하여 가정한 모평균 차 D_0에 대한 $Z-$검정통계량을 구할 수 있다. 검정 절차는 다음에 소개한다.

KeyPoint

두 모평균 차 $(\mu_1 - \mu_2)$에 대한 대표본 가설검정

1. 귀무가설: $H_0 : (\mu_1 - \mu_2) = D_0$, 단, D_0는 임의의 상수로 대부분의 경우 $D_0 = 0$으로 가정한다.
2. 대립가설:

단측 검정	양측 검정
$H_1 : (\mu_1 - \mu_2) > D_0$ (또는 $H_1 : (\mu_1 - \mu_2) < D_0$)	$H_1 : (\mu_1 - \mu_2) \neq D_0$

3. 검정통계량: $Z \approx \dfrac{(\overline{X_1} - \overline{X_2}) - D_0}{SE} = \dfrac{(\overline{X_1} - \overline{X_2}) - D_0}{\sqrt{\dfrac{S_1^2}{n_1} + \dfrac{S_2^2}{n_2}}}$
4. 기각역:

단측 검정	양측 검정
$Z > z_\alpha$ (또는 $Z < -z_\alpha$ 단, $H_1 : (\mu_1 - \mu_2) < D_0$일 때) 이거나, $p-$값 $< \alpha$이면, H_0를 기각한다.	$Z > z_{\alpha/2}$ 또는 $Z < -z_{\alpha/2}$

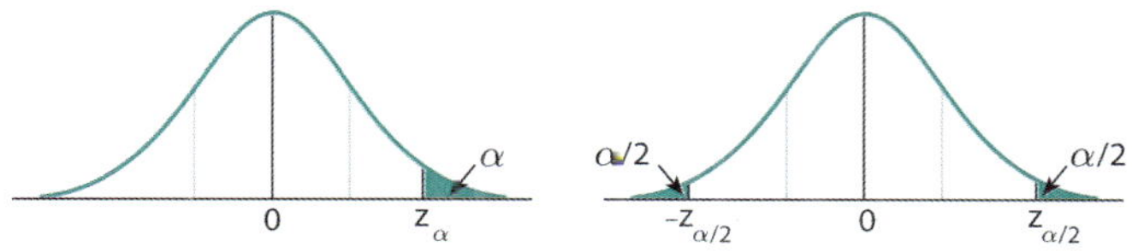

가정: 두 모집단으로부터 임의로 뽑혀진 두 표본이 서로 독립이고, $n_1 \geq 30$, $n_2 \geq 30$이다.

예제 9.9

차량의 소유가 학생들의 학업 성취도에 영향을 미치는지의 여두를 알기위해 학생들 중 임의로 남학생 100명씩 두 그룹의 표본을 추출하였다. 첫 번째 그룹의 표본은 차량을 소유하지 않는 남학생들의 집단으로 $n_1 = 100$, 그들의 학점이 $\overline{x_1} = 2.70$, $s_1^2 = 0.36$이었고, 두 번째 그룹의 표본은 차량을 소유하고 있는 남학생들의 집단으로 $n_2 = 100$, 그들의 학점이 $\overline{x_2} = 2.54$, $s_2^2 = 0.40$이었다. 이 조사의 결과는 차량의 소유가 학생들의 학업 성취도에 영향을 미친다는데 대한 충분한 근거가 될 수 있는지를 유의수준 5%하에서 가설검정 하시오.

풀이 만약 차량의 소유가 학업 성취도에 영향을 미치는지를 알고 싶다면, 차량을 소유하지 않은 남학생들의 학점의 평균을 μ_1, 차량을 소유하고 있는 남학생들의 학점의 평균을 μ_2라고 하면, 귀무가설은 이들 평균 간의 차이가 없다가 되고, 이에 반하는 대립가설은 평균 간의 차이가 있다가 된다. 즉,

$$H_0: (\mu_1 - \mu_2) = D_0 = 0 \quad vs \quad H_1: (\mu_1 - \mu_2) \neq 0$$

이다. 검정통계량의 공식에 표본으로부터 얻은 통계량들을 대입하면,

$$Z \approx \frac{(\overline{x_1} - \overline{x_2}) - D_0}{\sqrt{\frac{s_1^2}{n_1} + \frac{s_2^2}{n_2}}} = \frac{(2.70 - 2.54)}{\sqrt{\frac{0.36}{100} + \frac{0.40}{100}}} = 1.84$$

가 된다.

- 기각역에 의한 방법: 유의수준 $\alpha = 0.05$하에서, 양측 검정을 이용하면, $Z-$분포의 양쪽 꼬리의 넓이가 $\alpha/2 = 0.025$이 되게 만드는 기각역은 $Z > 1.96$ 또는 $Z < -1.96$이 된다. 관측된 검정 통계량의 값이 $z = 1.84$으로, 1.96을 넘지 않고, -1.96보다 작지 않기 때문에 H_0를 기각할 수 없다([그림 9.9] 참조). 즉, 두 그룹 간의 학업 성취도의 평균이 차이가 난다는 충분한 근거가 없다.

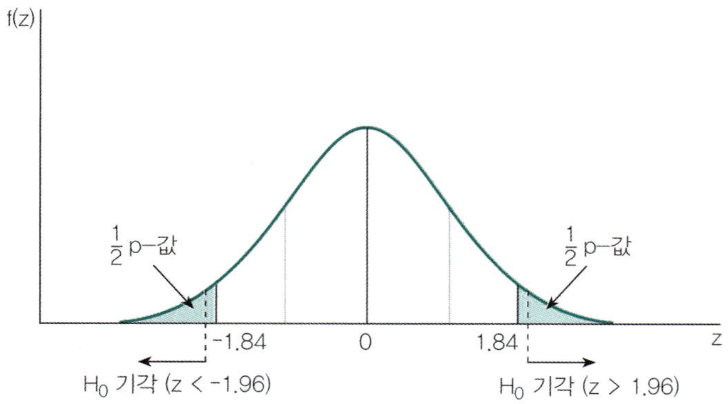

[그림 9.9] [예제 9.9]에 대한 기각역과 $p-$값

- **$p-$값에 의한 방법:** $p-$값을 계산하려면, [그림 9.9]과 같이 $z=1.84$보다 큰 Z의 확률과 $z=-1.84$보다 작은 Z의 확률을 더하면 다음과 같다.

$$p-\text{값} = P(Z>1.84)+P(Z<-1.84)=(1-0.9671)+0.0329=0.0658$$

$p-$값은 0.10과 0.05사이에 있어서 유의수준이 0.10일 때는 H_0를 기각할 수 있지만, 유의수준이 0.05일 때는 H_0를 기각할 수 없다. ■

1 가설검정과 신뢰구간

$(\mu_1-\mu_2)$에 대한 가설검정을 할 때, 유의수준 α하에서의 임계값과 $p-$값 계산이, 관측된 검정통계량 값과 직접적으로 관련되어 있기 때문에 기각역에 의한 방법을 이용하거나, $p-$값에 의한 방법을 이용하든 상관없이 같은 결론을 내리게 된다. 8장에서 배운 신뢰구간을 떠올려 보면, 두 모평균의 차이가 있는지의 문제에 대한 답을 찾을 수 있을 것이다. 사실, 양쪽 꼬리 검정에서 관심 있는 모수의 $(1-\alpha)100\%$ 신뢰구간은 그 모수 값에 대한 검정에 이용될 수 있다. 여기서 신뢰구간의 신뢰 계수 α는 유의수준 α와 동일한 것이다. 한쪽 꼬리 검정에서 신뢰구간에 의한 방법을 이용하려면, 8.8절의 **단측신뢰한계**를 이용하면 된다. 게다가 신뢰구간에 의한 방법을 이용하면, 가설검정의 결과와는 상관없이 관심 있는 모수가 가질 수 있는 값의 범위를 알 수 있다.

- 만약 신뢰구간이 H_0에서 가정한 모수의 값을 포함하고 있다면, 그 값은 모수가 가질 수 있는 값들 중에 하나이므로, H_0를 기각할 수 없다.
- 만약 신뢰구간이 H_0에서 가정한 모수의 값을 포함하고 있지 않다면, 유의수준 α하에서 H_0를 기각한다.

예제 9.10

차량을 소유하고 있는 남학생들과 그렇지 않은 남학생들의 학업 성취도의 평균 차에 대한 95% 신뢰구간을 구하시오. 신뢰구간을 이용하여, 두 학생 그룹 간의 모평균 차이가 있다고 할 수 있겠는가?

풀이 8장에서 배운 대표본 통계량(large-sample statistics)에서, 95% 신뢰구간은 다음과 같이 주어진다.

$$\text{점추정량} \pm 1.96 \times (\text{추정량의 표준편차})$$

두 모평균 차에 대한 신뢰구간은 대략 다음과 같이

$$(\overline{X_1} - \overline{X_2}) \pm 1.96\sqrt{\frac{S_1^2}{n_1} + \frac{S_2^2}{n_2}}$$

$$(2.70 - 2.54) \pm 1.96\sqrt{\frac{0.36}{100} + \frac{0.40}{100}}$$

$$0.16 \pm 0.17$$

또는 $-0.01 < (\mu_1 - \mu_2) < 0.33$이 된다. 이 구간은 두 모평균 차가 가질 수 있는 값들의 범위를 보여주고 있다. 두 모평균의 차를 $(\mu_1 - \mu_2) = 0$으로 가정했고, 신뢰구간이 이 값을 포함하고 있기 때문에 H_0를 기각해서는 안 된다. 신뢰구간의 부호를 살펴보자. 이 구간은 음의 부호와 양의 부호를 모두 갖고 있기 때문에 이 구간은 0을 포함한다. 그러므로, 차량을 소유하고 있는 남학생들과 그렇지 않은 남학생들의 학업 성취도의 평균 차이가 난다는 충분한 증거가 없다. 이 결론은 [예제 9.9]와 같은 결과이다. ■

Probability & Statistics

연습문제

9.10 서로 독립인 모집단 1과 모집단 2로부터 임의로 표본들의 크기가 각각 36, 45이 되도록 추출하였다. 이 표본들의 통계량을 요약한 결과가 다음과 같다.

	표본 1	표본 2
표본의 크기	36	45
표본평균	1.24	1.31
표본분산	0.0560	0.0540

모집단 1에 대한 평균이 모집단 2에 대한 평균보다 작다고 할 만한 충분한 근거가 있는가? 이 절에서 제시한 두 가지 방법 중 하나는 이용하여 가설검정하고, 그 이유를 간단히 쓰시오.

9.11 보통 감기에 걸린 사람들 중 하루에 비타민C를 4mg 복용한 사람과 그렇지 않은 사람들 사이에 감기에서 회복하는데 걸린 시간(단위: 일)을 비교하는 실험을 하였다. 각각의 그룹에서 임의로 성인 35명을 선발하여, 감기에서 회복하는데 걸린 시간을 측정한 결과는 다음과 같다.

	비타민C 비복용	비타민C 복용
표본의 크기	35	35
표본평균	6.9	5.8
표본분산	2.9	1.2

a. 위 조사의 목적이 비타민C가 감기에서 회복하는데 걸리는 시간을 단축한다고 하자. 귀무가설과 대립가설을 세우시오. 이 가설은 한쪽 꼬리 검정인가? 양쪽 꼬리 검정인가?

b. a에서 세운 가설에 대하여 유의수준 5%하에서 가설검정 하시오.

9.12 한 도시의 A동과 B동에서 각기 100가구를 임의로 추출하여, 식수 중 납의 함유량을 조사하여 다음과 같은 결과를 얻었다(단위: milion)

	A동	B동
표본의 크기	100	100
표본평균	34.1	36.0
표본분산	5.9	6.0

a. 두 모평균 차에 대한 검정통계량과 $p-$값을 계산하여라. 유의수준 5%하에서 $p-$값에 의한 방법을 통해 통계적으로 유의한지를 밝히시오.

b. A동과 B동의 납함유량 평균 차에 대한 95%신뢰구간을 구하시오.

c. 이 도시의 환경기술자는 A동과 B동의 납함유량 평균 차이가 5이상 차이가 나는지 궁금해 한다고 하자. b에서 구한 신뢰구간에 따르면, a에서 얻은 가설검정의 결과와 같은가? 설명하시오.

9.13 서로 다른 두 개의 호텔체인에 대하여 평균 숙박요금을 비교하려 한다. 매리어트와 웨스틴 호텔체인 데이터 베이스로부터 임의로 50개의 계산서들을 선택하여 하루 숙박요금에 대한 다음과 같은 결과를 얻었다.

	매리어트	웨스틴
표본평균(달러)	150	165
표본표준편차(달러)	17.2	22.5

a. 데이터를 보기 전, 여러분은 두 호텔 체인들 사이에 평균 하루 숙박요금 차이가 있을 것이라 생각했는가? 그 생각에 대한 귀무가설과 대립가설을 세우시오.

b. 유의수준 1%하에서, 매리어트 호텔체인의 평균 하루 숙박요금과 웨스틴 호텔 체인의 평균 하루 숙박요금 간의 차이에 대한 임계값을 구하시오.

c. 이 검정에 대한 $p-$값을 계산하고, b의 결과와 비교하여 의사결정하시오.

9.14 한 여행사에서는 예약한 여행날짜와 시간에 이용할 수 있는 국내 여행상품을 저렴한 가격으로 소비자들에게 제공하려고 한다. 한 여행상품은 접근성이 용이한 도심공항 A를 이용하는 옵션을 갖고 있어, 공항까지의 도달하는 비용은 줄일 수 있지만, 국내선 항공료가 비싸다는 단점을 갖고 있다. 또 다른 여행상품은 도심에서 멀리 떨어져 있는 공항 B를 이용하면, 공항까지 도달하는 비용은 더 비싸지만, 국내선 항공료가 저렴하다는 장점을 갖고 있다. 이 여행사에서는 좀 더 저렴한 국내 여행상품을 기획하기 위해 공항A와 공항B에서 이용할 수 있는 평균 국내선 항공료 차이를 비교하기 위해 각 공항마다 1000회의 국내선 항공료를 비교하였다. A공항의

평균 국내선 항공료는 349달러, B공항의 평균 국내선 항공료는 287달러였고, 두 공항의 평균 국내선 항공료의 표준편차는 모두 200달러였다.

a. 유의수준 5%하에서, 두 공항에서 이용할 수 있는 평균 국내선 항공료 차이가 통계적으로 유의하다고 할 수 있는가? $p-$값을 계산하시오.

b. A공항의 평균 국내선 항공료를 μ_1, B공항의 평균 국내선 항공료를 u_2라 하자. $(\mu_1 - \mu_2)$에 대한 95% 신뢰구간을 구하여라. 이 신뢰구간을 이용하여 a에 대한 의사결정을 하시오.

9.15 남자 성인 65명, 여자 성인 65명을 대상으로 체온을 측정한 결과가 다음과 같다.

	남자	여자
표본평균(˚F)	98.11	98.39
표본표준편차(˚F)	0.70	0.74

a. 남자와 여자의 평균 체온 사이에 차이가 나는지 $p-$값을 이용하여 의사결정하시오.

b. 유의수준 5%하에서 평균 체온 사이의 차이가 유의한가? 유의수준 1%하에서는 평균 체온 사이의 차이가 유의한가?

9.5 모비율에 대한 대표본 가설검정

이항분포를 따르는 모집단으로부터 임의로 n개의 표본을 뽑았을 때, 표본비율 $\hat{p}$는 n이 크면, 평균이 p이고 표준편차가

$$SE = \sqrt{\frac{pq}{n}}$$

인 정규분포로 근사한다. 모비율 p 즉, 모집단에서 어떤 특징을 보일 비율에 대한 가설검정을 할 때, 그 검정은 9.3절과 9.4절에서의 대표본 검정과 같은 형태를 따른다. 가설을 검정하기 위해서 귀무가설은

$$H_0 : p = p_0$$

이고, 대립가설은

$$H_1 : p > p_0 \quad \text{또는} \quad H_1 : p < p_0 \quad \text{또는} \quad H_1 : p \neq p_0$$

이와 같이, 단측 또는 양측 검정의 형태가 대응된다. 검정통계량을 구하기 위해서는 모비율 p의 좋은 추정량인 표본비율 $\hat{p}$를 이용한다. 귀무가설에서 가정한 평균과 표준편차를 이용하여 표본비율 $\hat{p}$을 표준화 하여, H_0가 참일 때, 표준정규분포를 따르는 검정통계량 Z의 형태를 만든다. 다음은 대표본 검정을 요약한 것이다.

KeyPoint

모비율 p에 대한 대표본 가설검정

1. 귀무가설: $H_0: p = p_0$

2. 대립가설:

단측 검정	양측 검정
$H_1: p > p_0$ (또는 $H_1: p < p_0$)	$H_1: p \neq p_0$

3. 검정통계량: $Z = \dfrac{\hat{p} - p_0}{SE} = \dfrac{\hat{p} - p_0}{\sqrt{\dfrac{p_0 q_0}{n}}}$ 단, $\hat{p} = \dfrac{X}{n}$

여기서, X는 n번의 이항시행에서의 성공의 수.

4. 기각역:

단측 검정	양측 검정
$Z > z_\alpha$ (또는 $Z < -z_\alpha$ 단, $H_1: p < p_0$일 때) 이거나, $p-$값 $< \alpha$이면, H_0를 기각한다.	$Z > z_{\alpha/2}$ 또는 $Z < -z_{\alpha/2}$

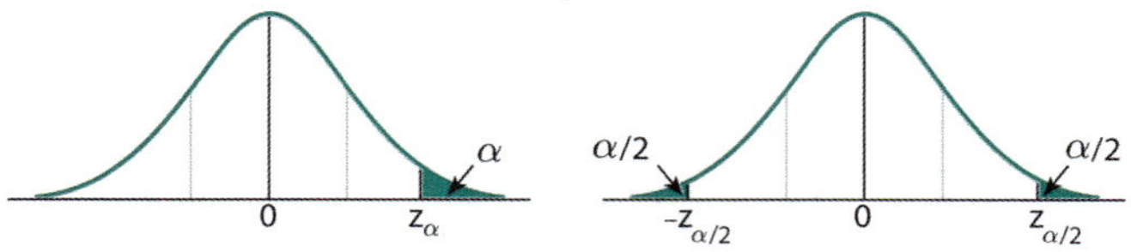

가정: 표본추출이 이항실험의 가정들을 만족하고(5.2절 참조), $\hat{p}$의 표집분포가 정규분포에 근사할 수 있도록 표본의 크기 n가 충분히 크다($np_0 > 5$ 이고 $nq_0 > 5$).

예제 9.11

나이와는 상관없이 미국성인의 20%는 일주일에 적어도 2번 이상 운동을 하고 있다. 그러나, 이런 운동이 사람들을 몸의 노화를 촉진시키고, 가끔 나이가 들수록 운동을 하지 않게 하기도 한다. 어떤 지방의 40세 이상의 성인 100명을 대상으로 일주일에 적어도 2번 이상의 운동을 하는 사람이 15명으로 조사됐다. 이 자료를 통해 40세 이상의 성인들 중 운동하는 성인의 비율이 20%보다 적다고 할 수 있겠는가? $p-$값을 계산하고, 이를 이용하여 적당한 결론을 내리시오.

풀이 이 표본추출이 이항실험의 가정들을 만족한다고 가정하면, 이 문제에 대한 가설은 한쪽 꼬리 검정이다:

$$H_0: p = 0.2 \quad vs \quad H_1: p < 0.2.$$

H_0가 참이라고 즉, 모비율 p의 참값이 $p_0 = 0.2$라고 가정하고 시작한다. 그러면, $\hat{p} = X/n$은 근사적으로 평균이 p_0

이고, 표준편차가 $\sqrt{p_0 q_0 / n}$ 인 정규분포를 따를 것이다. (주의: 이는 표준편차를 모르는 경우 추정량으로 $\sqrt{\hat{p}\hat{q}/n}$ 을 대신하는 추정의 절차와는 다르다) $\hat{p}$의 관측값은 $15/100 = 0.15$이고, 검정 통계량은

$$Z = \frac{\hat{p} - p_0}{\sqrt{\frac{p_0 q_0}{n}}} = \frac{0.15 - 0.20}{\sqrt{\frac{(0.20)(0.80)}{100}}} = -1.25$$

이 된다. 이 검정의 $p-$값은 [그림 9.10]와 같이 표준 정규분도곡선에서 $z = -1.25$의 왼쪽 꼬리의 넓이가 된다. 그러므로,

$$p-\text{값} = P(Z < -1.25) = 0.1056$$

이다. ■

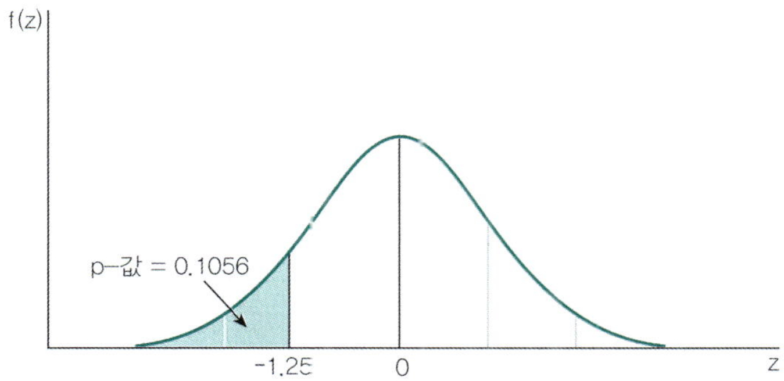

[그림 9.10] [예제 9.11]에 대한 $p-$값

$p-$값에 의해 살펴보면, 0.1056은 0.10보다 크기 때문에 H_0를 기각하지 않는다. 40세 이상의 성인 중 일주일에 2번 이상 운동을 하는 사람의 비율이 20%보다 적다고 할 충분한 증거가 없다.

1 가설설정의 중요성

"유의한" 결과와 실제적으로 "중요한" 결과 사이의 차이점을 이해하는 것이 중요하다. 통계적 용어로, **유의하다** 라는 말은 반드시 "중요하다"란 의미가 아니라 우연히 일어나지 않는 드문 경우란 의미다. 예를 들어, [예제 9.11]에서, 조사자가 400명을 대상으로 조사를 진행했을 때도 같은 비율을 얻었다고 가정하자. 검정통계량은

$$Z = \frac{\hat{p} - p_0}{\sqrt{\frac{p_0 q_0}{400}}} = \frac{0.15 - 0.20}{\sqrt{\frac{(0.20)(0.80)}{400}}} = -2.50$$

으로 계산되고,

$$p-\text{값} = P(Z < -2.50) = 0.0062$$

을 얻을 수 있다. 이제 결과는 **매우 유의하다**가 나와 H_0를 기각하고, 40세 이상의 성인 중 일주일에 2번 이상 운동을

하는 사람의 비율이 20%보다 적다고 할 충분한 증거가 된다. 그러나, 이 사실이 정말 중요할까? 내과의사들은 운동하는 사람들의 비율이 10%이상인지의 여부에만 관심이 있다고 가정하자. 만약 10%이상의 성인들이 운동을 하는지에만 관심을 갖고 있었다면, 이는 p의 참값이 0.10 미만이었다는 사실을 의미한다. p가 가질 수 있는 가장 큰 값은 무엇일까? 한쪽 방향 신뢰구간의 상한을 이용하면,

$$\hat{p} + 1.645\sqrt{\frac{\hat{p}\hat{q}}{n}}$$

$$0.15 + \sqrt{\frac{(0.15)(0.85)}{400}}$$

$$0.15 + 0.029$$

또는 $p < 0.179$임을 얻게 된다. 40세 이상의 성인들의 운동비율은 20%보다 작지만, 10%보다 작다고 할 수는 없다. 그래서, 가설검정의 결과는 비록 통계적으로 유의한 결과지만, 실제로 중요하진 않다.

이 교재에서는 가설검정의 결과가 통계적으로 유의한지를 결정하는 방법에 대해 논할 것이다. 그러나, 어떤 실제 상황에 이 절차를 이용할 때에는 가설검정의 결과가 실제로 중요하다는 확신을 갖고 있어야 한다.

Probability & Statistics

연습문제

9.16 이항 모집단으로부터 크기가 $n = 1400$인 임의의 표본을 추출하였을 때, $x = 529$였다.

a. 이 조사에서는 p가 0.4와 다른지에 대해 알고 싶다고 할 때, 가설의 형태를 쓰시오.

b. 검정통계량과 $p-$값을 계산하여라. $p-$값을 이용하여 유의수준 1%하에서 통계적으로 유의한지를 밝히시오.

c. 이 자료는 p가 0.4와 다르다는데 충분한 증거를 제공하고 있는가?

9.17 PARADE 잡지에 의하면, 대부분의 부모들은 자신들의 아이들의 몸무게가 정상이라고 대답했고, 단지 9%의 부모들이 자신들의 아이들이 비만이라고 대답했다. 그러나, 미국 비만협회에서는 청소년들 중 15%가 비만이라고 밝혔다. 임의로 추출한 부모 750명을 대상으로 그들의 아이가 비만인지를 물었을 때, $x = 68$명이 비만이라고 대답하였다.

a. 자신의 아이가 비만이라고 생각하는 부모들의 비율이 미국 비만협회에서 밝힌 비만인 청소년들의 비율보다 작은지의 여부에 대한 가설을 세우시오.

b. 유의수준 $\alpha = 0.05$하에서, 이 표본조사를 토대로 가설검정을 하시오.

c. 이 가설검정에서의 $p-$값을 계산하시오.

9.18 유방암 초기 단계라고 진단을 받은 여성들 중 $1/3$이 유방암으로 죽는다. 질병관리본부에서는 유방암을 초기에 찾아내는 프로그램을 개발하여, 이 병으로 진단받은 후에도 살아남는 비율 p를 증가시키려 하고 있다. 이 프로그램으로 정기적으로 검사를 받은 후, 유방암으로 진단을 받은 임의의 여성 200명에 대하여, 이 중 살아남은 여성의 수를 X라고 하자.

a. 이 유방암을 초기에 찾아내는 프로그램이 효과적인지를 알고 싶을 때, 귀무가설을 쓰시오.

b. 이에 대응하는 대립가설을 쓰시오.

c. 200명의 표본 중 164명의 여성이 유방암으로 진단받고도 살아남았다면, 질병관리본부에서 실시한 유방암을 초기에 찾아내는 프로그램이 효과적이라고 할 수 있겠는가? $\alpha = 0.05$하에서 가설검정하고, 결과에 대해 설명하시오.

d. 이 검정에 대한 $p-$값을 계산하고, 이를 해석하시오.

9.19 소비자 리포트에서는 자체브랜드 식품들과 일반브런드 식품들과의 맛의 차이를 확인하기 매우 힘들었다. 만약 일반브랜드 식품들의 맛이 자체브랜드 식품들의 맛보다 더 좋다면, 일반 브랜드의 식품들의 맛은 50%이상으로 판단해야 한다.

a. 이 문제에 대한 귀무가설과 대립가설을 세워라. 이 문제에 대한 검정은 한쪽 검정인가, 양쪽 검정인가?

b. 35종류의 식품들에 대해 맛 평가를 실시하여, 일반브랜드 식품 8가지가 자체브랜드 식품들보다 맛이 좋다는 평가를 얻었다. 이 평가결과를 바탕으로 유의수준 1%하에서 a에서 세운 가설에 대한 의사결정하시오.

9.20 한 약사는 불면증 환자의 80%이상이 잠들 수 있는 효과의 복용량을 제시하였다. 이 복용량의 실험 후 이 약사가 제시한 효과가 부풀려졌다는 의심이 들었다. 이 약사가 제시한 복용량의 효과를 반박하기 위해 50명의 불면증 환자들을 대상으로 실험한 결과 이 약사가 제시한 복용량으로 잠이 든 불면증 환자는 37명으로 관찰되었다. 이렇게 관찰된 결과를 통해 유의수준 5%하에서 이 약사가 제시한 복용량의 효과가 부풀려졌다고 반박할 수 있을까?

9.21 동물애호협회에서는 미국에서 대략 7750만 마리의 개들이 있으며, 미국가정의 대략 40%가 한 마리 이상의 개를 키우고 있다고 한다. 임의로 300가구를 추출하여 조사를 진행한 결과 114가구가 개를 한 마리 이상 키우고 있다고 답하였다. 이 조사를 통해, 미국가정의 40%가 한 마리 이사의 개를 키우고 있다는 비율과 동물애호협회에서 주장하는 비율이 다르다고 할만큼 충분한 증거를 보여주고 있는지 유의수준 5%하에서 검정하시오.

9.6 두 모비율 차에 대한 대표본 가설검정

두 이항 모집단으로부터 임의로 서로 독립인 표본을 뽑았을 때, 조사의 초점이 두 모집단의 특징을 나타내주는 비율 간의 차 $(p_1 - p_2)$라고 하자. 이 경우에는 두 모집단의 비율 차에 대해 유의한 차이가 있는지 검정에 필요한 $Z-$검정통계량을 구하기 위해 $(p_1 - p_2)$의 추정량인 표본 비율의 차 $(\widehat{p_1} - \widehat{p_2})$와 추정량의 표준오차

$$SE = \sqrt{\frac{p_1 q_1}{n_1} + \frac{p_2 q_2}{n_2}}$$

를 이용할 수 있다. 가설검정을 위한 귀무가설의 형태는 다음과 같고,

$$H_0: p_1 = p_2 \quad \text{또는} \quad H_0: (p_1 - p_2) = 0$$

이에 대응하는 대립가설은 단측 또는 양측 검정의 형태를 잡는다. 가설검정의 형태는 추후 보여줄 것이다. $Z-$검정 통계량의 표준편차를 추정할 때, H_0가 참이라는 가정 즉, 두 모집단의 모비율이 어떤 공통된 값 p와 같다라는 사실을 이용해야 한다. 이 공통된 값의 최량 추정량을 구하기 위해, 표본 자료를 "합성(pooled)"하면, p에 대한 추정량은

$$\hat{p} = \frac{\text{전체 성공의 수}}{\text{전체 시행의 수}} = \frac{X_1 + X_2}{n_1 + n_2}$$

이다. 여기서 표본비율의 차이에 대한 분포가 근사적으로 정규분포를 따른다는 가정을 위해, 표본의 크기는 커야 하고, 비율은 0 또는 1에 근접한 값이 아니어야 한다.

KeyPoint

두 모비율 차 $(p_1 - p_2)$에 대한 대표본 가설검정

1. 귀무가설: $H_0: (p_1 - p_2) = 0$, 또는 $H_0: p_1 = p_2$

2. 대립가설:

단측 검정	양측 검정
$H_1: p > p_0$ (또는 $H_1: p < p_0$)	$H_1: p \neq p_0$

3. 검정통계량: $Z = \dfrac{(\hat{p_1} - \hat{p_2}) - 0}{SE} = \dfrac{\hat{p_1} - \hat{p_2}}{\sqrt{\dfrac{p_1 q_1}{n_1} + \dfrac{p_2 q_2}{n_2}}} = \dfrac{\hat{p_1} - \hat{p_2}}{\sqrt{\dfrac{pq}{n_1} + \dfrac{pq}{n_2}}}$

단, $\hat{p_1} = X_1/n_1$이고, $\hat{p_2} = X_2/n_2$. 공통 값 $p_1 = p_2 = p$(표준편차에 이용할)은 모르기 때문에, 다음을

$$Z = \frac{(\hat{p_1} - \hat{p_2}) - 0}{\sqrt{\dfrac{\hat{p}\hat{q}}{n_1} + \dfrac{\hat{p}\hat{q}}{n_2}}} \quad \text{또는} \quad Z = \frac{\hat{p_1} - \hat{p_2}}{\sqrt{\hat{p}\hat{q}\left(\dfrac{1}{n_1} + \dfrac{1}{n_2}\right)}}$$

검정통계량으로 한다.

4. 기각역:

단측 검정	양측 검정
$Z > z_\alpha$ (또는 $Z < -z_\alpha$ 단, $H_1: p < p_0$일 때) 이거나, $p-$값 $< \alpha$이면, H_0를 기각한다.	$Z > z_{\alpha/2}$ 또는 $Z < -z_{\alpha/2}$

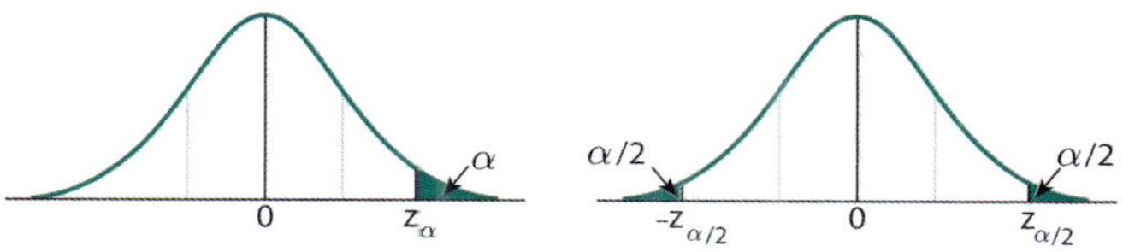

가정: 두 이항 모집단으로부터 임의로 뽑혀진 두 표본이 서로 독립이고, 추정량 $(\hat{p_1}-\hat{p_2})$이 근사적으로 정규분포를 따를 수 있도록 표본의 크기 n_1, n_2가 충분히 커야 한다. 즉, $n_1\hat{p_1}$, $n_1\hat{q_1}$, $n_2\hat{p_2}$ $n_2\hat{q_2}$ 모두 5보다 커야 한다.

예제 9.12

어떤 병원의 기록에 따르면, 이 병원의 환자들 중 남자 1,000명의 표본 중 52명, 여자 1,000명의 표본 중 23명이 심장병을 앓고 있다고 한다. 이 자료는 이 병원에서 심장병을 앓고 있는 남자의 비율이 더 높다고 할 만한 충분한 근거를 제시하고 있는가? $\alpha=0.05$하에서 검정하시오.

풀이 남자 환자들과 여자 환자들이 각기 심장병을 앓고 있는 환자의 수의 비율이 p_1과 p_2인 이항분포를 근사적으로 따른다고 가정하자. 그러면, 우리는 $p_1>p_2$임을 결정하기 위해, 귀무가설은 $p_1=p_2$ 즉, $H_0:(p_1-p_2)=0$이고, 이에 대응하는 대립가설은$H_1: p_1>p_2$ 또는 $H_1:(p_1-p_2)>0$로 잡는다. 이 가설검정을 하기 위해, $Z-$통계량을 이용하고, p의 합성 추정량을 이용하여 표준편차를 근사적으로 구한다. H_1의 형태가 단측 검정이므로, 큰 Z의 값이 H_0를 기각할 수 있다. 그러므로, $\alpha=0.05$에 대하여, $Z>1.645$([그림 9.11] 참조)이면, H_0를 기각할 수 있다.

표준편차를 위한 p의 합성 추정량은

$$\hat{p}=\frac{x_1+x_2}{n_1+n_2}=\frac{52+23}{1000+1000}=0.0375$$

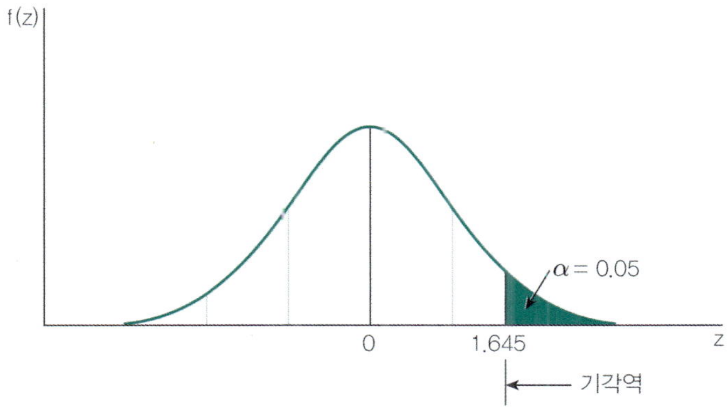

[그림 9.11] [예제 9.12]에서의 기각역의 위치

이고, 검정 통계량의 값을 계산해 보면,

$$Z=\frac{\hat{p}_1-\hat{p}_2}{\sqrt{\hat{p}\hat{q}\left(\frac{1}{n_1}+\frac{1}{n_2}\right)}}=\frac{0.052-0.023}{\sqrt{(0.0375)(0.9625)\left(\frac{1}{1000}+\frac{1}{1000}\right)}}=3.41$$

이 된다. 계산된 $Z-$값이 기각역에 속하므로, 가설 $p_1=p_2$를 기각할 수 있다. 이 자료는 그 병원의 환자들 중 남자 환자의 심장병 비율이 여자 환자의 심장병 비율보다 높다는 충분한 근거를 제시한다. (주의: 이는 신장병의 발생이 남자에게 높게 나타난다는 것을 의미하는 것이 아니다. 아마도 그 병원에는 심장병으로 고생하는 여자 환자가 적은 것이다!)

이 병원에 심장병으로 내원한 남자의 비율이 여자보다 얼마나 더 높을까? 비율의 차에 대한 95% 한쪽 신뢰구간 하한을 구하면 된다.

$$(\hat{p}_1-\hat{p}_2)-1.645\sqrt{\frac{\hat{p}_1\hat{q}_1}{n_1}+\frac{\hat{p}_2\hat{q}_2}{n_2}}$$

$$(0.052-0.023)-1.645\sqrt{\frac{0.052(0.948)}{1000}+\frac{0.023(0.977)}{1000}}$$

$$0.029-0.014$$

또는 $(p_1-p_2)>0.015$이다. 남자의 비율이 여자의 비율보다 대략 1.5% 더 높다. 이 사실이 실제로 중요한가? 이는 조사자에게 물어봐야 할 것이다. ■

어떤 경우에는 두 비율사이의 차이 $D_0(>0)$에 대한 검정이 필요할 수도 있다. 이 경우라면, 검정통계량을 $H_0:(p_1-p_2)=D_0$을 반영하고 표준편차를 위한 합성 추정량을 사용하지 않는 수정을 하면 된다. 수정된 검정 통계량은 다음과 같다.

$$Z=\frac{(\hat{p}_1-\hat{p}_2)-D_0}{\sqrt{\frac{\hat{p}_1\hat{q}_1}{n_1}+\frac{\hat{p}_2\hat{q}_2}{n_2}}}$$

비록 이런 검정 통계량은 자주 사용되지는 않으나, 그 절차는 지금까지 배운 대표본 가설검정과 다르지 않다.

Probability & Statistics

연습문제

9.22 이항 모집단 1과 2로부터 서로 독립인 임의의 표본 $n_1=140$과 $n_2=140$들을 뽑았다고 하자. 표본 1에서는 74개의 성공을 표본 2에서는 81개의 성공이 관측되었다. 모집단 1, 2에 대한 모비율을 각기 p_1, p_2라 할 때, p_1이 p_2보다 크다고 할 수 없다는 사전 정보를 갖고 있다고 하자.

a. 위 정보를 바탕으로, 통계적 가설검정을 하려고 한다. 가설을 세우시오.

b. a에서 세운 대립가설의 형태가 단측 또는 양측 검정 중 어느 쪽인가? 설명하시오.

c. 유의수준 $\alpha = 0.05$하에서 가설검정 하시오.

9.23 바이러스 감염에 대한 새로운 약의 효능을 검정하기 위한 실험을 실시하였다. 바이러스에 감염된 100마리의 생쥐를 임의로 두 개의 그룹으로 50마리씩 나누었다. 첫 번째 그룹은 대조군으로써 감염에 대한 어떠한 처치도 받지 않은 그룹이고, 두 번째 그룹은 치료군으로써 새로운 약을 투약한 그룹이다. 실험 시작 30일 후, 각 그룹에 대한 생존 비율을 $\hat{p_1}$, $\hat{p_2}$라고 할 때, 각기 0.36과 0.60으로 관측되었다.

a. 바이러스 감염에 대해 새로운 약이 효과적이라고 할 수 있는지 유의수준 $\alpha = 0.05$하에서 검정하시오.

b. 실제 치료군과 대조군 사이의 치료비율간의 차이를 추정하기 위한 95% 신뢰구간을 구하시오.

9.24 시중에 판매되는 초콜렛 제품 중 M&M사의 제품의 판매율이 초콜렛 제품의 종류 즉, 순수 초콜렛 제품과 견과류 함량 초콜렛 제품 사이의 판매 비율이 다른지를 알아보기 위해 표본 조사를 실시 하여 다음과 같은 결과를 얻었다.

	순수 초콜렛 제품	견과류 함량 초콜렛 제품
표본의 크기	56	32
M&M사의 제품의 수	12	8

M&M사의 두 제품 사이의 판매율의 차이가 유의한지 유의수준 $\alpha = 0.05$하에서 가설검정 하시오.

9.25 지난 수년간, 호르몬 대체 치료법은 여러 심각한 질병 발병의 위험성을 증가시킨다는 사실이 알려져 왔다. 특히, 호르몬 대체 치료법과 치매가 많은 연관이 있다는 사실 또한 알려져 있다. The Press Enterprise지에서는, 지난 4년간 39개 의료기관을 이용한 4532명의 여성들을 대상으로 실험이 실시하였다. 이 여성들 중 반은 플라시보 그룹으로, 나머지 반의 여성은 치료 그룹으로 분류되어 실험에 참가한 모든 여성들이 널리 알려진 호르몬 대체 치료를 받고 있다고 믿도록 했다. 실험이 끝난 후, 호르몬 치료를 받은 치료 그룹의 여성 중 40명이 치매로 판정 받았고, 실제로 호르몬 치료를 받지 않은 플라시보 그룹의 여성 중 21명이 치매로 판정을 받았다. 치료 그룹과 플라시보 그룹의 여성들 간에 치매에 걸릴 위험성에 대한 99% 한쪽 신뢰구간의 하한을 구하여라. 이 차이가 호르몬 치료를 고려하고 있는 여성들에게 실제로 중요한가? 설명하시오.

9.26 아기들의 수면자세가 운동기능 발달에 영향을 주는가? 한 의학 전문지에 실린 실험에서, 곧 태어날 아기들 343명에 대해 조사를 실시하였다. 본 실험은 태어난 후 4개월 후의 운동기능과 아기들의 수면자세에 대하여 전화통화를 통하여 실시되었다. 조사 자료는 340명의 아기에 대해서만 이뤄졌고, 수면자세는 엎드려 자는 자세와 반듯하거나 옆으로 누운 자세로 구분되었고, 아기들의 운동기능 발달은 몸을 뒤집기, 물건 움켜쥐기, 옹알이 등을 하는지에 대해 조사하였다. 그 결과는 다음과 같다.

	엎드려 자는 자세	반듯하거나 옆으로 누운 자세
유아의 수	121	199
운동기능 발달 여부	93	119

본 연구원은 반듯하거나 옆으로 누워 자는 아기들이 엎드려 자는 아기들보다 태어난 후 4개월 후의 운동기능 발달이 더 느리다고 보고 하였다. 대표본 가설검정을 이용하여 이 연구원의 결론에 동의하는지 반대하는지를 밝히고 설명하시오.

CHAPTER

10 소표본에 대한 통계적 추론

10.1 서론

하나의 모평균 또는 두 모평균 사이의 차이를 추정하는 실험을 해야 할 경우가 있다. 이를 위한 자료를 수집하는 과정에 비용이 많이 들거나 시간이 많이 소요될 수도 있다. 만약 대표본의 자료를 수집할 수 없다면, 8장이나 9장에서 배운 검정과정을 이용할 수 없다.

이 장에서는 표본의 크기가 작을 때 이용할 수 있는 통계적 가설방법의 절차에 대해 소개한다. 이 추정과 검정 절차는 다음과 같은 모수의 형태들을 다룬다.

- 하나의 모평균, μ
- 두개의 모평균들의 차이, $(\mu_1 - \mu_2)$
- 하나의 모분산, σ^2
- 두개의 모분산들의 비교, $\dfrac{\sigma_1^2}{\sigma_2^2}$ 또는 $\dfrac{\sigma_2^2}{\sigma_1^2}$

이 장에서는 두개의 이항모집단에 대한 모비율의 차에 대한 소표본 가설검정과 신뢰구간에 대해서는 생략한다.

10.2 t-분포(student-분포)

어떤 다이아몬드 제품을 평가하는 실험을 해야 한다. 다이아몬드 제품을 생산하는 과정은 매우 많은 비용이 드는 과정이고, 이 과정을 통해 생산된 6개의 제품만으로 실험이 가능하다. 어떻게 하면, 이 6개의 다이아몬드 표본만으로 이 생산과정을 통해 얻어진 다이아몬드 제품의 중량의 평균에 대한 추론을 할 수 있을까?

7장에서 다뤘던 표본평균 $\overline{X}$의 표집 분포를 통해 다음의 사실을 알고 있다.

- 정규분포를 따르는 모집단으로부터 표본이 추출되었을 때, 표본의 크기와는 상관없이 $\overline{X}$와 $Z=(\overline{X}-\mu)/(\sigma/\sqrt{n})$는 정규분포를 따른다.
- 모집단의 분포가 정규분포가 아니더라도, 추출된 표본의 크기가 크면, $\overline{X}$, $Z=(\overline{X}-\mu)/(\sigma/\sqrt{n})$, $Z\approx(\overline{X}-\mu)/(S/\sqrt{n})$은 근사적으로 정규분포를 따른다.

불행히도, 표본의 크기 n이 작으면, 통계량 $(\overline{X}-\mu)/(S/\sqrt{n})$은 정규분포를 따르지 않는다. 그러므로, 8장과 9장에서 소개된 검정통계량 Z에 대한 임계값도 이용할 수 없다. 예를 들어, 표본평균 $\overline{X}$의 95%가 μ를 중심으로 $1.96\times SE$(표준편차)거리 안에 있다라고 할 수 없다.

이 문제는 생소한 것이 아니다. 이 문제는 1900년대 초판 통계학자들과 실험계획학자들에 의해 연구되어 왔다. 이 통계량의 표집분포를 찾기 위한 다음의 두 가지 방법이 제안되었다:

- 경험론적 방법을 이용하여, 표본들을 반복하여 뽑아서 각 표본마다 $(\overline{X}-\mu)/(S/\sqrt{n})$를 계산한다. 그러면, 이 값들을 이용한 상대도수 분포가 표집분포의 모양과 위치로 근사한다.
- 수학적 방법을 이용하여, 표집분포의 실제 확률밀도함수를 이끌어 낸다.

두 번째 방법은 1908년 영국의 고셋(W.S. Gosset)에 의해 제안되었다. 그는 정규 모집단으로부터 임의로 크기가 n인 표본으로부터, 통계량

$$T=\frac{\overline{X}-\mu}{S/\sqrt{n}}$$

의 확률밀도함수의 공식을 계산하였고, 이 결과는 필명 "**스튜던트**(Student)"으로 발표하였다. 이후로 이 통계량은 Student t-분포라는 이름으로 불리게 되었다. 이 분포는 다음과 같은 특징을 가지고 있다.

- Z분포처럼, $t=0$을 중심으로 종모양으로 대칭인 모양으로 분포되어 있다.
- Z분포와 비교했을 때, **두꺼운 꼬리**(heavier tails)를 갖고 있다. 즉, t-분포곡선은 봉우리에서는 Z분포 곡선보다는 낮고, 꼬리로 갈수록 Z-분포곡선보다는 높은 모양을 가진다. 이런 특징은 Z-통계량은 하나의 확률 통계량인 $\overline{X}$만 포함하고 있지만, 반면, t-통계량은 두 개의 확률 통계량인 $\overline{X}$와 S를 갖고 있기 때문이다. 이 현상은 [그림 10.1]을 통해 확인할 수 있다.
- t-분포의 모양은 표본의 크기 n에 따라 영향을 받는다. n이 커짐에 따라 t-분포의 **가변성**(variability)은 줄어든다. 왜냐하면, σ에 대한 추정량 S의 정보량이 점점 더 증가하기 때문이다. 결국, n이 무한히 커지면, t-분포와

Z－분포가 같아진다.

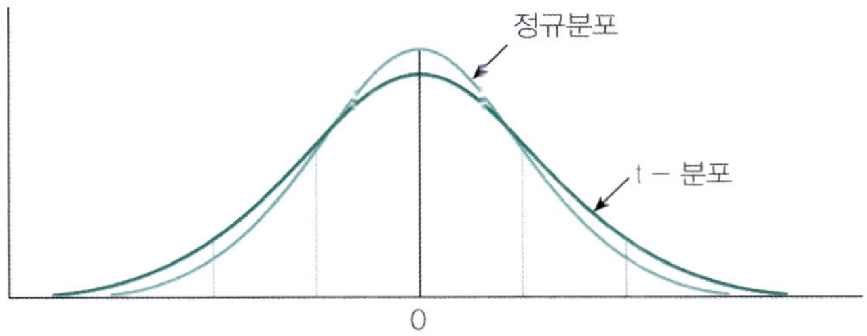

[그림 10.1] Z－**분포와 자유도가 5인** t－**분포**

표본분산 S^2의 공식에서 분모인 $(n-1)$가 t－분프의 **자유도**(number of degrees of freedom)라 불린다. 이 자유도가 t－분포의 모양을 결정한다. 본래, **자유도**는 모분산 σ^2에 대한 추정량인 표본분산 S^2에서 서로 독립인 제곱편차의 개수에서 유래한 것이다. 이 자유도는 t－분포를 수정하여 표현을 하기 때문에, 어느 경우에 응용이 되느냐에 따라 변할 수도 있어서, 각 응용에 따른 수정된 자유도를 기억해야 한다.

t－통계량에 대한 임계값과 p－값을 계산할 때는 더 이상 표준정규분포에 대한 확률표를 이용하지 않는다. 대신에 부록 I 의 〈표 4〉를 이용할 것이다. 〈표 10.1〉은 t－분포의 확률 일부를 나타낸 것이다. 특정 자유도에서 t_α의 값은 [그림 10.2]에서와 같이 오른쪽 꼬리 영역의 넓이가 α가 되는 t값을 나타낸다.

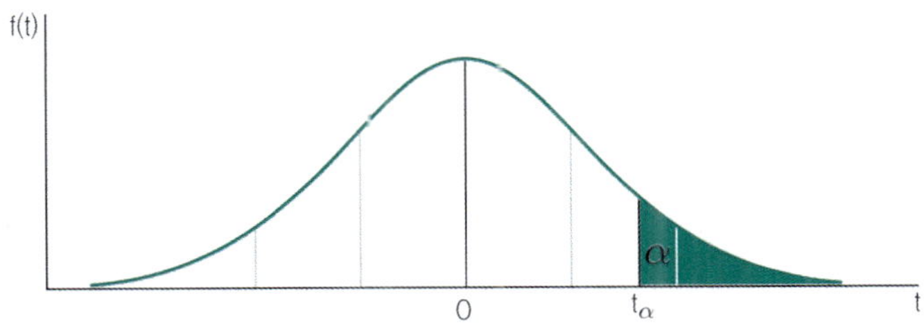

[그림 10.2] 표에 소개된 스튜던트 t**값들**

〈표 10.1〉 부록 I 의 〈표 4〉에서 발췌한 스튜던트 t－**값**

df	$t_{0.100}$	$t_{0.050}$	$t_{0.025}$	$t_{0.010}$	$t_{0.005}$	df
1	3.078	6.314	12.706	31.821	63.657	1
2	1.886	2.920	4.303	6.965	9.925	2
3	1.638	2.353	3.182	4.541	5.841	3
4	1.533	2.132	2.776	3.747	4.604	4
5	1.476	2.015	2.571	3.365	4.032	5
6	1.440	1.943	2.447	3.143	3.707	6
7	1.415	1.895	2.365	2.998	3.499	7
8	1.397	1.860	2.306	2.896	3.355	8
9	1.383	1.833	2.262	2.821	3.250	9
.	.	.	.	.	.	.
.	.	.	.	.	.	.

df	$t_{0.100}$	$t_{0.050}$	$t_{0.025}$	$t_{0.010}$	$t_{0.005}$	df
·	·	·	·	·	·	·
26	1.315	1.706	2.056	2.479	2.779	26
27	1.314	1.703	2.052	2.473	2.771	27
28	1.313	1.701	2.048	2.467	2.763	28
29	1.311	1.699	2.045	2.462	2.756	29
inf.	1.282	1.645	1.960	2.326	2.576	inf.

예제 10.1

자유도 5인 t − 분포에 대하여, 오른쪽 꼬리의 넓이가 0.05가 되는 t − 값은 $t_{0.050}$ 열 5번째 행의 값이다. 이 분포에서 $t = 2.015$ 값을 기준으로 오른쪽 영역의 넓이는 0.05이고, 이 영역에 속하는 t − 값은 $t = 2.015$ 보다 크다.

예제 10.2

한 정규분포로부터 표본의 크기 $n = 10$ 인 표본을 추출하였다고 가정하자. 그 값보다 작은 t − 값들의 영역의 넓이가 1%가 되는 t − 값을 찾아라.

풀이 자유도가 $df = 10 - 1 = 9$ 인 t − 분포 곡선에서, 그 값보다 작은 값들의 영역이 0.01인 t − 값은 [그림 10.3]과 같이 왼쪽 영역의 넓이가 0.01인 t − 값이 된다. t − 분포는 0에 대하여 대칭이기 때문에, 이 값은 오른쪽 꼬리 영역의 넓이가 0.01인 t − 값에 음의 부호를 붙이면 된다. 즉, $-t_{0.01} = -2.821$ 이다.

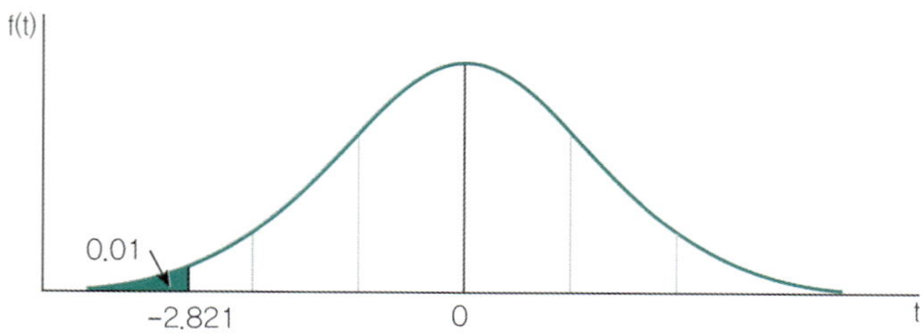

[그림 10.3] [예제 10.2]에 대한 t − 분포

1 t−분포를 위한 가정들

다음의 t − 분포를 위한 조건을 만족하는 경우에만, 통계적 추론을 위한 t − 분포의 임계값을 찾을 수 있다.

- 표본은 임의로 추출되어야 한다.
- 표본이 추출된 모집단이 정규분포를 따라야 한다.

이 조건들은 매우 제한적인 것처럼 보인다. 하나의 표본을 추출했다면, 전체 모집단의 확률분포의 모양을 어떻게 알 수 있을까? 이 문제가 심각한 문제라면, t − 통계량의 이용은 매우 제한적일 것이다. 다행스럽게도, 표본이 추출된 모집단의 모양이 종 모양에 근사한다면, t-분포의 모양은 경향을 받지 않는다. 통계학자들은 **정규성 가정**(normality assumption)을 만족하지 않을 때도 통계량의 분포가 크게 영향을 받지 않는다는 의미에서, t-분포는 **강건**(robust)하다고 한다.

어떻게 추출된 표본의 모집단이 정규분포인지의 여부를 알 수 있을까? 비록 이 대답을 찾기 위해, 많은 통계적 절차가 고안되었지만, 정규성을 가장 쉽고 빠르게 확인할 수 있는 방법은 2장에서 배운 그래프 기법을 사용하는 것이다. 즉, 추출된 표본에 대한 산점도나 줄기-잎 그림을 그리면 된다. 가운데를 중심으로 종모양의 형태를 보이면, 안심하고 t-통계량을 이용한 추론을 할 수 있다.

다시 말해서, 신뢰할 수 있는 추론을 하기 위해서는, 표본추출이 임의성이 보장되어야 한다. 만약 표본추출의 임의성이 보장되지 않으면, 표본으로부터 얻은 통계량들은 생각지도 못한 요인들에 영향을 받을 수 있고, 그 통계량들로부터 얻은 결론은 틀릴 수도 있다. 표본을 설계하거나 수집할 때는 자료가 임의로 모집단의 특성을 제대로 반영하고 있도록 주의해야 한다.

10.3 모평균에 대한 소표본 통계적 추론

대표본에 대한 추론과 같이 소표본에 대한 추론도 조사자의 선호도에 따라, 추정과 가설검정으로 구분된다. 10장에서는 자유도가 $(n-1)$인 스튜던트 t-분포를 표집분포로 하는 표본 통계량 $T=(\overline{X}-\mu)/(S/\sqrt{n})$을 가지고 9장에서와 마찬가지로 두 가지 형태의 추론을 기초로 설명한다.

KeyPoint

μ에 대한 소표본 가설검정

1. 귀무가설: $H_0: \mu=\mu_0$

2. 대립가설:

단측 검정	양측 검정
$H_1: \mu>\mu_0$ (또는 $H_1: \mu<\mu_0$)	$H_1: \mu\neq\mu_0$

3. 검정통계량: $T=\dfrac{\overline{X}-\mu_0}{S/\sqrt{n}}$

4. 기각역:

단측 검정	양측 검정
$T>t_\alpha$	$T>t_{\alpha/2}$ 또는 $T<-t_{\alpha/2}$

(또는 $T < -t_{\alpha}$ 단, $H_1: \mu < \mu_0$일 때)이거나, $p-$값 $< \alpha$일 때, H_0를 기각	

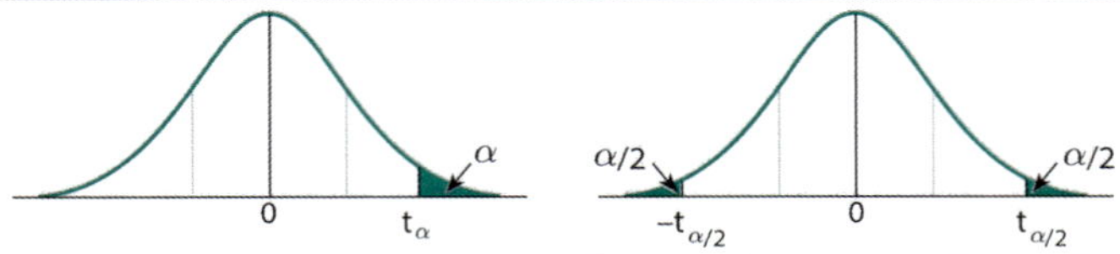

여기서, 자유도 $(n-1)$인 $t-$분포에서 $t-$값에 대한 임계값 t_{α}, $t_{\alpha/2}$를 찾는다. 부록 I 〈표 4〉를 이용하여 이 값들을 찾을 수 있다.

가정: 위 표본은 정규분포를 따르는 모집단으로부터 임의로 추출된 표본이다.

KeyPoint

소표본에서 μ에 대한 $(1-\alpha)100\%$ 신뢰구간

$$\overline{X} \pm t_{\alpha/2}\frac{S}{\sqrt{n}}$$

단, $\overline{X}$의 표준편차에 대한 추정량인 $S/\sqrt{n}$는 **평균에 대한 표준편차**로 널리 쓰인다.

예제 10.3

어떤 회사에서 다이아몬드 제품 생산을 위해 새 공정과정을 도입하려고 한다. 공정과정을 통해 생산된 다이아몬드제품의 평균 중량이 0.5캐럿보다 크면 그 공정과정을 통해 제품을 생산을 통해 많은 이윤을 남길 수 있다고 한다. 이 공정을 통해 많은 이윤을 남길 수 있는지를 알아보기 위하여, 이 새 공정과정을 통해 생산된 다이아몬드 제품 6개의 중량이 0.46, 0.61, 0.52, 0.48, 0.57, 0.54캐럿이었다. 이 6개 다이아몬드 제품의 중량들이 새로운 공정과정에서 생산된 다이아몬드제품의 평균 중량이 0.5캐럿보다 크다고 할 수 있는 충분한 증거가 되겠는가?

풀이 새로운 공정과정을 통해 생산된 다이아몬드 중량의 모평균을 μ라 하고, 9장에서 배웠던 것처럼 가설검정의 절차를 살펴보자.

귀무가설과 대립가설:

$$H_0: \mu = 0.5 \quad vs \quad H_1: \mu > 0.5$$

검정통계량: 6개의 다이아몬드 중량들을 계산한 결과, 평균이 0.53이고 표준편차가 0.0559임을 얻을 수 있다. 검정통계량은 $t-$통계량이고, 계산하면 다음과 같다.

$$t = \frac{\overline{x} - \mu_0}{s/\sqrt{n}} = \frac{0.53 - 0.5}{0.0559/\sqrt{6}} = 1.32$$

대표본 가설검정에서와 마찬가지로, $t-$분포에서 검정통계량의 값이 얼마나 멀리 떨어져 있는지가 H_0를 기각 또는 채택을 할 수 있는 근거가 된다.

기각역: 만약 유의수준이 $\alpha = 0.05$라면, 부록 I 의 〈표 4〉를 통해 우측 검정의 기각역의 임계값을 찾는다. [그림 10.4]과 같이, 자유도가 $df = n - 1 = 5$인 $t-$분포의 임계값은 $t_{0.05} = 2.015$이므로, 검정통계량의 값이 $T > t_{0.05} = 2.015$이면, H_0를 기각할 수 있다.

결론: 관측된 검정통계량의 값이 1.32이기 때문에, 기각역에 속하지 않아, H_0를 기각할 수 없다. 이 표본은 새 공정을 통해 생산된 다이아몬드 제품의 평균 중량이 0.5캐럿이 넘는다고 할 만한 충분한 증거가 되지 못한다.

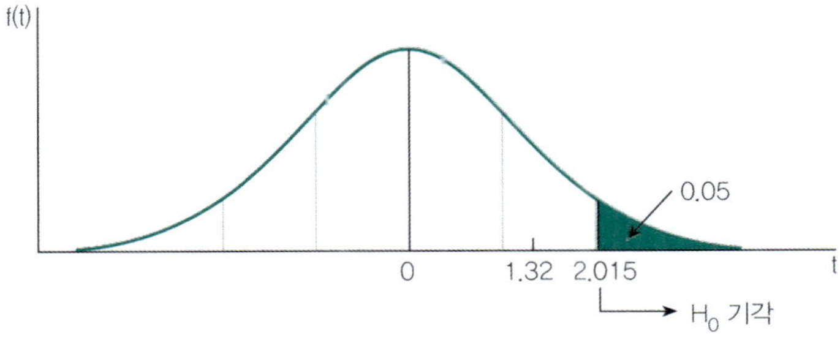

[그림 10.4] [예제 10 3]에 대한 기각역

9장에서와 마찬가지로, H_0를 채택하는 결론을 내리기 위해서는 어려운 제2종 오류의 확률인 β를 계산해야 한다. 이 문제를 피하기 위해, H_0를 기각하지 않는 선택을 한다. 그런 다음, 소표본일 때, μ에 대한 신뢰구간의 하한을 구할 수 있다. 이 하한은 대표본일 경우의 신뢰구간의 하한을 구하는 방법에서 임계값을 z_α대신 〈표 4〉를 통해 t_α를 임계값으로 바꿔주면 된다. 이 예제에서 μ에 대한 95% 신뢰구간의 하한은:

$$\overline{X} - t_\alpha \frac{S}{\sqrt{n}}$$

$$0.53 - 2.015 \frac{0.0559}{\sqrt{6}}$$

$$0.53 - 0.046$$

이다. 따라서, μ에 대한 95% 신뢰구간의 하한은 $\mu > 0.484$가 된다. 이 구간은 다이아몬드 평균 중량이 0.5캐럿보다 작거나 큰 모든 영역을 포함하고 있기 때문에, μ가 0.5를 넘는다라는 가설검정은 잘못된 것이다. ■

9장에서는 다음의 두 가지 방법을 통해서 가설검정을 하였다:

- **임계값에 의한 방법:** 검정통계량의 표집분포를 이용하여, 임계값을 찾아 기각역을 구한다. 관측된 검정통계량의 값이 기각역에 속하면, H_0를 기각한다.
- **$p-$값에 의한 방법:** 관측된 검정통계량의 값에 의한 $p-$값을 계산한다. $p-$값이 유의수준 α보다 작으면, H_0를 기각한다. 만약 유의수준이 정해져 있지 않다면, 9.3절에서 소개한 $p-$값에 대한 의사결정에 대한 가이드라인을 참고하여라.

[예제 10.3]에 대한 풀이는 첫 번째 방법을 이용하였다. [예제 10.4]는 두 번째 방법을 이용하여 풀어라.

예제 10.4

페인트 1통의 겉표면에는 건조시간과 한 번의 페인트로 칠할 수 있는 면적이 표시되어 있다. 대부분의 페인트 제품들은 한 통당 한 번의 페인트로 칠하는 표면의 재질에 따라 250에서 500 ft^2(ft: 피트)의 면적을 칠할 수 있다고 한다. 그러나, 어떤 페인트 생산공장에서는 자신들이 생산한 페인트 1통으로 표면적 400 ft^2를 칠할 수 있다고 주장한다. 이 주장이 맞는지 검정하기 위해, 이 공장에서 생산된 흰색 페인트 10통을 임의로 추출하여, 같은 페인트 칠하는 도구를 이용하여 같은 면적을 칠하는 실험을 하였다. 다음은 이 10통의 페인트로 칠한 면적을 기록한 것이다.

310	311	412	368	447
376	303	410	365	350

이 자료를 통해 평균 표면적이 400 ft^2과는 다르다고 할 만한 충분한 근거가 있다고 할 수 있겠는가? 가설검정을 위한 $p-$값을 찾고, 이를 통계적으로 유의한지의 여부를 밝히시오.

풀이 회사의 주장을 검정하기 위한 가설은 다음과 같다.

$$H_0: \mu = 400 \qquad vs \qquad H_1: \mu \neq 400$$

기록된 자료를 통해, 표본평균과 표준편차는 각각

$$\bar{x} = 365.2, \qquad s = 48.417$$

이고, 검정통계량은

$$t = \frac{\bar{x} - \mu_0}{s/\sqrt{n}} = \frac{365.2 - 400}{48.417/\sqrt{10}} = -2.27$$

가 된다. 이 검정의 $p-$값은 실제 관측결과 즉, $t = -2.27$ 보다 더욱 강하게 귀무가설 H_0에 대한 반증을 얻게 될 확률이다. 이 검정은 양측 검정이므로, $p-$값은 $T \leq -2.27$ 또는 $T \geq 2.27$일 확률이다.

$Z-$표와는 달리, $t-$표는 위쪽 꼬리에 대한 면적이 0.100, 0.050, 0.025, 0.010, 0.005일 때의 $t-$값들을 나타낸다. 결과적으로, $p-$값을 위한 확률 $T \geq 2.27$을 위쪽 꼬리에 대한 면적의 근사값을 이용한다. 이 검정은 자유도가 9인 $t-$분포이므로, 〈표 4〉에서 $df = 9$인 행을 참조한다. [그림 10.5]에서는 $df = 9$인 $t-$분포에서 다양한 꼬리 면적에 대한 임계값들을 보여주고 있다. $t = 2.27$값은 $t_{0.025} = 2.262$와 $t_{0.010} = 2.821$사이에 있다. 그러므로, $T \geq 2.27$의 확률에 해당하는 오른쪽 꼬리의 면적은 0.01과 0.025사이가 된다. 이 면적은 $p-$값의 절반에 해당되므로,

$$0.01 < \frac{1}{2}(p-\text{값}) < 0.025 \qquad \text{또는} \qquad 0.02 < p-\text{값} < 0.05$$

이다.

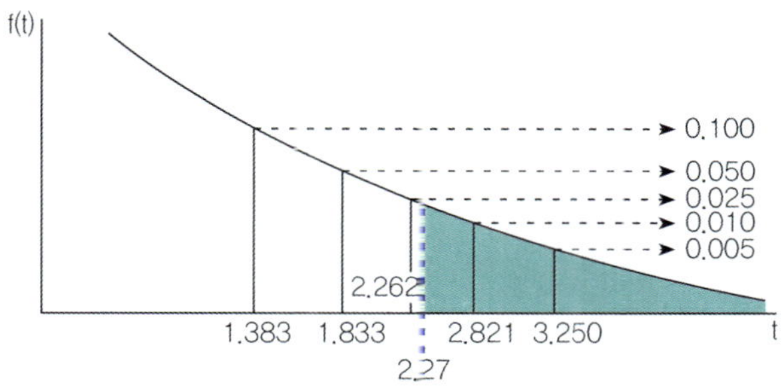

[그림 10.5] [예제 10.4]에 대한 $p-$값 계산(색칠된 영역의 넓이 $= \frac{1}{2}p-$값)

이 $p-$값을 통해 이 결과가 통계적으로 유의하다고 할 수 있겠는가? H_0를 기각하기 위해서는 $p-$값이 유의수준 α보다 작아야 한다. 그러므로, 5% 유의수준에서는 H_0를 기각할 수 있지만, 2% 또는 1% 유의수준에서는 H_0를 기각할 수 없다. 그러므로, 이 검정에 대한 $p-$값은 일반적인 관례대로

$$p-\text{값} < 0.05$$

해석한다. 이 가설검정은 유의수준 5%하에서 H_0를 기각한다. 평균 표면적이 $400\,\text{ft}^2$와 다르다는 충분한 근거가 있다.

실제 평균 표면적의 범위는 얼마인가? μ에 대한 95%신뢰구간을 구하면 다음과 같다.

$$\overline{X} \pm t_{\alpha/2}\left(\frac{S}{\sqrt{n}}\right)$$

$$365.2 \pm 2.262\left(\frac{48.417}{\sqrt{10}}\right)$$

$$365.2 \pm 34.63$$

그러므로, 이 상표의 페인트 1통당 칠할 수 있는 면적의 평균은 330.6과 399.8사이에 있다. 좀 더 정확한 구간추정량(폭이 좁은 구간추정량)을 구하려면, 일반적으로 표본의 크기를 증가시키면 된다. 여기서, 신뢰구간의 상한이 이 페인트공장에서 주장한 $400\,\text{ft}^2$와 근접해 있다는 사실에 주목한다. ■

Probability & Statistics

연습문제

10.1 부록 I 의 〈표 4〉를 이용하여 다음의 $t-$값들을 찾으시오.

a. 자유도 5인 $t_{0.05}$

b. 자유도 8인 $t_{0.025}$

c. $df = 18$인 $t_{0.10}$

d. $df = 30$인 $t_{0.025}$

10.2 부록 I 의 〈표 4〉를 이용하여 다음의 $t-$통계량의 $p-$값의 근사값을 구하시오.

a. 자유도가 12일 때, $t=2.43$에 대한 양측검정

b. 자유도가 16일 때, $t=3.21$에 대한 단측검정

c. $df=25$일 때, $t=-1.19$에 대한 양측검정

d. $df=7$일 때, $t=-8.77$에 대한 단측검정

10.3 정규모집단으로부터 다음의 $n=10$인 관측치를 얻었다.

7.4	7.1	6.5	7.5	7.6	6.3	6.9	7.7	6.5	7.0

a. 이 자료에 대한 평균과 표준편차를 구하시오.

b. 모평균 μ에 대한 99% 위쪽 신뢰구간을 구하시오.

c. $H_0: \mu = 7.5 \ \ vs \ \ H_1: \mu < 7.5$일 때, 유의수준 $\alpha=0.01$하에서 가설검정 하시오.

d. b에 대한 결과가 c에 대한 결론을 뒷받침하는가?

10.4 산업 폐기물과 오수를 강이나 시내에 방유함으로써 물고기나 수중생물에게 필요한 용해된 산소의 양이 줄어들고 있다. 한 지방자치단체에서는 수중생태를 보호하기 위한 용해된 산소의 양이 적어도 5ppm이상이 되어야 한다고 한다. 지난 7월 동안 소양강의 특정 지역에서 6개의 수질 견본을 채취하여 용해된 산소의 양을 기록한 결과 4.9, 5.1, 4.9, 5.0, 5.0, 4.7을 얻었다. 이 기록을 통해서 판단할 때, 용해된 산소의 양이 5ppm보다 작다고 주장할 만한 충분한 근거가 있는가? 유의수준 $\alpha=0.05$하에서 검정하시오.

10.5 흡연이 폐 기능에 해로운 영향을 미친다는 사실이 알려져 있다. 폐의 일산화탄소 배출량(DL)에 대한 흡연의 효과에 대한 조사를 통해, 연구자들은 비흡연자들보다 흡연자들의 DL이 상당히 낮다는 사실을 알아냈다. 임의로 흡연자들 20명을 대상으로 DL의 수치를 측정한 결과가 다음과 같다.

103.768	88.602	73.003	123.086	91.052
92.295	61.675	90.677	84.023	76.014
100.615	88.017	71.210	82.115	89.222
102.754	108.579	73.154	106.755	90.479

a. 이 자료를 통해 흡연자들의 평균 DL의 수치가 비흡연자들의 평균 DL 수치인 100보다 상당히 작다고 할 수 있는가? 유의수준 $\alpha=0.01$하에서 가설검정 하시오.

b. 흡연자들의 평균 DL 수치에 대한 99% 위쪽 신뢰구간을 구하여라. 이 신뢰구간을 통해서 a에 대한 결론을 뒷받침하는가?

10.6 유기화학자들은 주로 부분적 결정과정을 통해 유기화합물의 불순물을 제거하곤 한다. 한 실험자는 아닐린 4.85g의 불순물을 정화시키려 했다. 10개의 4.85g 아닐린을 각각 불순물 정화를 통해서 얻은 아세트아닐리드의 양을 기록한 자료이다.

3.85	3.80	3.88	3.85	3.90
3.36	3.62	4.01	3.72	3.82

초기의 4.85g 아닐린으로부터 얻어진 아세트아닐리드의 평균 양(g)을 추정하여라. 95% 신뢰구간을 이용하시오.

10.7 한 의학논문에서는 신경성 과식증을 치료함으로써 변화하는 심리적 요인들 중 자아존중감이 현격하게 개선된다고 주장하였다. 다음의 표는 이 논문에서 신경성 과식증 치료 전과 후, 그리고 신경성 과식증에 대한 후속치료를 받은 세 그룹에 대한 자아존중감 점수에 대한 결과이다.

	치료 전	치료 후	후속치료 후
표본평균 $\overline{x}$	20.3	26.6	27.7
표본표준편차 s	5.0	7.4	8.2
표본의 크기 n	21	21	20

a. 치료 전 자아존중감 점수 평균이 25보다 낮은지 가설검정하시오.

b. 치료 후 자아존중감 점수 평균의 95% 신뢰구간을 구하시오.

c. 가설검정을 하지 않았다고 가정했을 때, 위의 표에 나타난 세 표본평균들 간에 차이가 난다고 생각하는가?

10.8 다음의 자료는 한 수퍼마켓의 정육코너에 진열된 1 파운드 단위로 포장된 소고기 다짐육의 무게를 기록한 것이다.

1.08	0.99	0.97	1.18	1.41	1.28	0.83
1.06	1.14	1.38	0.75	0.96	1.08	0.87
0.89	0.89	0.96	1.12	1.12	0.93	1.24
0.89	0.98	1.14	0.92	1.18	1.17	

a. 27개의 포장된 다짐육 평균 무게에 대한 95% 신뢰구간이 $(0.9867, 1.1178)$으로 계산되었다. 해석하시오.

b. 귀무가설을 다짐육 평균 무게가 1파운드라고 가정하고, 위 자료에 대한 검정통계량을 구하시오.

10.9 건강보험관리공단에서는 근로자들의 심혈관 질환에 대한 실태파악을 위해, 건강자료 데이터 베이스로부터 임의로 근로자 50명에 대한 혈청 콜레스테롤 수치를 선정하여 다음의 표를 얻었다.

148	304	300	240	368	139	203	249	265	229
303	315	174	209	253	169	170	254	212	255
262	284	275	229	261	239	254	222	273	299
278	227	220	260	221	247	178	204	250	256
305	225	306	184	242	282	311	271	276	248

평균 혈청 콜레스테롤 수치에 대한 95% 신뢰구간과 대표본 95% 신뢰구간($n > 30$이므로)을 구하여 비교하시오.

10.4 서로 독립인 두 모집단에 대한 모평균의 차에 대한 소표본 추론

이 절에서 다루는 문제는 표본의 크기가 크지 않다는 점만 제외하고는 8.6절에서 다뤘던 것과 같다. 두 개의 모집단으로부터 각 표본의 크기가 n_1, n_2인 서로 독립인 표본을 뽑았을 때, 각 표본은 평균과 분산은 μ_1, σ_1^2과 μ_2, σ_2^2이 된다. 이 때 우리의 목적은 두 모집단의 모평균의 차, $(\mu_1 - \mu_2)$에 대해 추론하는 것이다.

표본의 크기가 작으면, 표본 평균이 정규분포를 따를 것이라는 중심극한정리를 더 이상 사용할 수 없다. 만약 원래 모집단이 정규분포를 따른다고 한다면, 표본평균의 차 $(\overline{X_1} - \overline{X_2})$는 표본의 크기가 작아도 평균이 $(\mu_1 - \mu_2)$이고, 표준편차가

$$\sqrt{\frac{\sigma_1^2}{n_1} + \frac{\sigma_2^2}{n_2}}$$

인 정규분포를 따를 것이다. 7장과 8장에서 표본분산 S_1^2와 S_2^2을 표준편차의 추정량을 구하는데 이용하였다. 또한, 이 추정량은 대표본 신뢰구간이나 대표본 가설검정에서의 $Z-$통계량

$$Z \approx \frac{(\overline{X_1} - \overline{X_2}) - (\mu_1 - \mu_2)}{\sqrt{\frac{S_1^2}{n_1} + \frac{S_2^2}{n_2}}}$$

을 구하는 경우에도 이용하였다. 그러나, 표본의 크기가 작을 때는 이 통계량이 근사적으로 정규분포를 따르는 것이 아니라, 스튜던트 $t-$분포를 따른다. 이 통계량의 표집분포를 구하기 위해 한가지의 가정을 더 생각해야 한다.

두 정규모집단에서 변동 가능성을 나타내는 모수, 즉 분산이 같다고 가정하자. 다시 말해서, 두 모집단은 정확히 같은 모양이고, $\sigma_1^2 = \sigma_2^2 = \sigma^2$이다. 그러면, 두 표본평균의 차이에 대한 표준편차는

$$\sqrt{\frac{\sigma_1^2}{n_1} + \frac{\sigma_2^2}{n_2}} = \sqrt{\sigma^2\left(\frac{1}{n_1} + \frac{1}{n_2}\right)}$$

이다. 모분산을 추정하는데 표본 분산 S_p^2을 이용하면, 검정통계량

$$T = \frac{(\overline{X_1} - \overline{X_2}) - (\mu_1 - \mu_2)}{\sqrt{S_p^2\left(\frac{1}{n_1} + \frac{1}{n_2}\right)}}$$

은 **스튜던트 $t-$분포**를 따르게 되며, 이 사실은 수학적으로 증명할 수 있다. 이제 남은 문제는 추정량 표본 분산 S_p^2의 계산과 $t-$통계량의 **자유도**를 구하는 것이다.

모분산 σ^2은 표본들로부터 정규분포의 모양을 설명해 주는 모수이고, 각 표본들은 모분산을 추정하기 위해 S_1^2과 S_2^2를 구하였다는 사실을 떠올리자. 그러나, 두 가지의 정보 S_1^2과 S_2^2가 주어졌는데 왜 한 가지(공통분산)만 이용할까? 더 좋은 방법은 두 표본 분산들을 합성한 가중 평균(weighted average)이 주는 정보를 이용하는 것이다. 이 가중 평균은 각 표본에 대하여, 표본의 크기가 큰 쪽의 분산을 상대적으로 더 큰 가중값을 주는 것이다. 예를 들어, 첫 번째 표본이 두 번째 표본의 두 배라면, 첫 번째 표본분산에 두 배의 가중값을 주는 것이다. 이 방법을 수식으로 표현하면,

$$S_p^2 = \frac{(n_1 - 1)S_1^2 + (n_2 - 1)S_2^2}{n_1 + n_2 - 2}$$

이 된다. 10.3절에서 단일표본 $t-$검정통계량의 자유도와 표본분산 S^2의 분모도 $(n-1)$이었다. S_1^2의 자유도는 (n_1-1)이고, S_2^2의 자유도는 (n_2-1)이기 때문에, 자유도의 총합은

$$(n_1-1)+(n_2-1)=n_1+n_2-2$$

이고, 이 값은 S_p^2의 분모이기도 하다.

이 공통분산 추정량 S_p^2은 공통모분산 σ^2의 비편향 추정량(unbiased estimator)이다. 만약 모분산 σ^2에 대한 추정량으로 S_p^2를 이용하고, 공통 모분산을 갖는 두 정규 모집단으로부터 임의로 서로 독립인 표본이 추출됐다면, 검정통계량

$$T=\frac{(\overline{X}_1-\overline{X}_2)-(\mu_1-\mu_2)}{\sqrt{S_p^2\left(\frac{1}{n_1}+\frac{1}{n_2}\right)}}$$

은 자유도가 (n_1+n_2-2)인 스튜던트 $t-$분포를 따른다. 두 모평균 차에 대한 소표본 추정과 가설검정의 절차는 다음과 같다.

KeyPoint

두 모평균 차에 대한 가설검정: 독립표본

1. 귀무가설: $H_0: (\mu_1-\mu_2)=D_0$, 단, D_0는 임의의 상수로 대부분의 경우 $D_0=0$으로 가정한다.

2. 대립가설:

단측 검정	양측 검정
$H_1: (\mu_1-\mu_2)>D_0$ (또는 $H_1: (\mu_1-\mu_2)<D_0$)	$H_1: (\mu_1-\mu_2)\neq D_0$

3. 검정통계량: $T=\dfrac{(\overline{X}_1-\overline{X}_2)-D_0}{\sqrt{S_p^2\left(\frac{1}{n_1}+\frac{1}{n_2}\right)}}$

   단, $S_p^2=\dfrac{(n_1-1)S_1^2+(n_2-1)S_2^2}{n_1+n_2-2}$

4. 기각역:

단측 검정	양측 검정
$T>t_\alpha$ (또는 $T<-t_\alpha$ 단, $H_1: (\mu_1-\mu_2)<D_0$ 일 때)이거나, $p-$값 $<\alpha$이면, H_0를 기각한다.	$T>t_{\alpha/2}$ 또는 $T<-t_{\alpha/2}$

여기서, 자유도 $(n_1 + n_2 - 2)$인 $t-$분포에서 $t-$값에 대한 임계값 t_{α}, $t_{\alpha/2}$를 찾는다. 부록 I 〈표 4〉를 이용하여 이 값들을 찾을 수 있다.

가정: 위 두 표본은 정규분포를 따르는 모집단으로부터 임의로 추출된 표본이다. 두 모집단의 분산 σ_1^2과 σ_2^2는 같다.

KeyPoint

소표본에서 $(\mu_1 - \mu_2)$에 대한 $(1-\alpha)100\%$ 신뢰구간 : 독립표본

$$\left(\overline{X_1} - \overline{X_2}\right) \pm t_{\alpha/2}\sqrt{S_p^2\left(\frac{1}{n_1} + \frac{1}{n_2}\right)}$$

단, S_p^2은 σ^2에 대한 합동 분산 추정량이다.

예제 10.5

한 강좌는 정해진 시간과 날짜에 출석하여 수업에 참여하거나 학생 선택한 시간에 수업을 온라인상으로 참여함으로써 이수할 수 있다. 이 강좌의 책임자는 이 두 가지의 수강방법에 따라 학업성취도의 차이가 나는지를 기말시험점수를 통해서 판단하려고 한다. 다음의 자료는 이 강좌를 온라인을 통해 수강한 $n_1 = 9$명에 대한 기말시험점수와 수업출석을 통해 수강한 $n_2 = 9$명에 대한 기말시험점수이다. 단, 기말점수는 45점 만점으로 평가되었다. 이 자료는 온라인상으로 수업에 참여한 학생들의 평균 점수가 수업출석을 통해 수업에 참여한 학생들의 평균 점수보다 유의적으로 높다고 할 수 있는 충분한 증거를 제시하고 있는가?

〈표10.2〉 온라인과 수업출석 그룹에 대한 시험 점수

온라인	수업출석
32	35
37	31
35	29
28	25
41	34
44	40
35	27
31	32
34	31

풀이 온라인 그룹과 수업출석 그룹에 대한 평균 점수를 각각 μ_1과 μ_2라 하자. 그러면, 검정해야 할 귀무가설은

$$H_0: \mu_1 = \mu_2 \qquad [\text{또는 } H_0: (\mu_1 - \mu_2) = 0]$$

이고, 이에 대응하는 대립가설은

$$H_1: \mu_1 > \mu_2 \qquad [\text{또는 } H_1: (\mu_1 - \mu_2) > 0]$$

이다. 서로 독립인 두 표본에 대한 $t-$검정을 하기 위해, 두 모집단이 모두 정규분포이고, 등분산 σ^2을 갖는다고 가정해

야 한다. 이와 같은 가정을 해도 괜찮을까? [그림 10.6]에서와 같이 자료에 대한 줄기-잎 그림이 종모양을 하고 있기 때문에, 정규성 가정은 적당하다.

온라인		출석수업	
2	8	2	579
3	124	3	1124
3	557	3	5
4	14	4	0

[그림 10.6] [예제 10.5]에 대한 줄기-잎 그림

더욱이, 두 표본에 대한 표준편차는 다음과 같이

$$s_1 = 4.9441 \text{과 } s_2 = 4.4752$$

로 계산되어, 두 표본의 모양이 같을 것이라는 등분산 가정도 적당하다. 만약, 이런 두 가정을 세울 수 있어서, 공통분산에 대한 합동분산 추정값을 다음과 같이

$$s_p^2 = \frac{(n_1 - 1)s_1^2 + (n_2 - 1)s_2^2}{n_1 + n_2 - 2} = \frac{8(4.9441)^2 + 8(4.4752)^2}{9 + 9 - 2} = 22.2361$$

계산한다면, 검정통계량은

$$t = \frac{(\overline{x_1} - \overline{x_2})}{\sqrt{s_p^2\left(\frac{1}{n_1} + \frac{1}{n_2}\right)}} = \frac{35.22 - 31.56}{\sqrt{22.2361\left(\frac{1}{9} + \frac{1}{9}\right)}} = 1.65$$

이 된다. 대립가설이 $H_1: \mu_1 > \mu_2$ 또는, 이와 같은 $H_1: (\mu_1 - \mu_2) > 0$이므로, 자유도 $(n_1 + n_2 - 2) = 16$인 $t-$분포에 대한 단측 검정을 이용해야 한다. 부록 I 의 〈표 4〉를 이용하여, 유의수준 $\alpha = 0.05$하에서의 기각역에 대한 적당한 임계값을 찾고, $T > 1.746$이면 H_0를 기각한다. 관측된 검정통계량의 값 $t = 1.65$를 임계값 $t_{0.05} = 1.746$과 비교하면, 관측된 검정통계량의 값이 작기 때문에 귀무가설을 기각할 수 없다([그림 10.7] 참조). 유의수준 5%하에서 온라인상으로 수업에 참여한 학생들의 평균 점수가 수업출석을 통해 수업에 참여한 학생들의 평균 점수보다 유의적으로 높다고 할 수 있는 충분한 증거가 없다.

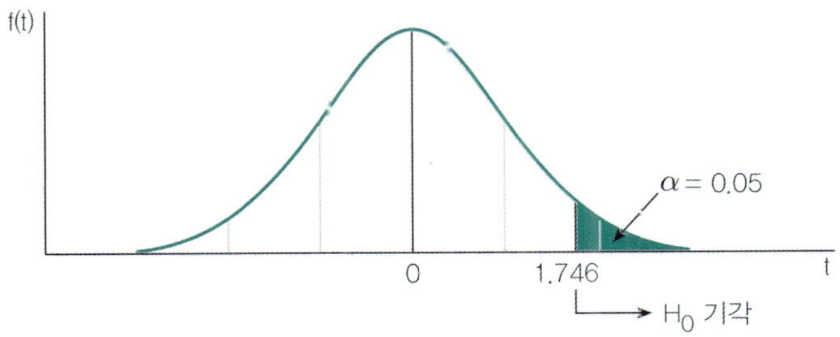

[그림 10.7] [예제 10.5]에 대한 기각역

■

예제 10.6

[예제 10.5]에서의 가설검정에서 $p-$값을 구하시오.

풀이 단측 검정에 대한 관측된 검정통계량의 값은 $t=1.65$이다. 그러므로, 자유도 16인 $t-$분포에 대한

$$p-\text{값} = P(T>1.65)$$

이다. 부록 I 의 〈표 4〉로부터 이 확률을 직접 구할 수는 없고, 단지 임계값을 이용한 $p-$값의 경계만을 구할 수 있다. 관측된 검정통계량의 값 $t=1.65$는 $t_{0.100}=1.337$과 $t_{0.050}=1.746$ 사이에 놓여 있기 때문에, 자유도 16인 $t-$분포에서 1.65의 오른쪽 꼬리의 넓이는 0.05와 0.10사이의 값이다. 이 검정에 대한 $p-$값의 범위는

$$0.05 < p-\text{값} < 0.10$$

이다. $p-$값이 0.05보다 크기 때문에, 대부분의 통계학자들은 유의하지 않다고 판단한다. ■

예제 10.7

[예제 10.5]에서 두 모평균 차 $(\mu_1-\mu_2)$에 대한 95% 한쪽 신뢰구간을 구하여라. 신뢰구간의 하한으로, 온라인상으로 수업에 참여한 학생들의 평균 점수가 수업출석을 통해 수업에 참여한 학생들의 평균 점수보다 유의적으로 높다고 판단할 수 있겠는가?

풀이 한쪽 신뢰구간의 하한은 점추정량 $(\overline{X_1}-\overline{X_2})$에서 $t_\alpha \times SE$를 빼주면 된다. 여기서, SE는 $(\overline{X_1}-\overline{X_2})$의 표준편차이다. 표본으로부터 얻은 통계량들을 대입하여 95% 한쪽 신뢰구간의 하한은

$$(\overline{X_1}-\overline{X_2})-t_\alpha\sqrt{S_p^2\left(\frac{1}{n_1}+\frac{1}{n_2}\right)}$$

$$(35.22-31.56)-1.746\sqrt{22.2361\left(\frac{1}{9}+\frac{1}{9}\right)}$$

$$3.66-3.88$$

또는 $(\mu_1-\mu_2)>-0.22$이다. 값 $(\mu_1-\mu_2)=0$이 이 신뢰구간에 포함되기 때문에, 두 모평균이 같을 가능성이 있다. 따라서, 온라인상으로 수업에 참여한 학생들의 평균 점수가 수업출석을 통해 수업에 참여한 학생들의 평균 점수보다 유의적으로 높다고 할 수 있는 충분한 증거가 없다. ■

공통분산 σ^2에 대한 합동 추정값을 이용하는 2−표본 절차는 다음의 네 가지 가정이 만족되어야 한다.

- 표본들은 임의로 추출되어야 한다. 임의로 추출되지 않은 표본들은 실험을 통해서 편의(bias)가 발생할 수 있어 유의수준을 고쳐야 한다.
- 표본들은 독립이어야 한다. 그렇지 않으면, 지금까지 다뤄온 통계적 추론의 절차가 적당하지 않다. 10.5절에서는 종속인 표본에 대한 또 다른 절차에 대해서 다룬다.

- 표본들을 추출한 모집단들은 모두 정규분포를 따라야 한다. 그러나, 정규성의 가정이 깨져도 표본의 크기가 거의 같으면, 검정통계량의 분포에 심각한 영향을 미치지는 않는다.
- 두 모집단에 대한 모분산들이 같아야 하거나, 거의 같다라는 확신이 있어야 이 절차가 유효하다.

만약 모분산들이 같지 않다면, 근사적으로 $t-$분도를 따르는 추정량과 가설검정에 대한 또 다른 절차가 있다. 경험상으로, 두 표본 분산의 비율이

$$\frac{\text{Larger}\ \{S_1^2,\ S_2^2\}}{\text{Smaller}\ \{S_1^2,\ S_2^2\}} > 3$$

이면, 이 절차를 사용해야 한다. 모분산이 같지 않기 때문에, 합동 분산 추정량 S_p^2은 더 이상 적당하지 않고, 각 모분산은 각기 대응하는 표본분산으로 추정되어야 한다. 이에 따른 검정통계량은

$$\frac{(\overline{X_1} - \overline{X_2}) - D_0}{\sqrt{\dfrac{S_1^2}{n_1} + \dfrac{S_2^2}{n_2}}}$$

이 된다. 표본의 크기가 작을 때, 이 검정통계량의 임계값은 다음의 공식

$$df \approx \frac{\left(\dfrac{S_1^2}{n_1} + \dfrac{S_2^2}{n_2}\right)^2}{\dfrac{(S_1^2/n_1)^2}{(n_1 - 1)} + \dfrac{(S_2^2/n_2)^2}{(n_2 - 1)}}$$

을 통해 얻은 근사값을 자유도로 갖는 $t-$분포에서 찾아야 한다. 자유도는 이 공식을 통해 계산된 결과 중 정수부분으로 잡는다.

대부분의 통계 팩키지들은 위의 자유도를 새터웨이트 자유도(Satterthwaite's degrees of freedom)이라 표현한다. 사실, 통계 팩키지를 통하여 두 모평균 차에 대한 검정을 하면 두 모집단의 분산들이 등분산인 경우와 그렇지 않은 경우 모두가 출력된다. 또한 등분산에 대한 검정도 출력되기 때문에, 데이타 분석을 할 때, 등분산 또는 이분산에 대한 가정에 대한 고민은 하지 않아도 된다.

만약 정규성에 대한 가정이 위배된다면, 비모수적 윌콕슨(Wilcoxon)의 순위 합 검정을 이용하여 두 모집단의 위치를 옮겨주는 검정을 할 수 있다.

연습문제

10.10 다음의 각 경우에서 σ^2에 대한 합동 분산 추정량 S_p^2를 구하시오.

a. $n_1 = 10,\ n_2 = 4,\ s_1^2 = 3.4,\ s_2^2 = 4.9$

b. $n_1 = 12,\ n_2 = 21,\ s_1^2 = 18,\ s_2^2 = 23$

10.11 모분산이 같고, 서로 독립인 두 정규 모집단으로부터 표본의 크기가 각각 $n_1 = 16,\ n_2 = 13$인 임의의 표본들을 추출하였다.

	모집단	
	1	2
표본의 크기	16	13
표본평균	34.6	32.2
표본분산	4.8	5.9

a. 모평균 사이에 차이가 있는지를 알고 싶다고 가정하자. 이 검정에 대한 가설을 세우시오.

b. 유의수준 $\alpha = 0.01$하에서 a에서의 가설에 대한 기각역을 구하시오.

c. 검정통계량의 값을 구하시오.

d. 이 검정에 대한 $p-$값의 근사값을 구하시오.

e. 가설검정을 하고 결론을 기술하시오.

10.12 통계 소프트웨어를 통해 두 개의 모평균 차에 대한 검정방법을 적용하여 아래와 같은 결과를 얻었다.

Two-sample T for Sample 1 vs Sample 2				
	N	Mean	StDev	SE Mean
Sample 1	6	29.00	4.00	1.6
Sample 2	7	28.86	4.67	1.8
Difference = mu (Sample 1) - mu (Sample 2)				
Estimate for diffence : 0.14				
95% CI for difference : (-5.2, 5.5)				
T-Value = 0.06 P-Value = 0.95 DF = 11				
Both use Pooled StDev = 4.38				

a. 두 표본표준편차들을 비교해 볼 때, 등분산 가정이 적당한가?

b. 검정통계량의 값은 무엇인가?

c. 공통모분산에 대한 추정량은 무엇인가?

d. b에서 얻은 값을 근거로 하여 두 모평균 차에 대한 결론을 기술하시오.

e. 두 모평균 차에 대한 95% 신뢰구간을 구하시오. 이 구간추정량이 d에서 기술한 결론과 부합하는가?

10.13 한 연구자가 치아의 플라그 제거에 효과적인 구강청결제품을 연구하고 있었다. 임의로 14명을 선발하여 7명씩 두 그룹으로 나누어 2주간 서로 다른 구강청결제품을 사용하도록 하는 실험을 진행하였다. A 그룹은 플라그 제거 성분이 들어간 제품을 사용하게 하였고, B 그룹은 플라그 제거 성분이 포함되지 않은 제품을 사용하게 하였다. 다음은 두 그룹의 14일 동안 형성된 플라그 지수를 측정한 결과이다.

	A	B
표본의 크기	7	7
표본평균	0.78	1.26
표본표준편차	0.32	0.32

a. 플라그 제거 성분이 포함된 구강청결제품의 플라그 제거 효과가 있는지를 검정하기 위한 가설을 세우시오.

b. 플라그 제거 성품이 포함된 구강청결제품의 플라그 제거 효과가 있다고 할만한 충분한 증거가 있는지 유의수준 5%하에서 검정하시오.

10.14 운동의 강도에 따라 다리 근육통의 정도가 달라지는가를 알아보기 위해 10명의 육상선수와 10명의 싸이클선수들을 대상으로 운동강도에 따른 다리 근육통 정도의 측정하여 다음과 같은 표를 얻었다.

	육상선수		싸이클선수	
운동상태	평균	표준편차	평균	표준편차
휴식	14.5	3.92	11.1	3.98
최대산소소비량의 80%	12.2	3.49	11.5	4.95
최대산소소비량	19.1	16.9	12.2	4.47

a. 유의수준 5%하에서, 육상선수들과 싸이클 선수들 사이의 운동상태에 따른 다리 근육통 정도 평균차이가 존재하는지를 각 운동상태 수준에 대해 평균차 가설검정하시오.

b. 최대 산소소비량의 80%에 해당되는 운동을 했을 때, 육상선수들과 싸이클 선수들 사이의 다리 근육통 정도 평균차에 대한 95% 신뢰구간을 구하시오

c. 최대 산소소비량에 해당되는 운동을 했을 때, 육상선수들과 싸이클 선수들 사이의 다리 근육통 정도 평균차에 대한 가설검정하시오. 이 때, 등분산 가정을 해야 하는지 또는 이분산 가정을 해야 하는지 설명하시오.

10.15 한 지질학자는 같은 무게의 광석 20개를 임의로 선택하여 두 개의 그룹으로 구분하였다. 이 두 개의 그룹의 광석들을 서로 다른 방법으로 티탄 함유량을 측정한 결과가 아래의 표와 같았다.

방법 1					방법2				
0.011	0.013	0.013	0.015	0.014	0.011	0.016	0.013	0.012	0.015
0.013	0.010	0.013	0.011	0.012	0.012	0.017	0.013	0.014	0.015

a. 적당한 방법을 이용하여 두 방법에 따라 티탄 함유량 평균 차이가 존재하는지 가설검정하시오.

b. $(\mu_1 - \mu_2)$에 대한 95% 신뢰구간을 구하고, a에서 얻은 결론과 비교하여 구체적으로 설명하시오.

10.16 한 수질관리 담당자는 도시를 가로지르는 하천의 수질의 오염상태를 관리하고 있다. 하천의 위치에 따라 오염도가 다른지를 알아보기 위해 하천의 상류와 하류의 각 다섯 지점에서 수집된 수질의 산소농도를 측정하여 다음과 같은 결과를 얻었다.

하천 상류	4.8	5.2	5.0	4.9	5.1
하천 하류	5.0	4.7	4.9	4.8	4.9

a. 하천 하류의 수질 산소농도가 하천 상류의 수질 산소농도보다 낮다고 할만한 충분한 증거가 있는지 유의수준 5%하에서 가설검정하시오.

b. 하천의 상류와 하류 수질 산소농도 평균 차에 대한 95% 신뢰구간을 구하시오.

10.17 두 수영선수의 기량을 비교하기 위하여, 임의로 선정된 시간에 그들에게 자유형으로 100야드를 수영하도록 한 후 수영 시간을 측정하였다. 서로 독립인 임의의 표본이 되도록 수영선수들은 충분히 휴식을 취한 후 수영을 할 수 있도록 배려를 하였고, 두 선수는 서로 경주를 하지 않았다. 다음은 두 수영선수들에 대한 10번의 수영 시간을 기록한 것이다.

수영선수1		수영선수2	
59.62	59.74	59.81	59.41
59.48	59.43	59.32	59.63
59.65	59.72	59.76	59.50
59.50	59.63	59.64	59.83
60.01	59.68	59.86	59.51

수영선수2는 두 수영선수가 경주를 했었던 지난 해에 우승자였다. 두 수영선수의 평균 수영시간 차에 대한 95% 신뢰구간을 구하시오.

10.18 한 고고학 논문에서는 영국의 4개의 가마 근처에서 출토된 도자기 26점을 조사하여 출토된 가마 위치에 따라 도자기의 산화알루미늄 함량이 다르다고 주장했다. 이에 대한 근거로 서로 다른 2개의 가마에서 출토된 각 5개의 도자기들의 산화알루미늄 함량을 제시하였다.

가마 A	가마 B
18.3	17.7
15.8	18.3
18.0	16.7
18.0	14.8
20.8	19.1

위에서 제시한 자료를 바탕으로 가마의 위치에 따라 출토된 도자기의 산화알루미늄 함량이 다르다고 할 수 있는지 유의수준 5%하에서 가설검정하시오.

10.5 서로 종속인 두 모집단에 대한 모평균의 차에 대한 소표본 추론(대응비교 검정)

두 가지 유형의 타이어, A와 B의 마모상태를 비교하기 위해, 타이어 A와 타이어 B를 임의로 추출하여 5대의 승용차의 뒷바퀴에 장착하였다. 승용차들을 특정 거리를 주행하게 한 후 각 타이어의 마모정도를 기록하였다. 그 수치들은 〈표 10.3〉과 같다. 이 자료가 두 가지 유형의 타이어의 평균 마모정도가 다르다고 할 만큼 충분한 증거를 제시하고 있는가?

〈표 10.3〉 두 가지 유형의 타이어의 평균 마모정도

자동차 번호	유형A	유형B
1	10.6	10.2
2	9.8	9.4
3	12.3	11.8
4	9.7	9.1
5	8.8	8.3
	$\overline{x_1} = 10.24$	$\overline{x_2} = 9.76$
	$s_1 = 1.316$	$s_2 = 1.328$

〈표 10.3〉를 보면 두 표본 평균 간의 차이가 $(\overline{x_1} - \overline{x_2}) = (10.24 - 9.76) = 0.48$이지만 반면에 두 표본에 대한 표준편차들은 모두 1.3으로 근사함을 알 수 있다. 표준편차가 크게 주어지고, 표본의 수가 작을 때에는 두 가지 유형의 타이어의 평균 마모정도의 차가 나지 않는다고 생각할 수 있다. 10.4절에서 배운 방법으로 평균 차에 대한 검정을 해 보자.

〈tire A와(과) tire B의 독립표본에 의한 $t-$(양측)검정 결과〉

	평균	표준편차	개수
tire A	10.24	1.3164	5
tire B	9.76	1.3278	5

〈$t-$검정 결과〉

$H_0 : \mu_1 = \mu_2$

분산	t-통계량	자유도	p-값
등분산	0.574	8	0.5817
이분산	0.574	7.9994	0.5817

〈두 변수의 등분산성(양측)검정〉

H_0 : 두 변수의 분산은 같다.

F통계량	자유도	p-값
1.0173	(4,4)	0.9871

〈두 변수의 모평균의 차에 대한 95% 신뢰구간〉

	하한	상한
등분산	-1.4482	2.4082
이분산	-1.4483	2.4083

[그림 10.8] Excel을 이용한 타이어 자료에 대한 독립표본에 대한 $t-$검정 출력결과

[그림 10.8]는 통계팩키지 Excel을 이용하여 서로 독립인 두 표본에 대하여 등분산 가정을 한 후, 평균 차에 대한 검정에 대한 출력결과이다. 귀무가설을 $H_0: \mu_1 = \mu_2$로 하고, 가설 검정한 검정통계량의 값은 $t = 0.57$이고, $p-$값 $= 0.582$로 두 모평균 간의 차이가 유의하지 않다고 나왔다. 이 경우의 95% 신뢰구간은

$$-1.448 < (\mu_1 - \mu_2) < 2.408$$

로 폭이 매우 넓게 나왔고, 모평균의 차가 유의하지 않다는 결과와 부합한다.

〈표 10.3〉의 타이어 자료를 다시 한번 살펴보면, 유형A의 타이어의 마모정도는 대응하는 유형B의 타이어의 마모정도와 비교하면, 5대의 승용차 모두의 경우에서 큰 값을 보이고 있다. 만약 두 가지 유형의 타이어에 대한 평균 마모정도의 차이가 나지 않아도 이런 결과가 나올까?

단순한 직관적인 검정 즉, 5장의 이항분포를 이용한 검정을 생각을 해 보자. 만약 두 가지 유형의 타이어의 평균 마모정도의 차가 없다면, 유형 A가 유형 B보다 큰 값을 갖는 경우는 드물 것이다. 5대의 승용차에 대하여 이항 실험을 생각하자. 시행횟수는 5이고, 성공률은 $p = P($유형 A가 유형 B 보다 마모정도가 크다$) = 0.5$이다. 성공 횟수, 즉 마모정도 차이가 양의 값을 갖는 경우가 $x = 5$일 때는 예외적인 경우를 의미하는가? $x = 5$ 또는 $x = 0$일 경우의 확률을 부록 I 의 〈표 1〉을 이용하여 찾아보면, $2(0.031) = 0.062$이고, 이는 $t-$검정에서의 $p-$값보다 매우 작게 나왔다. 이항검정보다 더 많은 정보(실제로 관측된 통계량)를 이용하는 $t-$검정으로 가설검정을 할 때, 제 기능을 하지 못할 경우는 언제인가?

〈표10.4〉 〈표10.3〉의 자료에 대한 타이어 마모정도의 차

자동차 번호	유형A	유형B	$D = A - B$
1	10.6	10.2	0.4
2	9.8	9.4	0.4
3	12.3	11.8	0.5
4	9.7	9.1	0.6
5	8.8	8.3	0.5
			$\bar{d} = 0.48$

이런 예에서는 10.4절에서 소개한 $t-$검정방법은 적당하지 않다. 10.4절에서 소개한 가설검정방법은 서로 독립인 두 표본이라는 가정이 만족됐을 때만 이용한다. 독립성의 조건은 실험을 진행하는 과정에서 거스르게 된다. 유형 A와 B의 타이어는 쌍으로 각 승용차에 장착되므로, 승용차와 밀접한 관계를 갖게 된다. 〈표 10.4〉의 자료를 살펴보면, 같은 승용차에 대하여 거의 같은 값을 갖지만, 승용차별로 그 값은 확연한 차이를 보인다. 이 점이 우리가 주의해야 할 점이다. 타이어의 마모정도는 주로 운전자의 습관, 승용차 바퀴의 균형, 노면상태에 큰 영향을 받는다. 각 승용차에 따라 다른 운전자가 운전을 했기 때문에, 이 자료의 변동성은 승용차에 따른 변동성에 큰 영향을 받게 된다.

타이어 마모정도 비교 실험 설계를 할 때, 실험자는 승용차 별로 변동성을 알게 되었다. 만약 타이어들(유형A 5개, 유형B 5개)이 임의로 10개의 바퀴에 장착되었다면, 이 표본은 독립표본이 되지만, 변동가능성이 매우 크게 나와서 평균의 차이를 감지하기 힘든 상태에 이른다. 그 대신 각 5대의 승용차별로 유형A와 유형B의 타이어의 마모정도를

짝을 지워 비교하자. 이 실험 설계방법을 **대응비교**(paried comparison) 또는 **쌍체비교**라 한다. 이 실험 설계방법은 〈표 10.4〉와 같이 5개의 차이만 나타내기 때문에, 승용차와 승용차 사이의 변동성을 제거하는 효과가 있다. 이 5개의 차이는 표본의 크기가 $n=5$인 단일 표본의 형태가 된다.

〈표 10.4〉에서는 차이 $D=A-B$의 표본평균을 다음

$$\overline{D}=\frac{\sum D_i}{n}=0.48$$

과 같이 계산하고, 이는 정확히 표본 평균들의 차 $\left(\overline{x_1}-\overline{x_2}\right)=(10.24-9.76)=0.48$와 같다. 일반적으로 이것이 모평균들과의 같은 연관관계를 갖고 있다는 사실을 이해하기는 어렵지 않다. 즉, 모집단들 간의 차이에 대한 평균은

$$u_D=(\mu_1-\mu_2)$$

이다. 이 사실 때문에, 두 모평균 사이의 차이 $(\mu_1-\mu_2)=u_D$에 대한 유의성 검정은 단일 표본에 대하여 귀무가설이

$$H_0: \mu_D=0 \qquad [\text{또는 } H_0: (\mu_1-\mu_2)=0]$$

일 때, 대립가설이

$$H_1: \mu_D\neq 0 \qquad [\text{또는 } H_1: (\mu_1-\mu_2)\neq 0]$$

의 $t-$검정과 같다. 검정절차도 10.3절에서 다뤘던 검정절차와 같고, 그 절차를 기술하면 다음과 같다.

KeyPoint

가설 $(\mu_1-\mu_2)=\mu_d$에 대한 대응비교: 종속표본

1. 귀무가설: $H_0: \mu_D=0$
2. 대립가설:

단측 검정	양측 검정
$H_1: \mu_d>0$ (또는 $H_1: \mu_d<0$)	$H_1: \mu_d\neq 0$

3. 검정통계량: $T=\dfrac{\overline{D}-0}{S_D/\sqrt{n}}=\dfrac{\overline{D}}{S_D/\sqrt{n}}$

단, $n=$대응 차이의 개수
$\overline{D}=$ 표본 차이의 평균
$S_D=$ 표본 차이의 표준편차

4. 기각역:

단측 검정	양측 검정
$T > t_\alpha$ (또는 $T < -t_\alpha$ 단, $H_1: \mu_d < 0$일 때)이거나, $p-$값 $< \alpha$일 때, H_0를 기각	$T > t_{\alpha/2}$ 또는 $T < -t_{\alpha/2}$

여기서, 자유도 $(n-1)$인 $t-$분포에서 $t-$값에 대한 임계값 t_α, $t_{\alpha/2}$를 찾는다. 부록 I 〈표 4〉를 이용하여 이 값들을 찾을 수 있다.

KeyPoint

소표본에서 $(\mu_1 - \mu_2) = \mu_d$에 대한 $(1-\alpha)100\%$ 신뢰구간: 대응비교

$$\overline{D} \pm t_{\alpha/2} \frac{S_D}{\sqrt{n}}$$

가정: 실험은 대응비교 모형으로 설계되었고, n개의 차이들의 표본은 정규분포를 따르는 모집단으로부터 임의로 추출된 표본이다.

예제 10.8

〈표 10.3〉의 자료가 타이어의 유형A, B에 대한 평균 마모정도의 차이가 난다에 대한 충분한 근거를 제시하고 있는가? 유의수준 $\alpha = 0.05$하에서 가설 검정하시오.

풀이 5개의 차이에 대한 평균과 표준편차를 구하면 다음과 같다.

$$\bar{d} = 0.48\text{이고,}\ s_d = 0.0837$$

이다. 그러면, 가설검정을 위한 가설은

$$H_0: \mu_D = 0 \quad vs \quad H_1: \mu_D \neq 0$$

이며, 검정통계량은

$$t = \frac{\bar{d} - 0}{s_d / \sqrt{n}} = \frac{0.48}{0.0837/\sqrt{5}} = 12.8$$

이 된다. ■

양측 검정에 대한 t의 임계값은 $\alpha = 0.05$이고, 자유도가 4이므로 2.776이다. 관측된 검정통계량이 $t = 12.8$이므로, 매우 유의하다. 그러므로, 타이어의 유형 A와 B에 대한 평균 마모정도는 차이가 난다.

예제 10.9

〈표 10.3〉의 자료에 대한 $(\mu_1 - \mu_2) = \mu_d$의 95% 신뢰구간을 구하시오.

풀이 평균 마모정도 사이의 차이에 대한 95% 신뢰구간은

$$\overline{D} \pm t_{\alpha/2}\frac{S_D}{\sqrt{n}}$$

$$0.48 \pm 2.776\left(\frac{0.0837}{\sqrt{5}}\right)$$

$$0.48 \pm 0.10$$

또는 $0.38 < (\mu_1 - \mu_2) < 0.58$이다. 이 신뢰구간의 폭을 대응비교를 하지 않았을 때 구한 신뢰구간의 폭과 비교하면 어떠한가? 아마도 [그림 10.14]와 같이 잘못된 분석으로 인해 신뢰구간의 폭이 보다 넓게 나와 $(\mu_1 - \mu_2) = \mu_d$에 대한 구간 추정량의 정확도가 떨어져 대응비교를 통한 가설검정을 했을 때보다 많은 정보를 얻지 못했을 것이다. ■

Probability & Statistics

연습문제

10.19 관측값 18개의 쌍에 대하여 대응비교실험을 하여 $\bar{d} = 5.7$, $s_d^2 = 256$을 얻었다. 이 실험을 통해 $\mu_D > 0$인지를 알고 싶다

a. 이 문제에 대한 가설을 세우시오.

b. 가설검정을 하고, 결론을 기술하시오.

10.20 미국에서 보험회사에 따라 자동차 보험료가 다르게 부과된다는 보고가 있었다. 이 보고가 사실인지 알아보기 위해, 4개의 도시를 선정하여, 보험회사 A, B에서 책정한 H 자동차에서 생산되는 J모델로 한정하여 6~8년 동안 1년간 주행거리 12,600에서 15,000 마일 운행하며 무사고 남성 운전자들의 자동차 보험료에 대한 자료를 아래와 같이 얻었다.

도시	보험회사 A($)	보험회사 B($)
Long Beach	2789	2352
Pomona	2411	2462
San Bernardino	2261	2284
Moreno Valley	2263	2520

a. 보험회사에 따라 책정된 보험료가 다른지를 알아 볼 때, 도시별로 보험회사 A와 보험회사 B의 보험료를 짝을 지워 비교해야 하는 이유를 설명하시오.

b. 위의 자료를 통해 유의수준 1%하에서, 보험회사 A와 B의 평균 연간 자동차 보험료 사이에 차이가 난다고 할만한 충분한 증거가 있는지 가설검정하시오.

c. $p-$값을 계산하고, 이 결과를 해석하시오

d. 보험회사 A와 B의 평균 연간 자동차 보험료가 차이에 대한 99%신뢰구간을 구하시오.

e. 위의 자료로부터 미국 전역에 대한 보험회사 A와 보험회사 B의 평균 연간 자동차 보험료 사이에 차이가 존재할 수 있다고 할 수 있는지 여부를 밝히고, 그 이유를 설명하시오.

10.21 한 유명 수퍼마켓 체인사의 홍보팀에서 자사 판매제품의 가격이 경쟁사 판매제품보다 저렴한 가격으로 판매되고 있다고 주장했다. 이에 대한 근거로 대략 95개의 품목을 선정하여 합계판매가격을 4주 동안 매주 자사 판매가격과 경쟁사 판매가격을 비교한 결과를 제시하였다.

주(week)	자사	경쟁사
1	254.26	256.03
2	240.6	255.65
3	231.90	255.12
4	234.13	261.18

a. 두 수퍼마켓 체인사에 대한 평균 제품판매가격 사이에 차이가 존재한다고 할 만한 충분한 증거가 있는가?

b. a에서 구한 검정통계량의 $p-$값을 계산하시오.

c. 두 수퍼마켓 체인사에 대한 평균 제품판매가격 차에 대한 99% 신뢰구간을 구하고, 그 결과를 설명하시오.

10.22 연습문제 10.13은 플라그 생성 억제 기능을 갖고 있는 구강청결제품의 효과를 확인하기 위한 치아 실험을 다뤘다. 이 실험은 두 그룹 간의 비교로 설계되었다. A 그룹은 플라그 제거 성분을 함유한 구강청결제품을 사용하였고, B 그룹은 비활성성분을 함유한 구강청결제품을 사용하였다. 각 실험대상자 치아는 4시간 후 다시 8시간 후 구강청결제품을 사용한 후에 플라그 지수가 측정되었다고 가정하자. 만약 이 연구자가 4시간 후부터 8시간 사이의 플라그 형성 차이를 비교하고 싶다면, 이 연구자는 대응비교실험를 통한 가설검정을 시행해야 하는가? 그 이유를 설명하시오.

10.23 두 개의 적색염료의 밝기를 비교하기 위해, 9개의 옷감샘플을 2 조각으로 잘라 실험을 진행하였다. 각 옷감샘플의 한 조각은 적색염료1을 다른 조각은 적색염료2를 이용하여 염색을 진행한 후, 각 옷감조각의 밝기정도를 측정하여 다음과 같은 자료를 얻었다.

샘플	1	2	3	4	5	6	7	8	9
적색염료1	10	12	9	8	15	12	9	10	15
적색염료2	8	11	10	6	12	13	9	8	13

이 자료가 유의수준 5%하에서 두 적색염료 사이의 밝기 차이가 난다고 할 만한 충분한 증거가 되는지 가설검정 하시오.

10.24 한 심리학 수업에서는 25개 단어에 대한 이미지 형상 지도를 받은 후의 회상 점수가 이 지도를 받지 않은 채 측정된 회상점수보다 더 높은지 여부를 실험하였다. 20명의 학생들이 이 실험에 참여하여 다음과 같은 결과를 얻었다.

번호	이미지 형상	이미지 무형상	번호	이미지 형상	이미지 무형상
1	20	5	11	17	8
2	24	9	12	20	16
3	20	5	13	20	10
4	18	9	14	16	12
5	22	6	15	24	7
6	19	11	16	22	9
7	20	8	17	25	21
8	19	11	18	21	14
9	17	7	19	19	12
10	21	9	20	23	13

이미지 형상 지도를 받은 후의 회상점수가 더 높다고 할 수 있을까?

10.6 한 모분산에 대한 추론

지금까지 모평균에 대한 추론을 하기 전에는 항상 모분산 σ^2에 대한 추정량이 필요했었다. 때때로 모분산 σ^2은 실험 조사의 주요목적이 되기도 한다. 이는 실험자에게 모분산은 모평균보다 더 중요한 정보를 주기 때문이다. 다음의 예들을 생각해 보자.

- 과학적 측량기구들은 매우 작은 오차를 갖고, 편의가 없는 기록을 제공해야 한다. 평균 높이를 올바르게 측정하는 항공기 고도계는 올바른 고도와 위 또는 아래로 1000피트 이상 차이가 나는 측정을 한다면, 사용할 수가 없다.
- 한 제조공정에서 생산기계 부분은 제품의 수치가 기준을 벗어나 불량품이 되는 경우를 줄일 수 있는 최소 변동가능 상태에서 제품을 생산해야 한다
- 적성검사는 점수가 합리적으로 변동가능성을 나타내도록 설계되어야 한다. 예를 들어, 모든 학생들이 601점과 605점을 기록했다면, 800점 시험은 변별력이 매우 떨어진다.

이전의 여러 장들에서, 모분산 σ^2에 대한 비편향 추정량으로

$$S^2 = \frac{\sum\left(X_i - \overline{X}\right)^2}{n-1}$$

을 이용해 왔다. 이는 반복적인 표본추출을 통해서 얻은 모든 표본 추정량의 평균이 관심의 대상인 모수 σ^2과 같을 것이라는 것을 의미한다. 그러나, 추정량 S^2이 관심의 모수 σ^2과 얼마나 근접해 있을까? 또는 얼마나 멀리 떨어져 있을까? 이 질문에 대답을 얻기 위해서 S^2의 표집분포를 이용한다. 이 표집분포의 반복적인 표본추출을 통한 추정량 S^2의 성질을 보여준다.

특정 평균과 분산을 따르는 정규분포로부터 임의로의 표본추출을 반복적으로 실시하여 얻은 추정량 S^2의 분포를 생각해 보자 이론적으로 이 분포는 $s^2=0$(분산은 음의 값을 취할 수 없기 때문에)에서 시작되고 평균은 σ^2과 같은 분포임을 확인할 수 있다. 이 분포의 모양은 비대칭이고 표본의 크기와 σ^2의 크기에 따라 변화한다. S^2의 표집분포에 대한 임계값을 찾는 것은 매우 어렵고, 각 모분산에 따라 다른 확률표를 이용해야 한다. 다행히도, $Z-$분포와 마찬가지로 표준화를 함으로써 이 문제를 간단히 해결할 수 있다.

정의

표준화된 통계량

$$\chi^2 = \frac{(n-1)S^2}{\sigma^2}$$

을 **카이제곱변수**(chi-square variable)이라 부르고, 이 통계량은 자유도가 $n-1$인 카이제곱분포(chi-square distribution)을 따른다고 한다.

이 통계량의 확률밀도함수는 매우 복잡해 보이나 그 곡선은 [그림 10.9]과 같다.

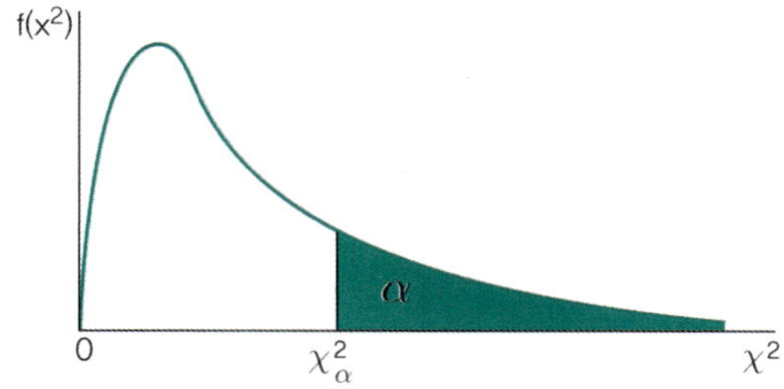

[그림 10.9] 카이제곱분포

모분산에 대한 추론을 할 때 이용되는 카이제곱 통계량의 임계값은 부록 I 의 〈표 5〉에서 찾을 수 있다. 카이제곱 분포의 모양은 표본의 크기 또는 더 정확히 통계량 S^2을 구할 때 쓰이는 자유도 $n-1$에 따라서 달라지기 때문에, 〈표 5〉의 일부를 나타낸 〈표 10.5〉를 보면, $t-$분포표와 마찬가지로 첫 번째 열과 마지막 열은 자유도를 나타낸다. 기호 χ_α^2는 그 값의 오른쪽의 영역의 넓이가 α인 χ^2-값을 나타낸다([그림10.9] 참조)

〈표 10.5〉 부록 I 의 〈표 5〉의 카이제곱 확률표

df	$\chi^2_{0.995}$	···	$\chi^2_{0.950}$	$\chi^2_{0.900}$	$\chi^2_{0.100}$	$\chi^2_{0.050}$	···	$\chi^2_{0.005}$	df
1	0.0000393		0.0039321	0.0157908	2.70554	3.84146		7.87944	1
2	0.0100251		0.102587	0.210720	4.60517	5.99147		10.5966	2
3	0.0717212		0.351846	0.584375	6.25139	7.81473		12.8381	3
4	0.206990		0.710721	1.063623	7.77944	9.48773		14.8602	4
5	0.411740		**1.145476**	1.610310	9.23635	11.0705		16.7496	5
6	0.0675727		1.63539	2.204130	10.6446	12.5916		18.5476	6
.	.		.	.	.	.		.	.
.	.		.	.	.	.		.	.
.	.		.	.	.	.		.	.
15	4.60094		7.26094	8.54675	22.3072	**24.9958**		32.8013	15
16	5.14224		7.96164	9.31223	23.5418	26.2962		34.2672	16
17	5.69724		8.67176	10.0852	24.7690	27.5871		35.7185	17
18	6.26481		9.39046	10.8649	25.9894	28.8693		37.1564	18
19	6.84398		10.1170	11.6509	27.2036	30.1435		38.5822	19
.	.		.	.	.	.		.	.
.	.		.	.	.	.		.	.
.	.		.	.	.	.		.	.

〈표 10.5〉를 통해서 카이제곱분포가 비대칭이고 0에서 시작되기 때문에, 카이제곱 통계량에 대한 위쪽 꼬리 넓이와 아래쪽 꼬리 넓이가 모두 나와 있다. 예를 들어, 값 $\chi^2_{0.95}$의 값은 그 오른쪽 곡선 아래 넓이가 95%이고 왼쪽 곡선 아래 넓이가 5%이다. 이 값은 카이제곱 분포의 아래쪽 꼬리의 넓이가 0.05가 되는 지점을 나타낸다.

예제 10.10

부록 Ⅰ의 〈표 5〉를 이용하여 다음의 내용을 확인하시오.

1. $n=16$(또는 자유도 $df=15$)인 χ^2−분포의 확률은 24.9958을 넘어서는 부분의 넓이가 0.050이다.
2. $n=6$인 표본에 대하여, χ^2의 오른쪽 넓이가 95%되는 값은 1.145476이다. 이 값들은 〈표 10.5〉에서 색칠된 부분이다.

모분산에 대한 가설검정에서 귀무가설은

$$H_0: \sigma^2 = \sigma_0^2$$

이고, 검정통계량은

$$\chi^2 = \frac{(n-1)S^2}{\sigma_0^2}$$

을 이용한다. 여기서, H_0가 참일 때, S^2/σ_0^2의 값이 1근방의 값이 나오기 때문에, 검정통계량 χ^2값의 크기는 $(n-1)$과 거의 같다. 만약 σ^2이 가설에서 가정한 값 σ_0^2보다 실제로 더 크면, 검정통계량 χ^2값의 크기는 $(n-1)$보다 더 크고, 자유도가 $(n-1)$인 카이제곱분포의 오른쪽 꼬리에 위치할 것이다. 만약 $\sigma^2 < \sigma_0^2$이면, 검정통계량 χ^2값의 크기는 $(n-1)$보다 더 작고, 자유도가 $(n-1)$인 카이제곱분포의 왼쪽 꼬리에 위치할 것이다. 다른 가설검정과 마찬가지로, 대립가설에 따라 단측 또는 양측 검정을 이용한다. 모분산 σ^2에 대한 가설검정과 $(1-\alpha)100\%$ 신뢰구간은 카이제곱분포에 따라 달라지는데, 이 내용을 다음에 기술한다.

KeyPoint

모분산에 대한 가설검정

1. 귀무가설: $H_0: \sigma^2 = \sigma_0^2$
2. 대립가설:

단측 검정	양측 검정
$H_1: \sigma^2 > \sigma_0^2$ (또는 $H_1: \sigma^2 < \sigma_0^2$)	$H_1: \sigma^2 \neq \sigma_0^2$

3. 검정통계량: $\chi^2 = \dfrac{(n-1)S^2}{\sigma_0^2}$
4. 기각역:

단측 검정	양측 검정
$\chi^2 > \chi^2_{\alpha}$ (또는 $\chi^2 < \chi^2_{(1-\alpha)}$ 단, $H_1: \sigma^2 < \sigma_0^2$일 때), 단, χ^2_{α}와 $\chi^2_{(1-\alpha)}$는 각각 χ^2-분포에서 오른쪽 꼬리의 넓이, 왼쪽 꼬리의 넓이가 α인 임계값이다.	$\chi^2 > \chi^2_{\alpha/2}$ 또는 $\chi^2 < \chi^2_{(1-\alpha/2)}$ 단, $\chi^2_{\alpha/2}$와 $\chi^2_{(1-\alpha/2)}$는 각각 χ^2-분포에서 오른쪽 꼬리의 넓이, 왼쪽 꼬리의 넓이가 $\alpha/2$인 임계값이다.

이거나, p-값 $< \alpha$일 때, H_0를 기각

여기서, 각 임계값들은 자유도 $(n-1)$인 χ^2-분포에서 찾는다. 부록 I 〈표 5〉를 이용하여 이 값들을 찾을 수 있다.

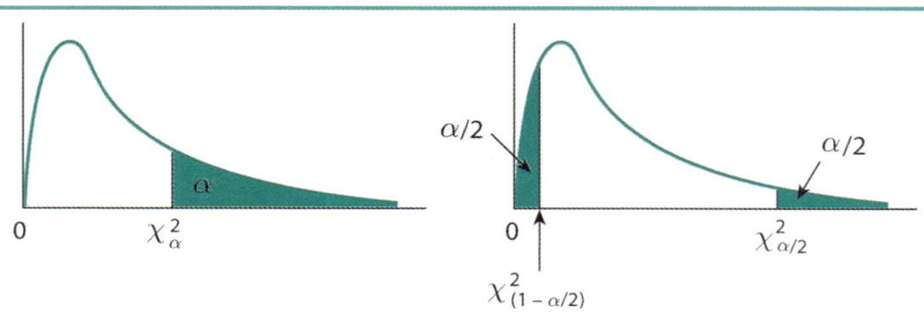

KeyPoint

모분산 σ^2에 대한 $(1-\alpha)100\%$ 신뢰구간

$$\frac{(n-1)S^2}{\chi^2_{\alpha/2}} < \sigma^2 < \frac{(n-1)S^2}{\chi^2_{(1-\alpha/2)}}$$

단, $\chi^2_{\alpha/2}$와 $\chi^2_{(1-\alpha/2)}$는 χ^2-분포에서 각 꼬리의 넓이가 $\alpha/2$인 상한과 하한의 χ^2값이다.

가정: 표본의 크기가 n인 표본은 정규분포를 따르는 모집단으로부터 임의로 추출된 표본이다.

예제 10.11

한 시멘트 제조업자는 자신들이 생산한 시멘트로 시공한 콘크리트가 비교적 안정적인 압축력을 갖고 있다고 주장한다. 이 압축력은 제곱센티미터 당 가해지는 무게를 킬로그램 단위로 환산한 것으로 범위 40kg/cm^2안에 놓여 있다는 주장이다. 다음은 $n=10$인 표본으로부터 얻은 평균과 분산이다.

$$\overline{x} = 312,\ s^2 = 195$$

이 자료는 이 시멘트 제조업자의 주장을 기각할 만큼 충분한 근거를 제시하고 있는가?

풀이 2.5절에서 배웠던 내용에 비추어 모든 자료는 근사적으로 4배의 표준편차 이내에 있어야 한다. 강도의 범위가 40kg/cm^2라는 이 제조업자의 주장은 강도에 대한 표준편차가 대략 10kg/cm^2이내라는 것을 의미한다. 그의 주장을 검정하기 위해, 적당한 가설을 세우면 다음과 같다.

$$H_0: \sigma^2 = 10^2 = 100 \quad vs \quad H_1: \sigma^2 > 100$$

표본분산이 가설에서 가정한 값 100보다 크면, 검정통계량

$$\chi^2 = \frac{(n-1)s^2}{\sigma_0^2} = \frac{1755}{100} = 17.55$$

는 유난히 커서 H_0를 기각하고 H_1을 채택할 수 있을 것이다. 이 가설검정에 대한 의사결정을 하는데 검정통계량을 이용하는 두 가지 방법이 있다.

- **임계값에 의한 방법**: 알맞은 검정은 χ^2－분포의 오른쪽 꼬리를 기각역으로 하는 단측 검정이다. 유의수준 $\alpha = 0.05$와 자유도 $df = (n-1) = 9$에 대한 임계값은 부록 I의 〈표 5〉로부터 $\chi^2_{0.05} = 16.9190$이다. [그림 10.18]은 기각역을 보여주고 있다. 검정통계량의 값이 16.9091보다 크면 H_0를 기각할 수 있다. 관측된 검정통계량의 값이 $\chi^2 = 17.55$이므로, 귀무가설은 거짓이고 콘크리트의 강도는 제조업자가 주장한 범위를 벗어난다는 결론을 내릴 수 있다.

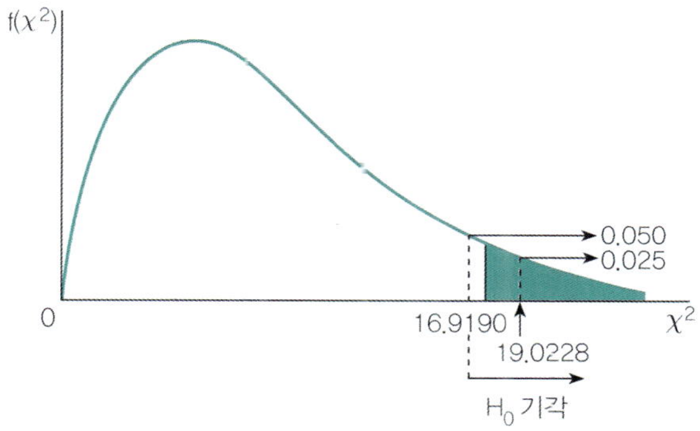

[그림 10.10] [예제 10.11]에 대한 기각역과 p－값

- **p－값에 의한 방법**: 가설검정에서 p－값은 α보다 작은 값이 나와야 H_0를 기각할 수 있다. 다른 단측 검정과 마찬가지로 χ^2－분포에서 관측된 검정통계량 값의 오른쪽 영역의 넓이를 계산한다. 비록 정확한 이 p－값은 컴퓨터로만 계산할 수 있지만, 부록 I의 〈표 5〉는 p－값의 범위를 알려 준다. 값 17.55는 $\chi^2_{0.05} = 16.9190$과 $\chi^2_{0.025} = 19.0228$ 사이에 위치하므로, p－값은 0.025와 0.05사이에 놓여 있다. 대부분의 조사자들은 H_0를 기각하고 5% 하에서 유의하다란 결론을 내릴 것이다. 다시, 귀무가설을 기각하고, 콘크리트의 강도는 제조업자가 주장한 범위를 벗어난다는 결론을 내릴 수 있다. ■

예제 10.12

한 실험자는 자신의 측정도구가 표준편차 $\sigma = 2$의 변동가능성을 갖고 있다고 확신하고 있다. 한 실험을 진행하는 동안, 측정 수치가 4.1, 5.2, 10.2였다. 이 자료가 실험자의 확신과 부합하는가? 적당한 가설검정을 하고, 모분산에 대한 90% 신뢰구간을 구하여라.

풀이 유의수준이 주어져 있지 않기 때문에, 가설

$$H_0: \sigma^2 = 4 \quad vs \quad H_1: \sigma^2 \neq 4$$

에 대해 $p-$값에 의한 방법으로 검정한다. 표본분산은 $s^2 = 10.57$이고, 검정통계량은

$$\chi^2 = \frac{(n-1)s^2}{\sigma_0^2} = \frac{2(10.57)}{4} = 5.285$$

이다. 이 검정은 양측 검정이기 때문에, 기각역은 χ^2-분포의 양쪽 꼬리의 넓이를 반으로 나누는, 두 부분으로 나뉜다. 만약 관측된 검정통계량 $\chi^2 = 5.285$의 오른쪽 꼬리의 넓이를 근사적으로 구했다면, 이 검정의 $p-$값은 오직 이 넓이의 절반이 될 것이다. χ^2값이 같은 확률로 아래쪽 꼬리에서도 나올 수 있기 때문에, $p-$값을 구하기 이해서는 위쪽 넓이의 두 배를 해야 한다. 자유도가 2이고, 관측된 검정통계량의 값이 5.29이므로, $\chi^2_{0.10}$과 $\chi^2_{0.05}$사이에 위치하므로, $p-$값의 범위는

$$0.05 < \frac{1}{2}(p-\text{값}) < 0.10 \text{ 또는 } 0.10 < p-\text{값} < 0.20$$

이다. $p-$값이 0.10보다 크기 때문에, 이 결과는 통계적으로 유의하지 않다. 귀무가설 $H_0: \sigma^2 = 4$를 기각할만한 충분한 근거가 없다.

대응하는 90% 신뢰구간은

$$\frac{(n-1)S^2}{\chi^2_{\alpha/2}} < \sigma^2 < \frac{(n-1)S^2}{\chi^2_{(1-\alpha/2)}}$$

인데, $\chi^2_{(1-\alpha/2)}$값과 $\chi^2_{\alpha/2}$값은

$$\chi^2_{(1-\alpha/2)} = \chi^2_{0.95} = 0.102587,$$

$$\chi^2_{\alpha/2} = \chi^2_{0.05} = 5.99147$$

이 된다. 이 값들을 구간추정량의 공식에 대입하면,

$$\frac{2(10.57)}{5.99147} < \sigma^2 < \frac{2(10.57)}{0.102587} \text{ 또는 } 3.53 < \sigma^2 < 206.07$$

을 얻는다. 그러므로, 모분산은 구간 3.53부터 206.07사이에 있을 거라 추정할 수 있다. 이것은 매우 넓은 신뢰구간이고, 3개의 표본으로부터 얻을 수 있는 모분산에 대한 정보가 매우 작다는 것을 의미한다. 결과적으로 귀무가설 $\sigma^2 = 4$를 기각할 만한 충분한 근거가 없다. 모분산 σ^2에 대한 보다 많은 정보를 얻기 위해서는 실험자는 표본의 크기를 늘려야 한다. ■

연습문제

10.25 한 정규분포로부터 추출된 $n = 25$인 관측값의 표본분산이 21.4였다. 이 자료로부터 $\sigma^2 > 15$라고 주장할 충분한 증거가 되는가? 유의수준 5%하에서 가설검정하시오.

10.26 한 정규분포로부터 추출된 $n = 7$인 관측값이 1.4, 3.6, 1.7, 2.0, 3.3, 2.8, 2.9이다.

a. 표본분산 S^2를 구하시오.

b. 모분산 σ^2에 대한 95% 신뢰구간을 구하시오.

c. 가설 $H_0: \sigma^2 = 0.8 \;\; vs \;\; H_1: \sigma^2 \neq 0.8$에 대하여 유의수준 5%하에서 가설검정하고, 결론을 기술하시오.

d. c에서 계산한 검정통계량의 $p-$값을 계산하시오.

10.27 환자들을 적절한 치료를 위해 의사에게 처방받은 약은 용량은 평균 값 뿐만 아니라 변동성 역시 작아야 한다. 한 제약회사에서는 그 회사에서 생산된 약 제품의 용량은 5 ± 0.1(mg/cc)이라고 주장했다. 임의로 4개의 약 제품을 구입해 용량을 측정한 결과 4.94, 5.09, 5.03, 4.90 (mg/cc)였다.

a. 이 자료로부터 이 약제품의 용량 평균이 5 mg/cc라고 할 만한 충분한 증거가 되는가?

b. 이 자료가 이 제약회사가 주장한 대로 생산된 약 제품의 용량이 5 ± 0.1(mg/cc)라고 할 만한 충분한 증거가 되는가?

10.28 건설현자 근로자들을 위한 안전모를 생산하는 제조업자는 표준 외력이 가해졌을 때, 안전모를 쓴 사람에게 전달되는 힘의 평균과 변동성에 대해 관심을 갖고 있다. 이 제조업자는 안전모를 쓴 사람에게 전달되는 힘의 평균이 법정 허용한도인 1000 파운드 보다 작은 평균 800 파운드이고, 표준편차가 40 파운드보다 작은 안전모를 생산하려 노력하고 있다. 안전모의 성능을 알아보기 위해, 생산된 안전모 제품 중 40개를 임의로 선택하여 실험을 한 결과, 표준 외력을 가한 상태에서 이 안전모를 쓴 사람에게 전달되는 힘의 평균이 825 파운드, 분산이 2350 파운드^{2}임을 얻었다.

a. 만약 안전모를 쓴 사람에게 전달되는 힘에 대한 평균이 800 파운드이고, 표준편차가 40 파운드라면, 표준 외력이 가해졌을 때, 안전모를 쓴 사람에게 전달되는 힘이 1000 파운드를 넘을까? 설명하시오.

b. 이 안전모 성능실험을 통해 표준 외력이 가해졌을 때, 안전모를 쓴 사람에게 전달되는 힘의 평균이 800 파운드를 넘을까?

10.29 한 전구 생산업자는 소비자가 원하는 평균 수명을 갖고 있으며, 전구 수명에 대한 변동이 비교적 작은 전구를 생산하기를 원한다. 어떤 전구들이 그들의 수명보다 더 빨리 고장이 난다면, 소비자들은 불평을 하고 경쟁사의 제품을 구매할 것이다. 전구의 평균수명보다 큰 변동은 제품 판매를 줄어들게 하고, 변동은 일반적으로 소비자의 구매 시기를 파악할 수 없게 한다. 다음은 임의의 20개의 전구를 추출하여 수명(단위: 시간)을 기록한 것이다.

2100	2302	1951	2067	2415	1883	2101	2146	2278	2019
1924	2183	2077	2392	2286	2501	1946	2161	2253	1827

제조업자는 수명에 대한 변동가능성 σ를 150시간보다 작게 조절하기를 원한다. 이 자료는 제조업자의 목표가 달성되었다는 충분한 근거를 제시하고 있는가? $\alpha = 0.01$을 이용하여 가설 검정하여라.

10.7 두 모분산 비교

때때로 실험자에게 한 모집단에 대한 모분산이 중요한 것처럼 두 모분산을 비교해야 하는 경우도 있다. 한 측정기구와 다른 측정기구의 정확도 또는 한 제조과정과 또 다른 제조과정의 안정성 등을 비교해야 할 수도 있다.

두 모분산 σ_1^2과 σ_2^2를 비교하는 방법은 표본분산들의 비율 S_1^2 / S_2^2을 이용하는 것이다. 만약 S_1^2 / S_2^2가 1에 가까우면, 두 모분산 σ_1^2과 σ_2^2이 다르다고 할 수 없을 것이다. 반면에, S_1^2 / S_2^2가 매우 크거나 매우 작으면, 모분산들이 차이가 난다는 증거를 보여주는 것이다.

S_1^2 / S_2^2이 얼마나 크거나 얼마나 작아야 다음의 귀무가설을 기각할 수 있는 충분한 증거가 될까?

$$H_0: \sigma_1^2 = \sigma_2^2$$

이 질문에 대한 대답은 반복적인 표본추출을 통해서 얻은 표본 추정량 S_1^2 / S_2^2의 분포를 통해서 얻을 수 있다.

분산이 같은 즉, $\sigma_1^2 = \sigma_2^2$인 두 정규모집단으로부터 서로 독립인 임의의 표본들이 추출되었다면, S_1^2 / S_2^2는 [그림 10.11]과 같은 $F-$분포 ($F-$distribution)를 따른다.

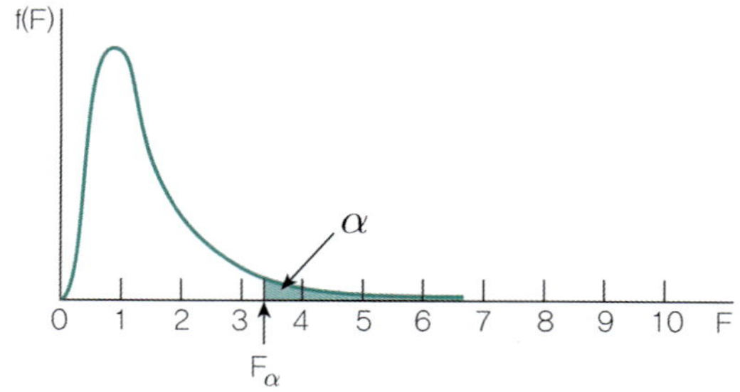

[그림 10.11] $df_1 = 10$이고, $df_2 = 10$인 $F-$분포

① S_1^2 / S_2^2 이 $F-$분포를 따르기 위한 가정

- 두 정규분포로부터 임의로 서로 독립인 표본이 추출되어야 한다.
- 두 모집단의 모분산이 같아야 한다. 즉, $\sigma_1^2 = \sigma_2^2 = \sigma^2$

$F-$분포의 확률밀도함수를 아는 것은 그리 중요하지 않다. 두 모분산에 대한 추론을 하기 위해서는 부록 I 의 〈표

6〉을 이용하여 임계값을 찾을 수만 있으면 된다.

유의성 검정을 위한 $F-$분포의 임계값이나 $p-$값은 [그림 10.12]과 같이 통계팩키지를 이용하여 얻을 수도 있다.

χ^2분포와 마찬가지로, $F-$분포의 모양은 비대칭이며, S_1^2과 S_2^2의 각각의 자유도를 표시하는 $df_1 = (n_1 - 1)$과 $df_2 = (n_2 - 1)$에 영향을 받는다. $F-$분포의 임계값은 두 개의 자유도 df_1, df_2와 확률 α의 조합에 맞춰 찾아야 한다.

부록 I 의 〈표 6〉에서 주어지는 F의 임계값은 대응하는 오른쪽 꼬리의 넓이 $\alpha = 0.100, 0.050, 0.025, 0.010, 0.005$별로 분자의 자유도 df_1과 분모의 자유도 df_2에 따라 주어져 있다. 〈표 10.6〉은 부록 I 의 〈표 6〉의 일부를 나타낸 것이다. 분자의 자유도 df_1는 표의 윗줄에 나타나 있고, 분모의 자유도 df_2는 표의 양 옆줄에 나타나 있다. α의 값은 두 번째 줄에 나와 있다. df_1과 df_2가 주어져 있을 때, 알맞은 F의 임계값은 주어진 α의 값이 나타내는 줄에서 찾아야 한다.

예제 10.13

부록 I 의 〈표 6〉을 이용하여 다음의 내용을 확인하시오.

1. $df_1 = 6$이고, $df_2 = 9$이며, 오른쪽 넓이가 0.05인 $F-$값은 3.37이다.
2. $df_1 = 5$이고, $df_2 = 10$이며, 오른쪽 넓이가 0.05인 $F-$값은 3.33이다.
3. $df_1 = 6$이고, $df_2 = 9$이며, 오른쪽 넓이가 0.01인 $F-$값은 5.80이다.

이 값들은 〈표 10.6〉에 색칠되어 있다.

〈표 10.6〉 부록 I 의 〈표 6〉의 $F-$확률표

		df_1					
df_2	α	1	2	3	4	5	6
1	0.100	39.86	49.50	53.59	55.83	57.24	58.20
	0.050	161.4	199.5	215.7	224.6	230.2	234.0
	0.025	647.8	799.5	864.2	899.6	921.8	937.1
	0.010	4052	4999.5	5403	5625	5764	5859
	0.005	16211	20000	21615	22500	23056	23437
2	0.100	8.53	9.00	9.16	9.24	9.29	9.33
	0.050	18.51	19.00	19.16	19.25	19.30	19.33
	0.025	38.51	39.00	39.17	39.25	39.30	39.33
	0.010	98.50	99.00	99.17	99.25	99.30	99.33
	0.005	198.5	199.0	199.2	199.2	199.3	199.3
3	0.100	5.54	5.46	5.39	5.34	5.31	5.28
	0.050	10.13	9.55	9.28	9.12	9.01	8.94
	0.025	17.44	16.04	15.44	15.10	14.88	14.73
	0.010	34.12	30.82	29.46	28.71	28.24	27.91
	0.005	55.55	49.80	47.47	46.19	45.39	44.84
.	.			.			.
.	.			.			.
.	.			.			.
9	0.100	3.36	3.01	2.81	2.69	2.61	2.55
	0.050	5.12	4.26	3.86	3.63	3.48	3.37

	0.025	7.21	5.71	5.08	4.72	4.48	4.32
	0.010	10.56	8.02	6.99	6.42	6.06	5.80
	0.005	13.61	10.11	8.72	7.96	7.47	7.13
10	0.100	3.29	2.92	2.73	2.61	2.52	2.46
	0.050	4.96	4.10	3.71	3.48	3.33	3.22
	0.025	6.94	5.46	4.83	4.47	4.24	4.07
	0.010	10.04	7.56	6.55	5.99	5.64	5.39
	0.005	12.83	9.43	8.08	7.34	6.87	6.54

풀이 가설검정의 귀무가설

$$H_0: \sigma_1^2 = \sigma_2^2$$

이 검정통계량

$$F = \frac{S_1^2}{S_2^2}$$

을 이용한다. 대립가설이 단측검정을 의미할 때, 즉,

$$H_1: \sigma_1^2 > \sigma_2^2$$

일때, 부록 I 의 〈표 6〉으로부터 H_0를 기각하기 위한 오른쪽 꼬리 임계값을 찾을 수 있다. 그러나, 대립가설이 양측검정을 의미할 때, 즉,

$$H_1: \sigma_1^2 \neq \sigma_2^2$$

일 때는 기각역이 F-분포의 위쪽과 아래쪽 꼬리로 나뉘게 된다. 이런 왼쪽 꼬리의 임계값들은 다음의 이유로 인해 〈표 6〉에 주어져 있지 않다: 두 개의 모집단 중 어느 쪽을 "모집단 1"로 정할지는 상관없다. 만약 항상 표본분산의 크기가 큰 모집단을 "모집단 1"로 선택한다면, 관측된 검정통계량의 값은 항상 F-분포의 오른쪽 꼬리에 위치할 것이다. 비록 기각역의 반쪽인 왼쪽 꼬리의 넓이가 $\alpha/2$일지라도 꼭 그 반쪽의 기각역을 이용하지 않아도 된다. 비록 양측검정이라도 다음의 사항을 명심하자:

- 기각역의 오른쪽 꼬리의 넓이는 단지 $\alpha/2$이다.
- 관측된 검정통계량의 오른쪽 넓이는 단지 $(p-값)/2$이다. ■

다음에서 두 모분산에 대한 가설검정에 대한 절차와 $(1-\alpha)100\%$ 신뢰구간을 구하는 방법을 소개한다.

KeyPoint

두 모분산들이 같은지에 대한 가설검정

1. 귀무가설: $H_0: \sigma_1^2 = \sigma_2^2$

2. 대립가설:

단측 검정	양측 검정
$H_1: \sigma_1^2 > \sigma_2^2$ (또는 $H_1: \sigma_1^2 < \sigma_2^2$)	$H_1: \sigma_1^2 \neq \sigma_2^2$

3. 검정통계량: $F = \dfrac{S_1^2}{S_2^2}$

단, S_1^2은 보다 큰 표본분산이다.

4. 기각역:

단측 검정	양측 검정
$F > F_{\alpha}$	$F > F_{\alpha/2}$, $F < F_{1-\alpha/2}$ 이거나, $p-$값 $< \alpha$일 때, H_0를 기각

여기서, 각 임계값들 F_{α}, $F_{\alpha/2}$는 자유도 $df_1 = (n_1 - 1)$과 $df_2 = (n_2 - 1)$인 $F-$분포의 값들이다. 부록 I 〈표6〉를 이용하여 $\alpha = 0.100, 0.050, 0.025, 0.010, 0.005$인 경우의 값들을 찾을 수 있다.

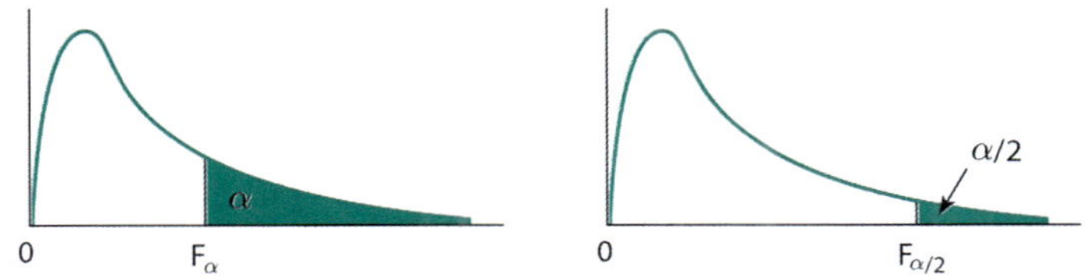

가정: 표본들은 서로 독립이고 정규분포를 따르는 모집단들로부터 임의로 추출되었다.

KeyPoint

모분산의 비 σ_1^2/σ_2^2에 대한 $(1-\alpha)100\%$ 신뢰구간

$$\left(\frac{S_1^2}{S_2^2}\right)\frac{1}{F_{df_1, df_2}} < \frac{\sigma_1^2}{\sigma_2^2} < \left(\frac{S_1^2}{S_2^2}\right)F_{df_2, df_1}$$

단, $df_1 = (n_1 - 1)$과 $df_2 = (n_2 - 1)$이다. F_{df_1, df_2}는 분자의 자유도와 분모의 자유도가 df_1, df_2이고, 오른쪽 꼬리의 넓이가 $\alpha/2$인 $F-$분포의 임계값이다.

가정: 표본들은 서로 독립이고 정규분포를 따르는 모집단들로부터 임의로 추출되었다.

예제 10.14

한 실험자는 두 가지의 다른 실험절차를 이용한 반응들이 다를까봐 우려하고 있다. 연구를 시작하기 전에, 임의로 표본 반응들을 10개와 8개를 추출하여 $s_1^2 = 7.14$와 $s_2^2 = 3.21$임을 얻었다. 이 표본분산들이 모분산들이 같지 않다는 충분한 근거를 제시하고 있는가?

풀이 모집단들이 종모양의 형태를 띠는 확률분포를 가진다고 가정하면, 모집단들이 정규분포라는 가정을 만족하게 된다. 문제의 가설검정을 위한 가설들은 다음과 같다.

$$H_0: \sigma_1^2 = \sigma_1^2 \quad vs \quad H_1: \sigma_1^2 \neq \sigma_2^2$$

부록 I 의 〈표 6〉에서 $\alpha/2 = 0.025$행을 이용하면, $\alpha = 0.05$일 때, $F > 4.82$이면, H_0를 기각할 수 있다. 검정통계량의 값을 계산하면

$$F = \frac{s_1^2}{s_2^2} = \frac{7.14}{3.21}$$

이 된다. 검정통계량의 값이 기각역에 속하지 않기 때문에, $H_0: \sigma_1^2 = \sigma_2^2$를 기각할 수 없다. 그러므로, 모분산의 차이를 가리키는 충분한 근거가 없다. ■

예제 10.15

[예제 10.14]에 대하여 σ_1^2/σ_2^2에 대한 90% 신뢰구간을 구하시오.

풀이 σ_1^2/σ_2^2에 대한 90% 신뢰구간은

$$\left(\frac{S_1^2}{S_2^2}\right)\frac{1}{F_{df_1, df_2}} < \frac{\sigma_1^2}{\sigma_2^2} < \left(\frac{S_1^2}{S_2^2}\right)F_{df_2, df_1}$$

단,

$$s_1^2 = 7.14, \qquad s_2^2 = 3.21$$

$$df_1 = (n_1 - 1) = 9, \qquad df_2 = (n_2 - 1) = 7$$

$$F_{9,7} = 3.68, \qquad F_{7,9} = 3.29$$

이다. 이 값들을 신뢰구간 공식에 대입하면,

$$\left(\frac{7.14}{3.21}\right)\frac{1}{3.68} < \frac{\sigma_1^2}{\sigma_2^2} < \left(\frac{7.14}{3.21}\right)3.29 \text{ 또는 } 0.60 < \frac{\sigma_1^2}{\sigma_2^2} < 7.32$$

를 얻을 수 있다. 계산된 구간추정량은 가설에서 가정한 값 1.0을 포함하고 있다. 이는 $\sigma_1^2 = \sigma_2^2$의 가능성을 나타내기

때문에 검정결과와 같은 결론이다. $H_0: \sigma_1^2 = \sigma_2^2$를 기각할 수 없다. ■

예제 10.16

특정 공정에 사용되는 화학제품 안에 남아 있는 불순물의 양에 대한 변동성은 그 공정을 작동 시킬 수 있는 수명을 좌우한다. 한 제조업자는 두 가지의 생산라인 1, 2를 이용하여 제품을 생산하고 있다. 생산라인2를 약간 조정을 하여 화학제품의 불순물의 평균 양뿐만 아니라 변동성을 줄이려고 한다. 서로 다른 화학제품을 사용한 생산라인2로부터의 표본을 $n_1 = 25$, $n_2 = 25$를 추출하여 다음과 같은 통계량을 얻었다.

$$\overline{x_1} = 3.2, \qquad s_1^2 = 1.04$$

$$\overline{x_2} = 3.0, \qquad s_2^2 = 0.51$$

이 자료가 생산라인2에 대한 변동성이 줄어들었다고 할 만한 충분한 근거를 제시하고 있는가?

풀이 실험자는 두 생산라인에 대한 불순물의 평균수치가 같고 조정을 통해서 [그림 10.12]과 같이 생산라인2의 변동가능성을 줄일 수 있다고 생각한다. 이 조정은 화학제품의 불순믈의 수치가 높아도 생산라인의 가동을 가능하게 해주기 때문에 회사에 도움이 될 것이다.

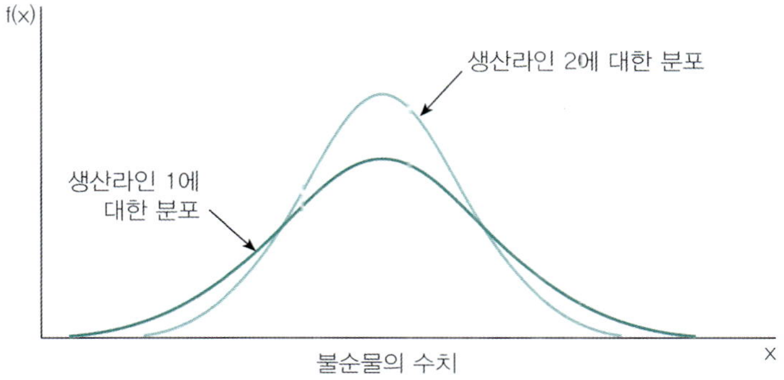

[그림 10.12] 두 생산라인에 대한 불순물 수치의 분포

변동가능성을 줄이는 것에 대한 검정이므로, 검정해야 할 가설은

$$H_0: \sigma_1^2 = \sigma_1^2 \quad vs \quad H_1: \sigma_1^2 > \sigma_2^2$$

이고, 검정통계량에 대한 관측값은

$$F = \frac{s_1^2}{s_2^2} = \frac{1.04}{0.51} = 2.04$$

이다. $p-$값에 의한 방법을 이용하면, 부록 I 의 〈표 6〉을 이용하여 $df_1 = df_2 = (25-1) = 24$에 대한 단측 $p-$값의 범위를 구할 수 있다. 관측된 검정통계량의 값 F가 $F_{0.050} = 1.98$과 $F_{0.025} = 2.27$사이에 있기 때문에, $0.025 < p-$값< 0.05이다. 이 결과로 유의수준 5%하에서 유의하다고 판단되므로 H_0를 기각한다. 생산라인2의

변동성이 생산라인1의 변동성보다 작다고 할 수 있다. ■

두 모분산의 차이에 대한 $F-$검정은 다음의 두 조건 아래에서 이 장에서 배웠던 모수에 대한 추론에 대한 일련의 검정들을 완성한다.

- 표본의 크기가 작다.
- 표본들은 정규분포를 따르는 모집단들로부터 추출되었다.

스튜던트 $t-$분포 뿐만 아니라, $F-$분포와 χ^2-분포도 여러 다른 응용에서 매우 중요하다. 여러 가지 추론 형태에 따라 이에 적합한 추정량을 이용해야 하지만, 의사결정을 내리는 추론하는 과정에 대한 기본 절차는 같다.

Probability & Statistics

연습문제

10.30 정규분포를 따르는 두 모집단들로부터 서로 독립인 임의의 표본들을 뽑아 다음의 통계량을 얻었다.

표본의 크기	표본분산
16	55.7
20	31.4

σ_1^2/σ_2^2에 대한 95% 신뢰구간을 구하시오.

10.31 각기 화학과 물리를 선택한 두 그룹의 15명의 학생들에 대하여 SAT 시험을 점수에 대한 정보를 기록한 것이다.

화학	물리
$\overline{x}=644$	$\overline{x}=658$
$s=114$	$s=103$
$n=15$	$n=15$

σ^2에 대하여 두 모집단의 분산이 같다는 가정을 한 후, 합성분산 추정량을 이용하여 두 표본에 대한 $t-$검정을 하시오. 이 가정을 등분산에 대한 $F-$검정을 하시오. 이 등분산 검정에 대한 $p-$값의 근사값을 구하시오.

10.32 쿼터백들은 패스를 잘해야할 뿐만 아니라 각 게임당 완벽한 패스의 수에 대한 변동성도 작아야 한다. 다음의 표는 2010년 NFL 풋볼 시즌동안 Pittsburgh Steelers의 쿼터백 Ben Roethlisberger가 Green Bay Packers의 쿼터백 Aaron Rodgers 이 두 선수들에 대한 완벽한 패스의 수를 보여주고 있다.

Aaron Rodgers			Ben Roethlisberger	
19	21	7	16	20
19	15	25	19	22
34	27	19	17	21
12	22		17	23
27	26		30	22
18	21		18	15

a. 유의수준 1%하에서, 두 쿼터백들 사이의 패스 수어 대한 변동성간에 차이가 나는가?

b. 만약 두 쿼터백들의 완벽한 패스의 수에 대한 평균들 간에 차이가 나는가? 설명하시오.

10.33 운동의 강도에 따라 다리 근육통의 정도가 달라지는가를 알아보기 위해 10명의 육상선수와 10명의 싸이클선수들을 대상으로 운동강도에 따른 다리 근육통 정도의 측정하여 다음과 같은 표를 얻었다.

	육상선수		싸이클선수	
운동상태	평균	표준편차	평균	표준편차
휴식	14.5	3.92	11.1	3.98
최대산소소비량의 80%	12.2	3.49	11.5	4.95
최대산소소비량	19.1	16.9	12.2	4.47

이 자료를 이용해, 세 가지의 각 운동상태에서 육상선수와 싸이클선수의 사이의 분산들 간에 차이가 있는지 검정하고, 각 검정에서의 $p-$값을 구하시오. 이 세 가지의 각 운동상태에 대한 평균 차 검정을 할 때, 등분산을 가정하고 $t-$검정을 실시하는 것이 적당한가? 설명하시오.

CHAPTER 11

분산분석법(ANOVA)

11.1 실험의 계획

표본이 선택되는 방식을 표집계획(sampling plan) 또는 실험계획(실험설계, experimental design)이라 부르며 표본에 있는 정보의 양을 결정한다. 어떤 연구는 연구자가 실제로 자료를 생산하는 것이 아니라 이미 존재하는 자료의 특성을 관찰만 하는 **관찰연구**(observational study)를 수반한다. 설문지에 의해 정보를 수집하는 표본조사의 대부분이 이 범주에 속한다. 연구자는 표집계획이라 불리는 자료 수집 계획을 세우고 표본이 나온 모집단이나 모집단들에 대해 결론을 도출하기 위해 적절한 통계적 절차를 사용한다.

다른 연구는 **실험**(experimentation)을 수반한다. 연구자는 실험단위들에 의도적으로 하나 이상의 실험조건을 부과하여 반응(변수)에 대한 그들의 효과를 결정하기도 한다. 통계적 실험계획에 대한 논의를 위해 몇 가지 새로운 용어를 알아보자.

정의

실험단위(experimental unit)는 측정(또는 측정들)이 행해지는 객체
요인(인자, factor)은 실험자에 의해 제어되고 변화되는 값을 갖는 독립변수
수준(level)은 한 요인의 세기(강도) 설정
처리(treatment)는 요인 수준들의 특정한 조합
반응(response)은 실험자에 의해 측정되는 변수

예제 11.1

사람들을 실험집단과 대조집단으로 임의로 분리한다. 대조집단은 제대로 된 아침식사를 마친 뒤 적성검사를 받는다. 실험집단은 아무 것도 먹지 않고 아침을 거르고 같은 적성검사를 받는다. 이 실험에서 요인, 수준, 처리는 무엇인가?

풀이 반응(검사 점수)이 측정되는 사람들이 실험단위들이다. 관심 요인은 "식사"로 기술될 수 있고 "아침식사"와 "아침거름"이라는 2수준을 갖는다. 이 관심 요인만이 실험자에 의해 제어되므로 "아침식사"와 "아침거름"이라는 2수준이 또한 실험에서 관심 있는 처리와 같게 된다. ■

예제 11.2

예 11.1의 연구자가 실험을 위해 남자 20명, 여자 20명을 임의로 선출하여 시작했다고 하자. 이 두 집단은 다시 각각 10명씩 실험집단과 대조집단으로 임의로 분리되었다. 이 실험에서 요인, 수준, 처리는 무엇인가?

풀이 여기서는 실험자에게 관심 있는 요인은 다음과 같이 2개가 되고 각 요인은 다음과 같이 2수준을 갖는다.

- "성별"의 2수준: 남자, 여자
- "식사"의 2수준: 아침식사, 아침거름

이 실험은 조금 복잡해져서 인자 수준들의 특정한 조합인 처리가 다음과 같은 4개가 된다. 아침거른 남자, 아침식사 남자, 아침거른 여자, 아침식사 여자 ■

이 장에서는 **완전확률화계획**과 **확률화블록계획** 또는 **난괴법**을 중점적으로 다루고, 실험에서 반응에 대한 여러 요인들의 효과를 판정하기 위해 분산분석법이라 불리는 기법을 사용할 것이다. **완전확률화계획**은 10장에서 다룬 짝 아닌 계획의 확장이며, **확률화블록계획** 또는 **난괴법**은 짝 계획의 확장이다.

11.2 분산분석이란 무엇인가?

실험 상황에서 생성되는 반응들은 늘 상당량의 변동을 나타낸다. 분산분석(analysis of variance)에서는 반응에 대한 측정값들의 총 변동을 실험자가 관심 있는 여러 요인들에 기인한 부분으로 나눈다. 이 부분들은 실험이 적절히 계획되었다면 관심 있는 반응에 대한 여러 요인들의 효과에 관한 물음에 답하는데 사용할 수 있게 된다.

단순한 실험을 살펴봄으로써 분산분석에 깔려있는 논리를 보다 잘 이해할 수 있을 것이다. 모집단 1(◆)에서 평균이 $\overline{x}_1$ 인 표본과 모집단 2(◯)에서 평균이 $\overline{x}_2$ 인 표본을 랜덤하게 선택한 집합이 2개 있다고 하자. 이 두 집합이 그림 11.1에 나타나 있다. 집합 A 또는 집합 B 를 볼 때 두 평균의 차이를 찾기 쉬운가? 아마도 집합 A가 차이를 더 명확하게 보인다는데 동의할 것이다. 집합 A 에서는 측정값들의 집단(◆과 ◯)안에서의 변동성이 집단간의 변동성에 비해 매우 작다. 집합 B 에서는 측정값들의 집단(◆과 ○)안에서의 변동성이 더 커서 두 집단을 서로 '혼합'하기 때문에 평균들의 차이가 같음에도 알아보는 것이 더 어렵게 된다.

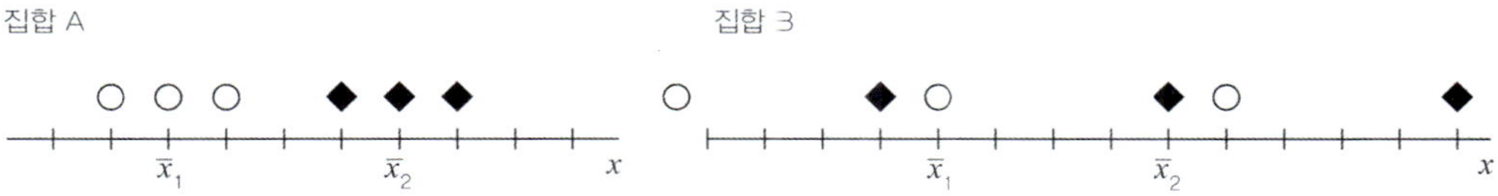

[그림 11.1] 평균이 같은 두 표본 집합

지금까지 직관적으로 했던 비교는 분산분석에 의해 공식화된다. 게다가 분산분석은 두 모집단의 평균 비교뿐만 아니라 두 개보다 많은 평균들의 비교도 수행하고, 보다 복잡한 실험계획에서 여러 요인들의 효과를 결정할 수 있게 한다. 분산분석은 10.7절에서 F 분포에 의해 모형화된 표집분포를 갖는 통계량에 의존한다.

11.3 분산분석의 가정

분산분석에 대해 요구되는 가정들은 10장에서 스튜던트의 t 와 F 통계량에 대해 요구되었던 것들과 비슷하다. 자료를 생성하기 위해 사용된 실험계획법이 어떤 것이든지 각 처리 군 안에서 관찰값들은 공통분산 σ^2을 갖는 정규분포를 따른다는 가정을 해야 한다. 10장에서와 같이 분산분석 절차는 표본크기가 같고 자료가 고분 모양에 가까울 때 상당히 **로버스트**(강건, robust)하다. 등분산 가정이 어긋나는 것은 더 심각하게 되는데, 표본크기가 거의 같지 않을 때는 특히 더하다.

분산분석의 검정과 추정 절차에 대한 가정

- 각 모집단 안의 관찰값들은 공통분산 σ^2을 갖는 정규분포를 따른다.
- 표본 절차에 관한 가정들은 각 계획에 대해 다음 절에서 자세하게 설정한다.

이 장에서는 세 가지 서로 다른 실험계획에 대한 분산분석 중 완전확률화계획을 기술한다. 이 계획은 여러 모집단으로부터 독립적인 확률표본에 기반하며 10장의 짝 아닌 t-검정(unpaired t-test)의 확장이다. 두 번째는 짝-차이 또는 대응짝 계획의 확장이고 대응된 관찰치들의 집합 안에서 처리들을 임의로 할당하는 것을 포함한다. 세 번째는 반응에 대한 두 실험 요인의 효과를 판정할 수 있도록 하는 계획이다.

11.4 완전확률화계획: 일원배치법

가장 간단한 실험계획 중의 하나가 **완전확률화계획**(completely randomized design)이며 확률표본은 k개 모집단 각각에서 독립적으로 선택된다. 이 계획은 단 하나의 요인만 포함하므로 **일원배치법**(one-way classification)으로 호칭한다. 이러한 일원배치법에 대해서는 처리들이기도 한 k개 모집단에 대응하는 k개의 서로 다른 수준이 존재한다. k개 모평균들은 모두 같은가 아니면 적어도 하나의 평균이 다른 평균들과 다른가?

모평균들을 비교하기 위하여 t-검정을 사용한다고 알고 있었는데 왜 분산분석이라는 새 절차가 필요한가? k=3개의 평균들 비교에 있어서 차이가 어디서 나는지 찾기 위하여 다음과 같은 세 쌍의 가설 각각을 검정 할 수 있다.

$$H_0: \mu_1 = \mu_2 \qquad H_0: \mu_1 = \mu_3 \qquad H_0: \mu_2 = \mu_3$$

그러나, 수행한 각 검정은 오류 가능성에서 벗어날 수 없음을 기억해야 한다. k=4개 평균들을 비교하기 위하여 6개의 검정을 필요로 할 것이고, $k=5$개 평균들을 비교하기 위해서는 10개의 검정을 필요로 하게 될 것이다. 하나의 측정값 집합에 대해 더 많은 검정을 수행하면 할수록 적어도 하나의 결론이 틀릴 가능성이 더 높아진다. 분산분석 절차는 k개 모평균들의 동일성을 판단하기 위하여 종합적인 하나의 검정을 제공한다. 평균들의 차이가 실제로 있는지 여부를 결정하였다면 그 차이가 어디에 있는지 찾아내기 위해서는 다른 절차를 사용할 수 있을 것이다.

k개의 확률표본은 어떻게 선택할 수 있는가? 어떤 경우는 모집단이 실제로 존재하고, 표본을 임의로 선택하기 위해서는 컴퓨터의 난수 생성기를 사용하거나 난수표를 사용할 수 있다. 예를 들어, 서로 다른 네 개 주에서 건강 보험금청구의 평균 규모를 비교하기 위한 연구에서는 네 개 주에서 확률표본을 선택하기 위해 건강 보험회사에 구비된 데이터베이스를 사용할 수 있다. 다른 상황에서는, 모집단이 가상적일 것이고, 반응은 오직 실험 처리를 적용한 다음에만 생성될 수 있다.

예제 11.3

한 연구원은 목화밭에서 목화 바구미(boll weevil)를 제거하는데 사용되는 5가지 실충제의 효과에 관심이 있다. 목화 생산량에 대한 5가지 살충제의 효과를 조사하기 위한 완전확률화계획을 어떻게 시행할지 설명하시오.

풀이 5가지 살충제에 대응하는 가상적인 모집단으로부터 5개 확률표본들에 해당하는 것을 생성하는 유일한 길은 임의배치(randomized assignment)라 불리는 방법을 사용하는 것이다. 처리를 위해서 정해진 수의 목화를 택하고 각 목화는 난수를 할당받는다. 각 표본은 같은 수의 측정값들을 갖도록 한다고 가정하자. 랜덤화 장치를 사용하여, 처음 택한 n_1개의 목화를 살충제 1을 투여받기 위해 할당하고, 두 번째 n_2개의 목화에 살충제 2를 투여받도록 하고, 이런 식으로 5가지 처리가 모두 할당될 때까지 계속한다. ■

임의 선택(random selection)에 의했던 임의 배치(random assignment)에 의했던 간에 이 모든 예제들은 완전확률화계획 또는 일원배치법으로 귀결되고 그에 대한 분산분석이 사용된다.

11.5 완전확률화계획에 대한 분산분석

공통분산 σ^2을 갖는 정규 모집단으로부터 크기 n_1, n_2, ⋯ , n_k 인 독립적 확률표본을 기반으로 k개의 모평균들 μ_1, μ_2, ⋯, μ_k 를 비교하고자 한다. 즉, 그림 11.2에 나타나 있듯이 각각의 정규모집단은 모양은 같아 보이지만 위치는 다를 수 있다.

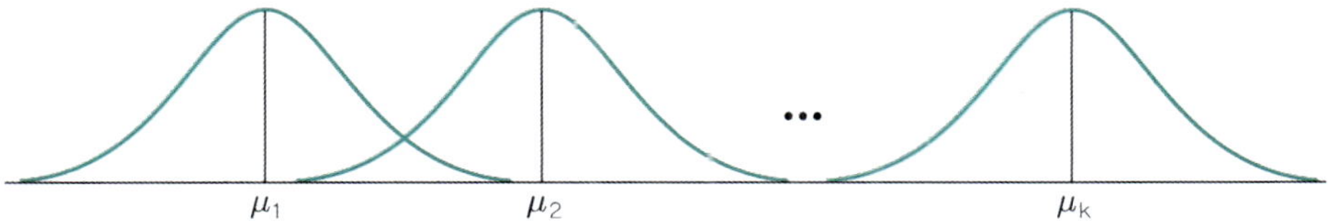

[그림 11.2] 분산은 같고 평균이 다른 정규모집단들

1 실험에서 총변동의 분할

x_{ij}가 i번째 표본에서 j번째 측정값이라 하자. 분산분석 절차는 실험에서의 총변동을 고려하는데서 시작하며, 총변동은 **총제곱합**(Total Sum of Squares; TSS)이라 부르는 통계량으로 측정된다:

$$TSS = \sum(x_{ij} - \bar{x})^2 = \sum x_{ij}^2 - \frac{(\sum x_{ij})^2}{n}$$

이 통계량은 $n = n_1 + n_2 + \ldots + n_k$개의 측정값 집합 전체에 대한 표본분산의 공식에서 분자임을 잘 알고 있다. 계산 공식에서 두 번째 부분은 **평균에 대한 수정**(Correction for the Mean CM)이라고도 부른다. 만약 모든 n개 관찰값의 **총합**(grand total)을 G로 나타내면

$$CM = \frac{(\sum x_{ij})^2}{n} = \frac{G^2}{n}$$

이다. 총제곱합은 두 성분으로 분해된다. 첫 번째 성분은 **처리제곱합**(Sum of Squares for Treatments ; SST)이라 부르며, k개의 표본평균들 사이의 변동을 측정한다:

$$SST = \sum n_i(\bar{x}_i - \bar{x})^2 = \sum \frac{T_i^2}{n_i} - CM$$

여기서 T_i 는 처리 i 에 대한 관찰값들의 총합이다. 두 번째 성분은 **오차제곱합**(Sum of Squares for Error ; SSE)이라 부르며, k개 표본 안에서의 통합된 변동을 측정하기 위하여 사용된다.

$$SSE = (n_1 - 1)S_1^n - (n_2 - 1)S_2^2 + \cdots + (n_k - 1)S_k^2$$

이 공식은 10장에서 합동분산 σ^2의 추정을 위한 공식에서 분자의 직접적인 확장이다. 이를 분산분석에서 대수적으로 보일 수 있다.

$$TSS = SST + SSE$$

물론, 세 개의 제곱합(TSS , SST , SSE)중에 두 개만 계산하면 되며 세 번째는 뺄셈으로 알 수 있다.

요인들의 변동 각각은 자신에 맞는 자유도(degrees of freedom)로 나누어 주면, 실험에서 변동에 대한 추정값을 제공한다. 총제곱합은 n개의 관찰값들의 제곱을 포함하고 있기 때문에 자유도는 $df = (n-1)$이다. 마찬가지로 처리제곱합은 k개의 관찰값들 합의 제곱을 포함하고 있으므로 자유도는 $df = (k-1)$이다. 마지막으로, 오차제곱합은 10장에서 구한 통합 추정값의 직접적인 확장이며, 자유도는 다음과 같다.

$$df = (n_1 - 1) + (n_1 - 1) + (n_2 - 1) + \ldots + (n_k - 1) = n - k$$

처리와 오차의 제곱합에 대한 자유도는 가산적이라는 점을 유의하자. 즉,

$$df(\text{총제곱합}) = df(\text{처리제곱합}) + df(\text{오차제곱합})$$

이러한 두 요인의 변동들과 그들 각각의 자유도를 조합하여 평균제곱(Mean Squares ; MS)을 $MS = SS/df$ 와 같이 공식화 한다. 그런 다음 실험에서의 총변동을 분산분석표(analysis of variance table ; ANOVA Table)에 나타낸다.

KeyPoint

k개의 독립인 확률표본에 대한 분산분석표 : 완전확률화계획

요인	자유도	제곱합	평균제곱	F비
처리	$k-1$	SST	$MST = SST/(k-1)$	MST/MSE
오차	$n-k$	SSE	$MSE = SSE/(n-k)$	
총	$n-1$	TSS		

여기서

$$TSS = \sum x_{ij}^2 - CM = (\text{모든 } x\text{값들에 대한 제곱합}) - CM$$

그리고

$$CM = \frac{(\sum x_{ij})^2}{n} = \frac{G^2}{n}$$

$$SST = \sum \frac{T_i^2}{n_i} - CM \qquad MST = \frac{SST}{k-1}$$

$$SSE = TSS - SST \qquad MSE = \frac{SSE}{n-k}$$

또한

G = 모든 n 관찰값의 총합

T_i = 표본 i의 모든 관찰값의 총합

n_i = 표본 i의 관찰값의 수

$n = n_1 + n_2 + \cdots + n_k$

예제 11.4

초등학교 학생의 주의지속시간에 대한 영양의 효과를 결정하기 위한 실험에서 15명의 학생을 다음과 같은 3가지 식사 계획에 각각 임의로 배정하였다: 아침 거름, 가벼운 아침, 제대로 아침. 그들의 주의지속시간(분 단위)은 오전 독서시간동안 기록되고 〈표 11.1〉에 나타나 있다. 이 실험에 대한 분산 분석표를 만드시오.

〈표 11.1〉 3가지 식사 계획에 따른 학생의 주의지속시간

아침 거름	가벼운 아침	제대로 아침
8	14	10
7	16	12
9	12	16
13	17	15
10	11	12
$T_1 = 47$	$T_2 = 70$	$T_3 = 65$

풀이 계산 공식을 사용하기 위하여, $k=3,\ n_1=n_2=n_3=5$ 그리고 $\sum x_{ij}=182$ 를 필요로 한다. 그러면,

$$CM=\frac{(182)^2}{15}=2208.2667$$

자유도 14인 $TSS=(8^2+7^2+\cdots+12^2)-CM=2338-2208.2667=129.7333$

자유도 2인 $SST=\dfrac{47^2+70^2+65^2}{5}-CM=2266.8-2208.2667=58.5333$

뺄셈에 의해서 자유도 12인 $SSE=TSS-SST=129.7333-58.5333=71.2$

이들 세 가지 변동의 요인, 자유도, 제곱합 그리고 평균제곱은 그림 11.3에 주어져 있는 분산분석표에 나타나 있다.

분산분석					
변동 요인	제곱합	자유도	평균제곱	F비	p-값
처 리	58.53	2	29.27	4.93	0.027
오 차	71.20	12	5.93		
총 계	129.73	14			

[그림 11.3] [예제 11.4]의 분산분석표

■

2 처리 평균들의 동일성에 대한 검정

분산분석표의 평균제곱은 귀무가설

$$H_0: \mu_1=\mu_2=\ldots=\mu_k$$

을 대립가설

$$H_a: \text{평균들 중 적어도 하나가 다른 것들과 다르다.}$$

에 대해 검정을 하기 위하여 사용될 수 있으며 다음과 같은 이론적 논의를 활용한다:

- σ^2은 모든 k개의 모집단에 대한 공통분산임을 기억한다. 통계량 $MSE = \dfrac{SSE}{n-k}$는 σ^2의 통합 추정값으로, 모든 k개의 표본분산들의 가중 평균이며, 귀무가설 H_0가 참인지 여부와는 무관하다.
- H_0가 참이면, 표본평균들의 변동은 $MST = [SST/(k-1)]$로 측정되며, σ^2의 비편향 추정값을 제공한다. 그러나, H_0가 거짓이고 모집단의 평균들이 다르면, MST 는 그림 11.4에서 볼 수 있듯이 대단히 크게 될 것이다.

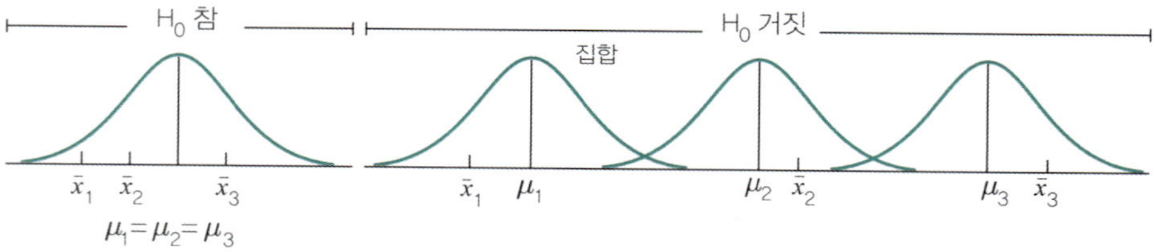

[그림 11.4] 동일한 모집단과 서로 다른 모집단에서 추출된 표본평균들

- **검정 통계량**

  $F = \dfrac{MST}{MSE}$ 는 H_0가 거짓이면 커지는 경향이 있다. 따라서, 우측꼬리 검정을 사용하여 F 의 큰 값에 대하여 H_0를 기각할 수 있다. H_0가 참이면, 이 검정 통계량은 자유도 $df_1 = (k-1)$과 $df_2 = (n-k)$인 F 분포를 하며, 부록 I 의 〈표 6〉에 있는 F 분포표의 우측 꼬리 임계값 또는 계산기에 의해 생성된 p-값을 모평균들의 동일성에 대한 통계적 결론을 도출하는데 사용될 수 있다.

KeyPoint

k개 모집단 평균들에 대한 비교를 위한 F 검정

1. **귀무가설:** $H_0: \mu_1 = \mu_2 = \cdots = \mu_k$
2. **대립가설:** H_a :모집단 평균들의 하나 이상의 쌍이 다르다.
3. **검정통계량:** $F = MST/MSE$, 여기서 F 의 자유도는 $df_1 = (k-1)$ 과 $df_2 = (n-k)$ 이다.
4. **기각역:** $F > F_\alpha$ 이면 H_0를 기각한다. 여기서 F_α는 F–분포의 우측 꼬리에 놓인 값이다.

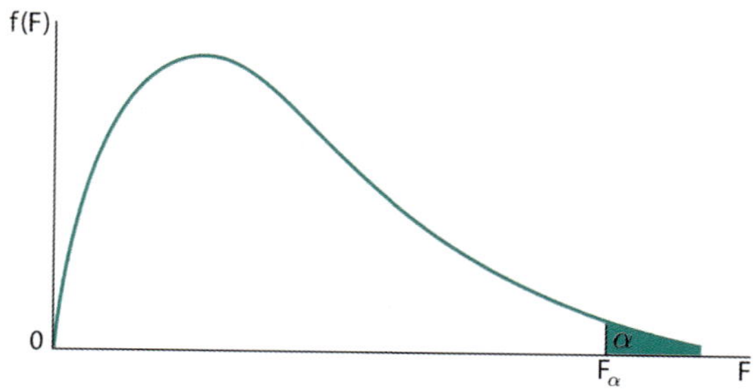

가정

- 표본들은 그들 각각의 모집단에서 랜덤하고 독립적으로 추출되었다.
- 모집단은 평균 $\mu_1,\ \mu_2,\ \cdots,\ \mu_k$ 이고 동일한 분산 $\sigma_1^2 = \sigma_2^2 = \ldots = \sigma_k^2 = \sigma^2$ 을 갖는 정규분포를 한다.

예제 11.5

[예제 11.4]의 자료는 학생들이 먹는 아침식사의 형태에 따라 평균 주의지속시간의 차이를 나타내는 충분한 증거를 제공하는가?

풀이 귀무가설 $H_0 : \mu_1 = \mu_2 = \ldots = \mu_k$을 평균 주의지속시간이 세가지 처리 중에 적어도 하나에 대해서 다르다는 대립가설에 대해 검정하기 위하여 그림 11.3에서 "F"로 표시된 열에 나타나 있는 분산분석의 F통계량을 사용하며 다음과 같이 계산된다.

$$F = \frac{MST}{MSE} = \frac{29.2667}{5.9333} = 4.93$$

위에서 계산된 검정통계량 MST/MSE 는 $df_1 = 2$와 $df_2 = 12$인 F 분포를 따른다. 유의수준 $\alpha = 0.05$에서 임계값 방식을 사용하면 부록 I 의 〈표 6〉으로부터 $F > F_{0.05} = 3.89$이면 H_0를 기각할 수 있다. 관찰된 값, $F = 4.93$,이 임계값을 넘어서므로 H_0를 기각한다. 세 가지 평균 주의지속시간 중 적어도 하나가 다른 것들 중의 적어도 하나와 다름을 나타내는 충분한 증거가 존재한다.

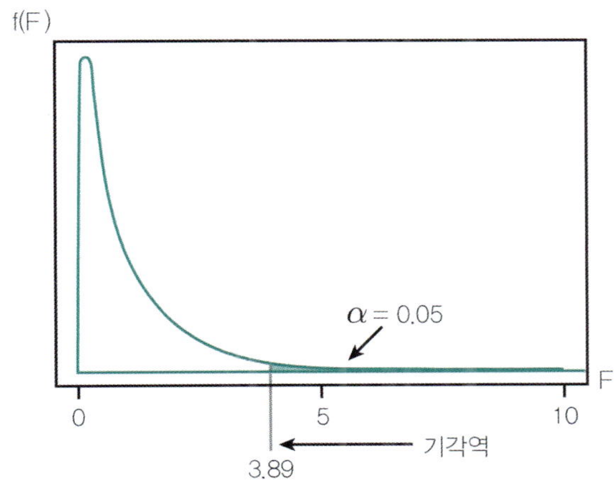

[그림 11.5] [예제 11.5]에 대한 기각역

[그림 11.3]에 주어진 정확한 p-값 0.027을 사용하여 이와 같은 결론에 도달할 수 있다. 왜냐하면, p-값이 $\alpha = 0.05$보다 작기 때문에, 결과는 5% 수준에서 통계적으로 유의하다. ■

3 처리 평균들의 차이 추정

다음으로 당연히 따져볼 문제는 모평균들의 차이에 대한 성질을 포함한다. 어떤 평균들이 다른 평균들과 다른가? 차이 또는 세 처리의 각각의 평균에 대해서는 어떻게 추정할 수 있는가? 11.6절에서, 처리 평균들의 모든 가능한 쌍을 동시에 비교하는데 사용할 수 있는 절차를 제시할 것이다. 그러나, 특정한 평균이나 평균들의 쌍에 관심이 있다면, 스튜던트 t분포에 근거한 제1장의 소표본 절차를 사용하여 신뢰구간을 설정할 수 있다. 한 모평균 μ_i에 대해 신뢰구간은

$$\overline{X}_i \pm t_{\frac{\alpha}{2}}\left(\frac{s}{\sqrt{n_i}}\right)$$

여기서 $\overline{x}_i$는 i번째 처리에 대한 표본 평균이다. 마찬가지로 두 모평균 μ_i와 μ_j의 차이에 대한 신뢰구간은

$$(\overline{X}_i - \overline{X}_j) \pm t_{\frac{\alpha}{2}}\sqrt{S^2\left(\frac{1}{n_1}+\frac{1}{n_2}\right)}$$

그러나, 이 신뢰구간들을 사용하기 전에 두 가지 문제가 남는다.

- 공통분산 σ^2의 최량 추정값인 s^2 또는 s를 어떻게 계산하는가?
- t의 임계값에 대해서는 자유도를 얼마로 사용하는가?

이 문제에 답하기 위하여, 분산분석에서 오차평균제곱 MSE가 항상 σ^2의 비편향 추정량을 제공하고 측정값들의 전체 집합으로부터 정보를 사용한다는 것을 기억하자. 따라서 MSE는 어떤 검정이나 추정 절차를 사용하는가에 불문하고 σ^2의 이용 가능한 최량 추정량이 된다. 항상 σ^2을 추정하기 위하여 $df=(n-k)$인 $s^2 = MSE$를 사용해야 한다! 이 추정량의 양의 제곱근 $s=\sqrt{MSE}$이 그림 11.3(a)의 마지막 줄에 "Pooled StDev."로 표시되어 있음을 볼 수 있을 것이다.

KeyPoint

완전확률화계획

단일 처리 평균과 두 처리 평균들간의 차이에 대한 $(1-\alpha)100\%$ 신뢰구간

- 단일 처리 평균 : $\overline{X}_i \pm t_{\frac{\alpha}{2}}\left(\frac{s}{\sqrt{n_i}}\right)$
- 두 처리 평균 사이의 차이 : $(\overline{X}_i - \overline{X}_j) \pm t_{\frac{\alpha}{2}}\sqrt{S^2\left(\frac{1}{n_1}+\frac{1}{n_2}\right)}$

여기서 $S=\sqrt{S^2}=\sqrt{MSE}=\sqrt{\frac{SSE}{n-k}}$, $n=n_1+n_2+\cdots+n_k$ 와 $t_{\alpha/2}$는 자유도 $n-k$ 에 근거한 값.

예제 11.6

[예제 11.4]에서 연구자는 아침식사를 하지 않는 학생들은 유의하게 짧은 주의 지속시간을 갖을 것이지만, 가벼운 아침식사 또는 제대로 아침식사를 하는 학생들 사이에는 차이가 없을 것으로 믿는다. 아침식사를 하지 않는 학생들에 대한 95% 신뢰구간과 가벼운 대비 제대로 아침식사를 하는 학생들간의 평균 주의지속시간 차이에 대한 95% 신뢰구간을 구하여라.

풀이 $s^2 = MSE = 5.9333$이므로 $s = \sqrt{5.9333} = 2.436$이고 자유도 12로 두 가지 신뢰구간을 계산할 수 있다

- 아침식사 거름에 대해 :

$$\overline{x}_i \pm t_{\alpha/2}\left(\frac{s}{\sqrt{n_i}}\right)$$

$$9.4 \pm 2.179\left(\frac{2.436}{\sqrt{5}}\right)$$

$$9.4 \pm 2.37$$

$$(7.03,\ 11.77)$$

- 가벼운 대비 제대로 아침식사에 대해 :

$$(\overline{x}_i - \overline{x}_j) \pm t_{\alpha/2}\sqrt{s^2\left(\frac{1}{n_1}+\frac{1}{n_2}\right)}$$

$$(14-13) \pm 2.179\sqrt{5.9333\left(\frac{1}{5}+\frac{1}{5}\right)}$$

$$1 \pm 3.36$$

$$(-2.36,\ 4.36)$$

두 번째 신뢰구간은 연구자가 의심했던 가벼운 대비 제대로 아침식사를 하는 학생들에 대한 평균 주의지속시간의 차이를 나타내지 않음을 보여준다. 연구자가, 사전 믿음 때문에, 다른 2개의 가능한 평균들의 짝—거름 대비 가벼운 아침식사, 거름 대비 제대로 아침식사—에 대해서도 검정하기 원한다면 11.6절에 주어진 방법을 모든 세 가지 짝들을 검정하기 위해서 사용하면 된다. ■

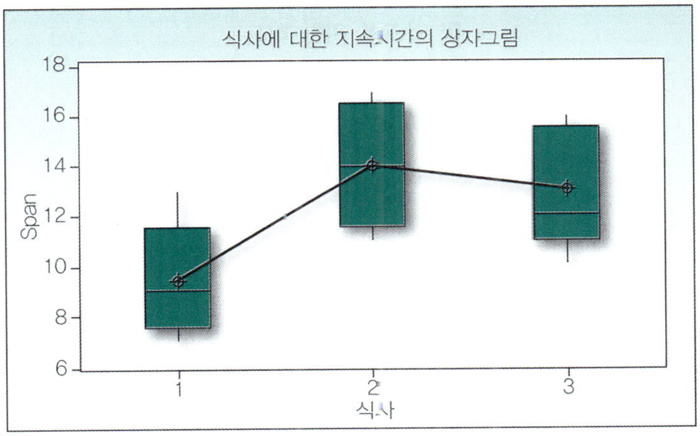

[그림 11.6] [예제 11.6]에 대한 상자그림

11.6 모평균의 순위화

많은 실험들은 사실상 탐색적이다. 결과에 관하여 어떤 선입관도 없고 (실험을 하기 전에) 특정한 처리의 비교를 할 것인지 정하지도 않는다. 대신에, 처리 평균들을 순서화하고, 어떤 평균들이 다른지 결정하고, 차이가 존재한다는 증거가 없는 평균들의 집합을 식별하길 원한다.

한가지 선택은 표본평균들을 가장 작은 값에서 가장 큰 값으로 순서화 하고나서 순서에서 인접한 평균들에 대해 t-검정을 하는 것일 수 있다. 만일에 두 평균의 차이가

$$t_{\alpha/2}\sqrt{S^2\left(\frac{1}{n_1}+\frac{1}{n_2}\right)}$$

보다 크다면 모평균들의 짝이 다르다고 결정한다. 이 절차의 문제는 각 검정에 대해 제 1 종 오류– 즉, 실제로 같은 두 평균이 다르다고 결론 내림–를 범할 확률이 α라는 것이다. 만약에 많은 쌍의 평균들을 비교한다면, 실제로 존재하지 않는데도, 적어도 하나의 평균 차이를 탐지할 확률은 아주 크다.

차이가 존재하지 않을 때 차이를 선언하는 높은 위험을 피하기 위한 단순한 방법은 모평균들 짝 하나의 차이가 존재하는지 아닌지를 결정하기 위한 척도로, k개의 표본평균들 중에서 가장 작은 값과 가장 큰 값 사이의 차이인, **스튜던트화된 범위**(studentized range)를 사용하는 것이다. 이 방법은 종종 짝 비교를 위한 **튜키의 방법**(Tukey's method for paired comparisons)이라 불리며, 차이가 존재하지 않을 때, k개 처리 평균들의 집합에서 적어도 한 짝에서 차이가 존재한다는 선언을 할 확률을 α가 되게 한다.

짝 비교를 하기 위한 튜키의 방법은 통상적인 분산분석의 가정에 근거를 둔다. 덧붙이자면, 표본평균들이 독립이라 가정하고 같은 크기의 표본들에 기반을 둔다. 하나의 처리 평균 짝 사이에 차이가 존재하는지를 결정하기 위한 척도는 다음에 설명하게 되는 ω이다.

KeyPoint

짝 비교를 위한 척도

$$\omega = q_\alpha(k,df)\left(\frac{S}{\sqrt{n_t}}\right)$$

여기서

k = 처리 수

$S^2 = MSE$ = 공통 분산σ^2에 대한 추정량과 $S=\sqrt{S^2}$

df = s^2에 대한 자유도

n_t = 공통 표본 크기 즉, k개의 처리 평균의 각각에 대한 관찰값의 수

$q_\alpha(k,df)$ = k와 df의 다양한 조합과 $\alpha=0.05$와 $\alpha=0.01$ 의 각각에 대한 부록 I 의 표 11(a)와 (b)에서 구한 값

부록 I 의 표 11(a)와 11(b)는 각각 $\alpha = 0.05$와 0.01에 대한 $q_\alpha(k, df)$의 값을 열거한다. 표의 사용법을 설명하기 위하여 〈표 11.2〉로 재작성된 표 11(a)의 일부분을 참조하자. 표본분산 s^2이 자유도 9를 갖는 분산분석에서 $\alpha = 0.05$로 k=5 개 평균들의 짝 비교를 하기 원한다고 하자. 〈표 11.2〉에서 음영처리 되어 있는, $k=5$, $df=9$, $\alpha = 0.05$에 대해 표로 주어진 값은 $q_\alpha(5,9) = 4.76$이다.

〈표 11.2〉 부록 I 의 표 11(a)의 일부

df	2	3	4	5	6	7	8	9	10	11	12
1	17.97	26.98	32.82	37.08	40.41	43.12	45.40	47.36	49.07	50.59	51.96
2	6.08	8.33	9.80	10.88	11.74	12.44	13.03	13.54	13.99	14.39	14.75
3	4.50	5.91	6.82	7.50	8.04	8.48	8.85	9.18	9.46	9.72	9.95
4	3.93	5.04	5.76	6.29	6.71	7.05	7.35	7.60	7.83	8.03	8.21
5	3.64	4.60	5.22	5.67	6.03	6.33	6.58	6.80	6.99	7.17	7.32
6	3.46	4.34	4.90	5.30	5.63	5.90	6.12	6.32	6.49	6.65	6.79
7	3.34	4.16	4.68	5.06	5.36	5.61	5.82	6.00	6.16	6.30	6.43
8	3.26	4.04	4.53	4.89	5.17	5.40	5.60	5.77	5.92	6.05	6.18
9	3.20	3.95	4.41	4.76	5.02	5.24	5.43	5.59	5.74	5.87	5.98
10	3.15	3.88	4.33	4.65	4.91	5.12	5.30	5.46	5.60	5.72	5.83
11	3.11	3.82	4.26	4.57	4.82	5.03	5.20	5.35	5.49	5.61	5.71
12	3.08	3.77	4.20	4.51	4.75	4.95	5.12	5.27	5.39	5.51	5.61

예제 11.7

[예제 11.4]를 언급하면, 학생들의 평균 주의지속시간을 오전에 세 가지 다른 "식사" 처리들 즉, 아침 거름, 가벼운 아침, 제대로 아침이 주어졌을 때에 대해 비교하였다. [예제 11.5]의 분산분석표의 F-검정은 모평균들의 유의적인 차이를 나타냈다. 세 모평균들의 어떤 것이 다른 것들과 다른지를 결정하기 위하여 튜키의 방법을 사용하여 짝 비교를 하여라.

풀이 이 예제에서는 $k=3$개의 처리 평균들이 존재하고 $s = \sqrt{MSE} = 2.436$이다. 세 표본들 각각은 $n_i = 5$개 측정값을 갖고 있으며 자유도는 $(n-k)=12$인 튜키의 방법을 사용할 수 있다. 부록 I 의 표 11(a)를 참조하면 $q_{0.05}(k, df) = q_{0.05}(3,12) = 3.77$임을 알 수 있고 척도를 계산하면 다음과 같다.

$$\omega = q_{0.05}(3,12)\left(\frac{S}{\sqrt{n_t}}\right) = 3.77\left(\frac{2.436}{\sqrt{5}}\right) = 4.11$$

세 처리 평균들은 그림 11.7에서 가장 작은 값 9.4에서 가장 큰 값 14.0로 순서로 정렬되었다. 다음 단계는 모든 평균들의 짝 사이의 차이를 검토하는 것이다. $\omega = 4.11$을 넘는 차이는 아침 거름과 가벼운 아침 사이의 차이가 유일하다. 따라서 이들 두 처리는 유의하게 다르다고 선언할 수 있다. 다른 처리들의 드 짝은 차이를 선언할 수 없다. 이 사실을 시각적으로 나타내기 위하여 그림 11.7에서 유의하게 다르다고 할 수 없는 평균들의 짝들 밑에 줄이 그어져 있다.

아침 거름	제대로 아침	가벼운 아침
9.4	13.0	14.0

[그림 11.7] [예제 11.7]에서 순서화된 평균들

여기서의 결과는 혼란스러워 보일 수 있다. 그러나 평균들을 순서화하고 유의하지 않은 차이는 같은 선으로 밑줄 그어진 평균들을 명확히 순서화할 수 없는 것이라고 해석하려는 생각은 통상적으로 도움이 된다. 이 예제에서 가벼운 아침은 아침 거름보다 확실히 상위 순서이지만 제대로 아침은 아침 거름보다 상위 순서라 할 수 없고 또한 가벼운 아침보다 하위 순서라고 할 수도 없다. 세 가지 비교 중 적어도 하나의 오류를 범할 확률은 최대한으로 잡아도 $\alpha = 0.05$ 이다.

11.7 확률화블록계획법 : 2원배치법

앞의 11.4절에서 소개된 완전확률화계획은 10.4절에 제시되었던 독립인 두 표본 설계의 일반화이다. 이는 실험단위들이 구조상 아주 유사하거나 동질적이고, 반응에 영향을 줄 수 있는 요인이 하나일 때 사용된다는 것을 의미한다. 반응의 모든 다른 변동은 확률변동 또는 실험오차에 의한 것이다. 때로는 연구자에게 실험단위들이 동질적이지 않다고 명확히 보일 때가 있다. 실험 대상 또는 동물, 경작지, 요일과 기타 실험단위들이 그들 자신들의 변동을 반응에게 추가하는 경우도 종종 있다. 연구자가 이 변동의 원인에 대해서는 실제로 관심이 없고 대신에 적용하고자 하는 처리에 관심이 있다고 하더라도 10.5절에서의 대응짝설계 또는 짝의 차 설계의 직접적인 확장인 확률화블록계획을 사용하여 변동요인을 분리함으로써 정보를 증가시킬 수 있을 것이다.

확률화블록계획에서 실험자는 k개 처리 평균들을 비교하는데 관심이 있다. 이 계획은 상대적으로 비슷하거나 또는 동질적인 k개 실험단위들의 블록들을 사용하며 각 블록안의 하나의 단위는 각 처리에 임의로 할당된다. 만약 확률화블록계획이 k개의 처리를 포함한다면 실험에서 관찰값들의 총 개수는 $n = bk$이다.

한 작업감독은 조립공정의 작업자들이 한 제품을 세 가지 방법(A, B, C)중 하나를 사용하여 조립하는데 걸리는 시간의 평균을 비교하려 한다. 작업자들 간 조립시간의 변동을 고려하여 감독은 세 가지 방법을 비교하기 위하여 확률화블록계획을 사용한다. 블록으로는 5명의 조립공정 작업자가 선택되며, 각 작업자는 매 번 세 가지 중 한 가지 방법으로 제품을 조립하기 위하여 세 번 배정받는다. 세 가지 방법들이 사용되는 순서가, 피로도나 숙련도의 증가와 같은 요인이 반응에 영향을 줄 수 있기 때문에, 중요할 것이므로 세 가지 방법들에 배정하는 순서는 임의 해야 한다. 예를 들어, 작업자 Ⅰ은 처음에 방법 C에 다음으로 A와 B에 배정하고, 작업자 II는 처음에 방법 A에 다음으로 C와 B에 배정할 수 있고 나머지도 마찬가지 방법으로 배정할 수 있다.

네 가지 서로 다른 교육방법을 비교하기 위하여 한 집단의 학생들을 크기 4인 블록들로 나눌 수 있으며 그렇게 함으로써 집단들이 학업성취도에 따라 거의 가깝게 대응하게 된다. 서로 다른 세 이동통신사에 대해 평균 비용들을 비교하기 위하여 비용들은 세 사용수준(낮음, 보통, 높음)의 각각에서 비교할 수 있다. 세 종류의 과일나무에 대한 평균 수확량들을, 나무가 심어진 밭에 따라 수확량의 변동이 예상될 때, 비교하기 위하여 연구자는 밭을 5곳 사용한다. 각각의 밭을 3개의 구(plot)로 나누고 그 곳에 세 종류의 과일나무를 심는다.

대응 또는 블록화는 여러 가지 다른 방식으로 일어날 수 있다. 처리의 비교는 종종 시간 블록의 안에서, 사람 블록의 안에서, 비슷한 외부환경 안에서 행해진다. 블록화의 목적은 처리의 효과를 가릴지도 모르는 블록간의 변동을 제거하거나 분리하는 것이다. 다음 절 뒷부분 연습문제에서 확률화블록계획 사용 예들을 좀 더 볼 수 있을 것이다.

11.8 확률화블록계획에 대한 분산분석

확률화블록계획에서는 반응에 함께 영향을 주는 두 가지 요인(처리와 블록)들이 식별된다.

1 실험에서 총변동의 분할

x_{ij}를 j번째 블록($j=1,2,\ldots,b$)에서 i번째 처리($i=1,2,\ldots,k$)가 적용된 반응이라 하자. 총 $n=bk$개 관찰값들의 총변동은 다음과 같다:

$$TSS = \sum(x_{ij} - \overline{x})^2 = \sum x_{ij}^2 - \frac{(\sum x_{ij})^2}{n}$$

이러한 총변동은 다음과 같은 방식으로 2개가 아닌 3개 부분으로 분할된다.

$$TSS = SSB + SST + SSE$$

여기서

- SSB (블록제곱합)은 블록평균들의 변동을 측정한다.
- SST (처리제곱합)은 처리평균들의 변동을 측정한다.
- SSE (오차제곱합)은 블록 안에서 관찰값들의 처리에 의한 차이들의 변동을 측정하며, 이는 실험오차를 측정한 것이다.

위의 네 가지 제곱합에 대한 계산공식은 11.5절에서 완전확률화계획에 사용했던 형태와 비슷하다. 계산 프로그램을 사용하여 이 제곱합들을 계산하면 작업이 간단해질 수 있지만 공식들은 다음과 같이 주어진다.

b개 블록에서 k개 처리들의 확률화블록계획에 대한 제곱합들의 계산

$$CM = \frac{G^2}{n}$$

여기서

$$G = \sum x_{ij} = \text{모든 } (n=bk)\text{개 관찰값들의 총합}$$

$$TSS = \sum x_{ij}^2 - CM \quad = (\text{모든 } x\text{값들에 대한 제곱합}) - CM$$

$$SST = \sum \frac{T_i^2}{b} - CM$$
$$SSB = \sum \frac{B_j^2}{k} - CM$$
$$SSE = TSS - SST - SSB$$

또한

$$T_i = \text{처리 } i\text{를 적용받는 모든 관찰값의 총합}$$
$$B_j = \text{블록 } j\text{안의 모든 관찰값의 총합}$$

세 변동요인들의 각각은 적절한 자유도로 나누면 실험에서 변동의 추정값을 제공한다. 총제곱합은 $n = bk$개 관찰값들의 제곱을 포함하므로 자유도는 $df = (n-1)$이다. 마찬가지로 처리제곱합은 k개의 합들의 제곱을 포함하고 있어 자유도는 $df = (k-1)$이고, 반면에 블록제곱합은 b개의 합들의 제곱을 포함하고 있어 자유도는 $df = (b-1)$이다.

마지막으로, 자유도는 가법적이기 때문에 오차제곱합의 자유도는 $df = (b-1)(k-1)$과 같이 산술적으로 계산할 수 있다.

k개 처리와 b개 블록인 확률화블록계획에 대한 분산분석표

요인	자유도	제곱합	평균제곱	F비
처리	$k-1$	SST	$MST = SST/(k-1)$	MST/MSE
블록	$b-1$	SSB	$MSB = SSB/(b-1)$	MSB/MSE
오차	$(b-1)(k-1)$	SSE	$MSE = SSE/(b-1)(k-1)$	
총합	$n-1 = bk-1$	TSS		

예제 11.8

이동통신 업체들은 고객들을 위한 치열한 싸움에 돌입하였고 고객을 끌기 위한 그들만의 복잡한 가격표를 창안한다. 분당 통신료가 소비자의 월별 사용시간에 따라 급격히 변하기 때문에 한 소비자 감시단체에서는 4개 이동통신사에 대한 평균비용들을 세 가지 서로 다른 사용수준을 블록으로 하여 비교하기로 결정하였다. 통화량이 최고인 시점에 대해 사용량이 한 달에 20분은 낮음, 150분은 보통, 1000분은 높음인 수준으로 하여 이동통신 회사에 의해 계산된 월 비용은 〈표 11.3〉에 주어져 있다.

〈표 11.3〉 세 가지 사용수준에서 4개 회사의 월 통신비용

	회사				
사용수준	A	B	C	D	합
낮음	27	24	31	23	$B_1 = 105$
보통	68	76	65	67	$B_2 = 276$
높음	308	326	312	300	$B_3 = 1246$
총합	$T_1 = 403$	$T_2 = 426$	$T_3 = 408$	$T_4 = 390$	$G = 1627$

풀이 실험은 b=3개 사용수준(블록)과 k=4개 회사(처리)들의 확률화블록계획으로 계획되었으므로 관찰값들이 $n=bk$ = 12개이고 G =1,627이다. 그리고

$$CM = \frac{G^2}{n} = \frac{1627^2}{12} = 220,594.0833$$

$$TSS = (27^2+24^2+\ldots+300^2) - CM = 189,798.9167$$

$$SST = \frac{403^2+\ldots+390^2}{3} - CM = 222.25$$

$$SSB = \frac{105^2+276^2+1246^2}{4} - CM = 189,335.1667$$

이고 빼기에 의해

$$SSE = TSS - SST - SSB = 241.5$$

이들 네 변동요인들과 대응하는 자유도, 제곱합과 제곱평균들이 [그림 11.9]에 주어진 분산분석표에 나타나 있다.

반복이 없는 두 요인에 대한 분산분석

요약	도수	합	평균	분산
낮음	4	105	26.25	12.917
보통	4	276	69	23.333
높음	4	1,246	311.5	118.333
A	3	403	134.333	23040.333
B	3	426	142	26068
C	3	408	136	23521
D	3	390	130	22159

분산분석

요인	제곱합	자유도	제곱평균	F 비	P-값	F 임계값
사용수준	189335.167	2	94667.583	2351.990	0.000	5.143
회 사	222.25	3	74.083	1.841	0.240	4.757
오 차	241.5	6	40.25			
총 합	189798.917	11				

[그림 11.9] [예제 11.8]에 대한 분산분석표

두 분산분석표 모두 두 가지 다른 F 통계량과 p-값들을 보여주고 있음을 주목하자. 이 통계량들이 처리와 블록 평균들의 동일성에 관한 가설을 검정하기 위해 사용된다는 것을 아는 것은 놀라운 일이 아닐 것이다.

2 처리와 블록 평균들의 동일성 검정

분산분석표의 제곱평균들은 귀무가설들

$$H_0 : k\text{개 처리 평균들 사이에 차이가 없다}$$

또는

$$H_0 : b\text{개 블록 평균들 사이에 차이가 없다}$$

을 대립가설

$$H_a : \text{평균들 중 적어도 하나가 다른 것들의 적어도 하나와 다르다}$$

에 대해 완전확률화계획에 대해 사용했던 것들과 유사한 이론적 논의를 활용하여 검정하는데 사용될 수 있다.

- σ^2은 모든 bk개의 블록-처리 조합에서의 관찰값들에 대한 공통분산임을 기억한다. 통계량

$$MSE = \frac{SSE}{(b-1)(k-1)}$$

는 귀무가설 H_0가 참인지 여부와는 무관하게 σ^2의 비편향 추정량이다.

- 통계량 MST와 MSB는 H_0가 참인 경우에만 σ^2의 비편향 추정하며, H_0가 거짓이고 처리나 블록 평균들이 다르면 그 값들이 대단히 크게 되는 경향이 있다.
- 검정 통계량

$$F = \frac{MST}{MSE} \text{ 와 } F = \frac{MSB}{MSE}$$

는 각각 처리와 블록 평균들의 동일성을 검정하기 위하여 사용된다. 두 통계량 모두 H_0가 거짓이면 통상보다 커지는 경향이 있다. 따라서, 모평균들의 동일성에 대한 통계적 결론을 도출하는데 부록 I 의 〈표 6〉에 있는 F 분포표의 적절한 자유도에 대한 우측 꼬리 임계값 또는 계산기에 의해 생성된 p-값을 사용하여 F의 큰 값에 대하여 H_0를 기각할 수 있다.

3 확률화블록계획에 대한 검정

처리 평균들의 비교:

1. **귀무가설**: H_0 : 처리 평균들은 동일하다
2. **대립가설**: H_a : 적어도 두 처리 평균들은 다르다.
3. **검정통계량**: $F = MST/MSE$, 여기서 F 의 자유도는 $df_1 = (k-1)$ 과 $df_2 = (b-1)(k-1)$ 이다.
4. **기각역**: $F > F_\alpha$ 이면 H_0를 기각한다. 여기서 F_α는 F-분포의 우측 꼬리에 놓인 값이다. 또는 p-값 $< \alpha$ 일 때 H_0를 기각한다.

블록 평균들의 비교:

1. **귀무가설**: H_0 : 블록 평균들은 동일하다

2. **대립가설**: H_a : 적어도 두 블록 평균들이 다르다.

3. **검정통계량**: $F = MSB/MSE$, 여기서 F 의 자유도는 $df_1 = (k-1)$ 과 $df_2 = (b-1)(k-1)$ 이다.

4. **기각역**: $F > F_\alpha$ 이면 H_0를 기각한다. 여기서 F_α는 F-분포의 우측 꼬리에 놓인 값이다. 또는 p-값 < α 일 때 H_0를 기각한다.

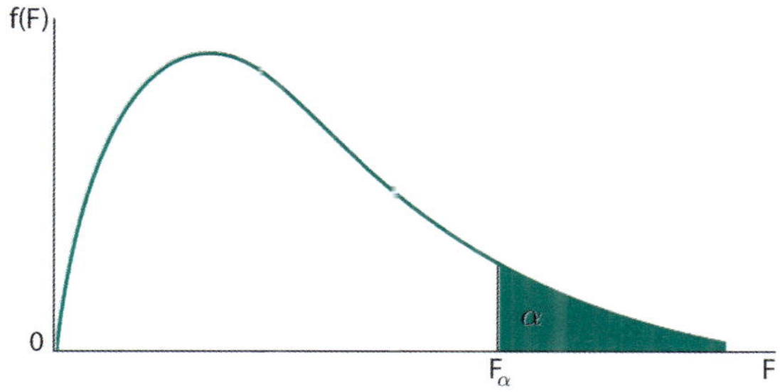

예제 11.9

[예제 11.8]의 자료는 고객들이 사용하는 회사에 따라 월 평균 통신비용에 차이를 나타내는 충분한 증거를 제공하는가?

풀이 이 확률화블록계획에서 이동통신회사는 처리를 나타내고, 그들의 월 평균 비용이 연구자에게 주된 관심사이다. 귀무가설

$$H_0 : \text{회사들 사이에 평균 비용의 차이가 없다}$$

을 평균 비용이 네 회사 중에 적어도 하나에 대해서 다르다는 대립가설에 대해 검정하기 위하여 분산분석의 F 통계량을 사용하며 다음과 같이 계산된다.

$$F = \frac{MST}{MSE} = \frac{74.1}{40.3} = 1.84$$

이 값은 그림 11.9에서 "F"로 표시된 열의 "회사"로 표시된 행에 나타나 있다. 이 통계적 검정에 대한 정확한 p-값 역시 그림 11.9에 주어지며 0.240으로 H_0를 기각하기에는 너무 크다. 결과는 처리 평균들의 차이가 유의함을 보여 주지 않는다. 즉 네 회사에 대한 월 평균 통신비용의 차이를 지적하기에는 증거가 불충분하다,

[예제 11.9]에서 연구자는 블록 평균들의 유의한 차이, 즉 사용수준에 따라 월 평균비용에 유의한 차이가 있을 것이라 의심하여 확률화블록계획을 사용함에 상당한 확신이 있었다. 이 의심은 블록 평균들의 동일성 검정을 살펴보면 정당화된다. 관찰된 검정통계량은 F = 2351.99과 p-값 = 0.000이고 예상했던 대로 블록 평균들의 아주 유의한 차이를 보여 줌을 주목하자. ■

4 처리와 블록 평균들의 차이 식별

처리 또는 블록 평균들의 동일성에 대한 전반적인 F-검정을 수행하고 난 뒤 찾아낸 어떤 차이들의 속성을 식별하기 위하여 무엇을 더 할 수 있을까? 11.5절에서처럼 어떤 처리나 블록 평균들의 짝이 서로 유의하게 다른지 결정하기

위하여 짝 비교를 위한 튜키의 방법을 사용할 수 있다. 그러나 F-검정이 평균들의 유의한 차이를 나타내지 않을 때는 튜키 절차를 사용할 이유가 없다. 특정한 처리나 블록 평균들의 짝에 특히 관심이 있다면 $(1-\alpha)100\%$ 신뢰구간을 사용하여 차이를 추정할 수 있다. 개별 평균에 대한 신뢰구간을 구하는 절차는 이 책의 수준을 벗어난다. 이 절차들에 대한 공식은 다음에 보여 지는데 완전확률화계획에 대한 공식과 비슷한 형태를 따른다. MSE가 항상 σ^2의 비편향 추정량을 제공하고 측정값들의 전체집합으로부터의 정보를 사용한다는 것을 기억하자. 따라서 MSE는 어떠한 검정이나 추정 절차를 사용하는가에 불문하고 구할 수 있는 σ^2의 가장 좋은 추정량이다. 처리와 블록 평균들의 비교를 할 때 σ^2을 추정하기 위하여 다음을 다시 사용한다.

$$S^2 = MSE, \qquad df = (b-1)(k-1)$$

5 처리와 블록 평균들 비교

블록 평균들 비교를 위한 튜키 척도:

$$\omega = q_\alpha(b, df)\left(\frac{S}{\sqrt{k}}\right)$$

처리 평균들 비교를 위한 튜키 척도:

$$\omega = q_\alpha(k, df)\left(\frac{S}{\sqrt{b}}\right)$$

두 블록 평균들간의 차이에 대한 $(1-\alpha)100\%$ 신뢰구간:

$$(\overline{B_i} - \overline{B_j}) \pm t_{\alpha/2}\sqrt{S^2\left(\frac{1}{k}+\frac{1}{k}\right)}$$

여기서 $\overline{B_i}$ 는 블록 i의 모든 관찰값들의 평균

두 처리 평균들간의 차이에 대한 $(1-\alpha)100\%$ 신뢰구간:

$$(\overline{T_i} - \overline{T_j}) \pm t_{\alpha/2}\sqrt{S^2\left(\frac{1}{b}+\frac{1}{b}\right)}$$

여기서 $\overline{T_i}$ 는 처리 i의 모든 관찰값들의 평균.

주석: 부록 I 의 〈표 11〉에서 $q_\alpha(*, df)$, 부록 I 의 표 4에서 $t_{\alpha/2}$, $S^2 = MSE$과 같은 값들은 모두 자유도 $df = (b-1)(k-1)$에 따른다.

예제 11.10

[예제 11.8]에서 찾아낸 월 평균 통신비용 차이의 속성을 밝혀라.

풀이 F-검정이 4개 회사에 대한 평균비용에서 어떤 유의한 차이도 보여주지 않았으므로 짝 비교를 위한 튜키 방법을 사용할 이유가 없다. 그러나 당신이 만약 회사 B의 경영자이고 주요 경쟁 회사가 C라 하자. 두 평균 비용들 사이에 유의

한 차이가 있다고 주장할 수 있는가? 95% 신뢰구간을 사용하면 다음과 같이 계산할 수 있다.

$$(\overline{T_2} - \overline{T_3}) \pm t_{.025}\sqrt{MSE\left(\frac{2}{b}\right)}$$

$$\left(\frac{426}{3} - \frac{408}{3}\right) \pm 2.447\sqrt{40.3\left(\frac{2}{3}\right)}$$

$$6 \pm 12.68$$

따라서 두 평균 비용 사이의 차이는 −6.68과 18.68 사이로 추정된다. 0이 구간 안에 포함되므로 평균비용들의 유의한 차이를 나타내는 증거가 없다. 유감이다! ■

6 블록화에 대한 몇 가지 주의 사항

기억해야 할 몇 가지 중요한 점들은 다음과 같다.

- 연구자에게 처리와 블록 모두 관심 있는 실험 요인들일 때는 확률화블록계획을 사용하지 않아야 한다. 한 요인을 블록으로 설계하려면 어떤 블록을 사용하는가에 불문하고 처리의 효과가 동일할 것이라고 가정할 수 있어야 한다. 그렇지 않은 경우는 블록과 처리 두 요인은 상호작용(interact)한다고 말하고 처리와 반응 사이의 관계에 대한 잘못된 분석 결과를 초래할 수 있다. 두 요인 사이에 상호작용이 의심되면 자료를 여기서 다루지는 않지만 좀 더 일반적인 요인실험으로 분석해야 한다.
- 블록화가 항상 도움이 되는 것만은 아니라는 것을 기억하자. SSB 가 SSE 로부터 분리될 때 SSE 와 연관된 자유도의 개수가 더 줄어든다. 블록화가 도움이 되려면 블록 변동을 분리해서 얻을 수 있는 정보가 오차에 대한 자유도의 손실을 능가해야 한다. 그렇지만 보통은 실험단위들이 동질적이지 않을 것으로 의심하면서도 단위들을 블록들로 집단화할 수는 있으며 확률화블록계획을 사용하는 것은 대가를 치르게 된다!
- 마지막으로 b개의 블록들이 블록들의 모집단에서 랜덤하게 선택된 것으로 가정하는 것이 합리적이 아니라면 개별 처리 평균에 대한 신뢰구간을 구할 수 없다는 것을 기억하자. 그래도 신뢰구간을 구한다면 표본 처리 평균은 블록들이 반응에 대해 갖고 있는 양과 음의 효과에 의해 편의(bias)될 것이다.

Probability & Statistics

연습문제

11.1 각각 10개의 관찰치를 갖는 독립인 확률표본들에 근거하여 6개 모집단들의 평균을 비교하고자 한다. 분산분석표를 작성하여 변동의 요인과 그들 각각의 자유도를 보여라.

11.2 연습문제 11.1에서 모집단 1과 2에 대응하는 표본평균들이 $\bar{x}_1 = 3.07$과 $\bar{x}_2 = 2.52$이다.

(1) μ_1에 대한 95% 신뢰구간을 구하여라.

(2) 차이 $(\mu_1 - \mu_2)$에 대한 95% 신뢰구간을 구하여라.

11.3 각각 6개의 관찰치를 갖는 독립인 확률표본들에 근거하여 4개 모집단들의 평균을 비교하고자 한다. TSS = 473.2이고 SST = 339.8이다.

(1) 분산분석표를 작성하여라.

(2) 가설 $H_0 : \mu_1 = \mu_2 = \mu_3 = \mu_4$를 검정하기 위한 F 통계량의 자유도는 얼마인가?

(3) 위 (2)의 검정에 대한 기각역을 α=0.05에서 제시하여라.

(4) 자료는 모평균들 사이의 차이를 나타내기에 충분한 증거를 제시하는가?

(5) 검정에 대한 p-값을 근사계산하여라. 이 값은 위 (4)의 결론을 입증하는가?

11.4 다음 자료는 완전확률화계획에 의해 수집된 관찰값들이다.

표본 1	표본 2	표본 3
3	4	2
2	3	0
4	5	2
3	2	1
2	5	

(1) CM과 Total SS를 계산하여라.

(2) SST와 MST를 계산하여라.

(3) SSE와 MSE를 계산하여라.

(4) 자료에 대한 분산분석표를 작성하여라.

(5) 분산분석의 F-검정에 대한 귀무가설과 대립가설을 나타내어라.

(6) 세 모집단의 평균들에 차이가 있는지 결정하기 위하여 p-값 방법을 사용하여라.

11.5 연습문제 11.4를 참조하자.

(1) μ_1에 대한 90% 신뢰구간을 구하여라.

(2) 차이 $(\mu_1 - \mu_2)$에 대한 90% 신뢰구간을 구하여라.

11.6 모평균들의 집합을 순서화하여 Tukey 방법을 사용하여 짝 비교를 하려 한다고 하자. 분산분석의 가정들에 더하여 처리평균들이 만족해야만 하는 다른 성질이 무엇인가?

11.7 각 처리별 표본크기는 n_t이고 s^2은 자유도 12에 기반할 때, 다음 경우의 ω를 찾아라.

(1) $\alpha = 0.05, k = 4, n_t = 5$

(2) $\alpha = 0.01,\ k = 6,\ n_t = 8$

11.8 세 처리의 평균들을 6개 블록 안에서 비교하기 위하여 확률화블록계획을 사용하였다. SST=11.4, SSB=17.10이고 TSS=42.70이다. 모든 제곱합들과 제곱평균들 그리고 적절한 F-값들을 보여주는 분산분석표를 완성하여라.

11.9 연습문제 11.8을 참조하자. $\bar{x}_A = 21.9$이고 $\bar{x}_B = 24.2$일 때 처리 평균들 A와 B의 짝 사이의 차이에 대한 95% 신뢰구간을 구하여라.

11.10 다음 자료는 3개 블록의 각각에서 네 처리, A, B, C, D를 비교하기 위하여 확률화블록계획을 사용하여 실험하여 수집된 관찰값들이다.

	처리				
블록	A	B	C	D	합
1	6	10	8	9	33
2	4	9	5	7	25
3	12	15	14	14	55
총합	22	34	27	30	113

(1) 자료는 처리 평균들 사이의 차이를 나타내는데 충분한 증거를 제시하는가? $\alpha = 0.05$에서 검정하여라.
(2) 자료는 블록 평균들 사이의 차이를 나타내는데 충분한 증거를 제시하는가? $\alpha = 0.05$에서 검정하여라.
(3) $\alpha = 0.01$에서 튜키의 짝 비교 방법을 사용하여 네 처리 평균들을 순서화하여라.
(4) 처리 A와 B에 대한 평균들의 차이에 대한 95% 신뢰구간을 구하여라.
(5) 이 실험에 대해 확률화블록계획을 사용하는 것이 정당하다고 보이는가? 설명하여라.

11.11 확률화블록계획에 대해 일부만 채워진 분산분석표가 다음게 주어져 있다.

요인	자유도	제곱합	평균제곱	F비
처리	4	14.2		
블록		18.9		
오차	24			
총	34	41.9		

(1) 계획에 사용된 블록의 개수는?
(2) 각 처리에서는 몇 개의 관찰값들이 합해지는가?
(3) 각 블록에서는 몇 개의 관찰값들이 합해지는가?
(4) 위 분산분석표의 빈 곳을 채워라.
(5) 자료는 처리 평균들 사이의 차이를 나타내는데 충분한 증거를 제시하는가? $\alpha = 0.05$에서 검정하여라.
(6) 자료는 블록 평균들 사이의 차이를 나타내는데 충분한 증거를 제시하는가? $\alpha = 0.05$에서 검정하여라.

CHAPTER

12

선형회귀 및 상관

12.1 서론

고등학교 최상급학년생, 대학 신입생, 학부모 그리고 대학 행정부서는 대학에 입학한 뒤 학생들의 학업성취도에 대해 관심이 있다. 학생이 대학에 입학하기 전에 그 학생의 신입생 기간 끝 시점에서의 평점 평균(GPA)을 추정 또는 예측할 수 있는가? 언뜻 보기에 이것은 어려운 문제처럼 보인다. 그러나, 높은 학업 수준을 가진 고등학교에서 높은 학급 순위를 갖고 졸업한 의욕이 넘치는 학생들이 대학 신입생 기간의 끝 시점에서 높은 GPA를 획득할 것이라고 예상할 수 있다. 반면에, 의욕이 없거나 고등학교에서 평범한 성취를 보였던 학생들은 그렇게 잘 할 것으로 예상되지 않는다. 학생들의 대학 학업성취도는 여러 변수들의 함수일 것으로 예상할 수 있다:

- 고등학교에서 학급 순위
- 고등학교의 전체 등급
- 고등학교 GPA
- SAT 성적

이 문제는 아주 일반적인 특성의 것이다. 여러 독립변수들과 관련되어 있는 확률변수 y(대학 GPA)에 관심이 있다. 목적은 이러한 y를 독립변수들의 함수로서 나타내는 예측 방정식을 만드는 일이다. 그런 뒤, 독립변수들을 측정할 수 있다면, 예측 방정식에 이 값들을 대입하여 y에 대한 예측값(위의 예에서는 학생의 대학 GPA)을 얻을 수 있다. 그러나, 어떤 변수들을 독립 변수로 사용해야 하는가? 그 독립변수들과 y의 관계가 얼마나 밀접한가? y에 대해 선택된 독립변수들의 함수로서 좋은 예측 방정식은 어떻게 구축하는가? 다음 두 개의 장에서 이 문제들에 대한 답을 한다.

이 장에서는 하나의 독립변수 x의 선형함수로 y를 예측하는 단순한 문제만을 생각하기로 한다. 이 문제는 원래 3장에서 이변량 자료에 대해 논의할 때 설명하였다. x와 y의 관계를 기술하기 위하여 직선의 방정식을 사용했고 그 관계의 밀접성은 상관계수 r로 기술했음을 기억하자. 이런 결과들의 일부는 선형회귀와 상관의 주제를 다시 접할 때 필요하다.

12.2 단순선형확률모형

독립변수 x의 값에 근거하여 반응 y의 값을 예측하는 문제를 생각해보자. 3장에서 최적적합 직선,

$$y = a + bx$$

은 측정값들의 모집단으로부터 뽑은 n개의 이변량 관찰값들의 표본에 근거했었다. 모집단에서 y와 x 사이의 관계를 기술하는 직선은 표본에서의 최적적합 직선과 비슷하지만 같지는 않다. 확률변수 y와 관련된 독립변수 x 사이의 관계를 기술하기 위하여 어떻게 **모집단 모형**(population model)을 만들 수 있을까?

관심있는 변수 y가 독립변수 x와 선형관계라고 가정하고 시작하자. 선형관계를 기술하기 위하여, **확정적 모형**(deterministic model)

$$y = \alpha + \beta x$$

을 사용할 수 있다. 여기서 α는 y-절편(x=0 일 때 y의 값)이고 β는 직선의 기울기로서 x의 한 단위 변화에 대한 y의 변화로 정의되며 그림 12.1에 나타나 있다. 이 모형은 **반응변수**(response variable)라고도 부르는 관심변수 y와 종종 예측변수(predictor variable)라고도 부르는 독립변수 x 사이의 확정적 관계를 기술한다. 즉, 이 선형 방정식은 x의 값이 주어질 때 y의 값을 정확하게 결정한다.

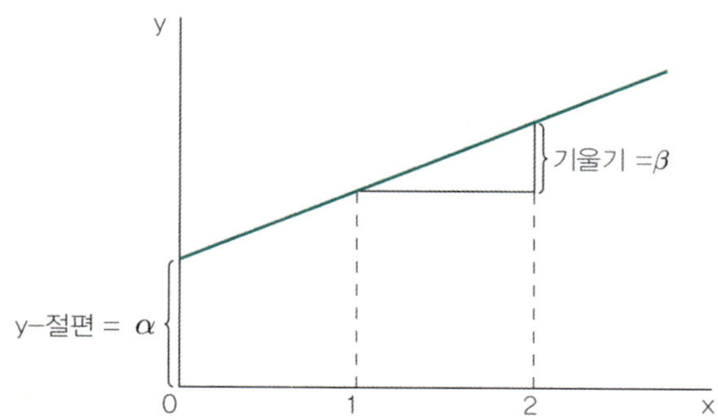

[그림 12.1] 직선에 대한 y-절편과 기울기

〈표 12.1〉은 $n = 10$명의 대학 신입생 확률표본에 대하여 수학성취도 점수와 함께 최종 미적분학 평점을 나타내고 있다. [그림 12.2]에 이들 점수와 평점에 대한 이변량 그림이 주어져 있다. 점들이 정확하게 직선 위에 있지 않고 주어진

직선 주변으로 떨어져 있어 보인다. 확정적 모형을 수정하기 위한 간단한 방법은 직선 주변 점들의 편차를 설명하기 위하여 **확률오차성분**(random error component)을 더하는 것이다. 특정한 반응 y는 다음의 **확률적 모형**(probabilistic model)을 사용하여 표현할 수 있다.

$$y = \alpha + \beta x + \epsilon$$

방정식의 첫 부분 $\alpha + \beta x$는 **평균의 직선**(line of means)이라 부르며 x의 주어진 값에 대하여 y의 평균값을 말한다. 오차성분 ϵ은 각 개별 반응 y가 평균의 직선으로부터 소량 벗어날 수 있도록 한다. 추론을 위해 이 확률적 모형을 사용하려면 이러한 "소량" ϵ에 관해서 좀 더 명확히 할 필요가 있다.

〈표 12.1〉 수학점수와 미적분학 평점

학생	수학학업성취도 점수(x)	미적분학 평점(y)
1	39	65
2	43	78
3	21	52
4	64	82
5	57	92
6	47	89
7	28	73
8	75	98
9	34	56
10	52	75

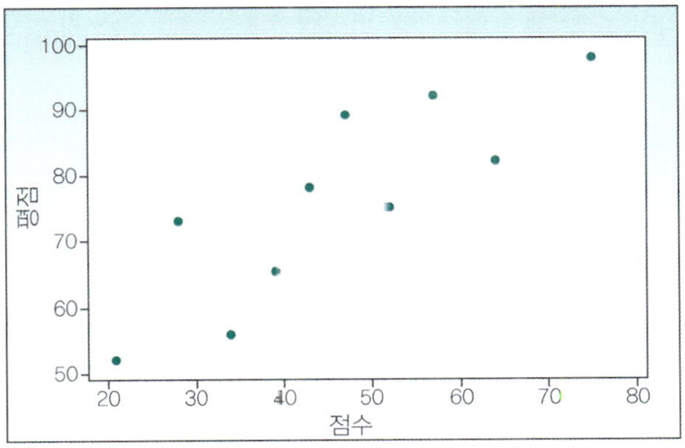

[그림 12.2] 〈표 12.1〉의 자료에 대한 산점도

KeyPoint

확률오차 ϵ에 관한 가정

아래의 조건들을 ϵ의 값들이 만족한다고 가정하자.

- 확률적 의미에서 독립적이다
- 평균 0, 공통분산 σ^2을 가진다.
- 정규 확률분포를 한다.

확률오차 ϵ에 관한 이러한 가정들은 세 개의 정해진 x의 값 $-x_1, x_2, x_3-$에 대해서 그림 12.3에 보여진다. 이러한 가정들과 10장과 11장에서 검정을 위해 필요했던 가정들 사이의 유사성을 주목하자. 이 가정들은 이 장에서 뒤에 다시 접하게 될 것이고 그들이 타당한지 검토할 때 사용할 진단도구를 제공할 것이다.

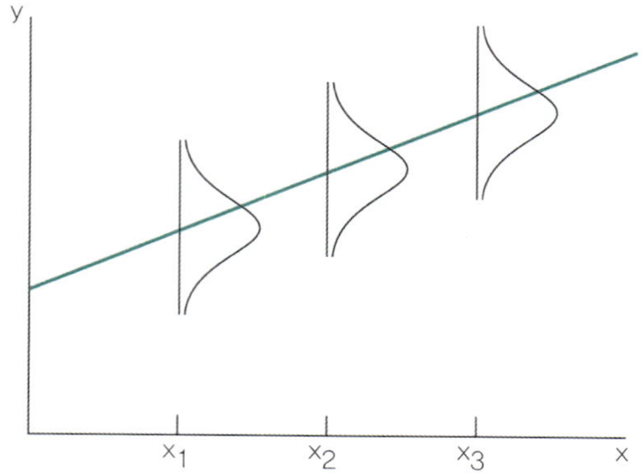

[그림 12.3] 선형 확률적 모형

이 모형은 일반적으로 알려지지 않은 측정값들의 모집단에 대해서 만들어진 것임을 기억하자. 그러나, 평균의 직선 $E(y)=\alpha+\beta x$의 계수인 α와 β의 값을 추정하기 위하여 표본정보를 사용할 수 있다. 이 추정값들은 주어진 자료 집합에 대하여 **최소제곱직선**(least squares line) 또는 **회귀직선**(regression line)이라 불리는 최적적합 직선을 형성하는데 사용된다. 다음 절에서 이러한 직선의 절편과 기울기를 계산하는 방법에 대해 검토한다.

12.3 최소제곱법

한 이변량 자료 집합에 대해서 최적적합 직선을 찾기 위해 수학적으로 하는 통계적 절차는 시각적으로는 자료부터 점들의 집합까지 수직거리들 또는 편차들을 최소화했다고 생각될 때까지 자를 움직이는 것이다. 최적적합 직선의 공식은 다음과 같다.

$$\hat{y}=a+bx$$

여기서 a와 b는 각각 절편과 기울기 모수 α와 β의 추정값들이다. 〈표 12.1〉의 자료에 대해 적합된 직선이 그림 12.4에 나타나 있다. 예측직선상의 $(x_i, \hat{y_i})$로부터 각 점 (x_i, y_i)까지 그려진 수직선이 점들의 편차, 즉 $(y_i-\hat{y_i})$를 나타낸다.

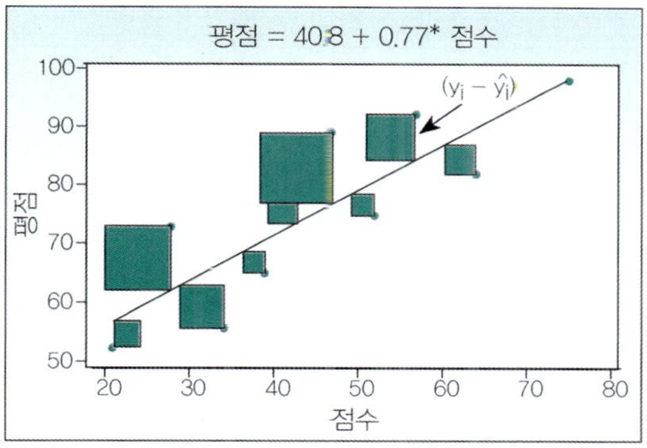

[그림 12.4] 최소제곱법

어떤 점들은 예측직선 아래에 있기 때문에 $(y_i - \hat{y}_i)$가 음수이다. 양수와 음수인 거리들이 "서로 상쇄됨"으로부터 벗어나기 위하여 점들에서 적합된 직선까지의 거리를 최소화하기 위하여 **최소제곱의 원리**(principle of least squares)를 사용하기로 한다.

KeyPoint

최소제곱의 원리(principle of least squares)

y의 관찰값들과 예측값들의 편차들에 대한 제곱합이 최소가 도는 직선이 **최적적합 직선**(best-fitting line)이다. 편차들의 제곱합은 통상 **오차제곱합**(sum of squares for error ; SSE)이라고 부르며 다음과 같이 정의한다.

$$SSE = \sum(y_i - \hat{y}_i)^2 = \sum(y_i - a - bx_i)^2$$

그림 12.4에서 회귀직선과 자료 점들을 살펴보자. SSE는 거리의 제곱합으로 파란 사각형들의 면적으로 나타내진다. α와 β의 추정값인 a와 b를 구하기 위하여 미적분을 사용할 수 있으나 여기서 다루지는 않는다. 그 값들을 도출하는 대신 단순히 α와 β의 최소제곱추정량이라 불리는 a와 b의 값을 계산하기 위한 공식을 제시할 것이다. 회귀 문제에서 변수들에 대한 제곱합에 기반한 기호들을 사용할 것이며 이들은 11장에서 사용했던 제곱합들과 비슷한 꼴이다. 이 공식들은 3장에 제시되었던 공식들과 달라 보이지만 실제로는 대수적으로 동일하다!

공학용 계산기에 표본 자료를 입력하려면 그에 맞는 자료 입력 방법을 사용해야 한다.

- 계산기가 일변량 통계함수만 갖고 있다면 필요한 합과 제곱합을 찾는데 약간의 시간을 절약할 수 있다.
- 계산기가 이변량 통계함수를 갖고 있거나 그래프 그리는 기능이 있다면 필요한 합과 제곱합 뿐만 아니라 a, b의 값들과 상관계수 r을 자동으로 저장할 것이다.
- 계산기 매뉴얼을 참조하여 최소제곱추정량을 구하는 가장 쉬운 방식을 확인한다.

KeyPoint

α와 β의 최소제곱추정량

$$b = \frac{S_{xy}}{S_{xx}} \text{와 } a = \overline{y} - b\overline{x}$$

여기서 S_{xy}와 S_{xx}의 값은 다음과 같다.

$$S_{xy} = \sum_{i=1}^{n}(x_i - \overline{x})(y_i - \overline{y}) = \sum x_i y_i - \frac{(\sum x_i)(\sum y_i)}{n}$$

과

$$S_{xx} = \sum_{i=1}^{n}(x_i - \overline{x})^2 = \sum x_i^2 - \frac{(\sum x_i)^2}{n}$$

x-값들의 제곱합은 2.3절에 주어진 계산식을 사용하여 구하고 교차곱의 합은 3.4절에서 정의된 공분산의 분자임을 주목하자.

예제 12.1

〈표 12.1〉의 미적분 평점 자료에 대한 최소제곱예측선을 구하시오.

풀이 이 〈표 12.2〉의 자료와 공학용 계산기에서 자료 입력 방법을 사용하여 다음 제곱합들을 계산한다.

〈표 12.2〉 〈표 12.1〉의 자료에 대한 계산

	x_i	y_i	x_i^2	$x_i y_i$	y_i^2
	39	65	1,521	2,535	4,225
	43	78	1,849	3,354	6,084
	21	52	441	1,092	2,704
	64	82	4,096	5,248	6,724
	57	92	3,249	5,244	8,464
	47	89	2,209	4,183	7,921
	28	73	784	2,044	5,329
	75	98	5,625	7,350	9,604
	34	56	1,156	1,904	3,136
	52	75	2,704	3,900	5,625
합계	460	760	23,634	36,864	59,816

$$S_{xx} = \sum x_i^2 - \frac{(\sum x_i)^2}{n} = 23,634 - \frac{(460)^2}{10} = 2474$$

$$S_{xy} = \sum x_i y_i - \frac{(\sum x_i)(\sum y_i)}{n} = 36,854 - \frac{(460)(760)}{10} = 1894$$

$$\bar{y} = \frac{\sum y_i}{n} = \frac{760}{10} = 76$$

$$\bar{x} = \frac{\sum x_i}{n} = \frac{460}{10} = 46$$

그러면

$$b = \frac{S_{xy}}{S_{xx}} = \frac{1894}{2474} = 0.76556$$

와 $a = \bar{y} - b\bar{x} = 76 - (0.76566)(46) = 40.78424$

따라서, 최소제곱회귀직선은

$$\hat{y} = a + bx = 40.78424 + 0.76556x$$

이 직선에 대한 그래프는 그림 12.4에 나타나 있다. 이 직선은 이제 그림 12.4를 참조하거나 x의 적절한 값을 방정식에 대입하여 주어진 x의 값에 대한 y를 예측하기 위하여 사용할 수 있게 되었다. 예를 들면, 신입생이 성취도 검사에서 x=50점을 받았다면 그 학생의 예측되는 미적분학 점수는 다음과 같다.

$$\hat{y} = a + b(50) = 40.78424 + (0.76556)(50) = 79.06$$

12.4 선형회귀에 대한 분산분석

11장에서, 실험에서의 총변동을 실험자가 관심 있는 여러 인자들에 기인한 부분들로 나누기 위하여 분산분석 절차를 사용하였다. 회귀분석에서는, 반응 변수 y는 독립변수 x와 관련이 있다. 그러므로 반응변수 y의 총변동은 아래와 같이 주어지고

$$TSS = S_{yy} = \sum(y_i - \bar{y})^2 = \sum y_i^2 - \frac{(\sum y_i)^2}{n}$$

두 부분으로 나눌 수 있다:

- SSR(회귀제곱합)은 하나의 독립변수 x를 가진 회귀직선에 의해 설명되는 변동의 양을 측정한다.
- SSE(오차제곱합)은 하나의 독립변수 x를 가진 회귀직선에 의해 설명되지 않는 자료에서의 "잔차"변동을 측정한다.

따라서 다음이 성립한다.

$$TSS = SSR + SSE$$

반응의 특정한 값 y_i에 대해서, 그림 12.5에 그려진 것과 같이 수직 거리를 사용하여 변동의 분해를 시각화할 수

있다. SSR은 x를 사용하지 않고 추정한 반응값($\bar{y}$)과 x를 사용하여 추정한 반응값(회귀직선, $\hat{y}$) 사이의 차이인 편차의 제곱합이고, SSE는 회귀직선($\hat{y}$)과 점 y 사이의 차이들의 제곱합임을 알 수 있다.

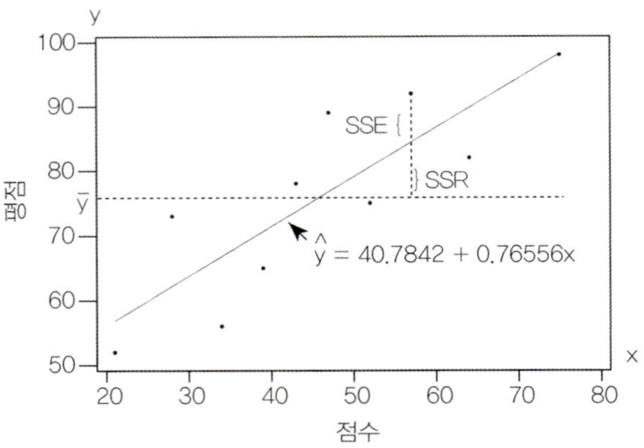

[그림 12.5] 적합된 직선으로 부터의 편차

다음을 대수적으로 보이는 것은 그렇게 어렵지 않다.

$$SSR = \sum(\hat{y_i} - \bar{y})^2 = \sum(a + bx_i - \bar{y})^2 = \sum(\bar{y} - b\bar{x} + bx_i - \bar{y})^2$$
$$= b^2\sum(x_i - \bar{x})^2 = \left(\frac{S_{xy}}{S_{xx}}\right)^2 S_{xx} = \frac{(S_{xy})^2}{S_{xx}}$$

$TSS = SSR + SSE$이기 때문에 다음과 같이 계산하여 분할을 완성할 수 있다.

$$SSE = TSS - SSR = S_{yy} - \frac{(S_{xy})^2}{S_{xx}}$$

11장으로부터 기억해 보면, 여러 변동요인들 각각을 적절한 자유도로 나누면, 실험에서 변동의 추정값을 제공한다. 이 추정값들을 **평균제곱**(mean squares; MS)이라 부르며 $MS = SS/df$이고 분산분석표에 나타나 있다.

이 제곱합들 각각에 관련된 자유도를 검토할 때, n개의 측정값에 대한 총자유도가 $(n-1)$임을 유의하자. 회귀직선을 추정한다는 것은, $\hat{y} = a + bx_i = \bar{y} - b\bar{x} + bx_i$를 구하는 것이고, 하나의 추가적인 모수 β를 추정하는 것이 수반되므로 SSR과 관련된 자유도는 1이 되며, SSE의 자유도는 $(n-2)$가 된다.

지금까지 논의되었던 모든 분산분석표에서와 같이, 오차에 대한 평균제곱

$$MSE = s^2 = \frac{SSE}{n-2}$$

는 모분산 σ^2의 비편향 추정량이다. 분산분석표는 〈표 12.3〉에 나타나 있다.

〈표 12.3〉 분산분석표

요인	자유도	제곱합	평균제곱
회귀	1	$\frac{S_{xy}^2}{S_{xx}}$	MSR
오차	$n-2$	$S_{yy}-\frac{S_{xy}^2}{S_{xx}}$	MSE
총합	$n-1$	S_{yy}	

〈표 12.1〉의 자료를 사용하여 다음과 같이 계산한다.

$$TSS = S_{yy} = \sum y_i^2 - \frac{(\sum y_i)^2}{n} = 59,816 - \frac{(760)^2}{10} = 2056$$

$$SSR = \frac{S_{xy}^2}{S_{xx}} = \frac{(1894)^2}{2474} = 1449.9741$$

그리고

$$SSE = TSS - SSR = 2056 - 1449.9741 = 606.0259\text{와}$$

$$MSE = \frac{SSE}{n-2} = \frac{606.0259}{9} = 75.7532$$

이다.

이 결과를 분산분석표로 작성하여 [그림 12.6]으로 나타내었다.

요인	자유도	제곱합	평균제곱	F비	p-값
회귀 오차	1 8	1450.0 606.0	1450.0 75.8	19.14	0.002
총합	9	2056.0			

[그림 12.6] 분산분석표

12.5 선형회귀모형의 검정

선형회귀를 고려할 때 두 가지 질문을 할 수 있다.

- 반응변수 y를 예측하기 위하여 독립변수 x는 유용한가?
- 유용하다면, 얼마나 잘 작동하는가?

이 절은 답변을 좀 할 수 있도록 도움을 줄 수 있는 몇 가지 통계적 검정과 측도를 검토한다. 모형이 작동한다고 결정한 다음에, 주어진 x값에 대한 반응 y를 예측하기 위하여 모형을 사용할 수 있다.

1 평균의 직선에서 기울기 β 에 관한 추론

최소제곱회귀직선은 유용한가? 즉, x에 의해 제공되는 정보를 이용하는 회귀 방정식이 x에 의존하지 않는 단순 예측자 $\bar{y}$보다 실질적으로 더 좋은가? 만일 독립변수 x가 모집단 모형 $y=\alpha+\beta x+\epsilon$에서 유용하지 않다면, y의 값은 x의 다른 값들에 대해서 변하지 않는다. x의 모든 값에서 이런 일이 발생하는 것은 평균의 직선에서 기울기가 0일 때뿐이다. 이것은 x와 y 사이의 관계가 선형이 아님을 나타내는 것일 수 있으므로, 독립변수 x의 유용성에 관해 처음에 했던 질문은 다음과 같이 고쳐 말할 수 있다: x와 y 사이에는 선형관계가 있는가?

이 물음에 답하기 위해서 β에 대한 가설검정이나 신뢰구간을 사용할 수 있다. 이 절차들은 모두 기울기 β의 표본추정량 b의 표집분포에 근거한다. 확률오차 ϵ에 관한 가정이 타당하면, 추정량 b는 반복 표본에서 정규분포를 하며 평균은

$$E(b)=\beta$$

이고 표준오차는 다음과 같다.

$$SE=\sqrt{\frac{\sigma^2}{S_{xx}}}$$

여기서 σ^2은 확률오차 ϵ의 분산이다. σ^2의 값은 $s^2=MSE$ 로 추정하므로 MSE 와 관련된 자유도 $df=(n-2)$인 t-분포를 하는 다음과 같은 통계량에 기반하여 추론할 수 있다.

$$t=\frac{b-\beta}{\sqrt{MSE/S_{xx}}}$$

KeyPoint

직선의 기울기에 대한 가설 검정

1. **귀무가설:** $H_0:\beta=\beta_0$

2. **대립가설:**

한쪽꼬리검정	양쪽꼬리검정
$H_1\ :\ \beta>\beta_0$ (또는 $\beta<\beta_0$)	$H_1:\beta\neq\beta_0$

3. **검정통계량:** $t=\dfrac{b-\beta_0}{\sqrt{MSE/S_{xx}}}$

12.2절에 주어진 가정들이 만족되면, 검정통계량은 자유도 $(n-2)$인 스투던트 t분포를 따른다.

4. 기각역: 다음과 같을 때 H_0를 기각한다.

한쪽꼬리검정	양쪽꼬리검정
$t > t_\alpha$ (또는 $t < -t_\alpha$) 또는 p-값 $< \alpha$	$t > t_{\alpha/2}$ 또는 $t < -t_{\alpha/2}$
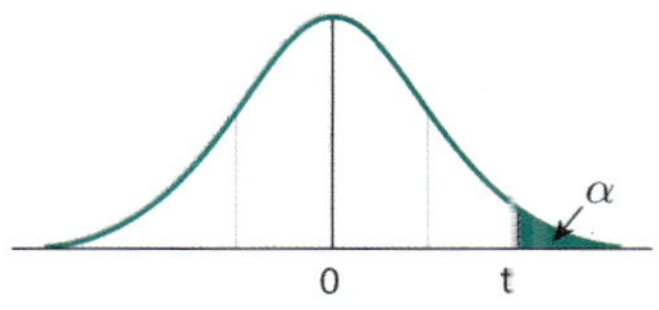	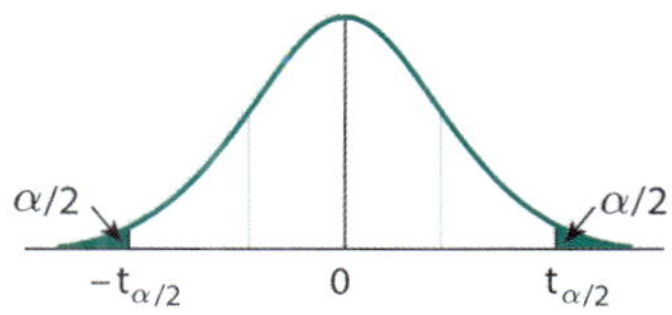

자유도 $(n-2)$에 대응하는 t_α 와 $t_{\alpha/2}$의 값들은 부록 I 의 〈표 4〉에서 찾을 수 있다.

예제 12.2

〈표 12.1〉의 미적분학평점과 성취도점수 사이에 유의적인 선형관계가 있는지를 결정하라. 유의수준 5%로 검정하여라.

풀이 검정하기 위한 가설은

$$H_0 : \beta = 0,\ \ H_a : \beta \neq 0$$

이고 검정통계량의 관찰값을 계산하면

$$t = \frac{b-0}{\sqrt{MSE/S_{xx}}} = \frac{0.7656-0}{\sqrt{75.7532/2474}} = 4.38$$

이고 자유도는 $(n-2)=8$이다. $\alpha = 0.05$에서 $t > 2.306$ 또는 $t < -2.306$일 때 H_0를 기각할 수 있다. 검정통계량의 관찰값이 기각역에 속하므로, H_0는 기각되고 대학 신입생의 모집단에 대해서 미적분학 평점과 성취도 점수 사이에는 유의적인 선형관계가 존재한다고 결론내릴 수 있다.

β의 값에 대한 추론을 하기 위한 다른 방법은 신뢰구간을 만들어서 β에 대해 가능한 값들의 범위를 검토하는 것이다. ■

KeyPoint

β에 대한 $(1-\alpha)100\%$ 신뢰 구간

$$b \pm t_{\alpha/2}(SE)$$

여기서 $t_{\alpha/2}$는 자유도 $(n-2)$, $s^2 = MSE$이고

$$SE = \sqrt{\frac{s^2}{S_{xx}}} = \sqrt{\frac{MSE}{S_{xx}}}$$

예제 12.3

〈표 12.1〉의 미적분학 평점 자료에 대하여 기울기 β의 95% 신뢰구간을 구하시오.

풀이 앞에서 계산된 값을 다음 식에 대입하면

$$b \pm t_{0.05}\sqrt{\frac{MSE}{S_{xx}}}$$

다음과 같이 구해진다.

$$0.766 \pm 2.306\sqrt{\frac{75.7532}{2474}}$$

$$0.766 \pm 0.404$$

결과적으로 95% 신뢰구간은 (0.362, 1.170)이다. 신뢰구간이 0을 포함하고 있지 않으므로 β의 참값은 0이 아니라고 결론 내릴 수 있고, $H_a : \beta \neq 0$을 선호하여 귀무가설 $H_0 : \beta = 0$을 기각할 수 있어서 [예제 12.2]에서 내린 결론과 일치한다. 뿐만 아니라, 신뢰구간의 추정값은 성취도검사점수가 1점 오를 때 미적분학의 시험점수는 최소 0.4에서 최대 1.2점씩 증가함을 나타낸다. ■

만약에, 회귀분석을 하기 위하여 컴퓨터 소프트웨어를 사용한다면, 출력물에서 t 통계량과 그에 해당하는 p-값을 볼 수 있다. 그림 12.7(a)에 있는 결과의 두 번째 부분에서 "x"로 표시된 줄에서 기울기의 최소제곱추정값 b를 그에 대한 표준오차 "SE coef", 가설 $H_0 : \beta = 0$을 검정하기 위해서 계산된 t-통계량의 값 "T"와 이것에 대응되는 p-값 "P"와 함께 찾을 수 있다. 그림 12.7(b)의 결과물의 마지막 줄에서 β에 대한 95% 신뢰구간의 신뢰상한과 신뢰하한과 함께 같은 정보를 얻을 수 있다. 회귀의 유의성, $H_0 : \beta = 0$,에 대한 t-검정의 p-값이 P=0.002이므로 [예제 12.2]에서와 같이 귀무가설을 기각한다. x와 y 사이에는 유의한 선형관계가 존재한다.

회귀분석

```
The regression equation is
y = 40.8 + 0.766 x

Predictor       Coef    SE Coef        T       P
Constant      40.784      8.507     4.79   0.001
x             0.7656     0.1750     4.38   0.002

S = 8.70363       R-Sq = 70.5%     R-Sq(adj) = 66.8%

Analysis of Variance
Source          DF        SS        MS        F        P
Regression       1    1450.0    1450.0    19.14    0.002
Residual Error   8     606.0      75.8
Total            9    2056.0
```

[그림 12.7(a)] 평점자료에 대한 결과

SUMMARY OUTPUT	
Regression Statistics	
Multiple R	0.8398
R Square	0.7052
Adjusted R Square	0.6684
Standard Error	8.7036
Observations	10

ANOVA							
	df	*SS*	*MS*	*F*	*Significance F*		
Regression	1	1449.974	1449.97	19.141	0.002		
Residual	8	606.026	75.75				
Total	9	2056					
	Coefficients	*Standard Error*	*t Stat*	*P-value*	*Lower 95%*	*Upper 95%*	*Lower 95.0%*
Intercept	40.784	8.507	4.79	0.001	21.167	60.401	21.167
Score	0.766	0.175	4.37	0.002	0.362	1.169	0.362

[그림 12.7(b)] 평점자료에 대한 결과

2 분산분석 F-검정

그림 12.7(a)와 12.7(b)의 출력물에서 분산분석 부분에 분자의 자유도 1, 분모의 자유도 $(n-2)=8$을 갖는 F 통계량이 다음과 같이 주어짐을 보여준다.

$$F=\frac{MSR}{MSE}=19.14$$

이 값은 가설 $H_0:\beta=0$을 검정하기 위해 사용될 수 있는 등등한 검정통계량(equivalent test statistic)이다. 반올림 오차내에서 F 값과 t^2의 값이 같고 p-값도 동일하다. 여기서는, 반올림 전 소숫점 다섯 째 자리까지 정확하다면 출력물에 주어진 것과 같이 $t^2=(0.76556/0.14798)^2=(4.37513)^2=19.14175\approx 19.14=F$ 임을 알 수 있다. 이는 우연이 아니고 자유도 df를 가진 t통계량의 제곱은 분자의 자유도 1, 분모의 자유도 df 인 F 통계량과 같은 분포를 따른다는 사실로부터 나온 것이다. F-검정은 모형의 유용성에 대한 좀 더 일반적인 검정이며 모형이 하나 이상의 독립변수를 가질 때 사용될 수 있다.

3 관련성의 강도 측정: 결정계수

회귀모형이 얼마나 잘 적합 되었는가? 이 질문에 답하기 위하여 3 장에서 소개했던 상관계수(correlation coefficient) r과 관련된 측도를 사용할 수 있다. 기억을 되살리면

$$r=\frac{s_{xy}}{s_x s_y}=\frac{S_{xy}}{\sqrt{S_x S_y}},\quad -1\le r\le 1$$

여기서 s_{xy}, s_x, s_y는 3장에서 정의되었고, 여러 제곱합들은 12.4절에서 정의되었다.

분산분석에서 회귀제곱합 SSR은 총변동 TSS = S_{yy} 중 x에 대한 y의 회귀에 의해서 설명되는 부분을 측정한다. 나머지 부분 SSE는 확률오차에 의한 것으로 "설명되지 않은" 변동이다. 반응변수 y와 예측변수 x사이의 관련성의 강도를 측정하는 한 가지 방법은 **결정계수**(coefficient of determination)를 계산하는 것으로 x에 대한 y의 선형 회귀에 의해 설명되는 총변동의 비율이다. 미적분학 평점 자료에 대하여, 이 비율은 다음과 같다.

$$\frac{SSR}{TSS} = \frac{1450}{2056} = 0.705 \text{ 또는 } 70.5\%$$

$TSS = S_{yy}$, $SSR = (S_{xy})^2 / S_{xx}$ 이기 때문에 다음과 같이 쓸 수 있다.

$$\frac{SSR}{TSS} = \frac{S_{xy}^2}{S_{xx}S_{yy}} = \left(\frac{S_{xy}}{\sqrt{S_{xx}S_{yy}}}\right)^2 = r^2$$

그러므로, SSR/TSS 로 계산되었던 결정계수는 단순히 상관계수 r의 제곱이다. 그림 12.7(a)에서는 "R-Sq", 12.7(b)에서는 "R Square"로 표시된 값이다.

분산분석표는 실험에서의 총변동으로부터 회귀에 의한 변동(SSR)을 분리한다는 것을 기억하자. 그렇게 하고 나면 실험에서의 확률적 변동은 그 양이 줄어들고 TSS 대신 SSE 로 측정된다. 이런 맥락에서 **결정계수**(coefficient of determination), r^2,를 다음과 같이 정의한다.

> **정의**
>
> **결정계수**(coefficient of determination) r^2은 실험에서 반응변수 y를 예측할 때, x를 무시하고 $\bar{y}$를 사용하는 대신, 회귀직선 $\hat{y} = a + bx$을 사용하는 경우 줄어드는 총변동의 비율이다.

미적분학 평점 자료에 대하여 $r^2 = 0.705$ 또는 70.5%라는 줄임은 실질적이다. 회귀모형은 아주 잘 작동한다.

4 유의한 회귀분석 결과의 해석

선형회귀의 유의성을 결정하기 위하여 t-검정 또는 F-검정을 실행하고 나면, 결과를 주의 깊게 해석해야 한다. 평균의 직선에서 기울기 β는 특정한 영역에서의 관찰값들만의 자료에 근거하여 추정된다. 직선의 기울기가 0이라는 귀무가설을 기각하지 않았을지라도, 꼭 x와 y가 관련 없다는 것을 의미하지는 않는다. 기울기가 0이고, x와 y가 관련이 없다고 잘못 선언하는 제2종 오류를 범한 것일 수도 있다.

(1) 잘못된 회귀 모형의 적합

[그림 12.8]에서 보이는 것처럼, x와 y가 비선형 방식으로 완전히 관련되어 있을 수도 있다. 여기에는 세 가지 가능성이 있다:

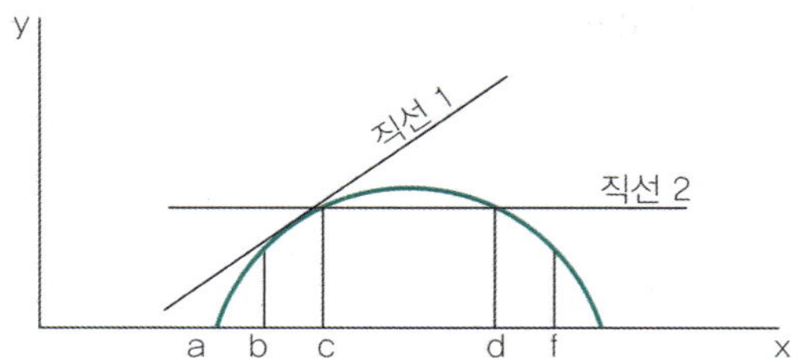

[그림 12.8] 곡선 관계

- 만약 관측값이 구간 $b < x < c$에서만 얻어지면, 관련성은 양의 기울기를 갖는 선형으로 보일 것이다.
- 만약 관측값이 구간 $d < x < f$에서만 얻어지면, 관련성은 음의 기울기를 갖는 선형으로 보일 것이다.
- 만약 관측값이 구간 $c < x < d$에서만 얻어지면, 기울기 0에 가까운 직선으로 적합될 것이고, x와 y 사이에 선형관계가 없는 것으로 보여질 것이다.

[그림 12.8]에서 보여진 예에 대해서, 어떤 직선도 정확하게 x와 y 사이의 참인 관계를 기술하지 못한다. 왜냐하면 곡선관계이기 때문이다. 이 경우는 관련성을 설명하는데 잘못된 모형을 선택한 경우이다. 때때로 이런 형태의 잘못은 12.7절의 주제인 잔차그림을 사용하여 탐지할 수 있다.

(2) 외삽(extrapolation)

하나의 심각한 문제는 적합시킨 자료의 범위 안에 포함되지 않은 x의 값들에 선형회귀분석의 결과를 적용하는 것이다. 이것을 **외삽**(extrapolation)이라고 부르는데 그림 12.8의 직선1에서 보이는 것과 같이 예측에 심각한 오차들을 초래할 수 있다. 예측 결과들은 구간 $b < x < c$에서는 좋게 나오겠지만, $x > c$에 대하여는 y의 값을 심각하게 과추정하게 될 것이다.

(3) 인과관계(causality)

y와 x에 유의한 회귀 관계가 있을 때, x가 y의 원인이라고 결론 내리려는 경향이 있다. 그러나 측정하지도 않았고 분석에 포함되지 않은 한 개 이상의 미지의 변수가 관찰된 관계의 원인이 될 가능성도 있다. 일반적으로, 통계학자는 분석의 결과를 발표한다. 그러나 인과성에 관한 결론은 이 분야의 전문가인 과학자와 연구자들에게 맡겨야 한다. 이 전문가들이 그런 결정을 내리기 위한 준비가 더 잘 되어 있다!

12.6 회귀가정을 검토하는 진단도구

기울기에 대한 t-검정(또는 분산분석의 F-검정)과 r^2의 값을 사용하여 x가 y의 값을 예측하는데 유용하다고 결론을 내렸다 할지라도 회귀분석 결과는 자료들이 필요한 회귀 가정들을 만족할 때만 타당성이 있다.

KeyPoint

회귀 가정

- x와 y 사이의 관계가 선형인 모형은 다음과 같이 주어진다.

$$y = \alpha + \beta x + \epsilon$$

- 확률오차항(ϵ)의 값들은 (1) 서로 독립이고, (2) x와 무관하게 평균 0, 분산 σ^2을 갖고, (3) 정규분포를 한다.

이 가정들은 제11장의 분산분석에서 제시된 것들과 아주 비슷하기 때문에, 이 가정들을 검토하기 위한 진단 도구는 그 장에서 사용되었던 것들과 같아 보여도 이상할 것 없다. 이 도구들은 회귀 모형에 의해 설명된 변동이 제거되고 난 뒤 각 관찰값에서 설명되지 않은 **잔여오차**(residual error) 분석을 내포한다.

1 종속 오차항

관찰값들이 정해진 시점 구간에서 수집될 때 오차항들은 흔히 종속적이다. 이런 경우에는 관찰치들은 오차항이 상관된 시계열을 이루게 된다. 그렇게 되면 모형 모수들의 추정값에 편이를 초래한다. 시계열 자료는 시계열 방법을 사용하여 분석해야한다.

2 잔차그림

다른 회귀 가정들은 **잔차그림**(residual plots)으로 검토할 수 있는데 이 그림을 손으로 그리기는 아주 까다로우나 컴퓨터가 그려주면 쉽게 사용할 수 있다.

단순선형회귀에서, 선형모형이 실제로 적절한지를 확인함과 더불어 등분산성을 검토하기 위해서 적합값에 대한 잔차의 그림을 그린다. 이 그림은 어떠한 패턴도 보이지 않아야 한다. $\hat{y}$의 모든 값들에 대해서 수직으로 거의 동일하게 흩어지고 수직축의 0 주변으로 랜덤하게 점들이 산포된 것으로 보여야 한다. 잔차의 한 가지 성질은 합이 0이 되고 따라서 표본평균이 0이라는 것이다. 그림 12.9에 미적분학 평점 예제에서의 적합값에 대한 잔차의 그림이 나타나 있다. 잔차그림에 뚜렷한 패턴이 보이지 않으므로 이 자료에 대하여 모형의 가정들이 만족된 것으로 본다.

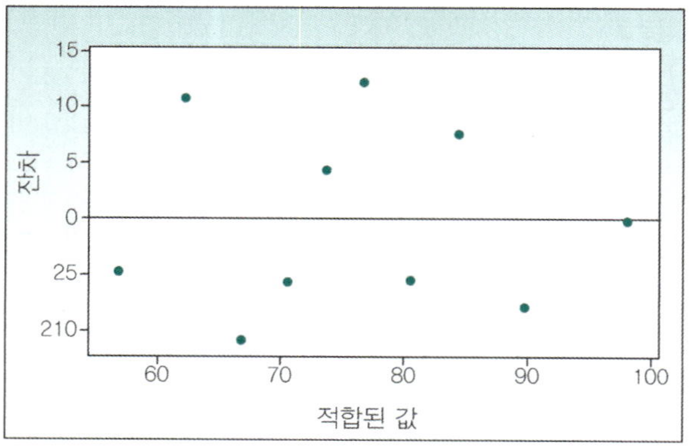

[그림 12.9] [예제 12.1]의 $\hat{y}$에 대한 잔차 그림

정규확률그림(normal probability plot)은 정규분포에 따른다고 가정한 잔차의 기대되는 값에 대해 잔차를 그린 그래프이다. 잔차가 정규분포를 따르거나 또는 근사적으로 따를 때 정규확률그림은 상향 기울기를 갖는 직선으로 나타나야 한다. [예제 12.1]의 잔차에 대한 정규확률그림이 [그림 12.10]에 나타나 있다. 네 번째와 다섯 번째로 그려진 점들을 제외하고,

나머지 점들은 거의 직선위에 놓여 있는 것으로 보인다. 이 그림은 특이하지 않고, 근원적인 비정규성을 나타내고 있지 않다. 통상적으로 정규성 가정의 가장 심각한 위반은 분포의 꼬리에서 나타나는데 그 이유는 거기가 정규분포와 유사한 평균과 산포를 갖는 다른 형태의 분포와 가장 다르기 때문이다. 그러므로 정규확률그림의 두 끝 부분의 두 곳 모두 또는 한 곳에서의 곡선성은 비정규성을 나타낸다.

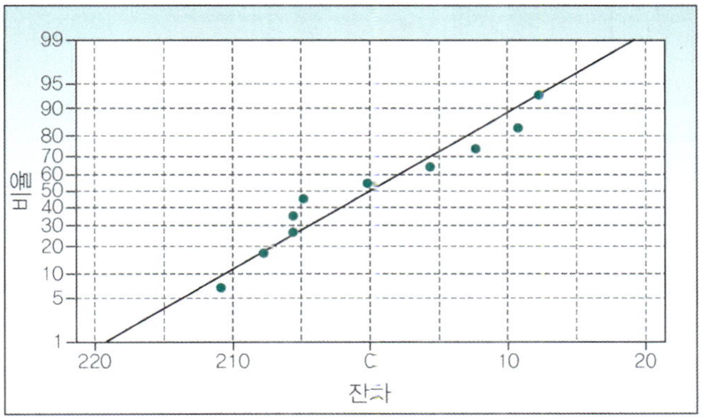

[그림 12.10] [예제 12.1]의 잔차에 대한 정규확률그림

12.7 적합된 직선을 사용한 추정과 예측

지금까지

- 적합된 회귀직선, $\hat{y} = a + bx$,이 예측을 위하여 유용하다는 것을 확인하기 위하여 검정하였다.
- 회귀 가정들의 위반이 없었다는 것을 확인하기 위하여 진단도구를 사용하였다.

직선을 두 가지 목적 중 하나를 위해 사용할 준비가 되었다:

- 주어진 x값에 대하여 y의 평균값 추정
- 주어진 x값에 대하여 y의 특정한 값에 대한 예측

모집단에서 n 쌍의 관찰값들이 표본으로 선택되었다. 모집단에서 y의 평균값은 그림 12.11에서 점선으로 나타나 있는데 알지 못하고 있는 직선인 **평균의 직선**(line of means)

$$E(y) = \alpha + \beta x$$

에 의해 예측 변수 x의 값과 관련이 된다. x의 정해진 값(x_0)에 대해서 y의 특정한 값은 평균의 직선으로부터 편차를 가짐을 기억하자. 이러한 y의 값들은 그림 12.11에서 보여지는 것처럼 평균 $\alpha + \beta x_0$와 분산 σ^2을 갖는 정규분포를 한다고 가정한다.

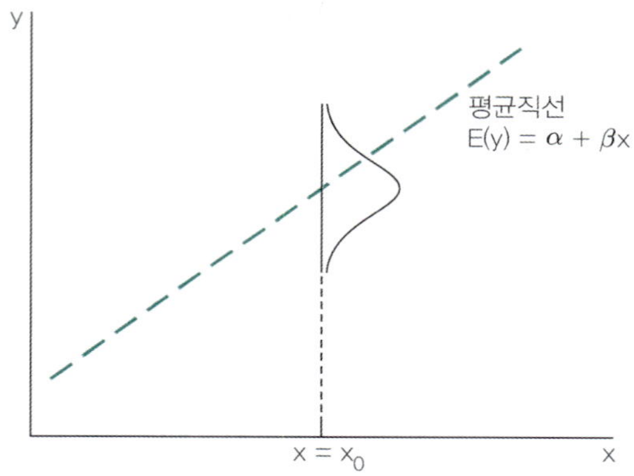

[그림 12.11] $x=x_0$에 대한 y의 분포

표본에 따라 계산되는 a와 b의 값이 바뀌기 때문에, 새 표본마다 각각 다른 회귀직선 $\hat{y}= a+bx$이 만들어지고 이 직선은 평균의 직선을 추정하거나 또는 y의 특정한 값을 예측하기 위하여 사용된다. 그림 12.12는 적합 직선(푸른 선), 알지 못하고 있는 평균의 직선과 y의 특정한 값의 가능한 배치 형태들 중의 하나를 보여주고 있다.

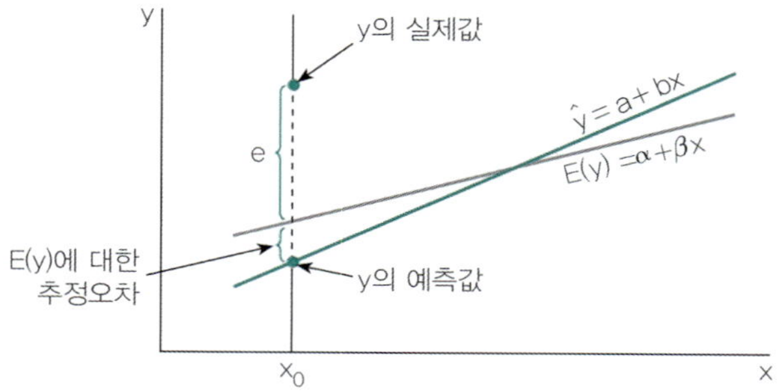

[그림 12.12] $E(y)$를 추정하고 y를 예측할 때 오차

추정량 $\hat{y}= a+bx_0$은 추정하거나 또는 예측하려는 양으로부터 얼마나 멀어지게 되는가? 이것은 항상 추정량의 표준오차에 의해서 측정되는 추정량의 변동성에 달려있다. 이를 증명하기로 하자. $x=x_0$에서 y의 추정값 $\hat{y}= a+bx_0$은 평균의 직선 $\alpha+\beta x_0$의 비편향 추정량이고 $\hat{y}$는 아래와 같이 추정되는 $\hat{y}$의 표준오차를 갖는 정규분포를 한다.

$$SE(\hat{y}) = \sqrt{MSE\left[\frac{1}{n}+\frac{(x_0-\bar{x})^2}{S_{xx}}\right]}$$

추정과 검정은 자유도 $(n-2)$를 갖는 다음 통계량에 기초한다.

$$t = \frac{\hat{y}-E(y)}{SE(\hat{y})}$$

$x=x_0$일 때 y의 평균값은 평균의 직선에 의해 $\alpha+\beta x_0$이며 이에 대한 $(1-\alpha)100\%$ 신뢰구간을 만들기 위하여 t분포에 근거한 통상적인 형태의 신뢰구간을 사용할 수 있다:

$$\hat{y} \pm t_{\alpha/2} SE(\hat{y})$$

그러나 $x = x_0$일 때 y의 특정한 값을 예측하는 것을 선택한다면, 평균의 직선으로부터 y의 편차 때문에 예측에서 추가적인 오차가 존재한다. 그림 12.12를 검토하면 예측에서의 오차가 두 가지 성분을 갖는다는 것을 알 수 있다:

- 평균의 직선을 추정하기 위하여 적합된 직선을 사용할 때의 오차
- σ^2에 의해 측정되는 평균의 직선으로부터 y의 편차에 의해 초래된 오차

y와 $\hat{y}$사이의 차이에 대한 분산은 이들 두 분산의 합이고 예측을 위해 사용되는 $(y - \hat{y})$의 표준오차에 대한 근거를 만든다:

$$SE(y - \hat{y}) = \sqrt{MSE\left[1 + \frac{1}{n} + \frac{(x_0 - \overline{x})^2}{S_{xx}}\right]}$$

그리고, $(1-\alpha)100\%$ 예측구간은 다음과 같다.

$$\hat{y} \pm t_{\alpha/2} SE(y - \hat{y})$$

KeyPoint

$(1-\alpha)100\%$ 신뢰구간과 예측구간

- $x = x_0$일 때 y의 평균값에 대한 신뢰구간

$$\hat{y} \pm t_{\alpha/2}\sqrt{MSE\left[\frac{1}{n} + \frac{(x_0 - \overline{x})^2}{S_{xx}}\right]}$$

- $x = x_0$일 때 y의 특정한 값에 대한 예측구간

$$\hat{y} \pm t_{\alpha/2}\sqrt{MSE\left[1 + \frac{1}{n} + \frac{(x_0 - \overline{x})^2}{S_{xx}}\right]}$$

여기서 $t_{\alpha/2}$는 자유도 $(n-2)$이고 우측 면적이 $\alpha/2$가 되는 t 값이다.

예제 12.4

성취도 점수가 50인 학생에 대한 미분적분학의 평균 평점을 추정하기 위하여 [예제 12.1]의 정보를 사용하여 95%의 신뢰구간을 구하시오.

풀이 성취도 점수가 50인 학생에 대한 미분적분학의 평균 평점 $E(y|x_0 = 50)$ 의 점추정값은 다음과 같다.

$$\hat{y} = 40.78424 + 0.76556(50) = 79.06$$

$\hat{y}$의 표준오차는

$$\sqrt{MSE\left[\frac{1}{n}+\frac{(x_0-\overline{x})^2}{S_{xx}}\right]}=\sqrt{75.7532\left[\frac{1}{10}+\frac{(50-46)^2}{2474}\right]}=2.840$$

그리고 95% 신뢰구간은

$$79.06 \pm 2.306(2.840)$$
$$79.06 \pm 6.55$$

위 결과로부터 성취도 점수가 50점인 학생의 미적분학의 평균 평점은 72.51부터 85.61 사이에 있다는 것을 알 수 있다. ■

예제 12.5

한 학생이 성취도 시험을 쳐서 50점을 받았지만 아직 미적분학 시험을 보지 않았다. [예제 12.1]의 정보를 사용하여 이 학생에 대해 미적분학의 평점을 예측하기 위하여 95% 예측구간을 구하시오.

풀이 [예제 12.4]에서와 같이 y의 예측값은 $\hat{y}=79.06$이다. 그러나, 예측에서 오차는 $SE(y-\hat{y})$로 측정되고, 95% 예측구간은 다음과 같다.

$$79.06 \pm t\,0.025\sqrt{75.7532\left[1+\frac{1}{10}+\frac{(50-46)^2}{2474}\right]}$$
$$79.06 \pm 2.306(9.155)$$
$$79.06 \pm 21.11$$

또는 (57.95, 100.17)이 된다. 반응 y의 실제 값을 예측할 때에는 추가적인 변동성 때문에 [예제 12.4]의 신뢰구간보다 예측 구간은 더 폭이 넓다. 종종 평균의 직선에서 특정한 한 점이 실험자에게 관심 있는데, $x_0=0$에서 y의 평균값인 y-절편 α이다. ■

Predictor	Coef	SE Coef	T	P
Constant	40.784	8.507	4.79	0.001
x	0.7656	0.1750	4.38	0.002

[그림 12.13] 추정 결과

```
Predicted Values for New Observations
New Obs     Fit     SE Fit       95% CI              95% PI
1         79.06       2.84   (72.51,   85.61)   (57.95,  100.17)

Values of Predictors for New Observations
New Obs          x
1             50.0
```

[그림 12.14] 예측 결과

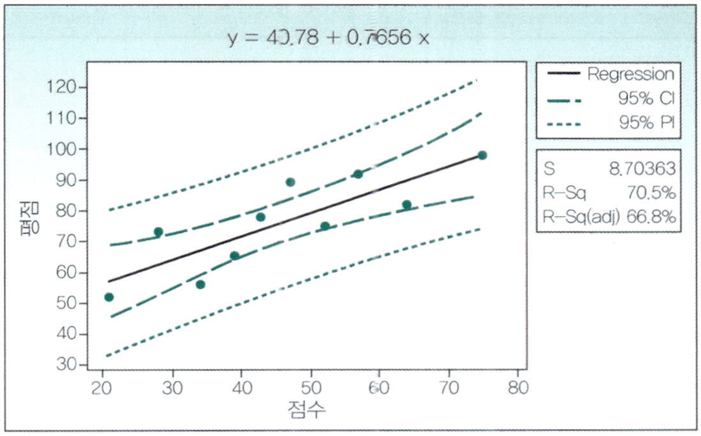

[그림 12.15] 〈표 12.1〉의 자료에 대한 신뢰구간과 예측구간

예제 12.6

미적분학과 성취도 점수 자료에 직선을 적합하기 전에, 성취도 시험에서의 0점은 미적분학 시험에서도 0점으로 예측할 것으로 생각할 수 있다. 이것은 y-절편 α가 0인 모형을 적합해야 한다는 것을 의미한다. 자료는 절편이 0이라는 가설을 지지하는가?

풀이 $x=0$에서 y의 평균값인 y-절편 α에 대한 95% 신뢰구간을 만들어 이 문제에 대한 답을 할 수 있다. α에 대한 추정값은

$$\hat{y}=40.78424-0.76553(0)=40.784=a$$

그리고 95% 신뢰구간은

$$\hat{y}\pm t_{\alpha/2}\sqrt{MSE\left[\frac{1}{n}+\frac{(x_0-\bar{x})^2}{S_{xx}}\right]}$$

$$40.784\pm 2.306\sqrt{75.7532\left[\frac{1}{10}+\frac{(0-46)^2}{2474}\right]}$$

$$40.784\pm 19.617$$

또는 (21.167, 60.401)이 된다. 신뢰구간은 α=0인 값을 포함하고 있지 않다. 그러므로 y-절편은 0이라고 할 수 없다. 모형 $y=\alpha+\beta x+\epsilon$에 0이 아닌 절편을 넣어야 한다. ■

12.8 상관분석

3장에서, 두 변수 사이의 선형 관계의 강도에 대한 측도로 상관계수(correlation coefficient)를 소개하였다. 상관 계수 r은 공식적으로 **피어슨적률표본상관계수**(Pearson product moment sample coefficient of correlation)라고 불리며 다음과 같이 정의한다.

KeyPoint

피어슨적률표본상관계수

$$r = \frac{s_{xy}}{s_x s_y} = \frac{S_{xy}}{\sqrt{S_x S_y}}, \quad -1 \le r \le 1$$

분산과 공분산은 직접 계산하거나, 이변량 통계량 기능이 있는 계산기를 사용하거나, 또는 MINITAB이나 Excel과 같은 통계적인 패키지를 사용하여 구할 수 있다. 분산과 공분산은 다음과 같이 계산된다.

$$s_{xy} = \frac{S_{xy}}{n-1}, \quad s_x^2 = \frac{S_{xx}}{n-1}, \quad s_y^2 = \frac{S_{yy}}{n-1}$$

그리고 S_{xy}, S_{xx}와 S_{yy}는 이 장의 앞에서 회귀분석에 사용된 값과 동일하다. 일반적으로, n개의 개체들 또는 실험 단위들이 표본으로 선택되고 두 변수가 각 개체나 단위에서 두 변수 모두 랜덤하게 측정된다면 상관계수 r은 이러한 상황에서 선형성의 측도로 사용하기에 적당하다.

예제 12.7

한 지역의 미식축구 올스타 중에서 후위 공격수 $n = 10$명을 랜덤하게 선택하여 키와 몸무게를 측정하였다. 〈표 12.4〉에 주어진 키(인치 단위)와 몸무게(파운드 단위)에 대한 상관계수를 구하시오

〈표 12.4〉 올스타 후위 공격수 10명에 대한 키와 몸무게

선수	키 X	몸무게 Y
1	73	185
2	71	175
3	75	200
4	72	210
5	72	190
6	75	195
7	67	150
8	69	170
9	71	180
10	69	175

풀이 이 장의 앞에서 주어진 계산 공식을 사용하여 제곱합과 교차곱에 대한 계산을 확인하기 위하여 공학용 계산기의 적당한 자료 입력 방법을 사용해야 한다.

$$S_{xy} = 328, \quad S_{xx} = 60.4, \quad S_{yy} = 2610 \text{이 되므로}$$

$$r = \frac{328}{\sqrt{(60.4)(2610)}} = 0.8261$$

또는 $r = 0.83$이 된다. r의 값이 r의 가능한 최대값인 1에 아주 가까우며 이는 키와 몸무게 사이의 아주 강한 양의 선

형관계를 나타낸다. ■

상관계수 r에 대한 계산 공식과 회귀직선의 기울기 b 사이에는 직접적인 관계가 있다. 두 통계량의 분자가 S_{xy}이기 때문에 r과 b는 동일한 부호를 가진다. 그러므로 상관계수는 다음과 같은 성질을 가진다.

- $r=0$일 때 기울기 $b=0$이므로 x와 y 사이에는 선형관계가 없다.
- r이 양수일 때 기울기 b도 양수이므로 x와 y 사이에는 양의 선형관계가 있다.
- r이 음수일 때 기울기 b도 음수이므로 x와 y 사이에는 음의 선형관계가 있다.

12.5절에서, 다음의 관계를 보였다.

$$r^2 = \frac{SSR}{TSS} = \frac{TSS - SSE}{TSS}$$

이 식에서 결정계수 r^2은 1보다 절대 클 수 없다는 것을 알 수 있다. 따라서, $-1 \le r \le 1$ 이 된다. 더하여, SSE에 의해서 측정되는 확률변동과 r^2 사이의 관계를 볼 수 있다

- 확률변동이 없고 모든 점들이 직선위에 놓이면 $SSE=0$이고 r^2=1이 된다.
- 점들이 랜덤하게 퍼져있고, 회귀에 의해서 설명되는 변동이 없다면 $SSR=0$이고 r^2=0이 된다.

[그림 12.16]은 네 가지의 전형적 산점도와 연관된 상관계수를 보여준다. 산점도 (d)에서는 x와 y 사이에 곡선관계가 보이지만 상관계수는 0에 가까운데 이는 r이 두 변수 사이의 곡선이 아닌 선형 관계의 측도라는 사실을 뒷받침한다.

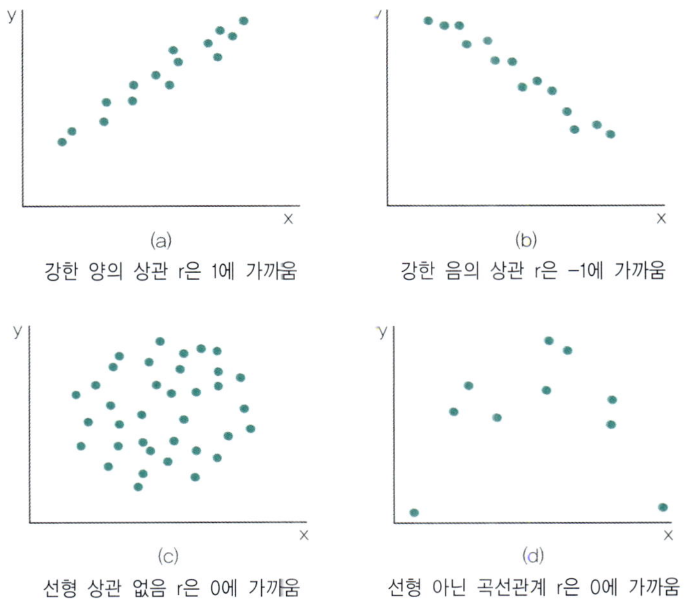

[그림 12.16] 전형적 산점도와 r의 근사값

각 실험단위에 대해 두 확률변수를 측정하여 생성한 모집단을 생각하자. 이러한 이변량 모집단에서 **모상관계수** ρ는 표본에서 했던 것과 같이 계산하고 해석한다. 이런 상황에서 실험자는 변수 x와 y 사이에 상관관계가 없다는 가설을 12.5절의 기울기 β에 대한 검정과 정확히 동등한 검정통계량을 사용하여 검정할 수 있다. 검정절차는 다음과 같다.

KeyPoint

상관계수 ρ에 관한 가설검정

1. **귀무가설:** $H_0 : \rho = 0$
2. **대립가설:**

한쪽꼬리검정	양쪽꼬리검정
$H_1 \ : \ \rho > 0$ (또는 $\rho < 0$)	$H_1 : \rho \neq 0$

3. **검정통계량:** $t = r\sqrt{\dfrac{n-2}{1-r^2}}$

   12.2절에 주어진 가정들이 만족되면, 검정통계량은 자유도 $(n-2)$인 스튜던트 t분포를 따른다.

4. **기각역:** 다음과 같을 때 H_0를 기각한다.

한쪽꼬리검정	양쪽꼬리검정
$t > t_\alpha$ (또는 $t < -t_\alpha$) 또는 p-값 $< \alpha$	$t > t_{\alpha/2}$ 또는 $t < -t_{\alpha/2}$

자유도 $(n-2)$에 대응하는 t_α 와 $t_{\alpha/2}$의 값들은 부록 I 의 〈표 4〉에서 찾을 수 있다.

예제 12.8

[예제 12.7]의 키와 몸무게 자료를 참조하자. 키와 몸무게의 상관계수는 $r = 0.8261$로 계산되었다. 이 상관계수는 0과 유의하게 다른가?

풀이 검정하기 위한 가설은

$$H_0 : \rho = 0, \ H_a : \rho \neq 0$$

검정통계량을 계산하면 다음과 같다.

$$t = r\sqrt{\frac{n-2}{1-r^2}} = 0.8261\sqrt{\frac{10-2}{1-(0.8261)^2}} = 4.15$$

이 통계량은 자유도 8인 t분포를 한다. 이 값이 $t_{0.005} = 3.355$보다 크기 때문에, 양쪽꼬리 p-값은 2(0.005)=0.01 보다 작기 때문에 상관계수는 1% 유의수준에서 유의하다고 선언할 수 있다. 결정계수 $r^2 = 0.8261^2 = 0.6824$는 한 변수

의 총변동중 약 68%가 다른 변수에 의해서 설명되는 것을 의미한다. ■

```
Correlations: x, y

Pearson correlation of x and y = 0.826
P-Value = 0.003
```

[그림 12.17] [예제 12.8]에 대한 결과

두 변수 x_1과 x_2 각각과 y 사이의 선형 상관계수가 0.4와 0.5로 각각 계산되었다고 하여, 편차들의 제곱합에서 두 변수들을 사용한 예측변수가 $[(0.4)^2+(0.5)^2]=0.41$ 또는 41% 줄이는데 기여했다고 할 수 있는 것은 아니다. 실제로, x_1과 x_2는 강한 상관관계를 가지게 될 수 있으며 다라서 y를 예측하는데 거의 같은 정보를 줄 수도 있다.

마지막으로, r은 **선형 상관**의 측도이고 r의 관찰값이 0일 때에도 x와 y는 어떤 **비선형** 함수에 의해 완전하게 관련되어 있을 수도 있음을 기억하자. 여러 독립변수들, $x_1, x_2, \dots, x_k$,에 의해 주어진 정보를 사용하여 y를 추정하거나 예측하는 문제는 중회귀분석에서 다룬다.

Probability & Statistics

연습문제

12.1 방정식 $y=2x+1$인 선을 $x=0,1,2$에 해당하는 점을 찍어서 그리시오. 직선에서 y–절편과 기울기를 구하시오.

12.2 y–절편이 3이고 기울기가 -1인 직선의 식과 그래드를 나타내시오.

12.3 결정적 모형과 확률적 모형의 차이는 무엇인가?

12.4 다음과 같이 좌표를 갖는 6개의 점이 있다.

x	1	2	3	4	5	6
y	5.6	4.6	4.5	3.7	3.2	2.7

(1) 자료에 대한 최소제곱직선을 구하여라.

(2) 6개의 점을 찍고 직선을 그려라. 직선이 자료 점들에 잘 적합된다고 보이는가?

(3) 최소제곱직선을 사용하여 $x=3.5$일 때 y의 값을 예측하여라.

(4) 다음 분산분석표의 빈 곳을 채워라.

다중회귀분석(multiple regression analysis)의 방법들은 이러한 질문에 답하는 데에 이용가능하다.

13.2 다중회귀모형

다중회귀분석을 위한 **일반선형모형**(general linear model)은 다음에 주어진 모형을 사용하여 반응 y를 설명한다.

KeyPoint

일반선형모형과 가정들

$$y = \beta_0 + \beta_1 x_1 + \cdots + \beta_k x_k + \epsilon$$

여기서

y는 예측하고자 하는 반응변수(response variable)이다.

$\beta_0, \beta_1, \beta_2, \ldots, \beta_k$는 미지수이다.

$x_1, x_2, \ldots, x_k$는 오차 없이 측정된 독립적인 예측변수(predictor variables)이다.

ϵ은 각 반응값이 y의 값을 벗어나는 것을 허용하는 확률적 오차이다. 각 ϵ값은 (1) 독립이고, (2) 평균 0과 분산 σ^2을 가지며, (3) 정규분포를 가진다.

ϵ에 관한 이 가정들이 만족된다면, 주어진 $x_1, x_2, \ldots, x_k$의 값에 대한 y의 평균값은 모형의 결정적(deterministic) 부분과 같다:

$$E(y) = \beta_0 + \beta_1 x_1 + \cdots + \beta_k x_k$$

다중회귀모형은 매우 신축성 있으며, 또한 독립변수들 $x_1, x_2, \ldots, x_k$가 모형에 입력되는 방식에 의해 많은 형태를 가진다. 단순회귀모형부터 살펴봄으로써 기초 개념들과 절차 및 응용에 대해 설명하겠다.

예제 13.1

확률변수 y를 두 개의 독립변수 x_1, x_2와 관련짓고자 한다. 다중회귀모형은

$$y = \beta_0 + \beta_1 x_1 + \beta_2 x_2 + \epsilon$$

이며 y의 평균값은 다음과 같다:

$$E(y) = \beta_0 + \beta_1 x_1 + \beta_2 x_2$$

이 방정식은 12장의 평균의 직선(line of means)을 3차원으로 확장한 것으로, 3차원 공간에서는 평면(plane)을 나타낸다 ([그림 13.1]). 상수 β_0는 절편(intercept)이라 불리며, $x_1 = x_2 = 0$일 때의 y의 평균값이다. 계수들 β_1과 β_2는 부분기울기(partial slopes) 또는 편회귀계수(partial regression coefficients)라 불린다. 부분기울기 $\beta_i\ (i = 1, 2)$는 다른 독립변수가 상수로 고정되었을 때 x_i값이 한 단위만큼 변하는 것에 대한 y값의 변화를 측정한다. 편회귀계수의 값 β_i는 일반적으로 x_i 하나만 가지고 직선을 적합하였을 때의 직선의 기울기와는 다르다.

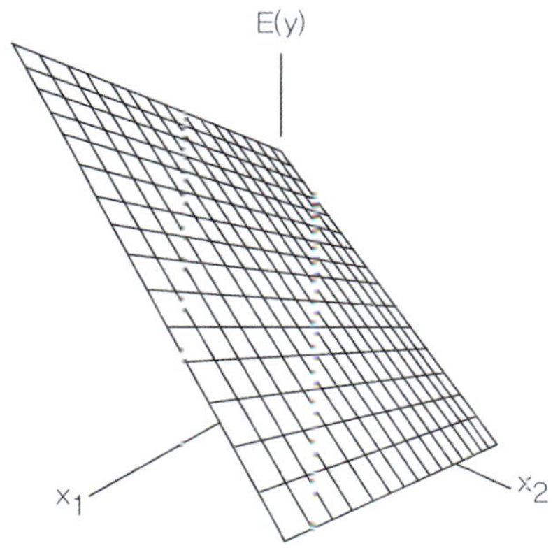

[그림 13.1] [예제 13.1]에 대한 평균의 평면

13.3 다중회귀분석

다중회귀분석은 다중회귀모형

$$E(y) = \beta_0 + \beta_1 x_1 + \cdots + \beta_k x_k$$

을 자료집합에 적합시키기 위하여 설계된 추정, 검정, 진단 절차를 수반한다. 수반되는 계산들이 복잡하기 때문에 이 절차들은 거의 항상 컴퓨터 소프트웨어 패키지의 회귀프로그램을 통해 구현된다.

1 최소제곱법

예측 방정식

$$\hat{y} = b_0 + b_1 x_1 + b_2 x_2 + \cdots + b_k x_k$$

은 예측된 값 $\hat{y}$과 관찰값 y간의 편차의 제곱의 합, 즉 SSE(sum of squares of the deviations)를 최소화하는 직선이다.

예제 13.2

부동산 중개인은 새로운 분양아파트의 호가를 어떻게 결정할까? 어떤 작은 지역사회의 컴퓨터 데이터베이스에는 현재 시장에 나와 있는 $n = 15$개의 임의로 선택된 아파트의 판매가격 y (천달러), 거실면적 x_1 (백제곱피트), 층수 x_2, 침실수 x_3, 욕실수 x_4를 담고 있다. 해당 자료는 〈표 13.1〉에 나타나 있다.

다중회귀모형은

〈표 13.1〉 15개 아파트에 관한 자료

관측	판매가격, y	거실면적, x_1	층수, x_2	침실수, x_3	욕실수, x_4
1	169.0	6	1	2	1
2	218.5	10	1	2	2
3	216.5	10	1	3	2
4	225.0	11	1	3	2
5	229.9	13	1	3	1.7
6	235.0	13	2	3	2.5
7	239.9	13	1	3	2
8	247.9	17	2	3	2.5
9	260.0	19	2	3	2
10	269.9	18	1	3	2
11	234.9	13	1	4	2
12	255.0	18	1	4	2
13	269.9	17	2	4	3
14	294.5	20	2	4	3
15	309.9	21	2	4	3

$$E(y) = \beta_0 + \beta_1 x_1 + \beta_2 x_2 + \beta_3 x_3 + \beta_4 x_4$$

이며, MINITAB이나 Excel과 같은 소프트웨어 패키지를 통해 자료에 적합시킬 수 있다. 적합된 회귀 방정식은

$$\hat{y} = 119 + 6.27x_1 - 16.2x_2 - 2.67x_3 + 30.3x_4$$

이다. Excel을 이용해 생성한 결과값들은 [그림 13.2]에 나타나 있다. 각 열은 독립변수의 이름과 추정된 회귀계수, 표준오차, 그리고 독립변수의 통계적인 유의성을 검정하기 위해 이용된 $t-$ 및 p-값들을 보여준다. 다음 장에서 검정에 대해 더 자세히 설명할 것이다.

	계수	표준 오차	$t-$통계량	$p-$값	95% 하한	95% 상한
절편	118.763	9.207	12.899	0.000	98.248	139.279
거실면적	6.270	0.725	8.645	0.000	4.654	7.886
층수	-16.203	6.212	-2.608	0.026	-30.045	-2.362
침실수	-2.673	-2.362	-0.595	0.565	-12.686	7.340
욕실수	30.271	6.849	4.420	0.001	15.011	45.530

[그림 13.2] [예제 13.2]에 대한 MS 엑셀 출력물의 일부

2 다중회귀에 대한 분산분석

분산분석은 반응 변수 y의 총 변동성을 두 부분으로 나눈다. 즉, 총 변동성은

$$TSS = \sum y_i^2 - \frac{\left(\sum y_i\right)^2}{n}$$

이고, 두 부분은

- SSR(회귀제곱합): 회귀식을 이용해 설명된 변동성의 양을 측정

- SSE(오차제곱합): 독립변수로 설명되지 않은 자료의 잔차의 변동성을 측정

로서,

$$TSS = SSR + SSE$$

제곱합 값들에 대한 **자유도**(degrees of freedom)는 다음 논의를 통해 구해진다. 총 자유도는 $(n-1)$이다. 회귀직선을 추정하려면 k개의 미지수—$\beta_1, \beta_2, \ldots, \beta_k$—를 추정해야 한다. 따라서 회귀자유도는 k 이며, 남은 $(n-1)-k$는 오차에 대한 자유도이다. 이전 단원에서처럼, 평균제곱은 MS = SS/df로 계산된다.

〈표 13.1〉의 부동산 자료에 대한 분산분석 표는 [그림 13.3]의 Excel 출력물에 나와 있다. $n=15$개의 관찰값이 있으며 $k=4$개의 독립 변수가 있다. $(n-1)=14$개의 총 자유도는 $k=4$개의 회귀부분과 $(n-k-1)=10$개의 오차부분으로 나누어짐을 알 수 있다.

요약 출력	
회귀분석 통계량	
다중 상관계수	0.986
결정계수	0.971
조정된 결정계수	0.960
표준 오차	6.849
관측수	15

분산 분석					
	자유도	제곱합	평균제곱	F비	p-값
회귀	4	15913.048	3978.262	84.801	0.000
잔차	10	469.129	46.913		
총	14	16382.177			

[그림 13.3] [예제 13.2]에 대한 MS 엑셀 출력물의 일부

예측변수에 의해 설명되지 않은 변동성인 σ^2에 대한 가장 좋은 추정량은 분산분석 표에 의해 아래와 같이 주어진다.

$$s^2 = MSE = \frac{SSE}{n-k-1} = 46.913$$

[그림 13.3]의 요약 출력의 넷째 줄 역시 $s = \sqrt{s^2} = 6.849$임을 보인다. 이를 이용하여 컴퓨터를 통해 검정통계량이나 신뢰구간, 예측구간 등을 구하며, 이 내용은 다음 절에서 다룰 것이다.

3 회귀모형의 유용성 검정

제12장에서는 y와 x가 선형적으로 관련이 있는지를 보기 위해 t-검정이나 그와 동일한 F-검정을 써서 $H_0 : \beta = 0$을 검정하였다. 다중회귀분석에는 하나 이상의 부분기울기—편회귀계수—가 있다. t-검정과 F-검정은 더 이상 동일하지 않다.

분산분석 F-검정

예측 변수 $x_1, x_2, \ldots, x_k$가 제공하는 정보를 이용한 회귀식은 x-값에 의존하지 않는 단순한 예측량 $\bar{y}$보다 상당히 낫다고 할 수 있는가? 이 질문에 대한 답은 아래의 가설을 이용한 총체적 F-검정을 이용하여 얻는다. 귀무가설

$$H_0 : \beta_1 = \beta_2 = \cdots = \beta_k = 0$$

에 대하여 대립가설은

$$H_1 : \beta_1, \beta_2, \cdots, \beta_k \text{ 중 적어도 하나는 0이 아니다.}$$

검정통계량은 분산분석 표([그림 13.3])에서 찾아진다.

$$F = \frac{MSR}{MSE} = \frac{3978.3}{46.9} = 84.80$$

F는 $df_1 = k = 4$ 및 $df_2 = (n-k-1) = 10$의 자유도를 갖는 F 분포를 갖는다. 정확한 p-값 0.000은 출력물에 나와 있으므로, 회귀분석이 매우 유의하다고 말할 수 있다. 즉, 적어도 하나의 예측 변수가 반응 변수 y의 예측에 유의한 정보를 제공한다.

결정계수, R^2

회귀모형이 얼마나 잘 들어맞는가? 회귀분석의 출력물에 있는 **결정계수**(coefficient of determination), R^2는 모형의 강도에 대한 통계적 측도로서, 총 변동성 중에서 회귀분석에 의해 설명된 변동성의 비율이다. 정의는

$$R^2 = \frac{SSR}{TSS} = \frac{15,913.0}{16,382.2} = 0.971 \quad \text{또는 } 97.1\%$$

이다. 결정계수는 때로는 **다중상관계수제곱**(multiple R^2)이라고 불린다. 따라서 부동산 예제에서는 총 변동성의 97.1%가 회귀모형에 의해 설명되었다. 모형이 매우 잘 들어맞는다!

F통계량과 R^2는 아래 식으로 연관되어 있으며,

$$F = \frac{R^2/k}{(1-R^2)/(n-k-1)}$$

따라서 R^2 값이 크면 F값도 크다.

4 회귀분석 결과의 해석

편회귀계수의 유의성 검정

회귀모형이 y를 예측하는 데에 유용함을 보인 후에는, 그 유용성의 특성을 좀 더 자세히 탐색해야 한다. 각각의 예측 변수들은 **다른 예측 변수들이 존재하는 상황하에서도** 중요한 정보를 보태는가? 회귀분석 출력물에 있는 개별적인 t-검정들은, **다른 예측 변수들이 이미 모형에 포함되어 있다는 가정 하에**, 각각의 편회귀계수에 대해 가설

$$H_0 : \beta_i = 0 \text{에 대하여} \qquad H_1 : \beta_i \neq 0$$

을 검정한다. 이것은 아래 주어진 스튜던트의 t-통계량을 이용하며,

$$t = \frac{b_i - \beta_i}{SE(b_i)}$$

이 통계량은 자유도 $df = (n-k-1)$을 갖는다. 검정 절차는 단순선형회귀 모형의 기울기 β에 관한 가설검정 절차와 동일하다.

[그림 13.4]는 Excel 출력물의 t-통계량과 p-값을 보여준다. 마지막 열의 p-값들을 검토하여, 침실수 x_3 이외의 모든 변수들이, **다른 독립변수들도 이미 모형에 포함된 상황 하에서도**, y를 예측하는 데에 매우 유의한 정보를 보탬을 알 수 있다. x_3는 불필요한 예측 변수일 것이므로, x_3를 제거한 모형을 자료에 재적합 시켜볼 수 있다.

	계수	표준 오차	t−통계량	p−값
절편	118.763	9.207	12.899	0.000
거실면적	6.270	0.725	8.645	0.000
층수	-16.203	6.212	-2.608	0.026
침실수	-2.673	-2.352	-0.595	0.565
욕실수	30.271	6.849	4.420	0.001

[그림 13.4] [예제 13.2]에 대한 MS 엑셀 출력물의 일부

조정된 결정계수, R^2(adj)

결정계수의 정의 $R^2 = \dfrac{SSR}{TSS}$를 보면, 변수가 더 추가되어도 값이 절대 감소하지 않음을 알 수 있다. 그 대안으로서, 제곱합 대신 평균제곱을 사용함으로써 자유도에 다라 조정되는 측도를 아래와 같이 정의한다.

$$R^2(adj) = \left(1 - \frac{MSE}{TSS/(n-1)}\right)100\%$$

[그림 13.3]의 부동산 자료에서는

$$R^2(adj) = \left(1 - \frac{46.9}{16382.2/14}\right)100\% = 96.0\%$$

"조정된 결정계수$=0.960$"이란, 독립변수에 의해 설명된 반응변수 y의 변동성의 비율로서, 자유도에 대해 수정된 값이다. 조정된 R^2값은 서로 다른 개수의 예측 변수를 이용하는 둘 이상의 회귀 모형을 비교할 때 주로 사용된다.

5 회귀분석 가정의 점검

y의 추정과 예측이라는 주 목적을 위해 회귀모형을 이용하기 전에, 컴퓨터가 생성하는 **잔차그림**(residual plot)을 보고 회귀분석 가정이 모두 유효한지 점검해야 한다. [그림 13.5]은 부동산 자료에 대한 **정규 확률 그림**과 **잔차 대 적합값 그림**을 나타낸다. 일반적인 패턴과는 맞지 않는 세 개의 관측값이 보이며, 이들은 두 그림에서 특이점으로 볼 수 있다. 하지만 가정들을 위반한다는 강한 증거가 되지는 않는다.

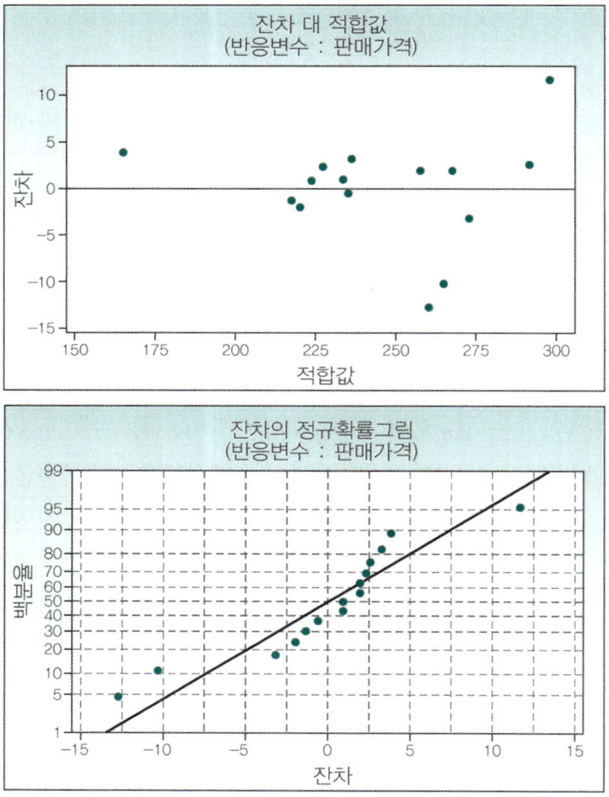

[그림 13.5] 진단그림

6 회귀모형을 이용한 추정과 예측

y와 예측변수 $x_1, x_2, \ldots, x_k$ 간의 관계를 설명하는 데에 모형이 효과적이라고 판단했다면, 다음 목적들을 위해 모형을 이용할 수 있다:

- 주어진 $x_1, x_2, \ldots, x_k$값에 대한 y의 평균값 $E(y)$를 추정
- 주어진 $x_1, x_2, \ldots, x_k$값에 대한 y의 특정 값을 예측

$x_1, x_2, \ldots, x_k$의 값들을 컴퓨터에 입력하면 컴퓨터는 적합된 값 $\hat{y}$과 함께 추정된 표준오차(SE), 신뢰구간(CI) 및 예측구간(PI)을 계산해준다. 여기서, 예측구간은 항상 신뢰구간보다 넓다.

부동산 데이터베이스에서 선택한 어떤 집은 거실면적이 1000제곱피트, 층수 1층, 침실 3개, 욕실수 2개이고 그 집의 실제 판매가격은 $221,500이었다. [그림 13.6]의 출력물은 이들 값에 대한 신뢰구간 및 예측구간을 보여준다. 실제 판매가격이 구간들 안에 놓이므로, 모형이 잘 작동함을 보여준다.

새로운 관측에 대한 예측값				
새 관측	적합치	적합치의 SE	95% CI	95% PI
1	217.78	3.11	(210.86, 224.70)	(201.02, 234.54)

새로운 관측의 예측변수 값				
새 관측	거실면적	층수	침실수	욕실수
1	10.0	1.00	3.00	2.00

[그림 13.6] [예제 13.2]에 대한 신뢰구간 및 예측구간

13.4 다항회귀모형

다중회귀분석을 수행할 시에는 단계별 접근을 해야한다:

1. 적합된 예측 모형을 구한다.
2. 분산분석 F-검정 및 R^2를 이용하여 모형이 자료에 얼마나 잘 적합하는지를 결정한다.
3. t-검정을 확인하여 어느 편회귀계수가 다른 변수의 존재하에 유의한 정보를 주는지를 본다.
4. 몇몇 다른 모형들을 비교하고자 한다면 R^2(adj)를 이용하여 모형들의 효율성을 비교한다.
5. 회귀분석 가정을 위반하는지를 잔차그림을 이용하여 확인한다.

이 과정들을 거친 후에 모형을 이용하여 추정과 예측을 할 수 있다.

만일 하나의 독립변수 x가 반응변수 y에 영향을 주지만 그 관계가 선형이기보다는 곡선형이라면, **이차모형**(quadratic model)을 적합 시켜볼 수 있다:

$$y = \beta_0 + \beta_1 x + \beta_2 x^2 + \epsilon$$

이차모형은 지수의 합이 2인 항을 포함하므로 **이차수모형**(second-order model)의 일종이며, 아래 주어진 **다항모형**(polynomial model)의 일종이다:

$$y = a + bx + cx^2 + dx^3 + \cdots$$

다중회귀분석 프로그램을 이용하여 이러한 모형을 적합시키기 위해서는 y, x, x^2의 관측값을 컴퓨터에 입력하며, 출력물은 13.3절에서와 같이 만들어진다.

예제 13.3

소매 식료품 거래의 생산성에 영향을 미치는 변수에 관한 연구에서, W.S. Good은 노동시간당 추가되는 가치를 이용하여 소매 식료품점의 생산성을 측정한다. 그는 "추가 가치"를 "노동자, 가구, 수리, 및 장비를 위해 지불할 수 있는 잉여금"으로 정의한다. 〈표 13.2〉에는 Good의 글에 서술된, 노동시간당 추가 가치 y와 식료품점의 크기 x간의 관계에 관한 자료가 나와 있다. y와 x를 연관시키는 모형을 선택하라.

〈표 13.2〉 점포 크기와 추가 가치 자료

점포	노동시간 당 추가 가치, y (\$)	점포 크기 x (천제곱피트)
1	4.08	21.0
2	3.40	12.0
3	3.51	25.2
4	3.09	10.4
5	2.92	30.9
6	1.94	6.8
7	4.11	19.6
8	3.16	14.5
9	3.75	25.0
10	3.60	19.1

풀이 [그림 13.7]의 자료점들 그림을 보고 x와 y의 관계를 조사할 수 있다. 생산성 y는 어느 크기까지 점포의 크기 x가 커짐에 따라 증가하다가, 그 크기를 넘어서는 생산성이 감소한다. 관계성은 곡선형으로 나타나며, 이차모형

$$E(y) = \beta_0 + \beta_1 x + \beta_2 x^2$$

이 적절할 것이다. 이 때 우리는 실제 관계성이 이차라고 말하는 것은 아니며, 단지 선형모형보다 더 정확한 추정과 예측을 할 수 있을 것이라는 것이다. ■

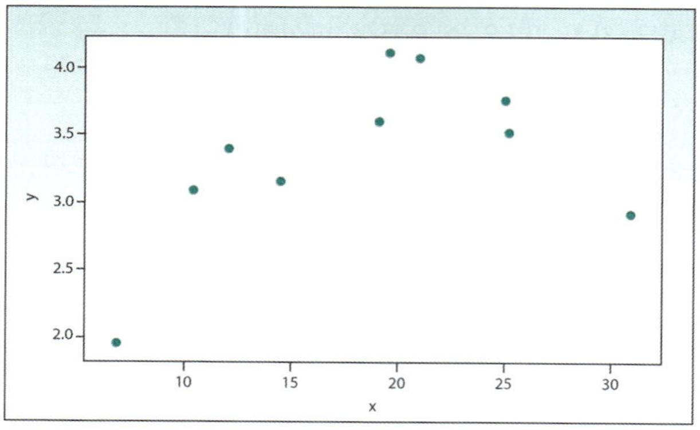

[그림 13.7] [예제 13.3]에 대한 점포크기 x와 추가 가치 y 그림

예제 13.4

식료품 소매점의 생산성과 점포 크기에 관한 [예제 13.3]을 참고한다. 소프트웨어 패키지를 이용하여 이차모형을 자료에 적합시키고, 이차 예측 곡선을 자료점들과 함께 그리시오. 적합된 모형의 적절성에 관해 토론하라.

풀이 [그림 13.8]의 출력물로부터, 회귀식은 다음과 같음을 알 수 있다:

$$\hat{y} = -0.159 + 0.392x - 0.00949x^2$$

이 이차방정식과 자료점들의 그래프는 [그림 13.9]에 나타나 였다. ■

회귀분석

예측변수	계수	계수의 SE	T	P
상수	-0.1594	0.5006	-0.32	0.760
x	0.39193	0.05801	6.76	0.000
x-sq	-0.009495	0.00153	-6.19	0.000

S = 0.250298　　R-Sq = 87.9%　　R-Sq(adj) = 84.5%

분산분석

	자유도	제곱합	평균제곱	F 비	p
회귀	2	3.1989	1.5994	25.53	0.001
잔차	7	0.4385	0.0626		
총	9	3.6374			

	자유도	Seq 제곱합
x	1	0.8003
x-sq	1	2.3986

[그림 13.8] [예제 13.4]에 대한 소프트웨어 출력물

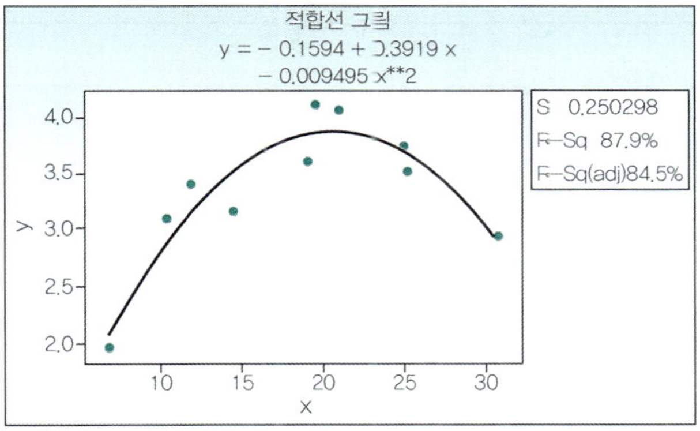

[그림 13.9] [예제 13.4]에 대한 적합된 이차회귀선

이차모형의 적절성을 평가하기 위해, 가설

$H_0 : \beta_1 = \beta_2 = 0$

$H_1 : \beta_1$ 또는 β_2 는 0이 아니다.

에 대한 검정통계량이 출력물에 다음과 같이 나와 있으며,

$$F = \frac{MSR}{MSE} = 25.53$$

p-값은 0.001이다. 따라서 모형의 총체적 적합도는 매우 유의하다. 이차회귀분석은 y의 변동성의 $R^2 = 87.9\%$를 설명한다 $[R^2(\text{adj}) = 84.5\%]$.

개별 변수의 t-검정결과로부터, b_1과 b_2 둘 다 p-값이 0.000으로 매우 유의함을 알 수 있다. 연속적 제곱합(Seq 제곱합)으로부터, 선형회귀에 대한 제곱합은 0.8003이고 이차항이 추가가 되었을 때의 제곱합이 2.3986임을 알 수 있다. 선형회귀모형은 자료를 설명하는 데에 부적절함이 확연하다.

[그림 13.10]의 잔차그림으로부터, 회귀분석 가정들이 유효함을 확인할 수 있다. 정규그림이 상대적으로 선형적이라는 것과 상대적으로 분산된 잔차 대 적합값 그림을 발견할 수 있다. x값이 표본추출된 구간 안에서 이차모형이 정확한 예측을 한다.

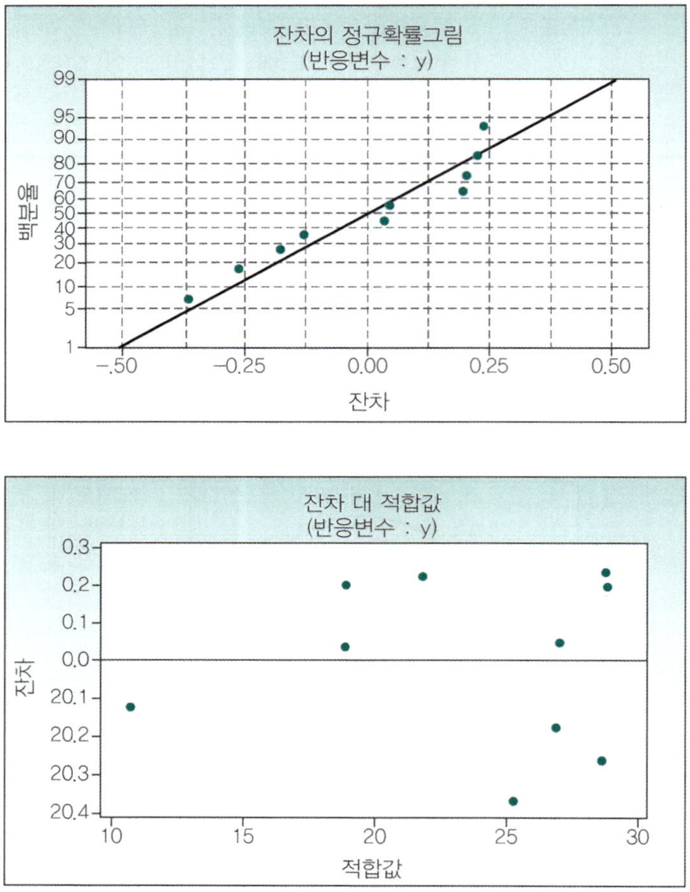

[그림 13.10] [예제 13.4]에 대한 진단그림

연습문제

기본

13.1 $E(y)$가 다음 식에 의해 두 예측 변수 x_1 및 x_2와 관련된다고 하자.

$$E(y) = 3 + x_1 - 2x_2$$

a. $x_2 = 2$일 때 $E(y)$와 x_1간의 관계를 그려라. $x_2 = 1$ 그리고 $x_2 = 0$에 대해 반복하라.

b. a번의 직선들은 서로 어떤 관계를 갖는가?

13.2 다음 모형을 15개의 자료값들에 적합시킨 후 F가 57.44와 같다고 하자.

$$E(y) = \beta_0 + \beta_1 x_1 + \beta_2 x_2 + \beta_3 x_3$$

a. 모형이 y를 예측하기 위한 정보를 제공한다는 것을 가리키는 충분한 증거를 자료가 제공하는가? 5% 유의수준으로 검정하라.

b. F값을 이용하여 R^2를 계산하고 그 값을 해석하여라.

13.3 다음 모형을 20개의 자료값들에 적합시킨 후 소프트웨어 출력물을 함께 얻었다.

$$E(y) = \beta_0 + \beta_1 x + \beta_2 x^2$$

회귀분석: y 에 대하여 x, x-sq

회귀식은

y = 10.6 + 4.44 x - 0.648 x-sq

예측변수	계수	계수의 SE	T	P
상수	10.5638	0.6951	15.20	0.000
x	4.4366	0.5150	8.61	0.000
x-sq	-0.64754	0.07988	-8.11	0.000

S = 1.191　　R-Sq = 81.5%　　R-Sq(adj) = 79.3%

분산분석					
요인	자유도	제곱합	평균제곱	F비	P
회귀	2	106.072	53.036	37.37	0.000
잔차	17	24.128	1.419		
총	19	130.200			

a. 자료를 적합시키기 위해 어떤 종류의 모형을 사용하였는가?

b. 모형이 자료에 얼마나 잘 적합하는가? 설명하시오.

c. 모형이 y를 예측하기 위한 정보를 제공한다는 것을 가리키는 충분한 증거를 자료가 제공하는가? p-값을 이용하시오.

13.4 연습문제 13.3을 참고하시오.

a. $x = 0$일 때 y의 평균값에 대한 추정값은 무엇인가?

b. $x = 0$일 때 y의 평균값이 0과 다르다는 것을 가리키는 충분한 증거를 자료가 제공하는가?

13.5 연습문제 13.2을 참고하시오. y는 어떤 사업에 대한 수익이며 x는 투자된 자본이라고 하자. 그리고, 투자된 자본의 증가에 대한 수익의 증가율은 x가 증가할 때 오직 감소한다는 것을 안다고 하자. 투자된 자본의 양이 증가할 때 수익 증가율의 감소를 가리키는 충분한 증거를 자료가 제공하는지 알고자한다.

a. 묘사된 상황은 한쪽꼬리 통계검정을 의미한다. 왜 그런가?

b. 1% 유의수준으로 검정을 수행하라. 결론을 기술하시오.

응용

13.6 대학교재 출판사는 판매인력과 판매비용이 빠르게 증가하는 시기에, 6년 기간의 판매비용 x에 대한 책 한 권 당 수익 y를 관련짓는 연구를 수행하였다. 한 권 당 수익이 증가하다가 정체할 것이라고 기대하여 모형 $E(y) = \beta_0 + \beta_1 x + \beta_2 x^2$를 자료에 적합 시켰다.

요약 출력	
회귀분석 통계량	
다중 상관계수	0.9978
결정계수	0.9955
조정된 결정계수	0.9925
표준 오차	0.5944
관측수	6

분산 분석					
	자유도	제곱합	평균제곱	F비	p−값
회귀	2	234.995	117.478	332.528	0.000
잔차	3	1.060	0.353		
총	5	236.015			

예측변수	계수	표준오차	t−통계량	p−값
절편	-44.192	8.287	-5.333	0.013
x	16.334	2.490	6.560	0.007
x-sq	-0.820	0.182	-4.494	0.021

a. SSR 및 TSS의 값을 이용하여 R^2를 계산하시오. 이 값을 출력물에 주어진 값과 비교하시오.

b. $R^2(\text{adj})$를 계산하시오. 모형의 적합도를 평가하기 위해 R^2보다 이 값을 이용하는 것이 언제 적절할 것인가?

c. 단순선형모형을 자료에 적합시켰을 때 $R^2(\text{adj})$값이 95.66%이었다. 선형모형과 이차모형 중 어느 쪽이 더 잘 적합하

는가?

13.7 컨슈머리포트에서는 $n = 20$개의 카메라를 소비자가 찾는 품질을 바탕으로 순위를 매겼다. 카메라의 비용과 연관 있을 수 있는 변수들은, y =전반적인 고객점수, x_1 =메가픽셀, x_2 =무게 (oz), x_3 =광학줌, x_4 =최대시야각, x_5 =배터리수명이다. 미니탭의 회귀 메뉴는 다섯 독립변수의 모든 가능한 부분집합에 대해 R^2와 $R^2(\text{adj})$를 계산하여 출력해준다.

연습문제 13.7에 대한 미니탭 출력

최적 부분집합 회귀분석: y 에 대하여 x1, x2, x3, x4, x5					
반응변수: y					
변수 수	R-Sq	R-Sq (adj)	Mallows C-p	S	x x x x x 1 2 3 4 5
1	26.4	22.3	4.7	4.3928	x (3)
1	20.7	16.3	6.3	4.5577	x (5)
2	41.0	34.1	2.6	4.0449	x (3), x (5)
2	37.4	30.1	3.6	4.1674	x (1), x (3)
3	49.0	39.5	2.4	3.8766	x (1), x (3), x (5)
3	43.5	32.9	3.9	4.0807	x (2), x (3), x (5)
4	49.7	36.3	4.2	3.9784	x (1), x (2), x (3), x (5)
4	49.0	35.4	4.4	4.0037	x (1), x (3), x (4), x (5)

a. 만일 이들 모형들을 비교하여 가장 좋은 것을 선택해야 한다면, 어떤 모형을 선택할 것인가? 설명하여라.

b. a번에서 당신이 선택한 모형의 유용성에 대해 부연 설명하여라. 당신의 모형은, 선택된 예측변수들을 바탕으로 전반적인 점수를 예측하는 데에 가치 있는가?

13.8 광고와 자본투자의 기업수익과의 연관성을 연구하기 위하여, 동일한 해에 10개의 중규모 회사를 대상으로 아래와 같은 자료를 얻었다(단위: \$100,000). y는 한 해 수익, x_1은 자본투자, x_2는 광고경비를 의미한다.

y	x_1	x_2	y	x_1	x_2
15	25	4	1	20	0
16	1	5	16	12	4
2	6	3	18	15	5
3	30	1	13	6	4
12	29	2	2	16	2

a. 다음 모형과 적절한 컴퓨터 소프트웨어 패키지를 이용하여, 이 자료에 대한 최소제곱 예측방정식을 구하여라.

$$E(y) = \beta_0 + \beta_1 x_1 + \beta_2 x_2$$

b. F-검정을 이용하여, 모형이 y의 예측에 유의한 정보를 기여하는지 결정하라. $\alpha = 0.01$을 이용하라.

c. 광고경비 x_2는 x_1이 이미 모형에 포함되었다는 가정 하에 y의 예측에 유의한 정보를 기여하는가? $\alpha = 0.01$을 이용하라.

d. 결정계수 R^2를 계산하여라. 모형에 의해 몇 퍼센트의 전체 변동성이 설명되는가?

13.5 회귀모형에서 양적 및 질적 예측변수의 이용

다중회귀모형이 신축성 있는 이유는 질적변수와 양적변수 모두 예측변수로 허용하기 때문이다. 다중회귀모형에서 반응변수 y는 정규분포를 갖는 수치적 확률변수이므로 양적변수이어야 한다(13.2절의 가정). 하지만, 각각의 독립예측변수들은 양적 또는 질적 변수가 될 수 있다.

양적 그리고 질적 변수들은 다양한 방식으로 회귀모형에 투입될 수 있다. 서로 다른 종류의 변수들의 조합이 허용되며, 더 나아가 변수들 간의 상호작용도 허용될 수 있다(11장의 요인실험 참고).

양적변수(quantitative variable) x는 선형항으로서 투입되거나, 또는 x^2, x^3과 같은 거듭곱으로서 투입될 수 있다([예제 13.3] 참고). 둘 이상의 양적 변수가 필요할 경우, 더욱 복잡한 모형들이 가능하다. 예를 들어, 두 양적 변수 x_1과 x_2를 포함한 다음과 같은 **일차수모형**(first-order model)은 3차원 공간상에서 평면을 나타낸다.

$$E(y) = \beta_0 + \beta_1 x_1 + \beta_2 x_2$$

그러나, 만일 한 변수가, 가령 x_2가, $x_1 = 1$일 때 y와 연관 지어진 방식이 $x_1 = 2$일 때 y와 연관 지어진 방식과는 다를 수가 있다. x_1의 값에 따라 x_2가 다르게 동작하는 것을 허용하기 위해 **상호작용항**(interaction term) x_1x_2를 추가할 수 있으며, 이는 이차원 평면이 비틀어지도록 만든다. 모형은 이제 **이차수모형**(second-order model)이 된다:

$$E(y) = \beta_0 + \beta_1 x_1 + \beta_2 x_2 + \beta_3 x_1 x_2$$

모형은 곡선 관계와 상호작용을 허용할 때 훨씬 복잡해진다. 필요로 하는 모형의 종류를 결정하는 한 가지 방법은 자료를 그려보는 것이다—예를들어, y 에 대한 x_1, y 에 대한 x_2, 그리고 다양한 x_1값 마다 y 에 대한 x_2 등이다.

질적예측변수(qualitative predictor variables)는 **가변수**(dummy variable) 또는 **지시변수**(indicator variable)을 통해 회귀모형에 투입된다. 예를 들어, 종업원들의 평균 급여를 다수의 예측변수와 관련짓는 모형에서, 종업원의 민족적 배경을 포함하려 한다고 하자. 종업원 각자는, 가령, A, B, C라는 세 민족그룹 중 하나에 속한다고 한다면, 두 개의 가변수를 이용하여 질적 변수를 투입할 수 있다:

$$x_1 = \begin{cases} 1 & \text{그룹 B일 경우} \\ 0 & \text{그 이외의 경우} \end{cases}, \quad x_2 = \begin{cases} 1 & \text{그룹 C일 경우} \\ 0 & \text{그 이외의 경우} \end{cases}$$

이 두 변수가 모형 $E(y) = \beta_0 + \beta_1 x_1 + \beta_2 x_2$에 대해 갖는 효과를 살펴보자: 그룹A에 속한 종업원에 대해서는,

$$E(y) = \beta_0 + \beta_1(0) + \beta_2(0) = \beta_0$$

그룹B에 속한 종업원에 대해서는,

$$E(y) = \beta_0 + \beta_1(1) + \beta_2(0) = \beta_0 + \beta_1$$

그리고 그룹C에 속한 종업원에 대해서는,

$$E(y) = \beta_0 + \beta_1(0) + \beta_2(1) = \beta_0 + \beta_2$$

이 모형을 통해 각 그룹에 대해 서로 다른 평균반응이 가능해진다. β_1은 그룹B와 A간의 평균반응들의 차이를 측정하며,

반면에 β_2은 그룹C와 A간의 차이를 측정한다.

만일 어떤 질적변수가 k개의 범주 또는 수준들을 가진다면 $(k-1)$개의 가변수가 회귀모형에 추가되어야한다. 이 모형은 다른 질적 또는 양적 예측변수를 포함가능하며, 또한 가변수와 다른 변수들간의 교차곱 (상호작용) 또한 가능하다. 이렇듯이, 모형에 투입될 적절한 항들을 결정하는 모형짓기과정은 매우 복잡할 수 있다. 하지만 연습문제를 통해 경험을 쌓음으로써 능숙해질 수 있다. 다음 예제는 서로 상호작용하는 하나의 양적변수와 하나의 질적변수를 포함한다.

예제 13.5

대학 급여y와 교원의 경력년수, 그리고 교원의 성별의 관계를 조사하는 연구가 수행되었다. 만일 남녀 둘 모두 평균급여와 경력간에 직선형 관계가 있다고 기대한다면, 평균급여와 두 예측인자(경력년수(양적), 성별(질적))를 연관짓는 모형을 만드시오.

풀이 여성과 남성에 대한 평균급여가 다르다고 의심하므로, [그림 13.11]처럼 평균급여 $E(y)$에 대한 모형이 다를 것이다. $E(y)$와 경력년수x_1간의 직선형 관계는 다음 모형을 의미한다.

$$E(y) = \beta_0 + \beta_1 x_1 \qquad \text{(하나의 직선 그래프)}$$

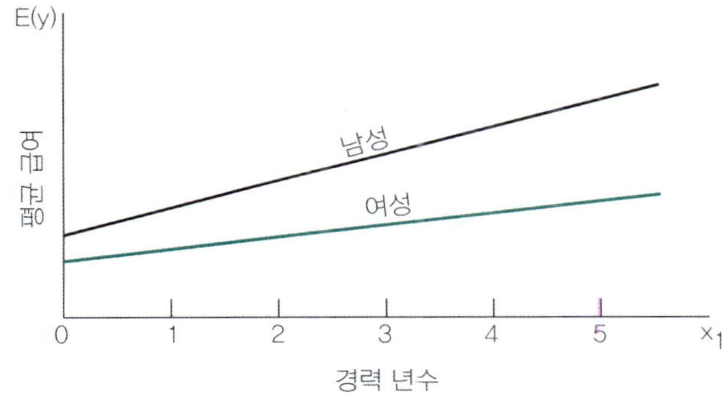

[그림 13.11] [예제 13.5]에서 평균급여 $E(y)$, 경력년수 (x_1), 그리고 성별(x_2)에 대한 가상적 관계

질적변수 "성별"은 남성과 여성이라는 $k=2$개의 범주를 포함한다. 따라서, $k-1=1$개의 가변수 x_2가 필요하다.

$$x_2 = \begin{cases} 1 & \text{남성일 경우} \\ 0 & \text{여성일 경우} \end{cases}$$

그리고 모형은 아래와 같이 확장된다.

$$E(y) = \beta_0 + \beta_1 x_1 + \beta_2 x_2 \qquad \text{(두 평행한 직선들 그래프)}$$

두 직선의 기울기가 다를 수 있다는 사실은 두 예측변수가 상호작용한다는 것이다. 즉, x_1의 변화에 대응하는 $E(y)$의 변화는 교원이 남성인지 여성인지에 의존한다. [그림 13.11]의 그래프를 표현하는 복잡한 모형은

$$E(y) = \beta_0 + \beta_1 x_1 + \beta_2 x_2 + \beta_3 x_1 x_2$$

이며, 여기서

$$x_1 = \text{경력년수}$$

$$x_2 = \begin{cases} 1 & \text{남성일 경우} \\ 0 & \text{여성일 경우} \end{cases}$$

만일 교원이 여성이면 모형은

$$E(y) = \beta_0 + \beta_1 x_1 + \beta_2(0) + \beta_3 x_1(0) = \beta_0 + \beta_1 x_1$$

이고, 만일 교원이 남성이면 모형은

$$E(y) = \beta_0 + \beta_1 x_1 + \beta_2(1) + \beta_3 x_1(1) = (\beta_0 + \beta_2) + (\beta_1 + \beta_3)x_1$$

이 된다. 이 두 모형은 서로 다른 기울기와 절편을 가지고 있기 때문에, 남성과 여성에 대해 서로 다른 방식으로 관계성이 나타날 수 있게 한다.

예제 13.6

예술과 과학 대학의 조교수들 안에서 여섯 명의 여성 조교수와 여섯 명의 남성 조교수를 임의로 추출하였다. 급여와 경력년수 자료는 〈표 13.3〉에 나타나있다. 두 표본(남성과 여성)은 모두 경력 3년의 두 교수를 포함하지만 남성 교수 중 2년 경력인 사람은 없음을 주목하여라. 소프트웨어의 회귀분석 출력물을 해석하고 예측된 급여 직선들을 그려라.

〈표 13.3〉 급여 대 성별 및 경력년수

경력년수, x_1	남성 급여, y ($)	여성 급여, y ($)
1	60,710	59,510
2	—	60,440
3	63,160	61,340
3	63,210	61,760
4	64,140	62,750
5	65,760	63,200
5	65,590	—

풀이 〈표 13.3〉의 자료에 대한 회귀분석 출력물이 [그림 13.12]에 나타나 있다. 단계적으로 이 회귀분석을 해석할 수 있다. 우선, 적합된 예측 방정식은 $\hat{y} = 58,593 + 969x_1 + 866.71x_2 + 260.13x_1x_2$이다. 이 방정식에 $x_2 = 0$ 또는 $x_2 = 1$을 대입하면 두 개의 직선을 얻을 수 있으며, 각각 여성과 남성에 대한 것이다.

$$\text{여성: } \hat{y} = 58,593 + 969x_1$$

$$\text{남성: } \hat{y} = 59,459.71 + 1229.13x_1$$

이것들은 [그림 13.13]에 그려져 있다.

요약 출력	
회귀분석 통계량	
다중 상관계수	0.9962
결정계수	0.9924
조정된 결정계수	0.9895
표준 오차	201.3438
관측수	12

분산 분석					
	자유도	제곱합	평균제곱	F비	p−값
회귀	3	42108777.03	14036259.01	346.238	0.000
잔차	8	324314.64	40539.330		
총	11	42433091.67			

	계수	표준오차	t−통계량	p−값
절편	58593	207.9470	281.7689	0.000
x1	969	63.6705	15.2190	0.000
x2	866.710	305.2568	2.8393	0.022
x1x2	260.130	87.0580	2.9880	0.017

[그림 13.12] [예제 13.6]에 대한 소프트웨어 출력

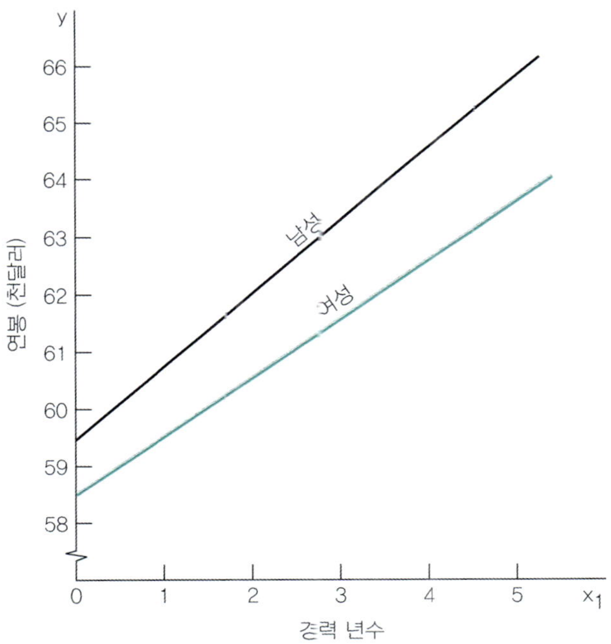

[그림 13.13] [예제 13.6]에 대한 교원 급여 예측 직선 그래프

다음으로, 분산분석 F-검정을 이용하여 모형의 전반적인 적합성을 고려한다. 분산분석에서 관측된 검정통계량은

$F = 346.238$이고 p-값은 0.000과 같으므로, 적어도 하나 이상의 예측변수가 y를 예측하는 데에 기여하고 있다고 결론 내릴 수 있다. 이 모형의 강도는 더 나아가 결정계수 $R^2 = 99.24\%$에 의해 측정될 수 있다. 모형이 매우 잘 적합함을 볼 수 있다. ■

예측변수의 효과를 더 자세히 관찰하기 위해, 세 예측변수에 대한 개별 t-검정을 살펴 보자. 이들의 p-값은 0.000, 0.022, 0.017로서, 모두 유의하다. 이것은 모든 예측변수들이, 다른 두 변수가 이미 모형에 포함되어 있다는 가정하에, 예측에 중요한 정보를 추가한다는 것을 말한다. 마지막으로, 진단그림을 살펴봄으로써 회귀가정을 강하게 위반하지 않는지 확인한다. 이들 그림들은 [그림 13.14]에 나와 있다.

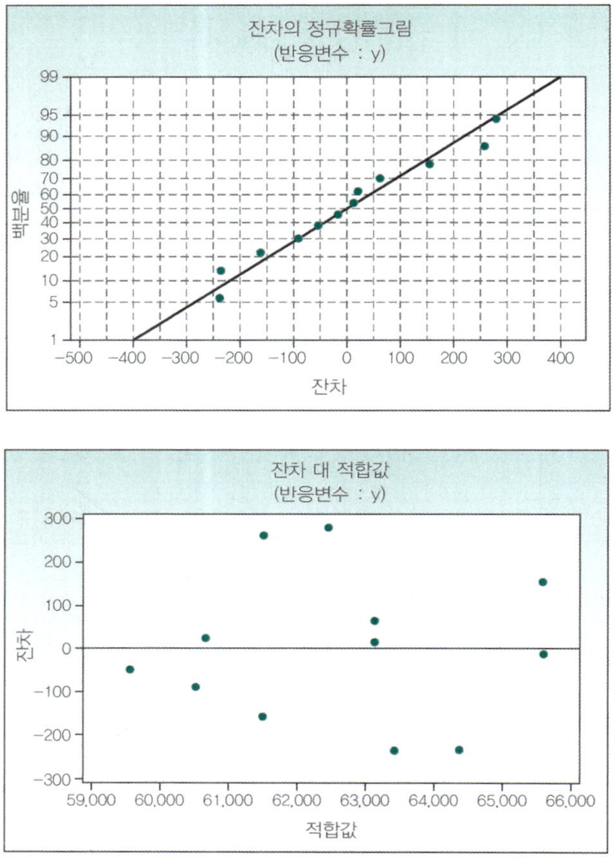

[그림 13.14] [예제 13.6]에 대한 진단그림

예제 13.7

[예제 13.6]을 참고하여라. 남성 하급 교원 급여의 연증가율이 여성 하급 교원 급여의 연증가율을 초과한다는 것을 가리키는 충분한 증거를 자료가 제공하는가? 즉, 남성 교원급여직선의 기울기가 여성교원급여직선의 기울기보다 크다는 것을 나타내는 충분한 증거를 제공하는가?

풀이 β_3가 기울기의 차이를 측정하므로, 귀무가설

$$H_0 : \beta_3 = 0$$

(즉, 두 직선의 기울기는 동일하다)을 검정하고자 하며, 대립가설은

$$H_1 : \beta_3 > 0$$

(즉, 남성 교원급여직선의 기울기가 여성교원급여직선의 기울기보다 크다)가 된다.

β_3에 해당하는 $t-$값은 [그림 13.12]의 "x1x2" 행에 나타나 있으며, 2.988이다. 출력물의 p-값은 양쪽꼬리 유의성검정에 대한 값이며 그 값은 0.017이다. 이 값은 한쪽꼬리 검정에 대한 p-값의 두 배이므로, 한쪽꼬리검정에 대한 p-값은 0.017/2=0.0085가 되고, 귀무가설은 기각된다. 남성교원급여의 증가율이 여성에 대한 증가율을 초과한다는 것을 나타내는 충분한 증거가 있다.[1)]

Probability & Statistics

연습문제

기본

13.9 여러 독립예측변수들의 함수로 생산량 y를 예측하고자 한다 다음 독립변수들이 질적 또는 양적인지 표시하시오. 만일 질적이라면 적절한 가변수를 정의하시오.

a. 지역에서 지배적인 금리

b. 생산과정에서 이용된 한 물품의 파운드당 가격

c. 생산량이 측정되는 공장(A, B, C)

d. 생산기계가 작동한 시간 길이

e. 생산량이 측정된 교대시간(낮 또는 밤)

13.10 한 개의 질적변수와 한 개의 양적변수를 포함하는 다중선형회귀모형을 통해 예측방정식을 만들었다.

$$\hat{y} = 12.6 + 0.54x_1 - 1.2x_1x_2 + 3.9x_2^2$$

a. 두 변수 중 어떤 것이 양적변수인가? 설명하시오.

b. 만일 x_1이 0또는 1의 값만을 가질 수 있다면, 이 실험에서 두 개의 가능한 예측방정식들을 구하시오.

c. b번에서 구해진 두 방정식을 그리시오. 두 곡선의 모양을 비교하시오.

---

1) 만일 남성교원이 더 높은 급여로 출발한다는 충분한 증거를 자료가 제공하는지 결정하기를 원한다면, 귀무가설 $H_0 : \beta_2 = 0$ 대 대립가설 $H_1 : \beta_2 > 0$를 검정한다.

13.11 연습문제 11.65에서는, 각 요인수준의 조합이 다섯 번 반복되는 2×3요인실험을 분석하기 위해 분산분석절차를 이용하였다. 실험에서는 두 종류의 식물과 세 단계의 온도 상에서 우리 안의 암컷 곤충(whitefly)이 낳은 알의 숫자에 관심이 있다. 실험을 마치기 전에 몇몇 곤충이 죽었다고 가정하면, 반복실험의 횟수는 각 처리에서 더 이상 동일하지 않다. 11장의 분산분석 공식은 더 이상 이용될 수 없지만, 실험은 다중회귀분석을 이용해 분석될 수 있다. 이러한 비동일반복수를 가진 2×3요인실험 결과는 아래 표와 같다.

면			오이		
70°	77°	82°	70°	77°	82°
37	34	46	50	59	43
21	54	32	53	53	62
36	40	41	25	31	71
43	42		37	69	49
31			48	51	

a. 이 실험을 분석하기 위한 모형을 쓰시오. 식물과 온도간의 상호작용에 해당하는 항을 반드시 포함하시오.

b. 컴퓨터 소프트웨어 패키지를 이용하여 다중회귀분석을 수행하시오.

c. 온도가 낳은 알의 수에 미치는 효과가 식물의 종류에 따라 다르다고 할 만한 충분한 증거를 자료가 제공하는가?

d. c번의 결과에 기초하여, 다른 모형을 재적합시킬 필요가 있는가? 그렇다면, 새로운 모형을 이용하여 회귀분석을 다시 수행하고 출력물을 분석하여라.

e. 분석결과들을 요약하는 문단을 쓰시오.

13.12 한 품질관리 엔지니어는 파티클보드의 강도 y를 입자의 크기 x_1 및 두 종류의 접착제의 함수로 예측하고자 한다. 만일 기본적인 반응이 입자크기의 이차함수라고 예상된다면, 질적변수 "접착제"를 예측방정식에 포함하는 선형모형을 쓰시오.

CHAPTER 14

범주형 자료 분석

14.1 실험에 대한 설명

많은 실험에서 측정값들은 양적(quantitative)이기 보다는 질적(qualitative) 또는 범주형(categorical)으로 얻어진다. 즉, 각 실험 단위에 대해 수치값보다 품질(quality) 또는 특성(characteristic)이 측정된다. 이러한 종류의 자료는 범주 또는 특성의 목록을 만들고 각 범주에 해당하는 측정값들의 개수를 세어 요약할 수 있다. 예를 들어 보자.

- 사람들은 다섯 개의 소득 구간으로 분류될 수 있다.
- 쥐는 자극에 대해 세 가지 방식 중 하나로 반응할 수 있다.
- M&M 회사의 사탕은 여섯 가지 색깔 중 하나를 갖는다.
- 공장에서 생산되는 품목은 "합격", "2등품", "불량"으로 분류될 수 있다.

위의 예는 자료가 다항실험(multinomial experiment)의 특성을 갖는 몇몇 상황들이다.

KeyPoint

다항실험(The Multinomial Experiment)

- 실험은 n개의 동일한 시행으로 이루어져 있다.
- 각 시행의 결과는 k개의 범주 중 하나이다.
- 단일한 시행의 결과 특정한 범주가, 예컨대 범주 i가, 발생할 확률은 p_i이며 매 시도마다 일정하다. 이 확률은 k개의 범주 각각에 대해

0과 1사이의 값을 가지며, k개의 모든 확률의 합은 $\sum p_i = 1$ 이다.

- 시행들은 독립이다.
- 실험자는 각 범주에 해당하는 시행결과의 관측된 개수를 세며, 관측된 개수를 $O_1, O_2, \ldots, O_k$라고 할 때 $O_1 + O_2 + \cdots + O_k = n$ 이다.

다항실험은 마치 n개의 공을 k개의 상자 또는 **칸**(cell)에 던져 넣는 것으로 시각화할 수 있다. n번의 공 던지기는 독립이며, 매 공 던지기마다 i번째 상자를 맞출 확률은 동일하다. 그런데, 이 확률은 상자마다 다를 수 있다. 공을 던질 때 마다 상자1이 상자3보다 맞추기 쉬울 수도 있다. 만일 모든 n개의 공을 모두 던졌다면, 각 상자 또는 칸에 있는 개수 $O_1, O_2, \ldots, O_k$를 센다.

독자는 **다항실험**과 5장에서 소개된 **이항실험** 간의 유사성을 아마도 알아챘을 것이다. 사실상, $k = 2$개의 범주가 있다면 두 실험은 표기를 제외하고는 동일하다. 우리는 두 범주 "성공" 및 "실패"를 나타내기 위해 p와 q대신에 p_1과 p_2를 사용한다. x와 $(n-x)$대신에 O_1과 O_2를 사용하여 "성공"과 "실패"의 관측 횟수를 나타낸다.

이항확률변수를 설명할 때 우리는 이항 모수 p (그리고 $q = 1 - p$)에 대한 추론을 위해 z통계량에 기반한 대표본 방법을 사용하였다. 이번 장에서는 이 아이디어를 확장하여 다른 종류의 통계량을 이용하여 **다항모수** $p_1, p_2, \ldots, p_k$에 대한 추론을 수행할 것이다. 이 통계량의 근사적 표집분포가 영국 통계학자 Karl Pearson에 의해 1900년에 유도되었으며, **카이제곱 통계량**(chi-square statistic) 또는 **피어슨의 카이제곱 통계량**(Pearson's chi-square statistic)으로 불린다.

14.2 피어슨의 카이제곱 통계량

$n = 100$개의 공을 칸들(상자들)에 던져 넣는다고 하고 첫 번째 상자에 공이 들어갈 확률이 $p_1 = 0.1$임을 알고 있다고 하자. 얼마나 많은 공이 첫 번째 상자에 들어갈 것이라고 **기대하**는가? 직관적으로, $100 \times 0.1 = 10$개의 공이 첫 번째 상자에서 발견할 것으로 예상된다. 이것은 이항실험에서 성공의 평균 또는 기대 횟수가 $\mu = np$임을 상기시킨다. 일반적으로, 칸 i에 들어간 공의 기대 횟수 E_i는 모든 $i = 1, 2, \ldots, k$에 대하여 아래 식으로 계산된다.

$$E_i = np_i$$

이번에는 각 확률 $p_1, p_2, \ldots, p_k$에 대해 어떤 값들을 가정한 후 각 범주 또는 칸에 대한 기대 횟수를 계산했다고 하자. 만일 가정한 값들이 옳다면, 실제 관측된 칸도수 O_i는 기대 칸도수 $E_i = np_i$와 크게 다르지 않아야 한다. 차이가 클수록 가정이 틀릴 가능성이 높다. 피어슨의 카이제곱 통계량은 그 차이값 $(O_i - E_i)$를 이용하는데, 우선 음수를 제거하기 위해 제곱을 취하며, 그 후 제곱된 차이값들의 가중 평균을 취한다.

KeyPoint

피어슨의 카이제곱 통계량

$$X^2 = \sum_{i=1}^{k} \frac{(C_i - E_i)^2}{E_i}$$

여기서 $E_i = np_i$

수학적 증명은 이 책의 범위를 벗어나지만, 만일 n이 크다면 X^2는 반복표본에서 근사적 **카이제곱 확률분포**(chi-square probability distribution)를 갖는다. 만일 기대 칸도수가 옳다고 가정한다면 차이 $(O_i - E_i)$는 작아지고 X^2값은 0에 가까워진다. 하지만, 만일 가정된 확률값들이 틀리다면 $(O_i - E_i)$는 커지고 X^2값은 큰 값을 갖는다. 따라서 **우측 꼬리 검정**(right-tailed statistical test)를 사용하여 비정상적으로 큰 통계량 값을 찾아야 한다.

카이제곱 분포는 제10장에서 단일한 모분산 σ^2에 대한 추론을 할 때 이용되었다. F분포와 마찬가지로 카이제곱 분포 모양은 대칭이 아니며 특정한 **자유도**(degrees of freedom) 값에 의존한다. 자유도를 특정한 이후에는 부록 I 의 〈표 5〉를 참조하여 임계값을 찾거나 특정 카이제곱 통계량에 대한 p-값의 한계를 정할 수 있다.

카이제곱 통계량의 가장 단순한 응용인 **적합도**(goodness-of-fit) 검정부터 살펴본다.

14.3 특정한 칸 확률들에 대한 검정: 적합도 검정

칸 확률에 관련된 가장 단순한 가설검정에서는 각 칸에 수치값을 특정한다. 기대 칸도수는 가정된 확률을 이용하여 $E_i = np_i$로 쉽게 계산되며, 이는 X^2의 값을 계산하는 데에 이용된다. k개의 범주 또는 칸으로 이루어진 다항실험에서 검정통계량은 자유도가 $df = (k-1)$인 근사적 카이제곱 분포를 갖는다.

예제 14.1

어떤 실험에서 한 마리의 쥐가 경사로의 끝으로 유도되며, 경사로 끝은 세 가지 다른 색깔의 문으로 연결되는 통로로 나뉜다. 연구자는 쥐를 $n = 90$번 경사로로 내려 보내고 선택을 관찰한 후 〈표 14.1〉에 나열하였다. 쥐는 세 문 중 어느 하나에 대한 선호를 보이는가?

〈표 14.1〉 쥐의 문 선택

	문		
	녹색	적색	청색
관측 도수(O_i)	20	39	31

풀이 만일 쥐가 문의 선택에서 선호하는 것이 없다면, 결국에는 쥐는 각 문을 같은 횟수로 선택할 것으로 기대할 수 있다. 즉, 귀무가설은

$$H_0 : p_1 = p_2 = p_3 = \frac{1}{3}$$

이에 대해 대립가설은

$$H_1 : \text{적어도 하나의 } p_i \text{ 값은 } \frac{1}{3} \text{과 다르다}$$

여기서 p_i는 쥐가 문 i $(i = 1,2,3)$를 선택할 확률이다. 기대 칸 도수는 세 범주 각각에 대해 동일하다. 즉, $np_i = 90 \times (1/3) = 30$. 카이제곱 통계량은

$$\begin{aligned} X^2 &= \sum_{i=1}^{3} \frac{(O_i - E_i)^2}{E_i} \\ &= \frac{(20-30)^2}{30} + \frac{(39-30)^2}{30} + \frac{(31-30)^2}{30} = 6.067 \end{aligned}$$

이 예제에서, 통계량은 $(k-1) = 2$의 자유도를 갖는데, 왜냐하면 칸 확률의 합이 1이 되어야 한다는 것이 유일한 선형제약조건이기 때문이다. 따라서, 부록 I 의 〈표 5〉를 이용하여 우측 꼬리 p-값에 대한 한계 값들을 찾을 수 있다. 관측된 값 $X^2 = 6.067$은 $\chi^2_{0.050} = 5.99$와 $\chi^2_{0.025} = 7.38$ 사이에 놓여있으므로, p-값은 0.025와 0.050사이에 있다. 연구자는 결과가 5% 수준 $(P < 0.05)$으로 유의하다고 보고할 수 있는데, 이는 선호가 없다는 귀무가설이 기각됨을 의미한다. 쥐는 세 문들 중 하나를 선호한다는 충분한 증거가 있다.

쥐가 선호도를 보인다고 통계적으로 결론지었다면, 실험에 대해 더 말할 수 있는 것이 있는가? 자료로부터, 청색 문은 총 횟수의 약 1/3 가량 선택되었다: 31/90=0.344. 하지만, 다른 두 문들의 표본 비율은 1/3과 크게 다르다. 쥐는 녹색 문을 가장 적게 선택하였다: 20/90=0.222. 쥐는 적색 문을 가장 많이 선택하였다: 39/90=0.433. 쥐는 적색 문에 대한 선호도를 가지고 있다고 말하고 실험을 요약할 수 있다. 그러한 선호도는 문의 색깔에 기인한자고 말할 수 있을까? 그렇지 않다. 원인은 어떤 다른 생리적 또는 심리적 요인일 수 있다. 색깔과 선호도 간의 인과관계에 대해 선언하는 것은 피하라. ■

예제 14.2

미국의 모든 백인 모집단에서 혈액형 A, B, AB, O형의 비율은 0.41, 0.10, 0.04, 0.45이다. 실제 모집단 비율이 이 확률에 맞는지 아닌지를 결정하기 위해 200명의 미국인으로 구성된 임의 표본을 선택하여 그들의 혈액형을 기록하였다. 관측된 칸 도수와 기대 칸 도수가 〈표 14.2〉에 나와 있다. 기대 칸 도수는 $E_i = 200p_i$로 계산된다. 혈액형 비율의 적합도를 검정하여라.

〈표 14.2〉 혈액형 도수

	A	B	AB	O
관측(O_i)	89	18	12	81
기대(E_i)	82	20	8	90

풀이 검정할 가설은 모형 확률에 의해 결정된다.

$$H_0 : p_1 = 0.41; p_2 = 0.10; p_3 = 0.04; p_4 = 0.45$$

이에 대해 대립가설은

$$H_1 : \text{네 확률 중 적어도 하나는 특정된 값과 다르다.}$$

그러면,

$$X^2 = \sum_{i=1}^{4} \frac{(O_i - E_i)^2}{E_i} = \frac{(89-82)^2}{82} + \cdots - \frac{(81-90)^2}{90} = 3.70$$

부록 I 의 〈표 5〉에 의해, $df = (k-1) = 3$을 찾아보면, 통계량의 관측된 값이 $\chi^2_{0.100} = 6.25$보다 작음을 확인할 수 있다. 따라서 p-값은 0.10보다 크다. H_0를 기각할 충분한 증거가 없다. 즉, 미국 백인 혈액형이 기존에 보고된 값들과 다르다고 주장할 수 없다. 결과가 유의하지 않다. ■

적합도 검정과 다른 가설검정과의 차이에 주목하라. 적합도 검정에서는 연구자가 사실일 것이라고 믿는 모형을 특정하기 위해 귀무가설을 사용한다. 거짓임을 증명하고자 바라는 모형대신에 말이다.

Probability & Statistics

연습문제

기본

14.1 다항실험의 특성을 나열하시오.

14.2 실험이 k개의 범주를 포함할 때, 특정한 확률값들의 카이제곱 검정에 대한 기각역을 다음 경우들에 대해 제시하시오.

a. $k = 7$, $\alpha = 0.05$

b. $k = 10$, $\alpha = 0.01$

14.3 반응값이 $k = 5$개의 범주 중 하나이며 $n = 300$개의 반응값이 다음의 범주 도수로 정리되었다.

범주	1	2	3	4	5
관측 도수	47	63	74	51	65

a. 다섯 범주들의 발생 가능성이 동일한가? 어떻게 이 가설을 검정할 것인가?

b. 만일 카이제곱검정을 이용해 이 가설을 검정하려 한다면, 자유도가 얼마나 많겠는가?

c. $\alpha = 0.05$인 기각역을 정의하는 카이제곱의 임계값을 찾으시오.

d. 검정 통계량의 관측값을 계산하시오.

e. 검정을 수행하고 결론을 기술하시오.

응용

14.4 각 방향 각각 4차선인 어떤 고속도로에 대해, 운전자가 안쪽 차선으로 운전하기를 선호하는지 알아보는 연구하였다. 교통량이 많은 이른 아침에 총 1000대의 차량을 관찰하였으며 각 차선에 있는 차량의 수를 기록하였다.

차선	1	2	3	4
관측 도수	294	276	238	192

어떤 차선들이 다른 차선들에 비해 선호된다는 것을 가리키는 충분한 증거를 자료가 제공하는가? $\alpha = 0.05$를 이용하여 검정하여라. 어떤 차이가 있다면, 그 차이의 본질에 대해 논하여라.

14.5 독일 연구자들은 근로자의 심장마비 확률이 다른 요일에 비해 월요일에 50% 더 높을지도 모른다고 결론을 내렸다. 연구자들은 독일의 아우크스부르크근처에 거주하는 330,000명의 사람들 가운데 5년간에 걸쳐 심장마비와 관상동맥질환을 추적하였다. 그들의 주장을 검증하기 위해, 최근에 심장마비를 겪었던 200명의 근로자를 조사하여 그들이 심장마비를 겪은 요일을 기록하였다.

요일	관측 도수
일	24
월	36
화	27
수	26
목	32
금	26
토	29

요일에 의한 심장마비 발생 차이가 있다는 것을 보여주는 충분한 증거를 자료가 제공하는가? $\alpha = 0.05$를 이용해 검정하여라.

14.6 한 연구에서는 정신분열증의 유행과 바이러스성 전염병이 유행하는 해의 특정 월 출생간의 연관성을 제시하였다. 이번에는 당신이 유사한 문제에 관심 있다고 하자. 400건의 질병 기록을 가지고 있으며 이것을 출생한 월에 따라 분류한다. 자료는 표에 나와 있다. 자료를 통해 월별 질병 발생건수의 비율이 월마다 다르다고 할 만한 충분한 증거가 있다고 말할 수 있는가? $\alpha = 0.05$를 이용해 검정하여라.

월	1	2	3	4	5	6
출생수	38	31	42	46	28	31

월	7	8	9	10	11	12
출생수	24	29	33	36	27	35

14.7 Mars 주식회사 웹사이트는 밀크초콜릿 종류 M&M 사탕의 다양한 색상별 비율을 다음과 같이 발표하였다.

상자에 담긴 색깔은?	
갈색	13%
황색	14%
적색	13%
청색	24%
주황색	20%
녹색	16%

14온스 상자로 밀크초콜릿을 임의로 선택하였더니 갈색 70개, 황색 72개, 적색 61개, 청색 118개, 주황색 108개, 녹색 85개 사탕이 선택되었다. 자료를 통해 Mars 주식회사가 발표한 백분율이 입증되는가? 적절한 검정을 사용하고, 만일 차이가 있다면 그 차이의 본질을 설명하여라.

14.8 대형 대학교에서 예전의 등록 기록으로부터, 총 입학 지원자 중에서 60%는 무조건적으로 입학허가 되었고, 5%는 시범적으로 입학허가 되었으며, 나머지는 입학이 거절되었다. 다가오는 해에 대한 현재의 500명의 지원자 중에서 329명의 지원자는 무조건적으로 입학허가 되었고, 43명은 시범적으로 입학허가 되었으며, 나머지는 입학이 거절되었다. 이러한 자료가 예전 입학률과의 차이를 보여주는가? $\alpha = 0.05$를 이용하여 검정하시오.

14.4 분할표: 이원분류

어떤 상황에서는 실험 단위를 두 개의 질적 변수에 따라 분류하여 제3장에서 설명된 이변량 자료를 생성하기도 한다.

- 결함이 있는 가구 한 점을 결함의 종류와 생산 라인에 따라 분류한다.
- 교수를 전문가 순위와 대학의 종류(공립 또는 사립)에 따라 분류한다.
- 환자를 그 환자가 받은 독감 예방치료 종류와 겨울에 독감에 걸렸는지의 여부에 따라 분류한다.

두 개의 범주형 변수가 기록되면, 범주 수준이 교차하는 다양한 부분들 각각에 대해 해당하는 관측 단위의 개수를 셈으로써 자료를 요약할 수 있다. 결과적으로 만들어진 도수들은 **분할표**(contingency table)라고 불리는 배열로 보여줄 수 있다.

예제 14.3

총 $n = 309$개의 가구 결함이 기록되었으며 결함들은 네 가지 종류로 분류되었다: A, B, C, D. 동시에, 가구 각각을 그것이 제조된 생산 라인에 의해 분류하였다. 이들 도수는 분할표 형태로 〈표 14.3〉에 나타냈다.

〈표 14.3〉 분할표

	생산 라인			
결함 종류	1	2	3	합계
A	15	26	33	74
B	21	31	17	69
C	45	34	49	128
D	13	5	20	38
합계	94	96	119	309

두 개의 변수를 포함하는 자료를 연구할 때 중요한 고려사항은 **두 변수 사이의 관계성**이다. 요인 1에 대한 다양한 범주들의 측정값의 비율은 요인 2에서 어떤 범주가 관측되었느냐에 의존하는가? 가구 예제에서, 여러 결함의 비율들이 생산 라인별로 달라지는가, 또는 어떤 생산 라인인지에 상관없이 비율들이 동일한가? 제11장의 $a \times b$ 요인실험에서 *상호작용*(interaction)이라 불리는 유사한 현상을 기억할 것이다. 분할표 분석에서는, 한 가지 분류 방법이 다른 분류방법에 따르는지 또는 **의존**(dependent)하는지를 판단하는 데에 그 목적이 있다. 만일 의존하지 않는다면 두 분류 방법은 **독립**(independent)이라고 말한다.

1 독립성에 대한 카이제곱 검정

두 분류방법의 독립성에 대한 질문은 카이제곱 통계량에 기반을 둔 가설검정을 이용하여 조사할 수 있다. 가설은 다음과 같다.

$$H_0 : \text{두 분류방법은 독립적이다.}$$

$$H_1 : \text{두 분류방법은 의존적이다.}$$

분할표의 i행 j열의 관측된 칸도수를 O_{ij}로 표기하자. 만일 독립성에 대한 귀무가설 하에 기대 칸도수($E_{ij} = np_{ij}$)를 알고 있다면, 카이제곱 검정을 이용하여 관측된 칸도수와 기대 칸도수를 비교할 수 있을 것이다. 그러나 이전의 예제와는 달리, H_0에 기대 칸도수가 구체적으로 특정되어있지 않다.

기대 칸도수들을 추정하는 법을 설명하려면, 제4장의 독립 사건 개념을 알아야한다. p_{ij}를 관측치가 분할표의 행i와 열j에 속할 확률이라 하자. 그러면,

$$\begin{aligned} p_{ij} &= P(\text{관측치가 분할표의 행}i\text{와 열}j\text{에 속함}) \\ &= P(\text{관측치가 행}i\text{에 속함}) \times P(\text{관측치가 열}j\text{에 속함}) \\ &= p_i p_j \end{aligned}$$

여기서 p_i 및 p_j는 행i 및 열j에 속할 **무조건부확률**(unconditional probability) 또는 **주변확률**(marginal probability)이다. 만일 이들 주변확률의 적절한 추정값을 얻을 수 있다면 기대 칸도수에 대한 공식에서 p_{ij}의 자리에 추정된 값을 이용할

수 있다.

다행히도 이 추정값들은 존재한다.

- 행 확률의 추정을 위해 다음을 이용한다.

$$\hat{p}_i = \frac{\text{행}i\text{에서 관측값의 개수}}{\text{총 관측값의 개수}} = \frac{r_i}{n}$$

- 열 확률의 추정을 위해 다음을 이용한다.

$$\hat{p}_j = \frac{\text{열}j\text{에서 관측값의 개수}}{\text{총 관측값의 개수}} = \frac{c_j}{n}$$

i행 j열 칸에 대한 기대 칸도수의 추정값은 독립성 가정으로부터 따라 나온다.

KeyPoint

추정된 기대 칸도수

$$\hat{E}_{ij} = n\left(\frac{r_i}{n}\right)\left(\frac{c_j}{n}\right) = \frac{r_i c_j}{n}$$

여기서 r_i는 행i의 합계이며 c_j는 열j의 합계이다.

r개의 행과 c개의 열을 가진 분할표에 대한 카이제곱 검정통계량은 다음과 같이 계산된다.

$$X^2 = \sum_{i=1}^{r}\sum_{j=1}^{c} \frac{(O_{ij} - \hat{E}_{ij})^2}{\hat{E}_{ij}}$$

그리고 이것은 자유도가 $df = (r-1)(c-1)$인 근사적 카이제곱분포를 갖는다. 만일 관측된 X^2값이 너무 크다면 독립성의 귀무가설은 기각된다.

예제 14.4

[예제 14.3]을 참고하라. 가구가 생산된 생산 라인에 따라 가구 결함의 종류가 달라진다는 것을 나타내는 충분한 증거를 자료가 보여주는가?

풀이 추정된 기대 칸도수는 <표 14.4> 안의 괄호안에 나타나있다. 예를들어, C형의 결함 종류와 두 번째 생산 라인에 대한 추정된 기대 칸도수는

$$\hat{E}_{32} = \frac{r_3 c_2}{n} = \frac{128 \times 96}{309} = 39.77$$

〈표 14.4〉 관측된 칸도수와 추정된 기대 칸도수

	생산 라인			
결함 종류	1	2	3	합계
A	15 (22.51)	26 (22.99)	33 (28.50)	74
B	21 (20.99)	31 (21.44)	17 (26.57)	69
C	45 (38.94)	34 (39.77)	49 (49.29)	128
D	13 (11.56)	5 (11.81)	20 (14.63)	38
합계	94	96	119	309

〈표 14.4〉에 나온 값들을 이용해 검정통계량을 계산할 수 있다.

$$X^2 = \sum_{i=1}^{r}\sum_{j=1}^{c}\frac{(O_{ij}-\hat{E}_{ij})^2}{\hat{E}_{ij}}$$

$$= \frac{(15-22.51)^2}{22.51} + \frac{(26-22.99)^2}{22.99} + \cdots + \frac{(20-14.63)^2}{14.63}$$

$$= 19.18$$

부록 I 의 〈표 5〉에 있는 카이제곱 분포를 $df=(r-1)(c-1)=(4-1)(3-1)=6$을 이용해 검토하면, 관측된 검정통계량은 $\chi^2_{0.005}=18.5476$보다 크다. 이것은 p-값이 0.005보다 작다는 것을 나타낸다. H_0를 기각할 수 있으며 결과가 매우 유의하다($P<0.005$)고 말할 수 있다. 생산 라인 사이에 결함 종류의 비율이 달라짐을 나타내는 충분한 증거가 있다. ■

그 다음으로 물어야 할 질문은 두 분류간의 관계성의 본질이다. 어떤 생산 라인이 어떤 종류의 결함을 더 만들어내는가? 제11장의 요인실험에서처럼 의존성(또는 상호작용)이 발견되면 표에서 분류의 각 수준에 대한 상대적인 또는 조건부 비율을 보아야 한다. 예를 들어 생산 라인 1에서 94개의 결함을 만들었다. 이 결함들은 〈표 14.5〉에 나타나있는 조건부 비율을 이용해 종류별로 나눌 수 있다. 다른 두 생산 라인에 대해서도 마찬가지 과정을 따른다면, 〈표 14.5〉에 나타나있는 것처럼 세 생산 라인의 결함 종류의 분포들을 비교할 수 있다.

〈표 14.5〉 세 생산 라인별 결함의 종류에 대한 조건부 확률

	생산 라인		
결함 종류	1	2	3
A	$\frac{15}{94}=0.16$	$\frac{26}{96}=0.27$	$\frac{33}{119}=0.28$
B	$\frac{21}{94}=0.22$	$\frac{31}{96}=0.32$	$\frac{17}{119}=0.14$
C	$\frac{45}{94}=0.48$	$\frac{34}{96}=0.35$	$\frac{49}{119}=0.41$
D	$\frac{13}{94}=0.14$	$\frac{5}{96}=0.05$	$\frac{20}{119}=0.17$
합계	1.00	1.00	1.00

예제 14.5

한 작은 지역 사회에 투여된 새로운 독감 백신의 효과를 평가하기 위한 조사를 수행하였다. 백신은 두 주 동안 연속 2회 접종을 하는데 무료로 제공되었다. 몇 사람은 2회 접종을 모두 받았고, 몇 사람들은 오직 첫 번째 접종에만 나타났으며, 나머지는 둘 다 받지 않았다. 1,000명의 지역 주민 조사 결과는 〈표 14.6〉에 나와 있다. 백신이 지역 사회의 독감 발생 수를 감소시키는 데에 성공적이었다는 것을 보여주는 충분한 증거를 자료를 통해 알 수 있는가?

〈표 14.6〉 2×3 분할표

	비접종	1회 접종	2회 접종	합계
독감	24	9	13	46
독감 걸리지 않음	289	100	565	954
합계	313	109	578	1,000

풀이 독감 감염자 수 감소에 대한 백신의 성공 여부 평가는 두 부분으로 할 수 있다.

- 만일 백신이 성공적이라면, 독감에 감염된 사람 수는 백신 접종 횟수에 따라 달라져야 한다.
- 이러한 의존성이 존재해야할 뿐만 아니라, 독감 예방 처방 횟수가 0에서 1, 1에서 2로 증가할수록 독감에 감염된 사람의 비율이 감소해야한다.

첫 번째 부분은 다음 가설로 카이제곱 검정을 이용하여 평가될 수 있다.

H_0 : 접종과 독감 발생간에 상관성이 없음

H_1 : 독감 발생은 접종 횟수에 의존함

관측된 검정통계량 $X^2 = 17.313$은 p-값 0.000을 가지며, 결과는 매우 유의하다고 선언할 수 있다. 즉, 귀무가설은 기각된다. 접종과 독감 발생간에 관련성이 있음을 가리키는 충분한 증거가 있다. ■

이 관련성의 본질은 무엇인가? 이 물음에 답하기 위해, 〈표 14.7〉을 보면 세 접종 그룹별 표본의 독감 발생정도를 알 수 있다. 2회 접종을 받은 그룹은 독감에 덜 민감했다. 1회 접종은 독감에 대한 민감성을 감소시키지 못한 듯 보인다!

〈표 14.7〉 세 접종에 대한 독감 발생

비접종	1회 접종	2회 접종
$\frac{24}{313} = 0.08$	$\frac{9}{109} = 0.08$	$\frac{13}{578} = 0.02$

연습문제

기본

14.9 한 소비자 조사에서 $n = 307$명의 사람들의 반응을 세 개의 행과 다섯 열로 구성된 분할표로 요약한다고 가정하자. 얼마나 많은 자유도가 카이제곱 통계량과 관련되어 있는가?

14.10 성별차이에 관한 설문지에 응답한 남성과 여성 응답자들을 첫 번째 질문에 대한 답변에 따라 세 개의 그룹으로 분류하였다.

	그룹1	그룹2	그룹3
남성	37	49	72
여성	7	50	31

성별에 따른 응답 차이가 있는지 결정하라. 만일 있다면, 그 차이의 본질을 설명하라.

응용

14.11 Joseph Jacobson과 Diane Wille는 유아기 보육이 유아-산모 애착 패턴에 미치는 영향을 연구하였다. 연구에서, 93명의 유아는 Ainsworth의 낯선 환경 패러다임을 이용하여 "안심" 또는 "불안"으로 분류되었다. 추가적으로, 유아들은 주당 육아에 소비한 평균시간에 따라 분류되었다. 자료는 표에 나타나있다.

	낮음 (0–3 시간)	중간 (4–19 시간)	높음 (20–25 시간)
안전	24	35	5
불안	11	10	8

a. 육아에 사용한 시간의 양에 따라 애착 패턴에 차이가 있음을 나타내는 충분한 증거를 자료가 제공하는가? $\alpha = 0.05$를 이용하여 검정하여라.

b. a번의 검정에 대해 적합한 p-값은 무엇인가?

14.12 다음에 나타난 머리카락 및 눈동자색은 1957년과 1965년 사이에 태어난 백인 미국인의 표본에 의해 자기보고되었다. 다음 자료는 그 연구로부터 변경하여 엮은 것이다.

	밝은 금발	금발	밝은 갈색	갈색	흑색	적색	합계
남성	4	46	45	176	23	10	304
여성	5	58	69	164	12	12	320

a. 남성과 여성 간에 모발 색상별로 비율이 차이가 있다는 결론을 내릴 충분한 증거가 있는가? $\alpha = 0.05$를 이용하라.

b. 기대 수치가 5보다 작은 칸이 있는가? 만일 그렇다면, 그 칸들을 그 옆의 칸과 결합하여 다시 분석하라. 결과가 달라졌는가?

14.13 근무시간 자유선택제 대신, 많은 기업들은 업무의 일정량을 가정에서 할 수 있도록 허용한다. 300명의 근로자로 구성된 임의표본의 개인들을 급료와 가정에서 소비한 주당 근무일 수에 따라 분류하였다.

	가정에서의 주당 근무일 수		
급료	1일 미만	1일 이상, 모든 근무일 미만	모든 근무일
\$25,000 미만	38	16	14
\$25,000 - \$49,000	54	26	12
\$50,000 - \$74,999	35	22	9
\$75,000 이상	33	29	12

a. 급료가 가정에서 소비한 주당 근무일 수에 의존한다는 것을 가리키는 충분한 증거를 자료가 제공하는가?

b. 부록 I 의 〈표 5〉를 이용하여 이 가설검정을 위한 p-값을 근사적으로 구하여라. p-값을 통해 a번의 결론을 다시 확인할 수 있는가?

14.5 여러 다항 모집단의 비교: 행 또는 열의 합계가 고정된 이원분류

$r \times c$ 분할표는 n개의 실험단위 각각이 rc개의 칸 중 하나에 해당되도록 계산될 때 만들어진다. 각각의 칸은 행 수준 i 및 열 수준 j의 범주 수준 쌍을 표현한다. 그러나 때대로 n개의 실험단위가 자유롭게 칸에 해당되도록 하는 이런 형태의 실험 설계를 사용하는 것이 권장되지 않는다. 예를 들어, $n = 1200$ 가구를 선택하여 가구 소득 수준을 낮음, 중간, 높음 중에서 선택하도록 하는 조사를 수행한다면 어느 가구도 낮음을 선택하지 않을 것이다. 대신에, 각 소득 수준 내에서 400 가구를 조사하기로 미리 결정하는 것이 낫다. 결과적으로 만들어지는 자료는 마찬가지로 이원분류로 나타나지만 각 열의 합계는 미리 고정될 것이다.

예제 14.6

[예제 14.5]에서와 같이, 실험자는 세 가지 처리 범주, 즉 비접종, 1회 접종, 2회 접종의 각각 안에서 300명의 환자에 대한 임상 기록을 조사하기로 하였다. 그러면 $n = 900$명의 환자들의 겨울 독감 이력이 조사될 것이다. 결과는 〈표 14.8〉에 열의 합계가 300으로 고정된 2×3 표로 나와 있다. 열의 합계를 고정함으로써, 실험자는 더 이상 $2 \times 3 = 6$개의 칸이 있는 다항실험을 가지지 않는다. 대신에 세 개의 별도의 이항실험을 가지며, 각각에 대해 독감이 걸릴 확률을 p_j라 하고 걸리지 않을 확률을 q_j라 하자. 이항모집단에서 $p_j + q_j = 1$이다.

〈표 14.8〉 세 가지 처리에 대한 독감 발생 환자 수

	비접종	1회 접종	2회 접종	합계
독감				r_1
독감 걸리지 않음				r_2
	300	300	300	n

풀이 행과 열 분류의 독립성 검정을 위해 카이제곱 통계량을 사용한다고 하자. 만일 특정 처리(행 수준)가 독감 발생에 영향주지 않는다면 세 이항 모집단 각각은 동일한 독감 발생률을 가질 것이다. 즉,

$$p_1 = p_2 = p_3 \text{ 및 } q_1 = q_2 = q_3.$$

[예제 14.6]의 2×3 분류는 카이제곱 독립성검정은 $c = 3$개의 이항 비율의 동일성 검정과 일치함을 설명한다. 이런 형태의 검정을 **동질성 검정**(tests of homogeneity)라 부르며, 여러 이항 모집단을 비교하기 위해 사용된다. 만일 두 개 이상의 행 범주가 존재한다면, 독립성 검정은 c개의 다항 모집단의 동일성 검정과 일치한다.

이들 두 실험 설계에 대한 카이제곱 검정이 일치함을 이론적으로 고민할 필요는 없다. 행(또는 열)이 고정되어 있든 아니든 간에 검정통계량은 다음과 같이 계산된다.

$$X^2 = \sum_{i=1}^{r}\sum_{j=1}^{c}\frac{(O_{ij} - \hat{E}_{ij})^2}{\hat{E}_{ij}} \qquad \text{여기서 } \hat{E}_{ij} = \frac{r_i c_j}{n}$$

이 검정통계량은 반복표본에서 $df = (r-1)(c-1)$을 갖는 근사적 카이제곱 분포를 갖는다. ■

예제 14.7

후보자 A를 선호하는 투표자 비율을 비교하기 위해 4개 도심 지역구에서 유권자 여론조사가 실시되었다. 200명의 투표자를 임의추출하여 투표하게 한 결과가 〈표 14.9〉에 나와 있다. 표의 괄호 안에 있는 값들은 기대 칸도수이다. 네 지역구에서 후보자 A를 선호하는 유권자의 비율이 다르다는 것을 가리키는 충분한 증거를 자료에서 발견할 수 있는가?

〈표 14.9〉 네 지역구 유권자 여론

	지역구				
	1	2	3	4	합계
A 선호	76 (59)	53 (59)	59 (59)	48 (59)	236
A 비선호	124 (41)	147 (141)	141 (141)	152 (141)	564
합계	200	200	200	200	800

풀이 열 합계가 200으로 고정되어 있으므로, 실험설계는 네 개의 이항실험을 포함하며 각 이항실험은 각 지역구로부터 200명의 유권자의 반응을 포함한다. 네 지역구에서 후보자 A를 선호하는 비율들의 동일성을 검정하기 위한 귀무가설은

$$H_0 : p_1 = p_2 = p_3 = p_4$$

이것은 다음의 귀무가설과 동등하다.

$$H_0 : \text{A를 선호하는 비율은 지역구에 대해 독립적이다.}$$

관측된 통계량 $X^2 = 10.722$ 및 이에 해당하는 p-값 0.013에 의하여, 결과는 유의하다($P < 0.025$). 즉, H_0는 기각되며 네 지역구 간에 A를 선호하는 유권자의 비율에 차이가 있다고 결론지을 수 있다. ■

카이제곱 검정을 통해 발견된 차이의 본질은 무엇인가? 〈표 14.10〉에서 네 지역구의 각각에서 후보자 A를 선호하는

표본 비율을 보라. 후보자 A는 첫 번째 지역구에서 선호도가 높으며 네 번째 지역구에서 선호도가 가장 낮음을 알 수 있다. 이것은 후보자 A에게 실제적으로 중요한가? 아마도 더 중요한 관찰은 후보자가 네 지역구 중 어느 곳에서도 우위를 갖지 못한다는 것이다. 만일 두 후보자의 경쟁이라면 후보자 A는 더 분발해야한다.

〈표 14.10〉 네 지역구에서 후보자 A의 선호 비율

지역구1	지역구2	지역구3	지역구4
76/200 = 0.38	53/200 = 0.27	59/200 =0.30	48/200 = 0.24

Probability & Statistics

연습문제

기본

14.14 세 모집단의 각각에서 200개의 관측치로 구성된 표본을 선택하였다. 각 관측치는 서로 겹치지 않는 세 범주 중 하나에 해당하는지에 따라 분류하였다.

	범주			
모집단	1	2	3	합계
1	108	52	40	200
2	87	51	62	200
3	112	39	49	200

세 범주의 관측치 비율이 모집단에 의존한다는 것을 가리키는 충분한 증거가 있는지를 알고자 한다.

a. 검정을 위한 X^2값을 구하시오.

b. $\alpha = 0.01$에 대한 기각역을 구하시오.

c. 결론을 기술하시오.

d. 검정을 위해 적합한 p-값을 찾고 그 값을 해석하시오.

응용

14.15 "샌드위치 세대"에 속한 미국인들은 노인 부양과 자녀 양육 간에 어떻게 균형을 맞출까? New York Times가 연령 45~55세의 미국인을 대상으로 실시한 전화조사에서, 부모에 대한 금전적 지원을 제공한 숫자가 다음 표에 열거되어있다.

금전적 지원을 제공	예	아니오
백인 미국인	40	160
아프리카계 미국인	56	144
히스패닉	68	132
아시아계 미국인	84	116

위에 나타난 미국인의 부모집단(subpopulation) 별로 부모에 대한 금전적 지원을 제공하는 개인의 비율에 유의한 차이가 있는가? $\alpha = 0.01$을 이용하라.

14.16 영국 북서부에서 실시된 연구는 치매가 있는 거주자가 있는 장기요양시설을 평가하였다. "EMI 요양소"로 알려진, 정신질환/건강 문제가 있는 노인에 대한 특별한 서비스를 제공하는 요양소가 있고, 그렇지 않은 "비-EMI 요양소"로 분류된 요양소가 있다. EMI 요양소는 치매가 있는 사람들에 대한 서비스의 여러 질적 측정치들이 높은 점수를 얻을 것으로 예상된다. 요양소의 구조와 제공되는 서비스를 포함한 측정치가 다음 표에 주어져있다.

	요양소 종류		
요양 형태	EMI	비-EMI	총합
간호요양	54	22	76
주거요양	59	77	136
이중 등록	49	26	75
합계	162	125	287

a. 이 실험에서 비율을 비교하고자 하는 이항실험들에 대해 설명하시오.

b. 요양소의 세 가지 종류에 따라 요양 형태가 다르다는 것을 자료가 가리키는가? $\alpha = 0.01$ 수준에서 검정하라.

c. b번에서의 결과에 기초하여, 요양소 종류와 요양 형태 간의 관계성의 실질적 본질을 설명하시오.

14.17 한 지방 상공회의소는 주거 형태(아파트, 복층아파트, 단독 주거) 별로 40가구씩 총 120가구를 조사하였으며, 가구의 가족 수를 기록하였다. 자료는 표에 나타나 있다.

	주거 형태		
가족 구성원 수	아파트	복층아파트	단독 주거
1	8	20	1
2	16	8	9
3	10	10	14
4명 이상	6	2	16

세 가지 주거 형태에 따라 가족 수 분포에 유의한 차이가 있는가? $\alpha = 0.01$로 검정하시오. 만일 유의한 차이가 있다면 차이의 본질을 설명하시오.

14.6 통계적 검정들의 동등성

만일 다항실험에서 $k = 2$개의 범주만 있다면 실험은 n번의 시행에서 성공의 횟수 x (또는 O_1)을 기록하는 이항실험으로 축소된다. 유사하게, 두 개의 이항실험으로부터 얻어진 자료는 $r = 2$ 및 $c = 2$를 가진 이원분류로 나타낼 수 있으며, 동질성에 대한 카이제곱 검정을 이용하여 두 이항비율 p_1과 p_2를 비교할 수 있다. 한편 이들 두 경우에 대해 이항비율에 대한 통계 검정법들을 제9장의 z통계량을 바탕으로 아래와 같이 제시할 수도 있다.

- 일표본 검정: $z = \dfrac{\hat{p} - p_0}{\sqrt{\dfrac{p_0 q_0}{n}}}$

$k = 2$

성공	실패

- 이표본 검정: $z = \dfrac{\hat{p}_1 - \hat{p}_2}{\sqrt{\hat{p}\hat{q}\left(\dfrac{1}{n_1} + \dfrac{1}{n_2}\right)}}$

$r = c = 2$

표본1	표본2
성공	성공
실패	실패

동일한 통계적 가설에 대해 왜 두 개의 다른 검정이 존재하는가? 당신은 어느 것을 사용하는가? 이들 두 경우에 대해, z-검정이나 카이제곱 검정 중 하나를 사용할 수 있으며, 동일한 결과를 얻게 될 것이다. 일표본 또는 이표본 검정에 대해, 아래 결과를 대수적으로 증명할 수 있다.

$$z^2 = \chi^2$$

결과적으로 통계량 z는 카이제곱 통계량의 제곱근이 된다 (부호는 자료에 따라 양이나 음이 된다). 더 나아가, 부록 I의 z표와 χ^2표의 임계값에 대해 동일한 관계성이 이론적으로 성립하며, 두 동일한 검정에 대해 동일한 p-값을 생산한다. 예를 들어, 1 df 및 $\alpha = 0.05$를 갖는 임계 χ^2값은 $\chi^2_{0.10} = 2.70554 = 1.645^2$이다. 요약하면, z검정이나 X^2검정 중 편리한 것을 사용하면 된다. 대부분의 컴퓨터 패키지가 카이제곱 검정을 포함하므로 카이제곱 검정이 아마도 더 나을 것이다.

CHAPTER

15

비모수 통계학

15.1 서론

어떤 실험에서 생성한 자료들은 순서 또는 순위대로 정돈할 수는 있지만 반응의 실제 값은 수치적으로 측정될 수는 없다. 하나의 관측값이 다른 관측값보다 큰지 아닌지 만을 알 수 있다. 자료의 정확한 수치를 실제로 알지 못한 채로 전체 관측값의 집합을 순위 매기는 것은 가능하다. 예를 들어

- 네 명의 판매원의 판매능력이 최상부터 최하까지 순위가 매겨진다.
- 다섯 개의 건포도 씨리얼 브랜드의 맛 특성이 1부터 5까지의 척도로 점수매겨진다.
- 다섯 개의 자동차 디자인이 매우 매력적임부터 별로 매력적이지 않음까지 순위가 매겨진다.

이러한 종류의 자료를 어떻게 분석할 수 있을까? 제10장－제13장에서 설명한 소표본 통계방법은 모집단이 정규분포이거나 근사적으로 정규분포일 경우 유효하다. 순위나 1부터 5까지의 척도로 구성된 자료는 정규분포 가정을 만족하지 않는다. 어떤 응용에서는 분산이 일정한 모집단에서 임의로 추출된 표본에 대해서만 앞서 설명한 통계방법이 유효하다.

자료가 이러한 가정들을 만족하지 않는 경우 대안적인 분석방법인 **비모수적 통계 방법**(nonparametric statistical methods)이 이용될 수 있다. 비모수적 방법은 일반적으로 평균이나 표준편차와 같은 모수 대신에 모집단 분포 관점에서 가설을 세운다. 모수적인 가정들은 모집단 분포에 관한 좀더 일반적인 가정들로 교체되며, 관측값의 순위는 실제 측정값 대신에 이용된다.

연구에 따르면 비모수적 방법은 정규성 또는 다른 가정들이 만족될 때 앞에서 설명된 모수적 방법들만큼 모집단간의

차이를 발견할 수 있는 능력이 있다. 비모수적 방법은 때때로 이 가정들이 만족되지 않을 때 모집단간의 차이를 발견하는 데에 더 강력하다. 이 때문에 몇몇 통계학자들은 모수적 방법보다 비모수적 방법 이용을 지지한다.

우리는 독립된 표본이나 짝 지어진 표본을 이용하여 둘 또는 그 이상의 모집단을 비교하기 위한 비모수적 방법들을 설명할 것이다. 그리고 한 변수가 증가할 때 다른 변수도 증가하는지 또는 한 변수가 증가할 때 다른 변수도 감소하는지를 결정하는 데에 유용한 연관성의 측도를 설명할 것이다.

15.2 윌콕슨 순위합검정: 독립임의표본

독립표본들에 기초하여 두 모집단의 평균을 비교하는 데에 핵심적인 통계량은 표본평균간의 차이였다. 이표본 t-검정에 요구되는 가정이 만족되는 지 불확실하다면 하나의 대안은 관측값을 순위로 교체하고 그 순위값이 마치 실제 관측값인 것처럼 진행하는 것이다. 두 서로 다른 비모수적 방법들이 이러한 표본순위에 기초한 검정통계량을 이용한다.

- 윌콕슨 순위합검정
- 만-위트니 U 검정

이 방법들은 같은 표본정보를 이용한다는 점에서 서로 동일하다. 우리가 설명할 절차는 Frank Wilcoxon이 제안한 윌콕슨 순위합검정으로서, 더 작은 표본크기를 갖는 표본의 순위의 합에 기초한다.

모집단1로부터 n_1개의 관측값을 얻고 모집단2로부터 n_2개의 관측값을 얻었다고 가정하자. 검정될 귀무가설은 두 모집단 분포가 동일하다 이며 대립가설은 모집단 분포가 다르다 이다. 두 모집단에 대해 여러 경우가 있다.

- 만일 H_0가 참이고 관측값이 동일한 모집단에서 얻어졌다면, 두 표본 내의 관측값들이 함께 크기가 작은 것부터 큰 것 까지 순위가 매겨질 때는 임의로 뒤섞여야 한다.
- 반면에, 모집단1로부터 얻어진 관측값들이 모집단2로부터 얻어진 값들보다 작은 경향이 있다면, 모집단1로부터의 값들은 대부분이 모집단2의 값들보다 작으므로 더 작은 순위값들을 가질 것이다. 이들 관측값들의 순위의 합은 작을 것이다.
- 만일 모집단1로부터 얻어진 관측값들이 모집단2로부터 얻어진 값들보다 큰 경향이 있다면, 이들 관측값들은 더 큰 순위를 배정받을 것이다. 그러므로 순위의 합은 클 것이다.

예를 들어, 모집단1로부터 $n_1=3$개의 관측값 2, 4, 6을 얻었고 모집단2로부터 $n_2=4$개의 관측값 3, 5, 8, 9를 얻었다고 하자. 〈표 15.1〉은 작은 것부터 큰 것까지 순서대로 나열된 일곱 관측값을 보여준다.

〈표 15.1〉 순서대로 나열된 일곱 관측값

관측값	x_1	y_1	x_2	y_2	x_3	y_3	y_4
자료	2	3	4	5	6	8	9
순위	1	2	3	4	5	6	7

가장 작은 관측값 $x_1 = 2$는 순위 1을 배정받는다. 그 다음 작은 값 $y_1 = 3$은 순위가 2이며, 이런 식으로 진행한다. 표본1에 속한 관측값들의 순위의 합은 $1+3+5=9$이며, 표본2에 속한 **순위합**(rank sum)은 $2+4+6+7=19$이다. 표본1에 속한 관측값들의 순위합이 유의하게 크거나 작다는 것을 어떻게 결정할 것인가? 이것은 하나의 표본의 순위의 합의 확률분포에 따른다. $n_1 + n_2 = N$개의 관측값들의 순위는 1부터 N까지의 자연수이므로, 이들 순위값들의 합은 $N(N+1)/2$가 된다. 이번 간단한 예에서, $N=7$개의 순위값들의 합은 $1+2+3+4+5+6+7 = 7\times 8/2 = 28$이다. 그러므로, 하나의 표본에 대한 순위합을 안다면 다른 표본의 순위합은 뺄셈으로 찾을 수 있다. 우리의 예에서, 표본1의 순위합은 9였는데, 반면에 표본2의 순위합은 $(28-9) = 19$이다. 이것은 검정을 위해 두 순위합 중에서 하나만 필요함을 의미한다. 임계값 요약을 간단히 하기 위해 검정통계량으로 작은 표본의 순위합을 이용할 것이다. 만일 둘 또는 세 관측값이 동일하다면? 순위가 같은 관측값은 만일 값이 미세하게 달랐다면 갖게 되었을 순위값들의 평균을 할당받게 된다.

윌콕슨 순위합검정을 구현하기 위해 우선 모집단 1과 2로부터 크기가 n_1 및 n_2인 독립임의표본을 각각 선택하였다고 하자. n_1을 표본크기 중 작은쪽이라고 하자. 그리고 T_1이 표본1의 관측값의 순위의 합을 나타낸다고 하자. 만일 모집단 1이 모집단2의 왼쪽에 놓인다면 T_1은 작을 것이고, 모집단1이 모집단2의 오른쪽에 놓인다면 T_1은 클 것이다.

KeyPoint

윌콕슨 순위합 통계량 공식 (독립표본의 경우)

$$T_1 = \text{첫 번째 표본에 대한 순위합}$$
$$T_1^* = n_1(n_1+n_2+1) - T_1$$

이라 하자. T_1^*는 만일 관측값을 큰 것에서 작은 것 순으로 순위를 매겼다면 첫 번째 표본(크기 n_1)이 가졌을 순위합이다. (두 번째 표본에 대한 순위합이 아니다.) 대립가설의 성질에 따라 위의 두 값 중 하나가 검정통계량 T로서 선택될 것이다.

부록 I 의 〈표 7〉을 이용하여 $\alpha = 0.05, 0.025, 0.01, 0.005$에 대한 한쪽꼬리검정의 검정통계량에 대한 네 개의 임계값을 찾을 수 있다. 부록 I 의 〈표 7〉을 양쪽꼬리검정에 사용하려면 α의 값이 두 배가 된다. 즉, $\alpha = 0.10, 0.05, 0.02, 0.01$. 표의 값은 $P(T \le a) \le \alpha$가 성립하는 a의 값을 나타낸다. 윌콕슨 순위합검정에 대한 임계값을 어떻게 찾는지 보기 위해, $\alpha = 0.05$의 한쪽꼬리검정에 대해 $n_1 = 8$, $n_2 = 10$이라고 하자. 부록 I 의 〈표 7(a)〉의 일부가 〈표 15.2〉에 나와 있다. 이 표는 $n_1 \le n_2$를 가정하고 만들어진 것이다. 이것은 우리가 더 작은 표본크기를 갖는 모집단을 모집단1로 지정한 이유이다. n_1의 값이 표의 상단에 표시되고 n_2의 값은 왼편에 표시된다. 굵게 표시된 값 $a = 56$은 H_0의 기각을 위한 임계값이다. 만일 관측된 통계량 T가 56보다 작거나 같으면 두 분포의 동일성의 귀무가설은 기각된다.

〈표 15.2〉 5% 왼쪽꼬리 임계값의 일부, 부록 I 〈표 7〉

	n_1						
n_2	2	3	4	5	6	7	8
3	–	6					
4	–	6	11				
5	3	7	12	19			
6	3	8	13	20	28		
7	3	8	14	21	29	39	
8	4	9	15	23	31	41	51
9	4	10	16	24	33	43	54
10	4	10	17	26	35	45	56

윌콕슨 순위합검정

n_1이 두 표본 크기 중 작은 쪽을 나타낸다고 하자. 이 표본은 모집단1로부터 온다. 검정할 가설은 다음과 같다.

H_0 : 모집단 1과 2의 분포는 동일하다.

이에 대하여 다음 셋 중 하나의 대립가설을 이용한다.

H_1 : 모집단1과 2의 분포는 다르다 (양쪽꼬리검정)

H_1 : 모집단1의 분포는 모집단2의 분포의 왼쪽에 놓인다 (왼쪽꼬리검정)

H_1 : 모집단1의 분포는 모집단2의 분포의 오른쪽에 놓인다 (오른쪽꼬리검정)

절차

1. 모든 $n_1 + n_2$개의 관측값들을 작은 것부터 큰 것까지의 순서대로 순위를 매긴다.
2. 표본1의 관측값에 대한 순위합 T_1을 찾는다. 이것은 왼쪽꼬리검정의 검정통계량이다.
3. $T_1^* = n_1(n_1 + n_2 + 1) - T_1$을 찾는다. 이것은 배정된 순위가 큰 것부터 작은 것 순서로 뒤바뀌었을 때 모집단1로부터의 관측값의 순위합이다. (T_1^*의 값은 표본2의 관측값의 순위의 합이 아니다.) 이것은 우측꼬리검정의 검정통계량이다.
4. 양쪽꼬리검정을 위한 검정통계량은 T_1과 T_1^*의 최소값 T이다.
5. 부록 I 〈표 7〉을 이용하여 찾아진 임계값보다 관측된 검정통계량이 작거나 같으면 H_0는 기각된다.

다음 예제를 통해 〈표 7〉의 사용법을 알아보자.

예제 15.1

두 종의 벌의 초당 날개짓 횟수를 기록하였다. 종 1과 2에 대해 표본크기는 각각 $n_1 = 4$ 및 $n_2 = 6$이다. 초당 날개짓 횟수는 〈표 15.3〉에 정리되어 있다. 이들 두 종에 대해 날개짓 분포가 다르다고 결론내릴 수 있는가? $\alpha = 0.05$로 검정하여라.

〈표 15.3〉 두 종의 벌의 초당 날개짓 횟수

종1	종2
235	180
225	169
190	180
188	185
	178
	182

풀이 우선은 〈표 15.4〉에 나온 것처럼 관측값을 작은 것부터 큰 것으로 순위를 매겨야 한다.

〈표 15.4〉 작은 값에서 큰 값의 순으로 순위가 매겨진 초당 날개짓 횟수

자료	169	178	180	180	182	185	188	190	225	235
종	2	2	2	2	2	2	1	1	1	1
순위	1	2	3	4	5	6	7	8	9	10

검정을 할 가설은 다음과 같다.

H_0 : 두 종 사이에 초당 날개짓 횟수의 분포는 같다.

H_1 : 두 종 사이에 초당 날개짓 횟수의 분포는 다르다.

종1에 대한 표본크기 $n_1 = 4$가 두 표본크기 중 더 작은 쪽이므로,

$$T_1 = 7 + 8 + 9 + 10 = 34$$

$$T_1^* = n_1(n_1 + n_2 + 1) - T_1 = 4 \times (4 + 6 + 1) - 34 = 10$$

이다. 양쪽꼬리검정을 위한 검정통계량은, $T_1 = 34$와 $T_1^* = 10$ 중 더 작은 쪽인 $T = 10$이다.

$\alpha = 0.05$의 양쪽꼬리검정을 위해 부록 I 의 〈표 7(b)〉를 이용가능하며, 여기서 $n_1 = 4$ 및 $n_2 = 6$이다. $P(T \le a) \le \alpha/2 = 0.025$가 성립하는 T의 임계값은 12이며, 이는 만일 관측된 검정통계량($T = 10$)의 값이 12보다 작으면 초당날개짓 횟수의 동일분포 가설을 5% 유의수준으로 기각해야 한다. ■

윌콕슨 순위합검정에 대한 정규근사

부록 I 의 〈표 7〉는 표본크기 $n_1 \le n_2 = 3, 4, \ldots, 15$에 대한 임계값을 담고 있다. n_1이 지나치게 작지 않다는 가정 하에[2], 윌콕슨 순위합 통계량 T의 분포의 근사치들을 정규근사를 이용해 찾을 수 있다. T의 평균과 분산은 아래와 같다.

2) 어떤 연구자들은 표본이 $n_1 = n_2 = 4$만큼 작은 경우에 대해 정규근사가 적절하다고 가리킨다.

$$\mu_T = \frac{n_1(n_1+n_2+1)}{2} \quad 및 \quad \sigma_T^2 = \frac{n_1 n_2(n_1+n_2+1)}{12}$$

그러면 n_1과 n_2가 10 정도로 작은 경우에 대해

$$z = \frac{T-\mu_T}{\sigma_T}$$

의 분포는 근사적으로 평균이 0이고 분산이 1인 정규분포이다.

[예제 15.1]에 이 근사를 적용하면,

$$\mu_T = \frac{n_1(n_1+n_2+1)}{2} = \frac{4(4+6+1)}{2} = 22$$

$$\sigma_T^2 = \frac{n_1 n_2(n_1+n_2+1)}{12} = \frac{4(6)(4+6+1)}{12} = 22$$

이다. 이 검정의 p-값은 $2P(T \geq 34)$이다. n_1과 n_2가 작으므로 z를 계산 시 0.5 연속성 보정을 해주면,

$$z = \frac{T-\mu_T}{\sigma_T} = \frac{(34-0.5)-22}{\sqrt{22}} = 2.45$$

이다. 이 검정을 위한 p-값은 근사적으로 다음과 같다.

$$2P(T \geq 34) \approx 2P(z \geq 2.45) = 2 \times 0.0071 = 0.0142$$

대표본에 대한 윌콕슨 순위합검정: $n_1 \geq 10$ 및 $n_2 \geq 10$

귀무가설: H_0 : 모집단 분포가 동일하다.

대립가설: H_1 : 두 개의 모집단 분포가 동일하지 않다 (양쪽꼬리검정). 또는 H_1 : 모집단1의 분포가 모집단2의 분포의 오른쪽 (또는 왼쪽)으로 옮겨져 있다 (한쪽꼬리검정).

검정통계량: $z = \dfrac{T-n_1(n_1+n_2+1)/2}{\sqrt{n_1 n_2(n_1+n_2+1)/12}}$

기각역:

a. 양쪽꼬리검정에 대해, 만일 $z > z_{\alpha/2}$ 또는 $z < -z_{\alpha/2}$이면 H_0를 기각한다.

b. 오른쪽꼬리검정에 대해, 만일 $z > z_\alpha$이면 H_0를 기각한다.

c. 왼쪽꼬리검정에 대해, 만일 $z < -z_\alpha$이면 H_0를 기각한다.

또는 만일 p-값 $< \alpha$이면 H_0를 기각한다. 부록 I 의 〈표 3〉에 z의 값들이 정리되어 있다.

예제 15.2

두 종류의 크래프트 종이의 강도를 비교하기 위한 실험이 수행되었다: 하나는 특정 중량의 표준 크래프트 종이이며 다른 하나는 화학물질 처리된 같은 표준 크래프트 종이이다. 생산지에서 각 종류별로 열 조각의 종이를 임의로 선택하였으며 강도 측정치가 〈표 15.5〉에 나와 있다. 두 종류의 종이의 강도의 분포에 차이가 없다는 귀무가설에 대하여 처리된 종이가 더 강한 경향이 있다는 대립가설, 즉 강도 측정치의 분포가 오른쪽으로 이동되어 있다)을 검정하여라.

〈표 15.5〉 두 종류의 종이에 대한 강도 측정치 (및 그 순위)

표준 종이1	처리된 종이2	
1.21 (2)	1.49 (15)	
1.43 (12)	1.37 (7.5)	
1.35 (6)	1.67 (20)	
1.51 (17)	1.50 (16)	
1.39 (9)	1.31 (5)	
1.17 (1)	1.29 (3.5)	
1.48 (14)	1.52 (18)	
1.42 (11)	1.37 (7.5)	
1.29 (3.5)	1.44 (13)	
1.40 (10)	1.53 (19)	
순위합	$T_1 = 85.5$	
	$T_1^* = n_1(n_1 - n_2 + 1) - T_1 = 210 - 85.5 = 124.5$	

풀이 만일 표본 크기들이 동일하다면 두 표본 중 어느 것도 표본1로 선택할 수 있다. 표준종이를 첫 번째 표본으로 선택하고, 20개의 강도 측정치를 순위를 매긴 후에 계산된 T_1과 T_1^*의 값이 표의 바닥줄에 나와 있다. 표준(1) 측정치가 처리된(2) 측정치의 왼쪽으로 이동해 있는지 발견하고자 하므로, 왼쪽꼬리검정을 수행한다.

H_0 : 강도 분포에 차이가 없다.

H_1 : 표준 분포는 처리 분포의 왼쪽에 놓여 있다.

$T = T_1$을 검정통계량으로 사용하며, T값이 비정상적으로 작은지 살펴본다.

$\alpha = 0.05$의 한쪽꼬리검정에 대한 임계값을 찾기 위해, 부록 I 의 〈표 7(a)〉을 $n_1 = n_2 = 10$으로 검색한다. 표의 값을 이용하여, 만일 $T \le 82$이면 귀무가설을 기각한다. 관측된 검정통계량값이 $T = 85.5$이므로 H_0를 기각할 수 없다. 처리된 크래프트 종이가 표준종이보다 더 강하다고 결론내릴 수 없다.

T의 분포에 대한 정규근사를 이용하려면 다음 값들을 계산한다.

$$\mu_T = \frac{n_1(n_1 + n_2 + 1)}{2} = \frac{10(21)}{2} = 105$$

$$\sigma_T^2 = \frac{n_1 n_2 (n_1 + n_2 + 1)}{12} = \frac{10(10)(21)}{12} = 175$$

$\sigma_T = \sqrt{175} = 13.23$이다. 그러면,

$$z = \frac{T - \mu_T}{\sigma_T} = \frac{85.5 - 105}{13.23} = -1.47$$

$z = -1.47$에 대한 한쪽꼬리 p-값은

$$p - \text{값} = P(z \le -1.47) = 0.5 - 0.4292 = 0.0708$$

이며, 이것은 $\alpha = 0.05$보다 크다. 결론은 동일하다. 처리된 크래프트 종이가 표준종이보다 더 강하다고 결론내릴 수 없다.

언제 윌콕슨 순위합검정이 이표본 $t-$검정보다 선호되는가? 이표본 $t-$검정은 자료가 정규분포이고 동일분산인 경우에 잘 동작한다. 만일 이 가정들이 의심스럽다면 정규확률그림을 그려서 비정규성의 정도를 평가하고, 표본분산에 대한 이표본 $F-$검정을 이용하여 분산의 동일성을 검정할 수 있다. 이러한 절차의 어느 하나라도 비정규성 또는 분산의 비동일성을 나타낸다면 윌콕슨 순위합검정이 적절하다. ■

Probability & Statistics

연습문제

기본

15.1 크기가 $n_1 = 6$ 및 $n_2 = 8$인 표본에 기초하여 분포1이 분포2의 우측으로 이동해 있다는 것을 발견해내기 위해 윌콕슨 순위합검정을 이용하고자 한다.

a. T_1과 T_1^*를 검정통계량으로 사용해야 하는가?

b. $\alpha = 0.05$일 때 이 검정의 기각역은 무엇인가?

c. $\alpha = 0.01$일 때 이 검정의 기각역은 무엇인가?

15.2 모집단 1과 2로부터 이끌어낸 두 개의 임의독립표본이 아래 나와 있다. 모집단1이 모집단2의 왼쪽으로 이동해 있는지 결정하기 위해 윌콕슨 순위합검정을 이용하여라.

표본1	1	3	2	3	5
표본2	4	7	6	8	6

a. 검정할 귀무가설과 대립가설을 기술하여라.

b. 결합된 표본을 작은 것부터 큰 것까지 순위를 매겨라. T_1과 T_1^*를 계산하여라.

c. $\alpha = 0.05$에 대한 기각역은 무엇인가?

d. 모집단1이 모집단2의 왼쪽으로 이동해 있다는 것을 나타내는 충분한 증거가 있는가?

15.3 표본크기 $n_1 = 12$ 및 $n_2 = 14$에 기초하여 모집단1이 모집단2의 오른쪽으로 이동해 있다는 것을 발견하려고 한다. 만일 $T_1 = 193$이라면 어떤 결론을 내리겠는가? $\alpha = 0.05$를 이용하라.

응용

15.4 건강한 노인에 대한 어떤 검사에서 신약이 기억력을 거의 젊은 사람의 수준으로 회복시켰다. 암파킨 CX-516이라 불리는 이 약의 적절한 양을 10명의 65 — 70세 남성 그룹에게 투여하였다. 자료는 이 10명의 남성 그룹과 20대 초반의 10명의 남성 그룹이 5분 후 기억해 낸 틀린 음절을 개수이다. 자료로부터 이 약이 65 — 70세 남성의 기억력을 20대 남성의 기억력과 비교하여 향상시킨다고 결론지을 수 있는가? 적절한 유의수준 α를 이용하여라.

20대	11	7	6	8	6	9	2	10	3	6
65~70세	1	9	6	8	7	8	5	7	10	3

15.5 청각장애인의 시각탐색행동 검사에서, 아홉 명의 청각장애 아동과 아홉 명의 정상 아동의 측정치가 얻어졌다. 표는 눈동자 움직임 속도와 그 순위(괄호 안)를 나타낸다. 청각장애 아동과 정상 아동의 눈동자 움직임 속도 간에 차이가 있다고 보는가?

	청각장애 아동	정상 아동
	2.75 (15)	0.89 (1)
	2.14 (11)	1.43 (7)
	3.23 (18)	1.06 (4)
	2.07 (10)	1.01 (3)
	2.49 (14)	0.94 (2)
	2.18 (12)	1.79 (8)
	3.16 (17)	1.12 (5.5)
	2.93 (16)	2.01 (9)
	2.20 (13)	1.12 (5.5)
순위합	126	45

5.6 두 호수의 환경이 거북의 성장에 미치는 영향을 비교하기 위하여 거북의 체중을 측정하였다. 모든 거북은 동일 연령이며 호수에 놓아주기 전에 표시를 하였다. 호수1에서 잡힌 $n_1 = 10$마리의 표시된 거북의 체중과 $n_2 = 8$마리의 표시된 거북의 체중이 아래 정리되어 있다.

호수	체중 (온스)									
1	14.1	15.2	13.9	14.5	14.7	13.8	14.0	16.1	12.7	15.3
2	12.2	13.0	14.1	13.6	12.4	11.9	12.5	13.8		

두 호수 환경에 노출된 표시된 거북의 체중 분포에 차이를 나타내는 충분한 증거가 있는가? $\alpha = 0.05$의 윌콕슨 순위합검정을 이용하여 질문에 답하라.

15.3 대응실험에 대한 부호검정

부호검정은 표본이 짝 지어진 관측값으로 이루어져 있을 때 두 모집단을 비교하는 데에 이용될 수 있는 매우 간단한 절차이다. 이러한 실험설계는 **짝의 차 설계**(paired-difference design) 또는 **대응짝설계**(matched pairs design)라 불리며, 제10.5장에서 두 종류의 타이어의 평균 마모정도를 비교하기 위해 사용하였다. 일반적으로 각 짝에 대해 당신은 첫 번째 반응 A가 두 번째 반응 B를 초과하는지를 측정한다. 검정통계량은 n개의 관측값 짝 중에서 A가 B를 초과하는 횟수 x이다.

두 모집단 분포가 동일할 때는 A가 B를 초과할 확률은 $p=0.5$와 같으며, A가 B를 초과한 횟수 x는 이항분포를 갖는다. 동점이 없는 쌍들만이 검정에 포함된다. 그러므로 $H_0: p=0.5$와 이에 대한 한쪽 또는 양쪽꼬리 대립가설을 검정함으로써 동일모집단분포의 가설을 검정할 수 있다. 기각역에 대한 임계값 및 정확한 p-값은 부록 I 의 누적이항분포표를 이용해 찾을 수 있다.

두 모집단을 비교하기 위한 부호검정

귀무가설: H_0 : 두 모집단 분포는 동일하며 $P(\text{A가 B를 초과함}) = p = 0.5$

대립가설:

a. H_1 : 모집단 분포는 동일하지 않으며 $p \neq 0.5$

b. H_1 : A측정값의 모집단은 B측정값의 모집단의 우측으로 이동해 있으며 $p > 0.5$

c. H_1 : A측정값의 모집단은 B측정값의 모집단의 좌측으로 이동해 있으며 $p < 0.5$

검정통계량: 동점이 없는 쌍의 개수 n에 대해 (A−B)가 양수인 것의 개수 x를 이용한다.

기각역:

a. $H_1: p \neq 0.5$: 만일 $x \leq x_L$ 또는 $x \geq x_U$이면 H_0를 기각한다. 여기서, $p=0.5$인 이항확률변수 x에 대해 $P(x \leq x_L) \leq \alpha/2$ 그리고 $P(x \geq x_U) \leq \alpha/2$.

b. $H_1: p > 0.5$: 만일 $x \geq x_U$이면 H_0를 기각한다. 여기서 $P(x \geq x_U) \leq \alpha$.

c. $H_1: p < 0.5$: 만일 $x \leq x_L$이면 H_0를 기각한다. 여기서 $P(x \leq x_L) \leq \alpha$.

또는 p−값$< \alpha$이면 H_0를 기각한다.

부호검정 수행 시 쌍의 측정치가 같아지면 **등순위**(tied ranks) 문제가 생긴다. 이 경우 동점이 생긴 짝을 제거하여 총 짝의 수 n을 줄인다. 다음 예제를 보자.

예제 15.3

생산라인 A 및 B에서 생산된, 결함이 있는 전기퓨즈의 개수를 열흘 간 매일 기록하였다. 결과는 〈표 15.6〉에 나와 있다. 많은 수의 퓨즈가 매일 생산되며 반응변수인 결함 퓨즈의 개수는 이항분포를 가진다. 반응변수는 근사적으로 정규분포를 갖겠지만 공장관리자는 한 생산라인이 더 결함이 많은지 판단하기 위해 빠르고 쉬운 통계방법을 선호한다. 적합한 가설을 검정하기 위해 부호검정을 사용하라.

〈표 15.6〉 두 생산라인에서 만들어진 결함있는 퓨즈

날짜	라인A	라인B	차이의 부호
1	170	210	−
2	164	179	−
3	140	159	−
4	184	195	−
5	174	177	−
6	142	170	−
7	191	183	+
8	169	179	−
9	161	170	−
10	200	212	−

풀이 이 짝의 차 실험에서, 만일 두 생산라인에서 생산된 결점의 개수의 분포가 차이가 없다면 라인A가 라인B를 초과하는 날의 비율 p는 0.5이며, 이는 이항분포의 모수 p의 검정에서의 가설 값이다. A가 B를 초과한 횟수 x가 매우 크거나 매우 작으면 귀무가설과 모순된다.

$n=10$이고 $p=0.5$이므로 부록 I 의 〈표 1〉을 이용하여 가설

$$H_0 : p = 0.5 \text{에 대하여} \quad H_1 : p \neq 0.5$$

에 대한 정확한 p-값을 찾을 수 있다. 통계량의 관측된 값 $x=1$이며 p-값의 계산은

$$p-\text{값} = 2P(x \leq 1) = 2 \times 0.011 = 0.022$$

p-값이 매우 작으므로 귀무가설은 5% 수준으로 기각된다. 두 생산라인에 대해 결함 퓨즈의 개수가 같지 않다는 것을 가리키는 충분한 증거가 있다. 실제로, 라인B가 더 많은 결함을 생산한다. 이 예제에서 부호검정은 쉽게 계산할 수 있는 간단한 도구로서 최소한의 정보만으로 유의한 차이를 완벽하게 잘 찾아낸다. ■

부호검정에 대한 정규근사

짝의 개수 n이 클 때에는 H_0 기각을 위한 임계값과 근사적 p-값은 x의 분포에 대한 정규근사를 통해 찾을 수 있다. 이에 관해 제6.4장에서 논의된 적이 있다. 이항분포는 $p=0.5$일 때 완벽하게 대칭이므로 근사는 n이 10정도로 작아도 매우 잘 동작한다.

$n \geq 25$에 대해, z통계량

$$z = \frac{x - np}{\sqrt{npq}} = \frac{x - 0.5n}{0.5\sqrt{n}}$$

을 검정통계량으로 사용하여 부호검정을 수행할 수 있다. 검정은 제9장에서 설명했던 기각역을 이용한다.

대표본에 대한 부호검정: n≥25

1. **귀무가설:** $H_0 : p = 0.5$ (첫 번째 처리는 두 번째 처리보다 선호되지 않는다)
2. **대립가설:** 양측꼬리검정에 대해 $H_1 : p \neq 0.5$ (주의: 예제에서는 양측꼬리검정을 수행한다. 많은 분석에서 한쪽꼬리검정을 요구할 수 있다).
3. **검정통계량:** $z = \dfrac{x - 0.5n}{0.5\sqrt{n}}$
4. **기각역:** 만일 $z \geq z_{\alpha/2}$ 또는 $z \leq -z_{\alpha/2}$이면 H_0를 기각한다. 여기서 $z_{\alpha/2}$는 부록 I 의 〈표 3〉에 나온 z-값으로 정규분포의 오른쪽꼬리의 면적이 $\alpha/2$에 해당한다.

예제 15.4

생산감독관은 대형제조공장의 아침저녁 교대조에 대해 종업원 사고율 간에 차이가 없다고 주장한다. 일별 사고 횟수가 아침과 저녁 교대조에 대해 $n = 100$일간 기록된다. 100일 가운데 63일에서 저녁 교대조의 일별 사고 횟수 x_E가 아침 교대조의 일별 사고 수 x_D를 초과한다. 하나의 교대조가 다른 교대조보다 사고가 더 일어나는 경향이 있다고 할 충분한 증거가 있는가? 즉, $P(x_E > x_D) \neq 1/2$?

풀이 이 실험은 $n = 100$개의 관측값 짝을 이용한 짝의 차 실험이다. 사고의 분포가 동일하다는 귀무가설을 검정하기 위해 검정통계량은

$$z = \frac{x - 0.5n}{0.5\sqrt{n}} = \frac{63 - 0.5 \times 100}{0.5 \times \sqrt{100}} = \frac{13}{5} = 2.60$$

이며, 여기서 x는 저녁 교대조의 사고 횟수가 아침 교대조의 사고 횟수를 초과한 날짜수이다. $\alpha = 0.05$에 대해 귀무가설은 $z \geq 1.96$이거나 $z \leq -1.96$이면 기각된다. 계산된 z의 값이 1.96을 초과하므로 귀무가설을 기각할 수 있다. 아침과 저녁 교대조에 대한 사고율 분포 차이를 가리키는 충분한 증거가 있다.

언제 부호검정이 쌍체 t-검정보다 더 선호되는가? 오직 측정치의 차이의 방향만이 주어졌을 때는 부호검정만 이용될 수 있다. 반면에 자료가 양적이며 정규성과 상수 분산 가정이 만족될 때는 쌍체 t-검정이 이용되어야 한다. 정규확률그림을 이용해 정규성을 평가할 수 있고, 잔차 $(d_i - \bar{d})$의 그림에서 큰 편차가 보이면 쌍과 쌍에 걸쳐 분산이 달라지는 것을 알 수 있다. 가정의 유효성이 의심되면 두 검정 모두를 수행하기를 권장한다. 두 검정이 같은 결론에 다다르면 모수검정이 유효하다고 간주할 수 있다. ■

연습문제

기본

15.7 $n=25$인 짝의 차 실험에서 $H_1 : p > 0.5$를 검정하기 위해 부호검정을 이용하고자 한다.

a. 주어진 대립가설을 좌우하는 현실적인 상황을 설명하라.

b. 부록 I 의 〈표 1〉을 이용하여 검정에 사용가능한 $\alpha(\alpha < 0.15)$의 값을 찾아라.

15.8 $n=10, 15, 20$에 대하여 연습문제 15.7의 지시를 반복하라 그리고 $H_1 : p \neq 0.5$에 대해서도 반복하라.

응용

15.9 두 명의 세무사 A와 B의 자산평가를 비교하였다. 여덟 개의 자산에 대한 평가가 다음 표에 나와 있다.

자산	평가사A	평가사B
1	276.3	275.1
2	288.4	286.8
3	280.2	277.3
4	294.7	290.6
5	268.7	269.1
6	282.8	281.0
7	276.1	275.3
8	279.0	279.1

a. 평가사 한 명이 지속적으로 좀 더 보수적임을 나타내는 충분한 증거가 자료에 있음을 부호검정을 이용하여 결정하시오. 즉, $P(x_A > x_B) \neq 1/2$. 0.05에 가까운 α값을 이용하시오. $p-$값을 구하고 그 값을 해석하시오.

b. $t-$통계량을 이용하여 평가사 A와 B의 평균 자산평가에 차이가 없다는 귀무가설을 검정하고 그 결과를 a번의 답과 비교하시오. 검정 결과가 동일한가? 왜 동일한지 또는 동일하지 않는지 설명하시오.

15.10 한 연구에서는 주립 실내사격훈련장에서 3개월간의 화기교습 이전, 도중 및 이후에 17명의 법집행훈련강좌 구성원에 대한 납 노출 측정을 실시하였다. 훈련 전에는 어느 훈련생도 높은 혈중납수치를 보이지 않았지만 훈련 후에는 17명 중 15명의 혈중납수치가 상승한 것으로 간주되었다. 만일 실내사격훈련장 이용으로 인해 혈중납수치가 증가하지 않는다면 혈중납수치 증가 확률 p는 0.5보다 작거나 같다. 하지만 그 반대 경우라면 $p > 0.5$이다. 실내사격훈련장 이용이 혈중납수치를 높이는 효과가 있는지를 $\alpha = 0.05$의 부호검정을 이용해 결정하라. (힌트: $n=17$에 대한 이항확률의 정규근사는 꽤 정확하다.)

15.4 통계적 검정들의 비교

[예제 15.3]의 실험은 짝의 차 실험으로 설계되었다. 만일 정규성과 상수분산의 가정을 만족하면 부호검정은 쌍체 $t-$검정만큼 효율적으로 두 모집단의 위치이동을 알아낼 것인가? $t-$검정은 차이의 부호 이외에도 차이의 실제 값을 이용하므로, 즉 더 많은 정보를 이용하므로 아마도 $t-$검정이 더 효율적일 것이다.

동일한 자료에 대해 두 개의 서로 다른 통계적 검정을 이용할 수 있다면 어느 쪽이 더 나은 것인가를 물을 것이다. 이 경우 표본크기 n과 α를 고정하고 제2종 오류의 확률 β를 비교할 수 있다.

정의

$$\text{검정력(Power)} = 1-\beta = P(H_1\text{가 참일 때 } H_0\text{를 기각함})$$

β는 귀무가설이 거짓일 때 그것을 기각하지 못할 확률이므로, 검정력(power)은 귀무가설이 거짓이고 대립가설이 참일 때 귀무가설을 기각할 확률이다. 검정력은 검정이 계획대로 동작할 확률이다. 즉, 귀무가설로부터의 벗어날 경우 그것을 알아채는 것이다.

상대효율의 관점에서 두 검정을 비교하는 것도 가장 일반적인 방법이다. **상대효율**(relative efficiency)은 주어진 귀무가설에 대해 동일한 α와 β를 달성하기 위해 두 검정절차에 요구되는 표본크기의 비이다.

가장 강력한 검정을 사용하고 있는지 너무 고민하지 않아도 된다. 예를 들어 가장 강력한 검정보다 이용하기 쉬운 부호검정을 선택해도 된다. 검정방법들은 마치 현미경처럼 가설이론에서 벗어남을 알아채는 데에 이용된다. 생물학적 조사를 위해 현미경의 정확한 능력은 몰라도 된다. 만일 검정절차가 귀무가설로부터의 벗어남을 발견했다면 기쁜 일이다. 그렇지 않더라도 더 강력한 현미경(검정)을 이용하여 자료를 재분석하거나 표본크기를 증가시켜 현미경(검정)의 검정력을 증가시킬 수 있다.

15.5 대응실험에 대한 윌콕슨 부호순위검정

Frank Wilcoxon이 제안한 부호순위검정은 제10.5장의 짝의 차 실험을 분석하는데 사용한다. 분포 1과 2의 차이가 없다는 귀무가설 하에 평균적으로 짝의 차이의 대략 절반 $(n/2)$은 음의 부호를 가질 것이고 나머지 반은 양의 부호를 가질 것이다. 더 나아가, 동일한 절대값을 갖는 양과 음의 차이값들은 동일한 확률로 발생할 것이다. 만일 절대값을 기준으로 차이값들을 작은 것부터 큰 것으로 배열하고 순위를 매긴다면 음의 차이값의 기대 순위합과 양의 차이값의 기대 순위값은 동일할 것이다.

T^-는 음의 차이값들의 순위합을 나타낸다. 만일 T^-값이 유의하게 작다면 귀무가설을 기각하며, 분포1이 분포2의 우측으로 이동하였음을 가리킨다. T^+는 양의 차이값들의 순위합을 나타낸다. 만일 T^+값이 유의하게 작다면 귀무가설을 기각하며, 분포1이 분포2의 왼쪽으로 이동하였음을 가리킨다.

윌콕슨 부호순위검정을 위한 검정통계량 계산

1. n개의 짝의 각각에 대해 차이 $(x_1 - x_2)$를 계산한다. 차이가 0이면 제거하며 짝의 개수 n을 줄인다.
2. 차이값의 절대값이 가장 작은 것에 1의 순위를 매기고 두 번째로 작은 것에 2의 순위를 매기는 방식으로 순위를 매긴다. 등순위 관측값은 동점이 발생하지 않았을 경우 배정될 순위의 평균값을 배정한다.
3. 음의 차이에 대한 순위합을 구하여 T^-라 한다. 마찬가지로 양의 차이의 순위합 T^+를 구한다.

양측꼬리검정에서는 T^-와 T^+ 중에 작은 것을 검정통계량 T로 정하며, 이때, 귀무가설은 두 모집단의 상대도수히스토그램이 동일하다 이다. 만일 T값이 어떤 값 T_0보다 작거나 같으면 귀무가설을 기각한다.

만일 분포1이 분포2의 우측으로 이동했다는 단측대립가설을 알아내려면 음의 차이의 순위합 T^-를 이용하여 T^-가 특정 값 T_0보다 작거나 같으면 귀무가설을 기각한다. 반대로, 만일 분포2가 분포1의 우측으로 이동했다는 것을 알아내려면 양의 차이의 순위합 T^+를 이용하여 $T^+ \le T_0$이면 귀무가설을 기각한다.

부록 I 의 〈표 8〉에 나와 있는 임계값 T_0를 이용하여 T의 기각역을 찾을 수 있다. 즉 T가 T_0보다 작거나 같을 확률이 다양한 표본크기와 T_0값에 대해 나와 있다.

〈표 15.7〉는 〈표 8〉가 간략화된 표이다. n은 차이(짝)의 개수이며, 한쪽꼬리검정을 위한 α값이 첫 번째 열에 나와 있으며, 양쪽꼬리검정을 위한 α값이 두 번째 열에 나와 있다. 표의 항목들은 임계값이다. 예를 들어 $n = 7$쌍을 가지고 두 모집단 상대도수분포가 동일하다는 귀무가설을 양쪽꼬리검정 하고자 한다고 하자. $n = 7$의 열과 두 번째 행(양쪽꼬리검정에서 $\alpha = 0.05$에 해당)을 찾으면 값 2를 찾을 수 있다. 따라서 만일 T값이 2보다 작거나 같으면 귀무가설을 기각한다.

〈표 15.7〉 부록 I 의 〈표 8〉를 간략화한 표 - T의 임계값

단측	양측	$n = 5$	$n = 6$	$n = 7$	$n = 8$	$n = 9$	$n = 10$	$n = 11$
$\alpha = 0.050$	$\alpha = 0.10$	1	2	4	6	8	11	14
$\alpha = 0.025$	$\alpha = 0.05$		1	2	4	6	8	11
$\alpha = 0.010$	$\alpha = 0.02$			0	2	3	5	7
$\alpha = 0.005$	$\alpha = 0.01$				0	2	3	5

단측	양측	$n = 12$	$n = 13$	$n = 14$	$n = 15$	$n = 16$	$n = 17$
$\alpha = 0.050$	$\alpha = 0.10$	17	21	26	30	36	41
$\alpha = 0.025$	$\alpha = 0.05$	14	17	21	25	30	35
$\alpha = 0.010$	$\alpha = 0.02$	10	13	16	20	24	28
$\alpha = 0.005$	$\alpha = 0.01$	7	10	13	16	19	23

대응실험에 대한 윌콕슨 부호순위검정

1. **귀무가설:** H_0 : 두 모집단 상대도수분포가 동일하다.
2. **대립가설:** H_1 : 두 모집단 상대도수분포 위치가 다르다 (양쪽꼬리검정). 또는 H_1 :모집단1 상대도수분포가 모집단2 상대도수분포의 오른쪽으로 이동하였다.
3. **검정통계량**
   a. 양쪽꼬리검정의 경우, 양의 차이의 순위합과 음의 차이의 순위합 중 작은 값을 T로 사용한다.
   b. 한쪽꼬리검정의 경우, 음의 차이의 순위합 T^-를 사용한다.
4. **기각역**
   a. 양쪽꼬리검정의 경우, 만일 $T \le T_0$이면 H_0를 기각한다. 여기서 T_0는 부록 I 의 〈표 8〉에 주어진 임계값이다.
   b. 한쪽꼬리검정의 경우, 만일 $T^- \le T_0$이면 H_0를 기각한다[3]. [$T^+ + T^- = n(n+1)/2$임에 주목하라.]

예제 15.5

두 종류의 케이크혼합재료 A 및 B를 사용해 준비된 케이크의 밀도를 비교하는 실험을 수행하였다. 여섯 개 케이크는 반죽 A를, 다른 여섯 개 케이크는 반죽 B를 이용했다. 오븐 온도의 변화를 고려하여 A케이크와 B케이크는 오븐 내에서 나란히 위치하도록 하였다. 두 종류의 반죽에 대해 케이크 밀도의 모집단 분포에 차이가 없다는 가정을 검정하여라.

풀이 〈표 15.8〉에 자료와 차이값이 나와 있다. [그림 15.1]은 차이값의 상자그림으로서, 오른쪽 꼬리에 매우 강한 기울어짐과 매우 큰 차이값이 있음을 보여준다. 따라서 자료는 정규성 가정을 만족하지 않을 것이다. 정규성과 상수분산에 관한 결정을 하기에는 표본크기가 너무 작다. 이 상황에서 윌콕슨의 부호순위검정을 이용하는 것이 신중한 방법이다.

부록 I 의 〈표 8〉로부터, 양쪽꼬리검정 $\alpha = 0.10$에 대한 임계값은 $T_0 = 2$이다. 따라서 만일 $T \le 2$이면 케이크밀도의 두 모집단 도수분포가 동일하다는 귀무가설을 기각한다.

〈표 15.8〉 여섯 쌍의 케이크의 밀도

x_A	x_B	차이값 $(x_A - x_B)$	순위
0.135	0.129	0.006	2
0.102	0.120	-0.018	5
0.098	0.112	-0.014	4
0.141	0.152	-0.011	3
0.131	0.135	-0.004	1
0.144	0.163	-0.019	6

3) 만일 분포2가 분포1의 우측으로 이동해있다는 것을 발견하려면 양의 차이값의 순위합 T^+를 검정통계량으로 이용하고 만일 $T^+ \le T_0$이면 H_0를 기각한다.

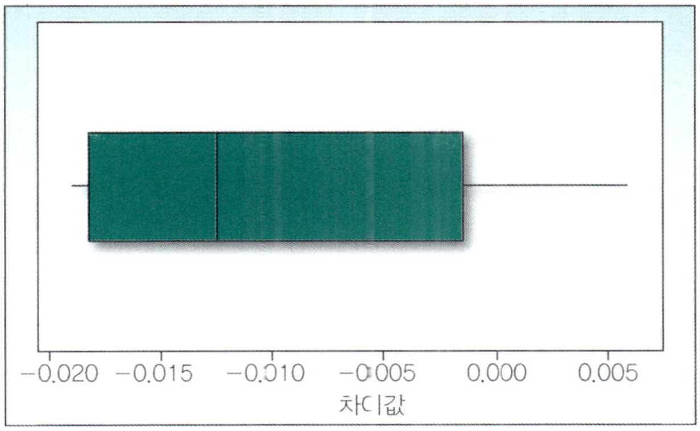

[그림 15.1] [예제 15.5]에 대한 차이값의 상자그림

〈표 15.8〉에서 차이값들$(x_1 - x_2)$을 계산한 후 절대값에 따라 순위가 매겨진다. 양의 순위합은 $T^+ = 2$이며 음의 순위합은 $T^- = 19$이다. 통계량은 이들 중 작은쪽인 $T = 2$이다. $T = 2$는 기각역에 속하므로 두 모집단 도수분포가 다르다는 결론을 내릴 수 있다.

윌콕슨 부호순위검정에 대한 정규근사

부록 I 의 〈표 8〉이 n이 50까지에 대해 임계값을 나타내고 있긴 하지만, 만일 귀무가설이 참이고 n이 25이상으로 크다면 T^+는 근사적으로 정규분포를 갖는다. 대표본 z검정을 수행하기 위해

$$E(T) = \frac{n(n+1)}{4}$$

$$\sigma_T^2 = \frac{n(n+1)(2n+1)}{24}$$

이며, 따라서 z통계량

$$z = \frac{T^+ - E(T)}{\sigma_T} = \frac{T^+ - \dfrac{n(n+1)}{4}}{\sqrt{\dfrac{n(n+1)(2n+1)}{24}}}$$

을 검정통계량으로 사용한다. $\alpha = 0.05$인 양쪽꼬리검정에서는 $|z| \geq 1.96$이면 동일모집단분포 귀무가설을 기각한다.

대응실험에 대한 대표본 윌콕슨 부호순위검정: n≥25

1. **귀무가설:** H_0 : 모집단 상대도수분포 1 및 2는 동일하다.
2. **대립가설:** H_1 : 두 개의 모집단 상대도수분포는 위치가 다르다 (양쪽꼬리검정). 또는 H_1 :모집단1 상대도수분포는 모집단2 상대도수분포의 오른쪽으로 이동해있다 (한쪽꼬리검정).

3. 검정통계량: $z = \dfrac{T^{+} - (n(n+1)/4)}{\sqrt{n(n+1)(2n+1)/24}}$

4. 기각역: 양쪽꼬리검정에 대해, 만일 $z > z_{\alpha/2}$ 또는 $z < -z_{\alpha/2}$이면 H_0를 기각한다. 한쪽꼬리검정에 대해, 분포 1이 분포 2의 오른쪽으로 이동했음을 발견하려면 $z > z_{\alpha}$일 때 H_0를 기각한다. 반대방향으로의 이동을 발견하려면 $z < -z_{\alpha}$일 때 H_0를 기각한다.

부록 I 의 〈표 3〉에 z의 값이 표로 나와 있다.

Probability & Statistics

연습문제

기본

15.11 30쌍으로 이루어진 짝의 차 실험에 기초하여 두 개의 모집단 분포의 위치의 차이를 발견하고자 한다.

a. 윌콕슨 부호순위검정을 위한 귀무가설과 대립가설을 기술하시오.

b. 검정통계량을 기술하시오.

c. $\alpha = 0.05$에 대한 검정의 기각역을 기술하시오.

d. 만일 $T^{+} = 249$이면, 결론은 무엇인가? [$T^{+} + T^{-} = n(n+1)/2$임을 주목하시오.]

15.12 연습문제 15.11을 참고하시오. 대표본 z 검정을 이용하여 검정을 수행하시오.

15.13 자료 EX1516을 참고하시오. 이 표의 자료는 $n = 7$쌍의 관측값으로 된 짝의 차 실험에서 얻어졌다.

	관측값 쌍						
모집단	1	2	3	4	5	6	7
1	8.9	8.1	9.3	7.7	10.4	8.3	7.4
2	8.8	7.4	9.0	7.8	9.9	8.1	6.9

a. 윌콕슨의 부호순위검정을 이용하여 두 모집단 간에 유의한 차이가 있는지 결정하시오. $\alpha = 0.01$을 이용한다.

b. 제15.3장의 부호검정을 이용하여 두 모집단 간에 유의한 차이가 있는지 결정하시오. 이 결과를 a번의 결과와 비교하시오. 동일한가? 설명하시오.

15.14 강철밧줄을 제조하는 두 개의 동일한 기계 A와 B에 대해 9개월간 월별 고장횟수를 기록하였다.

월	A	B	월	A	B
1	3	7	6	6	6
2	14	12	7	13	12
3	7	9	8	6	5
4	10	15	9	7	13
5	9	12			

a. 자료를 통해 두 기계의 월별 고장률의 차이를 가리키는 충분한 증거를 얻을 수 있는가? 0.05와 가까운 α값을 이용하여 검정하시오.

b. 매 월 두 기계의 고장률이 달라지는 원인은 무엇이라고 생각하는가?

15.15 1주일 동안 $n = 12$개의 교차로에서 교통통제 방법 A와 B를 사용하였고 그동안의 사고발생 횟수를 기록하였다. 사용순서는 임의로 선택되었다. 교통통제 방법 A와 B에 대한 사고율의 분포에 차이가 있음을 가리키는 충분한 증거가 있는지 알고자 한다.

	방법			방법	
교차로	A	B	교차로	A	B
1	5	4	7	2	3
2	6	4	8	4	1
3	8	9	9	7	9
4	3	2	10	5	2
5	6	3	11	6	5
6	1	0	12	1	1

a. 부호검정을 이용해 분석하시오.

b. 대응실험에 대한 윌콕슨 부호순위검정을 이용해 분석하시오.

15.16` 한 심리학 수업에서는, 25개의 단어 이미지를 만들라는 지시가 주어졌을 때의 회상점수가 이미지 지시가 주어지지 않았을 때의 회상점수와 다른지를 결정하는 실험을 수행하였다. 이십 명의 학생이 참여하여 다음 표의 결과를 얻었다.

학생	이미지 있음	이미지 없음	학생	이미지 있음	이미지 없음
1	20	5	11	17	8
2	24	9	12	20	16
3	20	5	13	20	10
4	18	9	14	16	12
5	22	6	15	24	7
6	19	11	16	22	9
7	20	8	17	25	21
8	19	11	18	21	14
9	17	7	19	19	12
10	21	9	20	23	13

a. 이미지 유무에 따라 회상점수의 분포에 차이가 있는지 검정하기 위해 어떤 세 가지 검정 절차를 이용가능한가? 모수적 절차에 대해 어떤 가정들이 요구되는가? 자료가 그 가정들을 만족하는가?

b. 이 두 조건 하에 부호검정과 윌콕슨 부호순위검정을 이용하여 회상점수 분포에 차이가 있는지 검정하시오.

c. b번의 검정 결과들을 비교하시오. 결론이 동일한가? 아니라면 왜 그런가?

15.6 완전확률화설계에 대한 크루스칼-왈리스 H^- 검정

윌콕슨 순위합검정이 마치 모집단 평균 비교를 위한 스튜던트의 $t-$검정에 대한 비모수적 대안이라면, 크루스칼-왈리스 H^- 검정은 완전확률화설계를 위한 분산분석 $F-$검정에 대한 비모수적 대안이다. 독립적인 임의의 표본을 바탕으로 두 개 이상의 모집단분포사이의 위치의 차이를 발견하기 위해 이용된다.

모집단1, 모집단2, ..., 모집단k로부터 크기가 n_1, n_2, ..., n_k인 독립임의표본이 추출되었다. 여기서

$$n_1 + n_2 + \cdots + n_k = n$$

이라고 하자. 우선 모든 n개의 관측값들을 작은 것부터 (순위1) 큰 것까지 (순위n) 순위를 매긴다. 등순위 관측값들은 만일 등순위가 아니었을 경우 받았을 순위의 평균값을 배정한다. 그 후 k개의 표본의 각각에 대한 순위합 T_1, T_2, ..., T_k를 계산한다. 검정통계량은

$$H = \frac{12}{n(n+1)} \sum_{i=1}^{k} \frac{T_i^2}{n_i} - 3(n+1)$$

이며, 이 값은 순위평균값들 $\overline{T}_i$의 전체순위평균값 $\overline{T} = n(n+1)/2n = (n+1)/2$에 대한 편차의 제곱의 합 $\sum n_i(\overline{T}_i - \overline{T})^2$에 비례한다. k개 모집단 분포의 위치가 다를수록 H 통계량의 값이 커진다.

표본크기가 적당히 클 때, 예를들어 5보다 같거나 클 때, 그리고 H_0가 참이면 H통계량은 근사적으로 자유도 $(k-1)$의 카이제곱 분포를 갖는다. 따라서 주어진 α값에 대해 만일 H 통계량이 χ^2_α를 초과하면 H_0를 기각한다 [그림 15.2].

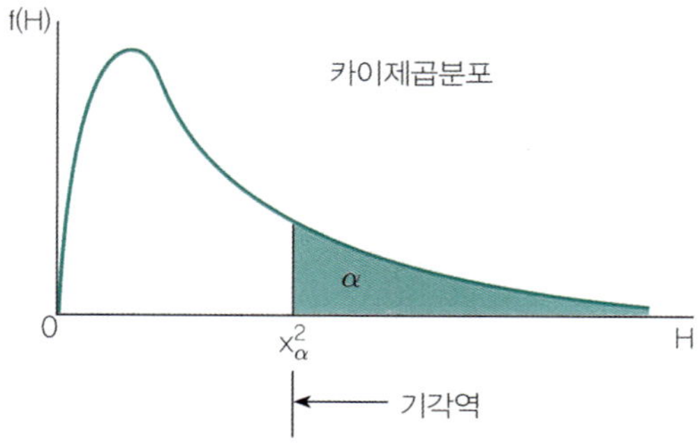

[그림 15.2] H_0가 참일 때 H통계량의 근사적 분포

예제 15.6

〈표 15.9〉의 자료는 완전확률화설계를 이용하여 모았다. 세 가지 서로 다른 교수법을 이용해 학습한 학생들의 성취도시험 점수이다. 성취도시험 점수의 모집단 분포에 차이가 없다는 가설을 검정하고자 한다. 대립가설은 적어도 하나의 모집단은 다른 것들보다 위로 이동해 있다는 것이다. $\alpha = 0.05$와 크루스칼-왈리스 $H-$검정을 이용하여 검정을 수행하시오.

〈표 15.9〉 네 가지 교수법에 따른 시험점수

	1	2	3	4
	65 (3)	75 (9)	59 (1)	94 (23)
	87 (19)	69 (5.5)	78 (11)	89 (21)
	73 (8)	83 (17.5)	67 (4)	80 (14)
	79 (12.5)	81 (15.5)	62 (2)	88 (20)
	81 (15.5)	72 (7)	83 (17.5)	
	69 (5.5)	79 (12.5)	76 (10)	
		90 (22)		
순위합	$T_1 = 63.5$	$T_2 = 89$	$T_3 = 45.5$	$T_4 = 78$

풀이 비모수적 분석을 수행하기 전에 일원분산분석을 수행하여 [그림 15.3]의 두 개의 그림을 제공할 수 있다. 교수법 4가 더 작은 분산을 갖는 듯이 보이며, 정규확률그림에서 오른쪽꼬리에 뚜렷한 편차가 있다. 편차는 중요하지 않다고 간주할 수 있으며, 모수적이거나 비모수적인 방법이 사용될 수 있다.

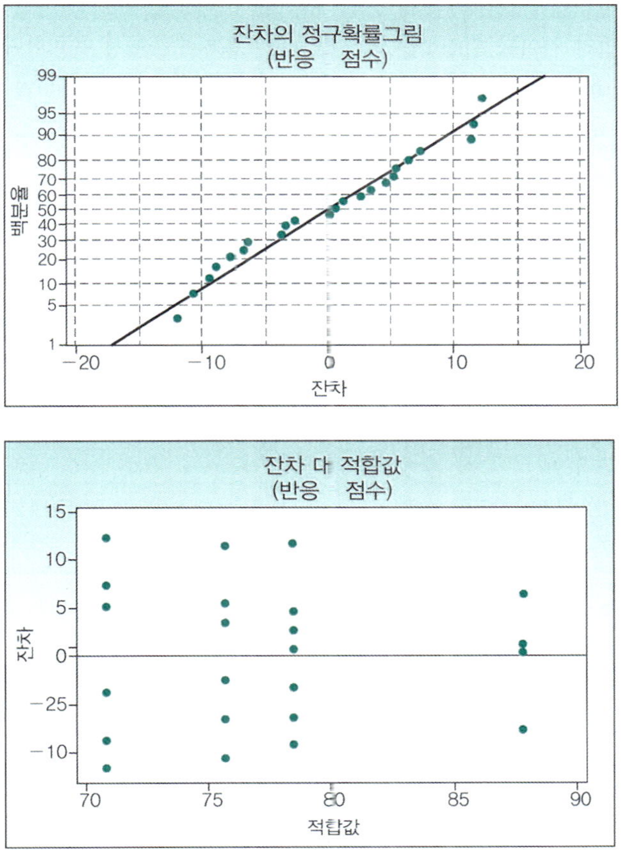

[그림 15.3] [예제 15.6]에 대한 일원분산분석 결과 정규확률그림 및 잔차그림

크루스칼-왈리스 $H-$검정의 첫 단계는 $n=23$개의 관측값을 값이 작은 것부터 큰 것까지 순위를 매기는 것이며, 〈표 15.9〉의 괄호 안에 표시되어 있다. 동점에 대해서는, 예를 들어 69값을 갖는 두 개의 관측값은 두 순위값들 5와 6의 평균 5.5가 순위로 매겨졌다. H 통계량은

$$
\begin{aligned}
H &= \frac{12}{n(n+1)}\sum_{i=1}^{k}\frac{T_i^2}{n_i} - 3(n+1) \\
&= \frac{12}{23(24)}\left[\frac{(63.5)^2}{6} + \frac{(89)^2}{7} + \frac{(45.5)^2}{6} + \frac{(78)^2}{4}\right] - 3(24) \\
&= 79.775102 - 72 = 7.775102
\end{aligned}
$$

이다. 기각역은 $H > \chi^2_{0.05}$이고 자유도는 $df=(k-1)=(4-1)=3$이다. 부록 I 의 〈표 5〉에서 $\chi^2_{0.05}$의 값은 7.81473이다. 관측된 H 통계량 값은 기각역에 속하지 않는다. 따라서 교수법 성취도 분포에 차이가 있다고 가리키는 충분한 증거가 없다. ■

예제 15.7

[예제 15.6]에서 분산분석 $F-$검정과 크루스칼-왈리스 $H-$검정의 결과를 비교하여라.

풀이 분산분석에서 네 교수법의 차이를 검정하는 $F-$검정은 0.028 수준에서 유의하다. 크루스칼-왈리스 $H-$검정은 0.05수준에서 차이를 발견하지 못했다. 이 결론들이 크게 차이나는 듯이 보이지만, 검정 결과는 크게 차이나지 않는다. $F=3.77$에 대한 p-값은 0.028로서, $H=7.78$에 대한 p-값 0.051은 0.05보다 약간 큰 정도이다. ■

둘 이상의 모집단 분포를 비교하기 위한 크루스칼-왈리스 H 검정: 완전확률화설계 (독립임의표본)

1. 귀무가설: H_0 : k개의 모집단 분포가 동일하다.
2. 대립가설: H_1 : 적어도 두 개의 모집단 분포 위치가 다르다.
3. 검정통계량: $H=\dfrac{12}{n(n+1)}\displaystyle\sum_{i=1}^{k}\frac{T_i^2}{n_i}-3(n+1)$

   여기서

   n_i = 모집단 i의 표본크기,

   T_i = 모집단 i의 순위합,

   n = 총 관측수 $= n_1+n_2+\cdots+n_k$
4. α에 대한 기각역: $H > \chi^2_\alpha$이고 자유도는 $(k-1)$

가정들

- 모든 표본 크기들은 5보다 같거나 크다.
- 등순위는 만약 동점이 아니었을 경우 가졌을 순위값들의 평균을 취한다.

크루스칼-왈리스 검정은 정규성과 등분산성 가정이 위반될 때 일원분산분석에 대한 유용한 대안이다. 마찬가지로 잔차의 정규확률분포와 처리그룹 당 잔차그림이 가정 위반을 결정하는 데에 도움이 된다.

Probability & Statistics

연습문제

기본

15.17 네 개의 처리를 완전확률화설계를 이용하여 비교하였다. 자료는 다음과 같다.

처리			
1	2	3	4
124	167	141	117
167	121	144	128
135	136	139	102
160	114	162	119
159	129	155	128
144	117	150	123
133	109		

적어도 두 모집단에 대한 위치가 차이가 있음을 가리키는 충분한 증거가 있는가? $\alpha = 0.05$의 크루스칼-왈리스 검정을 이용하여 검정하여라.

응용

15.18 자료 EX1160는 연령별 네 그룹으로부터 각각 임의로 추출한 10명의 남성에 대한 심박동수 자료이다. 트레드밀에서 12분 동안 걷게 한 후 운동 전 후의 심박동수의 증가를 기록하였다. 자료는 다음과 같다.

	10-19	20-39	40-59	60-69
	29	24	37	28
	33	27	25	29
	26	33	22	34
	27	31	33	36
	39	21	28	21
	35	28	26	20
	33	24	30	25
	29	34	34	24
	36	21	27	33
	22	32	33	32
합계	309	275	295	282

a. 네 연령그룹 중 적어도 두 개에 대해 위치가 차이가 있다는 것을 가리키는 충분한 증거가 있는가? $\alpha = 0.01$로 크루스칼-왈리스 $H-$검정을 이용하여 검정하여라.

b. a번의 검정에 대해 근사적 $p-$값을 구하여라.

c. $F-$검정과 a번의 $H-$검정은 어떻게 비교되는가? 두 검정에 대한 $p-$값들을 비교하고 비교의 의미를 설명하여라.

15.19 세 종류의 광고선전에 대한 제품인지도를 조사하기 위해, 400명의 성인에 대해 새로 광고된 상품에 친숙한 비율을 측정하였다. 정규확률분포는 자료가 근사적으로 정규분포가 아니므로 다른 분석방법이 사용되어야 한다는 것을 가리킨다. 이 표본들이 얻어진 세 모집단 분포간에 유의한 차이가 있는가? 적절한 비모수적 방법을 사용하여라.

선전		
1	2	3
0.33	0.28	0.21
0.29	0.41	0.30
0.21	0.34	0.26
0.32	0.39	0.33
0.25	0.27	0.31

15.7 확률화블록설계에 대한 프리드만 F_r-검정

프리드만 F_r-검정은 노벨상을 수상한 경제학자 Milton Friedman에 의해 제안된 비모수적 방법으로서, b개의 블록에 배치된 k개의 처리에 대한 측정치의 분포들을 비교하기 위해 이용된다. 과정은 크루스칼$-$왈리스 $H-$검정과 유사하다. 우선 각 블록 내에서 k개 처리 관측값들을 순위를 매긴다. 동점은 마찬가지로 처리된다. 즉, 등순위 관측값들의 순위들의 평균값을 취한다. 그 후 k개의 처리의 각각에 대해 순위합 $T_1, T_2, \ldots, T_k$가 얻어지고 검정통계량

$$F_r = \frac{12}{bk(k+1)}\sum_{i=1}^{k} T_i^2 - 3b(k+1)$$

이 계산된다. F_r-통계량 값은 순위합들이 같을 때, 즉 $T_1 = T_2 = \cdots = T_k$일 때 최소이며, 순위합 간에 차이가 증가할수록 증가한다. 처리의 개수 k 또는 블록의 개수 b가 5보다 크면 F_r의 표집분포는 $(k-1)$자유도를 갖는 카이제곱분포로 근사된다. 따라서, F_r-검정의 기각역은 $F_r > \chi^2_\alpha$이다.

예제 15.8

여섯 개의 서로 다른 자극에 노출된 사람들의 반응시간을 비교하고자 한다. 반응시간은 사람이 자극을 받은 후 특정 반응을 보일 때까지의 시간을 측정한다. 실험의 목적은 실험에 쓰인 자극에 대한 반응시간에 차이가 있는지를 결정하는 것이다. 사람 간의 변동성을 제거하기 위해 네 명의 사람이 실험에 참가하였으며 각 사람마다 여섯 자극에 대한 반응시간이 측정되었다. 자료는 〈표 15.10〉에 주어져 있다. 순위는 괄호 안에 적혀있다. 프리드만 F_r-검정을 이용하여 여섯 자극에 대한 반응시

간 분포에 차이를 가리키는 충분한 증거가 있는지를 결정하라.

〈표 15.10〉 여섯 자극에 대한 반응시간

	자극					
피실험자	1	2	3	4	5	6
1	0.6 (2.5)	0.9 (6)	0.8 (5)	0.7 (4)	0.5 (1)	0.6 (2.5)
2	0.7 (3.5)	1.1 (6)	0.7 (3.5)	0.8 (5)	0.5 (1.5)	0.5 (1.5)
3	0.9 (3)	1.3 (6)	1.0 (4.5)	1.0 (4.5)	0.7 (1)	0.8 (2)
4	0.5 (2)	0.7 (5)	0.8 (6)	0.6 (3.5)	0.4 (1)	0.6 (3.5)
순위합	$T_1 = 11$	$T_2 = 23$	$T_3 = 19$	$T_4 = 17$	$T_5 = 4.5$	$T_6 = 9.5$

풀이 [그림 15.4]의 잔차그림에서 자극 1, 4, 5의 분산이 다른 자극에 비해 다소 작다는 것을 볼 수 있다. 그리고 잔차의 정규확률그림에서 처음 세 개의 잔차를 따르는 직선의 기울기 변화를 볼 수 있고 그림의 위쪽부분에 곡률을 볼 수 있다. 이 자료에 대해서는 비모수적 방법이 적절하다.

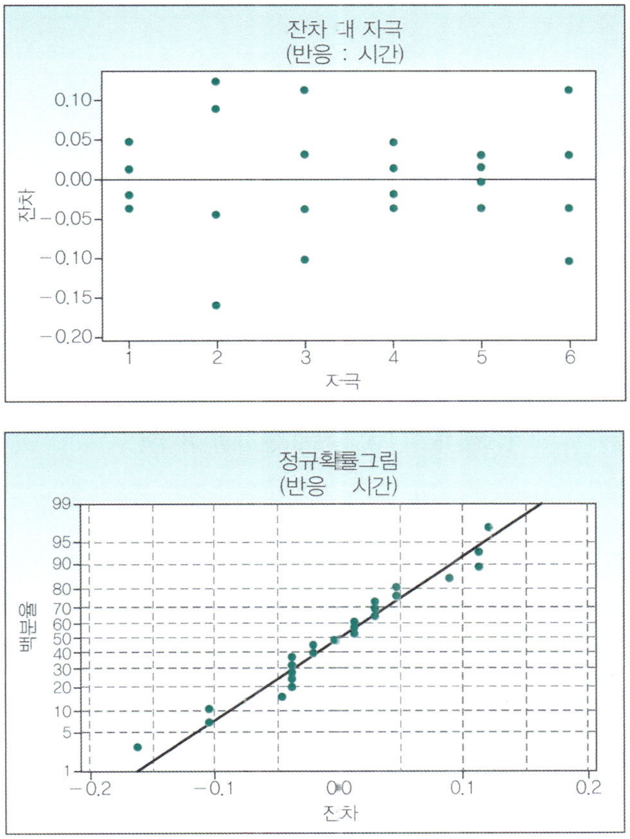

[그림 15.4] [예제 15.8]에 대한 처리 대 잔차 그림 및 잔차의 정규확률그림

검정하고자 하는 가설은 다음과 같다.

H_0 : 여섯 자극에 대한 반응시간 분포는 동일하다.

H_1 : 여섯 자극에 대한 반응시간 분포들 중 적어도 두 개는 위치가 다르다.

〈표 15.10〉에서 각 블록 내 순위(괄호)와 여섯 자극(처리) 각각에 대한 순위합을 볼 수 있다. 이 자료에 대한 F_r 통계량은 다음과 같다.

$$\begin{aligned} F_r &= \frac{12}{bk(k+1)}\sum_{i=1}^{k} T_i^2 - 3b(k+1) \\ &= \frac{12}{(4)(6)(7)}\left[11^2 + 23^2 + 19^2 + \cdots + 9.5^2\right] - 3(4)(7) \\ &= 100.75 - 84 = 16.75 \end{aligned}$$

처리의 개수 $k=6$은 5를 넘으므로 F_r의 표집분포는 자유도 $(k-1)=(6-1)=5$의 카이제곱 분포로 근사될 수 있다. 따라서 $\alpha = 0.05$을 써서, 만일

$$F_r > \chi^2_{0.05} = 11.0705$$

이면 H_0를 기각할 수 있다. [그림 15.5]에 이 기각역이 나와 있다. 관측된 값 $F_r = 16.75$가 $\chi^2_{0.05}$를 초과하므로 기각역에 속한다. 따라서 귀무가설을 기각한다.

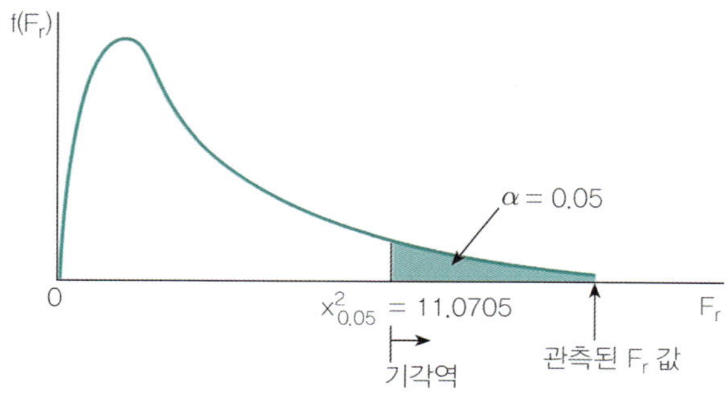

[그림 15.5] [예제 15.8]에 대한 기각역

예제 15.9

[예제 15.8]의 검정에 대해 근사적인 p-값을 구하라.

풀이 부록 I 의 〈표 5〉를 참고하여, 자유도가 5일 때 관측된 값 $F_r = 16.75$가 표에 있는 값 $\chi^2_{0.005} = 16.7496$을 초과함을 알 수 있다. 따라서 p-값은 0.005보다 약간 작고 매우 가깝다. ■

확률화블록설계에 대한 프리드만 F_r 검정

1. 귀무가설: H_0 : k개의 모집단 분포는 동일하다.
2. 대립가설: H_1 : k개의 모집단 분포들 중 적어도 두 개는 위치가 다르다.
3. 검정통계량: $F_r = \dfrac{12}{bk(k+1)} \sum_{i=1}^{k} T_i^2 - 3b(k+1)$

   여기서 b =블록의 개수, k =처리의 개수, T_i =처리 i의 순위합
4. 기각역: $F_r > \chi^2_\alpha$, 여기서 χ^2_α는 $(k-1)$ df에 기초한다.

   가정: k 또는 b가 5를 초과한다.

Probability & Statistics

연습문제

기본

15.20 확률화블록설계를 사용하여 여덟 블록 안의 네 개의 처리를 비교하였다.

	처리			
블록	1	2	3	4
1	89	81	84	85
2	93	86	86	88
3	91	85	87	86
4	85	79	80	82
5	90	84	85	85
6	86	78	83	84
7	87	80	83	82
8	93	86	88	90

a. 프리드만 F_r −검정을 이용하여 네 처리 사이의 위치 차이를 발견하여라. $\alpha = 0.05$로 검정하여라.

b. a번의 검정에서 근사적 t−값을 찾아라.

c. 분산분석을 수행하고 분석을 위한 분산분석 표를 제시하여라.

d. 네 개의 처리 평균의 동등성을 검정하기 위한 F 통계량 값을 제시하여라.

e. d번에서 F 통계량에 대한 근사적 p−값을 제시하여라.

f. a번과 d번의 검정에 대한 p−값을 비교하고 그 비교의 실질적인 의미를 설명하여라.

15.21 세 가지 독성화학물 A, B, C의 효과를 비교하기 위한 실험이 수행되었다. 1제곱인치의 피부에 화학물 처리를 하고 자극 정도에 따라 0부터 10까지 점수를 매겼다. 여덟 마리 쥐의 등에 서로 인접한 세 군데 1제곱인치를 표시하고, 세 화학물을 각 쥐에 적용하였다. 따라서 실험은 각 쥐마다의 피부민감도 변동을 제거하기 위해 쥐 블록을 가진다.

쥐							
1	2	3	4	5	6	7	8
B 5	A 9	A 6	C 6	B 8	C 5	C 5	B 7
A 6	C 4	B 9	B 8	C 8	A 5	B 7	A 6
C 3	B 9	C 3	A 5	A 7	B 7	A 6	C 7

a. 세 화학물의 독성효과가 차이가 있음을 가리키는 충분한 증거가 있는가? $\alpha = 0.05$의 프리드만 F_r-검정을 이용하라.

b. 검정을 위한 근사적 $p-$값을 찾고 그것을 해석하라.

15.8 순위상관계수

이번 장에서는 순위가 있는 두 개의 변수들 간의 관계를 검정하기 위해 비모수적 방법을 이용할 것이다. 일반적으로 많이 쓰이는 두 개의 순위상관계수는 **스피어만의 순위상관계수(r_s)**와 **켄달의 타우(τ)**이다. 스피어만 r_s는 계산방법이 제3장 및 제12장의 표본상관계수와 동일하므로 우리는 스피어만 r_s에 대해 설명할 것이다.

여덟 명의 교사들이 심사자가 내린 교수능력평가에 따라 순위가 매겨졌다. 그리고 교사들은 국가교사시험을 쳤다고 하자. 자료는 〈표 15.11〉에 나열되어있다. 심사자의 평가와 시험점수가 잘 들어맞는가? 즉, 순위와 시험 점수 간에 상관관계가 있는가?

〈표 15.11〉 여덟 명의 교사에 대한 순위와 시험 점수

교사	심사자의 순위	시험 점수
1	7	44
2	4	72
3	2	69
4	6	70
5	1	93
6	3	82
7	8	67
8	5	80

두 개의 변수 순위와 점수 중에 순위는 이미 순위의 형태도 되어있지만 점수는 순위로 변환될 수 있으며, 이것은 <표 15.12>에 나와 있다. 동점의 경우 등순위 관측값들이 만일 동점이 아니었을 경우 가질 순위를 평균 내어 계산한다. 스피어만 순위상관계수 r_s는 짝지어진 측정치들의 순위들을 이용하여 제12장의 상관계수 r의 공식대로 계산한다.

<표 15.12> <표 15.11>의 자료의 순위값들

교사	심사자의 순위, x_i	시험 순위, y_i
1	7	1
2	4	5
3	2	3
4	6	4
5	1	8
6	3	7
7	8	2
8	5	6

스피어만의 순위상관계수

$$r_s = \frac{S_{xy}}{\sqrt{S_{xx}S_{yy}}}$$

여기서 x_i와 y_i는 i번째 관측값 쌍의 순위들이며,

$$S_{xy} = \sum_{i=1}^{n}(x_i - \overline{x})(y_i - \overline{y}) = \sum_{i=1}^{n} x_i y_i - \frac{\left(\sum x_i\right)\left(\sum y_i\right)}{n}$$

$$S_{xx} = \sum_{i=1}^{n}(x_i - \overline{x})^2 = \sum_{i=1}^{n} x_i^2 - \frac{\left(\sum x_i\right)^2}{n}$$

$$S_{yy} = \sum_{i=1}^{n}(y_i - \overline{y})^2 = \sum_{i=1}^{n} y_i^2 - \frac{\left(\sum y_i\right)^2}{n}$$

만약 x관측값 또는 y관측값에서 동점이 없다면 r_s에 대한 공식은 대수적으로 더 간단한 형태로 줄어든다.

$$r_s = 1 - \frac{6\sum d_i^2}{n(n^2-1)}, \quad \text{여기서 } d_i = (x_i - y_i)$$

자료 쌍의 개수에 비해 동점의 개수가 적다면 위의 간편공식 사용에는 오차가 거의 없다.

예제 15.10

〈표 15.12〉의 자료에 대해 r_s를 계산하시오.

풀이 〈표 15.13〉에 차이값과 차이값의 제곱이 나와 있다. r_s의 공식에 대입하면,

$$r_s = 1 - \frac{6\sum d_i^2}{n(n^2-1)}$$

$$= 1 - \frac{6(144)}{8(64-1)} = -0.714$$

〈표 15.13〉 교사 순위에 대한 차이값과 차이값의 제곱

교사	x_i	y_i	d_i	d_i^2
1	7	1	6	36
2	4	5	-1	1
3	2	3	-1	1
4	6	4	2	4
5	1	8	-7	49
6	3	7	-4	16
7	8	2	6	36
8	5	6	-1	1
총합				144

스피어만 순위상관계수는 두 모집단 간에 연관성이 없다는 가설을 검정하는 데에 이용할 수 있다. n쌍의 관측값 (x_i, y_i)이 임의로 추출되었고 모집단 간에 연관성이 없다면 각 표본 내의 순위가 무작위로 매겨졌음을 의미한다.

양쪽꼬리검정을 위한 기각역은 [그림 15.6]에 나와 있다. 만일 대립가설이 x와 y간의 상관계수가 음수이다 라면, -1에 가까운 음의 상관계수 r_s에 대해 H_0를 기각한다 ([그림 15.6]의 아래꼬리 부분). 유사하게, 만일 대립가설이 x와 y간에 상관계수가 양수이다 라면, r_s값이 큰 양수이면 H_0를 기각한다 ([그림 15.6]의 위꼬리 부분).

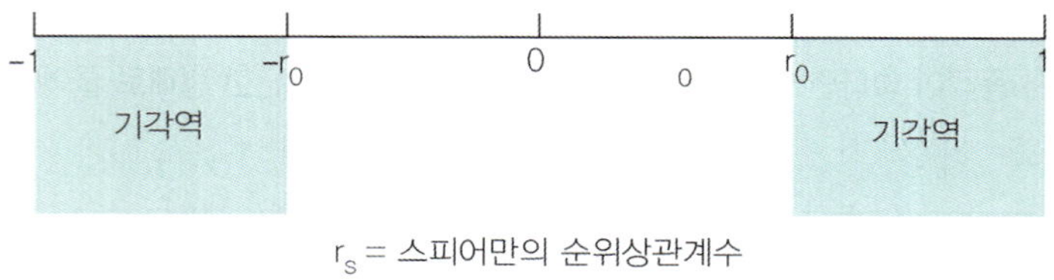

[그림 15.6] 스피어만 순위상관계수를 이용하여 연관성이 없다는 귀무가설을 양쪽꼬리검정하기 위한 기각역

부록 I 의 〈표 9〉에 r_s의 임계값이 주어져있다. 간략화된 표가 〈표 15.14〉에 나와 있다. 〈표 15.14〉의 상단에는 x와 y간에 연관성이 없다는 귀무가설을 한쪽꼬리검정 할 때 이용할 α값이 기록되어 있다. 순위쌍의 개수 n은 왼쪽열

에 표기되어 있다. 표의 항목들은 한쪽꼬리검정의 임계값 r_0이다. 즉, $P(r_s \geq r_0) = \alpha$.

〈표 15.14〉 부록 I 의 〈표 9〉를 간략화한 표: 스피어만 순위상관검정

n	$\alpha = 0.05$	$\alpha = 0.025$	$\alpha = 0.01$	$\alpha = 0.005$
5	0.900	—	—	—
6	0.829	0.886	0.943	—
7	0.714	0.786	0.893	—
8	0.643	0.738	0.833	0.881
9	0.600	0.683	0.783	0.833
10	0.564	0.648	0.745	0.794
11	0.523	0.623	0.736	0.818
12	0.497	0.591	0.703	0.780
13	0.475	0.566	0.673	0.745
14	0.457	0.545		
15	0.441	0.525		
16	0.425			
17	0.412			
18	0.399			
19	0.388			
20	0.377			

양쪽꼬리검정을 수행하고자 한다면, $r_s \geq r_0$ 또는 $r_s \leq -r_0$이면 귀무가설을 기각하며, 여기서 검정을 위한 α값은 표의 상단의 값의 두 배이다. 예를 들어, 표에서 $n = 8$행과 0.025열을 선택하면, $r_s \geq 0.738$ 또는 $r_s \leq -0.738$일 때 귀무가설을 기각하며, 이때의 유의수준 α값은 $2 \times 0.025 = 0.05$이다.

스피어만의 순위상관검정

1. **귀무가설:** H_0 : 순위쌍 간에 연관성이 없다.
2. **대립가설:** H_1 : 순위쌍 간에 연관성이 있다 (양쪽꼬리검정). 또는 H_1 : 순위쌍 간에 상관성은 양수(또는 음수)이다 (한쪽꼬리검정).
3. **검정통계량:** $r_s = \dfrac{S_{xy}}{\sqrt{S_{xx}S_{yy}}}$

   여기서 x_i와 y_i는 i번째 관측값 쌍의 순위값들이다.
4. **기각역:** 양쪽꼬리검정에 대해서는, $r_s \geq r_0$이거나 $r_s \leq -r_0$이면 H_0를 기각한다. 여기서 r_0는 부록 I 의 〈표 9〉에 주어져 있으며, 표에 나온 확률값의 두 배를 α로 취한다. 위쪽꼬리검정에 대해서는 $r_s \geq r_0$일 때 H_0를 기각하고, 아래꼬리검정에 대해서는 $r_s \leq -r_0$일 때 H_0를 기각한다. 한쪽꼬리검정에 대한 α값은 부록 I 의 〈표 9〉에 나온 값이다.

예제 15.11

[예제 15.11]에 대해 모집단 간에 연관성이 없다는 가설을 검정하시오.

풀이 이. 심사자의 순위가 낮다는 것은 잘 가르친다는 것이므로, 순위와 시험이 교수능력을 측정한다면, 낮은 순위와 높은 시험점수는 연관되어 있다. 당신은 심사자의 순위와 시험점수 간의 상관성이 양수가 아니라고 가정할 수 있을 것이다. 대립가설은 **모순위상관계수**(population rank correlation coefficient) ρ_s가 0보다 작다 이며, 한쪽꼬리검정에 관심이 있다. 따라서 이번 한쪽꼬리검정에서의 α값은 표에 표기된 0.05이다. 표에서 $\alpha = 0.05$이고 $n = 8$일 때 r_s에 대한 임계값은 0.643이다. 따라서 $r_s \leq -0.643$이면 귀무가설을 기각한다. 계산된 검정통계량 $r_s = -0.714$는 임계값 -0.643보다 작으므로 귀무가설을 $\alpha = 0.05$ 신뢰수준에서 기각한다. 심사자의 순위와 시험점수 사이에 상관성이 존재하는 것으로 보인다.

스피어만 순위상관계수 r_s는 두 변수 간의 선형관계성 뿐만 아니라 어떠한 다른 단조증가(감소) 관계성도 역시 발견한다. 예를 들어, 〈표 15.15〉의 두 자료집합에 대해 r_s를 계산한다면 둘 다 $r_s = 1$을 생산할 것이다. 왜냐하면 두 경우 모두 x와 y에 매겨진 순위들은 모든쌍 (x, y)에 대해 일치하기 때문이다. 유의한 r_s 값은 x와 y간의 증가 또는 감소 관계성을 가리킨다는 것을 기억하라. ■

〈표 15.15〉 $r_s = 1$을 갖는 두 자료집합

x	$y = x^2$	x	$y = \log_{10}(x)$
1	1	10	1
2	4	100	2
3	9	1000	3
4	16	10,000	4
5	25	100,000	5
6	36	1,000,000	6

Probability & Statistics

연습문제

기본

15.22 순위쌍의 개수가 16이고 α값들이 다음과 같을 때 양의 순위상관을 발견하기 위한 검정에 대한 기각역을 제시하여라.

a. $\alpha = 0.05$

b. $\alpha = 0.01$

15.23 순위쌍의 개수가 25이고 α값들이 다음과 같을 때 순위상관을 발견하기 위한 검정에 대한 기각역을 제시하여라.

a. $\alpha = 0.05$

b. $\alpha = 0.01$

응용

15.24 정치학자는 한 보수정치후보의 유권자여론과 유권자-후보 간의 주거지 거리(마일) 사이의 관계성을 조사하고자 한다. 12명의 유권자는 각각 후보자를 1−20 척도로 점수를 매겼다.

유권자	점수	거리
1	12	75
2	7	165
3	5	300
4	19	15
5	17	180
6	12	240
7	9	120
8	18	60
9	3	230
10	8	200
11	15	130
12	4	130

a. 스피어만 순위상관계수 r_s를 계산하여라.

b. 점수와 거리간의 음의 상관성을 가리키는 충분한 증거를 자료가 제시하는가?

15.25 다음 표의 자료는 12개의 테니스라켓의 공학점검에서 결정된 휨강도와 비틀림강도의 측정치를 보여준다.

라켓	휨강도	비틀림강도
1	419	227
2	407	231
3	363	200
4	360	211
5	257	182
6	622	304
7	424	384
8	359	194
9	346	158
10	556	225
11	474	305
12	441	235

a. 휨강도와 비틀림강도 간의 순위상관계수 r_s를 계산하여라.

b. 어떤 라켓이 강한 휨강도를 갖는다면 강한 비틀림강도를 갖을 가능성이 높은가? 순위상관계수를 이용하여 휨강도와 비틀림강도 간에 양의 상관성이 존재하는지 결정하라. $\alpha = 0.05$를 이용하라.

15.26 한 교사는 학급 학생들을 3주 동안 가르친 후 아홉 명의 학생들을 학생의 재능에 대한 교사의 의견을 바탕으로 1(높음)부터 9(낮음)까지 순위를 매겼다. 더불어 학생의 IQ점수를 함께 조사하여 다음 표에 나열하였다. 교사가 매긴 순위와 IQ의 순위간에 양의 상관관계가 존재함을 가리키는 충분한 증거가 있는가?

순위	1	2	3	4	5	6	7	8	9
IQ	3	1	2	4	5	7	9	6	8

15.27 담뱃잎에 대해 담뱃잎 평가사가 내린 평가점수와 수분함량 간의 관련성 연구가 수행되었다. 열 두 개의 잎이 1－10 척도로 평가되었으며 수분함량 측정치도 함께 조사하였다.

잎	평가사의 점수	수분함량
1	9	0.22
2	6	0.16
3	7	0.17
4	7	0.14
5	5	0.12
6	8	0.19
7	2	0.10
8	6	0.12
9	1	0.05
10	10	0.20
11	9	0.16
12	3	0.09

평가사의 점수와 수분함량 사이에 연관성을 가리키는 충분한 증거가 있는가?

부 록

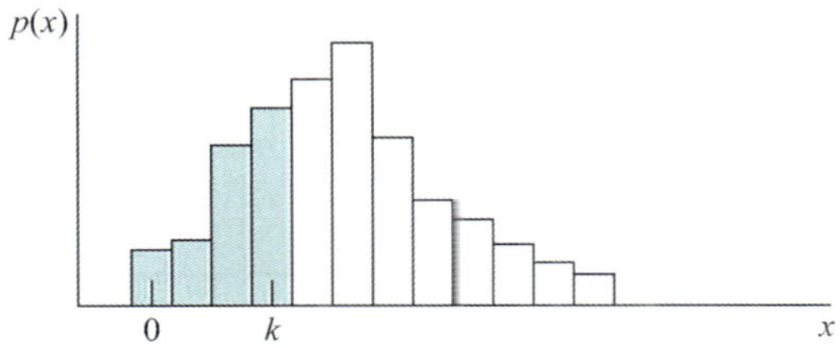

〈표 1〉 누적 이항확률

$n = 2$

	p													
k	.01	.05	.10	.20	.30	.40	.50	.60	.70	.80	.90	.95	.99	k
0	.980	.902	.810	.640	.490	.360	.250	.160	.090	.040	.010	.002	.000	0
1	1.000	.998	.990	.960	.910	.840	.750	.640	.510	.360	.190	.098	.020	1
2	1.000	1.000	1.000	1.000	1.000	1.000	1.000	1.000	1.000	1.000	1.000	1.000	1.000	2

$n = 3$

	p													
k	.01	.05	.10	.20	.30	.40	.50	.60	.70	.80	.90	.95	.99	k
0	.970	.857	.729	.512	.343	.216	.125	.064	.027	.008	.001	.000	.000	0
1	1.000	.993	.972	.896	.784	.648	.500	.352	.216	.104	.028	.007	.000	1
2	1.000	1.000	.999	.992	.973	.936	.875	.784	.657	.488	.271	.143	.030	2
3	1.000	1.000	1.000	1.000	1.000	1.000	1.000	1.000	1.000	1.000	1.000	1.000	1.000	3

$n = 4$

	p													
k	.01	.05	.10	.20	.30	.40	.50	.60	.70	.80	.90	.95	.99	k
0	.961	.815	.656	.410	.240	.130	.062	.026	.008	.002	.000	.000	.000	0
1	.999	.986	.948	.819	.652	.475	.312	.179	.084	.027	.004	.000	.000	1
2	1.000	1.000	.996	.973	.916	.821	.688	.525	.348	.181	.052	.014	.001	2
3	1.000	1.000	1.000	.998	.992	.974	.938	.870	.760	.590	.344	.185	.039	3
4	1.000	1.000	1.000	1.000	1.000	1.000	1.000	1.000	1.000	1.000	1.000	1.000	1.000	4

〈표 1〉 누적 이항확률 (계속)

$n = 5$

k	.01	.05	.10	.20	.30	.40	.50	.60	.70	.80	.90	.95	.99	k
0	.951	.774	.590	.328	.168	.078	.031	.010	.002	.000	.000	.000	.000	0
1	.999	.977	.919	.737	.528	.337	.188	.087	.031	.007	.000	.000	.000	1
2	1.000	.999	.991	.942	.837	.683	.500	.317	.163	.058	.009	.001	.000	2
3	1.000	1.000	1.000	.993	.969	.913	.812	.663	.472	.263	.081	.023	.001	3
4	1.000	1.000	1.000	1.000	.998	.990	.969	.922	.832	.672	.410	.226	.049	4
5	1.000	1.000	1.000	1.000	1.000	1.000	1.000	1.000	1.000	1.000	1.000	1.000	1.000	5

$n = 6$

k	.01	.05	.10	.20	.30	.40	.50	.60	.70	.80	.90	.95	.99	k
0	.941	.735	.531	.262	.118	.047	.016	.004	.001	.000	.000	.000	.000	0
1	.999	.967	.886	.655	.420	.233	.109	.041	.011	.002	.000	.000	.000	1
2	1.000	.998	.984	.901	.744	.544	.344	.179	.070	.017	.001	.000	.000	2
3	1.000	1.000	.999	.983	.930	.821	.656	.456	.256	.099	.016	.002	.000	3
4	1.000	1.000	1.000	.998	.989	.959	.891	.767	.580	.345	.114	.033	.001	4
5	1.000	1.000	1.000	1.000	.999	.996	.984	.953	.882	.738	.469	.265	.059	5
6	1.000	1.000	1.000	1.000	1.000	1.000	1.000	1.000	1.000	1.000	1.000	1.000	1.000	6

$n = 7$

k	.01	.05	.10	.20	.30	.40	.50	.60	.70	.80	.90	.95	.99	k
0	.932	.698	.478	.210	.082	.028	.008	.002	.000	.000	.000	.000	.000	0
1	.998	.956	.850	.577	.329	.159	.062	.019	.004	.000	.000	.000	.000	1
2	1.000	.996	.974	.852	.647	.420	.227	.096	.029	.005	.000	.000	.000	2
3	1.000	1.000	.997	.967	.874	.710	.500	.290	.126	.033	.003	.000	.000	3
4	1.000	1.000	1.000	.995	.971	.904	.773	.580	.353	.148	.026	.004	.000	4
5	1.000	1.000	1.000	1.000	.996	.981	.938	.841	.671	.423	.150	.044	.002	5
6	1.000	1.000	1.000	1.000	1.000	.998	.992	.972	.918	.790	.522	.302	.068	6
7	1.000	1.000	1.000	1.000	1.000	1.000	1.000	1.000	1.000	1.000	1.000	1.000	1.000	7

$n = 8$

k	.01	.05	.10	.20	.30	.40	.50	.60	.70	.80	.90	.95	.99	k
0	.923	.663	.430	.168	.058	.017	.004	.001	.000	.000	.000	.000	.000	0
1	.997	.943	.813	.503	.255	.106	.035	.009	.001	.000	.000	.000	.000	1
2	1.000	.994	.962	.797	.552	.315	.145	.050	.011	.001	.000	.000	.000	2
3	1.000	1.000	.995	.944	.806	.594	.363	.174	.058	.010	.000	.000	.000	3
4	1.000	1.000	1.000	.990	.942	.826	.637	.406	.194	.056	.005	.000	.000	4
5	1.000	1.000	1.000	.999	.989	.950	.855	.685	.448	.203	.038	.006	.000	5
6	1.000	1.000	1.000	1.000	.999	.991	.965	.894	.745	.497	.187	.057	.003	6
7	1.000	1.000	1.000	1.000	1.000	.999	.996	.983	.942	.832	.570	.337	.077	7
8	1.000	1.000	1.000	1.000	1.000	1.000	1.000	1.000	1.000	1.000	1.000	1.000	1.000	8

〈표 1〉 누적 이항확률 (계속)

$n = 9$

k	.01	.05	.10	.20	.30	.40	.50	.60	.70	.80	.90	.95	.99	k
0	.914	.630	.387	.134	.040	.010	.002	.000	.000	.000	.000	.000	.000	0
1	.997	.929	.775	.436	.196	.071	.020	.004	.000	.000	.000	.000	.000	1
2	1.000	.992	.947	.738	.463	.232	.090	.025	.004	.000	.000	.000	.000	2
3	1.000	.999	.992	.914	.730	.483	.254	.099	.025	.003	.000	.000	.000	3
4	1.000	1.000	.999	.980	.901	.733	.500	.267	.099	.020	.001	.000	.000	4
5	1.000	1.000	1.000	.997	.975	.901	.746	.517	.270	.086	.008	.001	.000	5
6	1.000	1.000	1.000	1.000	.996	.975	.910	.768	.537	.262	.053	.008	.000	6
7	1.000	1.000	1.000	1.000	1.000	.996	.980	.929	.804	.564	.225	.071	.003	7
8	1.000	1.000	1.000	1.000	1.000	1.000	.998	.990	.960	.866	.613	.370	.086	8
9	1.000	1.000	1.000	1.000	1.000	1.000	1.000	1.000	1.000	1.000	1.000	1.000	1.000	9

$n = 10$

k	.01	.05	.10	.20	.30	.40	.50	.60	.70	.80	.90	.95	.99	k
0	.904	.599	.349	.107	.028	.006	.001	.000	.000	.000	.000	.000	.000	0
1	.996	.914	.736	.376	.149	.046	.011	.002	.000	.000	.000	.000	.000	1
2	1.000	.988	.930	.678	.383	.167	.055	.012	.002	.000	.000	.000	.000	2
3	1.000	.999	.987	.879	.650	.382	.172	.055	.011	.001	.000	.000	.000	3
4	1.000	1.000	.998	.967	.850	.633	.377	.166	.047	.006	.000	.000	.000	4
5	1.000	1.000	1.000	.994	.953	.834	.623	.367	.150	.033	.002	.000	.000	5
6	1.000	1.000	1.000	.999	.989	.945	.828	.618	.350	.121	.013	.001	.000	6
7	1.000	1.000	1.000	1.000	.998	.988	.945	.833	.617	.322	.070	.012	.000	7
8	1.000	1.000	1.000	1.000	1.000	.998	.989	.954	.851	.624	.264	.086	.004	8
9	1.000	1.000	1.000	1.000	1.000	1.000	.999	.994	.972	.893	.651	.401	.096	9
10	1.000	1.000	1.000	1.000	1.000	1.000	1.000	1.000	1.000	1.000	1.000	1.000	1.000	10

$n = 11$

k	.01	.05	.10	.20	.30	.40	.50	.60	.70	.80	.90	.95	.99	k
0	.895	.569	.314	.086	.020	.004	.000	.000	.000	.000	.000	.000	.000	0
1	.995	.898	.697	.322	.113	.030	.006	.001	.000	.000	.000	.000	.000	1
2	1.000	.985	.910	.617	.313	.119	.033	.006	.001	.000	.000	.000	.000	2
3	1.000	.998	.981	.839	.570	.296	.113	.029	.004	.000	.000	.000	.000	3
4	1.000	1.000	.997	.950	.790	.533	.274	.099	.022	.002	.000	.000	.000	4
5	1.000	1.000	1.000	.988	.922	.754	.500	.246	.078	.012	.000	.000	.000	5
6	1.000	1.000	1.000	.998	.978	.901	.726	.467	.210	.050	.003	.000	.000	6
7	1.000	1.000	1.000	1.000	.996	.971	.887	.704	.430	.161	.019	.002	.000	7
8	1.000	1.000	1.000	1.000	.999	.994	.967	.881	.687	.383	.090	.015	.000	8
9	1.000	1.000	1.000	1.000	1.000	.999	.994	.970	.887	.678	.303	.102	.005	9
10	1.000	1.000	1.000	1.000	1.000	1.000	1.000	.996	.980	.914	.686	.431	.105	10
11	1.000	1.000	1.000	1.000	1.000	1.000	1.000	1.000	1.000	1.000	1.000	1.000	1.000	11

〈표 1〉 누적 이항확률 (계속)

$n = 12$

	p													
k	.01	.05	.10	.20	.30	.40	.50	.60	.70	.80	.90	.95	.99	*k*
0	.886	.540	.282	.069	.014	.002	.000	.000	.000	.000	.000	.000	.000	0
1	.994	.882	.659	.275	.085	.020	.003	.000	.000	.000	.000	.000	.000	1
2	1.000	.980	.889	.558	.253	.083	.019	.003	.000	.000	.000	.000	.000	2
3	1.000	.998	.974	.795	.493	.225	.073	.015	.002	.000	.000	.000	.000	3
4	1.000	1.000	.996	.927	.724	.438	.194	.057	.009	.001	.000	.000	.000	4
5	1.000	1.000	.999	.981	.882	.665	.387	.158	.039	.004	.000	.000	.000	5
6	1.000	1.000	1.000	.996	.961	.842	.613	.335	.118	.019	.001	.000	.000	6
7	1.000	1.000	1.000	.999	.991	.943	.806	.562	.276	.073	.004	.000	.000	7
8	1.000	1.000	1.000	1.000	.998	.985	.927	.775	.507	.205	.026	.002	.000	8
9	1.000	1.000	1.000	1.000	1.000	.997	.981	.917	.747	.442	.111	.020	.000	9
10	1.000	1.000	1.000	1.000	1.000	1.000	.997	.980	.915	.725	.341	.118	.006	10
11	1.000	1.000	1.000	1.000	1.000	1.000	1.000	.998	.986	.931	.718	.460	.114	11
12	1.000	1.000	1.000	1.000	1.000	1.000	1.000	1.000	1.000	1.000	1.000	1.000	1.000	12

$n = 15$

	p													
k	.01	.05	.10	.20	.30	.40	.50	.60	.70	.80	.90	.95	.99	*k*
0	.860	.463	.206	.035	.005	.000	.000	.000	.000	.000	.000	.000	.000	0
1	.990	.829	.549	.167	.035	.005	.000	.000	.000	.000	.000	.000	.000	1
2	1.000	.964	.816	.398	.127	.027	.004	.000	.000	.000	.000	.000	.000	2
3	1.000	.995	.944	.648	.297	.091	.018	.002	.000	.000	.000	.000	.000	3
4	1.000	.999	.987	.836	.515	.217	.059	.009	.001	.000	.000	.000	.000	4
5	1.000	1.000	.998	.939	.722	.403	.151	.034	.004	.000	.000	.000	.000	5
6	1.000	1.000	1.000	.982	.869	.610	.304	.095	.015	.001	.000	.000	.000	6
7	1.000	1.000	1.000	.996	.950	.787	.500	.213	.050	.004	.000	.000	.000	7
8	1.000	1.000	1.000	.999	.985	.905	.696	.390	.131	.018	.000	.000	.000	8
9	1.000	1.000	1.000	1.000	.996	.966	.849	.597	.278	.061	.002	.000	.000	9
10	1.000	1.000	1.000	1.000	.999	.991	.941	.783	.485	.164	.013	.001	.000	10
11	1.000	1.000	1.000	1.000	1.000	.998	.982	.909	.703	.352	.056	.005	.000	11
12	1.000	1.000	1.000	1.000	1.000	1.000	.996	.973	.873	.602	.184	.036	.000	12
13	1.000	1.000	1.000	1.000	1.000	1.000	1.000	.995	.965	.833	.451	.171	.010	13
14	1.000	1.000	1.000	1.000	1.000	1.000	1.000	1.000	.995	.965	.794	.537	.140	14
15	1.000	1.000	1.000	1.000	1.000	1.000	1.000	1.000	1.000	1.000	1.000	1.000	1.000	15

〈표 1〉 누적 이항확률 (계속)

$n = 20$

	p													
k	.01	.05	.10	.20	.30	.40	.50	.60	.70	.80	.90	.95	.99	k
0	.818	.358	.122	.012	.001	.000	.000	.000	.000	.000	.000	.000	.000	0
1	.983	.736	.392	.069	.008	.001	.000	.000	.000	.000	.000	.000	.000	1
2	.999	.925	.677	.206	.035	.004	.000	.000	.000	.000	.000	.000	.000	2
3	1.000	.984	.867	.411	.107	.016	.001	.000	.000	.000	.000	.000	.000	3
4	1.000	.997	.957	.630	.238	.051	.006	.000	.000	.000	.000	.000	.000	4
5	1.000	1.000	.989	.804	.416	.126	.021	.002	.000	.000	.000	.000	.000	5
6	1.000	1.000	.998	.913	.608	.250	.058	.006	.000	.000	.000	.000	.000	6
7	1.000	1.000	1.000	.968	.772	.416	.132	.021	.001	.000	.000	.000	.000	7
8	1.000	1.000	1.000	.990	.887	.596	.252	.057	.005	.000	.000	.000	.000	8
9	1.000	1.000	1.000	.997	.952	.755	.412	.128	.017	.001	.000	.000	.000	9
10	1.000	1.000	1.000	.999	.983	.872	.588	.245	.048	.003	.000	.000	.000	10
11	1.000	1.000	1.000	1.000	.995	.943	.748	.404	.113	.010	.000	.000	.000	11
12	1.000	1.000	1.000	1.000	.999	.979	.868	.584	.228	.032	.000	.000	.000	12
13	1.000	1.000	1.000	1.000	1.000	.994	.942	.750	.392	.087	.002	.000	.000	13
14	1.000	1.000	1.000	1.000	1.000	.998	.979	.874	.584	.196	.011	.000	.000	14
15	1.000	1.000	1.000	1.000	1.000	1.000	.994	.949	.762	.370	.043	.003	.000	15
16	1.000	1.000	1.000	1.000	1.000	1.000	.999	.984	.893	.589	.133	.016	.000	16
17	1.000	1.000	1.000	1.000	1.000	1.000	1.000	.996	.965	.794	.323	.075	.001	17
18	1.000	1.000	1.000	1.000	1.000	1.000	1.000	.999	.992	.931	.608	.264	.017	18
19	1.000	1.000	1.000	1.000	1.000	1.000	1.000	1.000	.999	.988	.878	.642	.182	19
20	1.000	1.000	1.000	1.000	1.000	1.000	1.000	1.000	1.000	1.000	1.000	1.000	1.000	20

〈표 1〉 누적 이항확률 (계속)

$n = 25$

	p													
k	.01	.05	.10	.20	.30	.40	.50	.60	.70	.80	.90	.95	.99	*k*
0	.778	.277	.072	.004	.000	.000	.000	.000	.000	.000	.000	.000	.000	0
1	.974	.642	.271	.027	.002	.000	.000	.000	.000	.000	.000	.000	.000	1
2	.998	.873	.537	.098	.009	.000	.000	.000	.000	.000	.000	.000	.000	2
3	1.000	.966	.764	.234	.033	.002	.000	.000	.000	.000	.000	.000	.000	3
4	1.000	.993	.902	.421	.090	.009	.000	.000	.000	.000	.000	.000	.000	4
5	1.000	.999	.967	.617	.193	.029	.002	.000	.000	.000	.000	.000	.000	5
6	1.000	1.000	.991	.780	.341	.074	.007	.000	.000	.000	.000	.000	.000	6
7	1.000	1.000	.998	.891	.512	.154	.022	.001	.000	.000	.000	.000	.000	7
8	1.000	1.000	1.000	.953	.677	.274	.054	.004	.000	.000	.000	.000	.000	8
9	1.000	1.000	1.000	.983	.811	.425	.115	.013	.000	.000	.000	.000	.000	9
10	1.000	1.000	1.000	.994	.902	.586	.212	.034	.002	.000	.000	.000	.000	10
11	1.000	1.000	1.000	.998	.956	.732	.345	.078	.006	.000	.000	.000	.000	11
12	1.000	1.000	1.000	1.000	.983	.846	.500	.154	.017	.000	.000	.000	.000	12
13	1.000	1.000	1.000	1.000	.994	.922	.655	.268	.044	.002	.000	.000	.000	13
14	1.000	1.000	1.000	1.000	.998	.966	.788	.414	.098	.006	.000	.000	.000	14
15	1.000	1.000	1.000	1.000	1.000	.987	.885	.575	.189	.017	.000	.000	.000	15
16	1.000	1.000	1.000	1.000	1.000	.996	.946	.726	.323	.047	.000	.000	.000	16
17	1.000	1.000	1.000	1.000	1.000	.999	.978	.846	.488	.109	.002	.000	.000	17
18	1.000	1.000	1.000	1.000	1.000	1.000	.993	.926	.659	.220	.009	.000	.000	18
19	1.000	1.000	1.000	1.000	1.000	1.000	.998	.971	.807	.383	.033	.001	.000	19
20	1.000	1.000	1.000	1.000	1.000	1.000	1.000	.991	.910	.579	.098	.007	.000	20
21	1.000	1.000	1.000	1.000	1.000	1.000	1.000	.998	.967	.766	.236	.034	.000	21
22	1.000	1.000	1.000	1.000	1.000	1.000	1.000	1.000	.991	.902	.463	.127	.002	22
23	1.000	1.000	1.000	1.000	1.000	1.000	1.000	1.000	.998	.973	.729	.358	.026	23
24	1.000	1.000	1.000	1.000	1.000	1.000	1.000	1.000	1.000	.996	.928	.723	.222	24
25	1.000	1.000	1.000	1.000	1.000	1.000	1.000	1.000	1.000	1.000	1.000	1.000	1.000	25

〈표 2〉 누적 포와송확률

k	μ .1	.2	.3	.4	.5	.6	.7	.8	.9	1.0	1.5
0	.905	.819	.741	.670	.607	.549	.497	.449	.407	.368	.223
1	.995	.982	.963	.938	.910	.878	.844	.809	.772	.736	.558
2	1.000	.999	.996	.992	.986	.977	.966	.953	.937	.920	.809
3		1.000	1.000	.999	.998	.997	.994	.991	.987	.981	.934
4				1.000	1.000	1.000	.999	.999	.998	.996	.981
5							1.000	1.000	1.000	.999	.996
6										1.000	.999
7											1.000

k	μ 2.0	2.5	3.0	3.5	4.0	4.5	5.0	5.5	6.0	6.5	7.0
0	.135	.082	.050	.033	.018	.011	.007	.004	.003	.002	.001
1	.406	.287	.199	.136	.092	.061	.040	.027	.017	.011	.007
2	.677	.544	.423	.321	.238	.174	.125	.088	.062	.043	.030
3	.857	.758	.647	.537	.433	.342	.265	.202	.151	.112	.082
4	.947	.891	.815	.725	.629	.532	.440	.358	.285	.224	.173
5	.983	.958	.916	.858	.785	.703	.616	.529	.446	.369	.301
6	.995	.986	.966	.935	.889	.831	.762	.686	.606	.563	.450
7	.999	.996	.988	.973	.949	.913	.867	.809	.744	.673	.599
8	1.000	.999	.996	.990	.979	.960	.932	.894	.847	.792	.729
9		1.000	.999	.997	.992	.983	.968	.946	.916	.877	.830
10			1.000	.999	.997	.993	.986	.975	.957	.933	.901
11				1.000	.999	.998	.995	.989	.980	.966	.947
12					1.000	.999	.998	.996	.991	.984	.973
13						1.000	.999	.998	.996	.993	.987
14							1.000	.999	.999	.997	.994
15								1.000	.999	.999	.998
16									1.000	1.000	.999
17											1.000

〈표 2〉 누적 포와송확률 (계속)

	μ								
k	7.5	8.0	8.5	9.0	9.5	10.0	12.0	15.0	20.0
0	.001	.000	.000	.000	.000	.000	.000	.000	.000
1	.005	.003	.002	.001	.001	.000	.000	.000	.000
2	.020	.014	.009	.006	.004	.003	.001	.000	.000
3	.059	.042	.030	.021	.015	.010	.002	.000	.000
4	.132	.100	.074	.055	.040	.029	.008	.001	.000
5	.241	.191	.150	.116	.089	.067	.020	.003	.000
6	.378	.313	.256	.207	.165	.130	.046	.008	.000
7	.525	.453	.386	.324	.269	.220	.090	.018	.001
8	.662	.593	.523	.456	.392	.333	.155	.037	.002
9	.776	.717	.653	.587	.522	.458	.242	.070	.005
10	.862	.816	.763	.706	.645	.583	.347	.118	.011
11	.921	.888	.849	.803	.752	.697	.462	.185	.021
12	.957	.936	.909	.876	.836	.792	.576	.268	.039
13	.978	.966	.949	.926	.898	.864	.682	.363	.066
14	.990	.983	.973	.959	.940	.917	.772	.466	.105
15	.995	.992	.986	.978	.967	.951	.844	.568	.157
16	.998	.996	.993	.989	.982	.973	.899	.664	.221
17	.999	.998	.997	.995	.991	.986	.937	.749	.297
18	1.000	.999	.999	.998	.996	.993	.963	.819	.381
19		1.000	.999	.999	.998	.997	.979	.875	.470
20			1.000	1.000	.999	.998	.988	.917	.559
21					1.000	.999	.994	.947	.644
22						1.000	.997	.967	.721
23							.999	.981	.787
24							.999	.989	.843
25							1.000	.994	.888
26								.997	.922
27								.998	.948
28								.999	.966
29								1.000	.978
30									.987
31									.992
32									.995
33									.997
34									.999
35									.999
36									1.000

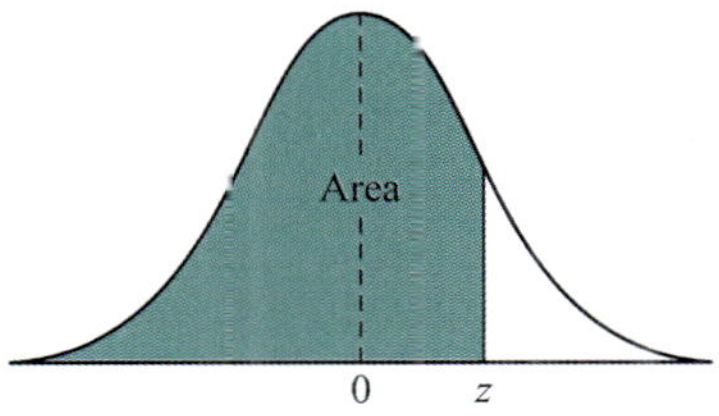

〈표 3〉 정규곡선의 면적

z	.00	.01	.02	.03	.04	.05	.06	.07	.08	.09
−3.4	.0003	.0003	.0003	.0003	.0003	.0003	.0003	.0003	.0003	.0002
−3.3	.0005	.0005	.0005	.0004	.0004	.0004	.0004	.0004	.0004	.0003
−3.2	.0007	.0007	.0006	.0006	.0006	.0006	.0006	.0005	.0005	.0005
−3.1	.0010	.0009	.0009	.0009	.0008	.0008	.0008	.0008	.0007	.0007
−3.0	.0013	.0013	.0013	.0012	.0012	.0011	.0011	.0011	.0010	.0010
−2.9	.0019	.0018	.0017	.0017	.0016	.0016	.0015	.0015	.0014	.0014
−2.8	.0026	.0025	.0024	.0023	.0023	.0022	.0021	.0021	.0020	.0019
−2.7	.0035	.0034	.0033	.0032	.0031	.0030	.0029	.0028	.0027	.0026
−2.6	.0047	.0045	.0044	.0043	.0041	.0040	.0039	.0038	.0037	.0036
−2.5	.0062	.0060	.0059	.0057	.0055	.0054	.0052	.0051	.0049	.0048
−2.4	.0082	.0080	.0078	.0075	.0073	.0071	.0069	.0068	.0066	.0064
−2.3	.0107	.0104	.0102	.0099	.0096	.0094	.0091	.0089	.0087	.0084
−2.2	.0139	.0136	.0132	.0129	.0125	.0122	.0119	.0116	.0113	.0110
−2.1	.0179	.0174	.0170	.0166	.0162	.0158	.0154	.0150	.0146	.0143
−2.0	.0228	.0222	.0217	.0212	.0207	.0202	.0197	.0192	.0188	.0183
−1.9	.0287	.0281	.0274	.0268	.0262	.0256	.0250	.0244	.0239	.0233
−1.8	.0359	.0351	.0344	.0336	.0329	.0322	.0314	.0307	.0301	.0294
−1.7	.0446	.0436	.0427	.0418	.0409	.0401	.0392	.0384	.0375	.0367
−1.6	.0548	.0537	.0526	.0516	.0505	.0495	.0485	.0475	.0465	.0455
−1.5	.0668	.0655	.0643	.0630	.0618	.0606	.0594	.0582	.0571	.0559
−1.4	.0808	.0793	.0778	.0764	.0749	.0735	.0722	.0708	.0694	.0681
−1.3	.0968	.0951	.0934	.0918	.0901	.0885	.0869	.0853	.0838	.0823
−1.2	.1151	.1131	.1112	.1093	.1075	.1056	.1038	.1020	.1003	.0985
−1.1	.1357	.1335	.1314	.1292	.1271	.1251	.1230	.1210	.1190	.1170
−1.0	.1587	.1562	.1539	.1515	.1492	.1469	.1446	.1423	.1401	.1379
−0.9	.1841	.1814	.1788	.1762	.1736	.1711	.1685	.1660	.1635	.1611
−0.8	.2119	.2090	.2061	.2033	.2005	.1977	.1949	.1922	.1894	.1867
−0.7	.2420	.2389	.2358	.2327	.2296	.2266	.2236	.2206	.2177	.2148
−0.6	.2743	.2709	.2676	.2643	.2611	.2578	.2546	.2514	.2483	.2451
−0.5	.3085	.3050	.3015	.2981	.2946	.2912	.2877	.2843	.2810	.2776
−0.4	.3446	.3409	.3372	.3336	.3300	.3264	.3228	.3192	.3156	.3121
−0.3	.3821	.3783	.3745	.3707	.3669	.3632	.3594	.3557	.3520	.3483
−0.2	.4207	.4168	.4129	.4090	.4052	.4013	.3974	.3936	.3897	.3859
−0.1	.4602	.4562	.4522	.4483	.4443	.4404	.4364	.4325	.4286	.4247
−0.0	.5000	.4960	.4920	.4880	.4840	.4801	.4761	.4721	.4681	.4641

〈표 3〉 정규곡선의 면적 (계속)

z	.00	.01	.02	.03	.04	.05	.06	.07	.08	.09
0.0	.5000	.5040	.5080	.5120	.5160	.5199	.5239	.5279	.5319	.5359
0.1	.5398	.5438	.5478	.5517	.5557	.5596	.5636	.5675	.5714	.5753
0.2	.5793	.5832	.5871	.5910	.5948	.5987	.6026	.6064	.6103	.6141
0.3	.6179	.6217	.6255	.6293	.6331	.6368	.6406	.6443	.6480	.6517
0.4	.6554	.6591	.6628	.6664	.6700	.6736	.6772	.6808	.6844	.6879
0.5	.6915	.6950	.6985	.7019	.7054	.7088	.7123	.7157	.7190	.7224
0.6	.7257	.7291	.7324	.7357	.7389	.7422	.7454	.7486	.7517	.7549
0.7	.7580	.7611	.7642	.7673	.7704	.7734	.7764	.7794	.7823	.7852
0.8	.7881	.7910	.7939	.7967	.7995	.8023	.8051	.8078	.8106	.8133
0.9	.8159	.8186	.8212	.8238	.8264	.8289	.8315	.8340	.8365	.8389
1.0	.8413	.8438	.8461	.8485	.8508	.8531	.8554	.8577	.8599	.8621
1.1	.8643	.8665	.8686	.8708	.8729	.8749	.8770	.8790	.8810	.8830
1.2	.8849	.8869	.8888	.8907	.8925	.8944	.8962	.8980	.8997	.9015
1.3	.9032	.9049	.9066	.9082	.9099	.9115	.9131	.9147	.9162	.9177
1.4	.9192	.9207	.9222	.9236	.9251	.9265	.9279	.9292	.9306	.9319
1.5	.9332	.9345	.9357	.9370	.9382	.9394	.9406	.9418	.9429	.9441
1.6	.9452	.9463	.9474	.9484	.9495	.9505	.9515	.9525	.9535	.9545
1.7	.9554	.9564	.9573	.9582	.9591	.9599	.9608	.9616	.9625	.9633
1.8	.9641	.9649	.9656	.9664	.9671	.9678	.9686	.9693	.9699	.9706
1.9	.9713	.9719	.9726	.9732	.9738	.9744	.9750	.9756	.9761	.9767
2.0	.9772	.9778	.9783	.9788	.9793	.9798	.9803	.9808	.9812	.9817
2.1	.9821	.9826	.9830	.9834	.9838	.9842	.9846	.9850	.9854	.9857
2.2	.9861	.9864	.9868	.9871	.9875	.9878	.9881	.9884	.9887	.9890
2.3	.9893	.9896	.9898	.9901	.9904	.9906	.9909	.9911	.9913	.9916
2.4	.9918	.9920	.9922	.9925	.9927	.9929	.9931	.9932	.9934	.9936
2.5	.9938	.9940	.9941	.9943	.9945	.9946	.9948	.9949	.9951	.9952
2.6	.9953	.9955	.9956	.9957	.9959	.9960	.9961	.9962	.9963	.9964
2.7	.9965	.9966	.9967	.9968	.9969	.9970	.9971	.9972	.9973	.9974
2.8	.9974	.9975	.9976	.9977	.9977	.9978	.9979	.9979	.9980	.9981
2.9	.9981	.9982	.9982	.9983	.9984	.9984	.9985	.9985	.9986	.9986
3.0	.9987	.9987	.9987	.9988	.9988	.9989	.9989	.9989	.9990	.9990
3.1	.9990	.9991	.9991	.9991	.9992	.9992	.9992	.9992	.9993	.9993
3.2	.9993	.9993	.9994	.9994	.9994	.9994	.9994	.9995	.9995	.9995
3.3	.9995	.9995	.9995	.9996	.9996	.9996	.9996	.9996	.9996	.9997
3.4	.9997	.9997	.9997	.9997	.9997	.9997	.9997	.9997	.9997	.9998

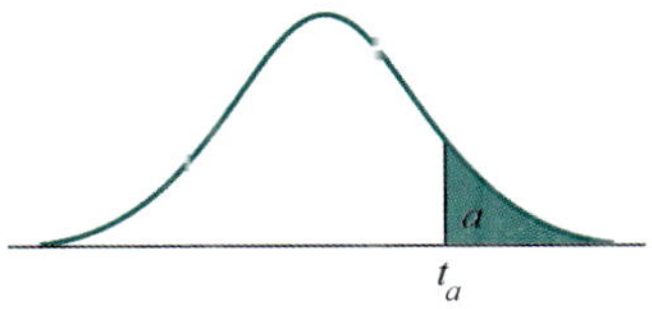

〈표 4〉 t 의 임계값

df	$t_{.100}$	$t_{.050}$	$t_{.025}$	$t_{.010}$	$t_{.005}$	df
1	3.078	6.314	12.706	31.821	63.657	1
2	1.886	2.920	4.303	6.965	9.925	2
3	1.638	2.353	3.182	4.541	5.841	3
4	1.533	2.132	2.776	3.747	4.604	4
5	1.476	2.015	2.571	3.365	4.032	5
6	1.440	1.943	2.447	3.143	3.707	6
7	1.415	1.895	2.365	2.998	3.499	7
8	1.397	1.860	2.306	2.896	3.355	8
9	1.383	1.833	2.262	2.821	3.250	9
10	1.372	1.812	2.228	2.764	3.169	10
11	1.363	1.796	2.201	2.718	3.106	11
12	1.356	1.782	2.179	2.681	3.055	12
13	1.350	1.771	2.160	2.650	3.012	13
14	1.345	1.761	2.145	2.624	2.977	14
15	1.341	1.753	2.131	2.602	2.947	15
16	1.337	1.746	2.120	2.583	2.921	16
17	1.333	1.740	2.110	2.567	2.898	17
18	1.330	1.734	2.101	2.552	2.878	18
19	1.328	1.729	2.093	2.539	2.861	19
20	1.325	1.725	2.086	2.528	2.845	20
21	1.323	1.721	2.080	2.518	2.831	21
22	1.321	1.717	2.074	2.508	2.819	22
23	1.319	1.714	2.069	2.500	2.807	23
24	1.318	1.711	2.064	2.492	2.797	24
25	1.316	1.708	2.060	2.485	2.787	25
26	1.315	1.706	2.056	2.479	2.779	26
27	1.314	1.703	2.052	2.473	2.771	27
28	1.313	1.701	2.048	2.467	2.763	28
29	1.311	1.699	2.045	2.462	2.756	29
∞	1.282	1.645	1.960	2.326	2.576	∞

SOURCE: From "Table of Percentage Points of the t-Distribution," *Biometrika* 32 (1941):300. Reproduced by permission of the *Biometrika* Trustees.

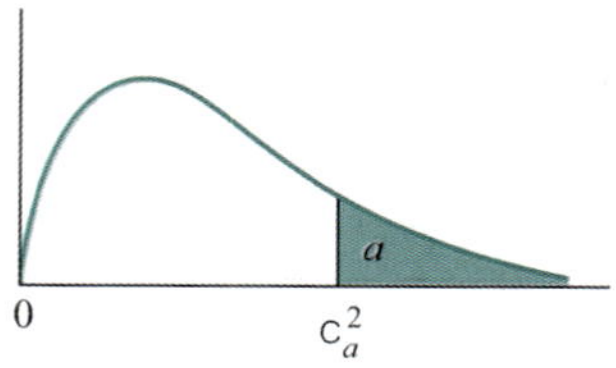

〈표 5〉 카이제곱의 임계값

df	$\chi^2_{.995}$	$\chi^2_{.990}$	$\chi^2_{.975}$	$\chi^2_{.950}$	$\chi^2_{.900}$
1	.0000393	.0001571	.0009821	.0039321	.0157908
2	.0100251	.0201007	.0506356	.102587	.210720
3	.0717212	.114832	.215795	.351846	.584375
4	.206990	.297110	.484419	.710721	1.063623
5	.411740	.554300	.831211	1.145476	1.61031
6	.675727	.872085	1.237347	1.63539	2.20413
7	.989265	1.239043	1.68987	2.16735	2.83311
8	1.344419	1.646482	2.17973	2.73264	3.48954
9	1.734926	2.087912	2.70039	3.32511	4.16816
10	2.15585	2.55821	3.24697	3.94030	4.86518
11	2.60321	3.05347	3.81575	4.57481	5.57779
12	3.07382	3.57056	4.40379	5.22603	6.30380
13	3.56503	4.10691	5.00874	5.89186	7.04150
14	4.07468	4.66043	5.62872	6.57063	7.78953
15	4.60094	5.22935	6.26214	7.26094	8.54675
16	5.14224	5.81221	6.90766	7.96164	9.31223
17	5.69724	6.40776	7.56418	8.67176	10.0852
18	6.26481	7.01491	8.23075	9.39046	10.8649
19	6.84398	7.63273	8.90655	10.1170	11.6509
20	7.43386	8.26040	9.59083	10.8508	12.4426
21	8.03366	8.89720	10.28293	11.5913	13.2396
22	8.64272	9.54249	10.9823	12.3380	14.0415
23	9.26042	10.19567	11.6885	13.0905	14.8479
24	9.88623	10.8564	12.4011	13.8484	15.6587
25	10.5197	11.5240	13.1197	14.6114	16.4734
26	11.1603	12.1981	13.8439	15.3791	17.2919
27	11.8076	12.8786	14.5733	16.1513	18.1138
28	12.4613	13.5648	15.3079	16.9279	18.9392
29	13.1211	14.2565	16.0471	17.7083	19.7677
30	13.7867	14.9535	16.7908	18.4926	20.5992
40	20.7065	22.1643	24.4331	26.5093	29.0505
50	27.9907	29.7067	32.3574	34.7642	37.6886
60	35.5346	37.4848	40.4817	43.1879	46.4589
70	43.2752	45.4418	48.7576	51.7393	55.3290
80	51.1720	53.5400	57.1532	60.3915	64.2778
90	59.1963	61.7541	65.6466	69.1260	73.2912
100	67.3276	70.0648	74.2219	77.9295	82.3581

SOURCE: From "Tables of the Percentage Points of the χ^2-Distribution," *Biometrika Tables for Statisticians*, Vol. 1, 3rd ed. (1966). Reproduced by permission of the *Biometrika* Trustees.

〈표 5〉 카이제곱의 임계값 (계속)

$\chi^2_{.100}$	$\chi^2_{.050}$	$\chi^2_{.025}$	$\chi^2_{.010}$	$\chi^2_{.005}$	df
2.70554	3.84146	5.02389	6.63490	7.87944	1
4.60517	5.99147	7.37776	9.21034	10.5966	2
6.25139	7.81473	9.34840	11.3449	12.8381	3
7.77944	9.48773	11.1433	13.2767	14.8602	4
9.23635	11.0705	12.8325	15.0863	16.7496	5
10.6446	12.5916	14.4494	16.8119	18.5476	6
12.0170	14.0671	16.0128	18.4753	20.2777	7
13.3616	15.5073	17.5346	20.0902	21.9550	8
14.6837	16.9190	19.0228	21.6660	23.5893	9
15.9871	18.3070	20.4831	23.2093	25.1882	10
17.2750	19.6751	21.9200	24.7250	26.7569	11
18.5494	21.0261	23.3367	26.2170	28.2995	12
19.8119	22.3621	24.7356	27.6883	29.8194	13
21.0642	23.6848	26.1190	29.1413	31.3193	14
22.3072	24.9958	27.4884	30.5779	32.8013	15
23.5418	26.2962	28.8485	31.9999	34.2672	16
24.7690	27.8571	30.1910	33.4087	35.7185	17
25.9894	28.8693	31.5264	34.8053	37.1564	18
27.2036	30.1435	32.8523	36.1908	38.5822	19
28.4120	31.4104	34.1696	37.5662	39.9968	20
29.6151	32.6705	35.4789	38.9321	41.4010	21
30.8133	33.9244	36.7807	40.2894	42.7956	22
32.0069	35.1725	38.0757	41.6384	44.1813	23
33.1963	36.4151	39.3641	42.9798	45.5585	24
34.3816	37.6525	40.6465	44.3141	46.9278	25
35.5631	38.8852	41.9232	45.6417	48.2899	26
36.7412	40.1133	43.1944	46.9630	49.6449	27
37.9159	41.3372	44.4607	48.2782	50.9933	28
39.0875	42.5569	45.7222	49.5879	52.3356	29
40.2560	43.7729	46.9792	50.8922	53.6720	30
51.8050	55.7585	59.3417	63.6907	66.7659	40
63.1671	67.5048	71.4202	76.1539	79.4900	50
74.3970	79.0819	83.2976	88.3794	91.9517	60
85.5271	90.5312	95.0231	100.425	104.215	70
96.5782	101.879	106.629	112.329	116.321	80
107.565	113.145	118.136	124.116	128.299	90
118.498	124.342	129.561	135.807	140.169	100

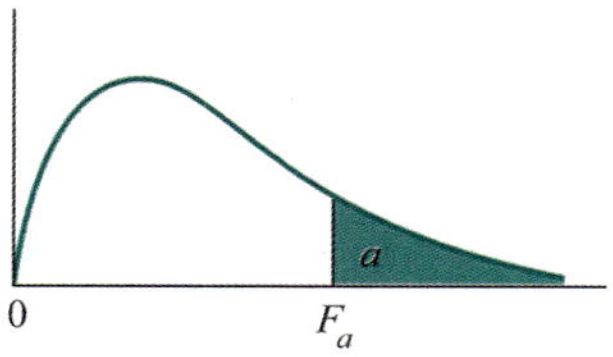

〈표 6〉 F분포의 백분위 점

df_2	a	df_1 1	2	3	4	5	6	7	8	9
1	.100	39.86	49.50	53.59	55.83	57.24	58.20	58.91	59.44	59.86
	.050	161.4	199.5	215.7	224.6	230.2	234.0	236.8	238.9	240.5
	.025	647.8	799.5	864.2	899.6	921.8	937.1	948.2	956.7	963.3
	.010	4052	4999.5	5403	5625	5764	5859	5928	5982	6022
	.005	16211	20000	21615	22500	23056	23437	23715	23925	24091
2	.100	8.53	9.00	9.16	9.24	9.29	9.33	9.35	9.37	9.38
	.050	18.51	19.00	19.16	19.25	19.30	19.33	19.35	19.37	19.38
	.025	38.51	39.00	39.17	39.25	39.30	39.33	39.36	39.37	39.39
	.010	98.50	99.00	99.17	99.25	99.30	99.33	99.36	99.37	99.39
	.005	198.5	199.0	199.2	199.2	199.3	199.3	199.4	199.4	199.4
3	.100	5.54	5.46	5.39	5.34	5.31	5.28	5.27	5.25	5.24
	.050	10.13	9.55	9.28	9.12	9.01	8.94	8.89	8.85	8.81
	.025	17.44	16.04	15.44	15.10	14.88	14.73	14.62	14.54	14.47
	.010	34.12	30.82	29.46	28.71	28.24	27.91	27.64	27.49	27.35
	.005	55.55	49.80	47.47	46.19	45.39	44.84	44.43	44.13	43.88
4	.100	4.54	4.32	4.19	4.11	4.05	4.01	3.98	3.95	3.94
	.050	7.71	6.94	6.59	6.39	6.26	6.16	6.09	6.04	6.00
	.025	12.22	10.65	9.98	9.60	9.36	9.20	9.07	8.98	8.90
	.010	21.20	18.00	16.69	15.98	15.52	15.21	14.98	14.80	14.66
	.005	31.33	26.28	24.26	23.15	22.46	21.97	21.62	21.35	21.14
5	.100	4.06	3.78	3.62	3.52	3.45	3.40	3.37	3.34	3.32
	.050	6.61	5.79	5.41	5.19	5.05	4.95	4.88	4.82	4.77
	.025	10.01	8.43	7.76	7.39	7.15	6.98	6.85	6.76	6.68
	.010	16.26	13.27	12.06	11.39	10.97	10.67	10.46	10.29	10.16
	.005	22.78	18.31	16.53	15.56	14.94	14.51	14.20	13.96	13.77
6	.100	3.78	3.46	3.29	3.18	3.11	3.05	3.01	2.98	2.96
	.050	5.99	5.14	4.76	4.53	4.39	4.28	4.21	4.15	4.10
	.025	8.81	7.26	6.60	6.23	5.99	5.82	5.70	5.60	5.52
	.010	13.75	10.92	9.78	9.15	8.75	8.47	8.26	8.10	7.98
	.005	18.63	14.54	12.92	12.03	11.46	11.07	10.79	10.57	10.39
7	.100	3.59	3.26	3.07	2.96	2.88	2.83	2.78	2.75	2.72
	.050	5.59	4.74	4.35	4.12	3.97	3.87	3.79	3.73	3.68
	.025	8.07	6.54	5.89	5.52	5.29	5.12	4.99	4.90	4.82
	.010	12.25	9.55	8.45	7.85	7.46	7.19	6.99	6.84	6.72
	.005	16.24	12.40	10.88	10.05	9.52	9.16	8.89	8.68	8.51
8	.100	3.46	3.11	2.92	2.81	2.73	2.67	2.62	2.59	2.56
	.050	5.32	4.46	4.07	3.84	3.69	3.58	3.50	3.44	3.39
	.025	7.57	6.06	5.42	5.05	4.82	4.65	4.53	4.43	4.36
	.010	11.26	8.65	7.59	7.01	6.63	6.37	6.18	6.03	5.91
	.005	14.69	11.04	9.60	8.81	8.30	7.95	7.69	7.50	7.34
9	.100	3.36	3.01	2.81	2.69	2.61	2.55	2.51	2.47	2.44
	.050	5.12	4.26	3.86	3.63	3.48	3.37	3.29	3.23	3.18
	.025	7.21	5.71	5.08	4.72	4.48	4.32	4.20	4.10	4.03
	.010	10.56	8.02	6.99	6.42	6.06	5.80	5.61	5.47	5.35
	.005	13.61	10.11	8.72	7.96	7.47	7.13	6.88	6.69	6.54

SOURCE: A portion of "Tables of Percentage Points of the Inverted Beta (F) Distribution," *Biometrika*, Vol. 33 (1943) by M. Merrington and C.M. Thompson and from Table 18 of *Biometrika Tables for Statisticians*, Vol. 1, Cambridge University Press, 1954, edited by E.S. Pearson and H.O. Hartley. Reproduced with permission of the authors, editors, and *Biometrika* Trustees.

〈표 6〉 F분포의 백분위 점 (계속)

df_1											
10	12	15	20	24	30	40	60	120	∞	a	df_2
60.19	60.71	61.22	61.74	62.00	62.26	62.53	62.79	63.06	63.33	.100	1
241.9	243.9	245.9	248.0	249.1	250.1	251.2	252.2	253.3	254.3	.050	
968.6	976.7	984.9	993.1	997.2	1001	1006	1010	1014	1018	.025	
6056	6106	6157	6209	6235	6261	6287	6313	6339	6366	.010	
24224	24426	24630	24836	24940	25044	25148	25253	25359	25465	.005	
9.39	9.41	9.42	9.44	9.45	9.46	9.47	9.47	9.48	9.49	.100	2
19.40	19.41	19.43	19.45	19.45	19.46	19.47	19.48	19.49	19.50	.050	
39.40	39.41	39.43	39.45	39.46	39.46	39.47	39.48	39.49	39.50	.025	
99.40	99.42	99.43	99.45	99.46	99.47	99.47	99.48	99.49	99.50	.010	
199.4	199.4	199.4	199.4	199.5	199.5	199.5	199.5	199.5	199.5	.005	
5.23	5.22	5.20	5.18	5.18	5.17	5.16	5.15	5.14	5.13	.100	3
8.79	8.74	8.70	8.66	8.64	8.62	8.59	8.57	8.55	8.53	.050	
14.42	14.34	14.25	14.17	14.12	14.08	14.04	13.99	13.95	13.90	.025	
27.23	27.05	26.87	26.69	26.60	26.50	26.41	26.32	26.22	26.13	.010	
43.69	43.39	43.08	42.78	42.62	42.47	42.31	42.15	41.99	41.83	.005	
3.92	3.90	3.87	3.84	3.83	3.82	3.80	3.79	3.78	3.76	.100	4
5.96	5.91	5.86	5.80	5.77	5.75	5.72	5.69	5.66	5.63	.050	
8.84	8.75	8.66	8.56	8.51	8.46	8.41	8.36	8.31	8.26	.025	
14.55	14.37	14.20	14.02	13.93	13.84	13.75	13.65	13.56	13.46	.010	
20.97	20.70	20.44	20.17	20.03	19.89	19.75	19.61	19.47	19.32	.005	
3.30	3.27	3.24	3.21	3.19	3.17	3.16	3.14	3.12	3.10	.100	5
4.74	4.68	4.62	4.56	4.53	4.50	4.46	4.43	4.40	4.36	.050	
6.62	6.52	6.43	6.33	6.28	6.23	6.18	6.12	6.07	6.02	.025	
10.05	9.89	9.72	9.55	9.47	9.38	9.29	9.20	9.11	9.02	.010	
13.62	13.38	13.15	12.90	12.78	12.66	12.53	12.40	12.27	12.14	.005	
2.94	2.90	2.87	2.84	2.82	2.80	2.78	2.76	2.74	2.72	.100	6
4.06	4.00	3.94	3.87	3.84	3.81	3.77	3.74	3.70	3.67	.050	
5.46	5.37	5.27	5.17	5.12	5.07	5.01	4.96	4.90	4.85	.025	
7.87	7.72	7.56	7.40	7.31	7.23	7.14	7.06	6.97	6.88	.010	
10.25	10.03	9.81	9.59	9.47	9.36	9.24	9.12	9.00	8.88	.005	
2.70	2.67	2.63	2.59	2.58	2.56	2.54	2.51	2.49	2.47	.100	7
3.64	3.57	3.51	3.44	3.41	3.38	3.34	3.30	3.27	3.23	.050	
4.76	4.67	4.57	4.47	4.42	4.36	4.31	4.25	4.20	4.14	.025	
6.62	6.47	6.31	6.16	6.07	5.99	5.91	5.82	5.74	5.65	.010	
8.38	8.18	7.97	7.75	7.65	7.53	7.42	7.31	7.19	7.08	.005	
2.54	2.50	2.46	2.42	2.40	2.38	2.36	2.34	2.32	2.29	.100	8
3.35	3.28	3.22	3.15	3.12	3.08	3.04	3.01	2.97	2.93	.050	
4.30	4.20	4.10	4.00	3.95	3.89	3.84	3.78	3.73	3.67	.025	
5.81	5.67	5.52	5.36	5.28	5.20	5.12	5.03	4.95	4.86	.010	
7.21	7.01	6.81	6.61	6.50	6.40	6.29	6.18	6.06	5.95	.005	
2.42	2.38	2.34	2.30	2.28	2.25	2.23	2.21	2.18	2.16	.100	9
3.14	3.07	3.01	2.94	2.90	2.86	2.83	2.79	2.75	2.71	.050	
3.96	3.87	3.77	3.67	3.61	3.56	3.51	3.45	3.39	3.33	.025	
5.26	5.11	4.96	4.81	4.73	4.65	4.57	4.48	4.40	4.31	.010	
6.42	6.23	6.03	5.83	5.73	5.62	5.52	5.41	5.30	5.19	.005	

〈표 6〉 F분포의 백분위 점 (계속)

df_2	a	df_1 1	2	3	4	5	6	7	8	9
10	.100	3.29	2.92	2.73	2.61	2.52	2.46	2.41	2.38	2.35
	.050	4.96	4.10	3.71	3.48	3.33	3.22	3.14	3.07	3.02
	.025	6.94	5.46	4.83	4.47	4.24	4.07	3.95	3.85	3.78
	.010	10.04	7.56	6.55	5.99	5.64	5.39	5.20	5.06	4.94
	.005	12.83	9.43	8.08	7.34	6.87	6.54	6.30	6.12	5.97
11	.100	3.23	2.86	2.66	2.54	2.45	2.39	2.34	2.30	2.27
	.050	4.84	3.98	3.59	3.36	3.20	3.09	3.01	2.95	2.90
	.025	6.72	5.26	4.63	4.28	4.04	3.88	3.76	3.66	3.59
	.010	9.65	7.21	6.22	5.67	5.32	5.07	4.89	4.74	4.63
	.005	12.23	8.91	7.60	6.88	6.42	6.10	5.86	5.68	5.54
12	.100	3.18	2.81	2.61	2.48	2.39	2.33	2.28	2.24	2.21
	.050	4.75	3.89	3.49	3.26	3.11	3.00	2.91	2.85	2.80
	.025	6.55	5.10	4.47	4.12	3.89	3.73	3.61	3.51	3.44
	.010	9.33	6.93	5.95	5.41	5.06	4.82	4.64	4.50	4.39
	.005	11.75	8.51	7.23	6.52	6.07	5.76	5.52	5.35	5.20
13	.100	3.14	2.76	2.56	2.43	2.35	2.28	2.23	2.20	2.16
	.050	4.67	3.81	3.41	3.18	3.03	2.92	2.83	2.77	2.71
	.025	6.41	4.97	4.35	4.00	3.77	3.60	3.48	3.39	3.31
	.010	9.07	6.70	5.74	5.21	4.86	4.62	4.44	4.30	4.19
	.005	11.37	8.19	6.93	6.23	5.79	5.48	5.25	5.08	4.94
14	.100	3.10	2.73	2.52	2.39	2.31	2.24	2.19	2.15	2.12
	.050	4.60	3.74	3.34	3.11	2.96	2.85	2.76	2.70	2.65
	.025	6.30	4.86	4.24	3.89	3.66	3.50	3.38	3.29	3.21
	.010	8.86	6.51	5.56	5.04	4.69	4.46	4.28	4.14	4.03
	.005	11.06	7.92	6.68	6.00	5.56	5.26	5.03	4.86	4.72
15	.100	3.07	2.70	2.49	2.36	2.27	2.21	2.16	2.12	2.09
	.050	4.54	3.68	3.29	3.06	2.90	2.79	2.71	2.64	2.59
	.025	6.20	4.77	4.15	3.80	3.58	3.41	3.29	3.20	3.12
	.010	8.68	6.36	5.42	4.89	4.56	4.32	4.14	4.00	3.89
	.005	10.80	7.70	6.48	5.80	5.37	5.07	4.85	4.67	4.54
16	.100	3.05	2.67	2.46	2.33	2.24	2.18	2.13	2.09	2.06
	.050	4.49	3.63	3.24	3.01	2.85	2.74	2.66	2.59	2.54
	.025	6.12	4.69	4.08	3.73	3.50	3.34	3.22	3.12	3.05
	.010	8.53	6.23	5.29	4.77	4.44	4.20	4.03	3.89	3.78
	.005	10.58	7.51	6.30	5.64	5.21	4.91	4.69	4.52	4.38
17	.100	3.03	2.64	2.44	2.31	2.22	2.15	2.10	2.06	2.03
	.050	4.45	3.59	3.20	2.96	2.81	2.70	2.61	2.55	2.49
	.025	6.04	4.62	4.01	3.66	3.44	3.28	3.16	3.06	2.98
	.010	8.40	6.11	5.18	4.67	4.34	4.10	3.93	3.79	3.68
	.005	10.38	7.35	6.16	5.50	5.07	4.78	4.56	4.39	4.25
18	.100	3.01	2.62	2.42	2.29	2.20	2.13	2.08	2.04	2.00
	.050	4.41	3.55	3.16	2.93	2.77	2.66	2.58	2.51	2.46
	.025	5.98	4.56	3.95	3.61	3.38	3.22	3.10	3.01	2.93
	.010	8.29	6.01	5.09	4.58	4.25	4.01	3.84	3.71	3.60
	.005	10.22	7.21	6.03	5.37	4.96	4.66	4.44	4.28	4.14
19	.100	2.99	2.61	2.40	2.27	2.18	2.11	2.06	2.02	1.98
	.050	4.38	3.52	3.13	2.90	2.74	2.63	2.54	2.48	2.42
	.025	5.92	4.51	3.90	3.56	3.33	3.17	3.05	2.96	2.88
	.010	8.18	5.93	5.01	4.50	4.17	3.94	3.77	3.63	3.52
	.005	10.07	7.09	5.92	5.27	4.85	4.56	4.34	4.18	4.04
20	.100	2.97	2.59	2.38	2.25	2.16	2.09	2.04	2.00	1.96
	.050	4.35	3.49	3.10	2.87	2.71	2.60	2.51	2.45	2.39
	.025	5.87	4.46	3.86	3.51	3.29	3.13	3.01	2.91	2.84
	.010	8.10	5.85	4.94	4.43	4.10	3.87	3.70	3.56	3.46
	.005	9.94	6.99	5.82	5.17	4.76	4.47	4.26	4.09	3.96

df_1											
10	12	15	20	24	30	40	60	120	∞	a	df_2
2.32	2.28	2.24	2.20	2.18	2.16	2.13	2.11	2.08	2.06	.100	10
2.98	2.91	2.85	2.77	2.74	2.70	2.66	2.62	2.58	2.54	.050	
3.72	3.62	3.52	3.42	3.37	3.31	3.26	3.20	3.14	3.08	.025	
4.85	4.71	4.56	4.41	4.33	4.25	4.17	4.08	4.00	3.91	.010	
5.85	5.66	5.47	5.27	5.17	5.07	4.97	4.86	4.75	4.64	.005	
2.25	2.21	2.17	2.12	2.10	2.08	2.05	2.03	2.00	1.97	.100	11
2.85	2.79	2.72	2.65	2.61	2.57	2.53	2.49	2.45	2.40	.050	
3.53	3.43	3.33	3.23	3.17	3.12	3.06	3.00	2.94	2.88	.025	
4.54	4.40	4.25	4.10	4.02	3.94	3.86	3.78	3.69	3.60	.010	
5.42	5.24	5.05	4.86	4.76	4.65	4.55	4.44	4.34	4.23	.005	
2.19	2.15	2.10	2.06	2.04	2.01	1.99	1.96	1.93	1.90	.100	12
2.75	2.69	2.62	2.54	2.51	2.47	2.43	2.38	2.34	2.30	.050	
3.37	3.28	3.18	3.07	3.02	2.96	2.91	2.85	2.79	2.72	.025	
4.30	4.16	4.01	3.86	3.78	3.70	3.62	3.54	3.45	3.36	.010	
5.09	4.91	4.72	4.53	4.43	4.33	4.23	4.12	4.01	3.90	.005	
2.14	2.10	2.05	2.01	1.98	1.96	1.93	1.90	1.88	1.85	.100	13
2.67	2.60	2.53	2.46	2.42	2.38	2.34	2.30	2.25	2.21	.050	
3.25	3.15	3.05	2.95	2.89	2.84	2.78	2.72	2.66	2.60	.025	
4.10	3.96	3.82	3.66	3.59	3.51	3.43	3.34	3.25	3.17	.010	
4.82	4.64	4.46	4.27	4.17	4.07	3.97	3.87	3.76	3.65	.005	
2.10	2.05	2.01	1.96	1.94	1.91	1.89	1.86	1.83	1.80	.100	14
2.60	2.53	2.46	2.39	2.35	2.31	2.27	2.22	2.18	2.13	.050	
3.15	3.05	2.95	2.84	2.79	2.73	2.67	2.61	2.55	2.49	.025	
3.94	3.80	3.66	3.51	3.43	3.35	3.27	3.18	3.09	3.00	.010	
4.60	4.43	4.25	4.06	3.96	3.86	3.76	3.66	3.55	3.44	.005	
2.06	2.02	1.97	1.92	1.90	1.87	1.85	1.82	1.79	1.76	.100	15
2.54	2.48	2.40	2.33	2.29	2.25	2.20	2.16	2.11	2.07	.050	
3.06	2.96	2.86	2.76	2.70	2.64	2.59	2.52	2.46	2.40	.025	
3.80	3.67	3.52	3.37	3.29	3.21	3.13	3.05	2.96	2.87	.010	
4.42	4.25	4.07	3.88	3.79	3.69	3.58	3.48	3.37	3.26	.005	
2.03	1.99	1.94	1.89	1.87	1.84	1.81	1.78	1.75	1.72	.100	16
2.49	2.42	2.35	2.28	2.24	2.19	2.15	2.11	2.06	2.01	.050	
2.99	2.89	2.79	2.68	2.63	2.57	2.51	2.45	2.38	2.32	.025	
3.69	3.55	3.41	3.26	3.18	3.10	3.02	2.93	2.84	2.75	.010	
4.27	4.10	3.92	3.73	3.64	3.54	3.44	3.33	3.22	3.11	.005	
2.00	1.96	1.91	1.86	1.84	1.81	1.78	1.75	1.72	1.69	.100	17
2.45	2.38	2.31	2.23	2.19	2.15	2.10	2.06	2.01	1.96	.050	
2.92	2.82	2.72	2.62	2.56	2.50	2.44	2.38	2.32	2.25	.025	
3.59	3.46	3.31	3.16	3.08	3.00	2.92	2.83	2.75	2.65	.010	
4.14	3.97	3.79	3.61	3.51	3.41	3.31	3.21	3.10	2.98	.005	
1.98	1.93	1.89	1.84	1.81	1.78	1.75	1.72	1.69	1.66	.100	18
2.41	2.34	2.27	2.19	2.15	2.11	2.06	2.02	1.97	1.92	.050	
2.87	2.77	2.67	2.56	2.50	2.44	2.38	2.32	2.26	2.19	.025	
3.51	3.37	3.23	3.08	3.00	2.92	2.84	2.75	2.66	2.57	.010	
4.03	3.86	3.68	3.50	3.40	3.30	3.20	3.10	2.99	2.87	.005	
1.96	1.91	1.86	1.81	1.79	1.76	1.73	1.70	1.67	1.63	.100	19
2.38	2.31	2.23	2.16	2.11	2.07	2.03	1.98	1.93	1.88	.050	
2.82	2.72	2.62	2.51	2.45	2.39	2.33	2.27	2.20	2.13	.025	
3.43	3.30	3.15	3.00	2.92	2.84	2.76	2.67	2.58	2.49	.010	
3.93	3.76	3.59	3.40	3.31	3.21	3.11	3.00	2.89	2.78	.005	
1.94	1.89	1.84	1.79	1.77	1.74	1.71	1.68	1.64	1.61	.100	20
2.35	2.28	2.20	2.12	2.08	2.04	1.99	1.95	1.90	1.84	.050	
2.77	2.68	2.57	2.46	2.41	2.35	2.29	2.22	2.16	2.09	.025	
3.37	3.23	3.09	2.94	2.86	2.78	2.69	2.61	2.52	2.42	.010	
3.85	3.68	3.50	3.32	3.22	3.12	3.02	2.92	2.81	2.69	.005	

〈표 6〉 F분포의 백분위 점 (계속)

		df_1								
df_2	a	1	2	3	4	5	6	7	8	9
21	.100	2.96	2.57	2.36	2.23	2.14	2.08	2.02	1.98	1.95
	.050	4.32	3.47	3.07	2.84	2.68	2.57	2.49	2.42	2.37
	.025	5.83	4.42	3.82	3.48	3.25	3.09	2.97	2.87	2.80
	.010	8.02	5.78	4.87	4.37	4.04	3.81	3.64	3.51	3.40
	.005	9.83	6.89	5.73	5.09	4.68	4.39	4.18	4.01	3.88
22	.100	2.95	2.56	2.35	2.22	2.13	2.06	2.01	1.97	1.93
	.050	4.30	3.44	3.05	2.82	2.66	2.55	2.46	2.40	2.34
	.025	5.79	4.38	3.78	3.44	3.22	3.05	2.93	2.84	2.76
	.010	7.95	5.72	4.82	4.31	3.99	3.76	3.59	3.45	3.35
	.005	9.73	6.81	5.65	5.02	4.61	4.32	4.11	3.94	3.81
23	.100	2.94	2.55	2.34	2.21	2.11	2.05	1.99	1.95	1.92
	.050	4.28	3.42	3.03	2.80	2.64	2.53	2.44	2.37	2.32
	.025	5.75	4.35	3.75	3.41	3.18	3.02	2.90	2.81	2.73
	.010	7.88	5.66	4.76	4.26	3.94	3.71	3.54	3.41	3.30
	.005	9.63	6.73	5.58	4.95	4.54	4.26	4.05	3.88	3.75
24	.100	2.93	2.54	2.33	2.19	2.10	2.04	1.98	1.94	1.91
	.050	4.26	3.40	3.01	2.78	2.62	2.51	2.42	2.36	2.30
	.025	5.72	4.32	3.72	3.38	3.15	2.99	2.87	2.78	2.70
	.010	7.82	5.61	4.72	4.22	3.90	3.67	3.50	3.36	3.26
	.005	9.55	6.66	5.52	4.89	4.49	4.20	3.99	3.83	3.69
25	.100	2.92	2.53	2.32	2.18	2.09	2.02	1.97	1.93	1.89
	.050	4.24	3.39	2.99	2.76	2.60	2.49	2.40	2.34	2.28
	.025	5.69	4.29	3.69	3.35	3.13	2.97	2.85	2.75	2.68
	.010	7.77	5.57	4.68	4.18	3.85	3.63	3.46	3.32	3.22
	.005	9.48	6.60	5.46	4.84	4.43	4.15	3.94	3.78	3.64
26	.100	2.91	2.52	2.31	2.17	2.08	2.01	1.96	1.92	1.88
	.050	4.23	3.37	2.98	2.74	2.59	2.47	2.39	2.32	2.27
	.025	5.66	4.27	3.67	3.33	3.10	2.94	2.82	2.73	2.65
	.010	7.72	5.53	4.64	4.14	3.82	3.59	3.42	3.29	3.18
	.005	9.41	6.54	5.41	4.79	4.38	4.10	3.89	3.73	3.60
27	.100	2.90	2.51	2.30	2.17	2.07	2.00	1.95	1.91	1.87
	.050	4.21	3.35	2.96	2.73	2.57	2.46	2.37	2.31	2.25
	.025	5.63	4.24	3.65	3.31	3.08	2.92	2.80	2.71	2.63
	.010	7.68	5.49	4.60	4.11	3.78	3.56	3.39	3.26	3.15
	.005	9.34	6.49	5.36	4.74	4.34	4.06	3.85	3.69	3.56
28	.100	2.89	2.50	2.29	2.16	2.06	2.00	1.94	1.90	1.87
	.050	4.20	3.34	2.95	2.71	2.56	2.45	2.36	2.29	2.24
	.025	5.61	4.22	3.63	3.29	3.06	2.90	2.78	2.69	2.61
	.010	7.64	5.45	4.57	4.07	3.75	3.53	3.36	3.23	3.12
	.005	9.28	6.44	5.32	4.70	4.30	4.02	3.81	3.65	3.52
29	.100	2.89	2.50	2.28	2.15	2.06	1.99	1.93	1.89	1.86
	.050	4.18	3.33	2.93	2.70	2.55	2.43	2.35	2.28	2.22
	.025	5.59	4.20	3.61	3.27	3.04	2.88	2.76	2.67	2.59
	.010	7.60	5.42	4.54	4.04	3.73	3.50	3.33	3.20	3.09
	.005	9.23	6.40	5.28	4.66	4.26	3.98	3.77	3.61	3.48
30	.100	2.88	2.49	2.28	2.14	2.05	1.98	1.93	1.88	1.85
	.050	4.17	3.32	2.92	2.69	2.53	2.42	2.33	2.27	2.21
	.025	5.57	4.18	3.59	3.25	3.03	2.87	2.75	2.65	2.57
	.010	7.56	5.39	4.51	4.02	3.70	3.47	3.30	3.17	3.07
	.005	9.18	6.35	5.24	4.62	4.23	3.95	3.74	3.58	3.45

〈표 6〉 F분포의 백분위 점 (계속)

df_1											
10	12	15	20	24	30	40	60	120	∞	a	df_2
1.92	1.87	1.83	1.78	1.75	1.72	1.69	1.66	1.62	1.59	.100	21
2.32	2.25	2.18	2.10	2.05	2.01	1.96	1.92	1.87	1.81	.050	
2.73	2.64	2.53	2.42	2.37	2.31	2.25	2.18	2.11	2.04	.025	
3.31	3.17	3.03	2.88	2.80	2.72	2.64	2.55	2.46	2.36	.010	
3.77	3.60	3.43	3.24	3.15	3.05	2.95	2.84	2.73	2.61	.005	
1.90	1.86	1.81	1.76	1.73	1.70	1.67	1.64	1.60	1.57	.100	22
2.30	2.23	2.15	2.07	2.03	1.98	1.94	1.89	1.84	1.78	.050	
2.70	2.60	2.50	2.39	2.33	2.27	2.21	2.14	2.08	2.00	.025	
3.26	3.12	2.98	2.83	2.75	2.67	2.58	2.50	2.40	2.31	.010	
3.70	3.54	3.36	3.18	3.08	2.98	2.88	2.77	2.66	2.55	.005	
1.89	1.84	1.80	1.74	1.72	1.69	1.66	1.62	1.59	1.55	.100	23
2.27	2.20	2.13	2.05	2.01	1.96	1.91	1.86	1.81	1.76	.050	
2.67	2.57	2.47	2.36	2.30	2.24	2.18	2.11	2.04	1.97	.025	
3.21	3.07	2.93	2.78	2.70	2.62	2.54	2.45	2.35	2.26	.010	
3.64	3.47	3.30	3.12	3.02	2.92	2.82	2.71	2.60	2.48	.005	
1.88	1.83	1.78	1.73	1.70	1.67	1.64	1.61	1.57	1.53	.100	24
2.25	2.18	2.11	2.03	1.98	1.94	1.89	1.84	1.79	1.73	.050	
2.64	2.54	2.44	2.33	2.27	2.21	2.15	2.08	2.01	1.94	.025	
3.17	3.03	2.89	2.74	2.66	2.58	2.49	2.40	2.31	2.21	.010	
3.59	3.42	3.25	3.06	2.97	2.87	2.77	2.66	2.55	2.43	.005	
1.87	1.82	1.77	1.72	1.69	1.66	1.63	1.59	1.56	1.52	.100	25
2.24	2.16	2.09	2.01	1.96	1.92	1.87	1.82	1.77	1.71	.050	
2.61	2.51	2.41	2.30	2.24	2.18	2.12	2.05	1.98	1.91	.025	
3.13	2.99	2.85	2.70	2.62	2.54	2.45	2.36	2.27	2.17	.010	
3.54	3.37	3.20	3.01	2.92	2.82	2.72	2.61	2.50	2.38	.005	
1.86	1.81	1.76	1.71	1.68	1.65	1.61	1.58	1.54	1.50	.100	26
2.22	2.15	2.07	1.99	1.95	1.90	1.85	1.80	1.75	1.69	.050	
2.59	2.49	2.39	2.28	2.22	2.16	2.09	2.03	1.95	1.88	.025	
3.09	2.96	2.81	2.66	2.58	2.50	2.42	2.33	2.23	2.13	.010	
3.49	3.33	3.15	2.97	2.87	2.77	2.67	2.56	2.45	2.33	.005	
1.85	1.80	1.75	1.70	1.67	1.64	1.60	1.57	1.53	1.49	.100	27
2.20	2.13	2.06	1.97	1.93	1.88	1.84	1.79	1.73	1.67	.050	
2.57	2.47	2.36	2.25	2.19	2.13	2.07	2.00	1.93	1.85	.025	
3.06	2.93	2.78	2.63	2.55	2.47	2.38	2.29	2.20	2.10	.010	
3.45	3.28	3.11	2.93	2.83	2.73	2.63	2.52	2.41	2.29	.005	
1.84	1.79	1.74	1.69	1.66	1.63	1.59	1.56	1.52	1.48	.100	28
2.19	2.12	2.04	1.96	1.91	1.87	1.82	1.77	1.71	1.65	.050	
2.55	2.45	2.34	2.23	2.17	2.11	2.05	1.98	1.91	1.83	.025	
3.03	2.90	2.75	2.60	2.52	2.44	2.35	2.26	2.17	2.06	.010	
3.41	3.25	3.07	2.89	2.79	2.69	2.59	2.48	2.37	2.25	.005	
1.83	1.78	1.73	1.68	1.65	1.62	1.58	1.55	1.51	1.47	.100	29
2.18	2.10	2.03	1.94	1.90	1.85	1.81	1.75	1.70	1.64	.050	
2.53	2.43	2.32	2.21	2.15	2.09	2.03	1.96	1.89	1.81	.025	
3.00	2.87	2.73	2.57	2.49	2.41	2.33	2.23	2.14	2.03	.010	
3.38	3.21	3.04	2.86	2.76	2.66	2.56	2.45	2.33	2.21	.005	
1.82	1.77	1.72	1.67	1.64	1.61	1.57	1.54	1.50	1.46	.100	30
2.16	2.09	2.01	1.93	1.89	1.84	1.79	1.74	1.68	1.62	.050	
2.51	2.41	2.31	2.20	2.14	2.07	2.01	1.94	1.87	1.79	.025	
2.98	2.84	2.70	2.55	2.47	2.39	2.30	2.21	2.11	2.01	.010	
3.34	3.18	3.01	2.82	2.73	2.63	2.52	2.42	2.30	2.18	.005	

〈표 6〉 F분포의 백분위 점 (계속)

df_2	a	df_1 1	2	3	4	5	6	7	8	9
40	.100	2.84	2.44	2.23	2.09	2.00	1.93	1.87	1.83	1.79
	.050	4.08	3.23	2.84	2.61	2.45	2.34	2.25	2.18	2.12
	.025	5.42	4.05	3.46	3.13	2.90	2.74	2.62	2.53	2.45
	.010	7.31	5.18	4.31	3.83	3.51	3.29	3.12	2.99	2.89
	.005	8.83	6.07	4.98	4.37	3.99	3.71	3.51	3.35	3.22
60	.100	2.79	2.39	2.18	2.04	1.95	1.87	1.82	1.77	1.74
	.050	4.00	3.15	2.76	2.53	2.37	2.25	2.17	2.10	2.04
	.025	5.29	3.93	3.34	3.01	2.79	2.63	2.51	2.41	2.33
	.010	7.08	4.98	4.13	3.65	3.34	3.12	2.95	2.82	2.72
	.005	8.49	5.79	4.73	4.14	3.76	3.49	3.29	3.13	3.01
120	.100	2.75	2.35	2.13	1.99	1.90	1.82	1.77	1.72	1.68
	.050	3.92	3.07	2.68	2.45	2.29	2.17	2.09	2.02	1.96
	.025	5.15	3.80	3.23	2.89	2.67	2.52	2.39	2.30	2.22
	.010	6.85	4.79	3.95	3.48	3.17	2.96	2.79	2.66	2.56
	.005	8.18	5.54	4.50	3.92	3.55	3.28	3.09	2.93	2.81
∞	.100	2.71	2.30	2.08	1.94	1.85	1.77	1.72	1.67	1.63
	.050	3.84	3.00	2.60	2.37	2.21	2.10	2.01	1.94	1.63
	.025	5.02	3.69	3.12	2.79	2.57	2.41	2.29	2.19	2.11
	.010	6.63	4.61	3.78	3.32	3.02	2.80	2.64	2.51	2.41
	.005	7.88	5.30	4.28	3.72	3.35	3.09	2.90	2.74	2.62

〈표 6〉 F분포의 백분위 점 (계속)

df_1											
10	12	15	20	24	30	40	60	120	∞	a	df_2
1.76	1.71	1.66	1.61	1.57	1.54	1.51	1.47	1.42	1.38	.100	40
2.08	2.00	1.92	1.84	1.79	1.74	1.69	1.64	1.58	1.51	.050	
2.39	2.29	2.18	2.07	2.01	1.94	1.88	1.80	1.72	1.64	.025	
2.80	2.66	2.52	2.37	2.29	2.20	2.11	2.02	1.92	1.80	.010	
3.12	2.95	2.78	2.60	2.50	2.40	2.30	2.18	2.06	1.93	.005	
1.71	1.66	1.60	1.54	1.51	1.48	1.44	1.40	1.35	1.29	.100	60
1.99	1.92	1.84	1.75	1.70	1.65	1.59	1.53	1.47	1.39	.050	
2.27	2.17	2.06	1.94	1.88	1.82	1.74	1.67	1.58	1.48	.025	
2.63	2.50	2.35	2.20	2.12	2.03	1.94	1.84	1.73	1.60	.010	
2.90	2.74	2.57	2.39	2.29	2.19	2.08	1.96	1.83	1.69	.005	
1.65	1.60	1.55	1.48	1.45	1.41	1.37	1.32	1.26	1.19	.100	120
1.91	1.83	1.75	1.66	1.61	1.55	1.50	1.43	1.35	1.25	.050	
2.16	2.05	1.94	1.82	1.76	1.69	1.61	1.53	1.43	1.31	.025	
2.47	2.34	2.19	2.03	1.95	1.86	1.76	1.66	1.53	1.38	.010	
2.71	2.54	2.37	2.19	2.09	1.98	1.87	1.75	1.61	1.43	.005	
1.60	1.55	1.49	1.42	1.38	1.34	1.30	1.24	1.17	1.00	.100	∞
1.83	1.75	1.67	1.57	1.52	1.46	1.39	1.32	1.22	1.00	.050	
2.05	1.94	1.83	1.71	1.64	1.57	1.48	1.39	1.27	1.00	.025	
2.32	2.18	2.04	1.88	1.79	1.70	1.59	1.47	1.32	1.00	.010	
2.52	2.36	2.19	2.00	1.90	1.79	1.67	1.53	1.36	1.00	.005	

〈표 7〉 윌콕슨의 순위합 검정의 임계값

(a)
5% 왼쪽꼬리 임계값

	n_1													
n_2	2	3	4	5	6	7	8	9	10	11	12	13	14	15
3	—	6												
4	—	6	11											
5	3	7	12	19										
6	3	8	13	20	28									
7	3	8	14	21	29	39								
8	4	9	15	23	31	41	51							
9	4	10	16	24	33	43	54	66						
10	4	10	17	26	35	45	56	69	82					
11	4	11	18	27	37	47	59	72	86	100				
12	5	11	19	28	38	49	62	75	89	104	120			
13	5	12	20	30	40	52	64	78	92	108	125	142		
14	6	13	21	31	42	54	67	81	96	112	129	147	166	
15	6	13	22	33	44	56	69	84	99	116	133	152	171	192

(b)
2.5% 왼쪽꼬리 임계값

	n_1													
n_2	2	3	4	5	6	7	8	9	10	11	12	13	14	15
4	—	—	10											
5	—	6	11	17										
6	—	7	12	18	26									
7	—	7	13	20	27	36								
8	3	8	14	21	29	38	49							
9	3	8	14	22	31	40	51	62						
10	3	9	15	23	32	42	53	65	78					
11	3	9	16	24	34	44	55	68	81	96				
12	4	10	17	26	35	46	58	71	84	99	115			
13	4	10	18	27	37	48	60	73	88	103	119	136		
14	4	11	19	28	38	50	62	76	91	106	123	141	160	
15	4	11	20	29	40	52	65	79	94	110	127	145	164	184

SOURCE: Data from "An Extended Table of Critical Values for the Mann-Whitney (Wilcoxon) Two-Sample Statistic" by Roy C. Milton, pp. 925–934 in the *Journal of the American Statistical Association,* Volume 59, No. 307, Sept. 1964. Reprinted with permission from the *Journal of the American Statistical Association.* Copyright 1964 by the American Statistical Association. All rights reserved.

(c)

1% 왼쪽꼬리 임계값

n_2 \ n_1	2	3	4	5	6	7	8	9	10	11	12	13	14	15
3	—	—												
4	—	—	—											
5	—	—	10	16										
6	—	—	11	17	24									
7	—	6	11	18	25	34								
8	—	6	12	19	27	35	45							
9	—	7	13	20	28	37	47	59						
10	—	7	13	21	29	39	49	61	74					
11	—	7	14	22	30	40	51	63	77	91				
12	—	8	15	23	32	42	53	66	79	94	109			
13	3	8	15	24	33	44	56	68	82	97	113	130		
14	3	8	16	25	34	45	58	71	85	100	116	134	152	
15	3	9	17	26	36	47	60	73	88	103	120	138	156	176

(b)

0.5% 왼쪽꼬리 임계값

n_2 \ n_1	3	4	5	6	7	8	9	10	11	12	13	14	15
3	—												
4	—	—											
5	—	—	15										
6	—	10	16	23									
7	—	10	16	24	32								
8	—	11	17	25	34	42							
9	6	11	18	26	35	45	56						
10	6	12	19	27	37	47	58	71					
11	6	12	20	28	38	49	61	73	87				
12	7	13	21	30	40	51	63	76	90	105			
13	7	13	22	31	41	53	65	79	93	109	125		
14	7	14	22	32	43	54	67	81	96	112	129	147	
15	8	15	23	33	44	56	69	84	99	115	133	151	171

〈표 8〉 윌콕슨 부호순위 검정의 임계값

한쪽	양쪽	$n = 5$	$n = 6$	$n = 7$	$n = 8$	$n = 9$	$n = 10$
$\alpha = .050$	$\alpha = .10$	1	2	4	6	8	11
$\alpha = .025$	$\alpha = .05$		1	2	4	6	8
$\alpha = .010$	$\alpha = .02$			0	2	3	5
$\alpha = .005$	$\alpha = .01$				0	2	3

한쪽	양쪽	$n = 11$	$n = 12$	$n = 13$	$n = 14$	$n = 15$	$n = 16$
$\alpha = .050$	$\alpha = .10$	14	17	21	26	30	36
$\alpha = .025$	$\alpha = .05$	11	14	17	21	25	30
$\alpha = .010$	$\alpha = .02$	7	10	13	16	20	24
$\alpha = .005$	$\alpha = .01$	5	7	10	13	16	19

한쪽	양쪽	$n = 17$	$n = 18$	$n = 19$	$n = 20$	$n = 21$	$n = 22$
$\alpha = .050$	$\alpha = .10$	41	47	54	60	68	75
$\alpha = .025$	$\alpha = .05$	35	40	46	52	59	66
$\alpha = .010$	$\alpha = .02$	28	33	38	43	49	56
$\alpha = .005$	$\alpha = .01$	23	28	32	37	43	49

한쪽	양쪽	$n = 23$	$n = 24$	$n = 25$	$n = 26$	$n = 27$	$n = 28$
$\alpha = .050$	$\alpha = .10$	83	92	101	110	120	130
$\alpha = .025$	$\alpha = .05$	73	81	90	98	107	117
$\alpha = .010$	$\alpha = .02$	62	69	77	85	93	102
$\alpha = .005$	$\alpha = .01$	55	68	68	76	84	92

한쪽	양쪽	$n = 29$	$n = 30$	$n = 31$	$n = 32$	$n = 33$	$n = 34$
$\alpha = .050$	$\alpha = .10$	141	152	163	175	188	201
$\alpha = .025$	$\alpha = .05$	127	137	148	159	171	183
$\alpha = .010$	$\alpha = .02$	111	120	130	141	151	162
$\alpha = .005$	$\alpha = .01$	100	109	118	128	138	149

한쪽	양쪽	$n = 35$	$n = 36$	$n = 37$	$n = 38$	$n = 39$
$\alpha = .050$	$\alpha = .10$	214	228	242	256	271
$\alpha = .025$	$\alpha = .05$	195	208	222	235	250
$\alpha = .010$	$\alpha = .02$	174	186	198	211	224
$\alpha = .005$	$\alpha = .01$	160	171	183	195	208

한쪽	양쪽	$n = 40$	$n = 41$	$n = 42$	$n = 43$	$n = 44$	$n = 45$
$\alpha = .050$	$\alpha = .10$	287	303	319	336	353	371
$\alpha = .025$	$\alpha = .05$	264	279	295	311	327	344
$\alpha = .010$	$\alpha = .02$	238	252	267	281	297	313
$\alpha = .005$	$\alpha = .01$	221	234	248	262	277	292

한쪽	양쪽	$n = 46$	$n = 47$	$n = 48$	$n = 49$	$n = 50$
$\alpha = .050$	$\alpha = .10$	389	408	427	446	466
$\alpha = .025$	$\alpha = .05$	361	379	397	415	434
$\alpha = .010$	$\alpha = .02$	329	345	362	380	398
$\alpha = .005$	$\alpha = .01$	307	323	339	356	373

SOURCE: From "Some Rapid Approximate Statistical Procedures" (1964) 28, by F. Wilcoxon and R.A. Wilcox. Reproduced with the kind permission of Lederle Laboratories, a division of American Cyanamid Company.

〈표 9〉 한쪽 검정을 위한 스피어맨의 순위상관계수의 임계값

n	$\alpha = .05$	$\alpha = .025$	$\alpha = .01$	$\alpha = .005$
5	.900	—	—	—
6	.829	.886	.943	—
7	.714	.786	.893	—
8	.643	.738	.833	.881
9	.600	.683	.783	.833
10	.564	.648	.745	.794
11	.523	.623	.736	.818
12	.497	.591	.703	.780
13	.475	.566	.673	.745
14	.457	.545	.646	.716
15	.441	.525	.623	.689
16	.425	.507	.601	.666
17	.412	.490	.582	.645
18	.399	.476	.564	.625
19	.388	.462	.549	.608
20	.377	.450	.534	.591
21	.368	.438	.521	.576
22	.359	.428	.508	.562
23	.351	.418	.496	.549
24	.343	.409	.485	.537
25	.336	.400	.475	.526
26	.329	.392	.465	.515
27	.323	.385	.456	.505
28	.317	.377	.448	.496
29	.311	.370	.440	.487
30	.305	.364	.432	.478

SOURCE: From "Distribution of Sums of Squares of Rank Differences for Small Samples" by E.G. Olds, *Annals of Mathematical Statistics* 9 (1938). Reproduced with the permission of the editor, *Annals of Mathematical Statistics*.

〈표 10〉 난수

Line	Column 1	2	3	4	5	6	7	8	9	10	11	12	13	14
1	10480	15011	01536	02011	81647	91646	69179	14194	62590	36207	20969	99570	91291	90700
2	22368	46573	25595	85393	30995	89198	27982	53402	93965	34095	52666	19174	39615	99505
3	24130	48360	22527	97265	76393	64809	15179	24830	49340	32081	30680	19655	63348	58629
4	42167	93093	06243	61680	07856	16376	39440	53537	71341	57004	00849	74917	97758	16379
5	37570	39975	81837	16656	06121	91782	60468	81305	49684	60672	14110	06927	01263	54613
6	77921	06907	11008	42751	27756	53498	18602	70659	90655	15053	21916	81825	44394	42880
7	99562	72905	56420	69994	98872	31016	71194	18738	44013	48840	63213	21069	10634	12952
8	96301	91977	05463	07972	18876	20922	94595	56869	69014	60045	18425	84903	42508	32307
9	89579	14342	63661	10281	17453	18103	57740	84378	25331	12566	58678	44947	05585	56941
10	84575	36857	53342	53988	53060	59533	38867	62300	08158	17983	16439	11458	18593	64952
11	28918	69578	88231	33276	70997	79936	56865	05859	90106	31595	01547	85590	91610	78188
12	63553	40961	48235	03427	49626	69445	18663	72695	52180	20847	12234	90511	33703	90322
13	09429	93969	52636	92737	88974	33488	36320	17617	30015	08272	84115	27156	30613	74952
14	10365	61129	87529	85689	48237	52267	67689	93394	01511	26358	85104	20285	29975	89868
15	07119	97336	71048	08178	77233	13916	47564	81056	97735	85977	29372	74461	28551	90707
16	51085	12765	51821	51259	77452	16308	60756	92144	49442	53900	70960	63990	75601	40719
17	02368	21382	52404	60268	89368	19885	55322	44819	01188	65255	64835	44919	05944	55157
18	01011	54092	33362	94904	31273	04146	18594	29852	71585	85030	51132	01915	92747	64951
19	52162	53916	46369	58586	23216	14513	83149	98736	23495	64350	94738	17752	35156	35749
20	07056	97628	33787	09998	42698	06691	76988	13602	51851	46104	88916	19509	25625	58104
21	48663	91245	85828	14346	09172	30168	90229	04734	59193	22178	30421	61666	99904	32812
22	54164	58492	22421	74103	47070	25306	76468	26384	58151	06646	21524	15227	96909	44592
23	32639	32363	05597	24200	13363	38005	94342	28728	35806	06912	17012	64161	18296	22851
24	29334	27001	87637	87308	58731	00256	45834	15398	46557	41135	10367	07684	36188	18510
25	02488	33062	28834	07351	19731	92420	60952	61280	50001	67658	32586	86679	50720	94953
26	81525	72295	04839	96423	24878	82651	66566	14778	76797	14780	13300	87074	79666	95725
27	29676	20591	68086	26432	46901	20849	89768	81536	86645	12659	92259	57102	80428	25280
28	00742	57392	39064	66432	84673	40027	32832	61362	98947	96067	64760	64585	96096	98253
29	05366	04213	25669	26422	44407	44048	37937	63904	45766	66134	75470	66520	34693	90449
30	91921	26418	64117	94305	26766	25940	39972	22209	71500	64568	91402	42416	07844	69618
31	00582	04711	87917	77341	42206	35126	74087	99547	81817	42607	43808	76655	62028	76630
32	00725	69884	62797	56170	86324	88072	76222	36086	84637	93161	76038	65855	77919	88006
33	69011	65795	95876	55293	18988	27354	26575	08625	40801	59920	29841	80150	12777	48501
34	25976	57948	29888	88604	67917	48708	18912	82271	65424	69774	33611	54262	85963	03547
35	09763	83473	73577	12908	30883	18317	28290	35797	05998	41688	34952	37888	38917	88050
36	91567	42595	27958	30134	04024	86385	29880	99730	55536	84855	29080	09250	79656	73211
37	17955	56349	90999	49127	20044	59931	06115	20542	18059	02008	73708	83517	36103	42791
38	46503	18584	18845	49618	02304	51038	20655	58727	28168	15475	56942	53389	20562	87338
39	92157	89634	94824	78171	84610	82834	09922	25417	44137	48413	25555	21246	35509	20468
40	14577	62765	35605	81263	39667	47358	56873	56307	61607	49518	89656	20103	77490	18062
41	98427	07523	33362	64270	01638	92477	66969	98420	04880	45585	46565	04102	46880	45709
42	34914	63976	88720	82765	34476	17032	87589	40836	32427	70002	70663	88863	77775	69348
43	70060	28277	39475	46473	23219	53416	94970	25832	69975	94884	19661	72828	00102	66794
44	53976	54914	06990	67245	68350	82948	11398	42878	80287	88267	47363	46634	06541	97809
45	76072	29515	40980	07391	58745	25774	22987	80059	39911	96189	41151	14222	60697	59583
46	90725	52210	83974	29992	65831	38857	50490	83765	55657	14361	31720	57375	56228	41546
47	64364	67412	33339	31926	14883	24413	59744	92351	97473	89286	35931	04110	23726	51900
48	08962	00358	31662	25388	61642	34072	81249	35648	56891	69352	48373	45578	78547	81788
49	95012	68379	93526	70765	10592	04542	76463	54328	02349	17247	28865	14777	62730	92277
50	15664	10493	20492	38391	91132	21999	59516	81652	27195	48223	46751	22923	32261	85653

SOURCE: From *Handbook of Tables for Probability and Statistics*, 2nd ed., edited by William H. Beyer (CRC Press). Used by permission of William H. Beyer.

〈표 10〉 난수 (계속)

Line	Column 1	2	3	4	5	6	7	8	9	10	11	12	13	14
51	16408	81899	04153	53381	79401	21438	83035	92350	36693	31238	59649	91754	72772	02338
52	18629	81953	05520	91962	04739	13092	97662	24822	94730	06496	35090	04822	86774	98289
53	73115	35101	47498	87637	99016	71060	88824	71013	18735	20286	23153	72924	35165	43040
54	57491	16703	23167	49323	45021	33132	12544	41035	80780	45393	44812	12515	98931	91202
55	30405	83946	23792	14422	15059	45799	22716	19792	09983	74353	68668	30429	70735	25499
56	16631	35006	85900	98275	32388	52390	16815	69298	82732	38480	73817	32523	41961	44437
57	96773	20206	42559	78985	05300	22164	24369	54224	35033	19687	11052	91491	60383	19746
58	38935	64202	14349	82674	66523	44133	00697	35552	35970	19124	63318	29686	03387	59846
59	31624	76384	17403	53363	44167	64486	64758	75366	76554	31601	12614	33072	60332	92325
60	78919	19474	23632	27889	47914	02584	37680	20801	72152	39339	34806	08930	85001	87820
61	03931	33309	57047	74211	63445	17361	62825	39908	05607	91284	68833	25570	38818	46920
62	74426	33278	43972	10119	89917	15665	52872	73823	73144	88662	88970	74492	51805	99378
63	09066	00903	20795	95452	92648	45454	09552	88815	16553	51125	79375	97596	16296	66092
64	42238	12426	87025	14267	20979	04508	64535	31355	86064	29472	47689	05974	52468	16834
65	16153	08002	26504	41744	81959	65642	74240	56302	00033	67107	77510	70625	28725	34191
66	21457	40742	29820	96783	29400	21840	15035	34537	33310	06116	95240	15957	16572	06004
67	21581	57802	02050	89728	17937	37621	47075	42080	97403	48626	68995	43805	33386	21597
68	55612	78095	83197	33732	05810	24813	86902	60397	16489	03264	88525	42786	05269	92532
69	44657	66999	99324	51281	84463	60563	79312	93454	68876	25471	93911	25650	12682	73572
70	91340	84979	46949	81973	37949	61023	43997	15263	80644	43942	89203	71795	99533	50501
71	91227	21199	31935	27022	84067	05462	35216	14486	29891	68607	41867	14951	91696	85065
72	50001	38140	66321	19924	72163	09538	12151	06878	91903	18749	34405	56087	82790	70925
73	65390	05224	72958	28609	81406	39147	25549	48542	42627	45233	57202	94617	23772	07896
74	27504	96131	83944	41575	10573	08619	64482	73923	36152	05184	94142	25299	84387	34925
75	37169	94851	39117	89632	00959	16487	65536	49071	39782	17095	02330	74301	00275	48280
76	11508	70225	51111	38351	19444	66499	71945	05422	13442	78675	84081	66938	93654	59894
77	37449	30362	06694	54690	04052	53115	62757	95348	78662	11163	81651	50245	34971	52924
78	46515	70331	85922	38329	57015	15765	97161	17869	45349	61796	66345	81073	49106	79860
79	30986	81223	42416	58353	21532	30502	32305	86482	05174	07901	54339	58861	74818	46942
80	63798	64995	46583	09785	44160	78128	83991	42865	92520	83531	80377	35909	81250	54238
81	82486	84846	99254	67632	43218	50076	21361	64816	51202	88124	41870	52689	51275	83556
82	21885	32906	92431	09060	64297	51674	64126	62570	26123	05155	59194	52799	28225	85762
83	60336	98782	07408	53458	13564	59089	26445	29789	85205	41001	12535	12133	14645	23541
84	43937	46891	24010	25560	86355	33941	25786	54990	71899	15475	95434	98227	21824	19585
85	97656	63175	89303	16275	07100	92063	21942	18611	47348	20203	18534	03862	78095	50136
86	03299	01221	05418	38982	55758	92237	26759	86367	21216	98442	08303	56613	91511	75928
87	79626	06486	03574	17668	07785	76020	79924	25651	83325	88428	85076	72811	22717	50585
88	85636	68335	47539	03129	65651	11977	02510	26113	99447	68645	34327	15152	55230	93448
89	18039	14367	61337	06177	12143	46609	32989	74014	64708	00533	35398	58408	13261	47908
90	08362	15656	60627	36478	65648	16764	53412	09013	07832	41574	17639	82163	60859	75567
91	79556	29068	04142	16268	15387	12856	66227	38358	22478	73373	88732	09443	82558	05250
92	92608	82674	27072	32534	17075	27698	98204	63863	11951	34648	88022	56148	34925	57031
93	23982	25835	40055	67006	12293	02753	14827	23235	35071	99704	37543	11601	35503	85171
94	09915	96306	05908	97901	28395	14186	00821	80703	70426	75647	76310	88717	37890	40129
95	59037	33300	26695	62247	69927	76123	50842	43834	86654	70959	79725	93872	28117	19233
96	42488	78077	69882	61657	34136	79180	97526	43092	04098	73571	80799	76536	71255	64239
97	46764	86273	63003	93017	31204	36692	40202	35275	57306	55543	53203	18098	47625	88684
98	03237	45430	55417	63282	90816	17349	88298	90183	36600	78406	06216	95787	42579	90730
99	86591	81482	52667	61582	14972	90053	89534	76036	49199	43716	97548	04379	46370	28672
100	38534	01715	94964	87288	65680	43772	39560	12918	86737	62738	19636	51132	25739	56947

〈표 11〉 (a) 표준화 범위의 백분위 점

	k									
df	2	3	4	5	6	7	8	9	10	11
1	17.97	26.98	32.82	37.08	40.41	43.12	45.40	47.36	49.07	50.59
2	6.08	8.33	9.80	10.88	11.74	12.44	13.03	13.54	13.99	14.39
3	4.50	5.91	6.82	7.50	8.04	8.48	8.85	9.18	9.46	9.72
4	3.93	5.04	5.76	6.29	6.71	7.05	7.35	7.60	7.83	8.03
5	3.64	4.60	5.22	5.67	6.03	6.33	6.58	6.80	6.99	7.17
6	3.46	4.34	4.90	5.30	5.63	5.90	6.12	6.32	6.49	6.65
7	3.34	4.16	4.68	5.06	5.36	5.61	5.82	6.00	6.16	6.30
8	3.26	4.04	4.53	4.89	5.17	5.40	5.60	5.77	5.92	6.05
9	3.20	3.95	4.41	4.76	5.02	5.24	5.43	5.59	5.74	5.87
10	3.15	3.88	4.33	4.65	4.91	5.12	5.30	5.46	5.60	5.72
11	3.11	3.82	4.26	4.57	4.82	5.03	5.20	5.35	5.49	5.61
12	3.08	3.77	4.20	4.51	4.75	4.95	5.12	5.27	5.39	5.51
13	3.06	3.73	4.15	4.45	4.69	4.88	5.05	5.19	5.32	5.43
14	3.03	3.70	4.11	4.41	4.64	4.83	4.99	5.13	5.25	5.36
15	3.01	3.67	4.08	4.37	4.60	4.78	4.94	5.08	5.20	5.31
16	3.00	3.65	4.05	4.33	4.56	4.74	4.90	5.03	5.15	5.26
17	2.98	3.63	4.02	4.30	4.52	4.70	4.86	4.99	5.11	5.21
18	2.97	3.61	4.00	4.28	4.49	4.67	4.82	4.96	5.07	5.17
19	2.96	3.59	3.98	4.25	4.47	4.65	4.79	4.92	5.04	5.14
20	2.95	3.58	3.96	4.23	4.45	4.62	4.77	4.90	5.01	5.11
24	2.92	3.53	3.90	4.17	4.37	4.54	4.68	4.81	4.92	5.01
30	2.89	3.49	3.85	4.10	4.30	4.46	4.60	4.72	4.82	4.92
40	2.86	3.44	3.79	4.04	4.23	4.39	4.52	4.63	4.73	4.82
60	2.83	3.40	3.74	3.98	4.16	4.31	4.44	4.55	4.65	4.73
120	2.80	3.36	3.68	3.92	4.10	4.24	4.36	4.47	4.56	4.64
∞	2.77	3.31	3.63	3.86	4.03	4.17	4.29	4.39	4.47	4.55

〈표 11〉 (a) 표준화 범위의 백분위 점 (계속)

k									
12	13	14	15	16	17	18	19	20	*df*
51.96	53.20	54.33	55.36	56.32	57.22	58.04	58.83	59.56	1
14.75	15.08	15.38	15.65	15.91	16.14	16.37	16.57	16.77	2
9.95	10.15	10.35	10.52	10.69	10.84	10.98	11.11	11.24	3
8.21	8.37	8.52	8.66	8.79	8.91	9.03	9.13	9.23	4
7.32	7.47	7.60	7.72	7.83	7.93	8.03	8.12	8.21	5
6.79	6.92	7.03	7.14	7.24	7.34	7.43	7.51	7.59	6
6.43	6.55	6.66	6.76	6.85	6.94	7.02	7.10	7.17	7
6.18	6.29	6.39	6.48	6.57	6.65	6.73	6.80	6.87	8
5.98	6.09	6.19	6.28	6.36	6.44	6.51	6.58	6.64	9
5.83	5.93	6.03	6.11	6.19	6.27	6.34	6.40	6.47	10
5.71	5.81	5.90	5.98	6.06	6.13	6.20	6.27	6.33	11
5.61	5.71	5.80	5.88	5.95	6.02	6.09	6.15	6.21	12
5.53	5.63	5.71	5.79	5.86	5.93	5.99	6.05	6.11	13
5.46	5.55	5.64	5.71	5.79	5.85	5.91	5.97	6.03	14
5.40	5.49	5.57	5.65	5.72	5.78	5.85	5.90	5.96	15
5.35	5.44	5.52	5.59	5.66	5.73	5.79	5.84	5.90	16
5.31	5.39	5.47	5.54	5.61	5.67	5.73	5.79	5.84	17
5.27	5.35	5.43	5.50	5.57	5.63	5.69	5.74	5.79	18
5.23	5.31	5.39	5.46	5.53	5.59	5.65	5.70	5.75	19
5.20	5.28	5.36	5.43	5.49	5.55	5.61	5.66	5.71	20
5.10	5.18	5.25	5.32	5.38	5.44	5.49	5.55	5.59	24
5.00	5.08	5.15	5.21	5.27	5.33	5.38	5.43	5.47	30
4.90	4.98	5.04	5.11	5.16	5.22	5.27	5.31	5.36	40
4.81	4.88	4.94	5.00	5.06	5.11	5.15	5.20	5.24	60
4.71	4.78	4.84	4.90	4.95	5.00	5.04	5.09	5.13	120
4.62	4.68	4.74	4.80	4.85	4.89	4.93	4.97	5.01	∞

SOURCE: From *Biometrika Tables for Statisticians*, Vol. 1, 3rd ed., edited by E.S. Pearson and H.O. Hartley (Cambridge University Press, 1966). Reproduced by permission of the *Biometrika* Trustees.

〈표 11〉 (b) 표준화 범위의 백분위 점

df	k = 2	3	4	5	6	7	8	9	10	11
1	90.03	135.0	164.3	185.6	202.2	215.8	227.2	237.0	245.6	253.2
2	14.04	19.02	22.29	24.72	26.63	28.20	29.53	30.68	31.69	32.59
3	8.26	10.62	12.17	13.33	14.24	15.00	15.64	16.20	16.69	17.13
4	6.51	8.12	9.17	9.96	10.58	11.10	11.55	11.93	12.27	12.57
5	5.70	6.98	7.80	8.42	8.91	9.32	9.67	9.97	10.24	10.48
6	5.24	6.33	7.03	7.56	7.97	8.32	8.61	8.87	9.10	9.30
7	4.95	5.92	6.54	7.01	7.37	7.68	7.94	8.17	8.37	8.55
8	4.75	5.64	6.20	6.62	6.96	7.24	7.47	7.68	7.86	8.03
9	4.60	5.43	5.96	6.35	6.66	6.91	7.13	7.33	7.49	7.65
10	4.48	5.27	5.77	6.14	6.43	6.67	6.87	7.05	7.21	7.36
11	4.39	5.15	5.62	5.97	6.25	6.48	6.67	6.84	6.99	7.13
12	4.32	5.05	5.50	5.84	6.10	6.32	6.51	6.67	6.81	6.94
13	4.26	4.96	5.40	5.73	5.98	6.19	6.37	6.53	6.67	6.79
14	4.21	4.89	5.32	5.63	5.88	6.08	6.26	6.41	6.54	6.66
15	4.17	4.84	5.25	5.56	5.80	5.99	6.16	6.31	6.44	6.55
16	4.13	4.79	5.19	5.49	5.72	5.92	6.08	6.22	6.35	6.46
17	4.10	4.74	5.14	5.43	5.66	5.85	6.01	6.15	6.27	6.38
18	4.07	4.70	5.09	5.38	5.60	5.79	5.94	6.08	6.20	6.31
19	4.05	4.67	5.05	5.33	5.55	5.73	5.89	6.02	6.14	6.25
20	4.02	4.64	5.02	5.29	5.51	5.69	5.84	5.97	6.09	6.19
24	3.96	4.55	4.91	5.17	5.37	5.54	5.69	5.81	5.92	6.02
30	3.89	4.45	4.80	5.05	5.24	5.40	5.54	5.65	5.76	5.85
40	3.82	4.37	4.70	4.93	5.11	5.26	5.39	5.50	5.60	5.69
60	3.76	4.28	4.59	4.82	4.99	5.13	5.25	5.36	5.45	5.53
120	3.70	4.20	4.50	4.71	4.87	5.01	5.12	5.21	5.30	5.37
∞	3.64	4.12	4.40	4.60	4.76	4.88	4.99	5.08	5.16	5.23

〈표 11〉 (b) 표준화 범위의 백분위 점 (계속)

k									
12	13	14	15	16	17	18	19	20	*df*
260.0	266.2	271.8	277.0	231.8	286.3	290.0	294.3	298.0	1
33.40	34.13	34.81	35.43	36.00	36.53	37.03	37.50	37.95	2
17.53	17.89	18.22	18.52	18.81	19.07	19.32	19.55	19.77	3
12.84	13.09	13.32	13.53	13.73	13.91	14.08	14.24	14.40	4
10.70	10.89	11.08	11.24	11.40	11.55	11.68	11.81	11.93	5
9.48	9.65	9.81	9.95	10.08	10.21	10.32	10.43	10.54	6
8.71	8.86	9.00	9.12	9.24	9.35	9.46	9.55	9.65	7
8.18	8.31	8.44	8.55	8.66	8.76	8.85	8.94	9.03	8
7.78	7.91	8.03	8.13	8.23	8.33	8.41	8.49	8.57	9
7.49	7.60	7.71	7.81	7.91	7.99	8.08	8.15	8.23	10
7.25	7.36	7.46	7.56	7.65	7.73	7.81	7.88	7.95	11
7.06	7.17	7.26	7.36	7.44	7.52	7.59	7.66	7.73	12
6.90	7.01	7.10	7.19	7.27	7.35	7.42	7.48	7.55	13
6.77	6.87	6.96	7.05	7.13	7.20	7.27	7.33	7.39	14
6.66	6.76	6.84	6.93	7.00	7.07	7.14	7.20	7.26	15
6.56	6.66	6.74	6.82	6.90	6.97	7.03	7.09	7.15	16
6.48	6.57	6.66	6.73	6.81	6.87	6.94	7.00	7.05	17
6.41	6.50	6.58	6.65	6.72	6.79	6.85	6.91	6.97	18
6.34	6.43	6.51	6.58	6.65	6.72	6.78	6.84	6.89	19
6.28	6.37	6.45	6.52	6.59	6.65	6.71	6.77	6.82	20
6.11	6.19	6.26	6.33	6.39	6.45	6.51	6.56	6.61	24
5.93	6.01	6.08	6.14	6.20	6.26	6.31	6.36	6.41	30
5.76	5.83	5.90	5.96	6.02	6.07	6.12	6.16	6.21	40
5.60	5.67	5.73	5.78	5.84	5.89	5.93	5.97	6.01	60
5.44	5.50	5.56	5.61	5.66	5.71	5.75	5.79	5.83	120
5.29	5.35	5.40	5.45	5.49	5.54	5.57	5.61	5.65	∞

SOURCE: From *Biometrika Tables for Statisticians*, Vol. 1, 3rd ed., edited by E.S. Pearson and H.O. Hartley (Cambridge University Press, 1966). Reproduced by permission of the *Biometrika* Trustees.

연습문제 해답

제 1 장

1.1 (1) 학생 (2) 중간시험 (3) 환자
(4) 묘목 (5) 차

1.2 (1) 양적 (2) 양적 (3) 질적 (4) 질적

1.3 (1) 이산 (2) 연속 (3) 연속 (4) 이산

1.4 (1) 차량
(2) 질적: 종류 제조사 카플, 양적: 편도거리, 등록년수
(3) 다변량

1.5 (1) 시험성적; 양적 (2) 학생
(3) 시험을 치를 청각 장애학생들의 성적집합

1.6 (1) 사람 (2) 범주, 질적 (3) 생략
(4) 생략 (5) 78% (6) 72%

1.7 (1) 청바지 한 벌 (2) 제조된 주; 질적 (3) 생략
(4) 생략 (5) 8/25 (6) 캘리포ㄴ아

1.8 (1) 상대적으로 대칭, 없음 (2) 1.6 (3) 2.7, 2.7

1.9 (1) 8~10개 (2) 생략 (3) 43/50 (4) 33/50
(5) 유사하다

1.10 (1) 생략 (2) 0.30 (3) 0.70 (4) 0.30
(5) 상대적으로 대칭, 없음

1.11 생략

1.12 (1) 대략 고분모양 (2) 0.20

제 2 장

2.1 (1) 생략 (2) $\bar{x}=2$, $m=1$, 최빈값$=1$
(3) 기울어져 있다

2.2 (1) 5.8 (2) 5.5 (3) 5, 6

2.3 (1) 오른쪽으로 조금 기울어졌다 (2) 1.08, 1, 1
(3) 생략

2.4 (1) $\bar{x}=5.476$, $m=4$, 최빈값; 1, 2
(2) 오른 쪽으로 기울어져 있다 (3) 생략

2.5 (1) 2.4 (2) 2.8, 1.673

2.6 (1) 3 (2) 2.125 (3) 1.2679, 1.126

2.7 (1) 1.11 (2) 0.19007, 0.436 (3) $R\approx 2.5s$

2.8 (1) $s\approx 1.67$ (2) $s=1.75$ (3) 아니오
(4) 예 (5) 아니오

2.9 (1) 약 0.68 (2) 약 0.95 (3) 약 0.815
(4) 약 0.16

2.10 (1) 약 0.997 (2) 약 0.95 (3) 약 0.025

2.11 (1) $s\approx 0.20$ (2) $\bar{x}=0.76$, $s=0.165$

2.12 (1) 상대적으로 평편함, $\bar{x}\approx 4.5$ (2) 2.25
(3) $\bar{x}=4.586$, $s=2.892$

2.13 (1) 생략 (2) 7.729 (3) $s=1.985$, 생략

2.14 min=0, $Q_1=6$, $m=1$, $Q_3=14$, max=19, $IQR=8$

2.15 (1) $Q_1 = 0.3125,\ Q_3 = 0.7150$
(2) 0.4025(3) $-0.29125, 1.31875$, 아니오

2.16 아래 울타리; -2.25, 윗 울타리; 15.75, $x=22$가 이상점

2.17 (1) $\min = 1.7,\ Q_1 = 130.5,\ m = 246.5,$
$Q_3 = 317.5,\ \max = 485$
(2)~(4) 생략

2.18 (1) $\min = 7,\ Q_1 = 18,\ m = 21,\ Q_3 = 26,\ \max = 34$,
$\min = 21, Q_1 = 24,\ m = 27.5,\ Q_3 = 32.25,\ \max = 37$
(2) 생략 (3) 생략

2.19 (1) 오른쪽으로 기울어진 (2) 108.15, 123.5
(3) 생략

제 3 장

3.1 생략

3.2 (1) 원 그래프, 막대그래프 (2) 생략
(3) 생략 (4) 생략

3.3 (1) 368명의 반응, 모든 부모와 자녀들의 반응
(2) 자유시간에 대한 반응, 질적, 이변량
(3) 관계와 반응범주에 해당된 도수

3.4 생략

3.5 (1) 0.5 (2) 증가 (3) 2.0 (4) 3.25, 4.0

3.6 (1) 생략 (2) x가 증가할 때 y도 증가
(3) 0.903 (4) 생략

3.7 (1) 생략 (2) x가 증가할 때 y는 감소
(3) -0.987

3.8 (1) $y = 56.11 + 23.83x$ (3) 199.06, 없다

3.9 (1) 생략 (2) 양의 상관 (3) $r = 0.760$

3.10 (1) 독립변수; 크기, 종고변수; 가격 (2) 아니오

3.11 (1) 생략 (2) 생산성이 증가, 선형은 아니다

3.12 생략

3.13 (1) 강한 양의 상관 (2) 0.946 (3) $b \approx 1$
(4) $y = 12.221 + 0.815x$ (5) 62.751

3.14 (1) 0.635, 양의 상관 (2) $y = 8.730 + 0.849x$
(3) 80.895

3.15 생략

3.16 (1) $r = 0.971$ (2) 할 것이다.

제 4 장

4.1 (1) {1, 2, 3, 4, 5, 6} (3) 1/6
(4) P(A)=1/6; P(B)=1/2; P(C)=2/3; P(D)=1/6;P(E)=1/2;
P(F)=0

4.2 $P(E_1) = 0.45;\ P(E_2) = 0.15;\ P(E_i) = 0.05,$
$i = 3, 4, \ldots, 10$

4.3 (1) {NDQ, NDH, NQH, DQH} (2) 3/4 (3) 3/4

4.5 (1) 0.58 (2) 0.14 (3) 0.46

4.6 (1) 임의로 3명을 뽑고 각 사람의 성별을 기록함
(2) {FFF, FMM, MFM, MMF, MFF, FMF, FFM, MMM}
(3) 1/8 (4) 3/8 (5) 1/8

4.7 (1) A, B, C로 표시된 세 가지 차 제품의 맛의 순위
(2) {ABC, ACB, BAC, BCA, CAB, CBA}
(3) 1/3, 1/3

4.8 (1) 0.467 (2) 0.513 (3) 0.533

4.9 80

4.10 (1) 60 (2) 3,628,800 (3) 720 (4) 20

4.11 6720

4.12 216

4.13 120

4.14 720

4.15 (1) 140,608 (2) 132,600 (3) 0.00037
(4) 0.943

4.16 (1) 2,598,960 (2) 4 (3) 0.000001539

4.17 (1) 36 (2) 1/36 (3) 5/6

4.18 1/56

4.19 $\dfrac{4!(3!)^4}{12!}$

4.20 (1) 0.05 (2) 예 (3) 아니오 (4) 아니오

4.21 (1) 0.08 (2) 0.52

4.22 (1) 0.3 (2) 아니오 (3) 예

4.23 (1) P(A)=0.9918; P(B)=0.0082
(2) P(A)=0.9836; P(B)=0.0164

4.24 0.05

4.25 (1) 0.99 (2) 0.01

4.26 (1) 154/256 (2) 155/256 (3) 88/256 (4) 8/154
(5) 44/67 (6) 23/35 (6) 12/101 (7) 189/256

4.27 (1) 0.23 (2) 0.6087; 0.3913

4.28 0.38

4.29 0.012

4.30 (1) 0.6585 (2) 0.3415 (3) 왼쪽

4.31 0.3130

4.32 (1) $P(D)=0.10$; $P(D^C)=0.90$; $P(N|D^C)=0.94$; $P(N|D)=0.20$
(2) 0.023 (3) 0.023 (4) 0.056
(5) 0.20 (6) 위음성(false negative)

4.33 (1) 연속 (2) 이산 (3) 이산
(4) 이산 (5) 연속

4.34 (1) 0.2
(3) 평균=1.9; 분산=1.29; 표준편차=1.136
(4) 0.3 (5) 0.9

4.35 1.5

4.36 (1) $p(x)={}_3C_x(0.47)^x(0.53)^{3-x}$
(3) 0.396 (4) 모평균=1.41; 표준편차=0.864

4.37 (1) p(0)=3/10; p(1)=6/10; p(2)=1/10

4.38 (1) 0.1; 0.09; 0.081 (2) $p(x)=(0.9)^{x-1}(0.1)$

4.39 $1500

4.40 (1) 0.28 (2) 0.18
(3) 평균=1.32; 표준편차=1.199 (4) 0.94

4.41 $20,500

4.42 0.0713

4.43 2/7

4.44 p(0)=0.0256; p(1)=0.1536; p(2)=0.3456; p(3)=0.3456; p(4)=0.1296; 0.4752

4.45 3/10; 6/10

4.46 (1) 0.73 (2) 0.27

4.47 0.999999

4.48 8

4.49 (1) 0.3582 (2) 0.4883 (3) 0.4467

4.50 (1) 1/8 (2) 1/64
(3) 부정행위를 암시하는 것은 아니다; 두 학생이 같이 공부를 했을 수도 있음.

4.51 (1) 5/6 (2) 25/36 (3) 11/36

4.52 (1) 0.8 (2) 0.64 (3) 0.36

4.53 0.0256; 0.1296

4.54 0.2; 0.1

4.55 (1) 0.5182 (2) 0.1136 (3) 0.7091 (4) 0.3906

4.56 (1) 0.0625 (2) 0.25

4.57 (1)

$X=x$	0	1	2
$p(x)$	6/15	8/15	1/15

(2) 1/15 (3) 평균=2/3; 분산=16/45

4.58 (1) 0.48 (2) 0.10 (3) 0.262

제5장

5.1 (1) 0.058 (2) 0.989 (3) 0.011
(4) 0.047 (5) 0.437

5.2 (1) 0.2965 (2) 0.8145 (3) 0.1172 (4) 0.3670

5.3 (1) 0.097 (2) 0.329 (3) 0.671 (4) 2.1
(5) 1.212

5.4 (1) 0.251 (2) 0.618 (3) 0.367 (4) 0.633
(5) 4 (6) 1.549

5.5 (1) 0.901 (2) 0.015 (3) 0.002 (4) 0.998

5.6 (1) 0.748 (2) 0.610 (3) 0.367 (4) 0.966
(5) 0.656

5.7 (1) 1; 0.99 (2) 90; 3 (3) 30; 4.58 (4) 70; 4.58
(5) 50; 5

5.8 (1) 0.9568 (2) 0.957 (3) 0.9569
(4) 평균=2; 표준편차=1.342
(5) 0.7455; 0.9569; 0.9977 (6) 예; 예

5.9 아니다; 변수가 n번의 시행에서 성공의 횟수가 아니다. 대신, 시행 횟수 n이 변수이다.

5.10 (1) 1.000 (2) 0.997 (3) 0.086

5.11 (1) 0.098 (2) 0.991 (3) 0.098
(4) 0.138 (5) 0.430 (6) 0.902

5.12 (1) 0.0081 (2) 0.4116 (3) 0.2401

5.13 (1) 평균 수=10 (2) 4~16
(3) $x=25$라는 불가능한 숫자가 실제로 관측되었다면, 이 실험이 독립이 아닐 가능성이 있다.

5.14 (1) 0.016796 (3) 0.98320

5.15 (1) 0.107 (2) 0.762

5.16 (1) 0.082085 (2) 0.205212 (3) 0.256516 (4) 0.543813

5.17 (1) 0.647 (2) 0.353 (3) 0.224 (4) 0.493

5.18 (1) 0.135335 (2) 0.27067 (3) 0.593994 (4) 0.036089

5.19 (1) 0.677 (2) 0.6767 (3) 예

5.20 (1) 0.0067 (2) 0.1755 (3) 0.560

5.21 (1) 0.271 (2) 0.594 (3) 0.406

5.22 $P(X>5)=0.017$; 초과할 가능성 없다.

5.23 (1) 2/3 (2) 1/15 (3) 1/2

5.24 (1) 0.6 (2) 0.5143 (3) 0.0714

5.25 (1) p(0)=0.36; p(1)=0.48; p(2)=0.15; p(3)=0.01
(3) 평균=0.8, 분산=0.50286
(4) 0.99; 0.99; 예

5.26 p(0)=0.2; p(1)=0.6; p(2)=0.2

5.27 (1) 초기화 분포 (2) 0.1786 (3) 0.01786
(4) 0.2857

5.30 (1) 0.234 (2) 0.136
(3) 시장의 주장이 맞을 수도 있다.

5.31 (1) 20 (2) 4 (3) 0.006
(4) 정신과 의사의 이론이 틀리다.

5.32 (1) 평균=50; 표준편차=6.124
(2) $x=35$는 평균 아래 2.45 표준편차에 놓여 있다. 25%라는 수치가 이 대학 캠퍼스를 대표한다는 것은 다소 불가능하다.

5.33 (1) 0.5 (2) 평균=12.5; 표준편차=2.5
(3) 두 번째 디자인에 대한 선호도가 있다.

5.34 (1) 예; n=10; p=0.75 (2) 0.2440 (3) 0.0000296
(4) 예; 유전 모형이 예상했던 대로 행동하지 않는다.

5.35 (1) 예 (2) 1/8192 0.00012

5.36 (1) $p(x)=\frac{{}_{M}C_{x}\ {}_{50-M}C_{10-x}}{{}_{50}C_{10}}$, 여기서 M은 상자 속에 있는 내부 부품의 결함을 가진 스마트폰의 수이고, x는 표본에서 내부 부품의 결함을 가진 스마트폰의 수이다.
(2) 0.6367 (3) 0.3968; 0.2415

5.37 (1) 0.015625 (2) 0.421875 (3) 0.25

5.38 (1) p=1/3 (2) 0.3292 (3) 0.8683

5.40 (1) 0.135335 (2) 0.676676

5.41 (1) 0.794 (2) 0.056 (3) 0.82~3.82 또는 0~3

5.42 (1) 36 (2) 4.8
(3) 예, $x=49$가 평균 위로 2.71 표준편차에 놓여 있기 때문이다.

5.43 (1) 240 (2) 9.798 (3) 221~259
(4) $x=200$은 평균 아래로 4 표준편차 이상에 놓여 있다; 아마도 60% 수치는 너무 높다.

5.44 (1) 0.172 (2) 0.656 (3) 0.656

제 6 장

6.1 (1) 0.9772 (2) 0.1230 (3) 0.9802 (4) 0.9699

6.2 (1) 0.9452 (2) 0.9664 (3) 0.8159 (4) 1.0000

6.3 (1) 0.6753 (2) 0.2401 (3) 0.2694 (4) 0.0901
(5) 0

6.4 (1) 1.96 (2) 1.44

6.5 (1) 1.65 (2) 1.645

6.6 (1) 1.28 (2) 1.645 (3) 2.05 (4) 2.33

6.7 (1) 0.1596 (2) 0.1151 (3) 0.1359

6.8 58.3

6.9 $\mu=8;\ \sigma=2$

6.10 (1) 0.2389 (2) 0.5077 (3) no

6.11 (1) 0.4586 (2) 0.0526 (3) 0.0170

6.12 0.1562; 0.0012

6.13 (1) 0.0475 (2) 0.00226 (3) 38.84

6.14 (1) 0.9938 (2) 0.0301

6.15 0.0475

6.16 63,550

6.17 (1) 0.3085 (2) 0.2417 (3) 0.0045

6.18 (1) yes (2) 15; 2.449 (3) 0.9878

6.19 (1) yes (2) $\mu=$ 7.5; $\sigma=2.291$
(3) 0.6156(4) 0.618

6.20 (1) 0.2676 (2) 0.3520 (3) 0.3208 (4) 0.9162

6.21 (1) 0.178 (2) 0.392

6.22 (1) 0.245 (2) 0.2483

6.23 (1) 0.0006 (2) 0.3050 (3) 0.5675

6.24 0.9441

6.25 그들은 투표할 때 키를 고려하지 않는다.

6.26 (1) 0.0014 (2) 0.7114 (3) 0.9943 (4) 그렇다.

6.27 (1) 31 (2) 3.432 (3) 아니다.

6.28 (1) 0.9544 (2) 0.0561

6.29 (1) 1.96 (2) 0.36

6.30 (1) 0.9651 (2) 0.1056 (3) 0.0062

6.31 (1) 0.8849 (2) 0.1841 (3) 0.9279 (4) 0.3372

6.32 (1) 0.7734 (2) 0.9115

6.33 0.8612

6.34 0.16

6.35 (1) 0.0778 (2) 0.0274

6.36 0.3859

6.37 383.5시간

6.38 87.48

6.39 0.0446

6.40 (1) 1.27 (2) 0.1020

제 7 장

7.1 (1) 편의추출

(3) 그렇다. 그러나 학생들이 일반모집단에서의 랜덤표본인 경우에 한해서.

7.2 (1) 첫 번째 질문
(2) 아마도 질문에서 수십억을 투입한다는 용어 때문에 반대하는 사람의 비율이 높게 나타났을 수 있다.

7.3 (1) $\mu=10$; $\sigma/\sqrt{n}=0.5$
(2) $\mu=5$; $\sigma/\sqrt{n}=0.2$
(3) $\mu=120$; $\sigma/\sqrt{n}=0.3536$

7.4 (1) 1 (2) 0.707 (3) 0.500 (4)0.333
(5) 0.250 (6) 0.200 (7) 0.100

7.5 (1) 근사적으로 정규분포 (2) 53; 3

7.6 (1) 106; 2.4 (2) 0.0475 (3) 0.9050

7.7 (1) 1266; 22.517 (2) 0.0655

7.8 (1) ≈ 0 (2) 그렇다.

7.9 (1) $p=0.3$; SE=0.0458 (2) $p=0.1$; SE=0.015
(3) $p=0.6$; SE=0.0310

7.10 (1) 0.7019 (2) 0.5125

7.11 (1) 0.0099 (2) 0.03 (3) 0.0458 (4) 0.05
(5) 0.0458 (6) 0.03 (7) 0.0099

7.12 (1) 근사적으로 정규분포 (2) 0.25; 0.0484
(3) 0.9265

7.13 (1) 그렇다; $\mu=0.78$ and $\sigma=0.0414$
(2) 0.2358 (3) 0.2090 (4) p가 0.78 보다 작다.

7.14 (1) 평균 0.13, 표준편차 0.0453인 정규분포
(2) 0.9382 (3) 0 (4) 0.04 to 0.22

7.15 (1) 0.4938 (2) 0.0062 (3) 0.0000

7.16 (1) 12.5 (2) 0.9986 (3) 그들의 주장이 옳을 것이다.

7.17 (3) 아니다

7.18 (1) 131.2; 3.677 (2) 그렇다 (3) 0.1515

7.19 (1) 평균 288, 표준편차 0.9798인 정규분포
(2) 0.0207 (3) 0.0071

제8장

8.1 (1) 0.160 (2) 0.339 (3) 0.438

8.2 (1) 0.554 (2) 0.175 (3) 0.055

8.3 (1) 0.179 (2) 0.098 (3) 0.049 (4) 0.031

8.4 (1) 0.0588 (2) 0.0898 (3) 0.098 (4) 0.0898
(5) 0.0588 (6) p= 0.5

8.5 $\hat{p}=0.728$; 오차의 한계=0.029

8.6 $\hat{p}=0.90$; 오차의 한계=0.0263

8.7 $\overline{X}=7.2\%$; 오차의 한계=0.776

8.8 (1) $\hat{p}=0.75$; 오차의 한계=0.0268
(2) $1.96\sqrt{\dfrac{(0.5)(0.5)}{1004}}=0.031$

8.9 (1) 아니다 (2) 아니다

8.10 점추정값 19.3, 오차의 한계 = 1.86

8.11 (1) (0.797, 0.883) (2) (21.469, 22.331)
(3) 구간은 반복표본에서 90%에 해당하는 횟수만큼 모평균의 참값을 포함한다.

8.12 (0.846, 0.908)

8.13 (1) 3.92 (2) 2.772 (3) 1.96

8.14 (1) 3.29 (2) 5.16 (3) 너비는 증가한다

8.15 (3.496, 3.904); 임의표본

8.16 (1) (0.932, 1.088)
(3) 모평균의 값으로 $\mu=1$은 가능하다

8.17 (1) (0.106, 0.166)
(2) 표본크기를 증가시키거나 신뢰도를 감소시킨다.

8.18 (1) $98.085<\mu<98.415$
(2) 아니다, 98.6이란 값은 정상체온의 참값이 아니다

8.19 (1) (4.51, 5.99) (2) 그렇다

8.20 (1) (0.77, 3.77) (2) 아니다

8.21 (15.463, 36.937)

8.22 (1) 5545; 오차의 한계=902.08
(2) 그렇다

8.23 (1) (-22.85, -7.15) (2) (30.56, 49.44)
(3) 아니다 (4) 그렇다

8.24 (1) (-0.203, -0.117)
(2) 이항분포로부터 추출한 임의독립표본

8.25 (1) (-0.221, 0.149) (2) 아니다

8.26 (1) (0.095, 0.445) (2) 그렇다

8.27 (0.061, 0.259)

8.28 (1) (0.082, 0.022)
(2) $p_1-p_2=0$이 구간에 포함되므로 아니다

8.29 (1) $\mu<76.63$ (2) $\mu<1.89$

8.30 $\mu_1-\mu_2<4$

8.31 $n_1-n_2=1086$

8.32 (2) 9604

8.33 $n_1-n_2=360$

8.34 97

8.35 $n_1-n_2=98$

8.36 (1) 29.1; 오차의 한계=0.9555
(2) (28.298, 29.902) (3) $\mu > 28.48$ (4) 234

8.37 $n_1 - n_2 = 224$

8.38 1083

8.39 $n_1 - n_2 = 925$

8.40 97

8.41 (33.41, 34.59)

8.42 (1) 오른쪽으로 기운 형태 (2) 중심극한정리
(3) (61.64, 103.36); 주장을 지지함

8.43 ($12.52, $14.38); 평균 시간당급여는 다른 학교의 기사들보다 높다

8.44 (2.694, 2.716)

8.45 (0.161, 0.239)

제 9 장

9.1 a. $z > 2.33$
b. $|z| > 1.96$

9.2 a. $z < -2.33$
b. $|z| > 2.33$
c. H_0 기각

9.3 0.0003248; H_0 기각; 통계적으로 매우 유의하다.

9.4 a. 0.0207
b. H_0 기각
c. $z > 1.6448$
d. $z = 2.040028$; 기각역에 속함
e. 같다

9.5 $p-$값= .0644, H_0 기각할 수 없고 통계적으로 유의하지 않다.

9.6 a. H_0: $\mu = 1$; $H_1 : \mu \neq 1$
b. $p-$값=0.7414, H_0 기각할 수 없다.
c. 평균중량이 1파운드가 아니라는 충분한 증거가 없다.

9.7 a. H_0: $\mu = 80$
b. $H_1 : \mu \neq 80$
c. $z = -3.75$, H_0 기각

9.8 a. $z = 2.63$ 이고, $p-$값= 0.0043; 유의수준 5%와 1%하에서 H_0 기각

9.9 $z = 10.74$이고, $p-$값=0.0000 유의수준 5%하에서 H_0 기각

9.10 없다 ; $z = -1.334$이고 $p-$값=.0918; H_0 기각할 수 없다.

9.11 a. H_0: $\mu_1 - \mu_2 = 0$, $H_1 : \mu_1 - \mu_2 > 0$; 한쪽꼬리검정(단측검정)
b. $z = 2.074$, H_0 기각

9.12 a. $z = -2.26$이고 $p-$값= .0238; H_0 기각
b. $(-3.55, -.25)$ c. 같지 않다.

9.13 a. 그렇다. H_0: $\mu_1 - \mu_2 = 0$, $H_1 : \mu_1 - \mu_2 \neq 0$
b. $z = -3.75$
c. $p-$값=0.0000 유의수준 1%하에서 H_0 기각

9.14 a. 그렇다. $z = 6.93$; $p-$값=0.0000
b. (44.47, 79.53), 차이가 난다고 할 만한 충분한 근거가 있다.

9.15 a. $z = -2.22$; $p-$값=0.0264
b. 유의수준 5%하에서는 차이가 유의하지만, 유의수준 1%하에서는 차이가 유의하지 않다.

9.16 a. H_0: $p = 0.4$, $H_1 : p \neq 0.4$
b. $p-$값=0.093; 통계적으로 유의하지 않다.
c. p가 0.4와 다르다고 할 만한 충분한 증거를 제공하지 않는다.

9.17 a. H_0: $p = 0.15$, $H_1 : p < 0.15$
b. H_0 기각; $z = -4.53$
c. $p-$값 ≈ 0

9.18 a. H_0: $p = 2/3$
b. $H_1 : p > 2/3$
c. 프로그램이 효과적이라는 증거를 제공한다.; $z = 4.6$
d. $p-$값 < 0.0002

9.19 a. H_0: $p = 0.5$, $H_1 : p > 0.5$; 한쪽꼬리검정(단측검정)
b. H_0를 기각할 수 없다; $z = -3.21$으로 대립가설의 부호방향이 틀림

9.20 반박할 수 없다; $z = -1.06$

9.21 충분한 증거를 찾을 수 없다; $z = -0.71$

9.22 a. H_0: $p_1 - p_2 = 0$, $H_1 : \mu_1 - \mu_2 < 0$
b. 단측검정
c. H_0 기각할 수 없다.; $z = -0.84$

9.23 a. 새로운 약이 효과적이라는 증거를 제공한다.; $z = -2.40$
b. $(-0.43, -0.05)$

9.24 H_0 기각할 수 없다.; $z = -0.39$; 두 제품 사이의 판매율의 차이가 있다는 증거가 불충분하다.

9.25 $p_1 - p_2 > 0.001$ 호르몬 치료를 받으면 치매로 판정받을 위험률이 최소 0.001보다 높다.

9.26 $z = 3.14$이고, $p-$값=0.0008이므로, 이 연구원의 결론이 맞다고 할 만한 충분한 증거가 있으므로 이 연구원 결론에 동의.

제 10 장

10.1 a. 2.015 b. 2.306 c. 1.330 d. 1.96

10.2 a. $0.02 < p-$값 < 0.05 b. $p-$값 < 0.005
c. $p-$값 > 0.20 d. $p-$값 < 0.005

10.3 a. $\bar{x} = 7.05$, $s = 0.4994$ b. (7.496)

c. H_0기각; $t = -2.849$　　d. 예.

10.4 $t = -1.195$; 용해된 산소의 양이 5ppm보다 작다고 주장할 만한 근거가 불충분하다.

10.5 a. $t = -3.044$; 흡연자들의 수치가 비흡연자들의 수치보다 작다는 충분한 근거가 있다.
b. 98.316; 흡연자들의 99%의 DL수치가 비흡연자들의 평균 DL수치인 100보다 작다.

10.6 (3.652, 3.912)

10.7 a. H_0기각; $t = -4.31$　　b. (23.23, 29.97)
c. 치료 전 자아존중감 점수가 치료 후와 후속치료 후 자아존중감 점수보다 작게 보인다.

10.8 a. 95% 신뢰구간에 1파운드가 속하므로, 포장된 다짐육의 평균 무게가 1파운드라 할 수 있다.
b. $t = 1.6381$

10.9 (233.98, 259.94)

10.10 a. 3.775b. 21.2258

10.11 a. $H_0 : \mu_1 - \mu_2 = 0$, $H_1 : \mu_1 - \mu_2 \neq 0$
b. $|t| > 2.771$　　c. $t = 2.795$
d. $p-$값$< .01$　　e. H_0기각

10.12 a. $s_2^2/s_1^2 = 1.36$이므로, 등분산 가정이 적당하다.
b. $t = 0.06$　　c. 19.1844
d. $p-$값$= 0.95$; 두 모평균 사이에 차이가 존재한다고 할 수 없다.
e. $(-5.2, 5.5)$; 이 95%신뢰구간에 0이 포함되어 있으므로 평균 차이가 나지 않는다. 부합한다.

10.13 a. $H_0 : \mu_1 - \mu_2 = 0$, $H_1 : \mu_1 - \mu_2 > 0$
b. $t = 2.806$이고, $0.005 < p-$값< 0.01이므로 유의수준 5%하에서 H_0기각

10.14 a. $t = 1.92$이므로 H_0기각할 수 없다.　　b. $(-3.32, 4.72)$
c. 이분산 가정; $t = 1.1841$이므로 H_0기각할 수 없다.

10.15 a. $t = -1.68$이므로, H_0기각할 수 없다.
b. $(-0.0029, 0.0003)$ a와 같다.

10.16 a. 없다. $t = 1.606$이므로 H_0기각할 수 없다.
b. $(-0.061, 0.341)$

10.17 $\mu_1 - \mu_2 > -0.118$

10.18 할 수 없다. $t = 0.79$

10.19 a. $H_0 : \mu_1 - \mu_2 = 0$, $H_1 : \mu_1 - \mu_2 > 0$
b. $t = 1.511$이므로, H_0를 기각할 수 없다.

10.20 b. $t = 0.168$이므로, 충분한 증거가 없다.
c. $p-$값 > 0.2　　d. $(-818.84, 867.34)$
e. 할 수 없다.

10.21 a. $t = -3.00$이므로, 충분한 증거가 없다.
b. $0.05 < p-$값< 0.10

10.22 대응비교실험

10.23 $t = 2.29$이므로, 충분한 증거가 되지 않는다.

10.24 $t = 11.32$이므로, 할 수 있다.

10.25 $\chi^2 = 34.24$이므로, 충분한 증거가 되지 않는다.

10.26 a. $s^2 = 0.6990476$　　b. (0.291, 3.390)
c. $\chi^2 = 5.24$이므로, H_0를 기각할 수 없다.
d. $p-$값 > 0.2

10.27 a. $t = -0.232$이므로, 충분한 증거가 되지 않는다.
b. $\chi^2 = 20.18$이므로, 충분한 증거가 된다.

10.28 a. 넘지 않는다.　　b. $t = 3.262$이므로 넘는다.

10.29 $\chi^2 = 29.433$이므로, 충분한 근거가 되지 않는다.

10.30 (.667, 4.896)

10.31 $F = 1.22$이고, $p-$값> 0.20이므로; $H_0 : \sigma_1^2/\sigma_2^2 = 1$를 기각할 수 없다.

10.32 a. $F = 2.66$이므로, 차이가 나지 않는다.
b. 차이가 난다.

10.33 휴식: $F = 1.03$이고, $p-$값> 0.20;
최대산소소비량의 80%: $F = 2.01$이고, $p-$값> 0.20;
최대산소소비량: $F = 14.29$이고, $p-$값< 0.01
최대산소소비량인 경우는 이분산 가정, 나머지는 등분산 가정이 적당하다.

제 11 장

11.1

① 분산분석	
② 요인	③ 자유도
처 리	5
잔 차	54
합 계	59

11.2 (1) (2.731, 3.409)
(2) (.07, 1.03)

11.3 (1)

④ 분산분석				
⑤ 요 인	⑥ 제곱합	⑦ 자유도	⑧ 제곱평균	⑨ F비
처 리	339.8	3	113.267	16.98
잔 차	133.4	20	6.67	
합 계	473.2	23		

(2) df1 = 3, df2 = 20
(3) F 〉 3.10
(4) 그렇다, F=16.98
(5) $p-$값 〈 .005; 그렇다

11.4 (1) CM = 103.142857; Total SS = 26.8571
(2) SST = 14.5071; MST = 7.2536
(3) SSE = 12.3500; MSE = 1.1227

(4) 분산분석표

⑩ 분산분석					
⑪ 요 인	⑫ 제곱합	⑬ 자유도	⑭ 평균제곱	⑮ F비	⑯ p값
처 리	14.51	2	7.25	6.46	0.014
잔 차	12.35	11	1.12		
합 계	26.86	13			

(5) 귀무가설 $H_0 : \mu_1 = \mu_2 = \mu_3$,
대립가설 H_1 : 세 모평균들 중 적어도 하나가 다른 것들과 다르다.

(6) F=6.46; .01 〈 p－값 〈 .025이므로 H_0 기각.

11.5 (1) (1.95, 3.65)
(2) (.27, 2.83)

11.6 표본평균들이 독립이고, 표본크기가 같아야 한다.

11.7 (1) 1.878s
(2) 2.1567s

11.8

⑰ 요인	⑱ 자유도	⑲ 제곱합	⑳ 평균제곱	① F비
처 리	2	11.4	5.70	4.01
블 록	5	17.1	3.42	2.41
오 차	10	14.2	1.42	
총 합	17	42.7		

11.9 (3.833, .767)

11.10 (1) 그렇다; F 19.19
(2) 그렇다; F 135.75
(3) $\underline{\bar{x}_1 \quad \bar{x}_2 \quad \bar{x}_3} \quad \bar{x}_4$
(4) (5.332, 2.668)
(5) 그렇다

11.11 (1) 7 (2) 7 (3) 5
(4)

② 요인	③ 자유도	④ 제곱합	⑤ 평균제곱	⑥ F비
처 리	4	14.2	3.55	9.68
블 록	6	18.9	3.15	8.59
오 차	24	8.8	0.37	
총 계	34	41.9		

(5) 그렇다; F 9.68
(6) 그렇다; F 8.59

제 12 장

12.1 y-절편=1, 기울기=2

12.2 $y = 3 - x$

12.3 확률적 모형에는 결정적 모형에 확률오차항이 추가되어 있다.

12.4 (1) $\hat{y}$= 6.00 － .557x
(2) 직선이 자료 점들에 잘 적합된다고 보인다.
(3) 4.05
(4)

⑦ 요인	⑧ 자유도	⑨ 제곱합	⑩ 평균제곱	⑪ F비	⑫ p－값
회 귀	1	5.4321	5.4321	152.10	0.000
오 차	4	0.1429	0.0357		
총 계	5	5.5750			

12.5 (1) 그렇다, t=5.20
(2) F = 27.00
(3) $t_{.025}$=3.182, $F_{.05}$=10.13

12.6 (1) 그렇다, F = 152.10이고 p－값 = .000
(2) r^2=.974, 1에 가까우므로 선형모형이 유용하다는 것을 나타낸다.

12.7 잔차의 정규확률그림; 점들이 상향 기울기를 갖는 직선에 근접해야 한다.

12.8 잔차의 적합값에 대한 그림; 점들이 확률적으로 흩어져 있고 특정한 형태가 없어야 한다.

12.9 (1) (3.259, 5.141)
(2) (2.24, 6.16)

제 13 장

13.1 b. 평행선

13.2 a. 예, $F = 57.44$이고 p-값< 0.005 b. $R^2 = 0.94$

13.3 a. 이차모형 b. $R^2 = 0.815$; 상대적으로 잘 적합한다.
c. 예, $F = 37.37$이고 p-값$= 0.000$

13.4 a. $b_0 = 10.5638$ b. 예, $t = 15.20$이고 p-값$= 0.000$

13.5 b. $t = -8.11$이고 p-값$= 0.000$; $H_0 : \beta_2 = 0$임을 기각하고 $H_1 : \beta_2 < 0$을 채택한다.

13.6 a. $R^2 = 0.9955$ b. $R^2(\text{adj}) = 99.25\%$
c. 이차모형이 조금 더 잘 적합한다.

13.7 a. 변수 x_1, x_3, x_5를 이용한다. b. 아니오.

13.8 a. $\hat{y} = -8.177 + 0.292x_1 + 4.434x_2$
b. H_0를 기각함, $F = 16.28$이고 p-값$= 0.002$. 모형은 y를 예측하는 데에 유의한 정보를 기여한다.
c. 네, $t = 5.54$이고 p-값$= 0.001$
d. $R^2 = 0.823$; 82.3%

13.9 a. 양적 b. 양적
c. 질적; 공장B이면 $x_1 = 1$, 공장B가 아니면 $x_1 = 0$;
공장C이면 $x_2 = 1$, 공장C가 아니면 $x_2 = 0$
d. 양적 e. 질적; 낮교대이면 $x_1 = 1$, 밤교대이면 $x_1 = 0$

13.10 a. x_2
b. $\hat{y} = 12.6 + 3.9x_2^2$ 또는 $\hat{y} = 13.14 - 1.2x_2 + 3.9x_2^2$

13.11 a. $y = \beta_0 + \beta_1 x_1 + \beta_2 x_2 + \beta_3 x_1 x_2 + \epsilon$이고, 오이이면 $x_2 = 1$이고 면이면 $x_2 = 0$

c. 아니오, 상호작용 검정 결과 $t=0.63$이고 p-값$=0.533$
d. 예

13.12 $y=\beta_0+\beta_1 x_1+\beta_2 x_1^2+\beta_3 x_2+\beta_4 x_1 x_2+\beta_5 x_1^2 x_2+\epsilon$

제 14 장

14.2 a. $X^2>12.59$ b. $X^2>21.666$

14.3 a. $H_0: p_1=p_2=p_3=p_4=p_5=1/5$
b. 4　　c. 9.4877　　d. $X^2=8.00$
e. H_0를 기각하지 않는다.

14.4 예; $X^2=24.48$; 운전자들은 안쪽차선을 선호한다.

14.5 아니오, $X^2=3.63$

14.6 아니오, $X^2=13.58$

14.7 예; H_0를 기각하지 않는다.; $X^2=1.247$

14.8 예; H_0를 기각한다.; $X^2=28.386$

14.9 8

14.10 H_0를 기각한다.; $X^2=18.385$이고 p-값$=0.000$

14.11 a. 예; $X^2=7.267$　　b. $0.025<p$-값<0.05

14.12 a. 아니오, $X^2=10.207$이고 p-값$=0.07$
b. 예, $X^2=10.207$이고 p-값$=0.037$

14.13 a. 아니오; H_0를 기각하지 않는다; $X^2=6.447$
b. p-값 >0.10; 예

14.14 a. $X^2=10597$　　b. $X^2>13.2767$
c. H_0를 기각하지 않는다.　　d. $0.025<p$-값<0.05

14.15 예; $X^2=24.31$

14.16 a. 각각의 요양 형태는 EMI 서비스의 유무가 측정되는 이항모집단을 나타낸다.
b. 예; $X^2=18.446$

14.17 예, H_0를 기각한다.; $X^2=36.499$

제 15 장

15.1 a. T_1^*　　b. $T\le 31$　　c. $T\le 27$

15.2 a. H_0 : 모집단 분포들이 동일하다; H_a : 모집단1이 모집단2의 왼편으로 이동하였다.
b. $T_1=16$; $T_1^*=39$　　c. $T\le 19$
d. 예; H_0를 기각한다.

15.3 H_0를 기각하지 않는다.; $z=-1.59$.

15.4 H_0를 기각하지 않는다.; $T=102$.

15.5 예; H_0를 기각한다.; $T=45$

15.6 예; H_0를 기각한다.; $T=44$

15.7 b. $\alpha=0.002, 0.007, 0.022, 0.054, 0.115$

15.8 한쪽꼬리: $n=10$: $\alpha=0.001, 0.011, 0.055$;
$n=15$: $\alpha=0.004, 0.018, 0.059$;
$n=20$: $\alpha=0.001, 0.006, 0.021, 0.058, 0.132$;
양쪽꼬리: $n=10$: $\alpha=0.002, 0.022, 0.110$;
$n=15$: $\alpha=0.008, 0.036, 0.118$;
$n=20$: $\alpha=0.002, 0.012, 0.042, 0.116$

15.9 a. $H_0: p=1/2$; $H_1: p\ne 1/2$; 기각역: $\{0, 1, 7, 8\}$; $x=6$;
$\alpha=0.07$로 H_0를 기각하지 않는다.; p-값$=0.290$.

15.10 $z=3.15$; H_0를 기각한다.

15.11 b. $T=\min\{T^+, T^-\}$　　c. $T\le 137$
d. H_0를 기각하지 않는다.

15.12 H_0를 기각하지 않는다.; $z=-0.34$.

15.13 a. H_0를 기각한다.; $T=1.5$
b. 결과가 동일하지 않다.

15.14 a. 아니오; $T=6.5$

15.15 a. H_0를 기각하지 않는다.; $x=8$.
b. H_0를 기각하지 않는다.; $T=14.5$.

15.16 a. 짝의 차 검정, 부호검정, 윌콕슨 부호순위검정
b. 두 검정 모두 H_0를 기각한다.; $x=0$이고 $T=0$

15.17 예, $H=13.90$

15.18 a. 아니오; $H=2.63$　　b. p-값>0.10
c. p-값>0.10

15.19 아니오; $H=2.54$이고 p-값>0.10

15.20 a. H_0를 기각한다.; $F_r=21.19$.
b. p-값<0.005　　d. $F=75.43$
e. p-값<0.005　　f. 결과가 동일하다.

15.21 a. H_0를 기각하지 않는다.; $F_r=5.81$
b. $0.05<p$-값<0.10

15.22 a. $r_s\ge 0.425$　　b. $r_s\ge 0.601$

15.23 a. $|r_s|\ge 0.400$　　b. $|r_s|\ge 0.526$

15.24 a. -0.593　　b. 예

15.25 a. $r_s=0.811$　　b. 예

15.26 예

15.27 예, $r_s=0.9118$

찾아보기

(ㄹ)

(ㅁ)

(ㅂ)

(ㅅ)

(ㅇ)

(ㅈ)

(ㅊ)

(ㅋ)

(ㅌ)

(ㅍ)

(ㅎ)

(기타)

역자소개

김영주

부산대학교 자연과학대학 수학과 이학사
미국 퍼듀대학교 대학원 통계학과 이학석사
미국 퍼듀대학교 대학원 통계학과 이학박사
현 강원대학교 경영대학 경제정보통계학부 정보통계 전공 교수

김정일

성균관대학교 상경대학 통계학과 졸업
서울대학교 대학원 계산통계학과 이학석사
서울대학교 대학원 계산통계학과 이학박사
현 강원대학교 경영대학 경제정보통계학부 정보통계 전공 교수

이남길

한국과학기술원 수학전공 이학사
한국과학기술원 응용수학전공 이학석사
한국과학기술원 수리과학과 이학박사
현 강원대학교 경영대학 경제정보통계학부 정보통계 전공 조교수

이민정

부산대학교 자연과학대학 자연과학부 통계학전공 이학사
서울대학교 대학원 통계학과 이학석사
미국 위스콘신대학교 대학원 통계학과 Ph. D.
현 강원대학교 경영대학 경제정보통계학부 정보통계 전공 조교수

이영경

강원대학교 자연과학대학 통계학과 이학사
강원대학교 대학원 통계학과 이학석사
서울대학교 대학원 통계학과 이학박사
현 강원대학교 경영대학 경제정보통계학부 정보통계 전공 교수

이승수

강원대학교 자연과학대학 통계학과 이학사
강원대학교 대학원 통계학과 이학석사
일본 쓰쿠바 대학 사회공학연구과 경영공학전공 Ph. D.
현 강원대학교 경영대학 경제정보통계학부 정보통계 전공 교수

확률 및 통계학 개론 제14판

3쇄 발행 2021년 2월 25일

역　자 김영주 · 김정일 · 이남길 · 이민정 · 이영경 · 이승수

펴낸이 오판근
펴낸곳 (주) 교우
주　소 서울시 동대문구 약령시로 8 교우빌딩 2층 (주)교우
전　화 02-925-2861 / 팩　스 02-925-2860, 편집부 02-925-2825
홈페이지&북스토어 www.kyowoo.co.kr / 이메일 kyowoo@kyowoo.co.kr

등　록 1994년 3월 24일 제1994-000013호
ISBN 979-11-251-0249-6 (93310)

Published by Kyowoo Co., Ltd. Printed in Korea
Copyright© 2021 김영주 · 김정일 · 이남길 · 이민정 · 이영경 · 이승수
Kyowoo Co., Ltd.
이 책의 저작권은 김영주 · 김정일 · 이남길 · 이민정 · 이영경 · 이승수와 (주) 교우에 있습니다.

저작권법에 의해 보호를 받는 저작물이므로 무단 복제 및 전재를 금합니다.

(주) 교우는 보다 혁신적이고 참신한 도서를 다양하게 기획하고 있습니다.
책으로 펴내고자 하는 아이디어나 원고는 메일로 보내주세요.
(주) 교우는 전과정을 책임지고 최선을 다하겠습니다.

값 40,000원

교우미디어는 (주) 교우의 Imprint 사입니다.
수학정원·과학정원은 (주) 교우의 새로운 브랜드명입니다.

잘못된 책은 구입하신 서점에서 교환해 드립니다.